工业和信息化部“十四五”规划教材

军用药物制剂工程学

（第2版）

主编　张　奇

副主编　金义光　王　汀　郝艳丽

北京理工大学出版社
BEIJING INSTITUTE OF TECHNOLOGY PRESS

内容简介

本书是具有红色基因、为国防现代化服务、根植于中华民族传统医药领域沃土的本研通用专业教材。

本书以药物制剂工程学为基础，系统介绍药物制剂及军用防护药剂技术的含义、原理与方法、制备工艺过程与设备、质量检查与包装贮存、应用实例等内容。为了满足国防科学发展的需要、国防人才培养的需要和军用药剂学科建设的需要，本书融入军用防护药剂内容，介绍了工业和信息化领域相关学科专业最高水平、反映世界科学前沿和技术发展的成就。本书精选收录了中华民族在医药领域的巨大成就和民族骄傲，以及当今时代楷模代表人物。

全书分为三篇，共 18 章。第一篇介绍药物制剂工程基础；第二篇介绍军用特殊药物制剂；第三篇介绍药物制剂前沿技术。

本书可供军事院校、化工制药类专业、本科生教学、课程思政、教育教学使用，或者供各高等院校相关专业师生参考使用。

图书在版编目（CIP）数据

军用药物制剂工程学 / 张奇主编. --2 版. -- 北京 ：北京理工大学出版社，2023.9

工业和信息化部“十四五”规划教材

ISBN 978-7-5763-2924-7

Ⅰ. ①军…　Ⅱ. ①张…　Ⅲ. ①药物–制剂–高等学校–教材　Ⅳ. ①TQ460.6

中国国家版本馆 CIP 数据核字（2023）第 177906 号

责任编辑：王玲玲　　**文案编辑**：王玲玲
责任校对：刘亚男　　**责任印制**：李志强

出版发行 / 北京理工大学出版社有限责任公司
社　　址 / 北京市丰台区四合庄路 6 号
邮　　编 / 100070
电　　话 /（010）68944439（学术售后服务热线）
网　　址 / http://www.bitpress.com.cn

版 印 次 / 2023 年 9 月第 2 版第 1 次印刷
印　　刷 / 保定市中画美凯印刷有限公司
开　　本 / 787 mm × 1092 mm　1/16
印　　张 / 25.75
字　　数 / 605 千字
定　　价 / 68.00 元

编写人员名单

主　　编

张　奇　北京理工大学

副 主 编

金义光　军事医学研究院

王　汀　安徽医科大学

郝艳丽　清华大学

编写人员（按编写单位排序）

王　宁　合肥工业大学

杜丽娜　军事医学研究院

袁伯川　军事医学研究院

贾学丽　军事医学研究院

张桐桐　军事医学研究院

唐子琰　军事医学研究院

宋兴爽　军事医学研究院

胡静璐　军事医学研究院

焦文成　军事医学研究院

王椿清　军事医学研究院

李　祺　军事医学研究院

沈锦涛　军事医学研究院

孙　锐　军事医学研究院

严文锐　军事医学研究院

前言

本书是具有红色基因、为国防现代化服务、根植于中华民族传统医药领域沃土的本研通用专业教材。

本书以药物制剂工程学为基础，系统介绍药物制剂及军用防护药剂技术的含义、原理与方法，制备工艺过程与设备，质量检查与包装贮存，应用实例等内容。为了满足国防科学发展的需要、国防人才培养的需要和军用药剂学科建设的需要，本书融入军用防护药剂内容，介绍了工业和信息化领域相关学科专业最高水平、反映世界科学前沿和技术发展的成就。本书精选收录了中华民族在医药领域的巨大成就和民族骄傲，以及当今时代楷模代表人物。

本书可供军事院校、化工制药类专业、本科生教学、课程思政、教育教学使用，或者作为各高等院校相关专业师生参考使用。

本书由北京理工大学张奇担任主编。内容包括 3 篇 18 章。第一篇是药物制剂工程基础；第二篇是军用特殊药物制剂；第三篇是药物制剂前沿。

第一篇主要介绍药物制剂和工程的基础知识。包括第 1 章绪论；第 2 章固体制剂；第 3 章灭菌制剂与无菌制剂；第 4 章液体制剂；第 5 章半固体制剂；第 6 章肺吸入制剂；第 7 章经皮给药制剂。

第二篇主要介绍军用特殊制剂。包括第 8 章核化生损伤防治制剂；第 9 章军民两用制剂。

第三篇主要介绍药物制剂前沿。包括第 10 章新型制剂；第 11 章脂质体药物传递系统；第 12 章蛋白与多肽药物制剂；第 13 章疫苗制剂；第 14 章细胞治疗制剂；第 15 章核酸与基因编辑药物传递系统；第 16 章 3D 打印技术药物制剂；第 17 章介入治疗；第 18 章计算药剂学与人工智能制药技术。

本书由工业和信息化部“十四五”规划教材基金资助，还得到北京理工大学教务部、中国学位与研究生教育学会的大力帮助和支持，在此深表感谢。

由于编者水平有限，书中难免有疏漏之处，恳请广大读者批评指正。

编　者

目 录
CONTENTS

第一篇 药物制剂工程基础

第二篇 军用特殊药物制剂

第三篇　药物制剂前沿

第一篇
药物制剂工程基础

第1章
绪 论

1. 掌握：药剂学的概念和性质。
2. 熟悉：药剂学的重要性、剂型的分类方法、药典在药剂学中的法规作用。
3. 了解：学习药剂学的目的和意义、药剂学的历史与发展。

1.1 课程概述

军用药物制剂工程学是一门以药剂学为基础，以GMP（药品生产质量管理规范）理论为指导原则，以工程学及相关科学理论和工程技术为指导的综合性应用学科。其研究不同制剂的生产实践，包括含义、特点、性质、制备工艺过程与设备、质量检查与包装贮存，新型制剂的新材料及新技术应用，新型制剂的发展前沿和发展动态、工作原理、应用实例等内容。可供军事院校化工制药类专业本科生教学使用，或者作为各高等院校相关专业师生参考使用。

军用药物制剂工程学这门课程是为了提高人的素质，使学生学会将药学基本理论与制药工业生产实践相结合的思维方法，掌握制药工艺流程设计、物料衡算等的基本方法和步骤，训练学生分析与解决技术问题的能力，培养既懂得工程技术又有药学专业知识的复合型人才。

随着社会的发展、科技的进步、人们生活水平的不断提高，对药品质量、安全性、有效性提出了更高的要求。如何确保药品质量已成为制药生产中的重点，实施GMP就有了必然性。GMP使药品生产企业有法可依，有法必依。执行GMP是药品生产企业生存和发展的基础。

现代工业化生产中，生产出优质合格的药品，必须具备三个要素：① 人的素质。② 符合GMP的软件。如合理的剂型、处方和工艺，合格的原辅材料，严格的管理制度等。③ 符合GMP的硬件。如优越的生产环境与生产条件，符合GMP要求的厂房、设备等。

在今天的高科技战争中，军用防护药剂以及急救显得尤为重要，开展军用药剂学科设置，培养既懂得工程技术又有药剂学专业知识的人才势在必行。

军用药物制剂工程学这门课程以新颖、实用、深入、系统的形式介绍军用药物制剂工程学在国防领域的最新进展和应用成果、药物制剂及军用防护药剂技术的原理与方法、相关配套生产设备的基本构造与工作原理等内容。

为了满足国防科学发展的需要、国防人才培养的需要和军用药剂学科建设的需要，课程中有机融入制药工程领域科学研究的最新进展，以及代表工业和信息化领域相关学科专业最高水平、反映世界科学前沿和技术发展的成就，比如缓控释制剂技术、靶向制剂技术、基因重组技术、生物工程技术、疫苗生产技术、智能制造技术等。

药物（drugs）是能够用于治疗、预防或诊断人类和动物疾病以及对机体的生理功能产生影响的物质。药物在研发的上游阶段被称为活性物质（active pharmaceutical ingredient，API）。由化学合成、植物提取或生物技术制得的各种原料药一般是粉末状、结晶状或者浸膏状的物质，不能直接用于临床。必须将这些粉末状、结晶状或者浸膏状的物质加工成具有一定形状和性质的，可供临床使用的形式。这种适用于疾病的诊断、治疗或预防的需要而制备的不同给药形式，被称为剂型（dosage form），如溶液剂、乳剂、片剂、胶囊剂、注射剂、软膏剂、气雾剂等。将原料药设计制备成剂型，有利于充分发挥药效、减少毒副作用、便于使用与保存。根据药物使用目的不同，同一药物可以制成不同的剂型。不同剂型的给药方式不同，其药物在体内的行为也不同。各种剂型中都包含有许多不同的具体品种，任何一个药品用于临床时，均要制成一定的剂型。

药物制剂（pharmaceutical preparation），简称制剂，是将药物制成适合临床需要并符合一定质量标准的剂型。制剂生产过程是在 GMP 规则的指导下各操作单元有机联合作业的过程。不同剂型制剂的生产操作单元不同，即使是同一剂型的制剂，也会因工艺路线不同而使操作单元有异。我们将研究制剂的理论和制备工艺的科学称为制剂学（pharmaceutical engineering）。

药剂学（pharmceutics）是研究药物剂型和制剂的配制理论、生产技术、质量控制及临床应用等内容的综合性技术科学。药剂学的特点是密切结合现代化的生产实践和医疗应用实践，将药物设计制备成安全有效、质量可控、使用方便的临床给药形式，满足患者临床使用，使药物最大限度地达到医疗、诊断和预防的目的。药剂学是涉及药品生产和应用的一门科学，是以数学、物理化学、有机化学、生物化学、药理学、生物学以及医学（如生理学、解剖学、病理学、临床治疗学等）等基础学科理论为基础，结合具体药物的体内外性质、作用机理、临床特殊要求等，研究药物制剂的设计理论、生产技术、质量控制以及合理、方便用药。

制药设备是实施药物制剂生产操作的关键因素，制药设备的密闭性、先进性、自动化程度的高低直接影响药品质量及 GMP 制度的执行。不同剂型制剂的生产操作及制药设备大多不同，同一操作单元的设备选择也往往是多类型、多规格的。按照不同的剂型及其工艺流程掌握各种相应类型制药设备的工作原理和结构特点，是确保生产优质药品的重要条件。

药物制剂工程设计是一项综合性、整体性工作，涉及的专业多、部门多、法规条例多，必须统筹安排。药物制剂工程的 GMP 设计必须掌握相关法规要求，尤其是 GMP 规则、生产工艺技术、制药设备、工程计算、工程制图，以此指导药厂总体规划、车间设计、设备选型、公用设施及辅助系统的设计。按照 GMP 的要求设计制剂工程生产车间是实施药物制剂生产操作的前提条件。

1.2 药物制剂的重要性

药物制剂是医药工业的最终产品，是药物研发的最终体现。药物对疗效起主要作用，剂型对疗效起主导作用。如某些药物的不同剂型可能分别是无效、低效、高效或引起毒副作用。药物制剂的生产是集药物、辅料、工艺、设备、技术为一体的系统工程，药物剂型与临床用药的顺应性密切相关。

剂型对疗效产生的影响主要体现在：

（1）可以改变药物作用速度。注射剂、气雾剂起效快，用于急救。口服制剂如片剂、胶囊剂作用缓慢，用于一般治疗。

（2）可以降低或消除原料药的毒副作用。如氨茶碱治疗哮喘疗效好，但易引起心跳加快、毒副作用，制成栓剂可消除毒副作用。非载体抗炎药口服有严重的胃肠道刺激性，制成透皮制剂可以消除刺激。

（3）可以改善患者的用药依从性。普通口服片剂，儿童和老人吞咽困难，改成咀嚼片或口腔速溶膜，可以提高患者依从性。

（4）可以提高药物稳定性。固体制剂通常比液体制剂稳定性好，包衣片稳定性高于普通片剂，冻干粉针剂稳定性优于常规注射剂。

（5）可以提高生物利用度和疗效。异丙肾上腺素的首过效应强，口服生物利用低，设计成注射剂、气雾剂或舌下片，可以提高生物利用度。

（6）可以产生靶向作用。微粒分散系的静脉注射剂，如微乳、脂质体、微球、微囊等，进入血液循环系统后，被网状内壁系统的巨噬细胞吞噬，从而使药物浓集于肝、脾等器官，起到肝、脾的被动靶向作用。

（7）可以改变药物的作用性质。多数药物的药理活性与剂型无关，但有些药物与剂型有关。如静脉滴注硫酸镁，能够抑制大脑中枢神经，起到镇静、镇痉作用。但是硫酸镁口服给药，有泻下作用。1%的依沙吖啶注射液用于中期引产，而 0.1%～0.2%的依沙吖啶溶液，外用有杀菌作用。

1.3 药物剂型的分类

常用剂型有 40 余种，其分类方法有多种，现分述如下：

一、按给药途径分类

1. 经胃肠道给药剂型

经胃肠道给药剂型是指药物制剂经口服后进入胃肠道，起局部或经吸收后发挥全身作用的剂型。常用的有散剂、颗粒剂、片剂、胶囊剂、溶液剂、乳剂、混悬剂等。容易受胃肠道中的酸或酶破坏的药物一般不能采用这类简单剂型。通过口腔黏膜吸收发挥作用的剂型不属于胃肠道给药剂型。

2. 非经胃肠道给药剂型

非经胃肠道给药剂型是指除口服给药途径以外的所有其他剂型，这些剂型可以在给药部位起局部作用或被吸收后发挥全身作用。

（1）注射剂：又分为静脉注射、肌内注射、皮下注射、皮内注射及腔内（如关节腔、脊髓腔）注射等多种注射途径。

（2）皮肤给药剂型：施用于皮肤的剂型分为两大类：一类是局部用药，如外用溶液剂、洗剂、搽剂、软膏剂、硬膏剂、糊剂、贴剂等。另一类属于经皮给药系统，贴于皮肤表面可使药物透皮吸收入血，持久、缓和地发挥全身作用。

（3）呼吸道给药剂型：上呼吸道给药的有滴鼻剂、喉头喷雾剂等，经下呼吸道至肺泡吸收的剂型有气雾剂、粉雾剂等，可迅速发挥全身作用。

（4）身体其他腔道黏膜给药剂型：如滴眼剂、眼膏剂、滴鼻剂、含漱剂、口含片、舌下含片剂、颊内使用的薄型片剂、贴剂，可用于眼、鼻腔和口腔黏膜等，起局部作用或经黏膜吸收而发挥全身作用。腔道给药的栓剂、阴道片、气雾剂、泡腾片、滴耳剂、滴剂及滴丸等，可用于直肠、阴道、尿道、鼻腔、耳道等。

（5）透析剂：腹膜透析用制剂、血液透析用制剂。

二、按物理形态分类

（1）固体剂型：包括散剂、颗粒剂、胶囊剂、片剂、丸剂、栓剂、膜剂等。

（2）半固体剂型：包括软膏剂、凝胶剂、糊剂等。

（3）液体剂型：包括溶液剂、芳香水剂等各种液体制剂，以及注射剂等。

（4）气体剂型：如气雾剂、喷雾剂等。

形态相同的剂型，其制备工艺也比较相近。例如制备液体剂型时，多采用溶解、分散等方法；制备固体剂型多采用粉碎、混合等方法；制备半固体剂型多采用熔融、研磨等方法。

三、按分散系统分类

这种分类方法便于应用物理化学的原理来阐明各类制剂特征，但不能反映用药部位与用药方法对剂型的要求，甚至一种剂型可以分到几个分散体系中。

1. 溶液型

药物以分子或离子状态（质点小于 1 nm）分散于分散介质中所形成的均匀分散体系，也称为低分子溶液，如芳香水剂、溶液剂、糖浆剂、甘油剂、醋剂、溶液型注射剂等。

2. 胶体型

胶体型包括高分子溶液和溶胶两类。如胶浆剂、涂膜剂等。其分散物质的粒径一般都在 1～100 nm 范围内，高分子胶体溶液属于均相的热力学稳定系统，而溶胶则为非均相系统，属于热力学不稳定体系。

3. 乳剂型

油类药物或药物油溶液以液滴状态分散在水性分散介质中，或药物水溶液以液滴状态分散在油性分散介质中所形成的非均相分散体系，如口服乳剂、静脉注射乳剂、部分搽剂等。

4. 混悬型

固体药物以微粒状态分散在分散介质中所形成的非均匀分散体系，如合剂、混悬剂等。

5. 气体分散型

液体或固体药物以微粒状态分散在气体分散介质中所形成的分散体系，如气雾剂等。

6. 微粒分散型

微粒分散型是指粒子介于胶体型和粗粒子分散型之间的、粒径一般为 0.01～20 μm 的分散类型。属于这一类型的有近年来发展的微囊、微球、脂质体、纳米制剂等。

7. 固体分散型

固体药物以聚集状态存在的分散体系，如片剂、散剂、颗粒剂、胶囊剂、丸剂等。

四、按制法分类

根据特殊的原料来源和制备过程进行分类的方法，虽然不包含全部剂型，但习惯上常用。

（1）浸出制剂：是用浸出方法制成的剂型（流浸膏剂、酊剂等）。

（2）无菌制剂：是用灭菌方法或无菌技术制成的剂型（注射剂等）。

剂型的任何分类方法均有其局限性和相对性，各有其优缺点。

本教材根据医疗、生产实践、教学等方面的习惯，采用综合分类的方法。

五、按新型药物递送系统分类

新型药物递送系统旨在通过提高药物生物利用度和治疗指数，降低副作用来提高患者依从性。

药物递送系统（drug delivery system，DDS）是指将必要量的药物，在必要的时间内递送到必要部位的技术。其目的是将原料药的作用发挥到极致，副作用降低到最小。运用 DDS 技术，将已有药物的药效发挥到最好，副作用降低到最小，不仅可以提高患者的生存质量，提高经济效益，也对企业延长药物的生命周期起积极的作用。基于 DDS 技术的生物技术药物的产业化，使许多疑难病的治疗有了可能。

1. 缓、控释递药系统

（1）口服缓、控释递药系统：分为择速、择时、择位控制释药三大类。不仅可以达到缓慢释放药物的目的，还能保护药物不被胃肠道酶降解，促进药物胃肠道吸收，提高药物生物利用度。如口服脂质体、微乳、自微乳、纳米粒胶束等缓、控释递药系统。

（2）注射缓控释递药系统：分为液态注射系统和微粒注射系统，微粒注射系统疗效持续时间更长，可显著减少用药次数，提高患者的顺应性。如微囊、脂质体、微球、毫微粒、胶束等。

（3）在体成型递药系统（*in-situ* forming drug delivery system，ISFDDS）：是将药物和聚合物溶于适宜溶剂中，局部注射体内或植入临床所需的给药部位，利用聚合物在生理条件下凝固凝胶化沉淀或交联，形成固体或半固体药物贮库，从而达到缓慢释放药物的效果。ISFDDS 具有可用于特殊病变部位的局部用药，延长给药周期，降低给药剂量和不良反应，工艺简单稳定等特点，并且避免植入剂的外科手术，大大提高患者的顺应性。

2. 经皮药物递药系统

许多新技术用于 TDDS，药剂学手段如促进剂、脂质体、微乳、传递体等，化学手段如促进剂、前药、离子对，物理手段如离子导入、电制孔、超声、激光、加热、微针等，生理手段如经穴位给药，促进药物吸收。

3. 靶向药物递送系统

（1）脂质体：如长循环脂质体、免疫脂质体、磁性脂质体、pH 敏感脂质体、热敏感脂质体、前体脂质体等。

（2）载药脂肪乳：载药脂肪乳是提高难溶性药物溶解度的有效手段，具有缓、控释和靶向特征；粒径小，稳定性好，质量可控，易于工业化大生产。

（3）聚合物胶束：如肿瘤 pH 敏感聚合物胶束、核内质溶酶体 pH 敏感聚合物胶束、温度敏感聚合物胶束、超声敏感聚合物胶束，以配体、单抗、小肽表面修饰的聚合物胶束。

（4）靶向前体药物：利用组织的特异酶，如肿瘤细胞含较高浓度的磷酸酯酶和酰胺酶靶向前体药物、结肠的葡萄糖酶和葡萄糖醛酸糖苷酶靶向前体药物、肾脏的 γ-谷氨酰转肽酶靶向前体药物等。将药物与单抗、配基、PEG、小肽交联，达到主动靶向，甚至细胞核内靶向。

（5）智能型药物递送系统：智能型药物递送系统是依据病理变化信息，实现药物在体内的择时、择位释放，发挥治疗药物的最大疗效，最大限度地降低药物对正常组织的伤害。如脉冲式释药技术，该技术利用外界变化因素，如磁场、光、温度、电场及特定的化学物质的变化来调节药物的释放，也可以利用体内的环境因素，如 pH、酶、细菌等来控制药物的释放。

1.4 药用辅料

药用辅料（pharmaceutical excipients）是指生产药品和调配处方时使用的赋形剂和附加剂，是除了活性 API 之外，在安全性方面已进行了合理的评估，并且包含在药物制剂中的所有其他物质。药用辅料除了赋形、充当载体、提高稳定性外，还具有增溶、助溶、缓控释等重要功能，是可能会影响药品的质量、安全性和有效性的重要成分。

对药用辅料的要求是：应该对人体无毒害作用、化学性质稳定、与主药及辅料之间无配伍禁忌、不影响制剂的检验，尽可能用较小的用量发挥较大的作用。

辅料的作用是：使剂型具有形态特征；使制备过程顺利进行；提高药物的稳定性；调节有效成分的作用部位、作用时间或满足生理要求。

《中华人民共和国药典》2020 年第十一版收载药用辅料 335 种。按辅料在制剂中的作用和用途分类，主要有 65 种：pH 调节剂、螯合剂、包合剂、包衣剂、保护剂、保湿剂、崩解剂、表面活性剂、病毒灭活剂、补剂、沉淀剂、成膜材料、调香剂、冻干用赋形剂、二氧化碳吸附剂、发泡剂、芳香剂、防腐剂、赋形剂、干燥剂、固化剂、缓冲剂、缓控释材料、胶黏剂、矫味剂、抗氧剂、抗氧增效剂、抗黏着剂、空气置换剂、冷凝剂、膏剂基材、凝胶材料、抛光剂、抛射剂、溶剂、柔软剂、乳化剂、软膏基质、软胶囊材料、润滑剂、润湿剂、渗透促进剂、渗透压调节剂、栓剂基质、甜味剂、填充剂、丸芯、稳定剂、吸附剂、吸收剂、稀释剂、消泡剂、絮凝剂、乙醇改性剂、硬膏基质、油墨、增稠剂、增溶剂、增塑剂、黏合剂、中药炮制辅料、助滤剂、助溶剂、助悬剂、着色剂。

1.5 药品相关法规

一、药典

药典（pharmacopoeia）是指一个国家收载药品规格、标准的法典。由国家药典委员会编写，政府颁布施行，具有法律约束力。药典收载的品种必须疗效确切、副作用小和质量稳定。药典在一定程度上反映一个国家药品生产、医疗和科学技术的水平，对保障人民用药安全和有效以及促进药品研究、生产具有重要意义。

1.《中华人民共和国药典》

《中华人民共和国药典》（简称《中国药典》，ChP）于 1953 年首版发行，从 1985 年起，每 5 年发行一套新版。2020 年版为第十一版药典，这版药典以建立“最严谨的标准”为指导，以提升药品质量、保障用药、安全服务、药品监督为宗旨。在国家药品监督管理局的领导下，在相关药品检验机构、科研院校的大力支持和国内外药品生产企业及学会协会积极参与下，国家药典委员会组织完成了中国药典 2020 年版编制各项工作。

本版药典收载品种 5 911 种，新增 319 种，修订 3 177 种，不再收载 10 种，因品种合并减少 6 种，一部中药收载 2 711 种，其中新增 117 种，修订 452 种；二部化学药收载 2 712 种，其中新增 117 种，修订 2 387 种；三部生物制品收载 153 种，其中新增 20 种，修订 126 种，新增生物制品通则 2 个、总论 4 个、四部收载通用技术要求 361 个，其中制剂通则 38 个（修订 35 个），检测方法及其他通则 281 个（新增 35 个，修订 51 个），指导原则 42 个（新增12个，修订12个），药用辅料收载335种，其中新增65种，修订212种。

2020年版《中国药典》的主要特点是：稳步推进药典品种收载，健全国家药品标准体系，扩大成熟分析技术应用，提高药品安全和有效控制要求，提升辅料标准水平，加强国际标准协调，强化要点导向作用，完善要点工作机制。

本版药典编制秉承科学性、先进性、实用性和规范性的原则，不断强化《中国药典》在国家药品标准中的核心地位，标准体系更加完善、标准制定更加规范、标准内容更加严谨、与国际标准更加协调，药品标准整体水平得到进一步提升，全面反映出我国医药发展和检测技术应用的现状，在提高我国药品质量、保障公众用药安全、促进医药产业健康发展、提升《中国药典》国际影响力等方面必将发挥重要作用。

2. 其他国家药典

全世界大约有40个国家具有本国药典，《国际药典》和《欧洲药典》则属于国际和区域性药典，一般无法律约束力。对各国药典有一定影响力的国外药典主要包括《美国药典》（United States Pharmacopoeia，USP）、《英国药典》（British Pharmacopoeia，BP）、《日本药局方》（Japanese Pharmacopoeia，JP）、《欧洲药典》（European Pharmacopoeia，EP）和《国际药典》（the International Pharmacopoeia，IntPh）等。

二、国家药品标准

国家药品标准是指国家食品药品监督管理总局[①]（China Food and Drug Administration，CFDA）颁布的《中华人民共和国药典》、药品注册标准和其他药品标准，其内容包括质量指标、检验方法以及生产工艺等技术要求。

国家注册标准是指CFDA给申请人特定药品的标准。生产该药品的药品生产企业必须执行该注册标准，但也是属于国家药品标准的范畴。

目前药品的所有执行标准均为国家注册标准，主要包括：

（1）药典标准；

（2）卫生部[②]中药成方制剂1～21册；

（3）卫生部化学、生化、抗生素药品第1分册；

（4）卫生部药品标准（二部）1～6册；

（5）卫生部药品标准藏药第1册、蒙药分册、维吾尔药分册；

（6）新药转正标准1～76册；

（7）国家药品标准，化学药品地标升国标1～16册；

（8）国家中成药标准汇编；

（9）国家注册标准；

（10）进口药品标准。

三、药品研发全流程

新药研发全流程主要包括六个阶段：新药的发现；临床前研究；临床研究；新药申请；批准上市；Ⅳ期临床研究（药物上市后监测）。药品研发全流程如图1－1所示。

① 现国家市场监督管理总局。

② 现卫计委。

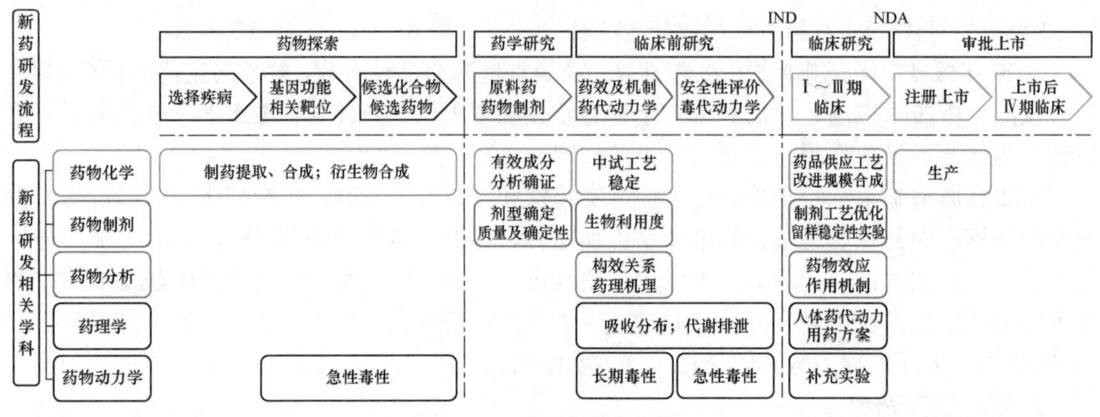

图 1-1　药品研发全流程

四、药品研发全流程质量控制

1.《药品非临床研究质量管理规范》（Good Laboratory Practice，GLP）

GLP 是指药物用于临床前必须进行的非人类研究，主要用于药品的安全性评价，以保证药品使用的安全性。实验内容主要包括毒性（单次和多次给药）、致突变、致癌实验以及各种刺激性和依赖性实验等。SFDA 规定一类新药及其制剂必须由经过 GLP 认证的单位进行安全性评价。

2007 年 1 月 1 日起，SFDA 规定未在国内上市销售的化学原料药及其制剂、生物制品，未在国内上市销售的从植物、动物、矿物等物质中提取的有效成分、有效部位及其制剂，从中药、天然药物中提取的有效成分及其制剂，以及中药注射剂等的新药非临床安全性评价研究，必须在经过 GLP 认证、符合 GLP 要求的实验室中进行。

GLP 的核心精神是通过严格控制非临床安全性评价的各个环节以保证实验质量，即研究资料的真实性、可靠性和完整性。GLP 建设的基本内容可分为软件和硬件两大部分，GLP 的软件解决安全性研究的运行管理问题，而运行软件所需要的硬件环境就是 GLP 的硬件设施。GLP 硬件包括动物饲养设施、各类实验设施（供试品处置措施、各类实验和诊断功能实验室）、各类保管设施（供试品保管、档案保管）和环境调控设施，以及满足研究需要的相应的仪器设备等。软件部分包括组织机构和人员、各项工作的标准操作流程、研究工作实施过程及相关环节的管理、质量保证体系等。

2.《药物临床研究质量管理规范》（Good Clinical Practice，GCP）

GCP 是指药物在人体（患者或健康志愿者）进行的系统性研究，以证实或揭示实验用药品的疗效和不良反应。GCP 的制定可以规范临床实验过程，使得研究结果科学、可靠，并保障在药品研究过程中受试者的安全和权益。

GCP 是为保证临床实验数据的质量、保护受试者的安全和权益而制定的进行临床实验的准则，是保证药物临床实验安全性的法律依据。确定它的目的是保证临床实验过程的规范可靠、结果科学可信，同时，保证受试者的权益和生命安全。它的宗旨就是保证药物临床实验过程的规范化，使其结果具有科学性、可靠性、准确性、完整。

GCP 的内容主要涵盖了临床实验方案的设计、实施、组织、监察、记录、分析、统计、总结、报告、审核等全过程，也包括了新药临床实验的条件、受试者的权益保障、实验方案的制订、研究者、申办者和监察员的主要职责、质量保证体系等内容。

3. 药品生产质量管理规范（Good Manufacturing Practice，GMP）

GMP是指用科学、合理的规范化条件和方法保证生产优质药品的一整套文件，是药品生产和质量管理的基本准则，是新建、改建和扩建医药企业的依据。对药品生产实行GMP认证制度的目的是保证药品生产质量符合期望的质量要求和标准，保证药品的临床治疗效果，提高医疗总体水平。

1963年，美国率先实行GMP管理，此后各国积极响应，陆续制定了符合各国国情的GMP管理条例。我国于1982年由中国医药工业公司颁布了《药品生产管理规范（试行本）》，后经过几次修改与反复实践，使我国的GMP管理条例更加完善，更加符合我国国情，并最终由国家食品药品监督管理局（SFDA）颁发实施。GMP的主要管理对象包括人、物（生产环境）及其生产过程。其中，“人”是实行GMP管理的软件，也是关键管理对象；而“物”是GMP管理的硬件，是生产的必要条件，“人”与“物”在GMP管理中的动态体现，是保证药品生产质量的核心，只有“人”与“物”两者科学、合理地结合，才能使GMP对保障药品质量起到真正保驾护航的作用。GMP管理的核心要素主要包括以下几点：

① 使人为产生的错误减少到最低；

② 使对医药品生产过程中可能存在的污染降到最低；

③ 防止低质量医药品的生产；

④ 保证产品高质量的系统设计。

强制性推行GMP管理是保障人们用药安全、有效的重要决策，是全面提高我国制药企业生产水平的根本保证，也是配合药品管理职能部门调控、克服药品生产低水平重复的重要措施。

cGMP是Current Good Manufacture Practices的简称，即动态药品生产管理规范，也翻译为现行药品生产管理规范。

我国在2011年2月12日颁布了新版药品GMP，并于2011年3月1日起施行。新版GMP是在98版基础上更加完善的版本，在修订过程中，参考借鉴了欧盟FDA和WHO的GMP内容，其基本框架和内容采用欧盟GMP文本，附录中的原料药标准采用ICH GMP（ICH Q7A）版本。

新版GMP具有几大亮点：

① 总体内容更为原则化、更科学、更易于操作。主要体现GMP的内涵和概念，是减少人为差错、防止混淆和交叉污染，做到可追踪性，以保证产品质量和人民用药安全为原则。

② 充分考虑了原料药生产的特殊性。新版GMP充分体现了原料药生产的特殊性。原料药生产一般分为合成（包括化学方法、生物发酵方法）、提取（包括植物、动物等提取）和精制三大步骤，合成由于未形成原料药（Active Pharmaceutical Ingredient，API），一般称为生产初期。不同的步骤，GMP的要求不一样，对于一般生产步骤，越往后，GMP要求越高。

③ 增加了偏差管理，超过标准范围（Out of Specifications，OOS）、纠正预防系统（Corrective Action Protective Action，CAPA）、变更控制等内容。从法规上认可企业的偏差、超标和变更行为的合法化。有偏差，就记录并说明，重大偏差需要调查并启动CAPA程序，这才是真正的以科学态度对待GMP。

④ 对主要文件提出更高的要求。对主要文件（如质量标准、工艺规程、批记录等）分门别类具体提出要求，特别对批生产、包装记录的录制、发放提出更具体的要求，大大增加了企业违规、不规范记录，甚至造假舞弊的操作难度。

⑤ 净化级别标准与国际接轨。新版GMP标准与国际接轨，特别在净化级别上采用WHO

的标准，实行 ABC 和 D4 级标准，对悬浮粒子进行动态监测，对浮游菌、沉降菌和表面微生物的监测都有明确规定和说明，有利于将来和其他发达国家的 GMP 的互认，提高了企业的对外竞争力，为我国药品出口扫清障碍，其战略意义不言而喻。

⑥ 明确规定粉针剂的有效期不得超过生产所用无菌原料药的有效期。与老版 GMP 相比，附录无菌产品第 64 条明确规定了粉针剂的有效期不得超过生产所用无菌原料药的有效期，既解决日常工作中的原料药和制剂有效期时常出现的矛盾的问题，又抓住重点剂型，以减少质量风险。

4.《药品经营质量管理规范》（Good，Supply Practice，GSP）

GSP 是指国家为了加强药品经营质量管理的一整套文件，是国家对药品经营企业、药品经营质量进行监督检查和管理的一种手段，以保证药品在流通领域的质量，保障人民用药的安全性和有效性。

1.6 药剂学的发展简史

在我国历史上，最初人们将新鲜的动植物捣碎后再做药用，为了更好地发挥药效和便于服用，才逐渐出现了药材加工成一定剂型的演变过程。

汤剂是我国最早的中药剂型，在商代（公元前 1766 年）已有使用。夏商周时期的医书《五十二病方》《甲乙经》《山海经》已记载将药材加工成汤剂、酒剂、饼剂、曲剂、丸剂和膏剂等剂型使用。

东汉张仲景（142—219 年）的《伤寒论》和《金匮要略》中就收载了栓剂、糖浆剂、洗剂和软膏剂等 10 余种剂型。晋代葛洪（公元 281—341 年）的《肘后备急方》中收载了各种膏剂、丸剂、锭剂和条剂等。

唐代的《新修本草》是我国第一部也是世界上最早的国家药典。宋代的成方制剂已有规模生产，并出现了官办药厂及我国最早的国家制剂规范。明代李时珍（1518—1539 年）编著的《本草纲目》收录药物 1 892 种和剂型 61 种。

20 世纪 90 年代以来，由于分子药理学、生物药物分析、细胞药物化学、药物分子传递学及系统工程学等科学的发展、渗入以及新技术的不断涌现，药物剂型和制剂研究已进入药物递送系统时代，药物制剂的设计和生产，体外的溶出与释放，体内药物在吸收、分布、代谢、排泄过程中的变化和影响，都要用数据和图像来阐述，还要结合患者、病因、器官、组织、细胞的生理特点与药物分子的关系来反映剂型的结构与有效性，逐渐解决剂型与病变细胞亲和性的问题。所以，21 世纪的药剂学是药物制剂向系统工程制品发展的 DDS 新时代。

参考文献

[1] 方亮. 药剂学（第 8 版）[M]. 北京：人民卫生出版社，2016.
[2] 祁秀玲，贾雷. 药剂学 [M]. 北京：科学出版社，2021.
[3] 潘卫三. 药剂学 [M]. 北京：化学工业出版社，2017.
[4] 朱照静，张荷兰. 药剂学 [M]. 北京：中国医药科技出版社，2021.
[5] 崔福德. 药剂学（第 5 版）[M]. 北京：人民卫生出版社，2003.
[6] 张洪斌. 药物制剂工程技术与设备 [M]. 北京：化学工业出版社，2003.

（张　奇）

民族骄傲|世界上第一部国家药典

《新修本草》

《新修本草》的作者是苏敬等22人，成书于唐显庆四年（659年）。是中国历史上第一部由政府颁布的药典，也是世界上最早的药典。《新修本草》是一部承前启后的巨大著作。此书的完成标志着中国药物学向前推进了一步。

它比欧洲最早的《佛罗伦萨药典》（1498年出版）早839年，比1535年颁发的世界医学史上有名的《纽伦堡药典》早876年，比俄罗斯第一部国家药典（1778年颁行）早1 119年，所以有世界第一部药典之称。

《新修本草》共54卷，包括正经20卷、药图25卷、图经7卷，加上目录2卷，全书共载药844种（一说850种），分玉石、草木、兽禽、虫、鱼、果、菜、米谷、有名未用9类，在《本草经集注》的基础上增加了山楂、芸苔子、人中白、鲜鱼、砂糖等114种新药物。还增加了作为镇静剂的阿魏、泻下剂的蓖麻子及杀虫剂的鹤虱等现代常用的确有疗效的药物外，更吸收了不少外来药物，如安息香、龙脑香、胡椒、诃黎勒等，丰富了祖国的药物学。

《新修本草》在编写过程中，遵从实事求是的原则，学术价值高。由于其内容丰富，取材精要，主宰了之后360多年的中医药界。在国内外医学领域中都起了很大作用。唐朝政府规定为医学生的必修课之一。该书在成书50多年后，日本也将其作为医学生的必修课本。日本律令《延喜式》记载："凡医生皆读苏敬新修本草。该书也同时传到朝鲜等邻邦，对这些国家的医药发展起了很大作用。"

《新修本草》封面

（张 奇）

第2章
固体制剂

固体剂型在药物制剂中所占比重最大，约为70%。常用的有散剂、颗粒剂、片剂、胶囊剂、滴丸剂、膜剂等。固体制剂的共同特点是：① 物理、化学稳定性好，生产制造成本较低，服用、携带方便，包装、贮存、使用运输方便，是药物制剂研发的首选剂型；② 制备过程的前处理单元操作相同，药物的混合均匀、剂量准确，剂型间有密切的联系；③ 药物在体内首先溶解后才能透过生理膜、被吸收入血液循环中，如图2-1所示。

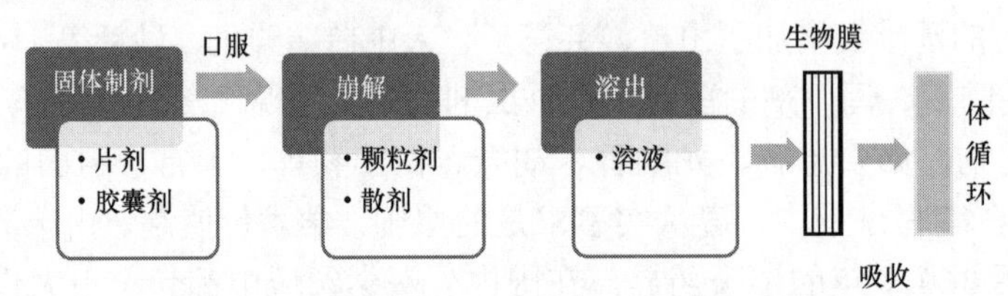

图2-1　固体药物口服进入体循环过程示意图

固体制剂中最主要的剂型是散剂、颗粒剂、片剂、胶囊剂，这几种固体剂型的生产工艺过程、生产设备、车间卫生要求，虽然有一些不同的地方，但是有很多共同的地方。其中，片剂的制备工艺过程最为复杂，最有代表性。片剂与散剂、颗粒剂、胶囊剂这几种口服固体制剂制备工艺过程的单元操作有共同的地方，并且紧密关联，如图2-2所示。几种口服固体制剂的车间卫生洁净度级别要求如图2-3所示。

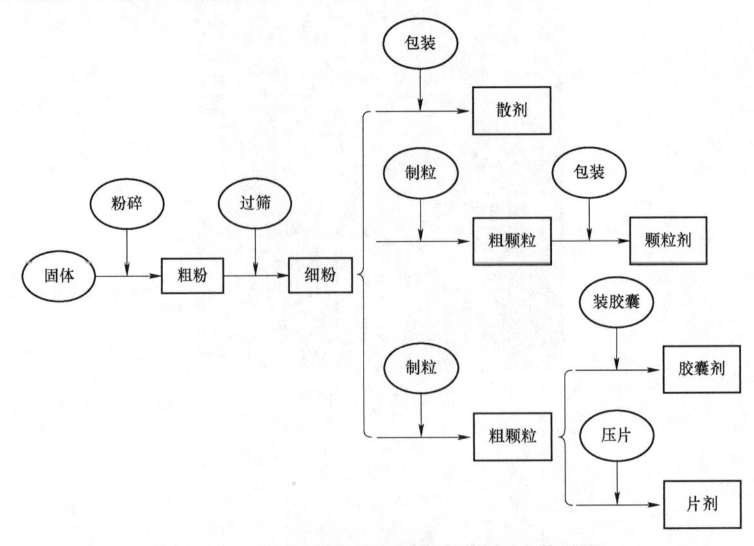

图2-2　几种口服固体制剂的制备工艺流程

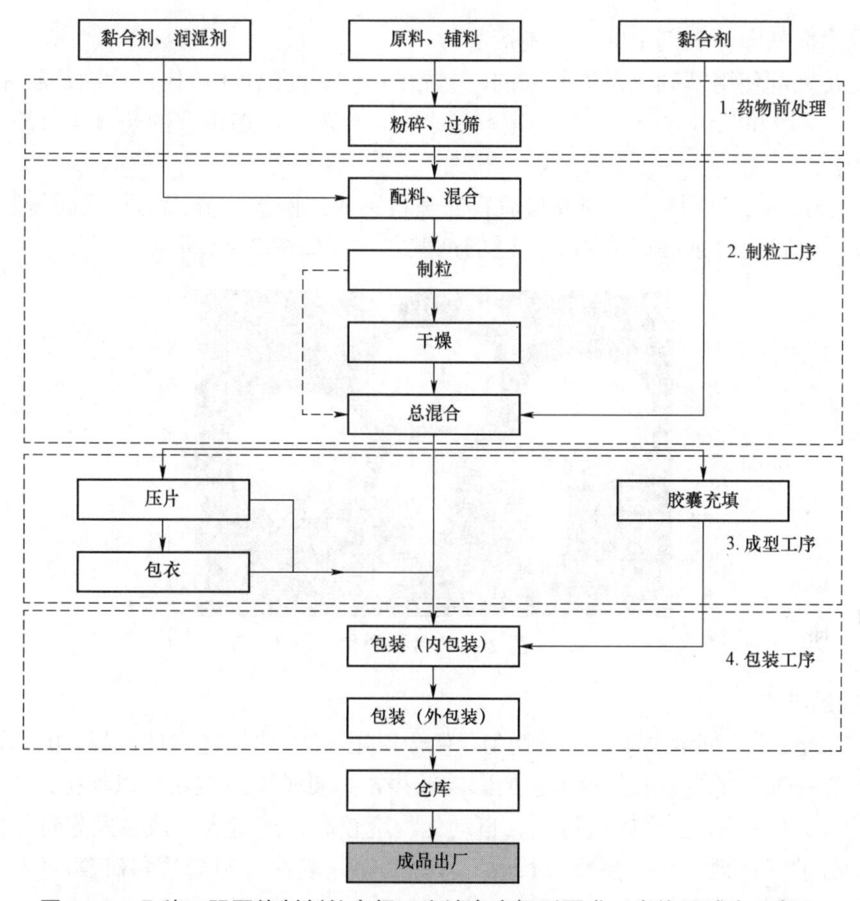

图 2–3　几种口服固体制剂的车间卫生洁净度级别要求（虚线区域为 D 级）

2.1　片剂

1. 掌握片剂的概念、特点、种类和质量要求。
2. 掌握片剂辅料的分类及常用辅料的性质、特点和应用。
3. 了解粉碎、筛分和混合的概念、方法及常用设备。
4. 掌握普通湿法制粒和干法制粒的方法，了解制粒的常用设备。
5. 了解干燥的概念、方法常用设备及影响因素。了解压片的常用设备。
6. 掌握片剂成型的影响因素及压片中可能产生的问题和解决方法。
7. 掌握片剂包衣的目的和种类。了解片剂包衣方法及材料、工序、常用设备。
8. 熟悉片剂的质量检查和包装贮存。
9. 了解片剂的处方设计。

2.1.1　概述

固体制剂中最有代表性的剂型为片剂，片剂生产工艺过程单元包括或融合了散剂、胶囊剂、颗粒剂等生产工艺过程。片剂制备过程中用到的辅料和设备及技术手段都是固体制剂的代表，所以片剂是固体制剂中的重点制剂品种。

片剂是在丸剂使用基础上发展起来的，它始创于 19 世纪 40 年代，片剂是品种多、产量大、用途广、使用和贮运方便、质量稳定剂型之一，片剂在许多国家的药典所收载的制剂中，均占 1/3 以上。

片剂（tablets）指原料、药物或与适宜的辅料制成的圆形或异形的片状固体制剂，可供内服和外用。片剂是目前临床应用最广泛的剂型之一，如图 2–4 所示。

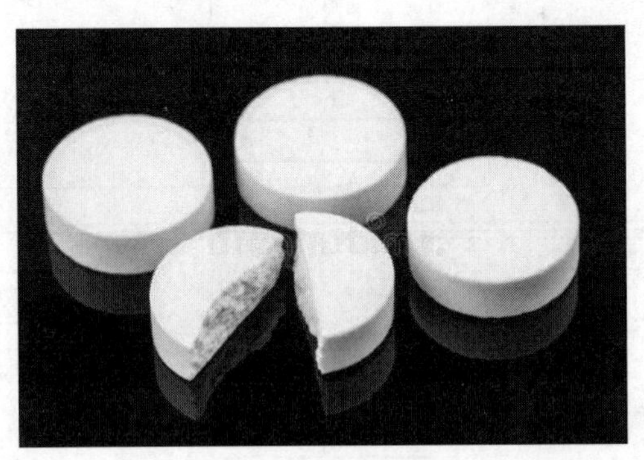

图 2–4　片剂照片

1. 片剂的特点

片剂的优点：① 剂量准确，含量均匀，便于取用；② 化学稳定性较好，因为体积较小、致密，受外界空气、光线、水分等因素的影响较少，必要时通过包衣加以保护；③ 携带、运输、服用均较方便；④ 生产的机械化、自动化程度较高，产量大、成本及售价较低；⑤ 便于识别，如分散（速效）片、控释（长效）片、肠溶包衣片、咀嚼片和口含片等，以满足不同临床医疗的需要。

片剂的不足之处：① 幼儿及昏迷患者不易吞服；② 压片时加入的辅料，有时影响药物的溶出和生物利用度；③ 如含有挥发性成分，久贮含量有所下降。

2. 片剂的分类

片剂以口服普通片为主，另有含片、舌下片、口腔贴片、咀嚼片、分散片、可溶片、泡腾片、缓释片、控释片、肠溶片、口崩片等。

含片（lozenge）是指含于口腔中缓慢融化，产生局部或全身作用的片剂。含片中的原料药物一般是易溶性的，主要起局部消炎、杀菌、收敛、止痛或局部麻醉等作用。

舌下片（sublingual tablets）是指置于舌下能迅速融化，药物经舌下黏膜吸收，发挥全身作用的片剂。舌下片中的原料药物应易于直接吸收，主要适用于急症的治疗。

口腔贴片（buccal tablets）是指粘贴于口腔，经黏膜吸收后起局部或全身作用的片剂。口腔贴片应进行溶出度或释放度检查。

咀嚼片（chewable tablets）是指与口腔中咀嚼后吞服的片剂。咀嚼片一般应选择甘露醇、山梨醇、蔗糖等水溶性辅料作填充剂和黏合剂。咀嚼片的硬度应适宜。

分散片（dispersible tablets）是指在水中能迅速崩解并均匀分散的片剂。分散片中的原料应是难溶性的药物，分散片可加水分散后口服，也可将分散片含于口中吮服或吞服。

可溶片（soluble tablets）是指临用前能溶解于水的非包衣片或薄膜包衣片剂。可溶片应溶解于水中，溶液可呈轻微乳光。可供口服、外用、含漱等用。

泡腾片（effervescent tablets）是指含有碳酸氢钠和有机酸，遇水可产生气体而成泡腾状的片剂。泡腾片不得直接吞服。泡腾片中的原料药物应是易溶性的，加水产生气泡后应能溶解有机酸，一般用枸橼酸、酒石酸、富马酸等。

缓释片（sustained release tablets）是指在规定的释放介质中缓慢非恒速释放药物的片剂。缓释片应符合缓释制剂的有关要求。除说明书标注可掰开服用外，一般应整片吞服。

控释片（controlled release tablets）是指在规定的释放介质中缓慢恒速释放药物的片剂控释片，应符合控释制剂的有关要求。应进行释放度检查，除说明书标注可掰开服用外，一般应整片吞服。

肠溶片（enteric-coated tablets）是指用肠溶性包衣材料进行包衣的片剂。为防止原料药物在胃内分解失效，对胃的刺激或控制原料药物在胃肠道内定位释放，可对片剂包肠溶衣，为治疗结肠部位疾病等，可对片剂包结肠定位肠溶衣。除说明书标注可掰开服用外，一般不得掰开服用。

口崩片（orally disintegrating tablets）是指在口腔内不需要用水即能迅速崩解或溶解的片剂。一般适用于小剂量原料。药物常用于吞咽困难或不配合服药的患者。可采用直接压片和冷冻干燥法制备。口崩片应在口腔内迅速崩解或溶解，口感良好，容易吞咽，对口腔黏膜无刺激性。除冷冻干燥法制备的口崩片外，口崩片应进行崩解检查。对于难溶性原料药物制成的口崩片，还应进行溶出度检查。对于经肠溶材料包衣的颗粒制成的口崩片，还应进行释放度检查。采用冷冻干燥法制备的口崩片，可不进行脆碎度检查。

2.1.2 片剂常用的辅料

片剂由药物和辅料（excipients 或 adjuvants）两部分组成。辅料为片剂中除主药以外的一切附加物料的总称，也称赋形剂，为非治疗性物质。

片剂的辅料必须具备较高的化学稳定性，不与主药发生任何物理化学反应，对人体无毒、无害、无不良反应，不影响主药的疗效和含量测定。

填充和稀释作用、润湿和黏合作用、吸附作用、崩解作用和润滑作用为片剂辅料的四大基本功能，有时为提高患者的顺应性，还需要加入着色剂、矫味剂等，下面分别介绍：

一、填充剂或稀释剂

填充剂（fillers）又称稀释剂（diluents），用于增加片剂的重量或体积，从而便于压片。常用的填充剂有淀粉类、糖类、纤维素类和无机盐类等。片剂的直径一般不能小于 6 mm，片重多在 100 mg 以上，如果片剂中的主药只有几毫克或几十毫克时，不加入适当的填充剂，将无法制成片剂。稀释剂的加入不仅保证一定的体积大小，而且减少主药成分的剂量偏差，改善药物的压缩成形性等。

1. 淀粉（starch）

淀粉有玉米淀粉、马铃薯淀粉、小麦淀粉，比较常用的是玉米淀粉，它的性质非常稳定，与大多数药物不起作用，价格也比较低，吸湿性小、外观色泽好。在实际生产中，其常与可压性较好的糖粉、糊精混合使用，这是因为淀粉的可压性较差，若单独使用，会使压出的药片过于松散。

2. 糖粉（sugar）

糖粉是指结晶性蔗糖经低温干燥粉碎后而形成的白色粉末，其优点在于黏合力强，可用来增加片剂的硬度，并使片剂的表面光滑美观；其缺点在于吸湿性较强，如长期贮存，会使片剂的硬度过大，崩解或溶出困难，除口含片或可溶性片剂外，一般不单独使用，常与糊精、淀粉配合使用。

3. 糊精（dextrin）

糊精是淀粉水解中间产物的总称，其化学式为 $(C_6H_{10}O_5)_n \cdot xH_2O$，其水溶物约为 80%，在冷水中溶解较慢，较易溶于热水，不溶于乙醇。习惯上也称其为高糊（高黏度糊精），即具有较强的黏合性，使用不当会使片面出现麻点、水印或造成片剂崩解或溶出迟缓；在含量测定时，如果不充分粉碎提取，将会影响测定结果的准确性和重现性。所以，很少单独大量使用糊精作为填充剂，常与糖粉、淀粉配合使用。

4. 乳糖（lactose）

乳糖是一种优良的片剂填充剂，由牛乳清中提取制得，在国外应用非常广泛，但因价格较高，在国内应用得不多。常用含有一分子水的结晶乳糖（即α-含水乳糖），在加热至 93.5 ℃时，由α-乳糖转化为β-乳糖，溶解度增大，适用于做溶液片或注射用片。无吸湿性，可压性好，性质稳定，与大多数药物不起化学反应，压成的药片光洁美观；由喷雾干燥法制得的乳糖为非结晶乳糖，其流动性、可压性良好，可供粉末直接压片使用。由于乳糖价格高昂，很少单独使用，多半由其他辅料代替，即由淀粉 7 份、糊精 1 份、糖粉 1 份替代。

5. 可压性淀粉

可压性淀粉也称为预胶化淀粉（pregelatinized starch），又称α-淀粉，是新型的药用辅料。国产的可压性淀粉是部分预胶化淀粉，与国外的 Starch RX1500 相当。本品具有良好的流动性、可压性、自身润滑性和干黏合性，并有较好的崩解作用。作为多功能辅料，常用于粉末直接压片。

6. 微晶纤维素（microcrystalline cellulose，MCC）

微晶纤维素是纤维素部分水解而制得的聚合度较小的结晶性纤维素，具有良好的可压性，有较强的结合力，压成的片剂有较大的硬度，可作为粉末直接压片的“干黏合剂”使用。国外产品的商品名为 Avicel，并根据粒径的不同有若干规格。国产微晶纤维素已在国内得到广泛应用，但其质量有待于进一步提高，产品种类也有待于丰富。另外，片剂中含 20%微晶纤维素时崩解较好。

7. 无机盐类

主要是一些元机钙盐，如硫酸钙、磷酸氢钙及药用碳酸钙（由沉降法制得，又称为沉降碳酸钙）等。其中硫酸钙较为常用，其性质稳定，为白色或微黄色的无臭无味粉末，化学性质稳定，具有抗吸湿性，与多种药物不起化学反应。硫酸钙只有二水物和无水物遇水不固化，是挥发油的吸收剂，制成的片剂外观光洁，硬度、崩解均好，对药物也无吸附作用。硫酸钙对某些主药（如四环素类药物）的吸收有干扰，此时不宜使用。

8. 糖醇类

山梨醇、甘露醇（mannitol）呈颗粒或粉末状，在口中溶解时吸热，因而有凉爽感，同时兼具一定的甜味，在口中无沙砾感，因此较适于制备咀嚼片，但价格稍高，常与蔗糖配合使用。

二、润湿剂

某些药物粉末本身具有黏性，只需加入适当的液体就可将其本身固有的黏性诱发出来，这时所加入的液体称为润湿剂（moistening）：

1. 蒸馏水（distilled water）

蒸馏水是在制粒中最常用的润湿剂，无毒、无味、便宜，但干燥温度高、干燥时间长，对于水敏感的药物非常不利。处方中水溶性成分较多时，可能出现发黏、结块、湿润不均匀、干燥后颗粒发硬等现象，此时最好选择适当浓度的乙醇－水溶液，以克服上述不足。

2. 乙醇（ethanol）

乙醇也是一种润湿剂。可用于遇水易分解的药物，也可用于遇水黏性太大的药物。随着乙醇浓度的增大，润湿后所产生的黏性降低，因此，乙醇的浓度要视原辅料的性质而定，一般为 30%～70%。中药浸膏片常用乙醇做润湿剂，但应注意迅速操作，以免乙醇挥发而产生强黏性团块。

三、黏合剂

某些药物粉末本身不具有黏性或黏性较小，需要加入淀粉浆等黏性物质，才能使其黏合起来，这时所加入的黏性物质就称为黏合剂（adhesives）。

1. 淀粉浆

淀粉浆是淀粉在水中受热后糊化（gelatinization）而得，玉米淀粉完全糊化的温度是 77 ℃。淀粉浆是片剂中最常用的黏合剂，常用 8%～15%的浓度，并以 10%淀粉浆最为常用；若物料可压性较差，可再适当提高淀粉浆的浓度到 20%，相反，也可适当降低淀粉浆的浓度，如氢氧化铝片即用 5%淀粉浆作黏合剂。淀粉价廉易得，黏合性良好，是制粒中首选的黏合剂。

2. 纤维素衍生物

将天然的纤维素经处理后制成的各种纤维素的衍生物。

（1）甲基纤维素（methylcellulose，MC）：是纤维素的甲基醚化物，含甲氧基 26.0%～33.0%，具有良好的水溶性，可形成黏稠的胶体溶液，从而作为黏合剂使用。但应注意，当蔗糖或电解质达到一定浓度时，本品会析出沉淀。其应用于水溶性及水不溶性物料的制粒中，颗粒的压缩成形性好，并且不随时间变硬。

（2）乙基纤维素（ethylcellulose，EC）：是纤维素的乙基醚化物，含乙氧基 44.0%～51.0%。不溶于水，溶于乙醇等有机溶剂中，可作对水敏感性药物的黏合剂。本品的黏性较强，且在胃肠液中不溶解，会对片剂的崩解及药物的释放产生阻滞作用。目前常用作缓、控释制剂（骨架型或膜控释型）的包衣材料。

（3）羧甲基纤维素钠（carboxymethylcellulose sodium，CMC－Na）：是纤维素的羧甲基醚化物的钠盐，溶于水，不溶于乙醇。在水中，首先在粒子表面膨化，然后慢慢地浸透到内部，逐渐溶解而成为透明的溶液。如果在初步膨化和溶胀后加热至 60～70 ℃，可大大加快其溶解过程。用作黏合剂的浓度一般为 1%～2%，应用于水溶性与水不溶性物料的制粒中，但片剂的崩解时间长，并且随时间变硬，常用于可压性较差的药物。

（4）羟丙基纤维素（hydroxypropylcellulose，HPC）：是纤维素的羟丙基醚化物，含羟丙基 53.4%～77.5%（其羟丙基含量为 7%～19%的低取代物称为低取代羟丙基纤维素，即 L－HPC，见崩解剂），其性状为白色粉末，易溶于冷水，加热至 50 ℃发生胶化或溶胀现象。可溶于甲醇、乙醇、异丙醇和丙二醇中。本品既可做湿法制粒的黏合剂，也可做粉末直接压片的干黏合剂。

（5）羟丙基甲基纤维素（hydroxypropylmethyl cellulose，HPMC）：是一种最为常用的薄膜衣材料，是纤维素的羟丙甲基醚化物，易溶于冷水，不溶于热水，常用 2%～5%的溶液作为黏合剂使用。制备 HPMC 水溶液时，最好先将 HPMC 加入总体积 1/5～1/3 的热水（80～90 ℃）中，充分分散与水化，然后降温，不断搅拌使溶解，加冷水至总体积。本品不溶于乙醇、乙醚和氯仿，但溶于 10%～80%的乙醇溶液或甲醇与二氯甲烷的混合液。见表 2－1。

表 2－1　常用于湿法制粒的黏合剂与参考用量

黏合剂	溶剂中质量浓度（*w*/*V*）/%	制粒用溶剂
淀粉	5～10	水
预胶化淀粉	2～10	水
明胶	2～10	水
蔗糖、葡萄糖	～50	水
聚维酮	2～20	水或乙醇
甲基纤维素	2～10	水
羟丙基甲基纤维素	2～10	水或乙醇溶液
羧甲基纤维素钠（低黏度）	2～10	水
乙基纤维素	2～10	乙醇
聚乙二醇（4 000、6 000）	10～50	水或乙醇
聚乙烯醇	5～20	水

四、崩解剂

崩解剂（disintegrants）是促使片剂在胃肠液中迅速碎裂成细小颗粒的辅料。由于片剂是在高压下压制而成，因此空隙率小，结合力强，很难迅速溶解。片剂的崩解是药物溶出的第一步，崩解时限为检查片剂质量的主要内容。除了缓控释片、口含片、咀嚼片、舌下片、植入片等有特殊要求的片剂外，一般均需加入崩解剂。常用崩解剂有：

1. 干淀粉

干淀粉是一种最为经典的崩解剂，含水量在 8%以下，吸水性较强且有一定的膨胀性，较适用于水不溶性或微溶性药物的片剂，但对易溶性药物的崩解作用较差，这是因为易溶性药物遇水溶解产生浓度差，使片剂外面的水不易通过溶液层面透入片剂的内部，阻碍了片剂内部淀粉的吸水膨胀。

2. 羧甲基淀粉钠

羧甲基淀粉钠（carboxymethyl starch sodium，CMS－Na）是一种白色无定形的粉末，吸水膨胀作用非常显著，吸水后可膨胀至原体积的 300 倍（有时出现轻微的胶黏作用），是一种性能优良的崩解剂，价格也较低，其用量一般为 1%～6%，特别适用于直接压片。

3. 低取代羟丙基纤维素

低取代羟丙基纤维素（L－HPC）是国内近年来应用较多的一种崩解剂。由于具有很大的表面积和孔隙度，所以它有很好的吸水速度和吸水量，其吸水膨胀率在 500%～700%（取代基占 10%～15%时），崩解后的颗粒也较细小，故而有利于药物的溶出。一般用量为 2%～5%。

4. 交联聚维酮

交联聚维酮（cross-linked polyvinyl pyrrolidone，也称交联 PVP、PVPP）是白色、流动性良好的粉末，在水、有机溶媒及强酸强碱溶液中均不溶解，但在水中迅速溶胀且不会出现高黏度的凝胶层，因而其崩解性能十分优越，已被英、美等国药典所收载，国产品现已研制成功。

5. 交联羧甲基纤维素钠

交联羧甲基纤维素钠（crosscarmellose sodium，CCNa）是交联化的纤维素羧甲基醚（大约有 70%的羧基为钠盐型），由于交联键的存在，故不溶于水，但能吸收数倍于本身重量的水而膨胀，所以具有较好的崩解作用；一般用量为 1%～2%。与羧甲基淀粉钠合用时，崩解效果更好，但与干淀粉合用时崩解作用会降低。

6. 泡腾崩解剂

泡腾崩解剂（effervescent disintegrants）是专用于泡腾片的特殊崩解剂，最常用的是由碳酸氢钠与枸橼酸组成的混合物。遇水时，上述两种物质连续不断地产生二氧化碳气体，使片剂在几分钟之内迅速崩解。含有这种崩解剂的片剂，应妥善包装，避免受潮造成崩解剂失效。

7. 大豆多糖

大豆多糖是一种全新的天然高效崩解剂，不含糖、淀粉和钠，能很好地用于营养食品、糖尿病人食品和低热量保健食品。见表 2－2。

表 2－2　常用崩解剂及其用量

传统崩解剂	质量分数（w/w）/%	最新崩解剂	质量分数（w/w）/%
干淀粉（玉米、马铃薯）	5～20	羧甲基淀粉钠	1～8
微晶纤维素	5～20	交联羧甲基纤维素钠	5～10
海藻酸	5～10	交联聚维酮	0.5～5
海藻酸钠	2～5	羧甲基纤维素钙	1～8
泡腾酸－碱系统	3～20	低取代羟丙基纤维素	2～5

五、润滑剂

常用的润滑剂有：

1. 硬脂酸镁

硬脂酸镁（magnesium stearate）为优良的疏水性润滑剂，易与颗粒混匀，压片后片面光滑美观，应用最广。用量一般为 0.1%～1%，用量过大时，由于其疏水性，会造成片剂的崩解（或溶出）迟缓。镁离子影响某些药物的稳定性。

2. 微粉硅胶

微粉硅胶（aerosol）为优良的片剂助流剂，可作粉末直接压片助流剂。其性状为有良好的流动性，对药物有较大的吸附力，其亲水性能很强，轻质白色无水粉末，无臭无味，比表面积大，常用量为 0.1%～0.3%。

3. 滑石粉

滑石粉主要作为助流剂使用，可将颗粒表面的凹陷处填满补平，减低颗粒表面的粗糙性，从而达到降低颗粒间的摩擦力、改善颗粒流动性目的。常用量一般为 0.1%～3%，最多不要超过 5%。

4. 氢化植物油（hydrogenated vegetable oil）

氢化植物油是一种良好的润滑剂。将其溶于轻质液体石蜡或己烷中，然后将此溶液喷于颗粒上，可以克服黏冲等问题。

5. 聚乙二醇类（PEG4000，PEG6000）

加入后对片剂的崩解与溶出不影响，具有良好的润滑效果。

6. 月桂醇硫酸钠（镁）

水溶性表面活性剂，具有良好的润滑效果，不仅能增强片剂的强度，而且促进片剂的崩解和药物的溶出。

六、色、香、味调节剂

除了上述四大辅料以外，片剂中还加入一些着色剂、矫味剂等辅料，以改善外观和口味，但无论加入何种辅料，都应符合药用的要求，都不能与主药发生反应，也不应妨碍主药的溶出和吸收。口服制剂所用色素必须是药用级或食用级，色素的最大用量一般不超过 0.05%。香精的常用加入方法是将香精溶解于乙醇中，均匀喷洒在已经干燥的颗粒上。

七、片剂举例

根据下列典型例子了解片剂的处方与制备工艺对片剂质量的影响，充分认识各种辅料在片剂制备过程中的重要作用，以提高片剂的处方设计与制备的能力。

1. 性质稳定、易成形药物的片剂

例：复方磺胺甲基恶唑片（复方新诺明片）

【处方】磺胺甲基异恶唑（SMZ）400 g　　三甲氧苄氨嘧啶（TMP）80 g
淀粉 40 g　　10%淀粉浆 24 g
干淀粉（4%左右）23 g　　硬脂酸镁（0.5%左右）3 g
制成 1 000 片

【制备】将 SMZ、TMP 过 80 目筛，与淀粉混匀，加淀粉浆制成软材，以 14 目筛制粒后，置 70～80 ℃干燥后于 12 目筛整粒，加入干淀粉及硬脂酸镁混匀后，压片，即得。

【注解】这是最一般的湿法制粒压片的实例，处方中 SMZ 为主药，TMP 为抗菌增效剂，常与磺胺类药物联合应用，以使药物对革兰阴性杆菌（如痢疾杆菌、大肠杆菌等）有更强的抑菌作用。淀粉主要作为填充剂，同时也兼有内加崩解剂的作用；干淀粉为外加崩解剂；淀粉浆为黏合剂；硬脂酸镁为润滑剂。

2. 不稳定药物的片剂

例：复方乙酰水杨酸片

【处方】乙酰水杨酸（阿司匹林）268 g　　对乙酰氨基酚（扑热息痛）136 g
咖啡因 33.4 g　　淀粉 266 g
淀粉浆（15%～17%）85 g　　滑石粉（5%）25 g
轻质液体石蜡 2.5 g　　酒石酸 2.7 g
制成 1 000 片

【制备】将咖啡因、对乙酰氨基酚与 1/3 量的淀粉混匀，加淀粉浆（15%～17%）制软材 10～15 min，过 14 目或 16 目尼龙筛制湿颗粒，于 70 ℃干燥，干颗粒过 12 目尼龙筛整粒，然后将此颗粒与乙酰水杨酸和酒石酸混合均匀，最后加剩余的淀粉（预先在 100～105 ℃干燥）及吸附有液体石蜡的滑石粉，共同混匀后，再过 12 目尼龙筛，颗粒经含量测定合格后，用 12 mm 冲压片，即得。

【注解】处方中的液体石蜡为滑石粉的 10%，可使滑石粉更易于黏附在颗粒的表面上，在压片震动时不易脱落。车间中的湿度也不宜过高，以免乙酰水杨酸发生水解。淀粉的剩余部分作为崩解剂而加入，但要注意混合均匀。在本品中加其他辅料的原因及制备时应注意的问题如下：① 乙酰水杨酸遇水易水解成对胃黏膜有较强刺激性的水杨酸和醋酸，长期应用会导致胃溃疡，因此，本品中加入相当于乙酰水杨酸量 1%的酒石酸，可在湿法制粒过程中有效地减少乙酰水杨酸的水解；② 本品中三种主药混合制粒及干燥时易产生低共熔现象，所以采用分别制粒的方法，并且避免乙酰水杨酸与水直接接触，从而保证了制剂的稳定性；③ 乙酰水杨酸的水解受金属离子的催化，因此必须采用尼龙筛网制粒，同时不得使用硬脂酸镁，因而采用 5%的滑石粉作为润滑剂；④ 乙酰水杨酸的可压性极差，因而采用了较高浓度的淀粉浆（15%～17%）作为黏合剂；⑤ 乙酰水杨酸具有一定的疏水性（接触角 $\theta=73°\sim75°$），因此必要时可加入适宜的表面活性剂，如吐温 80 等，加快其崩解和溶出（一般加入 0.1%即可有显著的改善）；⑥ 为了防止乙酰水杨酸与咖啡因等的颗粒混合不匀，可采用液压法或重压法将乙酰水杨酸制成干颗粒，然后再与咖啡因等的颗粒混合。总之，当遇到如乙酰水杨酸这样理化性质不稳定的药物时，要从多方面综合考虑其处方组成和制备方法，从而保证用药的安全性、稳定性和有效性。

3. 小剂量药物的片剂

例：硝酸甘油片

【处方】乳糖 88.8 g　　糖粉 38.0 g
淀粉浆（17%）适量　　硝酸甘油乙醇溶液（10%）0.6 g
硬脂酸镁 1.0 g　　制成 1 000 片

【制备】首先制备空白颗粒，然后将硝酸甘油制成10%的乙醇溶液（按120%投料）拌于空白颗粒的细粉中（30目以下），过10目筛两次后，于40 ℃以下干燥50～60 min，再与事先制成的空白颗粒及硬脂酸镁混匀，压片，即得。

【注解】这是一种通过舌下吸收治疗心绞痛的小剂量药物的片剂，不宜加入不溶性的辅料（除微量的硬脂酸镁作为润滑剂以外）；为防止混合不匀造成含量均匀度不合格，采用主药溶于乙醇再加入（当然也可喷入）空白颗粒中的方法。在制备中还应注意防止振动、受热和吸入，以免造成爆炸以及操作者的剧烈头痛。另外，本品属于急救药，片剂不宜过硬，以免影响其舌下的速溶性。

4. 中药片剂

例：当归浸膏片

【处方】当归浸膏 262 g　　淀粉 40 g
轻质氧化镁 60 g　　硬脂酸镁 7 g
滑石粉 80 g　　制成 1 000片

【制备】取浸膏加热（不用直火）至60～70 ℃，搅拌使熔化，将轻质氧化镁、滑石粉（60 g）及淀粉依次加入混匀，分铺烘盘上，于60 ℃以下干燥至含水量3%以下。然后将烘干的片（块）状物粉碎成14目以下的颗粒，最后加入硬脂酸镁、滑石粉（20 g）混匀，过12目筛整粒，压片、质检、包糖衣。

【注解】当归浸膏中含有较多糖类物质，吸湿性较大，加入适量滑石粉（60 g）可以克服操作上的困难；当归浸膏中含有挥发油成分，加入轻质氧化镁吸收后有利于压片；本品的物料易造成黏冲，可加入适量的滑石粉（20 g）克服之，并控制在相对湿度70%以下压片。

2.1.3 片剂的制备方法

片剂的制备方法按制备工艺分为两大类或四小类：

颗粒压片法：湿法制粒压片法、干法制粒压片法；直接压片法：直接粉末（结晶）压片法、半干式颗粒（空白颗粒）压片法。

一、湿法制粒压片法

湿法制粒压片法是将湿法制粒的颗粒经干燥后压片的工艺。湿法制粒（wet granulation）是将药物和辅料的粉末混合均匀后加入液体黏合剂制备颗粒的方法。其工艺流程如图2－5所示。

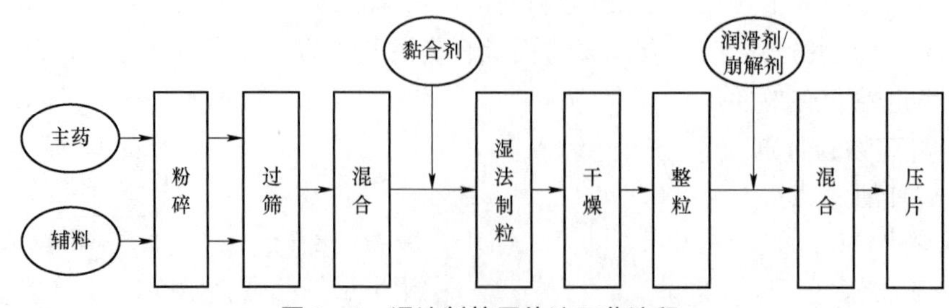

图2－5　湿法制粒压片法工艺流程

湿法制粒压片法是医药工业中应用最广泛的方法，但对热敏性、湿敏性、极易溶性的药物不适合。

二、干法制粒压片法

干法制粒压片法是将干法制粒的颗粒进行压片的方法。干法制粒是将药物和辅料的粉末混合均匀、压缩成大片状或板状后，粉碎成所需大小颗粒的方法。其工艺流程如图2-6所示。

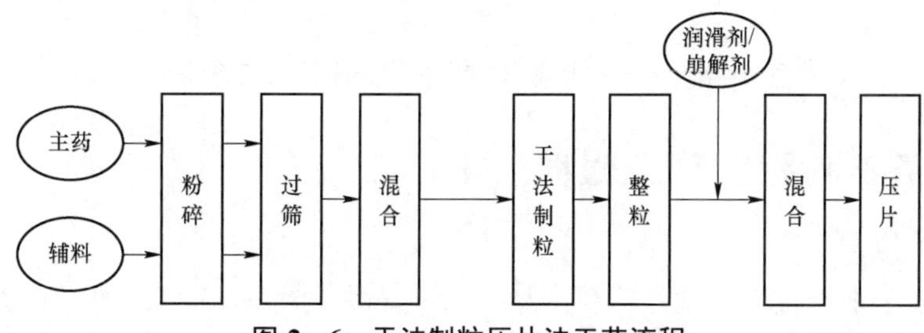

图2-6　干法制粒压片法工艺流程

干法制粒压片法常用于热敏性物料、遇水易分解的药物，方法简单、省工省时。但采用干法制粒时，应注意由于高压引起的晶型转变及活性降低等问题。

三、直接粉末（结晶）压片法

直接粉末压片（结晶）法是不经过制粒过程直接把药物和辅料的混合物进行压片的方法，如图2-7所示。

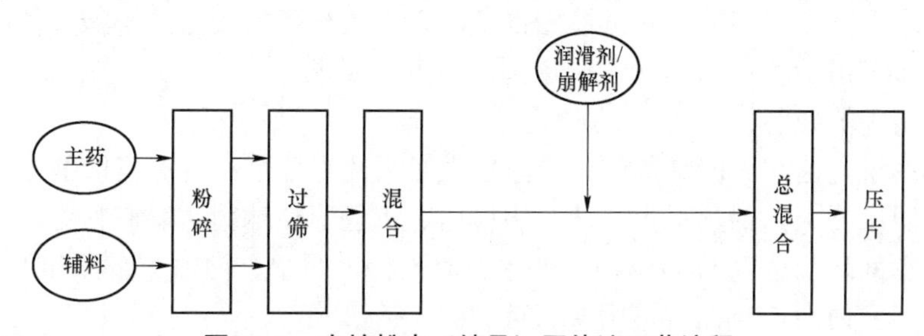

图2-7　直接粉末（结晶）压片法工艺流程

粉末直接压片法没有制粒过程，因而具有省时节能、工艺简便、工序少、适用于湿热不稳定的药物等突出优点，但也存在粉末的流动性差、片重差异大、粉末压片容易造成裂片等弱点，致使该工艺的应用受到了一定限制。可用于粉末直接压片的优良辅料有：各种型号的微晶纤维素、可压性淀粉、喷雾干燥乳糖、磷酸氢钙二水合物、微粉硅胶等。这些辅料的特点是流动性、压缩成形性好。

四、半干式颗粒（空白颗粒）压片法

半干式颗粒（空白颗粒）压片法是将药物粉末和预先制好的辅料颗粒（空白颗粒）混合进行压片的方法，如图2-8所示。

该法适用于对湿热敏感，压缩成形性差的药物，还适用于药物含量少的片剂，药物含量少的片剂可借助辅料的优良压缩特性顺利制备片剂。

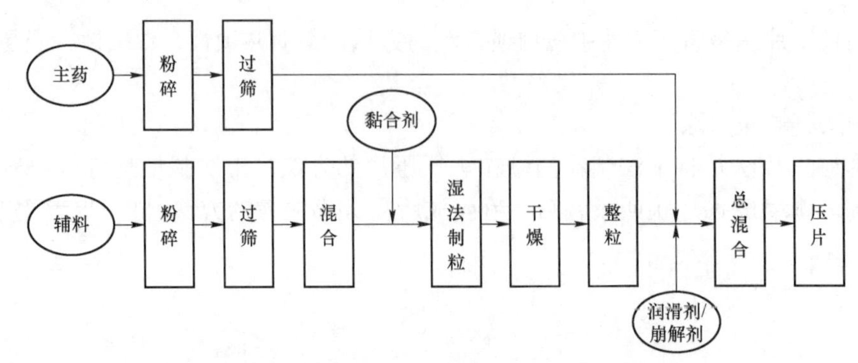

图2-8　半干式颗粒（空白颗粒）压片法工艺流程

2.1.4　片剂的制备生产工艺过程

一、处方的拟定

老产品如因个别条件的改变，应需少量试制，取得经验后，再大批生产。开发的新产品，在尚无处方时，应根据主药的性质、分剂量的要求，选择适宜的赋形剂，拟出试行处方，通过少量实验，调整赋形剂的比例量，或调换某一赋形剂，改进生产工艺条件等，直至生产出各方面均符合要求的片剂，再确定处方。处方一旦确定，就不得随意变更，即可大批生产了。

二、生产设施和设备的检查与处理

在开工生产前，首先对生产设施（空气净化系统、供热系统、电力照明系统、消防系统、给排水系统等）和生产设备（计量器具、混合搅拌机、颗粒摇摆机、沸腾床或干燥室、压片机、糖衣锅等）运转是否正常进行检查，发现问题应及时解决。一切故障均应在投产前排除和检修好，基本上不允许在生产中再检修设备。凡直接与药品接触的机械部件，均应擦拭洁净，最后用75%乙醇液再擦拭一遍，以达到洁净度的要求。

三、生产房间的处理

片剂虽不属于无菌和灭菌制剂的生产，但也必须注重环境和生产房间的卫生，因为普通制剂也有杂菌限度要求，并且不得在药品中检出金黄色葡萄球菌、绿脓杆菌、大肠杆菌等致病菌。全生产车间均应达到D级洁净度要求。对天棚、四壁、门窗、台面和地面进行清扫，达到洁净无尘。室内用75%乙醇液喷雾灭菌。

四、物料的准备

片剂所用的原辅材料，均应符合质量规定，检验不合格的原辅材料，不准投入生产。车间领取的原辅材料，在指定地方拆包，擦拭洁净后，放入配料室。检查各种设施和设备运转是否正常，发现问题应及时维修，使设备处于完好状态。

五、粉碎与过筛

对领取的原辅材料进行物理性状和粒度的检验，如果是大的结晶颗粒、不是结晶但颗粒在80目以下，均应进行粉碎，如果药物结晶是鳞片状或单斜晶，则更应粉碎，过100目以上的筛子，以保证原辅材料应有的细度，以利于混合均匀。原辅材料如果是极细粉末，无杂质，就不需要粉碎了。但原辅料里有大颗粒或其他杂质的，需要过100目振动筛后再用。

六、称量与打浆

称量：根据生产传票（或处方），逐一称取原辅材料，放入混合搅拌机中，称量时，一定要由另一人核对无误方可进行操作。

打浆：用淀粉需单独称取。称量前要核对好天平、磅秤，称后处理洁净，放归原处。剩余原辅材料应封严存放。

目前片剂生产所需的黏合剂，从经济成本核算角度看，淀粉浆仍然较为实用。浆糊浓度可制成 5%、7.5%、10%、15%、20%、27%（*w*/*w*）等各种浓度，根据需要来决定。打浆具体操作方法：称取已过筛的淀粉，放入打浆筒中。加入与淀粉等量的温蒸馏水（40～50 ℃），搅拌，将淀粉解开。将打浆用蒸馏水余水加热至沸。在不断搅拌下，将沸水冲入浆筒中，将已解开的淀粉冲成浆糊。放冷至 50 ℃以下，方可使用。其他黏合剂的制法，如羧甲基纤维素钠黏合剂的制法：先将蒸馏水称重并放入盛器中，再称取羧甲基纤维素钠，将其撒布于蒸馏水表面上，使其胶溶，过一段时间再用搅拌棒轻轻搅拌，便制成黏合剂。

七、混合

根据处方称取原辅材料，全部放入混合搅拌机中，有液体成分时，应先用辅料吸收并混匀，如果加入有挥发油或挥发性药物，应在颗粒干燥后加入。各种原辅材料称完放入后，放下机盖，检查后，启动开关，搅拌混合 15～30 min，中间停两次，每次用不锈钢刮刀翻动搅拌机，把搅拌机中死角部位的药物翻动一下，以利于混合完全均匀。

八、制软材和制颗粒

在搅拌机不停的情况下，将适量的黏合剂或湿润剂，加入已混合均匀的原辅材料中，搅拌制成软材。制成的软材应当是“捏之成团，压之易散”。工作完毕后，将搅拌机清洗干净，用布罩罩好。

除少数颗粒型结晶药物直接压片外，一般均必须制成颗粒型软材后，才能压片。制粒的方法主要有湿法制粒、干法制粒法两种，新发展沸腾制粒法也可以归入湿法制粒。

九、干燥

湿颗粒制成后应立即干燥，不宜放置过久，以免湿粒受压变形，结成硬块。将湿颗粒放置在烘盘内的绢布上，厚度不宜超过 2.5 cm。干燥温度不宜太高，一般为 40～60 ℃，某些耐热的药物可以在 80～90 ℃干燥，干燥过程中每 30～60 min 翻动 1 遍，水分控制在 1%～3%。含结晶水的药物颗粒，应保持含全部或适量的结晶水为宜。

十、总混与整粒

总混：将与制粒时相同目数的筛网安装在摇摆颗粒机上；如有挥发油或其他挥发性成分，将其喷入颗粒中，并密闭 30 min，使其进入颗粒内；将已干燥好的颗粒倒入塑料桶中或其他容器内，称重后再倒入大不锈钢盘内或混合搅拌机中，加入干颗粒重量的 0.5%～1%硬脂酸镁或其他润滑剂、助流剂、外加崩解剂等；进行手工掺拌或机械混合，均应使润滑剂等与干颗粒混合均匀。

整粒：将总混后的干颗粒，通过颗粒摇摆机进行整粒。将整理完毕的干颗粒装入塑料筒中，放入标签，旋紧筒盖，转入下道工序，或送车间中转站。标签应标明产品名称、批号、重量、经手人等。

十一、压片与包衣等

根据片重，选择冲模的大小。根据包不包衣，选择平冲模或深凹冲模。将适宜的冲模安装在压片机上，先调试片重，再调节压力。在片重合乎规定、硬度能承受 1.96×10^5 Pa 以上的压力、崩解时限符合要求、片面光洁完整、色泽均匀时，便可大量压片了。药物因受空气、日光、温度等影响，易引起氧化、潮解、变色或臭味不佳、对胃肠有刺激时，均需在片剂外层包衣。

2.1.5 片剂的生产设备

一、粉碎

粉碎（crushing）：是借助机械力将大块物料破碎成适宜大小的颗粒或细粉的操作过程。通常要对粉碎后的物料进行过筛，以获得均匀粒子。

1. 粉碎的目的和意义

减小药物粒径，增加药物比表面积，提高生物利用度；调节药物粉末的流动性；改善不同药物粉末混合的均匀性；降低药物粉末对创面的机械刺激性；加速药材中有效成分浸出；便于进一步制成各种剂型（混悬剂、散剂、片剂、胶囊剂等）。

有利于提高难溶性药物的溶出速度以及生物利用度；有利于各成分的混合；有利于提高固体药物在液体、半固体、气体中的分散度；有利于从天然药物中提取有效成分。

2. 粉碎的方法

单独粉碎：一般药物、氧化性、还原性药物、贵重药物、刺激性药物等。

混合粉碎：使用“串油法”“串研法”先将除了含糖或含油丰富的药材粉碎，然后掺入含糖或黏性药物。

干法粉碎：物料先干燥至水分低于 5%后，脆性增加，再进行粉碎。

湿法粉碎：贵重、毒剧、难溶、质硬药物（高效、无尘、粉细）。

加液研磨法、水飞法：例如朱砂、炉甘石、滑石。

低温粉碎：利用药物低温时脆性增加、韧性和延展性降低的性质提高粉碎效率。适用于常温下发黏、难粉碎物料。

3. 粉碎的形式

开路粉碎：连续将粉碎物料放入粉碎机，同时不断从粉碎机中将已粉碎物料取出的操作。

循环操作：经粉碎机粉碎的物料经分级设备使粗颗粒，重新返回粉碎机反复粉碎的操作。

闭路粉碎：在粉碎过程中，已达到粉碎要求的粉末不能及时排出而继续和粗粉一起重复粉碎。

自由粉碎：粉碎过程已达到粉碎粒度要求的粉末未能及时排出不影响粗颗粒继续粉碎的操作。

4. 粉碎过程中常用的外力

冲击力（impact）；压缩力（compression）；剪切力（cutting）；弯曲力（bending）；研磨力（rubbing）。

5. 粉碎机械

研钵：一般用瓷、玻璃、玛瑙、铁或铜制成，但以瓷研钵和玻璃研钵最为常用，主要用于小剂量药物的粉碎或实验室规模散剂的制备。

球磨机（ball mill）：是在不锈钢或陶瓷制成的圆柱筒内装入一定数量不同大小的钢球或瓷球构成。使用时将药物装入圆筒内密盖后，用电动机转动。当圆筒转动时，带动钢球（或瓷球）转动，并带到一定高度，然后在重力作用下抛落下来，球的反复上下运动使药物受到强烈的撞击和研磨，从而被粉碎。

球磨机是最普通的粉碎机之一，球磨机的结构和粉碎机理比较简单。该法粉碎效率较低，粉碎时间较长，但由于密闭操作，适用于贵重物料粉碎、无菌粉碎、干法粉碎、湿法粉碎和间歇粉碎，必要时可充入惰性气体，所以适用范围很广。

冲击式粉碎机（impact mill）：冲击式粉碎机对物料的作用力以冲击力为主，适用于脆性、韧性物料以及中碎、细碎、超细碎等，应用广泛，因此具有“万能粉碎机”之称。其典型的粉碎结构有冲击柱式万能粉碎机和锤击式万能粉碎机。

冲击柱式万能粉碎机：由两个转盘和环形筛板构成。两个转盘分别为定子和转子，相互交错，在高速旋转的转盘上有固定的若干圈冲击柱，与转盘对应的固定盘上也固定有若干圈冲击柱，物料由加料斗沿中心轴方向进入粉碎机，由于离心作用，从中心部位被甩向外壁，受到冲击柱的作用而粉碎，细料在粉碎机内重复粉碎，如图 2－9 所示。

锤式万能粉碎机：通常由锤头、衬板、筛网构成，利用高速旋转的活动锤头与固定圈间的相对运动对药物进行粉碎。粉碎程度与锤头的形状、大小、转速有关。这种粉碎适用于粉碎大多数干燥物料，不适用于高硬度和黏性物料，如图 2－10 所示。

图 2－9　万能粉碎机

图 2－10　锤式万能粉碎机

气流粉碎机：压缩空气经过滤干燥后，经喷嘴高速喷射进入粉碎室，在多股高压气流的交汇点处，物料被反复碰撞、摩擦、剪切而粉碎，粉碎后的物料在风机的抽力作用下随上升气流至分级区，粗细物料分离，符合粒度要求的细颗粒通过分级轮进入旋风分离器和除尘器收集，粗颗粒下降至粉碎区继续粉碎，粉碎的颗粒可至 3~20 μm，称为“超级粉碎机”。适用于抗生素、酶等热敏性物料和低熔点物料的粉碎，如图 2－11 所示。

图 2－11　气流粉碎机

各种粉碎机的性能比较见表 2－3。

表 2－3　各种粉碎机的性能比较

粉碎机类型	粉碎作用力	粉碎后粒度/μm	适用物料
球磨机	磨碎、冲剂	20～200	可研磨性材料
滚压机	压缩、剪切	20～200	软性粉体
冲击式粉碎机	冲击	4～325	大部分医药品
胶体磨	磨碎	20～200	软性纤维状
气流粉碎机	撞击、研磨	1～30	中硬度物质

二、筛分

筛分（sieving method）：是借助筛网孔径大小将物料进行分离的方法。为满足制剂要求，网孔性工具将粗粉与细粉进行分离的操作，又称为“筛分”或“分级”。筛分法操作简单、经济而且分级精度较高，因此是医药工业中应用最为广泛的分级操作之一。

1. 筛的孔径大小

《中国药典》2020 版规定筛的孔径大小用筛号表示，工业中用“目”数表示，即 1 in（25.4 mm）长度上的筛孔数目，见表 2－4。

表 2－4　中国药典标准筛规格表

筛号	筛孔内径/μm	目号	筛号	筛孔内径/μm	目号
一号筛	2 000±70	10	六号筛	150±6.6	100
二号筛	850±29	24	七号筛	125±5.8	120
三号筛	355±13	50	八号筛	90±4.6	200
四号筛	250±9.9	65	九号筛	75±4.1	
五号筛	180±7.6	80			

2. 粉末等级规定

《中国药典》2020 版规定将粉末为六个等级，见表 2－5。

表 2－5　《中国药典》对粉末等级规定

粉末等级	能全通过的筛号	补充规定
最粗粉	一号筛	混有能通过三号筛不超过 20%的粉末
粗粉	二号筛	混有能通过四号筛不超过 40%的粉末
中粉	四号筛	混有能通过五号筛不超过 60%的粉末
细粉	五号筛	混有能通过六号筛不少于 95%的粉末
细粉	六号筛	混有能通过七号筛不少于 95%的粉末
极细粉	九号筛	混有能通过九号筛不少于 95%的粉末

3. 影响筛分效果的因素

颗粒与筛孔形状：圆柱形颗粒易于通过矩形筛孔，尺寸类似的不规则颗粒易通过圆孔筛。

筛面的开孔率：筛面开孔率越大越好，编织筛好于冲眼筛。

筛体的运动状态：筛面的水平往复直线运动和垂直往复直线运动结合，筛分效果最好。

物料性质：颗粒差异越大，筛分越容易；物料含水量越高，颗粒通过筛孔越差。

4. 筛分设备

药筛：冲眼筛是在金属板上冲出圆形的筛孔而成。其筛孔坚固，不易变形，多用于高速旋转粉碎机的筛板及药丸等粗颗粒的筛分。编织筛是具有一定机械强度的金属丝（如不锈钢、铜丝、铁丝等），或其他非金属丝（如丝、尼龙丝、绢丝等）编织而成。编织筛的优点是单位面积上的筛孔多、筛分效率高，可用于细粉的筛选。用非金属制成的筛网具有一定弹性，耐用。尼龙丝对一般药物较稳定，在制剂生产中应用较多，但编织筛线易于位移，致使筛孔变形，分离效率下降。如图 2－12 所示。

图 2－12　药典筛

振动筛：利用振动源使筛分机做不平衡运动，使物料在筛面上做外扩渐开线运动。筛面上有很多不锈钢球，对物料起到用力挤压等作用，从而达到筛分的目的。振荡筛具有分离效率高、单位筛面处理能力大的优点，广泛用于非黏性物料的筛分。

三、混合

1. 混合的目的、机制

混合操作以含量均匀一致为目的，是保证制剂产品质量的重要措施之一。

对流混合（convective mixing）：物料中的粒子团从一处移动到另一处产生的总体混合。

剪切混合（shear mixing）：物料不断被分割或粉末在剪切面上流动而进行的局部混合。

扩散混合（diffusive mixing）：粒子的无规则运动，使相邻粒子间相互交换位置而进行的局部混合。

实际混合过程经常是几种混合机制的共同作用。开始阶段以对流和剪切混合为主，随后扩散混合增加。

2. 混合影响因素

影响因素包括物料粉体的性质、设备类型、操作条件。为了达到均匀的混合效果，必须给予充分考虑：各组分的混合比例；各组分的密度与粒度；各组分的黏附性与带电性；含液体或易吸湿成分的混合；形成低共熔混合物。

3. 混合操作要点

物料密度差较大时，先装密度小的，再装密度大的物料；药物色泽相差较大时，先加色深的，再加色浅的药物，俗称“套色法”；两种药物比例量相差悬殊时，采用等量递增法。

4. 混合设备

实验室常用的混合方法有搅拌混合、研磨混合、过筛混合。在大批量生产时，多采用搅拌或容器旋转方式，以产生物料的整体和局部的移动而实现均匀混合的目的。固体的混合设备大致分为两大类，即容器旋转型和容器固定型。

容器旋转型混合机：依靠容器本身的旋转作用带动物料上下运动而使物料混合的设备。

回转型混合机：这类机器只有单一的定轴方向运动，混合效率取决于转动速度。有圆筒形、立方形、V形等。其中，V形混合机的混合效率最高，如图2-13所示。

多方向运动混合机：也称为三维运动混合机，通常由底座、主动轴、从动轴、振臂和混合筒组成，如图2-14所示。主动轴旋转时，混合器在空中既有公转，又有自转和翻转，做复杂的空间运动。优点是混合均匀度高，处理量大，物料不受离心力影响，不产生分层、积聚等现象。

图2-13　V形混合机

图2-14　双锥三位运动型混合机

容器固定型混合机：这类设备是利用叶片、旋带或者气流作用将物料进行混合的设备。

搅拌槽式混合机：这类机器由 U 形的固定混合槽和内装螺旋状二重带式搅拌桨组成。搅拌桨可以使物料不停地在上下、左右、内外各个方向运动的过程中达到均匀混合，混合以剪切混合为主，混合时间较长。如图 2－15 所示。

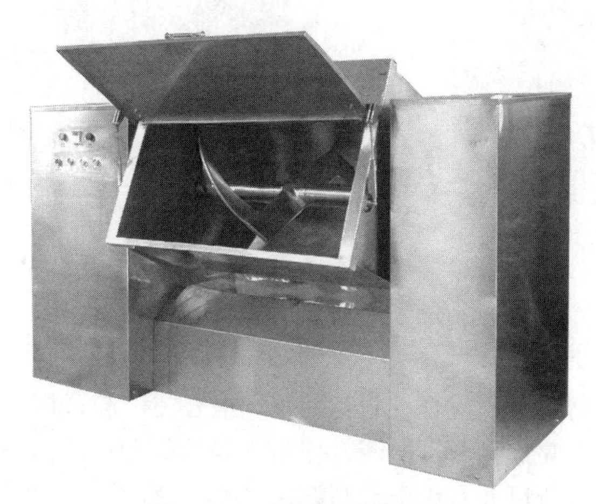

图 2－15　搅拌槽式混合机

四、制粒

制粒（granulation）是将粉末、块状、熔融液、水溶液等状态的物料经过加工，制成具有一定形状与大小的颗粒状物的操作。几乎所有的固体制剂的制备过程都离不开制粒过程。

1. 制粒的目的

可以改善粉体的流动性、填充性和压缩成形性，提高混合效率；防止药物和辅料混合时组分分离与混合后聚集，提高主药含量均匀度；对颗粒剂来说，颗粒是最终产品，要保证流动性和外形美观、均匀；对片剂来说，颗粒是重要的中间体，流动性和压缩成形性好才能保证后期压片的顺利进行。

2. 湿法制粒的方法与设备

湿法制粒：是指物料加入润湿剂或液态黏合剂，靠黏合剂的桥架或黏结作用使粉末聚结在一起而制备颗粒的方法。湿法制粒的颗粒具有外形美观、流动性好、耐磨性较强、压缩成形性好等优点。湿法不宜用于热敏性、湿敏性、极易溶解等物料。

高效湿法制粒机：是利用剪切制粒的方式将混合、制粒两个工序一步完成。剪切制粒是先将药物粉末与辅料一起放入剪切制粒机内，搅拌混合均匀后，加入黏合剂搅拌制粒。剪切制粒比传统挤压制粒更简便，可操作性更强。如图 2－16 所示。

挤压制粒机：先将药物粉末与处方中的辅料混匀后加入黏合剂制成软材，然后将软材用强制挤压的方式通过具有一定大小的筛孔而制粒的方法。

特点是颗粒的大小由筛网的孔径大小调节，可制得粒径范围在 0.3～30 mm，粒度分布较窄，粒子形状多为圆柱状、角柱状；颗粒的松软程度可用不同黏合剂及其加入量调节；制粒前必须混合、制软材等，程序多、劳动强度大，不适合大批量、连续生产；制备小粒径颗粒时，筛网的寿命短等。如图 2-17 所示。

图 2-16 高效湿法制粒机

图 2-17 挤压式制粒机

流化床制粒机：是将常规的混合、制粒、干燥组合在一起，用容器中自下而上的气流使粉末悬浮，呈流化态，再喷洒黏合剂溶液，使粉末凝结成颗粒。由于在一台设备内可完成混合、制粒、干燥过程等，所以兼有“一步制粒”之称。

流化床制粒的特点是：在一台设备内进行混合、制粒、干燥，甚至是包衣等操作，简化工艺、节约时间、劳动强度低；制得的颗粒为多孔性柔软颗粒，密度小、强度小，并且颗粒的粒度分布均匀，流动性、压缩成形性好。如图 2-18 所示。

3. 干法制粒的方法与设备

干法制粒机：是将药物和辅料的粉末混合均匀、压缩成大片状或板状后，粉碎成颗粒的方法。干法制粒适用于遇湿、遇热易分解失效或结块的物料的制粒和整粒。如图 2-19 所示。

图 2-18 流化床制粒机

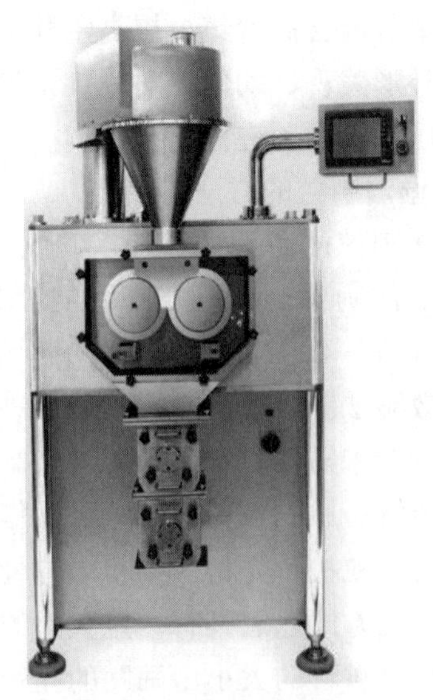

图 2-19 干法制粒机

熔融制粒机：是将黏合剂与药物及其他辅料的粉末混合均匀后，外部加热使黏合剂由固态变液态，发挥黏合作用，将药物粉末黏合成软材，制粒完成后，系统降温，黏合剂冷却成固体，通过固体桥制成颗粒。如图 2－20 所示。

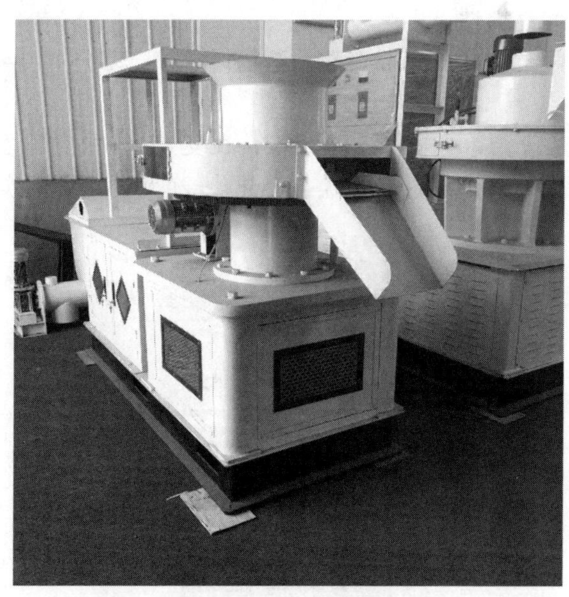

图 2－20　熔融制粒机

熔融制粒机的特点：一步制粒，不需要干燥；适用于对水敏感的药物，不适用于对温度敏感的药物。

4. 喷雾制粒的方法与设备

喷雾制粒是将药物溶液或混悬液喷雾于干燥室内，在热气流的作用下使雾滴中的水分迅速蒸发，以直接获得球状干燥细颗粒的方法。该法在数秒钟内即完成药液的浓缩与干燥，原料液含水量可达 70%以上。如以干燥为目的时，叫喷雾干燥；以制粒为目的时，叫喷雾制粒。

喷雾制粒法的特点是：由液体直接得到粉状固体颗粒；热风温度高，但雾滴比表面积大，干燥速度非常快（通常只需数秒至数十秒），物料的受热时间极短，干燥物料的温度相对低，适用于热敏性物料的处理；粒度范围约在 30 μm 至数百微米，堆密度在 200～600 kg/m^3 的中空球状粒子较多，具有良好的溶解性、分散性和流动性。缺点是设备高大、汽化大量液体，因此设备费用高、能量消耗大、操作费用高；黏性较大料液易黏壁，使其使用受到限制，需用特殊喷雾干燥设备。

喷雾干燥制粒法在制药工业中得到广泛的应用与发展，如抗菌素粉针的生产、微型胶囊的制备、固体分散体的研究以及中药提取液的干燥等都利用了喷雾干燥制粒技术。

近年来开发出喷雾干燥与流化制粒结合在一体的新型制粒机。由顶部喷入的药液在干燥室经干燥后落到流态化制粒机上制粒，整个操作过程非常紧凑。

五、干燥

干燥（drying）是利用热能或其他事宜的方法去除湿物料中的湿分（水分或其他溶剂），利用气流或真空带走汽化湿分，从而获得干燥物料的操作过程。使湿分汽化的加热方式有热传导加热、对流加热、热辐射加热、介电加热等。

1. 干燥的目的、原理

干燥的目的是使药物便于加工、运输、贮藏和使用，保证药品的质量和提高药物的稳定性，改善粉体的流动性和充填性。

包括传热和传质过程。热能从扩散表面传至物料内部，湿分从物料内部传至扩散表面。

2. 干燥设备

热风厢式干燥机：在干燥厢内设置多层支架，在支架上放入物料盘。为了使干燥均匀，干燥盘内的物料层不能太厚，必要时在干燥盘上开孔，或使用网状干燥盘，以使空气透过物料层，如图2－21所示。

图2－21　热风厢式干燥机

热风厢式干燥机多采用废气循环法和中间加热法。厢式干燥器为间歇式干燥器，其设备简单，适应性强，适用于小批量生产物料的干燥中。缺点是劳动强度大、热量消耗大等。

流化床干燥机：热空气以一定速度自下而上穿过松散的物料层，使物料形成悬浮流化状态的同时进行干燥的操作。物料的流态化类似于液体沸腾，因此生产上也叫沸腾干燥器。流化床干燥器有立式和卧式，在制剂工业中常用卧式多室流化床干燥器，如图2－22所示。

图2－22　流化床干燥机

流化床干燥机结构简单，操作方便。流化床干燥器不适用于含水量高，易黏结成团的物料，在片剂颗粒的干燥中得到广泛的应用。

喷雾干燥机：喷雾干燥蒸发面积大，干燥时间非常短（数秒至数十秒），在干燥过程中雾滴的温度大致等于空气的湿球温度，一般为 50 ℃左右，适用于热敏物料及无菌操作的干燥，如图 2－23 所示。干燥制品多为松脆的空心颗粒，溶解性好。如果在喷雾干燥器内送入灭菌料液及除菌热空气，可获得无菌干品。抗菌素粉针的制备、奶粉的制备都可利用这种干燥方法。

红外干燥机：是利用红外辐射元件所发射的红外线对物料直接照射而加热的一种干燥方式，如图 2－24 所示。红外线是介于可见光和微波之间的一种电磁波，其波长范围在 0.72～1 000 μm 的广阔区域，波长在 0.72～5.6 区域的叫近红外，5.6～1 000 区域的称远红外。

图 2－23　喷雾干燥机

图 2－24　红外干燥机

红外线干燥时，由于物料表面和内部的分子同时吸收红外线，故受热均匀、干燥快、质量好。缺点是电能消耗大。

螺旋振动干燥机：湿物料自顶部加料口进入螺旋床内，在周向激振力及重力的作用下，物料沿螺旋床自上而下做跳跃运动直至最底层；同时，洁净的热风由螺旋床底部进入，与分布在床上的物料进行充分的传热和传质后，由顶部排湿口排出，从而使物料达到了干燥的目的。主要适用于中药丸剂，颗粒状、短条状、球状物料的干燥。如图 2－25 所示。

微波干燥机：干燥器内设置一种高频交变电场，使湿物料中的水分子迅速获得热量而汽化，从而进行干燥的介电加热干燥器。使用的频率为 915 MHz 或 245 MHz。

微波干燥机加热迅速、均匀，干燥速度快，热效率高；对含水物料的干燥特别有利；微波操作控制灵敏、操作方便。缺点是成本高，对有些物料的稳定性有影响。

六、整粒

整粒机：对干燥后的固体颗粒进行整粒，可以调整颗粒的粒度，保证干燥物料粒度的均一性，防止有大颗粒聚集等现象。整粒步骤在固体制粒的生产过程中不是必需步骤。如图 2－26 所示。

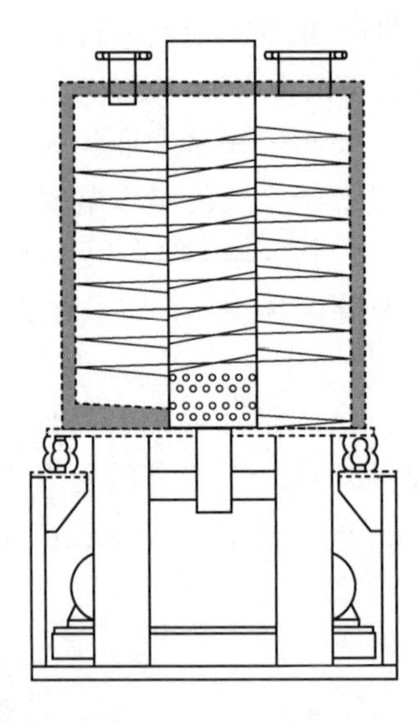

图 2－25　螺旋振动干燥机

图 2－26　整粒机

七、压片

根据生产的计划安排、压制片剂的大小、包不包衣来选择适宜的冲模。安装冲模的顺序是：先上冲模，再上下冲，最后上上冲。拆解冲模的顺序是：先拆上冲，再拆下冲，最后拆解冲模。

1. 压片机

常用压片机按其结构分为单冲压片机和旋转压片机；按压制片形分为圆形片压片机和异形片压片机；按压缩次数分为一次压制压片机和二次压制压片机；按片层分为双层压片机和有芯片压片机等。压片机种类如图 2－27 所示。

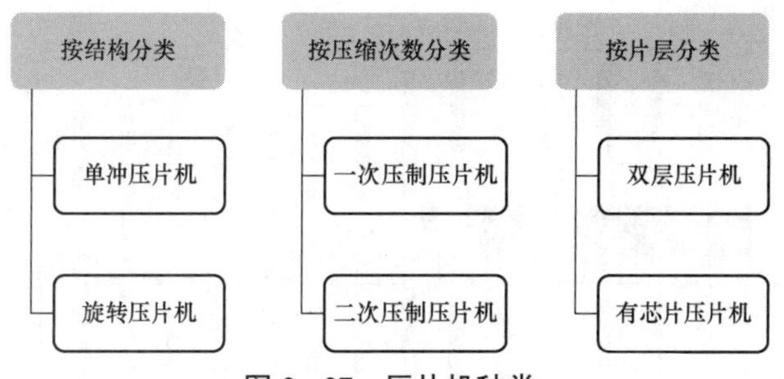

图 2－27　压片机种类

单冲压片机：产量 80～100 片/min，最大压片直径为 12 mm，最大填充深度为 11 mm，最大压片厚度为 6 mm，最大压力为 15 kN，多用于新产品的试制。除压制圆形片外，还可以压制异形片和环形片剂。重型单冲式压片机的压片和片径都比较大，可以压制圆形片、异形片和环形片等，如图 2－28 所示。

旋转压片机：旋转压片机的主要工作部分有机台、压轮、片重调节器、压力调节器、加料斗、饲粉器、吸尘器、保护装置等。机台分为三层，机台的上层装有若干上冲，在中层的对应位置上装着模圈，在下层的对应位置装着下冲。上冲与下冲各自随机台转动并沿着固定的轨道有规律地上下运动，当上冲与下冲随机台转动，分别经过上、下压轮时，上冲向下、下冲向上运动，并对模孔中的物料加压；机台中层的固定位置上装有刮粉器，片重调节器装于下冲轨道的刮粉器所对应的位置，用于调节下冲经过刮粉器时的高度，以调节模孔的容积；用上下压轮的上下移动位置调节压缩压力。如图 2－29 和图 2－30 所示。

图 2－28　单冲压片机示意图

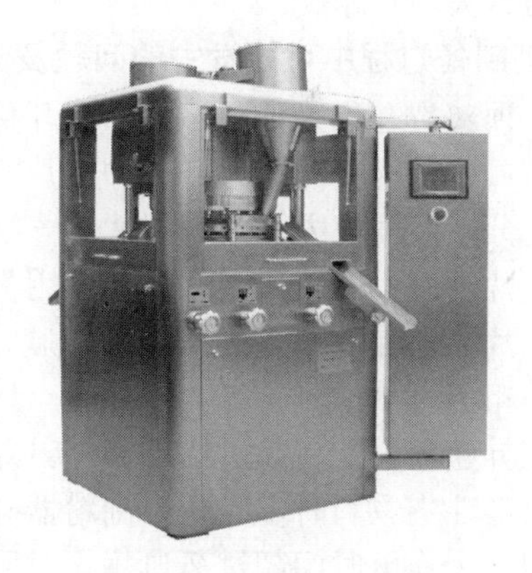

图 2－29　旋转压片机示意图

2. 片重的计算

按主药含量计算片重：由于药物在压片前经历了一系列的操作，其含量有所变化，所以应对颗粒中主药的实际含量进行测定，然后按照下式计算片重：

$$片重 = \frac{每片含主药量（标示量）}{颗粒中主药的质量分数（实测值）}$$

例：某片剂中含主药量为 0.2 g，测得颗粒中主药的质量分数为 50%，则每片所需颗粒的质量应为 0.2/0.5 = 0.4（g），即片重应为 0.4 g，若片重的质量差异限度为 5%，本品的片重上下限为 0.38～0.42 g。

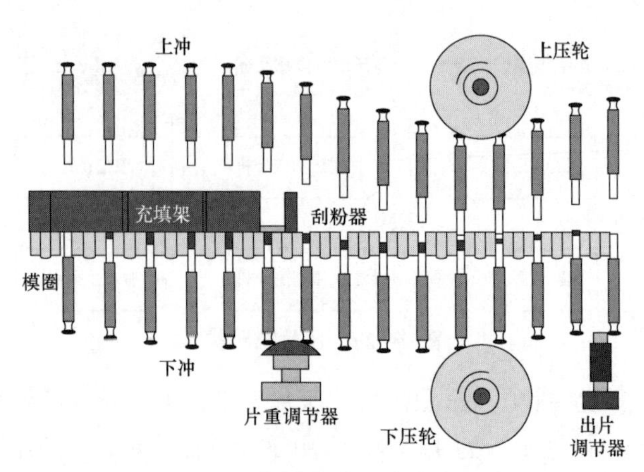

图 2-30　多冲压片机冲头示意图

按干颗粒总重计算片重：在中药的片剂生产中成分复杂，没有准确的含量测定方法时，根据实际投料量与预定片剂个数按照下式计算：

$$\text{片重}=\frac{\text{干颗粒重}+\text{压片前加入的辅料量}}{\text{预定的应压片数}}$$

3. 影响片剂成型的因素

物料的压缩特性：物料的塑性变形是压缩成型的必要条件。药物的熔点及结晶状态：熔点低，容易形成“固体桥”。立方晶好，鳞片状晶体和针状结晶不好，树枝状纤维易成型，但流动性差。黏合剂和润滑剂：黏合剂太多容易黏冲。水分：水分容易引起物料颗粒间“架桥”。压力：压力越大，片越硬。

4. 片剂制备过程中可能发生的问题及分析

裂片：顶部裂开称为顶裂，腰部裂开称为腰裂。处方因素的原因：物料中的细粉多，物料的塑性差；工艺因素的原因：单冲压片机容易出现压力分布不均匀，快速压片容易出现塑性变形不充分，凸面应力集中易裂片，一次压缩塑性变形不充分。

松片：片硬度不够。原因：黏合剂用量不足，压片不够。

黏冲：片面被黏而粗糙不平，有凹痕。原因：颗粒不干，物料吸湿，润滑剂不当，冲头表面锈蚀，粗糙不平或刻字等。

片重差异超限：片重超过标准偏差。原因：物料流动性差，物料中细粉太多或粒度大小相差悬殊，料斗中物料时多时少，刮粉器与模孔的吻合性差。

崩解迟缓：崩解时间超过药典规定时限。原因：压片压力大，可溶性成分少，强塑性物料和黏合剂用量不合适，崩解剂不合适，崩解能力差。

溶出超限：未在规定时间内溶出。原因：片剂不崩解，片剂硬度太大，药物本身溶解性差。

含量不均匀：药物在片剂中的含量不均匀。原因：压片用粉末混合不均匀，片重差异超限度。

八、片剂的包衣

包衣技术在制药工业中越来越占有重要的地位。

1. 包衣目的

避光、防潮，以提高药物的稳定性；遮盖药物的不良气味，增加患者的顺应性；隔离配伍禁忌成分；采用不同颜色包衣，增加药物的识别能力，增加用药的安全性；包衣后表面光洁，提高流动性；提高美观度；改变药物释放的位置及速度，如胃溶、肠溶、缓控释等。

2. 包衣基本类基型

① 糖包衣；② 薄膜包衣；③ 压制包衣。

3. 包糖衣的生产工艺

先将片芯包隔离层，然后包粉衣层，包糖衣层，包有色糖衣层，最后打光，就得到包衣后的片剂成品。

防水层和隔离层：有些片剂含有易吸潮的药物，需要包衣，一层或多层防水层在包粉衣层前包在压制片上。材料有 10%玉米朊乙醇液、虫胶乙醇液、10%邻苯二甲酸醋酸纤维素（CAP）乙醇液、10%～15%的明胶浆。其中玉米朊最常用，CAP 为肠溶性高分子材料。

粉衣层：在隔离层的基础上，用糖浆液包 3～5 层的粉衣层。该层的目的是清除片芯的棱角，使糖衣层容易地包在片芯上。糖浆液也可含明胶、阿拉伯胶或 PVP，用于提高包衣质量。当片芯被部分干燥后，可用一些粉衣料撒在片芯上，粉衣料材料为糖浆和滑石粉。糖浆浓度为 65%（g/g）或 85%（g/mL），滑石粉过 100 目筛。当片芯干燥后，再重复操作，直至片芯达到所需的形状和大小。

糖衣层：在粉衣层的基础上，用浓糖浆液包 5～10 层的糖衣层，使得片剂变圆且光滑。糖浆液主要以蔗糖为主，也可加入淀粉和碳酸钙。

有色糖衣：为了获得光滑并且美观的片剂，通常可用同糖衣层的方法包几层含有所需颜色的糖衣。

打光：目的是增加片剂的光泽和表面疏水性。常用四川产川蜡，加热至 80～100 ℃熔化后过 100 目筛，并掺入 2%的硅油混匀。包衣片可用不同的方式进行打光。含有巴西棕榈蜡或蜂蜡帆布的鼓状包衣锅或普通包衣锅可用来完成包衣片的打光。或者将蜡涂在包衣锅的内侧，使片剂在锅内滚动，直至达到所需的光泽。

4. 包糖衣设备

包衣锅：由莲蓬形或荸荠形的包衣锅、动力部分和加热鼓风及吸粉装置等组成。

包衣锅的中轴与水平面一般呈 30°～45°夹角，根据需要，角度也可以更小一些，以便于药片在锅内能与包衣材料充分混合。药片在锅内借助离心力和摩擦力的作用，随锅内壁向上移动，上升到药片的重力克服了离心力的束缚以后，将滚落下来。此过程连续不断地进行，在包衣锅口附近形成漩涡状的运动。如图 2-31 所示。

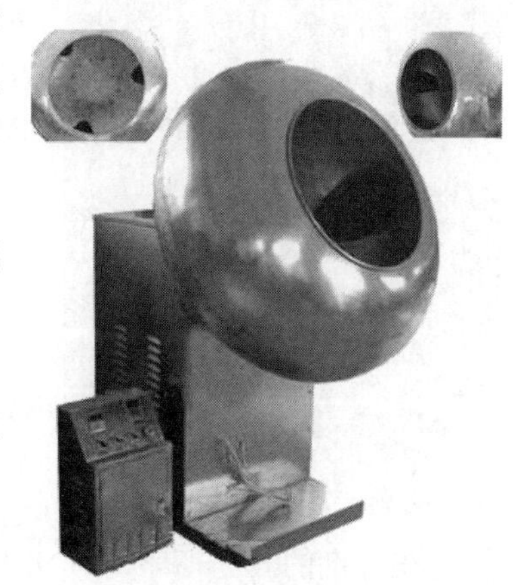

图 2-31　包糖衣锅

5. 包薄膜衣的生产工艺

片芯—喷包衣液—缓慢干燥（重复数次）—固化—缓慢干燥—薄膜包衣片。

薄膜衣溶液可以是非水溶液或水溶液，在普通的包衣锅中，薄膜包衣液均匀地喷在滚动的片剂上形成包衣，溶剂的挥发使薄膜衣能很好地黏在片剂表面。包制薄膜衣的材料主要分为胃溶型、肠溶型和水不溶型三大类。

薄膜衣的材料通常由高分子材料、增塑剂、速度调节剂、增光剂、固体物料、色料和溶剂等组成。

高分子包衣材料：按衣层的作用分为普通型、缓释型和肠溶型三大类。

普通型薄膜包衣材料：主要用于改善吸潮和防止粉尘污染等，如羟丙基甲基纤维素、甲基纤维素、羟乙基纤维素、羟丙基纤维素等。

缓释型包衣材料：常用中性的甲基丙烯酸酯共聚物和乙基纤维素，在整个生理 pH 范围内不溶。甲基丙烯酸酯共聚物具有溶胀性，对水及水溶性物质有通透性，因此可作为调节释放速度的包衣材料。乙基纤维素通常与 HPMC 或 PEG 混合使用，产生致孔作用，使药物溶液容易扩散。

肠溶包衣材料：肠溶聚合物有耐酸性，而在肠液中溶解，常用醋酸纤维素酞酸酯（CAP），聚乙烯醇酞酸酯（PVAP），甲基丙烯酸共聚物，醋酸纤维素苯三酸酯（CAT），羟丙基纤维素酞酸酯（HPMCP），丙烯酸树脂 EuS100、EuL100 等。

增塑剂：改变高分子薄膜的物理机械性质，使其更具柔顺性。聚合物与增塑剂之间要具有化学相似性，例如甘油、丙二醇、PEG 等带有—OH，可作某些纤维素衣材的增塑剂；精制椰子油、蓖麻油、玉米油、液状石蜡、甘油单醋酸酯、甘油三醋酸酯、二丁基癸二酸酯和邻苯二甲酸二丁酯（二乙酯）等可用作脂肪族非极性聚合物的增塑剂。

释放速度调节剂：又称释放速度促进剂或致孔剂。在薄膜衣材料中加有蔗糖、氯化钠、表面活性剂、PEG 等水溶性物质时，一旦遇到水，水溶性材料迅速溶解，留下一个多孔膜作为扩散屏障。薄膜的材料不同，调节剂的选择也不同，如吐温、司盘、HPMC 作为乙基纤维素薄膜衣的致孔剂；黄原胶作为甲基丙烯酸酯薄膜衣的致孔剂。

固体物料及色料：在包衣过程中有些聚合物的黏性过大时，适当加入固体粉末，以防止颗粒或片剂的粘连。如聚丙烯酸酯中加入滑石粉、硬脂酸镁；乙基纤维素中加入胶态二氧化硅等。色淀的应用主要是为了便于鉴别、防止假冒，并且满足产品美观的要求，也有遮光作用，但色淀的加入有时存在降低薄膜的拉伸强度，增加弹性模量和减弱薄膜柔性的作用。

图 2－32　高效包衣机

6. 包薄膜衣的生产设备

高效包衣机：包衣锅为短圆柱形并沿水平轴旋转，四周为多孔壁，热风由上方引入，由锅底部的排风装置排出，具有密闭、防爆、防尘、热交换效率高的特点，并且可根据不同类型片剂的不同包衣工艺，将参数一次性地预先输入电脑（也可随时更改），实现包衣过程的程序化、自动化、科学化，特别适用于包制薄膜衣。如图 2－32 所示。

悬浮包衣机：将快速上升的空气流吹入包衣室内，使流化床上的片剂悬浮于这种空气流中，上下翻腾处于流化（沸腾）状态，故也称为流化包衣法或沸腾包衣法；与此同时，喷入的包衣溶液会均匀地分布于片剂的表面，溶媒随热空气迅速挥散，从而在片剂的表面留下薄膜状的衣层。经过一定时间，即可制得包有薄膜衣的片剂。

悬浮包衣法自动化程度高；包衣速度快、时间短、工序少，适用于大规模工业化生产；整个包衣过程在密闭的容器中进行，无粉尘，环境污染小，并且节约原辅料，生产成本较低。

2.1.6　片剂的质量检查与包装贮存

《中华人民共和国药典》2020 年版规定，片剂在生产与贮存期间应符合：

（1）原料药物与辅料应混合均匀，含药量小或含毒、剧药的片剂，应根据原料药物的性质采用适宜方法，使其均匀。

（2）凡属挥发性或对光热不稳定的原料药物，在制片过程中应采取遮光、避热等适宜方法，以避免成分损失或失效。

（3）压片前的物料颗粒或半成品应控制水分，以适应制片工艺的需要，防止片剂在贮存期间发霉变质。

（4）片剂通常采用湿法制粒压片、干法制粒压片和粉末直接压片，干法制粒压片和粉末直接压片可避免引入水分，适合对湿热不稳定的药物的片剂制备。

（5）根据依从性需要，片剂中可加入矫味儿剂、芳香剂和着色剂等。一般指含片，口腔贴片、咀嚼片、分散片、泡腾片、口崩片等。

（6）为增加稳定性，掩盖原料药物不良臭味，改善片剂外观等，对可制成的药片、包糖衣或薄膜衣，对一些遇胃液易破坏、刺激胃黏膜或需要在胃肠道内释放的口服药片，可包肠溶衣，必要时薄膜包衣片剂应检查残留溶剂。

（7）片剂外观应完整、光滑、色泽均匀，有适宜的硬度和耐磨性，以免包装、运输过程中发生磨损或破碎。除另有规定外，非包衣片应符合片剂碎脆度检查法的要求。

（8）片剂的微生物限度应符合要求。

（9）根据原料、药物和制剂的特性，除来源于动植物多组分且难以建立测定方法的片剂外，溶出度、释放度、含量均匀度等应符合要求。

（10）片剂应注意贮存环境中温度、湿度以及光照的影响，除另有规定外，片剂应密封贮存。生物制品、原液、半成品和成品的生产及质量控制，应符合相关品种要求。

除另有规定外，片剂应进行以下相应检验。

【质量差异】按照下述方法检查应符合规定。

检查法　取供试品20片，精密称定总质量，求得平均片重后再分别精密称定每片的质量，每片质量与平均片重比较。凡无含量测定的片剂或有标识片重的中药片剂，每片质量应与标识片重比较。按表中的规定，超出质量差异限度的不得多于2片，并不得有1片超出限度1倍。见表2－6。

表2－6　中国药典2020年版规定的片重差异限度

片剂的平均质量/g	片剂差异限度/%
＜0.30	±7.5
≥0.30	±5.0

糖衣片的片心应检查质量差异并符合规定。包糖衣后不再检查质量差异。薄膜衣片应在包薄膜衣后检查质量差异，并符合规定。凡规定检查含量均匀度的片剂，一般不再进行质量差异检查。

【崩解时限】除另有规定外，用崩解时限检查法检查应符合规定，咀嚼片不进行崩解时限检查。

凡规定检查溶出度、释放度的片剂，一般不再进行崩解时限检查。

【分散均匀性】分散片照下述方法检查应符合规定。

检查法 按照崩解时限检查法（通则0921），检查不锈钢丝网的筛孔内径为710 μm，水温为15～20 ℃。取供试品6片，应在3 min内全部崩解，并通过筛网，如有少量不能通过筛网，但已软化成轻质上漂且无硬芯者，符合要求。

【微生物限度】微生物限度应该符合要求。局部用片剂（如口腔片、外用可溶片等）按照非无菌产品微生物限度检查，微生物计数法（通则1105）、控制菌检查法（通则1106）及非无菌药品微生物限度标准（通则1107）检查应符合规定。检查杂质的生物制品、片剂可不进行微生物限度检查。

片剂的包装与贮存

片剂的包装与贮存应当做到密封、防潮以及使用方便等，以保证制剂到达患者手中时，依然保持着药物的稳定性与药物的活性。

1. 多剂量包装

几十片甚至几百片装入一个容器的叫多剂量包装。容器多为玻璃瓶和塑料瓶，也有用软性薄膜、纸塑复合膜、金属箔复合膜等制成的药袋。

（1）玻璃瓶：是应用最多的包装容器。其优点是密封性好，防止水汽和空气透过，化学惰性，不易变质，价格低廉，有色玻璃瓶有一定的避光作用。其缺点是质量较大，易于破损。

（2）塑料瓶：优点是质地轻，不易破碎，容易制成各种形状，外观精美等；其缺点是密封隔离性能不如玻璃制品，在高温及高湿下可能会发生变形等。常用包装材料的性能比较见表2–7。

表2–7 常用包装材料的性能比较

性能	聚氯乙烯（PVC）	聚乙烯（高密度）	聚苯乙烯
抗湿防潮性	好	好	差
抗空气透过性	好	差	差
抗酸碱性	差	好	一般
耐热性	好	好	很差

2. 单剂量包装

主要分为泡罩式（也称水泡眼）包装和窄条式包装两种形式，均将片剂单个包装，使每个药片均处于密封状态，提高对产品的保护作用，也可杜绝交叉污染。

泡罩式包装的底层材料（背衬材料）为无毒铝箔与聚氯乙烯的复合薄膜，形成水泡眼的材料为硬质PVC；硬质PVC经红外加热器加热后在成型滚筒上形成水泡眼，片剂进入水泡眼后，即可热封成泡罩式的包装。

窄条式包装是由两层膜片（铝塑复合膜、双纸塑料复合膜）经黏合或热压而形成的带状包装，与泡罩式包装比较，成本较低，工序简便。

采用上述方法包装的片剂可贮存较长时间，但应注意，有些片剂久贮后，硬度变大，以致影响崩解度或溶出度。另外，由于受热、光照、受潮、发霉等原因，仍可能使某些片剂发生有效成分的降解，以致影响片剂的实际含量。

2.1.7　片剂的合理使用

片剂的口服给药是很方便的给药方式，把制剂放在口内，然后用一杯水或饮料帮助吞咽即可，用足够的水帮助服用是十分重要的，一些患者不用水直接服用片剂等固体制剂是很危险的，这样有可能使干燥的固体制剂黏附在食道中，特别是在睡前服用时，干燥的固体制剂黏附在食道容易引起食道损伤或溃疡。合理的药物剂型是药物发挥最佳疗效的重要途径之一，它是根据药物自身特点、人体生理吸收特点及临床实验而设定的。应注重提高临床药剂人员的业务素质，加强该方面的监控，同时经常向临床医师介绍同类药物中新剂型的进展状况和特点等，指导临床医师合理使用同一药物的不同剂型，以防止药物剂型的滥用。例如：舌下含化药或口腔含化药用于口服，舌下含化药是根据药物的脂溶性特点，舌下给药后吸收完全而迅速，血药浓度高，发挥疗效快，如硝酸甘油片改为口服给药则吸收缓慢，药物易在肝内灭活，血药浓度低，疗效仅为舌下含服的 1/10，且不能发挥急救的作用。同样，口腔含化药是口腔内局部给药，仅具有局部治疗功能，如草珊瑚含片、西地碘含片等，若改为口服给药，则起不到局部治疗作用，且疗效会大大降低。

肠溶片外层的肠溶衣对药物的片芯起保护作用，一方面，防止药物在胃液中破坏或水解而降低疗效，另一方面，减少药物对胃部黏膜的刺激。临床上为了小儿用药或使用方便，常把肠溶片剂破坏或研碎服用，大大降低了药物疗效，同时增加了药物的不良反应。红霉素肠溶片、阿司匹林肠溶片、消炎痛肠溶片等破坏肠溶衣使用常可造成胃溃疡、胃出血等现象发生。

缓释片、控释片是采用新技术、新工艺制备的新型制剂，服用后能够维持稳定有效的血药浓度，对于提高药物疗效、减少服药次数均具有重要作用。破坏服用后，破坏了其结构，失去了缓释、控释的功能，可使药物在短时间内大量释出，血药浓度增高，发生毒性反应或不良反应的可能性大大增加，如硝苯吡啶控释片、芬必得缓释片等均应避免破坏服用。

对于小儿用药，应尽量避免破坏片剂（如肠溶片、控释片、缓释片等），最好使用小儿药品单剂量规格，同时，在使用口服药物时，最好选择口服冲剂、散剂、口服液等。

2.2　胶囊剂

1. 掌握胶囊剂的概念、特点和分类。
2. 熟悉胶囊剂的制备方法（软、硬胶囊）、质量检查与包装贮存。
3. 了解肠溶胶囊。

2.2.1　概述

胶囊剂（capsules）是指原料药物或与适宜辅料充填于空心胶囊或密封于软质囊材中制成的固体制剂。胶囊剂可分为硬胶囊和软胶囊。根据释放特性不同，还有缓释胶囊、控释胶囊、肠溶胶囊等。如图 2－33 所示。

一、胶囊剂的特点

（1）可掩盖药物不适的苦味及臭味，使其整洁、美观、容易吞服。因为药物装在胶囊壳中，与外界隔离，避开了水分、空气、光线的影响，对具有不良味道、不稳定的药物有一定程度的遮蔽、保护与稳定作用。

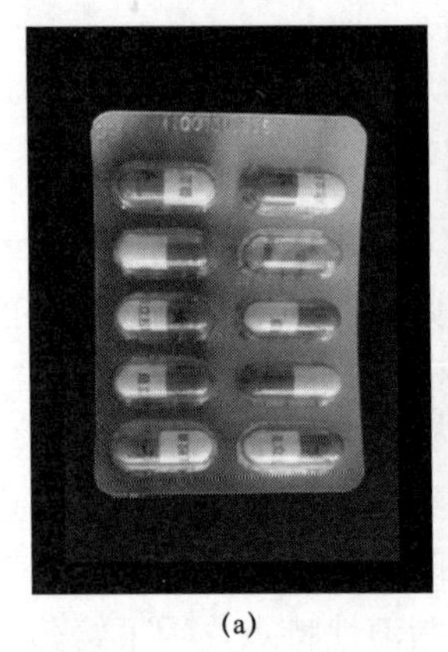

(a)

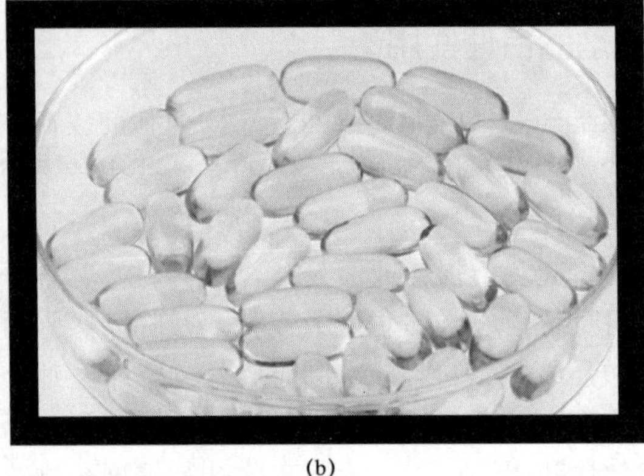

(b)

图 2－33　市售胶囊图

(a) 硬胶囊；(b) 软胶囊

（2）药物的生物利用度高。胶囊剂与片剂、丸剂不同，制备时可不加黏合剂和压力，胶囊剂中的药物以粉末或颗粒状态直接填装于囊壳中，所以，在胃肠道中崩解快，一般服后 3～10 min 即可崩解释放药物，起效比丸剂、片剂快，药物的吸收好。

（3）提高药物稳定性。如对光敏感的药物、遇湿热不稳定的药物，可装入不透光胶囊中，防护药物不受湿气和空气中氧、光线的作用，从而提高其稳定性。

（4）能弥补其他固体剂型的不足。如因含油量高而不易制成丸、片剂的药物，可制成胶囊剂，如将牡荆油制成胶丸剂（软胶囊剂）。又如服用剂量小，难溶于水，消化道内不易吸收的药物，可使其溶于适当的油中，再制成胶囊剂，不仅增加了消化道的吸收，还提高了疗效，并且稳定性较好。

（5）可定时定位释放药物。如将药物先制成颗粒，然后用不同释放速度的包衣材料进行包衣，按所需比例混合均匀，装入空胶囊中即可达到延效的目的，如康泰克胶囊即属此种类型。若需在肠道中显效者，可制成肠溶性胶囊。对在结肠段吸收较好的蛋白类、多肽类药物，可制成结肠靶向胶囊剂。

由于明胶是胶囊剂的最主要囊材，所以必须注意：① 若填充的药物是水溶液或稀乙醇溶液，会使囊壁溶化，不宜填充于胶囊中；② 易溶性药物和刺激性较强的药物，由于胶囊壳溶化后局部药量很大，刺激胃黏膜，不宜制成胶囊剂；③ 风化药物可使胶囊软化、潮解药物可使胶囊过分干燥而变脆，不宜制成胶囊剂。

二、胶囊剂的分类

（1）硬胶囊剂（hard capsules）（通称为胶囊），是将一定量的药物（或药材提取物）或加适宜的辅料制成均匀的粉末或颗粒，填装于空心硬胶囊中而制成。硬胶囊呈圆筒形，由上下配套的两节紧密套合而成，其大小用号码表示，可根据药物剂量的大小而选用。

（2）软胶囊剂（soft capsules），是指将一定量的液体原料药物直接密封，或将固体原料药物溶解或分散在适宜的辅料中制备成溶液、混悬液、乳状液或半固体，密封于软质囊材中的胶囊剂。可用滴制法或压制法制备。软质囊材一般是由胶囊用明胶、甘油或其他适宜的药用辅料单独或混合制成。

（3）肠溶胶囊剂（enteric capsules），是指用肠溶材料包衣的颗粒或小丸充填于胶囊而制成的硬胶囊，或用适宜的肠溶材料制备而得的硬胶囊或软胶囊。肠溶胶囊不溶于胃液，但能在肠液中崩解而释放活性成分。

（4）缓释胶囊（sustained-release capsules），是指在规定的释放介质中缓慢地非恒速释放药物的胶囊剂。

（5）控释胶囊（control release capsules），是指在规定的释放介质中缓慢地恒速释放药物的胶囊剂。

三、囊壳的分类

1. 硬胶囊剂的组成与规格

明胶是空胶囊的主要成囊材料，是由骨、皮水解而制得的。以骨髓为原料制得的骨明胶，质地坚硬，性脆且透明度差；以猪皮为原料制得的猪皮明胶，富有可塑性，透明度很好。为兼顾囊壳的强度和塑性，采用骨、皮混合胶较为理想。还有其他胶囊，如淀粉胶囊、甲基纤维素胶囊、羟丙甲纤维素胶囊等，但均未广泛使用。根据制备胶囊所用明胶不同来源和制备工艺，明胶的分类见表 2－8。

表 2－8　胶囊用明胶规格

明胶类型	等电点	来源
A 型明胶	pH 7～9	由酸水解制得
B 型明胶	pH 4.7～5.2	由碱水解制得

空胶囊有 8 种规格，常用的是 0～5 号，号数由小到大，容积由大到小，见表 2－9。

表 2－9　胶囊号与容积对应表

空胶囊号数	0	1	2	3	4
容积/mL	0.75	0.55	0.40	0.30	0.25

为增加韧性与可塑性，一般加入增塑剂，如甘油、山梨醇、羧甲基纤维素钠、羟丙基纤维素、油酸酰胺磺酸钠等；为减小流动性、增加胶冻力，可加入增稠剂琼脂等；对光敏感药物，可加遮光剂二氧化钛（2%～3%）；为美观和便于识别，加食用色素等着色剂；为防止霉变，可加防腐剂尼泊金等。以上组分并不是任一种空胶囊都必须具备，而应根据具体情况加以选择。

2. 软胶囊剂的组成

软胶囊剂囊壁的组成为干明胶、干增塑剂、水，比例为干明胶:干增塑剂:水＝1:(0.4～0.6):1。

常用的增塑剂有甘油、山梨醇或二者的混合物。软胶囊的囊壁具有可塑性与弹性是软胶囊剂的特点，也是该剂型成立的基础，所以，若增塑剂用量过低（或过高），则会造成囊壁过硬（或过软）；由于在软胶囊的制备中以及在放置过程中仅仅是水分的损失，因此，明胶与增塑剂的比例对软胶囊剂的制备及质量有着十分重要的影响。

软胶囊适用于：对蛋白性质无影响的药物和附加剂均可填充，如各种油类和液体药物、药物溶液、混悬液等液体。液态药物以 pH 2.5～7.5 为宜，否则易使明胶水解或变性，导致泄漏或影响崩解和溶出，可选用磷酸盐、乳酸盐等缓冲液调整 pH。

软胶囊不适用：含 5%水、水溶性、挥发性、小分子有机物。如醇、酮、酸、酯、醛等能使囊材软化或溶解，或使明胶变性，因此，均不宜制成软胶囊。

2.2.2 制备工艺过程与设备

一、硬胶囊剂

硬胶囊剂的制备一般分为空胶囊的制备和填充物料的制备、填充、封口等工艺过程。包括溶胶→蘸胶（制胚）→干燥→拔壳→切割→整理六个工序。

一般由自动化生产线完成，生产环境洁净度应达 10 000 级，温度为 10～25 ℃，相对湿度为 35%～45%。为了便于识别，空胶囊壳上还可用食用油墨印字。

1. 物料的处理与填充

若纯药物粉碎至适宜粒度就能满足硬胶囊剂的填充要求，则可直接填充，但多数药物由于流动性差等方面的原因，均需加一定的稀释剂、润滑剂等辅料才能满足填充（或临床用药）的要求。一般可加入煎糖、乳糖、微晶纤维素、改性淀粉、二氧化硅、硬脂酸镜、滑石粉、羟丙基纤维素等改善物料的流动性或避免分层，也可加入辅料制成颗粒后进行填充。胶囊剂填充机如图 2－34 所示。

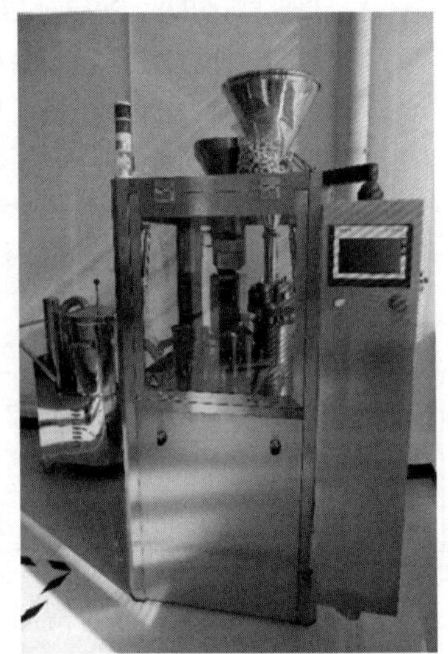

图 2－34　胶囊剂填充机

2. 胶囊规格的选择与套合、封口

应根据药物的填充量决定。按药物规定剂量所占容积来选择最小空胶囊，可以凭经验试装后决定，但一般宜先测定待填充物料的堆密度，然后根据应装剂量计算该物料容积，以决定应选胶囊的号数。填充后，即可套合胶囊帽，目前多使用锁口式胶囊，密闭性良好，不必封口；若使用非锁口式胶囊（平口套合），应封口。封口材料常用不同浓度的明胶液，如明胶 20%、水 40%、乙醇 40%的混合液等，在囊体和囊帽套合处封上一条胶液，烘干，即得。

制备好的硬胶囊可以封装于铝塑泡罩包装中，为进一步装入纸盒中做准备。铝塑平板包装机如图 2－35 所示。

图 2－35　铝塑平板包装机

二、软胶囊剂

制备软胶囊常用滴制法和压制法。

1. 滴制法

由具双层喷头的滴丸机（图 2－36）完成。以明胶为主的软质囊材与被包药液，分别在双层喷头的外层与内层以不同速度喷出，使定量的胶液将定量的药液包裹后，滴入与胶液不相混溶的冷却液中，由于表面张力作用，使之形成球形，并逐渐冷却、凝固成软胶囊，如常见的鱼肝油胶丸等。滴制过程中，胶液、药液的温度，喷头的大小，滴制速度，冷却液的温度等因素，均会影响软胶囊的质量，应通过实验考察筛选适宜的工艺技术条件。

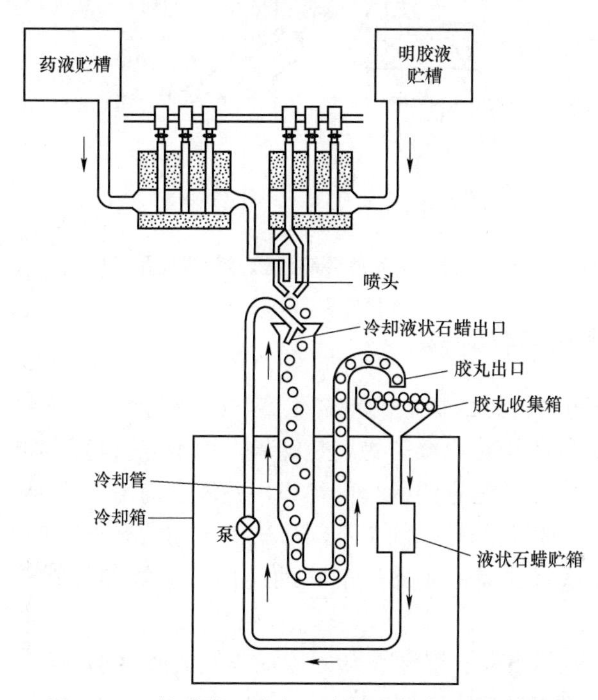

图 2－36　软胶囊（胶丸）滴制法生产过程示意图

2. 压制法

压制法是将胶液制成厚薄均匀的胶片，再将药液置于两个胶片之间，用钢板模或旋转模压制软胶囊的一种方法。目前生产上主要采用旋转模压法，旋转模压法制囊机及模压过程如如图 2－37 所示（模具的形状可为椭圆形、球形或其他形状）。

3. 肠溶胶囊剂

第一种方法是甲醛法，由于甲醛明胶分子中仍含有羧基，故能在肠液的碱性介质中溶解并释放药物。但此种空胶囊肠溶性与甲醛的浓度、甲醛与明胶的接触时间等有关，且贮存后往往会进一步发生作用而改变溶解性能，甚至在肠液中也不崩解或溶化，所以现已不用。

第二种方法是在明胶表面包被肠溶材料。如用 PVP 作为底衣层，以增加与胶囊的黏附性，然后用 CAP、蜂蜡等进行外层包衣；也可用丙烯酸 2 号、4 号树脂乙醇液包衣或羟丙基甲基纤维素邻苯二甲酸酯（HPMCP）、醋酸羟丙基甲基纤维素琥珀酰酯（HPMCAS）等的丙酮（异丙醇）混合溶媒，其肠溶性较稳定，也可直接采用肠溶材料制备囊壳，肠溶软胶囊的性质更稳定持久，无软化和褪色现象，生物利用度比片剂显著提高。

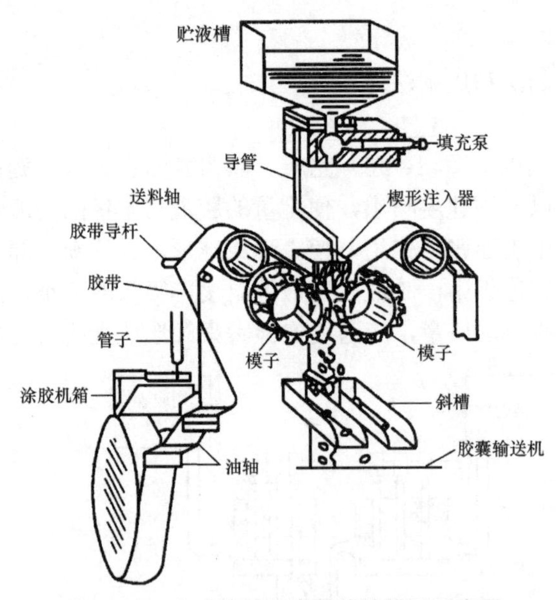

图 2–37　自动旋转制囊机旋转模压示意图

2.2.3　质量检查与包装贮存

《中华人民共和国药典》2022 版胶囊剂在生产与贮藏期间应符合：

（1）胶囊剂的内容物不论是原料药物还是辅料，均不应引起囊壳的变质。

（2）小剂量原料药物应用适宜的稀释剂稀释，并混合均匀。

（3）硬胶囊可根据下列制剂技术制备不同形式内容物填充于空心胶囊中。

① 将原料药物加适宜的辅料如稀释剂、助流剂、崩解剂等制成均匀的粉末、颗粒或小片。

② 将普通小丸、速释小丸、缓释小丸、控释小丸或肠溶小丸单独填充或混合填充，必要时加入适量空白小丸作填充剂。

③ 将原料药物粉末直接填充。

④ 将原料药物制成包合物、固体分散体、微囊或微球。

⑤ 溶液、混悬液、乳状液等也可采用特制灌囊机填充于空心胶囊中，必要时密封。

（4）胶囊剂应整洁，不得有黏结、变形、渗漏或囊壳破裂等现象，并应无异臭。

（5）胶囊剂的微生物限度应符合要求。

（6）根据原料药物和制剂的特性，除来源于动、植物多组分且难以建立测定方法的胶囊剂外，溶出度、释放度、含量均匀度等应符合要求。必要时，内容物包衣的胶囊剂应检查残留溶剂。

（7）除另有规定外，胶囊剂应密封贮存，其存放环境温度不高于 30 ℃，湿度应适宜，防止受潮、发霉、变质。生物制品原液、半成品和成品的生产及质量控制应符合相关品种要求。

除另有规定外，胶囊剂应进行以下相应检查。

【水分】中药硬胶囊剂应进行水分检查。

取供试品内容物，按照水分测定法（通则 0832）测定。除另有规定外，不得超过 9.0%。硬胶囊内容物为液体或半固体者不检查水分。

【装量差异】按照下述方法检查，应符合规定。

检查法除另有规定外，取供试品 20 粒（中药取 10 粒），分别精密称定重量，倾出内容物（不得损失囊壳），硬胶囊的囊壳用小刷或其他适宜的用具拭净；软胶囊或内容物为半固体或液体的硬胶囊的囊壳用乙醚等易挥发性溶剂洗净，置通风处使溶剂挥发尽，再分别精密称定囊壳重量，求出每粒内容物的装量与平均装量。每粒装量与平均装量相比较（有标示装量的胶囊剂，每粒装量应与标示装量比较），超出装量差异限度的不得多于 2 粒，并不得有 1 粒超出限度 1 倍。平均装量或标示装量差异限度见表 2－10。

表 2－10　平均装置或标示装量差异限度

平均装量/g	装量差异限度/%
0.30 以下	±10
0.30 及 0.30 以上	±7.5

凡规定检查含量均匀度的胶囊剂，一般不再进行装量差异的检查。

【崩解时限】除另有规定外，按照崩解时限检查法（通则 0921）检查，均应符合规定。凡规定检查溶出度或释放度的胶囊剂，一般不再进行崩解时限的检查。

【微生物限度】以动物、植物、矿物质来源的非单体成分制成的胶囊剂、生物制品胶囊剂，按照非无菌产品微生物限度检查：微生物计数法（通则 1105）、控制菌检查法（通则 1106）及非无菌药品微生物限度标准（通则 1107），应符合规定。规定检查杂菌的生物制品胶囊剂，可不进行微生物限度检查。

2.2.4　举例

例 1：速效感冒胶囊（硬胶囊剂）。

【处方】对乙酰氨基酚 300 g　　咖啡因 3 g　　维生素 C 100 g
扑尔敏 3 g　　胆汁粉 100 g　　10%淀粉浆 适量
食用色素 适量　　制成硬胶囊剂 1 000 粒

【制法】将各药物分别粉碎，过 80 日筛，将 10%淀粉浆分为 A、B、C 三份，A 加少量胭脂红制成红糊，B 加食用橘黄少量（最大用量为万分之一）制成黄糊，C 不加色素为白糊。将对乙酰氨基酚分三份，一份与扑尔敏混匀后加入红糊，一份与胆汁粉、维生素 C 混匀后加黄糊，一份与咖啡因混匀后加白糊，分别制软材后，过 14 目筛制粒，于 70 ℃干燥至水分 3%以下。将上述三种颜色颗粒混合均匀后，填入空胶囊中，即得。

【注解】本品为一种复方制剂，所含成分的性质、数量各不相同，为防止混合不均匀和填充不均匀，采用制粒的方法。首先制得流动性良好的颗粒，再进行填充，这是一种常用的方法；另外，加入食用色素可使颗粒呈现不同的颜色，若选用透明胶囊壳，将使本制剂看上去比较美观。

例2：维生素AD胶丸（软胶囊剂）。

【处方】维生素A 3 000单位　维生素D 300单位　明胶 100份
甘油 55～66份　水 120份　鱼肝油或精炼食用植物油 适量

【制法】取维生素A与维生素D，加鱼肝油或精炼食用植物油，溶解，并调整浓度至每丸含维生素A应为标示量的90.0%～120.0%，含维生素D应为标示量的85.0%以上，作为药液待用，另取甘油及水加热至70～80 ℃，加入明胶，搅拌溶化，保温1～2 h，除去上浮的泡沫，过滤（维持温度），加入滴丸机滴制，以液体石蜡为冷却液，收集冷凝的胶丸，用纱布拭去黏附的冷却液，在室温下吹冷风4 h，放于25～35 ℃下烘4 h，再经石油醚洗涤两次（每次3～5 min），除去胶丸外层液体石蜡，再用95%乙醇洗涤一次，最后在30～35 ℃烘干约2 h，筛选，质检，包装，即得。

【注解】① 本品中维生素A、维生素D的处方比例为药典所规定；② 本品主要用于防治夜盲、角膜软化、眼干燥、表皮角化和软骨病等，也用于增长体力，助长发育。但长期大量服用可引起慢性中毒，一般剂量，一次1丸，一日3～4丸；③ 在制备胶液的过程中，可采取适当的抽真空的方法，以便尽快除去胶液中的气泡以及泡沫。

例3：硝苯地平软胶囊剂。

【处方】硝苯地平 5 g　聚乙二醇400　220 g　制成软胶囊剂 1 000粒

【制法】将硝苯地平与1/8处方量的聚乙二醇400混合，用胶体磨粉碎，然后加入剩余的聚乙二醇400混溶，即得透明淡黄色药液（也可用球磨机研磨3 h）。另配明胶溶液（明胶100份、甘油5份、水10份）备用，在室温（23±2）℃、相对湿度40%的条件下，药液与明胶液用自动旋转胶囊机制成胶丸，每丸重225 mg，在（28±2）℃、相对湿度40%条件下将胶囊干燥20 h，即得。

【注解】① 硝苯地平为治疗预防心绞痛和高血压的药物。其见光易分解，故生产与贮存时均避光，也可在胶液中加入适量二氧化铁。② 硝苯地平为难溶性药物，不溶于植物油，采用PEG 400为溶剂通过球磨制成溶液，可增加药物的吸收；但PEG 400易吸湿，可使囊壁硬化，故制得的软胶囊在干燥后，其囊壁中仍保留约5%的水分。

2.2.5 胶囊剂服用方法

有些患者使用胶囊剂时，喜欢将胶囊剂中的药物去壳服用，以为这样做会使药物更快地发挥疗效，其实这种做法是非常错误的。装入胶囊的药物大多对胃黏膜及食道有刺激性，或易被消化液分解破坏。如果将胶囊剂去壳服用，则会使药效降低，消化道受到损伤，甚至可将药物微粒呛入气管，尤其给儿童患者服用会造成危险。因此，服胶囊剂型的药物时切不可去壳服用。

2.3 颗粒剂

1. 掌握熟悉颗粒剂的概念、特点与制备方法。
2. 熟悉颗粒剂的质量检查和包装贮存。

2.3.1 概述

颗粒剂（Granules）是原料药物与适宜的辅料混合制成具有一定粒度的干燥颗粒状制剂。颗粒剂可分为可溶颗粒（通称为颗粒）、混悬颗粒、泡腾颗粒、肠溶颗粒，根据释放特性不同，还有缓释颗粒等。如图 2－38 所示。

混悬颗粒是指难溶性原料药物与适宜辅料混合制成的颗粒剂。临用前加水或其他适宜的液体振摇即可分散成混悬液。

泡腾颗粒是指含有碳酸氢钠和有机酸，遇水可放出大量气体而呈泡腾状的颗粒剂。泡腾颗粒中的原料药物应是易溶性的，加水产生气泡后应能溶解。有机酸一般用枸橼酸、酒石酸等。泡腾颗粒一般不得直接吞服。

图 2－38 颗粒剂的产品

肠溶颗粒是指采用肠溶材料包裹颗粒或其他适宜方法制成的颗粒剂。肠溶颗粒耐胃酸而在肠液中释放活性成分或控制药物在肠道内定位释放，可防止药物在胃内分解失效，避免对胃的刺激。肠溶颗粒应进行释放度（通则 0931）检查。肠溶颗粒不得咀嚼。

缓释颗粒是指在规定的释放介质中缓慢地非恒速释放药物的颗粒剂。缓释颗粒应符合缓释制剂（指导原则 9013）的有关要求，并应进行释放度（通则 0931）检查。缓释颗粒不得咀嚼。

一、颗粒剂的特点

优点：① 飞散性、附着性、聚集性、吸湿性等均较小，有利于分剂量；② 服用方便，适当加入着色剂、芳香剂、矫味剂等可制成色、香、味俱全的药物制剂；③ 必要时可以包衣或制成缓释制剂，必要时对颗粒进行包衣，根据包衣材料的性质可使颗粒具有防潮性、缓释性或肠溶性等，但包衣时需注意颗粒大小的均匀性以及表面光洁度，以保证包衣的均匀性。

不足之处：多种颗粒的混合物，如果各种颗粒的大小或粒密度差异较大，易产生离析现象，从而导致剂量不准确。颗粒剂由于粒子大小不一，在用容量法分剂量时不易准确，且混合性能较差，儿种密度不同、成分所占比例不同的颗粒相混合时，容易发生分层现象。

二、颗粒剂的分类

根据颗粒剂在水中的溶解情况，分为可溶性颗粒剂、混悬性颗粒剂及泡腾性颗粒剂。

三、颗粒剂原辅料处理原则

（1）供制备冲用的辅料蔗糖、糊精、淀粉或乳糖等，均应符合凡例规定。

（2）除另有规定外，药材应加工成片或段，按具体品种规定的方法提取过滤，滤液浓缩至规定相对密度的清膏，加定量辅料或药物细粉，混匀，制粒或压制剂成块，干燥。加辅料量一般不超过清膏量的 5 倍。

（3）挥发油应均匀喷入干燥颗粒中，混匀，密闭至规定时间。应干燥、色泽一致，无吸潮、软化等现象。除另有规定外，宜密封储藏。

2.3.2 颗粒剂的制备

颗粒剂的传统制备工艺流程如图 2-39 所示。

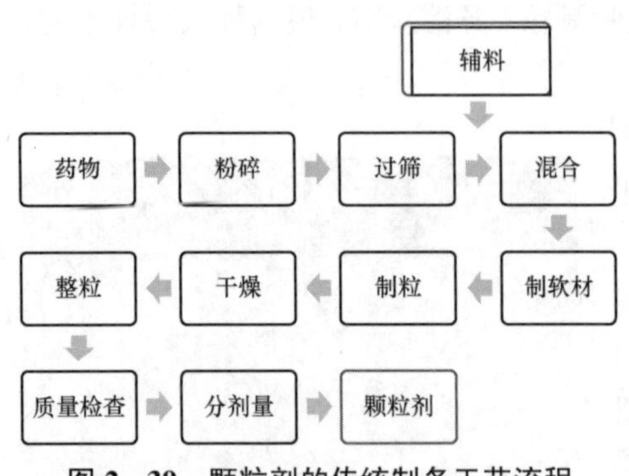

图 2-39 颗粒剂的传统制备工艺流程

颗粒剂的制备工艺与片剂生产中湿法制粒基本相同，但不需要压成片子，而是将制得的干燥颗粒直接装入袋中。

1. 制软材

将药物与适当的稀释剂（如淀粉、蔗糖或乳糖等）、崩解剂充分混匀，加入适量的水或其他黏合剂制软材。制软材是传统湿法制粒的关键技术，黏合剂的加入量可根据经验“手握成团，轻压即散”为准。由于淀粉和纤维素衍生物兼具黏合和崩解两种作用，所以常用作颗粒剂的黏合剂。

2. 制湿颗粒

将软材用手工或机械挤压通过筛网，即可制得湿颗粒。除了这种传统过筛制粒的方法以外，近年来已有许多新的制粒方法和设备应用于生产实践，其中最典型的就是流化（沸腾）制粒，也称为“一步制粒法”，物料的混合、制粒、干燥等过程在同一设备内一次完成。这种方法生产效率较高，既简化了工序和设备，又节省了厂房和人力，同时制得的颗粒大小均匀，外观圆整，流动性好。

3. 颗粒的干燥

除了流化（或喷雾制粒法）制得的颗粒已被干燥以外，其他方法制得的颗粒必须再用适宜的方法加以干燥，以除去水分、防止结块或受压变形。常用的方法有箱式干燥法、流化床干燥法等。

4. 整粒与分级

在干燥过程中，某些颗粒可能发生粘连，甚至结块。因此，要对干燥后的颗粒给予适当的整理，以使结块、粘连的颗粒散开，获得具有一定粒度的均匀颗粒，这就是整粒的过程。一般采用过筛的办法整粒和分级。

5. 质量检查与分剂量

将制得的颗粒进行含量检查与粒度测定等，按剂量装入适宜袋中，颗粒分装机如图 2-40 所示。颗粒剂的贮存基本与散剂相同，但应注意均匀性，防止多组分颗粒的分层，防止吸潮。

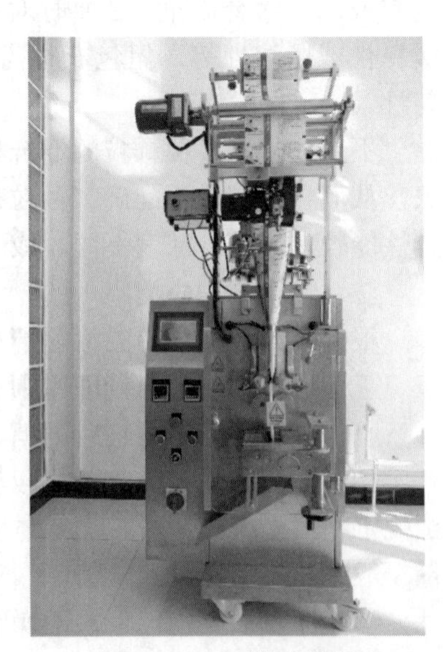

图 2-40 颗粒分装机

2.3.3 颗粒剂的质量检查和贮存

《中华人民共和国药典》2022 版规定颗粒剂应符合：

（1）原料药物与辅料应均匀混合。含药量小或含毒、剧药物的颗粒剂，应根据原料药物的性质采用适宜方法使其分散均匀。

（2）除另有规定外，中药饮片应按各品种项下规定的方法进行提取、纯化、浓缩成规定的清膏，采用适宜的方法干燥并制成细粉，加适量辅料或饮片细粉，混匀并制成颗粒；也可将清膏加适量辅料或饮片细粉，混匀并制成颗粒。

（3）凡属挥发性原料药物或遇热不稳定的药物，在制备过程中应注意控制适宜的温度条件；凡遇光不稳定的原料药物，应遮光操作。

（4）颗粒剂通常采用干法制粒、湿法制粒等方法制备。干法制粒可避免引入水分，尤其适合对湿热不稳定药物的颗粒剂的制备。

（5）根据需要颗粒剂可加入适宜的辅料，如稀释剂、黏合剂、分散剂、着色剂以及矫味剂等。

（6）除另有规定外，挥发油应均匀喷入干燥颗粒中，密闭至规定时间或用包合等技术处理后加入。

（7）为了防潮、掩盖原料药物的不良气味，也可对颗粒进行包衣。必要时，包衣颗粒应检查残留溶剂。

（8）颗粒剂应干燥，颗粒均匀，色泽一致，无吸潮、软化、结块、潮解等现象。

（9）颗粒剂的微生物限度应符合要求。

（10）根据原料药物和制剂的特性，除来源于动、植物多组分且难以建立测定方法的颗粒剂外，溶出度、释放度、含量均匀度等应符合要求。

（11）除另有规定外，颗粒剂应密封，置干燥处贮存，防止受潮。生物制品原液、半成品和成品的生产及质量控制应符合相关品种要求。除另有规定外，颗粒剂应进行以下相应检查。

【粒度】除另有规定外，按照粒度和粒度分布测定法（通则 0982 第二法双筛分法）测定，不能通过一号筛与能通过五号筛的总和不得超过 15%。

【水分】中药颗粒剂按照水分测定法（通则 0832）测定，除另有规定外，水分不得超过 8.0%。

【干燥失重】除另有规定外，化学药品和生物制品颗粒剂按照干燥失重测定法（通则 0831）测定，于 105 ℃干燥（含糖颗粒应在 80 ℃减压干燥）至恒重，减失重量不得超过 2.0%。

【溶化性】除另有规定外，颗粒剂按照下述方法检查，溶化性应符合规定。含中药原粉的颗粒剂不进行溶化性检查。

可溶颗粒检查法：取供试品 10 g（中药单剂量包装取 1 袋），加热水 200 mL，搅拌 5 min，立即观察，可溶颗粒应全部溶化或轻微浑浊。

泡腾颗粒检查法：取供试品 3 袋，将内容物分别转移至盛有 200 mL 水的烧杯中，水温为 15～25 ℃，应迅速产生气体而呈泡腾状，5 min 内颗粒均应完全分散或溶解在水中。颗粒剂按上述方法检查，均不得有异物，中药颗粒还不得有焦屑。混悬颗粒以及已规定检查溶出度或释放度的颗粒剂可不进行溶化性检查。

【装量差异】单剂量包装的颗粒剂按下述方法检查，应符合规定。

检查法　取供试品 10 袋（瓶），除去包装，分别精密称定每袋（瓶）内容物的重量，求出每袋（瓶）内容物的装量与平均装量。每袋（瓶）装量与平均装量相比较，凡无含量测定的颗粒剂或有标示装量的颗粒剂，每袋（瓶）装量应与标示装量比较，超出装量差异限度的颗粒剂不得多于 2 袋（瓶），并不得有 1 袋（瓶）超出装量差异限度 1 倍。见表 2－11。

表 2－11　颗粒剂装量差异限度要求

标示装量/g	装量差异限度/%
1.0 或 1.0 以下	±10.0
1.0 以上至 1.5	±8.0
1.5 以上至 6	±7.0
6 以上	±5.0

凡规定检查含量均匀度的颗粒剂，一般不再进行装量差异检查。

【装量】多剂量包装的颗粒剂，按照最低装量检查法（通则 0942）检查，应符合规定。

【微生物限度】以动物、植物、矿物质来源的非单体成分制成的颗粒剂、生物制品颗粒剂，按照非无菌产品微生物限度检查：微生物计数法（通则 1105）、控制菌检查法（通则 1106）及非无菌药品微生物限度标准（通则 1107），应符合规定。规定检查杂菌的生物制品颗粒剂，可不进行微生物限度检查。

2.3.4　颗粒剂举例

例：感冒颗粒剂。

【处方】（万袋量）

金银花 33.4 kg	大青叶 80 kg	桔梗 43 kg
连翘 33.4 kg	苏叶 16.7 kg	甘草 12.5 kg
板蓝根 80 kg	芦根 33.4 kg	防风 25 kg

【制法】① 连翘、苏叶加 4 倍水，提取挥发油备用；② 其余 7 种药材与第① 项残渣残液混合在一起，并凑足 6 倍量水，浸泡 30 min，加热煎煮 2 h；第 2 次加 4 倍量水，煎煮 1.5 h；第 3 次加 2 倍量水，煎煮 45 min；合并 3 次煎煮液，静置 12 h，上清液过 200 目筛，滤液待用；③ 滤液减压蒸发浓缩至稠膏状，停止加热，向稠膏中加入 2 倍量 75%乙醇液，搅匀，静置过夜，上清液过滤，滤液待用；④ 滤液减压回收乙醇，并浓缩至稠膏状，加入 5 倍量的糖粉，混合均匀，加入 70%乙醇少许，制成软材，过 14 目尼龙筛制粒，湿颗粒于 60 ℃干燥，干颗粒过 14 目筛整粒，再过 4 号筛（65 目）筛去细粉，在缓慢的搅拌下，将第① 项挥发油和乙醇混合液（约 200 mL）喷入干颗粒中，并闷 30 min，然后分装，密封，包装即得。

【作用与用途】本品为抗感冒药。用于治疗感冒、发烧、咳嗽、咽喉炎、急性扁桃体炎等症。

【用法与用量】冲服，一日 3 次，一次 1 袋，开水冲服。

【规格】10 g

【贮藏】密闭保存。

2.4 滴丸

熟悉滴丸的概念、特点与制备方法。

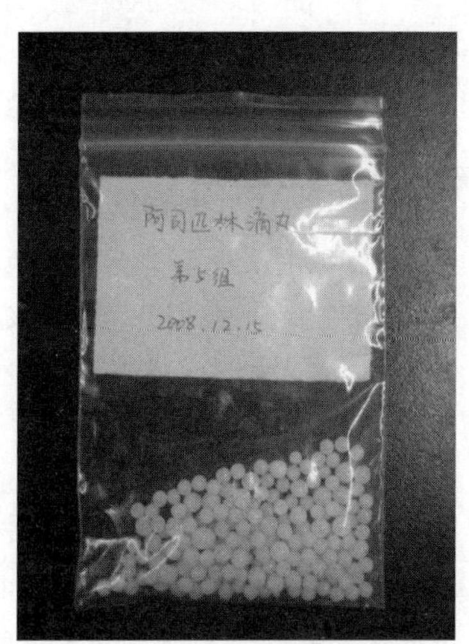

图 2－41 滴丸照片

2.4.1 概述

滴丸：是指原料药物与适宜的基质加热熔融混匀，滴入不相混溶、互不作用的冷凝介质中制成的球形或类球形制剂。主要供口服，也可供外用，如耳丸、眼丸等。如图 2－41 所示。

一、滴丸剂的特点

（1）设备简单、操作方便、周期短、生产率高。

（2）工艺条件易于控制，质量稳定，剂量准确，受热时间短，易氧化及挥发性药物溶于基质后可增加稳定性。

（3）基质容纳液态药物量大，可使液态药物固化。

（4）用固体分散技术制备的滴丸吸收迅速，生物利用度高。

（5）与其他剂型相比，质量易控制，发挥药效迅速，生物利用度高，副作用小。液体药剂可制成固体剂型，便于携带和服用；生产设备简单、易行。

（6）可制成高效、速效滴丸，是一种比较理想的新型中成药剂型。

二、滴丸剂的分类

（1）根据需要可制成内服、外用、缓释或局部治疗等多种类型的滴丸剂。

（2）发展了耳、眼科用药的新剂型，五官科药物多为液态或半固态，制成滴丸可起到延效作用。

（3）主要供口服，也可供外用（如度米芬滴丸）和局部使用，如眼、耳、鼻、直肠和阴道等。

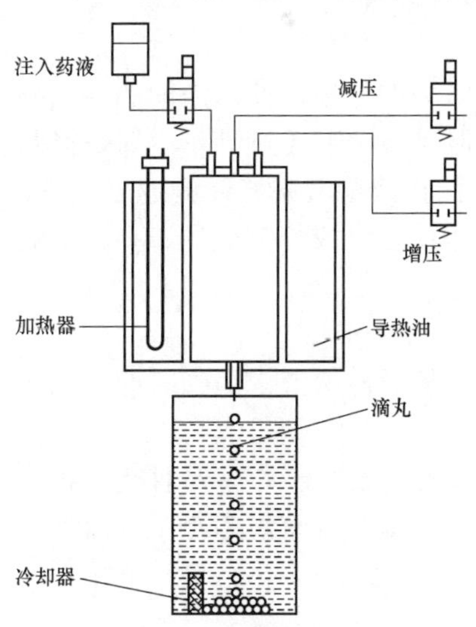

图 2－42 滴丸机工作原理

2.4.2 制备工艺过程与设备

滴丸剂的制备一般包括：

选择基质种类→加热熔化→药物粉碎→混匀→滴入冷凝液→制丸→冷却等七个工序。如图 2－42 所示。

（1）选择基质种类。

基质选择原则：化学惰性，对人体无害并要求熔点较低，在 60～100 ℃条件下熔化成液体，遇冷又能立即凝成固体（在室温下仍保持固体状态）。基质可分为水溶性及非水溶性两大类。实际应用时，也可采用两类基质的混合物作为滴丸的基质。

水溶性基质：聚乙二醇类（如聚乙二醇 6000、聚乙二醇 4000 等）、聚氧乙烯单硬脂酸酯（S－40）、硬脂酸钠、甘油明胶、尿素、泊洛沙姆（poloxamer）等。

非水溶性基质：硬脂酸、单硬脂酸甘油酯、虫蜡、十八醇（硬脂醇）、十六醇（鲸蜡醇）、硬脂酸聚烃氧（40）酯、明胶、氢化植物油等。

（2）加热熔化：将计算量的基质水浴或蒸汽浴加热熔化。

（3）药物粉碎：将药物粉碎。

（4）混匀：将药物悬浮或熔化在基质中，混合均匀。

（5）滴入冷凝液。

冷凝液的要求：必须安全无害，与原料药物不发生作用。有适宜的相对密度和黏度（略高或略低于滴丸的相对密度），使滴丸（液滴）在冷凝液中缓缓下沉或上浮，有足够时间进行冷凝，保证成型完好。另外，还要有适宜的表面张力，便于在滴制过程中能顺利形成滴丸。冷凝液也可分为水性及油性两大类。

水性冷凝液：适用于非水溶性基质的滴丸，常用的有水或不同浓度的乙醇等。

油性冷凝液：适用于水溶性基质的滴丸，常用的有液状石蜡、二甲基硅油、植物油、汽油或它们的混合物。

（6）制丸。

使用滴丸机制丸，将基质及药物的混合液缓缓滴入冷凝液中，并在其中固化为球。

① 滴丸的重量：可根据下式估计

$$理论丸重=2\pi r\sigma$$

式中，r 为滴管口半径；$2\pi r$ 为滴管口周长；σ 为药液的表面张力。

滴制时是否成型：与冷凝液的表面张力有关，有时在冷凝液中加入适量的表面活性剂如聚山梨酯类或脂肪酸山梨坦醇类，降低表面张力，可使成型力由负值变为正值，而有利于滴丸的形成。或使用表面张力低的冷凝液也有利于成型，如二甲基硅油表面张力（21×10^{-5} N/cm）比液体石蜡（35×10^{-5} N/cm）小，成型性较好。

② 滴丸能否成丸：可根据下式估算

$$形成力=W_e-W_a$$

式中，W_e 为滴丸的内聚力；W_a 为药液与冷凝液间的黏附力。

③ 滴丸的圆整度。

液滴在冷凝液中由于界面张力的作用，使两液间的界面缩小，因而一般滴丸都为球形。但严格检查其外观并不都是很圆整，影响圆整度的因素有：液滴在冷凝液中移动的速度快慢；冷凝液上部的温度；液滴的大小；处方或冷凝液的选择；液滴滴入时，冷凝液表面是否平静等。

（7）冷却。

成型的滴丸，需继续保持于低温冷凝液中适当时间，以充分冷凝，成型。

国内滴丸机的滴出方式有单品种滴丸机、多品种滴丸机、定量泵滴丸机、向上滴丸机等。冷凝方式有静态冷凝与流动冷凝两种。滴丸机照片如图 2–43 所示。

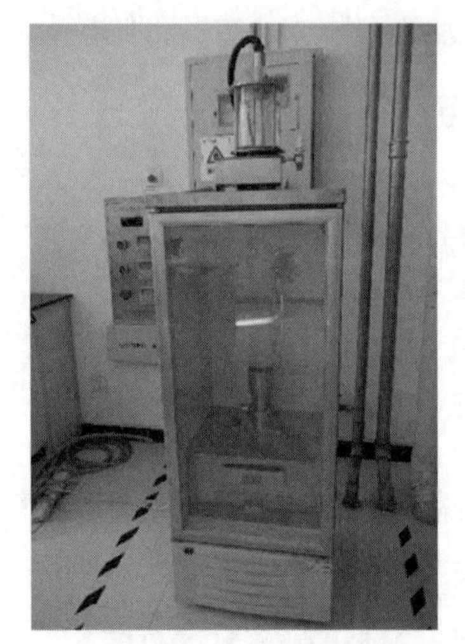

图 2–43　滴丸机照片

2.4.3 质量检查与包装贮存

质量检查

外观：滴丸应圆整，大小、色泽应均匀，无粘连现象。滴丸表面应无冷凝介质黏附。

【重量差异】除另有规定外，滴丸按照下述方法检查，应符合规定。

检查法：取供试品 20 丸，精密称定总重量，求得平均丸重后，再分别精密称定每丸的重量。每丸重量与标示丸重相比较（无标示丸重的，与平均丸重比较），按表 2－12 中的规定，超出重量差异限度的不得多于 2 丸，并不得有 1 丸超出限度 1 倍。

表 2－12　滴丸重量差异规定

标示丸重或平均丸重/g	重量差异限度/%
0.03 及 0.03 以下	±15
0.03 以上至 0.1	±12
0.1 以上至 0.3	±10
0.3 以上	±7.5

【溶散时限】除另有规定外，取供试品 6 丸，选择适当孔径筛网的吊篮（丸剂直径在 2.5 mm 以下的用孔径约 0.42 mm 的筛网；在 2.5～3.5 mm 之间的用孔径约 1.0 mm 的筛网；在 3.5 mm 以上的用孔径约 2.0 mm 的筛网），按照崩解时限检查法（通则 0921）片剂项下的方法加挡板进行检查。除另有规定外，小蜜丸、水蜜丸和水丸应在 1 h 内全部溶散；浓缩水丸、浓缩蜜丸、浓缩水蜜丸和糊丸应在 2 h 内全部溶散。滴丸不加挡板检查，应在 30 min 内全部溶散，包衣滴丸应在 1 h 内全部溶散。操作过程中，如供试品黏附挡板妨碍检查时，应另取供试品 6 丸，以不加挡板进行检查。上述检查应在规定时间内全部通过筛网。如有细小颗粒状物未通过筛网，但已软化且无硬心者，可按符合规定论。

包装

除另有规定外，滴丸宜密封贮存，防止受潮，发霉、变质。

2.4.4　举例

例：灰黄霉素滴丸。

【处方】

灰黄霉素　1 份　　　　PEG6000　9 份

【制法】取 PEG6000 在油浴上加热至约 135 ℃，加入灰黄霉素细粉，不断搅拌使全部熔融，趁热过滤，置贮液瓶中，135 ℃下保温，用管口内、外径分别为 9.0 mm、9.8 mm 的滴管滴制，滴速 80 滴/min，滴入含 43%煤油的液体石蜡（外层为冰水浴）冷却液中，冷凝成丸，以液体石蜡洗丸，至无煤油味，用毛边纸吸去黏附的液体石蜡，即得。

【注解】① 灰黄霉素极微溶于水，对热稳定，mp 为 218～224 ℃；PEG6000 的 mp 为 60 ℃左右，以 1:9 比例混合，在 135 ℃时可以成为两者的固态溶液。因此，在 135 ℃下保温、滴制、骤冷，可形成简单的低共熔混合物，使 95%灰黄霉素均为粒径 2 μm 以下的微晶分散，因而有较高的生物利用度，其剂量仅为微粉的 1/2。② 灰黄霉素是口服抗真菌药，对头癣等疗效明显，但不良反应较多，制成滴丸，可以提高其生物利用度，降低剂量，从而减弱其不良反应，提高疗效。

思 考 题

1. 试述片剂的种类、特点和质量要求。

2. 片剂分为哪四类辅料？各举 2～3 例说明。

3. 润滑剂可分为哪三类？举例说明各有何作用。

4. 制粒的目的有哪些？简述普通湿法制粒过程。还有哪些制粒的方法？

5. 影响片剂成型的主要因素有哪些？片剂制备过程中常出现哪些问题？试分析产生的主要原因并简述解决方法。

6. 包衣的目的是什么？胃溶型薄膜衣和肠溶型薄膜衣的主要材料有哪些？

7. 片剂的质量检查项目有哪些？

8. 试分析复方乙酰水杨酸片的处方，简述其制备过程及操作注意事项。

9. 试述水分在片剂成型过程中的作用。

10. 影响片剂崩解和溶出的因素有哪些？

11. 粉末直接压片如何解决流动性和可压性？

12. 药物制剂外观的作用和意义有哪些？

13. 制剂常见外观变化类型有哪些？与制剂质量有何关系？

14. 色香味调配的基本原则是什么？

15. 药品包装的主要作用有哪些？

16. 药包材按使用方式可分为哪几类？各有何特点？

17. 药包材应具备的基本性能有哪些？有哪些质量要求？

18. 试述胶囊剂的种类、特点、规格和制备方法。

19. 软胶囊和肠溶胶囊的制备方法有哪些？

20. 试述颗粒剂的定义、分类、特点。

21. 思考中国药典对颗粒剂的质量要求是什么。

22. 什么是滴丸剂？特点有哪些？

23. 滴丸剂的基质和冷凝液是如何选择的？

参考文献

[1] 方亮. 药剂学（第 8 版）[M]. 北京：人民卫生出版社，2016.
[2] 张奇. Pharmaceutical Dosage Form & Technology [M]. 北京：化学工业出版社，2020.
[3] 祁秀玲，贾雷. 药剂学 [M]. 北京：科学出版社，2021.
[4] 国家药典委员会. 中华人民共和国药典 2020 年版 [M]. 北京：化学工业出版社，2020.
[5] 方晓玲. 药剂学 [M]. 北京：人民卫生出版社，2007.
[6] 曹德英. 药剂学（第 2 版）[M]. 北京：人民卫生出版社，2007.
[7] 周建平. 药剂学 [M]. 南京：东南大学出版社，2007.

（张 奇）

民族骄傲|世界第一部最大最全的百科全书

《永乐大典》

《永乐大典》内容包括经、史、子、集，涉及天文地理、阴阳医术、占卜、释藏道经、戏剧、工艺、农艺，涵盖了中华民族数千年来的知识财富。《不列颠百科全书》在“百科全书”条目中称中国明代类书《永乐大典》为“世界有史以来最大的百科全书”。是中国文化的一个重要符号。

《永乐大典》是明永乐年间由明成祖朱棣先后命解缙、姚广孝等主持编纂的一部集中国古代典籍于大成的类书。全书 22 877 卷（目录 60 卷，共计 22 937 卷），11 095 册，约 3.7 亿字，汇集了古今图书七八千种。书中也收录了不同药物及其制剂的用法和功效。

例如“温惊丸”就是出自《永乐大典》，主治小儿阴痫的一种药丸。名称：温惊丸，别名：温惊丸。组成：天南星 1 个（炮）、香白芷（如南星多）、京墨（天南星 1/3，烧过）、麝香少许。出处：《永乐大典》卷九八〇引《孔氏家传》。主治：小儿阴痫。用法用量：薄荷汤化下。制备方法：上为末，糊丸作小饼，如豆大，外以银箔或金箔裹之。

《永乐大典》保存了我国上自先秦，下迄明初的各种典籍资料。从知识门类上讲，则覆盖“经史子集”百家之书，包括阴阳、医卜、僧道、技艺等杂家之言，可谓包罗万象；从辑录范围上讲，则“上自古初，迄于当世，括宇宙之广大，统汇古今之异用”，都被网罗无遗；以数字而言，则辑录图书七八千种，可谓“辑佚古书的渊薮”。

《永乐大典》现今仅存 800 余卷且散落于世界。从《永乐大典》的残本上，还可以看到其中的插图，这些图画全部采用白描手法，描绘的山川、名物、人物、城郭等形态逼真，十分精致，是古代书籍插图中的精品。

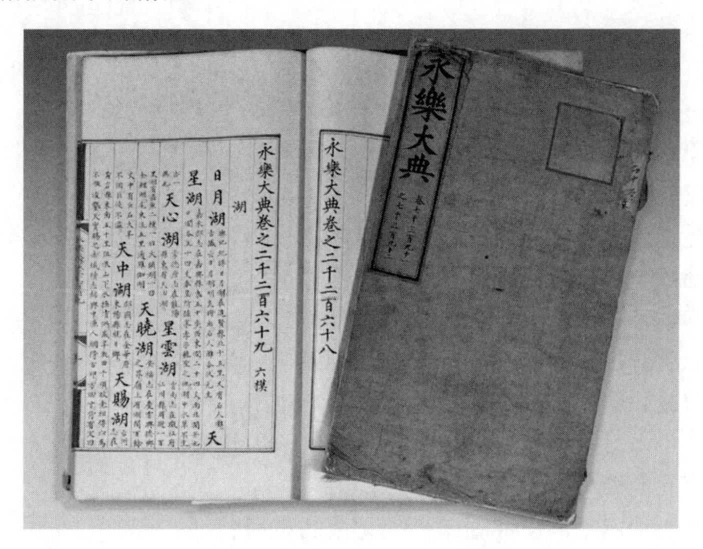

（张　奇）

第3章
灭菌制剂与无菌制剂

3.1 概述

1. 掌握灭菌制剂与无菌制剂的含义、特点及分类。

2. 掌握灭菌制剂与无菌制剂的给药途径、质量要求。

一、灭菌制剂与无菌制剂的定义与分类

1. 灭菌制剂与无菌制剂的定义

灭菌制剂（sterilized preparation）：是指采用某种物理、化学方法杀灭或除去制剂中所有活的微生物的一类药物制剂。目前临床使用的注射液、眼用制剂等大多属于这类制剂。

无菌制剂（sterile preparation）：是指在无菌环境中采用无菌操作法或无菌技术制备的不含任何活微生物的一类药物制剂。对于热稳定性差的药物以及蛋白质、核酸和多肽类等生物大分子药物多属于这类制剂。

2. 灭菌制剂和无菌制剂的分类

（1）按给药方式、给药部位、临床应用等特点分类。

注射剂：由原料药物或与适宜的辅料制成的供注入体内的无菌制剂。如小容量注射液、输液、注射用无菌粉末等。

眼用制剂：直接用于眼部发挥治疗作用的无菌制剂，如滴眼剂、冲眼剂、眼膏剂、眼用凝胶剂、眼膜剂、眼内注射溶液等。

植入剂：由原料药物与辅料制成的供植入人体内的无菌固体制剂，如植入片、植入棒、植入微球、原位凝胶等。

吸入制剂：是指通过特定的装置将药物溶液以气溶胶或蒸汽形式传输至呼吸道和（或）肺部，以发挥局部或全身作用的制剂。如吸入喷雾剂、吸入液体制剂。

局部用外用制剂：用于烧伤【除程度较轻的烧伤（Ⅰ°或浅Ⅱ°外）】、严重创伤或临床必须无菌的软膏剂、乳膏剂、喷雾剂、气雾剂、凝胶剂、局部用散剂、涂剂、涂膜剂，以及用于冲洗开放性伤口或腔体的冲洗剂。

手术用制剂：手术过程中需要使用的无菌制剂，如止血海绵和骨蜡等，以及用于手术、耳部伤口或耳膜穿孔的滴耳剂与洗耳剂。

鼻用制剂：用于手术、创伤或临床必须无菌的鼻用制剂。

（2）按照生产工艺分类。

无菌制剂的生产分为最终灭菌工艺和无菌生产工艺，采用最终灭菌工艺的为最终灭菌制剂；部分或全部工序采用无菌生产工艺的为非最终灭菌制剂。

二、灭菌制剂与无菌制剂的质量要求

按照《中国药典》（2020 年版）通则项下规定，灭菌制剂和无菌制剂必须符合下列各项质量要求。本节仅对相关制剂的质量要求进行概述，各剂型的具体质量要求详见各剂型章节。

无菌：应不含任何活的微生物，按照通则 1101“无菌检查法”检查，应符合规定。

热原和细菌内毒素：按照通则 1143“细菌内毒素检查法”或通则 1142“热原检查法”检查，注射剂内毒素的量应在各产品的规定范围内，冲洗剂每 1 mL 中含细菌内毒素的量应小于 0.50 EU。

可见异物及不溶性微粒：注射液、注射用无菌制剂、无菌原料药及眼用液体制剂应按照通则 0904“可见异物检查法”检查，应符合规定。用于静脉注射、鞘内注射、椎管内注射的溶液型注射液、注射用无菌粉末及注射用浓溶液还应按照通则 0903“不溶性微粒检查法”检查，均应符合规定。

渗透压摩尔浓度：静脉输液、椎管注射用注射液、水溶液型滴眼剂、洗眼剂和眼内注射溶液应按照通则 0632“渗透压摩尔浓度测定法”测定，并符合规定。

装量及装量差异：注射液及注射用浓溶液、单剂量包装的眼用液体制剂、单剂量包装的鼻用液体制剂、冲洗剂等按照通则各自剂型项下检查法检查装量，应符合规定。注射用无菌粉末、散剂、植入剂、单剂量喷雾剂、单剂量包装的眼用固体制剂或半固体制剂、单剂量包装的鼻用固体或半固体制剂、单剂量给药的耳用制剂等检查装量差异，按照通则各自剂型项下检查法检查装量差异，应符合规定。软膏剂、乳膏剂、非定量喷雾剂、非定量气雾剂、凝胶剂、涂剂、涂膜剂、多剂量耳用制剂等按照通则 0942“最低装量检查法”检查，应符合规定。

pH：一般注射剂要求 pH 在 4～9，眼用制剂要求 pH 在 5～9，脊椎腔注射剂要求 pH 在 5～8，应按照通则 0631“pH 测定法”测定，并符合规定。但少部分注射剂品种根据实际需要，pH 也会低于或高于上述范围，如亚硫酸氢钠甲萘醌注射液 pH 为 2.0～4.0，盐酸胺碘酮注射液 pH 为 2.5～4.0，双嘧达莫注射液 pH 为 2.5～4.5，复方磺胺甲恶唑注射液 pH 为 9.0～10.5；部分品种加溶剂溶解后 pH 高于 9，如注射用兰索拉唑 pH 为 10.5～12.5，注射用苯巴比妥钠 pH 为 9.5～10.5，注射用硫喷妥钠 pH 为 9.5～11.2。

安全性和稳定性：灭菌及无菌制剂应具有良好的生物相容性，对组织基本无刺激性，具有一定的物理稳定性、化学和生物稳定性，以确保产品在贮存期内安全有效。

注射剂有关物质：是指中药材经提取、纯化制成注射剂后，残留在注射剂中可能含有并需要控制的物质。除另有规定外，一般应检查蛋白质、鞣质、树脂、草酸盐、钾离子等，参照通则 2400“注射剂有关物质检查法”检查，应符合规定。

3.2　灭菌制剂与无菌制剂的相关技术

1. 掌握各种灭菌方法及与灭菌效力相关的参数。
2. 掌握过滤的概念。
3. 熟悉过滤的原理、方法、影响因素及过滤器。
4. 了解热原的定义、组成。
5. 了解污染热原的途径及去除方法。

为保证灭菌制剂与无菌制剂的质量，需要采用一定的技术对灭菌制剂与无菌制剂生产过

程进行严格的控制，目前常采用的技术包括原水的处理及注射用水的制备技术、液体的过滤技术、热原的去除技术、渗透压调节技术、灭菌及无菌操作技术和空气净化技术等。

一、原水的处理及注射用水的制备技术

（一）制药用水的定义及质量要求

水是药物生产中用量大、使用广的一种辅料。《中国药典》（2020 年版）通则 0261 将制药用水分为饮用水、纯化水、注射用水和灭菌注射用水。一般应根据各生产工序或使用目的与要求选用适宜的制药用水。制药工艺中用到的原水通常为饮用水。

饮用水（drinking water）：为天然水经净化处理所得的水。其质量必须符合现行中华人民共和国国家标准《生活饮用水卫生标准》（GB 5749—2006）。饮用水可作为药材净制时的漂洗、制药用具的粗洗用水。除另有规定外，也可作为中药饮片的提取溶剂。

纯化水（purified water）：为饮用水经蒸馏法、离子交换法、反渗透法或其他适宜的方法制备的制药用水。不含任何附加剂，其质量应符合《中国药典》（2020 年版）二部纯化水项下的规定。

纯化水可作为配制普通药物制剂用的溶剂或实验用水，可作为中药注射剂、滴眼剂等灭菌制剂所用饮片的提取溶剂，口服、外用制剂配制用溶剂或稀释剂，非灭菌制剂用器具的精洗用水。也可用作非灭菌制剂所需饮片的提取溶剂。纯化水不得用于注射剂的配制与稀释。

注射用水（water for injections）：为纯化水经蒸馏所得的水。注射用水必须在防止细菌内毒素产生的设计条件下生产、贮藏及分装。注射用水 pH 一般为 5.0～7.0，每毫升注射用水中含细菌内毒素的量应小于 0.25 EU，每 100 mL 注射用水中需氧菌总数不得过 10 cfu。其他检查项目：氨、硝酸盐与亚硝酸盐、电导率、总有机碳、不挥发物与重金属等，应符合《中国药典》（2020 年版）二部注射用水项下的规定。

注射用水可作为配制注射剂、滴眼剂等的溶剂或稀释剂及容器的精洗。

灭菌注射用水（sterile water for injection）：为注射用水按照注射剂生产工艺制备所得。不含任何添加剂。主要用于注射用无菌粉末的溶剂或注射剂的稀释剂。灭菌注射用水灌装规格应与临床需要相适应，避免大规格、多次使用造成的污染。

除注射用水项下的检查项目外，还检查氯化物、硫酸盐与钙盐、二氧化碳、易氧化物等，应符合《中国药典》（2020 年版）二部灭菌注射用水项下的规定。

（二）纯化水的处理技术

预处理：将饮用水经过多介质过滤器、活性炭过滤器、软水器等装置，去除饮用水中大颗粒、悬浮物、胶体、泥沙、游离氯、色度、微生物、部分重金属；并降低水的硬度后，为后续进一步制备纯化水用。

离子交换法（ion-exchange method）：是采用离子交换树脂，除去水中存在的阴、阳离子的方法，制得的水称为去离子水。其原理为：当饮用水通过阳离子交换树脂时，水中的阳离子被树脂吸附，树脂上的 H^+ 被置换到水中；处理后的水再通过阴离子交换树脂时，水中的阴离子被树脂吸附，树脂上的 OH^- 被置换到水中，并和水中的 H^+ 结合成水。

该法的优点是水质化学纯度高，所需设备简单，成本低，对热原、细菌也有一定的去除作用。缺点是除热原效果不可靠，而且离子交换树脂需定期再生或更换树脂。

电渗析法（electrodialysis method，EM）：是依据在外加电场作用下的离子定向迁移以及交换膜的选择性透过原理设计的纯化水技术。当电极接通直流电源后，原水中的离子在电场

作用下迁移，阳离子交换膜（如选用磺酸型）只允许阳离子透过，并使其向阴极运动。阴离子交换膜（如选用季铵型）排斥阳离子而只允许阴离子透过，并使其向阳极运动。隔室中的阴、阳离子逐渐减少，最后将淡水室中的淡水收集起来，就得到纯化水。电渗析法主要是除去原水中带电荷的某些离子或杂质。

电渗析净化不用酸碱处理，且电渗析法较离子交换法经济。因此，该法常与离子交换法联用，以减轻离子交换树脂的负担，提高净化处理原水的效率。

电去离子（electro-deionization，EDI）系统：是一种将电渗析和离子交换相结合的工艺，主要由离子交换树脂、选择性离子交换膜和正、负电极组成。淡水室和浓水室由阴、阳离子交换膜隔开，并在淡水室内填充按一定比例混合的阴、阳离子交换树脂。通电时，在淡水室经历三个过程：① 离子交换过程，离子交换树脂对水中的杂质离子进行交换，结合水中的杂质离子；② 离子定向迁移，水中电解质在外加电场作用下，通过离子交换树脂，在水中进行选择性迁移，并透过两侧的离子交换膜，随浓水排出，从而去除水中的离子；③ 树脂再生过程，电场作用下水发生极化产生的 H^+和 OH^-对树脂进行再生。离子交换、离子定向迁移和树脂再生三种过程相伴发生。电去离子集合了电渗析和混合床离子交换的优点，克服了两者的弊端。如图 3－1 所示。

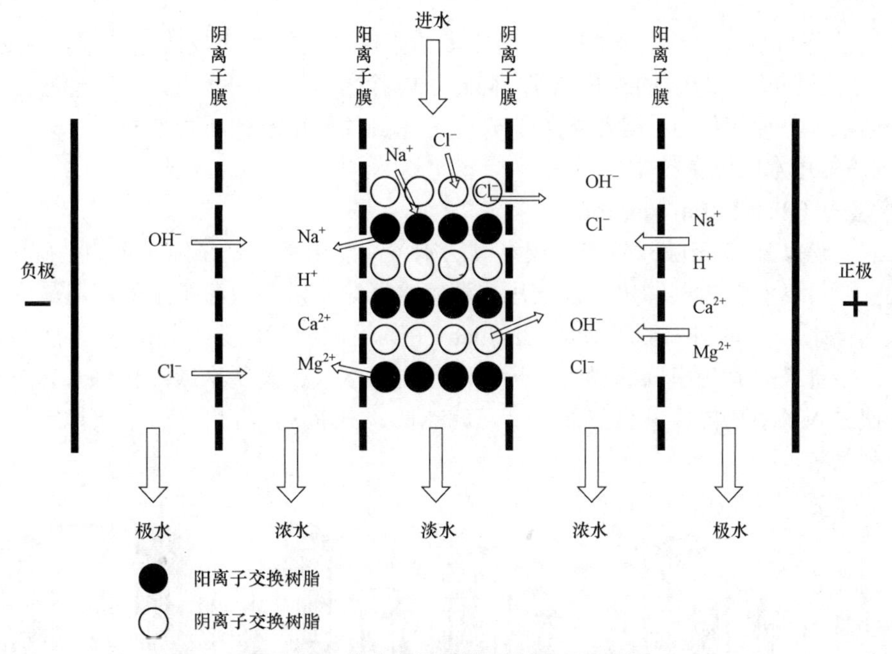

图 3－1　电去离子系统工作原理示意图

（引自：孟胜男　胡容峰主编，药剂学，第 2 版，图 3－4 电渗析原理示意图，P59）

反渗透法（reverse osmotic method）：是在压力存在的情况下，利用半透膜去除水中溶解的盐类，还可以去除细菌、内毒素、胶体和有机大分子等，但很难除去溶解在水中极小相对分子质量的有机物。工作原理如图 3－2 所示，当两种不同浓度的水溶液（如纯水和盐溶液）用半透膜隔开时，溶剂分子（水分子）通过半透膜由低浓度向高浓度溶液扩散的现象称为渗透。阻止渗透所需要施加的压力，称为渗透压。若在盐溶液上施加一个大于此渗透压的压力，则盐溶液中的溶剂分子（水分子）将会向纯水一侧渗透，这一过程叫作反渗透（reverse osmotic，RO）。

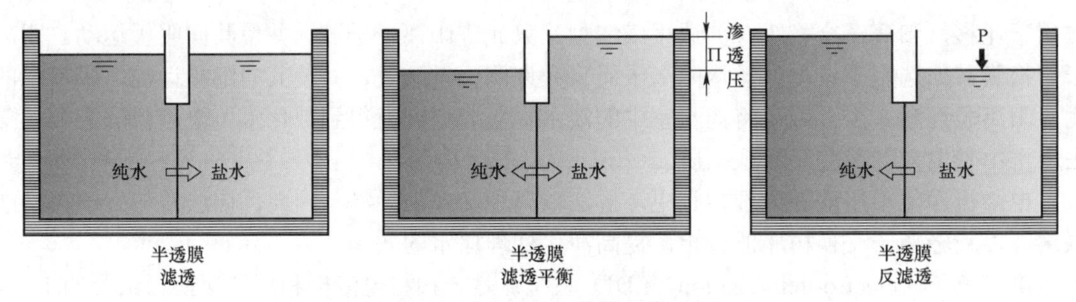

图 3－2　反渗透法工作原理示意图

（引自：孟胜男　胡容峰主编，药剂学，第 2 版，图 3－2 电渗析原理示意图，P58）

利用这一反渗透原理制备纯化水的方法称为反渗透法，其制备纯化水的一般工艺流程如图 3－3 所示。

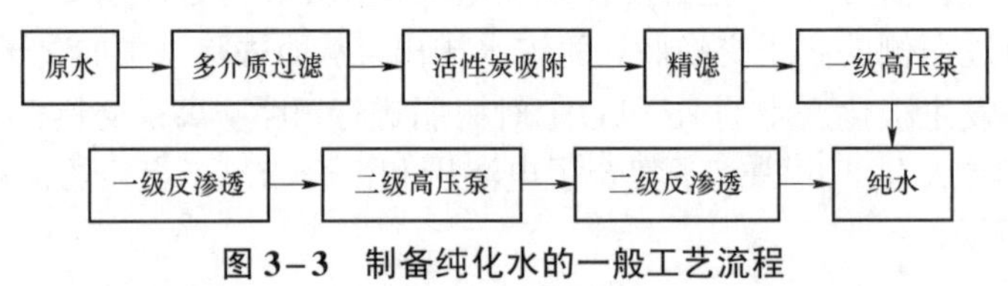

图 3－3　制备纯化水的一般工艺流程

反渗透法是目前国内纯化水制备使用较多的方法，一般一级反渗透装置能除去 90%～95%的一价离子、98%～99%的二价离子，同时还能除去微生物和病毒。具有耗能低、水质好，设备使用与保养方便等优点，若装置合理，也能达到注射用水的质量要求。

（三）注射用水的制备技术

1. 蒸馏法（distillation method）

《中国药典》（2020 年版）规定采用蒸馏法制备注射用水，是在纯化水的基础上进行的。蒸馏法的主要设备有多效蒸馏水器及气压式蒸馏水器等，以多效蒸馏水器应用最广。

多效蒸馏水器（multi-effect water distillator）的组成和工作原理如图 3－4 所示。在前四组塔内的上半部装有互相串联的盘管，蒸馏时，进料水（去离子水或纯化水）先进入预热器预热后依次进入各效塔内。具有热效率高、耗能低、出水快、纯度高、水质稳定的特点，并有自动控制系统。

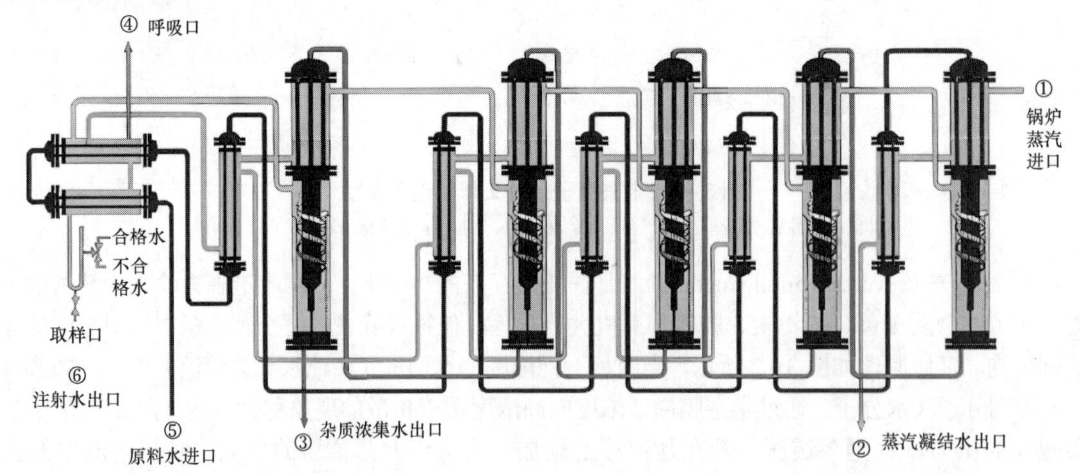

图 3－4　LDS 系列多效蒸馏水机——A 型结构原理（山东海德生化设备科技有限公司官网）

多效蒸馏水器并不是压力越大，效数越多越好，要从设备投资、能源消耗、占地面积、维修能力等因素考虑，一般选用四效以上蒸馏水器较为合理。

气压式蒸馏水器（vapor compression distillator）主要由自动进水器、热交换器、加热室、蒸发室、冷凝器及蒸气压缩机等组成，利用离心泵将蒸汽加压，以提高蒸汽利用率。无须冷却水，但使用过程中电能消耗较大。适用于供应蒸气压较低，工业用水比较短缺的厂家使用。

2. 反渗透法

该法被《美国药典》从 2019 版开始收载，并作为制备注射用水的法定方法之一。一级反渗透除去氯离子的能力达不到《中国药典》的要求，至少需要二级反渗透系统才能制备注射用水。目前国内仍主要采用蒸馏法制备注射用水。

3. 注射用水的收集保存

《中国药典》（2020 年版）规定注射用水的贮存方式和静态贮存期限应经过验证，确保水质符合要求，可以在 80 ℃以上保温或 70 ℃以上保温循环或 4 ℃以下的状态下存放。制备的注射用水一般 12 h 内使用，灭菌后一般应在 24 h 内使用。

二、液体的过滤技术

过滤（filtration）：指固液混合物（或含固体颗粒的气体）中的流体通过多孔性过滤介质，固体沉积或截留在多孔性介质上，从而达到固－液（固－气）分离的操作。过滤可分为初滤和精滤，初滤可滤除较大的固体杂质，精滤可滤除细小微粒杂质。

（一）过滤机制与影响因素

1. 过滤机制

根据固体粒子在滤材中被截留的方式不同，将过过滤程分为介质过滤和滤饼过滤。

（1）介质过滤（medium filtration）：指固液混合物（或含固体颗粒的气体）通过介质时，固体粒子被介质拦截而达到固－液（固－气）分离的操作。根据截留方式不同，可分为表面过滤和深层过滤。

表面过滤是指固体粒子粒径大于过滤介质的孔径，被截留在介质表面，常用的过滤介质有微孔滤膜、超滤膜和反渗透膜等。

深层过滤是指固体粒子粒径小于过滤介质的孔径，截留发生在介质的“内部”。主要借助惯性、重力、扩散、静电力或范德华力等作用，在通过介质内部的不规则孔道时沉积在孔隙内部，形成“架桥”或滤渣层，吸附在介质孔隙内部。常用的过滤介质有砂滤棒、垂熔玻璃漏斗等。

介质过滤的速度与阻力主要由过滤介质控制。药液中固体粒子含量少于 0.1%时，一般属于介质过滤。以收集澄清的滤液为目的注射液的过滤、除菌过滤等都属于介质过滤。

（2）滤饼过滤（cake filtration）：指被截留的固体粒子聚集在过滤介质表面上形成滤饼，过滤介质起支撑滤饼的作用，主要由滤饼产生过滤的拦截作用。在过滤初期，部分固体粒子进入或穿过介质层，但粒子的架桥作用使介质孔径缩小，固体粒子在介质表面形成初始滤饼层，随着过过滤程的继续，滤饼逐渐增厚，起过滤介质作用的是滤饼。

滤饼过滤的过滤速度和阻力主要受滤饼的影响。药液中固体粒子含量在 3%～20%时易产生滤饼过滤。滤饼过滤的目标物是滤饼层或者滤液，或者两者都是，如药物的重结晶、药材浸出液的过滤等都属于滤饼过滤。

2. 影响过滤的因素

如将过滤时滤渣层的间隙假定为均匀的毛细管束，那么液体的流动遵循 Poiseuille 公式：

$$V=\frac{P\pi r^4 t}{8\eta L} \tag{3-1}$$

式中，V 为单位面积上过滤的滤液量；P 为过滤操作时的压力；r 为滤材中毛细管半径；L 为毛细管长度，即滤层厚度；η 为液体黏度；t 为过滤时间；V/t 即为过滤速度（单位时间和面积上过滤的滤液量）。由式（3-1）可知，增加过滤速度的方法有：① 操作压力；② 增加毛细管孔径，设法增加颗粒粒径，或使用助滤剂，使滤饼疏松，降低过滤阻力；③ 升高待滤液温度或保温过滤以减小黏度；④ 减小毛细管长度，进行预滤减少滤饼厚度。此外，为提高单位时间通过量，可增加过滤的截面积。

助滤剂是为了降低过滤阻力，增加滤速或得到高澄清的滤液而加入待滤液中的辅助性物料，常用的有活性炭、硅藻土、滑石粉等。

（二）过滤器和过滤装置

砂滤棒　国内主要有两种：一种是硅藻土滤棒，主要成分为 SiO_2AlO_3，质地疏松，适用于黏度高、浓度较大的滤液的过滤；另一种是多孔素瓷滤棒，是白陶土烧结而成，质地致密，滤速慢，适用于低黏度液体的过滤。砂滤棒易于脱砂，对药液的吸附性强，难以清洗，且有时会改变药液 pH，适用于大生产中粗滤。

垂熔玻璃过滤器　是用硬质玻璃细粉烧结而成。有垂熔玻璃漏斗、垂熔玻璃滤球和垂熔玻璃滤棒三种，在注射剂生产过程中常用于精滤或微孔滤膜前的预滤。有1～6号六种规格，3号多用于常压过滤，4号用于减压或加压过滤，6号用于除菌过滤。

垂熔玻璃过滤器化学性质稳定，除强碱与氢氟酸外，一般不受药液的腐蚀；对药物吸附性低，对药液的 pH 一般无影响；易于清洗；可以热压灭菌；过滤时无碎屑脱落。

微孔滤膜过滤器　以微孔滤膜作为过滤介质的过滤装置称为微孔滤膜过滤器。微孔滤膜有多种规格，常用的有 0.22 μm（除菌过滤）、0.45 μm（高效液相的流动相过滤）、0.65～0.8 μm（注射剂的精滤）。

微孔滤膜的优点：① 孔径小而均匀、截留能力强，不受流体流速和压力的影响；② 质地轻而薄（0.1～0.15 mm），孔隙率大（80%左右），滤速快；③ 不会影响药液的 pH；④ 滤膜过滤时无介质脱落，且吸附性小，不滞留药液；⑤ 滤膜用后即弃，不会造成交叉污染。主要缺点：易堵塞，有些纤维素类滤膜稳定性不理想。由于微孔滤膜的过滤精度高，有利于提高注射剂的澄清度，广泛应用于注射剂的生产中。

微孔滤膜的材料有醋酸纤维素、硝酸纤维素、聚酰胺（尼龙）、聚四氟乙烯、聚砜膜、聚乙烯醇缩醛膜、聚丙烯膜等多种。

超滤膜过滤器　以超滤膜为过滤介质，依靠膜两侧的压力差作为推动力，使溶剂中小分子物质被过滤，大分子物质被截留，从而可以达到分离、纯化、浓缩目的的过滤装置。超滤膜的典型孔径在 0.01～0.1 μm，可用于除去水中的微粒、胶体、细菌、病毒、热原、蛋白质及其他高分子有机物。

其他过滤器　其他过滤装置有板框压滤机、钛滤器和核径迹微孔滤膜等。板框压滤机是一种在加压下间歇操作的过滤设备，在注射剂生产中，多用于预滤；钛滤器是钛棒过滤器的简称，以钛粉末烧结而成，具有机械强度高、耐高温、耐腐蚀等优点，一般用于粗滤；核径迹微孔滤膜又称为核径迹蚀刻模，简称核孔膜，利用重粒子辐照和径迹蚀刻技术制备而成，是一种新型精密过滤和筛分粒子的理想滤膜。

（三）常见的过滤方式

高位静压过滤：利用液位差产生的静压，使药液自然流入滤器进行过滤。常用玻璃漏斗、金属夹层保温漏斗等，用滤纸或脱脂棉为过滤介质。

减压过滤：也称抽滤，常用布氏漏斗、垂熔玻璃过滤器等。

加压过滤：在过滤介质上部加压的过滤操作，常用压滤器、板框压滤机等。

三、热原的去除技术

（一）热原的定义及组成

热原（pyrogen）是一种来源于微生物组成成分的内毒素（endotoxin），微量即能引起恒温动物的体温异常升高。热原反应的症状：注射液注入人体后，大约 0.5 h 产生发冷、寒战、体温升高、恶心呕吐等，严重者甚至出现昏迷、虚脱、有生命危险。因此，热原去除技术在注射剂生产中尤为重要。大多数微生物能够产生热原，甚至病毒也能产生热原。其中，致热能力较强的是革兰阴性杆菌和真菌所产生的热原，该成分往往存在于细菌的细胞膜和固体膜之间。

制剂中最常见的热原为革兰氏阴性杆菌产生，是由磷脂、脂多糖和蛋白质所组成，或三者结合形成的复合物，其中脂多糖（lipopolysaccharide，PLS）是内毒素的主要成分，相对分子质量一般为 10^6 左右，具有特别强的致热活性。通常认为热原≈内毒素≈脂多糖。

（二）热原的性质

耐热性：一般情况下，在 60 ℃加热 1 h 热原不受影响，100 ℃加热 1 h 热原也不会降解，120 ℃加热 4 h 能破坏 98%左右，在 180～200 ℃干热 2 h、250 ℃干热 45 min、650 ℃干热 1 min 可彻底破坏。

过滤性：热原体积在 1～5 nm 之间，故一般过滤器，甚至微孔滤膜也不能截留。

吸附性：多孔性活性炭可吸附热原。

水溶性：热原的磷脂结构上连接有多糖，因此热原能溶于水。

不挥发性：热原由磷脂、脂多糖和蛋白质组成，因此不具有挥发性。但在蒸馏时，可随水蒸气雾滴带入蒸馏水中，应在蒸馏水器上安装隔沫装置，以防热原污染。

其他：热原能被强酸、强碱破坏，也能被强氧化剂，如高锰酸钾或过氧化氢氧化，超声及某些表面活性剂也能使之失活。

（三）热原的污染途径

注射用水：这是注射剂污染热原的主要途径，蒸馏器结构不合理，操作不当，或注射用水贮藏时间过长都可能会污染热原。故生产中使用新鲜注射用水，以防止热原污染，最好随蒸随用。

原辅料：容易滋长微生物的药物，如用生物技术制备的药物，右旋糖酐、水解蛋白或抗生素以及一些辅料葡萄糖、乳糖等，易在贮藏过程中因包装破损而被污染。

生产过程：生产环境差，操作时间长，装置不密闭等，均会增加被热原污染的机会。

容器、用具、管道和装置等：应严格按 GMP 要求认真清洗处理，合格后方能使用。

注射器具：注射或输液器具，如输液瓶、乳胶管、针头、针筒等被污染，也会发生热原反应。

（四）除去热原的方法

1. 除去容器上热原的方法

高温法：注射用的针筒或其他玻璃器具，250 ℃加热 30 min 以上，可以破坏热原。

酸碱法：适用于酸碱的容器或制品，用重铬酸钾硫酸清洗液或稀氢氧化钠处理，可完全破坏热原。

2. 除去溶剂或药液中热原的方法

吸附法：活性炭对热原有较强的吸附作用，是药液中除去热原最常用的方法，并有助于滤脱色作用。常用量为 0.1%～0.5%。此外，还可将活性炭与白陶土合用除去热原。

蒸馏法：利用热原的不挥发性，在多效蒸馏水器的蒸发室上部设有隔沫装置，以分离雾滴和上升蒸汽，或采用旋风分离法进行水汽分离，确保热原的去除。

离子交换法：热原带有负电荷，可以被阴离子交换树脂吸附。

凝胶过滤法：又称分子筛过滤法，利用相对分子质量的差异去除热原，国内有用二乙氨基乙基葡聚糖凝胶制备无热原去离子水。

反渗透法：用三醋酸纤维素膜除去热原。这是近年发展起来的用于除去药液中热原的新方法。

超滤法：超滤膜孔径最小可达 1 nm，可除去热原。常用于除去药液中热原。

其他：采用二次以上湿热灭菌法，或适当提高灭菌温度和灭菌时间，或用微波处理，也可以破坏热原。

四、渗透压调节技术

生物膜，例如人体的细胞膜或毛细血管壁，一般具有半透膜的性质，会产生渗透压。在涉及溶质的扩散或通过生物膜的液体转运各种生物过程中，渗透压都起到极其重要的作用。在制备注射剂、眼用液体制剂时，必须关注其渗透压。处方中添加了渗透压调节剂的制剂，均应控制其渗透压摩尔浓度。

（一）等渗溶液

等渗溶液（isosmotic solution）是指渗透压与血浆渗透压相等的溶液。渗透压是溶液的依数性之一，等渗是一个物理化学概念。静脉输入低渗溶液时，水分子穿过细胞膜进入红细胞，使得红细胞胀大而破裂，造成溶血现象。大量输入低渗溶液，会使人感到头胀、胸闷，严重可发生麻木、寒战、高热，甚至尿中出现血红蛋白。输入高渗溶液时，红细胞内水分会渗出而发生萎缩，进而造成一系列副作用。0.9%的氯化钠溶液和 5%的葡萄糖溶液与血浆具有相同的渗透压，称等渗溶液。肌内注射可耐受 0.45%～2.7%的氯化钠溶液（相当于 0.5～3 个等渗度的溶液）。氯化钠和葡萄糖常作注射剂、输液剂的等渗调节剂。

（二）渗透压的测定与调节方法

1. 渗透压摩尔浓度测定法

渗透压摩尔浓度的单位，通常以每千克溶剂中溶质的毫渗透压摩尔来表示，按照下列公式计算。

$$\text{毫渗透压尔浓度 (mOsmol/kg)} = \frac{\text{每千克溶剂中溶解的溶质克数}}{\text{相对分子质量}} \times n \times 1000 \qquad (3-2)$$

式中，n 为一个溶质分子溶解时形成的粒子数。在理想溶液中，葡萄糖 $n=1$，氯化钠或硫酸镁 $n=2$，氯化钙 $n=3$，枸橼酸钠 $n=4$。

例：0.9%氯化钠注射液1 000 mL，其毫渗透压摩尔浓度是多少？

解：氯化钠摩尔质量为58.5，溶解时 $n=2$，1 000 mL（可近似认为1 000 g）溶剂中含9 g氯化钠，氯化钠毫渗透压摩尔浓度 $=9/58.5\times2\times1\,000=308$（mOsmol/kg）。

静脉输液、营养液、电解质或渗透利尿药（如甘露醇注射液）等制剂，应在药品说明书上标明其渗透压摩尔浓度，以便临床医生根据实际需要对所用制剂进行适当的处置（如稀释）。

正常人体血液的渗透压摩尔浓度范围为285～310 mOsmol/kg。在生理范围及很稀的溶液中，其渗透压摩尔浓度与理想状态下的计算值偏差较小；随着溶液浓度增加，与计算值比较，实际渗透压摩尔浓度降低。复杂混合物（如水解蛋白注射液）的理论渗透压摩尔浓度不容易计算，通常采用实际测定值表示。

2. 冰点降低数据法

血浆的冰点为 -0.52 ℃，根据稀溶液的依数性，任何溶液其冰点降低到 -0.52 ℃，即与血浆等渗。表3-1列出一些药物的1%水溶液的冰点降低数据，根据这些数据可以计算该药物配成等渗溶液的浓度。等渗调节剂的用量可用式（3-3）计算。

$$W=\frac{0.52-a}{b} \tag{3-3}$$

式中，W 为配制等渗溶液所需加入的等渗调节剂的量，%（g/mL）；a 为药物溶液的冰点下降度，℃；b 为用于调节等渗的等渗调节剂1%溶液的冰点下降度，℃。

表3-1 一些药物水溶液的冰点降低值与氯化钠等渗当量表

药物名称	1%（g/mL）水溶液的冰点下降值/℃	1%药物的氯化钠等渗当量/g	等渗浓度溶液的溶血情况		
			浓度	溶血	pH
无水葡萄糖	0.10	0.18	5.05	0	6.0
葡萄糖（含水）	0.09	0.16	5.51	0	5.9
氯化钠	0.58		0.9		6.7
盐酸乙基吗啡	0.19	0.15	6.18	38	4.7
盐酸阿托品	0.08	0.10	8.85	0	5.0
盐酸可卡因	0.09	0.14	6.33	47	4.4
依地酸钙钠	0.12	0.21	4.5	0	6.1
氢溴酸后马托品	0.097	0.17	5.67	92	5.0
盐酸麻黄碱	0.16	0.28	3.2	96	5.9
青霉素钾		0.16	5.48	0	6.2
碳酸氢钠	0.381	0.65	1.39	0	8.3
盐酸普鲁卡因	0.12	0.18	5.05	91	5.6
盐酸丁卡因	0.109	0.18			
盐酸吗啡	0.086	0.15			
聚山梨酯80	0.01	0.02			
硝酸毛果芸香碱	0.133	0.22			

例：用氯化钠配制 100 mL 等渗溶液，需要多少氯化钠？

分析：从表 3－1 查得，$b=0.58$，$a=0$，按式（3－3）计算得 $W=0.9\%$。即配制 100 mL 等渗溶液需 0.9 g 氯化钠。

例：配制 2%盐酸普鲁卡因溶液 100 mL，需要加多少氯化钠，使其成等渗溶液？

分析：由表 3－1 查得，1%盐酸普鲁卡因溶液的冰点降低为 0.12 ℃，因此，2%盐酸普鲁卡因溶液的冰点降低为 $0.12\times2=0.24$（℃），1%氯化钠的冰点降低为 $b=0.58$ ℃，代入式（3－3），得：

$$W=(0.52-a)/b=(0.52-0.24)/0.58=0.48$$

即需在 100 mL 2%的盐酸普鲁卡因溶液中加入 0.48 g 氯化钠，可使其成为等渗溶液。

还可以按下面的方法计算：2%盐酸普鲁卡因溶液的冰点降低为 $0.12\times2=0.24$（℃），欲使其达到等渗，应加入氯化钠继续降低冰点（0.52－0.24）℃，设加入氯化钠的浓度为 X，则 $1\%:X=0.58:(0.52-0.24)$，则有

$$X=(0.52-0.24)/0.58\times1\%=0.48\%$$

对于成分不明或查不到冰点降低数据的注射液，可通过实验测得冰点降低数据，再依上法进行计算。

3. 氯化钠等渗当量法

氯化钠等渗当量是指与 1 g 药物成等渗的氯化钠量。例如，盐酸普鲁卡因的氯化钠等渗当量为 0.18，即 1 g 的盐酸普鲁卡因能产生与 0.18 g 氯化钠相同的渗透压。每 100 mL 药物溶液所需等渗调节剂的用量 X 可用式（3－4）计算。

$$X=0.9-EW \tag{3-4}$$

式中，E 为欲配药物的氯化钠等渗当量，g；W 为 100 mL 溶液中药物含量，%（g/V）。

如果是多组分的复方制剂，可用各成分的氯化钠的等渗量加和，即

$$EW=E_1W_1+E_2W_2+\cdots+E_nW_n$$

例：配制 2%的头孢噻吩钠溶液 100 mL，需加入多少氯化钠才能使其等渗？

解：头孢噻吩钠的氯化钠等渗当量为 0.24：

$$X=0.9-EW=0.9-0.24\times2=0.42$$

即需加入 0.42 g 氯化钠才能使其等渗。

（三）等张溶液

等张溶液：指与红细胞膜张力相等的溶液，在等张溶液中，既不会发生红细胞体积改变，也不会发生溶血，所以等张是一个生物学概念。

理论上来说，只要药物溶液的渗透压和细胞内渗透压相等，就不会引起溶血。但红细胞膜并不是典型的半透膜，一些药物或附加剂如盐酸普鲁卡因、甘油、尿素等，在等渗条件下也能自由通过细胞膜，导致细胞膜外水分进入细胞，引起溶血。这时需要加入适量氯化钠或葡萄糖，将药物调节为等张溶液，则可避免溶血。例如，2.6%的甘油溶液与 0.9%的氯化钠溶液具有相同的渗透压，但是 2.6%的甘油 100%溶血，所以是等渗不等张的溶液，而对于含 10%甘油、4.6%木糖醇、0.9%氯化钠的复方甘油注射液，实验表明不产生溶血现象，一些药物等渗浓度的溶血情况见表 3－1。

因此，等渗溶液不一定等张，等张溶液也不一定等渗。新产品的试制中，为安全用药，

应进行溶血性实验，必要时加入氯化钠、葡萄糖调节成等张溶液。

五、灭菌及无菌操作技术

灭菌法（sterilizations）和无菌操作法（aseptic processing）是注射剂、输液、滴眼剂等灭菌与无菌制剂质量控制的重要保证，也是制备这些制剂必不可少的操作技术。根据各种制剂或生产环境对微生物的限定要求不同，可采取不同措施，如灭菌、无菌操作、消毒、防腐等。

灭菌（sterilization）是指用适当的物理或化学手段将物品中活的微生物杀灭或除去的过程。

无菌物品是指在物品中不含任何活的微生物。无菌操作是指在无菌条件下进行操作的方法或技术。对于任何一批无菌物品而言，绝对无菌既无法保证也无法用实验来证实。无菌特性只能通过物品中或微生物的概率来表述，即非无菌概率（Probability of a Nonsterile Unit，PNSU）或无菌保证水平（Sterility Assurance Level，SAL），已灭菌物品达到的非无菌概率可通过验证确定。经最终灭菌工艺处理的无菌物品的非无菌概率不得高于 10^{-6}。

防腐（antisepsis）是指用低温或化学药品防止和抑制微生物的生长与繁殖，也称抑菌。对微生物的生长与繁殖具有抑制作用的物质称为抑菌剂或防腐剂。

消毒（disinfection）是指用物理或化学方法杀灭病原微生物的手段。对病原微生物具有杀灭或去除作用的物质称为消毒剂。

灭菌与无菌操作的目的是既要杀灭或除去所有活的微生物，又要保证药物制剂在操作过程中的稳定性以及临床应用的安全性和有效性，对保证灭菌制剂、无菌制剂产品的质量具有重要意义。

由于灭菌效果会随微生物种类的不同以及灭菌方法的不同而发生变化，而细菌芽孢具有较强的抗热能力，因此灭菌效果通常以杀灭芽孢为准。灭菌法可分为物理灭菌法、化学灭菌法，此外，还有无菌操作法。

（一）物理灭菌法

物理灭菌法（physical sterilization）是指采用加热、射线和过滤等方法杀灭或除去微生物的技术，也称物理灭菌技术。

1. 热力灭菌法

热力灭菌法又可分为湿热灭菌法和干热灭菌法。

（1）湿热灭菌法（moist heat sterilization）。是指将物品置于灭菌设备内，利用饱和蒸汽、蒸汽－空气混合物、蒸汽－空气－水混合物、过热水等手段使微生物菌体中的蛋白质、核酸发生变性而杀灭微生物的方法。该法灭菌能力强，为热力灭菌中最有效、应用最广泛的灭菌方法。药品、容器、培养基、无菌衣、胶塞以及其他遇高温和潮湿能稳定的物品，均可采用本法灭菌。

湿热灭菌法可分为热压灭菌法、流通蒸汽灭菌法、煮沸灭菌法和低温间歇灭菌法。

① 热压灭菌法。是指用高压饱和水蒸气加热杀灭微生物的方法。由于高压饱和水蒸气的潜热大，穿透力强，具有很强的灭菌效果，能杀灭所有细菌繁殖体和芽孢，是湿热灭菌中最可靠的灭菌方法，生产中应用最广泛。凡能耐高压蒸汽的药物制剂、玻璃容器、金属容器、瓷器、橡胶塞、膜过滤器等，均能采用此法。湿热灭菌条件通常采用 121 ℃灭菌 30 min；121 ℃灭菌 15 min；116 ℃灭菌 40 min。

② 流通蒸汽灭菌法。是指在常压下使用 100 ℃流通蒸汽加热杀灭微生物的方法。灭菌

时间通常为 30～60 min。该法不能有效杀灭所有的细菌芽孢，一般可作为不耐热无菌产品的辅助灭菌手段。

③ 煮沸灭菌法。是指将待灭菌物品放入沸水中加热灭菌的方法。煮沸时间通常为 30～60 min。该法灭菌效果较差，常用于注射器套筒、针头等器皿的消毒。必要时可加入适量的抑菌剂，如三氯叔丁醇、甲酚、氯甲酚等，提高灭菌效果。

④ 低温间歇灭菌法。是指将待灭菌的物品置 60 ℃～80 ℃的水或流通蒸汽中加热 1 h，杀灭其中的细胞繁殖体后，在室温中放置 24 h，待芽孢发育成繁殖体，再次加热灭菌、放置，反复多次，直至杀灭所有芽孢。该法适用于不耐高温、热敏感物料和制剂的灭菌。其缺点是费时、灭菌效率低，且对芽孢而杀灭效果不理想，必要时加适量的抑菌剂。

⑤ 影响湿热灭菌的因素。① 微生物的种类及数量：微生物的种类不同，发育阶段不同，其耐热、耐压性能存在很大差异，在不同繁殖期，其耐热、压的次序为芽孢＞繁殖体＞衰老体。微生物数量越少，所需灭菌时间越短。② 蒸汽性质：蒸汽可分为饱和蒸汽、湿饱和蒸汽和过热蒸汽。饱和蒸汽热含量高，热穿透力大，灭菌效率高；湿饱和蒸汽因含有水分，热含量较低，热穿透力较差，灭菌效率较低；过热蒸汽类似于干热空气，虽温度高于饱和蒸汽，但穿透力弱，灭菌效率低，且易影响药品稳定性。因此，热压灭菌应采用饱和蒸汽。③ 灭菌温度和时间：灭菌温度越高，灭菌时间越长，药品被破坏的可能性越大，因此，在达到有效灭菌的前提下，尽可能降低灭菌温度，缩短灭菌时间。④ 液体制剂的介质的 pH 与营养成分：通常微生物在中性环境中的耐热性最长，在碱性环境中次之，而酸性环境最不利于其生长和发育，耐热性最差。介质的营养成分越丰富（如含糖类、蛋白质等），微生物的抗热性越强，应适当提高灭菌温度和延长灭菌时间。

（2）干热灭菌法（dry heat sterilization）。是指将物品置于干热灭菌柜、隧道灭菌器等设备中，利用干热空气达到杀灭微生物或消除热原物质的方法。其适用于耐高温但不宜用湿热灭菌法灭菌的物品灭菌，如玻璃器具、金属制容器、纤维制品、固体试药、液状石蜡等均可采用本法灭菌。

干热空气灭菌法采用的温度一般比湿热灭菌法高。温度范围一般为 160～190 ℃，当用于除热原时，温度范围一般为 170～400 ℃，无论采用何种灭菌条件，均应保证灭菌后的物品的 PNSU$<10^{-6}$。PNSU，即非无菌概率（Probability of a Nonsterile Unit），对于一批无菌物品而言，绝对无菌往往既无法保证，也难以用实验来证实，因而无菌特性一般通过物品中存在活微生物概率进行表述。本法的缺点是灭菌温度高，穿透力弱，灭菌时间长，不适用于橡胶、塑料及大部分药品。

2. 过滤除菌法（filtration sterilization）

是指采用物理截留去除气体或液体中微生物的方法。其常用于气体、热不稳定溶液的除菌。药品生产中除菌一般采用孔径为 0.22 μm 的微孔滤膜，或者 6 号垂熔玻璃过滤器。过滤除菌并非可靠的灭菌方法，常配合无菌操作技术。为了保证产品的无菌，过滤后必须对产品进行无菌检查。除菌效率可用除菌后微生物的对数下降值（lg reduction value，LRV）表示。

$$\mathrm{LRV} = \lg N_0 - \lg N \tag{3-5}$$

式中，N_0 为原有微生物数量；N 为产品除菌后的微生物数量。

3. 射线灭菌法（ray sterilization）

（1）辐射灭菌法。是指利用电离辐射杀灭微生物的方法。最常用的辐射射线有 ^{60}Co 或

^{137}Cs 衰变产生的γ射线、电子加速器产生的电子束和X射线装置产生的X射线。能够耐辐射的医疗器械、生产辅助用品、药品包装材料、原料药及成品等均可用本法灭菌。

辐射灭菌的特点是：① 不升高灭菌产品的温度，适用于不耐热药物的灭菌；② 穿透力强，可用于密封安瓿和整瓶药物的灭菌，甚至穿透包装进行灭菌；③ 灭菌效率高，可杀灭微生物繁殖体和芽孢；④ 辐射灭菌不适用于蛋白、多肽、核酸等生物大分子药物的灭菌，还会引起聚乳酸、丙交酯－乙交酯嵌段共聚物、聚乳酸－聚乙二醇等药用高分子材料的降解，在应用时应注意避免。

（2）紫外线灭菌法。是指用紫外线的照射杀灭微生物的方法。用于灭菌的紫外线波长一般为200～300 nm，灭菌力最长的波长为254 nm。主要用于空气灭菌、液体灭菌、物料表面灭菌。一般人员进入前开启紫外灯1～2 h，操作时关闭。普通玻璃可吸收紫外线，装于普通玻璃容器中的药物不能以此法灭菌。紫外线可被不同的表面反射或吸收，穿透力微弱，适用于物料表面的灭菌，不适用于药液和固体物质深部的灭菌；紫外线较易穿透清洁空气及纯净的水，适用于无菌室空气的灭菌、蒸馏水的灭菌。

（3）微波灭菌法。是指用微波照射而产生的热杀灭微生物的方法。微波是指频率在300 MHz～300 kHz之间的高频电磁波。微波灭菌具有低温、常压、灭菌速度快（一般为2～3 min）、高效、均匀、保质期长（不破坏药物原有成分，灭菌后的药品存放期可增加1/3以上）、节约能源、不污染环境、操作简单、易维护等优点。微波灭菌适用于水性注射液的灭菌。

（二）化学灭菌法

化学灭菌法（chemical sterilization）是指用化学药品直接作用于微生物而将其杀死的方法。

1. 气体灭菌法

是指用化学灭菌剂形成的气体杀灭微生物的方法。常用的是环氧乙烷，一般与80%～90%的惰性气体混合使用，在充有灭菌气体的高压腔室内进行。适用于不耐高温、不耐辐射物品的灭菌，如医用器具、塑料制品和药品包装材料等，干粉类产品不建议采用本法灭菌。用气体灭菌时，应注意灭菌气体的可燃可爆性、致畸性和残留毒性。

采用环氧乙烷灭菌的主要优势是穿透力强，杀菌广谱，灭菌彻底，对物品无腐蚀无损害等。

甲醛溶液加热熏蒸灭菌法　该法灭菌较彻底，但由于所需时间长、操作不便、对操作人员身体的损害大等原因，正逐渐被市场淘汰。

臭氧灭菌法　该法利用臭氧进行灭菌，该法将臭氧发生器安装在中央空调净化系统送、回风总管道中与被控制的洁净区采用循环形式灭菌。

2. 气相灭菌法

是指通过分布在空气中的灭菌剂杀灭微生物的方法。常用的灭菌剂包括过氧化氢（H_2O_2）、过氧乙酸（CH_3CO_3CH）等，气相灭菌适用于密闭空间的内表面灭菌。

灭菌前灭菌物品应进行清洁。灭菌时应最大限度暴露表面，确保灭菌效果。灭菌后应将灭菌剂残留充分去除或灭活。

3. 液相灭菌法

是指将被灭菌物品完全浸泡于灭菌剂中达到杀灭物品表面微生物的方法。具备灭菌能力的灭菌剂包括过氧乙酸、氢氧化钠、过氧化氢、次氯酸钠等。灭菌剂种类的选择应考虑灭菌物品的耐受性。灭菌剂浓度、温度、pH、生物负载、灭菌时间、被灭菌物品表面的污染物等是影响灭菌效果的重要因素。

4. 药液灭菌法

该法是采用杀菌剂溶液来杀灭微生物的方法。常作为其他灭菌法的辅助措施，适用于皮肤、无菌设备和器具的消毒。常用的杀菌剂有 0.1%～0.2%苯扎溴铵（新洁尔灭）溶液、2%左右的苯酚或煤酚皂溶液、75%乙醇等。

（三）无菌操作法

无菌操作法（aseptic processing）是指整个过程控制在无菌条件下制备无菌制剂的操作方法。它不是一个灭菌过程，而是保持无菌原料无菌度的方法。其适用于一些不耐热药物的注射剂、眼用制剂、海绵剂和创伤制剂的制备。产品一般不再灭菌，因此无菌操作所用的一切用具、材料以及环境，均需按照前述的灭菌法灭菌，操作需在无菌操作室或无菌柜内进行。

1. 无菌操作室的灭菌

无菌操作室多采用灭菌和除菌相结合的方式灭菌。

流通空气采用过滤除菌法；静止环境的空气采用气相灭菌法（如过氧化氢灭菌器）。

采用药液灭菌法对室内的空间、用具等表面进行辅助灭菌，紫外线灭菌法作为环境的辅助灭菌方法。

2. 无菌操作

无菌操作室、层流洁净工作台和无菌操作柜是无菌操作的主要场所，要求达到 A 级空气净化的条件。用无菌操作法制备注射剂时，大多数需要加入抑菌剂。小量无菌制剂的制备，可采用无菌操作柜（图 3－5）进行无菌操作，使用方便，效果可靠。

（四）灭菌设备

生产中最常用的、可靠的灭菌方法是湿热灭菌法，湿热灭菌设备已经规范化生产，本部分主要介绍湿热灭菌设备。

卧式热压灭菌柜　卧式热压灭菌柜是一种大型灭菌柜，全部用坚固的合金制成，带有夹套的灭菌柜内备有带轨道的格车，分为若干格，如图 3－6 所示。

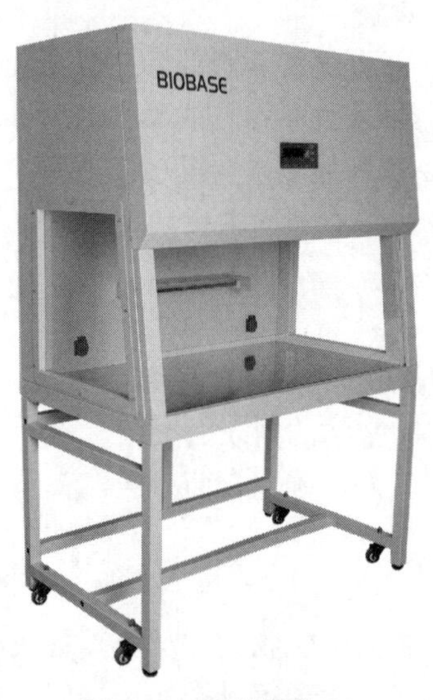

图 3－5　无菌操作柜
（山东博科生物产业有限公司）

图 3－6　卧式热压灭菌柜
（四川射洪通用医疗器械有限公司产品，公司官网）

灭菌柜的操作方法：先打开夹套中蒸汽加热 10 min，当夹套内压力升至所需压力时，将带灭菌的药品放置于铁丝篮中，排列于格车架上，推入柜内，关闭柜门，并将门闸旋紧。夹套加热完成后，将加热蒸汽通入柜内，温度上升至规定温度（如 116 ℃）时，开始计时，保持柜内压力维持不变。达到规定灭菌时间，先关蒸汽阀，排气，当蒸气压力降至“0”时，方可开启柜门，待灭菌物品冷却后取出。

使用注意：① 使用饱和蒸汽；② 必须排尽柜内空气；③ 灭菌时间以全部药液温度达到规定温度时开始计时；④ 灭菌完毕后，必须使柜内压力与大气压相等，稍稍打开柜门 10～15 min 后，再全部打开，确保安全生产。

水浴式灭菌柜　采用去离子水为加热介质，对输液瓶内的药液进行热力灭菌。国内已有多种型号使用，配有电脑控制系统，精确控制灭菌温度和时间，有利于 GMP 管理。

旋转式水浴灭菌柜　灭菌柜的基本结构和原理与水浴式灭菌柜一致，同时，在柜内增加一个旋转内筒和相应的传动机构。旋转式水浴式灭菌柜特点：柜体内转筒可以正向和反向旋转，灭菌时玻璃瓶随内筒转动，使瓶内药液翻滚，药液受热均匀快速，不易产生沉淀，满足脂肪乳和其他混悬型输液的灭菌工艺要求。

平移门安瓿水浴灭菌柜　采用高温水淋浴的方式对输液瓶加热和灭菌，对安瓿针剂、口服液等瓶装液体制剂可同时进行灭菌处理和真空检漏。具有温度控制范围宽、温度均匀、调控可靠等特点。

（五）灭菌工艺的验证

灭菌工艺的验证是无菌保证的必要条件。灭菌工艺经过验证后，方可交付正式使用。在药品生产过程中，应进行厂房、设施及设备的安装确认、运行确认、性能确认和产品的验证。

1. 生物指示剂

生物指示剂是一种对特定灭菌程序有确定及稳定耐受性的特殊活微生物或制品，可用于灭菌设备的性能确认，特定物品的灭菌工艺研发、建立、验证，生产过程灭菌效果的监控，也可用于隔离系统和无菌洁净室除菌效果的验证评估等。

生物指示剂可分为载体型生物指示剂、芽孢悬液生物指示剂和自含式生物指示剂。不同灭菌方法使用的生物指示剂各不相同（表 3－2）。

表 3－2　灭菌方法和相应的生物指示剂

灭菌方法	生物指示剂	备注
湿热灭菌法	嗜热脂肪地芽孢杆菌（Geobacillus stearothermophilus）	过度杀灭法常用
湿热灭菌法	生孢梭菌（Clostridium sporogenes） 枯草芽孢杆菌（Bacillus subtilis） 凝结芽孢杆菌（Bacillus coagulans）	热不稳定物品灭菌常用
干热灭菌法	萎缩芽孢杆菌（Bacillus astrophaeus）	
	大肠埃希菌内毒素（Escherichia coli endoxin）	细菌内毒素灭活验证用
气体灭菌法	萎缩芽孢杆菌（Bacillus astrophaeus）	环氧乙烷气体灭菌
过滤除菌法	缺陷短波单胞菌（Brevundimonas diminuta）	

续表

灭菌方法	生物指示剂	备注
汽相灭菌法	嗜热脂肪地芽孢杆菌（Geobacillus stearothermophilus） 萎缩芽孢杆菌（Bacillus astrophaeus） 生孢梭菌（Clostridium sporogenes）	
液相灭菌法	萎缩芽孢杆菌（Bacillus astrophaeus） 枯草芽孢杆菌（Bacillus subtilis）	

生物指示剂的耐受性是指其所含的微生物能够耐受各种灭菌程序的能力。一般用 D 值来表示。生物指示剂的主要质量参数包括总芽孢数、D 值和存活时间、杀灭时间。

2. 灭菌参数

（1）D 值。是指将实验微生物杀灭 90%所需的灭菌时间或灭菌剂量（《中国药典》2020 年版），为了便于理解，本节中 D 值指的是，一定温度下，杀灭 90%微生物（下降一个对数单位）时所需的灭菌时间，以分钟表示。

在一定灭菌条件下，不同微生物具有不同的 D 值；同一微生物在不同的条件下，D 值也不同（如含嗜热脂肪地芽孢杆菌的 5%葡萄糖水溶液，121 ℃热压蒸汽灭菌的 D 值为 2.4 min，105 ℃的 D 值为 87.8 min）。相同灭菌条件下。D 值大，说明微生物耐热强。

研究表明，对于加热或辐射灭菌，灭菌时微生物的杀灭速度符合一级过程，即

$$\frac{\mathrm{d}N}{\mathrm{d}t}=-kN \tag{3-6}$$

或

$$\lg N_{\mathrm{t}}=\lg N_0-\frac{kt}{2.303} \tag{3-7}$$

式中，N_0 为原有微生物数；N_{t} 为灭菌时间为 t 时残存的微生物数；k 为灭菌速率常数。以 $\lg N_{\mathrm{t}}$ 对 t 作图得一直线，斜率 $=-k/2.303=(\lg N_{\mathrm{t}}-\lg N_0)/t$。$D$ 值为斜率的负倒数，即

$$D=\frac{2.303}{k}=\frac{t}{\lg N_0-\lg N_{\mathrm{t}}} \tag{3-8}$$

由式（3－8）可知，当对数下降值 $\mathrm{LRV}=\lg N_0-\lg N_{\mathrm{t}}=1$ 时，下降一个对数值，此时 $D=t$。

（2）Z 值。又称灭菌温度系数，是某种微生物 D 值（灭菌时间）减少一个对数单位时，灭菌温度所需升高的值（℃），即灭菌时间减少到原来的 1/10 时所需升高的温度。

当灭菌温度升高时，速度常数 k 增大，而 D 值（灭菌时间）随温度的升高而减少，在一定温度范围内 $\lg D$ 与温度 T 之间呈直线关系。

令

$$Z=\frac{T_2-T_1}{\lg D_{T_1}-\lg D_{T_2}} \tag{3-9}$$

由式可知，Z 值为降低一个 $\lg D$ 值所需升高的温度数。如 $Z=10$ ℃，表示灭菌时间减少到原来灭菌时间的 10%，而要具有相同的灭菌效果，所需升高的灭菌温度为 10 ℃。

（3）F 值。F 值是在一定灭菌温度（T）下给定的 Z 值所产生的灭菌效果，与在参比温度（T_0）下给定的 Z 值所产生的灭菌效果相同时，所相当的灭菌时间。F 值常用于干热灭菌。表达式如下：

$$F = \Delta t \sum 10^{\frac{T-T_0}{Z}} \tag{3-10}$$

式中，Δt 为被灭菌物料在某温度下的灭菌时间间隔，一般为 0.5～1.0 min；T 为每个时间间隔 Δt 时间内所测得灭菌物料温度，℃；T_0 为参比温度，℃。

（4）F_0 值。F_0 值是指，在湿热灭菌时，在一定灭菌温度（T），Z 为 10 ℃时所产生的灭菌效果与 T_0=121 ℃，Z 值为 10 ℃所产生的灭菌效果相同时，所相当的时间（分钟）。以嗜热脂肪地芽孢杆菌作为生物指示剂，该菌在 121 ℃时，Z 值为 10 ℃，则：

$$F_0 = \Delta t \sum 10^{\frac{T-121}{10}} \tag{3-11}$$

也就是说，无论温度如何变化，t 分钟内的灭菌效果相当于在 121 ℃下灭菌 F_0 时间的效果，即它把所有温度下灭菌时间转换成 121 ℃下等效的灭菌时间。因此称 F_0 为标准灭菌时间（分钟），F_0 又叫物理 F_0，体现了灭菌温度与时间对灭菌效果的统一，更为精确和实用。目前 F_0 仅限用于热压灭菌。

灭菌过程中，只需记录灭菌的温度与时间，就可算出 F_0。假设如下数据，Δt 取 1 min，即每分钟测量一次温度。灭菌过程中不同时间对应的温度见表 3-3。

表 3-3　灭菌过程中不同时间对应的温度

时间/min	0	1	2	3	4	5	6	7	8	9－39	40	41	42	43	44
温度/℃	100	102	104	106	108	110	112	115	114	115	110	108	106	102	100

按表 3-3 中数据计算，得 F_0=8.49，计算过程如下：

$$F_0 = \Delta t \sum 10^{\frac{T-121}{10}} = 1 \times \Big(10^{\frac{100-121}{10}} + 10^{\frac{102-121}{10}} + 10^{\frac{104-121}{10}} + 10^{\frac{106-121}{10}} + 10^{\frac{108-121}{10}} + 10^{\frac{110-121}{10}} + 10^{\frac{112-121}{10}} + 10^{\frac{115-121}{10}} + 10^{\frac{114-121}{10}} + 10^{\frac{115-121}{10}} \times 30 + 10^{\frac{110-121}{10}} + 10^{\frac{108-121}{10}} + 10^{\frac{106-121}{10}} + 10^{\frac{102-121}{10}} + 10^{\frac{100-121}{10}}\Big) = 8.49$$

计算结果说明 44 min 内一系列温度下的灭菌效果相当于在 121 ℃灭菌 8.49 min 的灭菌效果。

F_0 值的计算要求测定灭菌物品内部的实际温度，并将不同温度与时间对灭菌的效果统一在 121 ℃湿热灭菌的灭菌效力，它包括了灭菌过程中升温、恒温、冷却三部分热能对微生物的总致死效果。故 F_0 值可作为灭菌过程的比较参数，对于灭菌过程的设计及验证灭菌效果具有重要意义。

根据式（3-8）可得出 F_0 的计算公式（3-12），即 F_0 值等于 121 ℃下 D 值与微生物的对数降低值的乘积。由于 F_0 由微生物的 D 值和初始数及残存数所决定，所以 F_0 又叫生物 F_0。

$$F_0 = D_{121} \times (\lg N_0 - \lg N_t) \tag{3-12}$$

式中，N_t 是灭菌后预期达到的微生物残存数，又叫染菌度概率，一般取 N_t 为 10^{-6}，即原有菌数的百万分之一，或 100 万个制品中只允许有一个制品染菌，认为灭菌效果可靠。比如将含有 200 个嗜热脂肪地芽孢杆菌的 5%葡萄糖水溶液在 121 ℃热压灭菌时，其 D 值为 2.4 min。则 $F_0 = 2.4 \times (\lg 200 - \lg 10^{-6}) = 19.92$（min），因此，$F_0$ 值也可认为是相当于 121 ℃热压灭菌时杀死容器中全部微生物所需要的时间。

为了保证 F_0 值的灭菌效果，应注意以下两个问题：① 根据式（3-12），若 N_0 越大，即被灭菌物中微生物数越多，则灭菌时间越长，故尽可能减少各工序中微生物对药品的污染，分装好的药品应尽快灭菌，以使初始微生物数在最低水平。最好使每个容器的含菌量控制在10以下（即 $\lg N_0 \leqslant 1$）。② 为了得到可靠的灭菌效果，一般增加50%的 F_0 值，如规定 F_0 为8 min，则实际操作应控制 F_0 为12 min。

六、空气净化技术

（一）概述

空气净化技术是能创造洁净空气环境的各种技术的总称。根据不同行业要求和洁净标准，可分为工业洁净和生物洁净。工业洁净是除去空气中悬浮的尘埃粒子；生物洁净不仅去除空气中的粉尘，还要除去微生物等，保证制剂生产的洁净环境。

洁净区的设计必须符合相应的洁净度要求，我国2010年GMP修订版将无菌药品生产所需洁净区分为A、B、C、D四个级别，并规定了“静态”和“动态”的标准。

A级为高风险操作区，如灌装区、放置胶塞桶、敞口安瓿瓶、敞口西林瓶的区域及无菌装配或连接操作的区域。

B级为无菌配制和灌装等高风险操作A级洁净区所处的背景区域。

C级和D级为无菌制剂生产过程中重要程度较低生产操作步骤的洁净区。

以上各级别空气悬浮粒子标准规定和洁净区微生物监控的动态标准见表3-4和表3-5。

表3-4　洁净室（区）各级别洁净度空气悬浮粒子的标准规定

洁净度级别	悬浮粒子最大允许数/m³			
	静态①		动态②	
	≥0.5 μm	≥5 μm	≥0.5 μm	≥5 μm
A级	3 520	20	3 520	20
B级	3 520	29	352 000	2 900
C级	352 000	2 900	3 520 000	29 000
D级	3 520 000	29 000	不作规定	不作规定

注：① 静态指生产操作全部结束、操作人员撤出生产现场，并经过15～20 min自净后，洁净区的状态。② 动态指生产设备按预订的工艺模式运行，并有规定数量的操作人员在现场操作。

表3-5　洁净区微生物监控的动态标准①

级别	浮游菌/（cfu·m⁻³）	沉降菌（φ90 mm）/［cfu·(4 h)⁻¹］	表面微生物	
			接触碟（φ55 mm）/（cfu·碟⁻¹）	5指手套/（cfu·手套⁻¹）
A级	<1	<1	<1	<1
B级	10	5	5	5
C级	100	50	25	—
D级	200	100	50	—

注：① 表中数据均为平均值；② 单个沉降碟的暴露时间可以少于4 h，同一位置可使用接触碟连续进行监测并累计数。

不同无菌制剂的生产工艺对空气洁净度有不同的要求，见表3－6、表3－7。

表3－6 最终灭菌的无菌药品的生产操作环境

洁净度级别	最终灭菌产品
C级背景下的局部A级	高污染风险① 的产品灌装（或灌封）
C级	产品灌装（或灌封）；高污染风险产品② 的配制和过滤；眼用制剂、无菌软膏剂、无菌混悬剂等的配制、灌装（或灌封）；直接接触药品的包装材料和器具最终清洗后的处理
D级	轧盖；灌装前物料的准备；产品配制（指浓配或采用密闭系统的配制）和过滤
注：① 此处指产品容易长菌、灌装速度慢、灌装容器为广口瓶、容器需暴露数秒后方可密封等状况；② 此处指产品容易长菌、配制后需等待较长时间方可灭菌或不在密闭系统中配制等状况。	

表3－7 非最终灭菌的无菌药品的生产操作环境

洁净度级别	非最终灭菌产品
B级背景下的局部A级	处于未完全密封① 状态下产品的操作和转运，如产品灌装（或灌封）、分装、压塞、轧盖等；灌装前无法除菌过滤的药液或产品的配制；直接接触药品的包装材料和器具灭菌后的装配以及处于未完全封闭状态下的转运和存放；无菌原料药的粉碎、过筛、混合、分装
B级	处于未完全密封② 状态下产品的操作和转运；直接接触药品的包装材料和器具灭菌后处于密闭容器内的转运和存放
C级	灌装前可除菌过滤的药液或产品的配制；产品的过滤
D级	直接接触药品的包装材料和器具的最终清洗、装配或包装、灭菌
注：① 轧盖前产品视为处于未完全密封状态；② 根据已压塞产品的密封性、轧盖设备的设计、铝盖的特性等因素，可选择在C级或D级背景下的A级送风环境中进行。A级送风环境应当至少符合A级区的静态要求。	

（二）空气净化技术

1. 空气的过滤

目前主要采用空气过滤器对空气进行净化。空气过滤器按效率级别，可分为粗效过滤器、中效过滤器、高中效过滤器、亚高效过滤器、高效过滤器和超高效过滤器，每种过滤器按照效率级别又分若干种。不同效率级别的参数见表3－8和表3－9。

表3－8 粗效、中效、高中效和亚高效空气过滤器效率

效率级别	代号	迎面风速/（m·s^{-1}）	额定风量下的效率①（E）/%	
粗效1	C1	2.5	标准实验尘计重效率②	$50>E\geqslant 20$
粗效2	C2			$E\geqslant 50$
粗效3	C3		计数效率③（粒径≥2.0 μm）	$50>E\geqslant 10$
粗效4	C4			$E\geqslant 50$

续表

效率级别	代号	迎面风速/（m·s^{-1}）	额定风量下的效率[①]（E）/%	
中效 1	Z1	2.0	计数效率[③]（粒径≥0.5 μm）	$40>E\geq 20$
中效 2	Z2			$60>E\geq 40$
中效 3	Z3			$70>E\geq 60$
高中效	GZ	1.5		$95>E\geq 70$
亚高效	YG	1.0		$99.9>E\geq 95$

注：① 效率：在额定风量下，空气过滤器去除流通空气中颗粒物的能力，即空气过滤器上、下风侧气流中颗粒物浓度之差与上风侧气流中颗粒物浓度之比。② 计重效率：在额定风量下，空气过滤器去除流通空气中标准实验尘质量的效率。③ 计数效率：在额定风量下，空气过滤器去除流通空气中特定光学粒径或粒径范围的颗粒物数量的效率。

表 3–9　高效和超高效空气过滤器效率

效率级别	效率级别	额定风量下的效率[①]（E）%	
高效	35	计数效率	≥99.95
	40		≥99.99
	45		≥99.995
超高效	50		≥99.999
	55		≥99.999 5
	60		≥99.999 9
	65		≥99.999 95
	70		≥99.999 99
	75		≥99.999 995

注：① 效率：对过滤元件进行实验时，过滤元件过滤掉的气溶胶量与气溶胶量之比。

粗效过滤器通常用于上风侧的新风过滤，除了捕集大粒子外，还防止中、高效过滤器被大粒子堵塞，以延长中、高效过滤器的寿命。中效过滤器一般置于亚高或高效过滤器之前，用于保护高效过滤器。亚高效过滤器置于高效过滤器之前，以保护高效过滤器。高效过滤器额定风量下的效率在 99.95%以上。一般装在通风系统的末端，必须在中效过滤器或在亚高效过滤器的保护下使用。

在高效空气净化系统中通常采用三级过滤装置：粗效过滤→中效过滤→高效过滤。使空气由粗效到高效通过，逐步净化。组合的过滤器级别不同，得到不同的净化效果。中效过滤器安装在风机的出口处，以保证中效过滤器以后的净化处于正压。

2. 单向流洁净净化系统

气流的运动形式是同向平行状态，又称层流。各流线间的粒子不易相互扩散，即使气流遇到人、物等发尘部位，尘粒会随平行流迅速流出，从而获得更高的洁净度。单向流分为垂直单向流与水平单向流，常用于 A、B 级的洁净区。

（1）垂直单向流：以高效过滤器为送风口布满顶棚，地板全部做成格栅地板回风口，或采用侧墙下回，使气流自上而下平行流动。多用于灌封点的局部保护和超净工作台。

（2）水平单向流：以高效过滤器为送风口布满一侧壁面，对应壁面布满回风格栅，气流以水平方向流动。多用于洁净室的全面控制。

3. 非单向流洁净净化系统

气流具有不规则的运动轨迹，也称乱流，或称紊流。这种流动，送风口只占洁净室断面很小的一部分，送入的洁净空气很快扩散到全室，含尘空气被洁净空气稀释后，降低了粉尘的浓度，以达到空气净化的目的。非单向流洁净室有多种送、回风形式，根据洁净等级和生产需要而定。非单向流净化技术因设备投入及运行成本比较低，在药品生产上广泛应用，但洁净效果差。

3.3　注射剂

1. 掌握注射剂的概念、分类、特点及质量要求。
2. 掌握注射剂的给药途径。
3. 掌握注射剂等渗调节剂用量的计算及公式中各符号含义、单位。
4. 熟悉注射剂典型产品的处方设计与分析。
5. 掌握根据药物的理化性质选择合适的注射剂溶剂及附加剂，制订合理的制备工艺。
6. 掌握注射剂及输液生产车间洁净度要求与布局。
7. 掌握冷冻干燥制剂制备原理。

一、概述

注射剂（injections）是指原料药物或与适宜的辅料制成的供注入体内的无菌制剂。注射剂可分为注射液、注射用无菌粉末与注射用浓溶液等。注射剂已成为临床应用最广泛的剂型之一，在临床治疗中占有重要地位。

注射液指原料药物或与适宜的辅料制成的供注入体内的无菌液体制剂，包括溶液型、乳状液型及混悬型等注射液。混悬型注射液不得用于静脉注射或椎管内注射，乳状液型注射液不得用于椎管内注射。中药注射剂一般不宜制成混悬型注射液。

供静脉滴注用的大容量注射液也可称为输液。注射用浓溶液是指原料药物与适宜辅料制成的供临用前稀释后注射的无菌浓溶液。本节主要介绍小容量注射液，输液和注射用无菌粉末将分别在第 3.4、3.5 节进行介绍。

（一）注射剂的特点

药效迅速、作用可靠。注射剂在临床应用时均以液体状态直接注入人体组织、血管或器官内，所以吸收快，作用迅速。特别是静脉注射，药物不经过吸收直接进入血液循环，更适用于抢救危重患者之用。并且注射剂由于不经过胃肠道，不受消化液及食物的影响，故剂量准确、作用可靠，易于控制。

适用于不易口服的药物及不能口服的患者。某些药物不易被胃肠道吸收，或具有刺激性，或易被消化液破坏，这种药物可制成注射剂。如酶、蛋白等生物技术药物，常制成粉针剂。对于术后禁食、昏迷等状态的患者，或患消化系统疾病的患者，不能口服给药，宜采用注射给药。

可产生长效作用，还可局部定位给药。一些长效注射剂，可在注射部位形成药物贮库，缓慢释放药物达数天、数周或数月之久。如注射用醋酸亮丙瑞林每4周注射1次。有的药物局部定位给药，如盐酸普鲁卡因注射液可产生局部麻醉作用；消痔灵注射液等可用于痔核注射；当归注射液可以穴位注射，发挥特有的疗效。

顺应性较差。注射疼痛，使用不便，需专业人员及相应的注射器与设备。

质量要求高，价格高昂。注射剂质量要求比其他剂型更严格，制造过程复杂，生产成本高。

（二）注射剂的给药途径

根据临床治疗的需要，注射剂有静脉注射、肌内注射、皮下和皮内注射等多种给药途径。给药部位不同，对制剂的质量要求也不一样。

皮内注射（intracutaneous injection）：注射于表皮与真皮之间，一般注射部位在前臂。一次注射量在0.2 mL以下，常用于过敏性实验或疾病诊断，如青霉素皮试、破伤风皮试等。

皮下注射（subcutaneous injection）：注射于真皮与肌内之间的松软组织内，注射部位多在上臂外侧，一般用量为1～2 mL。皮下注射剂主要是水溶液，但药物吸收速度稍慢。由于人的皮下感觉比肌肉敏感，故具有刺激性的药物及油或水的混悬液，一般不宜做皮下注射。

肌内注射（intramuscular injection）：注射于肌肉组织中，注射部位大都在上臂三角肌。肌内注射较皮下注射刺激小，注射剂量一般为1～5 mL。肌内注射除水溶液外，尚可注射油溶液、混悬液及乳浊液。油性注射液在肌肉中吸收缓慢而均匀，可起延效作用，且乳状液有一定的淋巴靶向性。

静脉注射（intravenous injection）：药物直接注入静脉，发挥药效最快，常用于急救、补充体液和供营养之用。根据临床药物治疗需要，静脉注射又分为直接静脉推注和静脉滴注两种类型。静脉推注经常用于需要立即发挥作用的治疗，静脉滴注通常用于常规性治疗，由于静脉滴注时，输入体内的液体量较大，一次治疗需几百毫升至几千毫升，因此又称为“大输液”。

鞘内注射（intrathecal injection）：注入脊椎四周蜘蛛膜下腔内。由于神经组织比较敏感，且脊髓液循环较慢，故注射剂必须等渗，注入时应缓慢。注入一次剂量不得超过10 mL，其pH应控制在5.0～8.0。

动脉内注射（intra-arterial injection）：注入靶区动脉末端，如诊断用动脉造影剂、肝动脉栓塞剂等。

其他：包括心内注射（intracardiac injection）、关节内注射（intra－articular injection）、滑膜腔内注射（intrasynovial injection）、穴位注射（acupoint injection）及椎管内注射（intraspinal injection）等。

二、注射剂的处方组成

注射剂的处方主要由主药、溶剂和附加剂（包括pH调节剂、抗氧剂、络合剂、增溶剂、渗透压调节剂、抑菌剂、助悬剂、局麻剂等）组成。

（一）常用注射用溶剂

注射用水（water for injection）是最常用的溶媒，配制注射剂时，优先选用水作为溶剂。

注射用油　常用的注射用油（oil for injection）为大豆油，《中国药典》（2020 年版）规定，供注射用的大豆油为淡黄色的澄清液体；相对密度为 0.916～0.922；折光率为 1.472～1.476，酸值应不大于 0.1，皂化值应为 188～195，碘值应为 126～140。按照紫外 – 可见分光光度法测定，以水为空白，在 450 nm 波长处的吸光度不得超过 0.045。还应检查脂肪酸组成、过氧化值、不皂化物、碱性杂质、重金属、微生物限度等是否符合要求。其他植物油，如花生油、玉米油、橄榄油、棉籽油、蓖麻油及桃仁油等，经精制后也可供注射用。

评价注射用油质量的重要指标是碘值、皂化值、酸值。碘值反映油脂中不饱和键的多少，碘值过高，则含不饱和键多，油易氧化酸败。皂化值表示游离脂肪酸和结合成酯的脂肪酸总量，过低表明油脂中脂肪酸相对分子质量较大或含不皂化物（如胆固醇等）杂质较多；过高则脂肪酸相对分子质量较小，亲水性较强，失去油脂的性质。酸值高，表明油脂酸败严重，不仅影响药物稳定性，且有刺激作用。

其他注射用溶剂：

乙醇（alcohol），为无色澄清液体；与水、甘油、挥发油或乙醚等可任意混溶。可增加难溶性药物的溶解度，供静脉或肌内注射。采用乙醇为注射溶剂时，浓度可达 50%，但乙醇浓度超过 10%时，可能会有溶血作用或疼痛感。如氢化可的松注射液、乙酰毛花苷 C 注射液中均含一定量的乙醇。

丙二醇（propylene glycol，PG），即 1,2 – 丙二醇，为无色澄清的黏稠液体，有引湿性。与水、乙醇或三氯甲烷能任意混溶，能溶解多种挥发油，相对密度在 25 ℃时应为 1.035～1.037。其对药物的溶解范围广，广泛用于注射溶剂，供静注或肌注。小鼠静脉注射的 LD_{50} 为 5～8 g/kg，腹腔注射为 9.7 g/kg，皮下注射为 18.5 g/kg。复合注射用溶剂中常用含量为 10%～60%，用作皮下或肌注时有局部刺激性。如苯妥英钠注射液中含 40%丙二醇。

聚乙二醇（polyethylene glycol，PEG），为环氧乙烷和水缩聚而成的混合物。可与水、乙醇相混溶，化学性质稳定，用作注射用溶剂为 PEG300、PEG400 两种型号。PEG400 更常用，其相对密度为 1.110～1.140。运动黏度（《中国药典》通则 0633 第一法，40 ℃时，毛细管内径为 1.2 mm 或适合的毛细管内径）应为 37～45 mm^2/s。如噻替派注射液以 PEG400 为注射溶剂。

甘油（glycerin），即丙三醇，为无色、澄清的黏稠液体；有引湿性。与水或乙醇能任意混溶，在丙酮中微溶，在三氯甲烷或乙醚中均不溶。在 25 ℃时，相对密度不小于 1.257。折光率应为 1.470～1.475。小鼠皮下注射的 LD_{50} 为 10 mL/kg，肌内注射为 6 mL/kg。由于黏度和刺激性较大，甘油不单独作注射溶剂用。常用浓度为 1%～50%。常与乙醇、丙二醇、水等组成复合溶剂，如普鲁卡因注射液的溶剂为 95%乙醇（20%）、甘油（20%）与注射用水（60%）。

二甲基乙酰胺（dimethylacetamide，DMA）与水、乙醇任意混溶，对药物的溶解范围大，为澄明中性溶液。小鼠腹腔注射的 LD_{50} 为 3.266 g/kg，常用浓度为 0.01%。但连续使用时，应注意其慢性毒性。如氯霉素用 50% DMA 作溶剂，利血平注射液用 10% DMA、50% PEG 作溶剂。

（二）注射剂的附加剂

配制注射剂时，除主药外，还可根据制备及医疗的需要加入适宜的附加剂（additives for injection）。附加剂主要作用有：① 增加药物溶解度；② 增加药物稳定性；③ 调节渗透压；④ 抑菌，抑菌效力应符合《中国药典》（2020 年版）抑菌效力检查法（通则 1121）的规定，静脉给药与脑池内、硬膜外、椎管内用的注射液均不得加抑菌剂；⑤ 调节 pH；⑥ 减轻疼痛或刺激；⑦ 帮助主药助悬或乳化。所用附加剂的使用浓度不得引起毒性或明显的刺激性；与主药无配伍禁忌，不影响药物的疗效与含量测定。常用的附加剂见表 3－10。

表 3－10　注射剂常用的附加剂

附加剂	浓度范围/%	附加剂	浓度范围/%
增溶剂、润湿剂或乳化剂		抗氧剂	
聚氧乙烯蓖麻油	1～65	焦亚硫酸钠	0.1～0.2
聚山梨酯 20（吐温 20）	0.01	亚硫酸氢钠	0.1～0.2
聚山梨酯 40（吐温 40）	0.05	亚硫酸钠	0.1～0.2
聚山梨酯 80（吐温 80）	0.04～4.0	硫代硫酸钠	0.1
聚维酮	0.2～1.0	金属螯合剂	
脱氧胆酸钠	0.21	依地酸二钠	0.01～0.05
泊洛沙姆 188	0.21	缓冲剂	
稳定剂		醋酸，醋酸钠	0.22，0.8
肌酐	0.5～0.8	枸橼酸，枸橼酸钠	0.5，4.0
甘氨酸	1.5～2.25	乳酸	0.1
烟酸胺	1.25～2.5	酒石酸，酒石酸钠	0.65，1.2
辛酸钠	0.4	磷酸氢二钠，磷酸二氢钠	1.7，0.71
助悬剂		碳酸氢钠，碳酸钠	0.005，0.006
羟甲纤维素	0.05～0.75	抑菌剂	
明胶	2.0	苯酚	0.25～0.5
果胶	0.2	甲酚	0.25～0.3
渗透压调节剂		氯甲酚	0.05～0.2
氯化钠	0.5～0.9	苯甲醇	1～3
葡萄糖	4～5	三氯叔丁醇	0.25～0.5
甘油	2.25	硫柳汞	0.01
局麻剂（止痛剂）		硝酸苯汞	0.001～0.002
盐酸普鲁卡因	0.5～2	尼泊金类	0.01～0.25
利多卡因	0.5～1.0	保护剂	
填充剂		乳糖	2～5
乳糖	1～8	蔗糖	2～5
甘露醇	1～10	麦芽糖	2～5
甘氨酸	1～10	人血白蛋白	0.2～2

（三）注射用原料药及辅料的要求

由于注射剂质量标准高，除了对杂质和重金属的限量更严格外，还对微生物以及热原等有严格的规定，如要求无菌、热原符合规定。配制注射剂时，处方中所有组分（包括原料药及辅料）必须使用注射用规格，并且必须符合《中国药典》（2020 年版）或我国其他的国家药品质量标准的要求。

三、注射剂的制备

注射剂制备的工艺过程包括原辅料的准备、水处理、容器的处理、药液的配制、过滤、灌封、灭菌与检漏、灯检、印字、包装等过程。由于各工艺过程对生产环境要求不同，对注射剂生产区域进行相对明确的划分。

（一）水处理

原水（饮用水等）→纯化水→注射用水。纯化水一般用于注射剂容器的初期冲洗；注射用水主要用于注射液的配制和注射剂容器的最后清洗。

（二）容器的处理

注射剂容器（container for injection）应具有很强的密闭性和很高的化学惰性。根据组成材料不同，分为玻璃容器和塑料容器。包括安瓿、卡式瓶、预填充注射器、塑料安瓿、输液瓶、输液袋等。

1. 安瓿

安瓿的式样有曲颈易折安瓿和粉末安瓿。水针剂使用的曲颈易折安瓿，有色环易折安瓿和点刻痕易折安瓿两种。粉末安瓿是供分装注射用粉末或结晶性药物之用。为便于装入药物，其瓶身与颈同粗，在颈与身的连接处吹有沟槽，用时锯开，灌入溶剂溶解后注射。

为了保证注射剂的质量，安瓿必须符合药用玻璃国家药包材标准（YBB 标准），并且符合《中国药典》（2020 年版）通则 9621“药包材通用要求指导原则”和通则 9622“药用玻璃材料和容器指导原则”要求。

2. 安瓿的洗涤

国内药厂使用较多的洗涤方法有甩水洗涤法、加压气水喷射洗涤法和超声波洗涤法。

（1）甩水洗涤法。先用灌水机将安瓿灌满去离子水或蒸馏水，然后用甩水机将水甩出，如此反复三次，以达到清洗的目的。如安瓿需热处理，在安瓿灌满水后，送入灭菌柜中，加热蒸煮，趁热将安瓿内水甩干。甩水洗涤法一般适用于 5 mL 以下的安瓿。

（2）加压气水喷射式洗涤法。将经过加压的去离子水或蒸馏水与洁净的压缩空气，由针头交替喷入安瓿内，靠洗涤水与压缩空气交替数次强烈冲洗。冲洗的顺序为：气→水→气→水→气，一般 4～8 次。最后一次应采用通过微孔滤膜精过滤的注射用水。加压喷射气水洗涤法是目前认为有效的洗涤方法，特别适用于大安瓿与曲颈安瓿的洗涤。已有洗涤机是采用加压喷射气水洗涤与超声波洗涤相结合的方法。

（3）超声波洗涤。是利用超声波发生器发出超声波达到清洗的目的。先将安瓿浸没在清洗液中，在超声波作用下，安瓿与液体接触的界面处于超声振动状态，产生“空化”作用，将安瓿内外表面的污垢冲击剥落，完成粗洗，按气→水→气→水→气的顺序，用纯化水进行冲洗，注射用水进行精洗。

（4）免洗涤安瓿。在严格控制的车间内生产，并采用严密的包装，使用时只需洁净空气吹洗即可。

3. 安瓿的干燥与灭菌

安瓿洗涤后，一般放置于 120～140 ℃烘箱内干燥。装无菌操作或低温灭菌产品的安瓿须 180 ℃干热灭菌 1.5 h。生产中大多采用由红外线发射装置和安瓿传送装置组成的隧道式烘箱，内部平均温度为 200 ℃左右，有利于安瓿的烘干、灭菌连续化；采用适当的辐射元件组成的远红外线加热干燥装置，温度可达 250～350 ℃，在 350 ℃加热 5 min，即可达到灭菌目的。

4. 卡式瓶

为两端开口的管状筒形，瓶口用胶塞和铝盖密封，底部用胶塞密封，装入药后相当于没有针头和推杆的注射器。实施注射时，将卡式瓶与针头装入配套的注射器械中，实施注射。

5. 大容量容器

有输液瓶、输液袋等。

（三）药液的配制

1. 投料计算

配制前，应正确计算原料的用量，若在制备过程中（如灭菌后）或在贮存过程中药物含量易发生下降，应酌情增加投料量。含结晶水的药物应注意其换算。投料量可按下式计算：

原料（附加剂）用量＝实际配液量×成品含量

实际配液量＝实际灌注量＋实际灌注时损耗量

2. 配液用具的选择与处理

大量生产时，药物的配液操作一般在带有搅拌器的夹层锅中进行，以便通蒸汽加热或通冷水冷却。配制用具的材料有耐酸碱搪瓷、不锈钢、玻璃、聚乙烯等。配制用具在使用前要彻底清洗，并用新鲜注射用水荡洗或灭菌后备用。

3. 配液方法

药物溶液的配制方法有两种。① 浓配法：将全部药物原料加入部分处方量溶剂中配成浓溶液，加热或冷藏后过滤，然后稀释至所需浓度。优点是可滤除溶解度小的一些杂质，适用于质量较差的原料药。② 稀配法：将全部药物原料加入处方量的全部溶剂，一次性配成处方所需的浓度，此法操作简便，适用于优质原料。

操作注意：① 尽量减少污染；② 调配顺序改变，可能会带来药物不稳定；③ 活性炭处理后可以增加药液的澄明度；④ 配制油性注射液，常将注射用油先经 150 ℃干热灭菌 1～2 h，冷却至适宜温度（一般在主药熔点以上 20～30 ℃），趁热配制、过滤（一般在 60 ℃以下），温度不宜过低，否则黏度增大，不易过滤。

（四）注射液的过滤

配制好的注射液在灌装前需要过滤，以除去各种不溶性微粒，注射液的过滤通常采用初滤和精滤二级过滤，以保证最终产品的澄清度。初滤多采用砂滤棒或垂熔玻璃过滤器，精滤多采用微孔膜过滤器。

过滤器的材质、类型、过滤的方式、装置以及过滤的原理等，均会明显影响过滤的效果。

（五）注射液的灌封

注射液的灌封包括灌装和封口两步操作，应在同一操作室进行。灌装后应立即封口，以免污染。药液的灌装要求做到剂量准确，药液不沾瓶口。注入容器的量要比标示量稍多，以补偿在给药时由于瓶壁黏附和注射器及针头的吸留而造成的损失，保证用药剂量。《中国药典》（2020 年版）规定的注射剂的增加装量见表 3－11。

表 3－11　注射液的增加装量通例表

标示装量/mL	0.5	1	2	5	10	20	50
易流动液/mL	0.10	0.10	0.15	0.30	0.50	0.60	1.0
黏稠液/mL	0.12	0.15	0.25	0.50	0.70	0.90	1.5

安瓿的封口要严密不漏气，颈端圆整光滑，无尖头和小泡等。封口方法有拉封和顶封两种，拉封封口比较严密，是目前常用的封口方法。工业化生产多采用全自动灌封机，灌装与封口可在同一台设备上完成。目前我国已经在注射剂生产线中使用洗灌封联动机。

灌装药液时还应注意：接触空气易变质的药物，应先通惰性气体如氮气，使安瓿内的空气除尽，灌装药液后再充一次的方式，防止通入气体时药液飞溅。

在安瓿的灌封过程中可能出现剂量不准、封口不严（毛细孔）、出现大头、焦头、瘪头、爆头等问题。如焦头主要是安瓿颈部沾有药液在熔封时炭化而致。灌装时速度过快，溅起药液；针头位置不准确，使颈部沾药，都会导致焦头产生。充二氧化碳时，容易发生瘪头、爆头。应逐一分析排查，予以解决。

（六）灭菌与检漏

1. 灭菌

注射剂灌封后，应尽快灭菌，目前多采用湿热灭菌法，常用的灭菌条件为 121 ℃ 15 min 或 116 ℃ 40 min。但灭菌后是否符合灭菌要求，还应通过实验确认。无菌操作生产的注射剂可以不灭菌。

2. 安瓿检漏

灭菌后，应立即进行安瓿的漏气检查。灭菌完毕后，趁热在灭菌锅内加有颜色的冷水，安瓿遇冷时，内部气体收缩，有颜色水从漏气孔进入而被检出。或者待压力降至常压后稍开锅门，放进冷水淋洗降温，然后关紧锅门并抽气，如安瓿漏气，则内部气体被抽出。抽气完毕开启色水阀，使有色液体（0.05%曙红或亚甲蓝）进入锅内直至淹没安瓿为止。开启气阀使锅内压力回复常压，此时，有色液体即从漏气的毛细孔进入，再将有色液体抽回贮器，开启锅门、用水淋洗安瓿后，清晰可见带色的漏气安瓿，从而被检出剔除。深色注射液的检漏，可将安瓿倒置，灭菌时安瓿内气体膨胀，将药液从漏气的细孔挤出，使药液减少或成空安瓿而被剔除。

（七）灯检、印字和包装

1. 灯检

主要是检查注射液中有无微粒、白点、纤维、玻屑等异物，应符合规定。可用目力检查（灯检），也可用光散射全自动可见异物检测仪检查。目力检测法是在一定光照度（1 000～4 000 lx）和不反光的黑色或白色背景下进行的检测操作。

2. 印字

在注射剂瓶的侧面印上注射剂的名称、规格、批号、厂名等。

3. 包装

包装对保证注射剂在运输和贮存过程中的质量具有重要作用。经印字后的安瓿即可放入纸盒内，盒外应贴标签，标明注射剂名称、内装支数、每支装量及主药含量、批号、制造日期与失效日期、制造厂家名称及商标、卫生主管部门批准文号、应用范围、用量、禁忌、贮藏方法等。盒内应附详细说明书，以方便使用者及时参考。

四、注射剂的质量检查

1. 装量和装量差异

按照《中国药典》（2020 年版）通则 0102“装量检查法”，取供试品（不大于 2 mL 者，取 5 支/瓶，2 mL 以上至 50 mL 者，取 3 支/瓶），开启时注意避免损失，将内容物分别用相应体积的干燥注射器及注射针头抽尽，然后缓慢连续地注入经标化的量入式量筒内（量筒的大小应使待测体积至少占其额定体积的 40%，不排尽针头中的液体），在室温下检视。每支的装量均不得少于其标示量。50 mL 以上的按照通则 0942“最低装量检查法”检查，应符合规定。

注射用无菌粉末应检查装量差异。按照《中国药典》（2020 年版）通则 0102“装量差异检查法”检查，应符合规定。

渗透压摩尔浓度：静脉输液及椎管注射用注射液按各品种项下的规定，按照《中国药典》（2020 年版）四部通则 0632“渗透压摩尔浓度测定法”检查，应符合规定。

2. 可见异物检查

可见异物是指在规定条件下目视可以观察到的不溶性物质，其粒径或长度通常大于 50 μm。《中国药典》（2020 年版）四部通则 0904 规定用灯检法和光散射法进行检查，应符合规定。一般常用灯检法，也可采用光散射法。灯检法不适用的品种，如用深色透明容器包装或液体色泽较深（一般深于各标准比色液 7 号）的品种，可选用光散射法。

3. 不溶性微粒

用于检查静脉用注射剂及供静脉注射用无菌原料药中不溶性微粒的大小及数量。按照《中国药典》（2020 年版）四部通则 0903“不溶性微粒检查法”检查，包括光阻法和显微计数法，当光阻法测定结果不符合规定或供试品不适于用光阻法测定时，应采用显微计数法进行测定，并以显微计数法的测定结果作为判定依据。

4. 无菌检查

注射剂在灭菌操作完成或无菌分装后，每批均应抽取一定数量的样品进行无菌检查，以确保产品的无菌。通过无菌操作制备的成品更应注意无菌检查的结果。按照《中国药典》（2020 年版）四部通则 1101“无菌检查法”检查，应符合规定。

5. 细菌内毒素或热原检查

《中国药典》（2020 年版）规定静脉用注射剂需进行细菌内毒素或热原检查。热原检查采用家兔法，细菌内毒素检查采用鲎试剂法。

（1）热原检查。将一定量的供试品，静脉注入家兔体内，在规定时间内，观察家兔体温升高的情况，以判定供试品中所含热原的限度是否符合规定。由于家兔对热原的反应与人体相同，目前各国药典法定的方法仍为家兔法，按照《中国药典》（2020 年版）四部通则 1142 检查。

（2）细菌内毒素检查。利用鲎试剂来检测或量化由革兰氏阴性菌产生的细菌内毒素，以判断供试品中细菌内毒素的限量是否符合规定。其原理是利用鲎的变形细胞溶解物与内毒素之间发生胶凝反应进行检测。详见《中国药典》（2020 年版）四部通则 1143。包括凝胶法和光度测定法，后者又包括浊度法和显色基质法。检测时可使用其中任何一种方法进行实验，但当测定结果有争议时，除另有规定外，以凝胶限度实验结果为准。鲎试剂法特别适用于一些放射性制剂、肿瘤制剂等，因为这些制剂有细胞毒性，会产生一定的生物效应，不适合用家兔进行。但鲎试剂法对革兰阴性菌以外的内毒素不够灵敏，故不能取代家兔的热原实验法。

6. 其他检查

此外，产品要进行 pH 检查，还应按照《中国药典》（2020 年版）四部通则 9301“注射剂安全性检查法应用指导原则”，进行安全性检查，除细菌内毒素（或热原）外，还包括异常毒性（通则 1141）、降压物质（通则 1145）、组胺类物质（通则 1146）、过敏反应（通则 1147）、溶血与凝聚（通则 1148）等项。

例：维生素 C 注射液。

【处方】维生素 C 104.0 g　　亚硫酸氢钠 2.0 g　　碳酸氢钠 49.0 g
依地酸二钠 0.05 g　　注射用水加至 1 000 mL

【制备】在容器中，加处方量 80%的注射用水，通入二氧化碳饱和后，加维生素 C 溶解后，分次缓慢加入碳酸氢钠，搅拌使完全溶解，加入预先用少量注射用水配制好的依地酸二钠溶液和亚硫酸氢钠溶液，搅拌均匀，调节药液 pH 为 6.0～6.2，添加用二氧化碳饱和的注射用水至足量。用垂熔玻璃漏斗与微孔滤膜过滤器过滤，溶液中通二氧化碳，并在二氧化碳或氮气流下灌封，最后用 100 ℃流通蒸汽 15 min 灭菌。

【解析】① 维生素 C 分子中有烯二醇式结构，显强酸性。加入碳酸氢钠（也可用碳酸钠），使部分维生素 C 中和成钠盐，以避免注射时疼痛，同时，碳酸氢钠起调节 pH 的作用，可增强本品的稳定性。② 影响本品稳定性的因素还有空气中的氧、溶液的 pH 和金属离子，特别是铜离子。因此，采取填充惰性气体，调节药液 pH，加抗氧剂及金属络合剂等措施。③ 本品稳定性与灭菌温度有关。实验证明，用 100 ℃流通蒸汽 30 min 灭菌，含量减少 3%，而 100 ℃流通蒸汽灭菌 15 min 含量只减少 2%，故以 100 ℃流通蒸汽 15 min 灭菌为宜。但目前认为 100 ℃流通蒸汽 15 min 或 30 min 均难以杀灭芽孢，不能保证灭菌效果，因此操作过程应尽量在无菌条件下进行，或先进行除菌过滤，以防污染。

例：醋酸可的松注射液。

【处方】醋酸可的松微晶 25 g　　硫柳汞 0.01 g　　氯化钠 3 g
聚山梨酯 80 1.5 g　　羧甲纤维素钠 5 g
注射用水加至 1 000 mL

【制备】① 将氯化钠溶于适量的注射用水中，经 4 号垂熔玻璃漏斗过滤；② 将硫柳汞加入 50%处方量的注射用水中，加羧甲纤维素钠搅匀，过夜溶解后，用 200 目尼龙布过滤；③将②溶液置水浴中加热，加入①溶液及聚山梨酯 80 搅拌均匀，使水浴沸腾，加入醋酸可的松，搅匀，继续加热 30 min，取出冷至室温，加注射用水至全量，用 200 日尼龙布过滤 2 次，于搅拌下分装于瓶内，扎口密封，在 100 ℃振摇下灭菌 30 min。

3.4　输液

1. 掌握输液的定义、分类。
2. 了解输液的制备工艺过程。
3. 掌握输液在生产中使用中常出现的问题及解决措施。
4. 了解输液的质量标准。

输液（infusions）是指供静脉滴注用的大容量注射液（除另有规定外，一般不少于100 mL，生物制品一般不少于 50 mL）。它是注射剂的一个分支，输液通常包装在玻璃或塑料的输液瓶或袋中，使用时通过输液器调整滴速，持续而稳定地进入静脉。在现代医疗中，它占有十分重要的地位，临床上已形成了独立的输液疗法。由于其用量大而且是直接进入血液，故质量要求高，不得含有防腐剂或抑菌剂，生产工艺等也与小针注射剂有一定差异。

（一）输液的分类及临床用途

1. 电解质输液（electrolyte infusions）

用于补充体内水分、电解质，纠正体内酸碱平衡等。如氯化钠注射液、复方氯化钠注射液、乳酸钠注射液等。

2. 营养输液（nutrition infusions）

用于不能口服吸收营养的患者。主要有糖类、氨基酸、维生素、脂肪乳等。糖类输液中最常用的为葡萄糖注射液。此外，还有果糖、木糖醇等。对于这些糖类，糖尿病患者也能使用，因其在无胰岛素存在的情况下也可进行正常代谢，不致引起血糖升高。

3. 胶体输液（colloid infusions）

用于调节体内渗透压。胶体输液有多糖类、明胶类、高分子聚合物类等，如右旋糖酐、淀粉衍生物、明胶、聚维酮等。

4. 含药输液（drug-containing infusions）

含有治疗药物的输液，如替硝唑输液、苦参碱输液等。

（二）输液的质量要求

输液的质量要求与注射剂基本一致，但由于这类产品的注射量大，直接进入血液循环，故质量要求更高，尤其对无菌、无热原及无可见异物这三项，要求最为严格，也是当前输液生产中存在的主要质量问题。此外，还应注意以下的质量要求：① 输液的pH应在保证疗效和制品稳定的基础上，力求接近人体血液的pH，过高过低都会引起酸碱中毒；② 输液的渗透压应为等渗或偏高渗；③ 输液中不得添加任何抑菌剂，并在贮存过程中质量稳定；④ 要求不能有引起过敏反应的异性蛋白质及降压物质，输入人体后不会引起血象的异常变化，不损伤肝、肾功能等。

（三）输液和小容量注射液的区别

输液和小容量注射液都属于注射剂，但质量要求、处方设计等方面存在许多特殊要求，现对比见表3－12。

表3－12　输液和小容量注射液的区别

类别	小容量注射液	输液
剂量	＜100 mL	≥100 mL
给药途径	肌内注射为主，或静脉、脊椎腔、皮下以及局部注射	静脉注射
工艺要求	从配制到灭菌，一般应控制在12 h内完成	从配制到灭菌应控制在4 h内完成
附加剂	可加入适宜抑菌剂、止痛剂和增溶剂	不得加入抑菌剂、止痛剂、增溶剂

续表

类别	小容量注射液	输液
不溶性颗粒	除另有规定外，每个供试品容器（份）中含 10 μm 以上的微粒不得超过 6 000 粒，含 25 μm 以上的微粒不得超过 600 粒	除另有规定外，1 mL 中含 10 μm 以上的微粒不得超过 25 粒，含 25 μm 以上的微粒不得超过 3 粒
渗透压	等渗	等渗、高渗或等张

二、输液的制备

（一）输液的生产环境要求

在输液制备过程中，不同环节对环境洁净度要求有不同。如输液容器的洗涤，输液的配制要求在洁净度 D 级条件下进行；过滤、灌封和盖胶塞等关键操作，应在 C 级背景下局部 A 级条件下进行。空气洁净级别不同的相邻房间之间的静压差应大于 5 Pa，洁净室（区）与室外大气静压差应大于 10 Pa，以防止污染和保证输液质量。

（二）输液的制备工艺流程图

输液有玻璃容器、塑料瓶及塑料袋等不同包装，其质量应符合国家标准。由于不同容器的生产、清洗、处理等方面均不相同，相应输液制备工艺流程也不同，具体如图 3－7～图 3－9 所示。

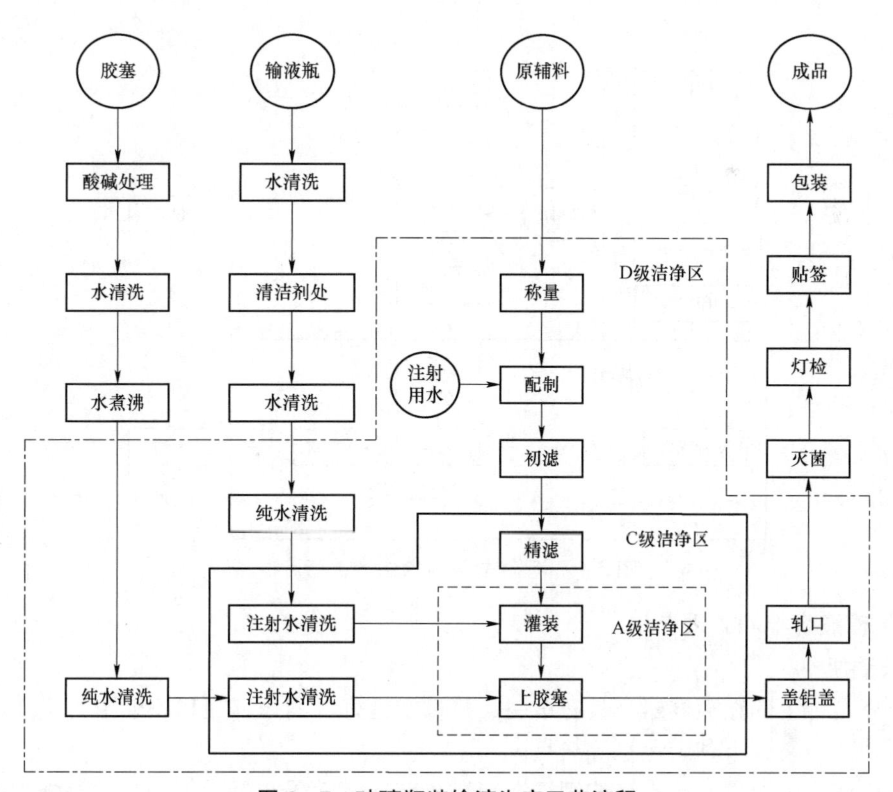

图 3－7　玻璃瓶装输液生产工艺流程

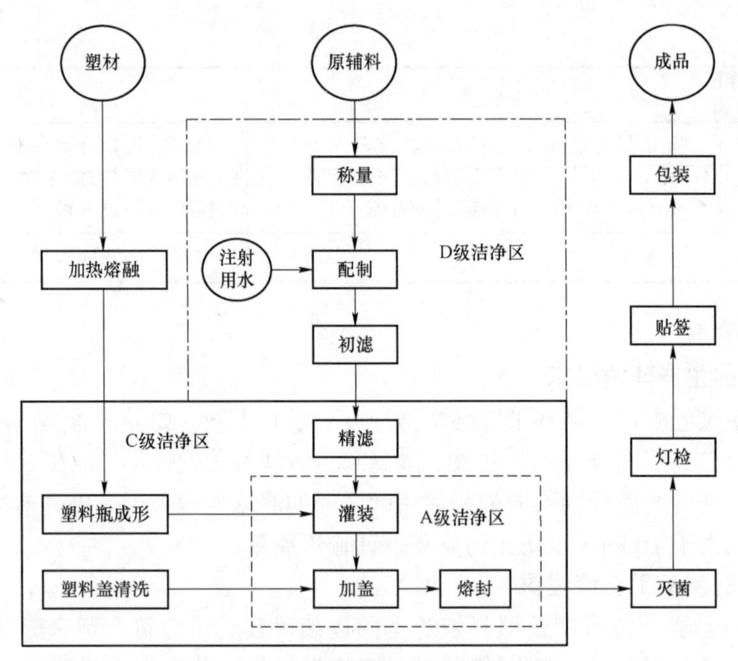

图 3-8　塑料瓶装输液生产工艺流程

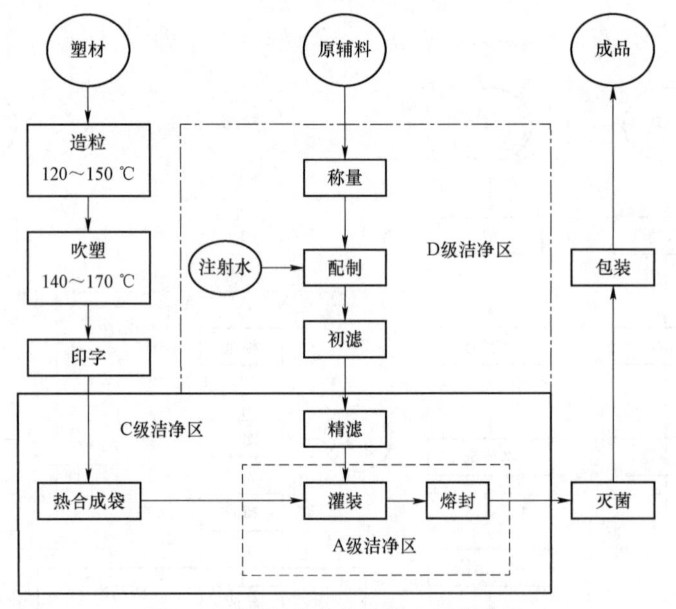

图 3-9　塑料袋装输液生产工艺流程

（三）输液容器和处理办法

1. 玻璃瓶

玻璃瓶是传统的输液容器，具有透明、热稳定性好、耐压、瓶体不变形等优点，但存在口部密封性差、易碎不利于运输等缺点。

在一般情况下，用硫酸重铬酸钾清洗液洗涤玻璃瓶效果较好。因为它既有强力的消灭微生物及热原的作用，还能对瓶壁游离碱起中和作用。碱洗法是用 2%氢氧化钠溶液（50～60 ℃）冲洗，也可用 1%～3%碳酸钠溶液，由于碱对玻璃有腐蚀作用，故碱液与玻璃接触时间不宜过长（数秒钟内）。

2. 塑料瓶

医用聚丙烯塑料瓶，也称 PP 瓶，现已广泛使用。此种输液瓶耐腐蚀，具有无毒、质轻、耐热性好可以热压灭菌、机械强度高、化学稳定性好等优点。此外，还有装入药液口后口部密封性好、无脱落物、在生产过程中受污染的概率降低、使用方便、一次性使用等优点。

3. 塑料袋

由于软塑料袋吹塑成型后立即灌装药液，不仅减少污染，而且提高工效。它具有质量小、运输方便、不易破损、耐压等优点。因此，自 20 世纪 70 年代起，欧美国家开始用 PVC 软塑料袋代替塑料瓶，这也是当今输液体系中较理想的输液形式。但由于制模工艺和设备较复杂，主要依赖进口，生产成本较高。

4. 橡胶塞

输液所用橡胶塞对输液的质量影响很大，因此对橡胶塞有严格的质量要求：① 富有弹性及柔软性；② 针头刺入和拔出后应立即闭合，能耐受多次穿刺而无碎屑脱落；③ 具有耐溶性，不会增加药液中的杂质；④ 可耐受高温灭菌；⑤ 有高度的化学稳定性；⑥ 对药物或附加剂作用应达最低限度；⑦ 无毒性，无溶血作用。目前使用的主要为合成丁基橡胶塞，虽然理化性能较天然胶塞有显著改善，但仍不能全部满足上述要求，必须加强对橡胶塞的处理，以减少对药液的污染。

橡胶塞的处理：橡胶塞先用酸碱法处理。水洗 pH 呈中性。再用纯水煮沸 30 min，用注射用水洗净备用。一些药物可能和丁基胶塞发生反应，如头孢菌素类药物。对于此类药物，应采用涤纶膜将药液和橡胶塞隔离。涤纶膜的特点是对电解质无通透性，理化性能稳定，耐热性好（软化点 230 ℃以上），并有一定的机械强度，灭菌后不易破碎。但使用涤纶膜增加了多道工序，包括对涤纶膜进行乙醇浸泡、清洗等。

（四）输液的配制

输液的配制必须采用新鲜注射用水及优质注射药物原料，根据原料质量的优劣，分别采用稀配法和浓配法。

1. 稀配法

原料质量较好，药液浓度不高，配液量不太大时，可采用稀配法。配成所需浓度后，再调节 pH 即可，必要时加入 0.1%～0.3%注射剂用活性炭，搅匀，放置约 30 min 后过滤，此法一般不加热。配置好后，要检查半成品质量。

2. 浓配法

浓配法操作同注射剂，加热溶解可缩短操作时间，减少污染机会。配制输液时，常使用活性炭吸附热原、杂质和色素等杂质，并起到助滤剂作用。

（五）输液的过滤

输液一般先预滤，然后用微孔滤膜精滤。预滤时，滤棒上应吸附一层活性炭，过滤开始，反复进行过滤至滤液澄明合格为止。过过滤程中，不要随便中断，以免冲动滤层，影响过滤质量。

目前工业生产多采用加压三级（砂滤棒→G3 滤球→微孔滤膜）过滤装置，并采用双层微孔滤膜，上层为 3 μm 微孔膜，下层为 0.8 μm 微孔膜，这些装置可大大提高过滤效率和产品质量。

（六）输液的灌封

输液灌封由药液灌封、盖胶塞和轧铝盖三步连续完成。药液维持 50 ℃为好。目前药厂生产多采用旋转式自动灌封机、自动翻盖机、自动落盖轧口机一体化完成整个灌封过程，实现联动化机械化生产。

（七）输液的灭菌

灌封后输液应立即灭菌，以减少微生物污染繁殖的机会。灭菌输液从配制到灭菌的时间间隔应尽量缩短，以不超过 4 h 为宜。输液灭菌要求 F_0 值大于 8 min，常用 12 min。输液的灭菌通常采用热压灭菌法，灭菌条件为 121 ℃ × 15 min 或 116 ℃ × 40 min，塑料袋装输液常采用 109 ℃ × 45 min 灭菌。

（八）输液的包装

同注射剂，参见注射剂包装。

三、输液质量评价

输液制剂检查项同注射剂，具体参照《中国药典》（2020 年版）四部通则 0102。但由于输液制剂输入患者体内体积较大，应特别注意以下检查项。

（一）可见异物与不溶性微粒检查

可见异物按药典规定方法（通则 0904）检查，应符合规定。由于人眼只能检出 50 μm 以上的粒子，药典还规定，在可见异物检查符合要求后，应对≥100 mL 的输液进行不溶性微粒检查，检查要求及方法可参见《中国药典》（2020 年版）四部通则 0903。

（二）热原与无菌检查

对于输液，热原检查（通则 1142 及 1143）和无菌检查（通则 1101）都非常重要，必须按《中国药典》（2020 年版）通则规定方法进行严格检查。

（三）含量、pH 及渗透压检查

根据品种按《中国药典》（2020 年版）四部通则 0102 注射剂项下的各项规定进行检查。由于输入大量低于生理渗透压的液体容易导致溶血等不良反应，因而输液制剂渗透压必须生理等渗或偏高渗。渗透压检测参照《中国药典》（2020 年版）四部通则 0632 项。

四、输液主要存在的问题及解决方法

输液生产中主要存在三个问题，即可见异物、染菌和热原反应问题。

1. 可见异物与微粒问题

注射液中常出现的微粒有碳黑、碳酸钙、氧化锌、纤维素、纸屑、黏土、玻璃屑、细菌和结晶等。

产生微粒的原因及解决办法：

（1）原辅料质量：常用于渗透压调节剂的葡萄糖有时含有少量蛋白质、水解不完全的糊精、钙盐等杂质；氯化钠中常含有较高的钙盐、镁盐和硫酸盐等杂质；其他附加剂中含有的杂质或脱色用活性炭等可使输液出现乳光、小白点、发浑等现象。因此，原辅料的质量必须严格控制，国内已制定了输液用的原辅料质量标准。

（2）输液容器与附件质量：输液中发现的小白点主要是钙、镁、铁、硅酸盐等物质，这些物质主要来自橡胶塞和玻璃输液容器。

（3）生产工艺以及操作：车间洁净度差，容器及附件洗涤不净，滤器的选择不恰当，过滤与灌封操作不合要求，工序安排不合理等都会增加可见异物的不合格率。解决的办法为加强工艺过程管理，采用层流净化空气，微孔波膜过滤和联动化等。

（4）医院输液操作以及静脉滴注装置的问题：无菌操作不严、静脉滴注装置不净或不恰当的输液配伍都可引起输液的污染。安置终端过滤器（0.8 μm 孔径的薄膜）是解决使用过程中微粒污染的重要措施。

2. 染菌问题

有些输液染菌后出现霉团、云雾状、浑浊、产气等现象，也有些即使含菌数很多，但外观上没有任何变化。如果使用这种输液，将引起脓毒症、败血症、内毒素中毒甚至死亡。

输液染菌的主要原因是：生产过程受到严重污染、灭菌不彻底、瓶塞不严、松动、漏气等。在输液的制备过程中，染菌越严重，耐热芽孢菌类污染的机会就越多，不仅对灭菌造成很大压力，而且输液多为营养物质，细菌易于滋长繁殖，即使经过了灭菌，但大量的细菌尸体存在，也能引起发热反应。因此，最根本的办法是尽量减少生产过程中的污染，同时还要严格灭菌，严密包装。

3. 热原反应

采用热原去除技术和防止方法，切断热原的污染途径，做到既加强对生产过程的控制，又杜绝使用过程中的污染。

四、输液举例

例：葡萄糖输液。

【处方】规格	5%	10%	25%	50%
注射用葡萄糖	50 g	100 g	250 g	500 g
1%盐酸	适量	适量	适量	适量
注射用水加至	1 000 mL	1 000 mL	1 000 mL	1 000 mL

【制备】按处方量将葡萄糖投入煮沸的注射用水内，使其成 50%～60%的浓溶液，加盐酸适量，同时加浓溶液量的 0.1%（g/mL）的活性炭，混匀，加热煮沸约 15 min，趁热过滤脱炭，滤液加注射用水稀释至所需量，测定 pH 及含量合格后，反复过滤至澄清，即可灌装，封口，116 ℃、40 min 热压灭菌。

解析：① 葡萄糖注射液有时产生云雾状沉淀，一般是原料不纯或过滤时漏碳等原因造成的。解决办法一般可采用浓配法，滤膜过滤，并加入适量盐酸，中和胶粒上的电荷，加热煮沸使糊精水解，蛋白质凝聚。同时，加入活性炭吸附过滤除去。② 葡萄糖注射液另一个不稳定的表现为：颜色变黄和 pH 下降。有人认为葡萄糖在酸性液中，首先脱水形成 5－羟甲基呋喃甲醛，再分解为乙酰丙酸和甲酸，同时形成一种有色物质。其反应过程如下：

$CH_2OH(CHOH)_4CHO$ → 可逆产物

葡萄糖

→ 5–羟甲基呋喃甲醛 → 有色物质

→ $CH_3CO(CH_2)_2COOH + HCOOH$

乙酰丙酸

虽然 5－羟甲基呋喃甲醛本身无色，但有色物质一般认为是 5－羟甲基呋喃甲醛的聚合物，由于酸性物质的生成，所以灭菌后 pH 下降。影响稳定性的主要因素是灭菌温度和溶液的 pH。因此，为避免溶液变色，要严格控制灭菌温度与时间，同时调节溶液的 pH 在 3.8～4.0 较为稳定。

例：复方氯化钠输液。

【处方】氯化钠 8.6 g　　氯化钾 0.3 g
氯化钙 0.33 g　　注射用水加至 1 000 mL

【制备】称取处方量氯化钠、氯化钾溶于适量注射用水（约所需总量 10%）中，加入 0.1%（g/L）活性炭，以浓盐酸调 pH 至 3.5～6.5，煮沸 5～10 min，加入氯化钙溶解，停止加热，过滤除炭，加新鲜注射用水至全量，再加入少量活性炭，粗滤，精滤，经含量及 pH 测定合格后灌封，116 ℃、热压灭菌 40 min 即得。

解析：① 由上述方法配制的复方氯化钠，由于最后加入氯化钙，可避免与水中的碳酸根离子生成碳酸钙沉淀，因为加入氯化钙以前已煮沸母液，从而充分驱逐了溶在水中的二氧化碳，减少生成沉淀的机会；② 制备过程中采用加大活性炭用量，并分 2 次加炭的方法，使杂质吸附更完全，从而提高液体澄明度。

例：复方氨基酸输液。

【处方】

L－赖氨酸盐酸盐	19.2 g	L－缬氨酸	6.4 g
L－精氨酸盐酸盐	10.9 g	L－苯丙氨酸	8.6 g
L－组氨酸盐酸盐	4.7 g	L－苏氨酸	7.0 g
L－半胱氨酸盐酸盐	1.0 g	L－色氨酸	3.0 g
L－异亮氨酸	6.6 g	L－蛋氨酸	6.8 g
L－亮氨酸	10.0 g	甘氨酸	6.0 g
亚硫酸氢钠	0.5 g		
注射用水	加至 1 000 mL		

总氨基酸浓度按游离碱计为 8.33%，含氮量 13.13 mg/mL，pH 6.0。

另外，还有 18 种氨基酸输液。除上述 11 种外，还有谷氨酸、门冬氨酸、半胱氨酸、酪氨酸、丙氨酸、丝氨酸、脯氨酸。

【制备】取约 800 mL 注射用水，加热至 95 ℃，通氮气至饱和，于氮气流下按处方量投入各种氨基酸，搅拌使全溶，加抗氧剂亚硫酸氢钠，并用 10%氢氧化钠调 pH 至 6.0 左右，加注射用水至全量，再加 0.15%的活性炭，继续加热搅拌一定时间，氮气流下过滤，罐装，充氮气、加塞、压盖，110 ℃ 30 min 热压灭菌即可。

解析：产品质量问题主要为：① 可见异物问题，其关键是原料的纯度，一般需反复精制，并要严格控制质量；② 稳定性，表现为含量下降，色泽变深，其中以变色最为明显。含量下降以色氨酸最多，赖氨酸、组氨酸、蛋氨酸也有少量下降。色泽变深通常是由色氨酸、苯丙氨酸、异亮氨酸氧化所致，而抗氧剂的选择应通过实验进行，有些抗氧剂能试产品变浑。为了提高稳定性，灌装输液时应通氮气，调节 pH，加入抗氧剂，避免金属离子混入。避光保存。

例：静脉注射用脂肪乳。

【处方】精制大豆油 150 g　　精制大豆磷脂　15 g
注射用甘油 25 g　　注射用水　加至 1 000 mL

【制备】称取豆磷脂 15 g、甘油 25 g 及注射用水 400 mL 加至高速组织捣碎机后，在氮气流下搅拌至形成半透明状的磷脂分散体系：将磷脂分散体系放入高压匀化机，加入精制豆油及剩余的注射用水至全量，在氮气流下匀化多次后，经出口流入乳剂收集器内。乳剂冷却后，于氮气流下经垂熔滤器过滤，分装于玻璃瓶内，充氮气，橡胶塞密封后，加轧铝盖；水浴预热 90 ℃左右，于 121 ℃旋转灭菌 15 min，浸入热水中，缓慢冲入冷水，逐渐冷却，注入 4～10 ℃下贮存。

解析：(1) 制备此乳剂的关键是选用高纯度的原料及毒性低、乳化能力强的乳化剂。原料一般选用植物油如麻油、棉籽油、豆油等，所用油必须精制，提高纯度，减少副作用，并应有质量控制标准，例如碘价、酸价、皂化值、过氧化值、黏度、折光率等。静脉用脂肪乳常用的乳化剂有蛋黄磷脂、豆磷脂、泊洛沙姆 188 等。国内多选用豆磷脂，比其他磷脂稳定，而且毒性小，但易被氧化。

(2) 注射用乳剂除应符合注射剂项下各规定外，还应符合以下条件：① 乳滴直径＜1 μm，大小均匀，也允许有少量粒径达 5 μm；② 在贮存期内乳剂稳定，成分不变；③ 无副作用，无抗原性，无降压作用和溶血反应。

例：右旋糖酐输液。

【处方】右旋糖酐 40 60 g　　　　氯化钠 9 g

注射用水 加至 1 000 mL

【制备】将注射用水适量加热至沸，加入计算量的右旋糖酐，搅拌使溶解，加入 1.5%的活性炭，保持微沸 1～2 h，加压过滤脱炭，浓溶液加注射用水稀释成 6%的溶液，然后加入氯化钠，搅拌使溶解，冷却至室温，取样，测定含量和 pH，pH 应控制在 4.4～4.9，再加入活性炭 0.5%，搅拌，加热至 70～80 ℃，过滤，至药液澄清后罐装，112 ℃、30 min 灭菌即得。

解析：右旋糖酐经生物合成，易夹杂热原，故活性炭用量较大。本品黏度较大，需在高温下过滤，本品灭菌一次，相对分子质量会下降 3 000～5 000，受热时间不能过长，以免变黄。本品在贮存过程中易析出片状结晶，主要与贮存温度及相对分子质量有关。

五、输液知识拓展

基于纳米药物传递系统（DDS）的输液给药：药物传递系统（DDS）经历了数十年的发展。目前，一些纳米 DDS，如脂质体、PLGA 纳米粒及血浆蛋白纳米粒等，已经成功用于临床制剂。这类纳米 DDS 制剂一般通过无菌操作制备为注射剂，给患者应用前再以适宜溶剂稀释，以输液形式完成给药。例如，阿霉素脂质体制剂（Doxil®）是将阿霉素通过主动载药方式包封于粒径为 100 nm 左右的 PEG 修饰脂质体内水相，制备 25 mL 或 50 mL 液体制剂。临用前以右旋糖苷溶液稀释 Doxil®至 500 mL，再经过静脉滴注 4 h 左右完成给药。

其他基于纳米药物传递系统（DDS）纳米制剂，例如 Onpattro®、Maqibo®通过类似于 Doxil®的方式进行给药。

注：Onpattro®基于小干扰 RNA 的纳米制剂，用于治疗甲状腺素转运蛋白异常遗传性疾病。Maqibo®为临床应用前完成水化、载药的长春新碱长循环脂质体制剂。

3.5 注射用无菌粉末

1. 掌握注射用冻干制品、无菌粉末的概念、特点与制备方法。

2. 掌握冷冻干燥的原理。

3. 掌握冷冻干燥过程中易出现的异常现象及解决方法。

注射用无菌粉末（sterile powder for injection），又称粉针，是指原料药物或与适宜辅料制成的供临用前用无菌溶液配制成注射液的无菌粉末或无菌块状物，适用于在水中不稳定及对湿热敏感的药物，一般采用无菌分装或冷冻干燥法制得。前者是将已经用灭菌溶剂法或喷雾干燥法精制而得的无菌药物粉末在避菌条件下分装而得，常见于抗生素药品，如青霉素；后者是将灌装了药液的安瓿进行冷冻干燥后封口而得，常见于生物制品，如辅酶类、单克隆抗体等。以冷冻干燥法制备的生物制品注射用无菌粉末，也可称为注射用冻干制剂。

注射用无菌粉末是一种较常用的注射剂型，可用适宜的注射用溶剂配制后注射，也可用静脉输液配制后静脉滴注。

一、注射用无菌粉末质量要求

注射用无菌粉末的质量除应符合《中国药典》（2020 年版）对注射用原料药物的各项规定外，还应符合下列要求：① 粉末细度或结晶度应适宜，便于分装；② 粉末无异物，配成的溶液的可见异物检查应合格，或配成的混悬液的分散性应合格；③ 无菌，无热原。

由于多数情况下，制成粉针的药物稳定性较差，制造过程没有最终灭菌，因而需要严格的无菌操作，特别在灌封或分装等关键工序，应采用层流技术，以保证操作环境的洁净度。

二、注射用无菌粉末分装工艺

将符合注射要求的药物粉末在无菌操作条件下直接分装于已灭菌的洁净小瓶或安瓿中，密封而成。

在制订合理的生产工艺之前，首先应对药物的理化性质进行了解，主要测定内容为：① 物料的热稳定性，以确定产品最后能否进行灭菌处理。② 物料的临界相对湿度。生产中分装室的相对湿度必须控制在临界相对湿度以下，以免吸潮变质。③ 物料的粉末晶型与松密度等，使之适于分装。

（一）生产工艺

原材料的准备 无菌原料可用灭菌结晶法或喷雾干燥法制备，必要时需进行粉碎、过筛等操作，在无菌条件下制得符合注射用的无菌粉末。

安瓿或玻璃瓶以及胶塞的处理按注射剂的要求进行，但均需进行灭菌处理。安瓿或玻璃瓶于 180 ℃干热灭菌 1.5 h，胶塞清洗后以硅油处理，再用 125 ℃干热灭菌 2.5 h，灭菌后应在洁净环境存放不超过 24 h。

分装 分装必须在高度洁净的无菌室中按无菌操作法进行，分装后小瓶应立即加塞并用铝盖密封。药物的分装及安瓿的封口宜在局部层流下进行。目前分装的机械设备有插管分装机、螺旋自动分装机、真空吸粉分装机等。分装后的小瓶立即加塞并用铝盖密封，安瓿以火焰熔封。

灭菌及异物检查 对于耐热的品种，一般可按照前述条件进行补充灭菌，以确保安全。对于不耐热品种，必须严格无菌操作，不再灭菌。异物检查一般在传送带上目检。

印字包装　按照注射剂要求进行，目前已经实现机械化、自动化过程。

（二）无菌分装工艺中存在的问题及解决办法

装量差异　物料流动性差是其主要原因。物料含水量和吸潮以及药物的晶态、粒度、比容（单位质量的物质所占有的容积）等均会影响流动性，分装机械设备性能也会影响装量，应根据具体情况分别采取措施。

可见异物问题　由于药物粉末经过一系列处理，污染机会增加，会导致可见异物不符合要求。应严格控制原料质量及其处理方法和生产环境，防止污染。

无菌度问题　由于产品是无菌操作制备，稍有不慎就有可能受到污染，而且微生物在固体粉末中繁殖慢，不易被肉眼所见，危险性大。为解决此问题，一般采用层流净化装置，严格无菌操作。

吸潮变质　一般是由于胶塞透气性和铝盖松动所致。因此，一方面，要进行橡胶塞密封性能的测定，选择性能好的胶塞；另一方面，铝盖压紧后瓶口应烫蜡，以防水气透入。

三、注射用冻干无菌粉末的制备工艺

（一）冷冻干燥技术

冷冻干燥（freeze drying）是将含水物料降温至冰点下冻结成固体后，在真空环境下加热，使物料中水分直接升华除去，从而获得干燥制品的过程。

冻干制剂优点：① 冷冻干燥在低温下进行，热敏性物质稳定性，如蛋白质、酶类；② 产品无水，利于提高产品稳定性，利于长期贮存；③ 疏松多孔，加水后溶解迅速、完全；④ 在冻干过程中产品不易受到污染；⑤ 剂量准确，外观优良。缺点是冻干过程耗时、耗能，易导致蛋白类药物失活，需添加冻干保护剂、填充剂，成本高，效率低。

冷冻干燥的基本原理：冷冻干燥可以水的三相图说明，如图 3－10 所示。物质的相变（固、液、气）由温度及压力共同决定。以压力为纵坐标、温度为横坐标表示水的聚集态，即为水的相平衡图，也称为水三相图。由图可以看出，*OA*、*OB*、*OD* 三条曲线把相图分成三个区域，即气相、液相、固相。*OA* 曲线为固－液两相平衡共存的状态，这时的水蒸气压强为水的饱和蒸气压，*OB* 曲线为液－气两相平衡共存的状态，*OD* 曲线为气－固两相平衡共

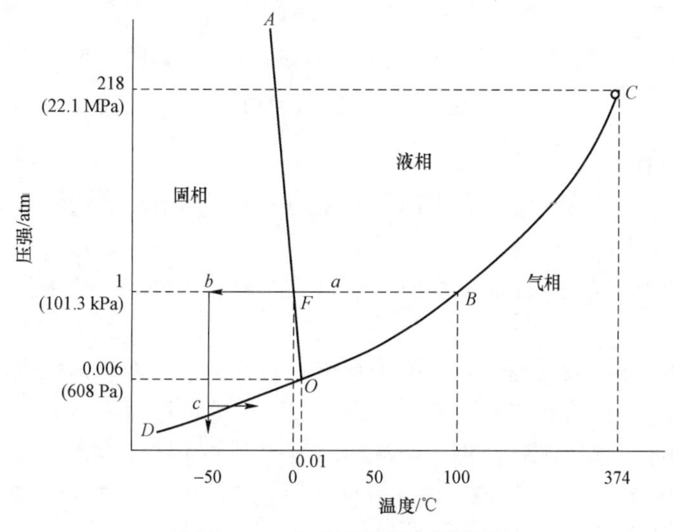

图 3－10　水三相图及冻干原理

存的状态，C 为水的临界点，温度为 374 ℃，压强为 22.1 MPa，在此点液态水不存在。O 点为三条曲线的交点，即三相点，是水的三相平衡共存的状态，温度固定为 0.01 ℃，压力固定为 608 Pa。真空冷冻干燥是在三相点以下进行的。由图 3－10 可知，当压力小于 p_0 时，液相消失，无论温度如何变化，水只存在固态和气态两相，此时继续降低压力或升温均可使水分升华除去。

冻干时，可将药物溶液由室温（a 点）降低至－40 ℃（b 点），在该温度冷冻 4 h，将药物溶液彻底冻结为固态；然后抽真空至压力低于 13 Pa（－40 ℃冰的蒸气压约为 13 Pa）时，使冰升华除去，也可以适当升温至－30 ℃，抽真空至压力低于 38 Pa（－30 ℃冰的蒸气压约为 38 Pa），使冰升华除去。

冷冻干燥曲线及其分析：在冻干时，制品温度与隔板温度随时间变化所绘制的曲线即为冻干曲线，如图 3－11 所示。预冻阶段，先将隔板温度降至－50～－40 ℃，将样品放置在隔板上进行冷冻，此阶段为降温阶段，隔板温度低于制品温度，一般持续 4 h。随后为升华阶段，抽真空，并适当升高隔板温度对样品供热，使冰吸热升华除去，此阶段隔板温度高于样品温度。最后为干燥阶段，以除去少量结合水分，板温控制在 25 ℃左右，样品温度与隔板温度一致，即为冻干终点。不同冻干产品，结晶状态不同，对温度敏感程度不同，应采取不同冻干曲线控制。

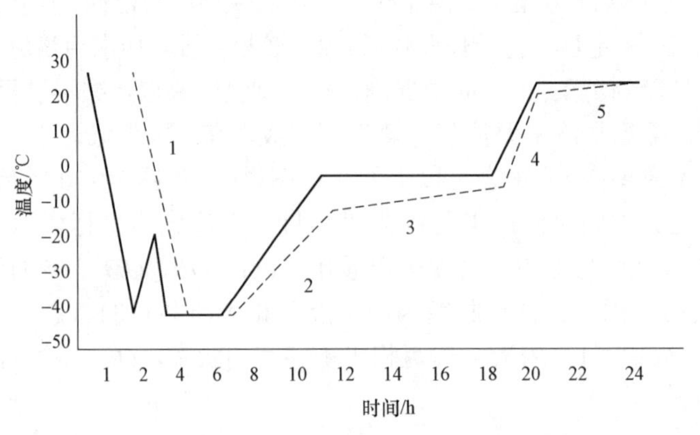

1—降温阶段；2—第一阶段升温；3—维持阶段；4—第二阶段升温；5—最后维持阶段。

图 3－11　冷冻干燥曲线

（二）工艺及流程

制备工艺流程　制备冻干无菌粉末前，药液的配制基本与水溶液注射剂相同，其冻干粉末的制备工艺流程如下：

无菌配液→过滤→分装（安瓿或小瓶）→置入冻干仓→预冻→减压升华→加温干燥→封口→冻干品

制备工艺　由冷冻干燥原理可知，冻干粉末的制备工艺可以分为预冻、减压、升华、干燥等几个过程。此外，药液在冻干前需经过滤、灌装等处理过程。

（1）预冻：预冻是恒压降温过程。药液随温度的下降冻结成固体，温度一般应降至产品共熔点以下 10～20 ℃，以保证冷冻完全。若预冻不完全，在减压过程中可能产生沸腾冲瓶的现象，使制品表面不平整。

（2）升华干燥：升华干燥首先是恒温减压过程，然后是在抽气条件下，恒压升温，使固态水升华逸去。升华干燥法分为两种：一种是一次升华法，适用于共熔点为－10～－20 ℃且溶液黏度不大的药液。它首先将预冻后的制品减压，待真空度达一定数值后，启动加热系统缓缓加热，使制品中的冰升华，升华温度约为－20 ℃，药液中的水分可基本除尽。另一种是反复冷冻升华法，该法的减压和加热升华过程与一次升华法相同，只是预冻过程须在共熔点与共熔点以下 20 ℃之间反复升降预冻，而不是一次降温完成。通过反复升温降温处理，制品晶体的结构被改变。由致密变为疏松，有利于水分的升华。因此，本法常用于结构较复杂、稠度大及熔点较低的制品，如蜂蜜、蜂王浆等。

（3）再干燥：升华完成后，温度继续升高至 0 ℃或室温，并保持一段时间，可使已升华的水蒸气或残留的水分被抽尽。再干燥可保证冻干制品含水量＜1%，并有防止回潮的作用。

（三）冷冻干燥中存在的问题及处理方法

1. 含水量偏高

装入容器的药液过厚，升华干燥过程中供热不足，冷凝器温度偏高或真空度不够，均可能导致含水量偏高。可采用旋转冷冻机及其他相应的方法解决。

2. 喷瓶

如果供热太快，受热不匀或预冻不完全，则易在升华过程中使制品部分液化，在真空减压条件下产生喷瓶。为防止喷瓶，必须控制预冻温度在共熔点以下 10～20 ℃，同时加热升华，温度不宜超过共熔点。

3. 产品外形不饱满或萎缩

一些黏稠的药液由于结构过于致密，在冻干过程中内部水蒸气逸出不完全，冻干结束后，制品会因潮解而萎缩，遇到这种情况时，通常可在处方中加入适量甘露醇、氯化钠等填充剂，并采取反复预冻法，以改善制品的通气性，产品外观即可得到改善。

四、注射用无菌粉末注射剂质量评价

注射用无菌粉末注射剂质量评价同注射剂，参照 2020 版《中国药典》4 部 0102 通则。

例：注射用辅酶 A 无菌冻干制剂。

【处方】

辅酶 A	56.1 单位	水解明胶	5 mg
甘露醇	10 mg	葡萄糖酸钙	1 mg
半胱氨酸	0.5 mg		

【制备】将上述各成分用适量注射水溶解后，无菌过滤，分装于安瓿中，每支 0.5 mL，冷冻干燥后封口，漏气检查即得。

解析：① 本品为体内乙酰化反应的辅酶，有利于糖、脂肪以及蛋白质的代谢。用于白细胞减少症，原发性血小板减少性紫癜及功能性低热。② 本品为静脉滴注，一次 50 单位，一日 50～100 单位，临用前用 5%葡萄糖注射液 500 mL 溶解后滴注。肌内注射，一次 50 单位，一日 50～100 单位，临用前用生理盐水 2 mL 溶解后注射。③ 辅酶 A 为白色或微黄色粉末，有吸湿性，易溶于水，不溶于丙酮、乙醚、乙醇，易被空气、过氧化氢、碘、高锰酸盐等氧化成无活性二硫化物，故在制剂中加入半胱氨酸等，用甘露醇、水解明胶等作为赋形剂。④ 辅酶 A 在冻干工艺中易丢失效价，故投料量应酌情增加。

3.6 眼用制剂

1. 掌握眼用制剂的概念和质量要求。
2. 熟悉眼用制剂的附加剂和制备过程。
3. 了解眼用制剂的药物吸收途径及影响因素。

眼用制剂（ophthalmic preparations）是指直接用于眼部发挥治疗作用的无菌制剂。眼用制剂可分为眼用液体制剂（可根据用法分为滴眼剂、洗眼剂、眼内注射溶液等）、眼用半固体制剂（可根据基质性质分为眼膏剂、眼用乳膏剂、眼用凝胶剂等）、眼用固体制剂（可根据形态特性分为眼膜剂、眼丸剂、眼内插入剂等）。眼用液体制剂也可以固态形式包装，另备溶剂，在临用前配成溶液或混悬液。

药物的眼部吸收途径及影响因素：眼用制剂多数情况下以局部治疗作用为主。当局部滴入吸收太慢时，可将其注射入结膜下或眼角后的眼球囊（特农囊）内，药物可以通过巩膜进入眼内，对睫状体、脉络膜及视网膜发挥作用。若药物注射入眼球，则能够进入眼后段，对球后神经及其他结构发挥作用。

一、吸收途径

药物溶液滴入结膜囊内后，主要经过角膜和结膜两条途径吸收。

角膜途径 一般认为，滴入眼中的药物首先进入角膜内，通过角膜至前房再进入虹膜；药物经结膜吸收时，通过巩膜可达眼球后部。滴入方法：使大部分药物在结膜的下穹隆中，借助毛细血管、扩散或眨眼等进入角膜前的薄膜层，由此渗入角膜。进步渗入房水，经前膜到达巩膜和睫状体，进入局部血管，发挥局部治疗作用。由于角膜表面积较大，经角膜是眼部吸收主要途径，并能够以此转运至眼后部发挥治疗作用。

结膜途径 药物也可经结膜、巩膜到达眼球后部，对睫状体、脉络膜和视网膜发挥作用。结膜内血管丰富，结膜、巩膜渗透性比角膜强，有可能导致药物进入体循环，不利于药物进入房水，并可能引发不良反应。

脂溶性药物一般更易经角膜渗透进眼内，而亲水性药物、蛋白多肽类主要通过结膜、巩膜吸收，且其渗透性随相对分子质量的增大而下降。此外，若将药物注射于球后，则药物进入眼后段，直接对球后神经及其他结构发挥作用。

二、影响吸收的因素

药物从眼睑缝隙损失 人正常泪液容量约 7 μL，若不眨眼，可容纳 30 μL 左右的液体。通常一滴滴眼液约 50～70 μL，约 70%的药液从眼部溢出而造成损失。若眨眼，则有 90%的药液损失，加之泪液对药液的稀释也会造成药液的损失，因而应增加滴药次数，有利于提高主药的利用率。

药物从外周血管消除 药物在进入眼睑和眼结膜的同时也通过外周血管从眼组织消除。眼结膜的血管和淋巴管很多，并且当有外来物引起刺激时，血管扩展，因而透入结膜的药物有很大比例将进入血液，并有可能引起全身性副作用。

药物亲脂性与 pH 角膜上皮层和内皮层均有丰富的类脂物，因而脂溶性药物易渗入，水溶性药物则较易渗入角膜的水性基质层，两相都能溶解的药物容易通过角膜，完全解离的药物难以透过完整的角膜。不同 pH 影响弱酸、弱碱性药物分子型浓度，从而影响吸收。而

pH 偏离生理中性过高可刺激泪液分泌，导致药物流失，pH 不宜超出 5.0～9.0 范围。

刺激性　眼用制剂的刺激性较大时，使结膜的血管和淋巴管扩张，不仅增加药物从外周血管的消除，而且能使泪腺分泌增多。泪液过多将稀释药物浓度，并溢出眼睛或进入鼻腔和口腔，从而影响药物的吸收利用，降低药效。

表面张力　滴眼剂表面张力越小，越有利于泪液与滴眼剂的充分混合，也有利于药物与角膜上皮接触，使药物容易渗入。适量的表面活性剂有促进吸收的作用。

黏度　增加黏度可使药物与角膜接触时间延长，有利于药物的吸收。

3.6.1　滴眼剂

一、滴眼剂的定义

滴眼剂（eye drops）是指由原料药物与适宜辅料制成的供滴入眼内的无菌液体制剂。可分为溶液、混悬液或乳状液，常用于杀菌、消炎、收敛、缩瞳、麻醉或诊断，有的还可作滑润或代替泪液之用。

二、质量要求

滴眼剂虽然是外用剂型，但质量要求类似注射剂，对 pH、渗透压、无菌、可见异物等都有一定要求。

pH　pH 对滴眼剂有重要影响，由于 pH 设置不当而引起的刺激性，可增加泪液的分泌，导致药物迅速流失，甚至损伤角膜。正常眼可耐受的 pH 范围为 5.0～9.0。pH 为 6～8 时无不适感觉，小于 5.0 或大于 11.4 有明显的刺激性。滴眼剂的 pH 调节应兼顾药物的溶解度、稳定性、刺激性的要求，同时也应考虑 pH 对药物吸收及药效的影响。

渗透压　除另有规定外，滴眼剂应与泪液等渗。眼球对渗透压的感觉不如对 pH 敏感，能适应的渗透压范围相当于 0.6%～1.5%的氯化钠溶液，超过 2%时会有明显的不适感。低渗溶液应该用合适的调节剂调成等渗，如氯化钠、硼酸、葡萄糖等。

无菌　用于眼外伤或术后的眼用制剂要求绝对无菌，多采用单剂量包装，并不得加入抑菌剂。一般滴眼剂（即用于无眼外伤的滴眼剂）要求无致病菌（不得检出铜绿假单胞菌和金黄色葡萄球菌）。滴眼剂是一种多剂量包装剂型，病人在多次使用时很易染菌，所以应加适量抑菌剂，使它在被污染后，于下次再用之前恢复无菌，应尽量选用安全风险小、作用迅速（即在 1～2 h 内达到无菌）的抑菌剂，产品标签应标明抑菌剂种类和标示量。

可见异物及粒度　滴眼剂按照可见异物检查法（通则 0904）中滴眼剂项下的方法检查，应符合规定。混悬型滴眼剂还需照通则 0105 中“粒度”项下方法检查，应符合规定。

黏度　将滴眼剂的黏度适当增大，可使药物在眼内停留时间延长，从而增强药物的作用。合适的黏度为 4.0～5.0 cPa・s。

装量　除另有规定外，每个容器的装量应不超过 10 mL。

三、滴眼剂的制备

1. 工艺流程

眼用液体制剂的工艺流程如下：

原辅料 ——→ 配滤 ——→ 滤液
瓶（塞） ——→ 清洗 ——→ 灭菌
} 灭菌/无菌操作分装 ——→ 质检 ——→ 印字包装

此工艺适用于药物性质稳定者，对于不耐热的主药，需采用无菌法操作。而对用于眼部手术或眼外伤的制剂，应制成单剂量包装，如安瓿剂，并按安瓿生产工艺进行，保证完全无菌。洗眼液用输液瓶包装，按输液工艺处理。

2. 制备工艺

（1）容器及附件的处理：滴眼液容器主要有玻璃瓶和塑料瓶两种。

玻璃瓶一般为中性玻璃瓶，配有滴管并封有铝盖，遇光不稳定者可选用棕色瓶。玻璃质量要求与输液瓶同，可干热灭菌。

塑料瓶有软塑料瓶和硬塑料瓶两种，后者配有带滴管的密封瓶盖，使用方便。塑料瓶包装价廉，不易破碎，轻便，为目前最常用的滴眼剂容器。但应注意，塑料可能吸附抑菌剂及药物，导致二者浓度降低，塑料增塑剂等成分也有可能进入药液，塑料瓶透气性能够导致药物氧化，因此，塑料瓶应通过实验后方能确定是否选用。塑料瓶洗涤方法与注射剂容器同，可用气体灭菌。

橡胶塞、帽有与塑料瓶类似的吸附药物等缺点，但由于接触面积小，常采用饱和吸附的办法加以解决。其处理方法与输液胶塞的处理方法类似。

（2）配制与过滤：滴眼剂要求无菌，小量配制可在无菌操作柜中进行，大量生产按注射剂生产工艺标准及要求进行。药物、附加剂用适量溶剂溶解，必要时加活性炭（0.05%～0.3%）处理，经滤棒、垂熔玻璃滤球或微孔滤膜过滤至澄明，加溶剂至足量，灭菌后做半成品检查。配制眼用混悬剂时，先将微粉化药物灭菌，另取表面活性剂、助悬剂加少量灭菌蒸馏水配成黏稠液，再与主药用乳匀机搅匀，添加无菌蒸馏水至全量即完成配制。

（3）无菌灌装：目前滴眼剂生产上多采用减压灌装。间歇式减压灌装工艺为：将灭菌空瓶口向下排列在一平底盘中，置入真空灌装箱，由管道定量注入药液，密闭箱门，抽气成一定负压，瓶内空气排出，将洁净空气通入，恢复常压，药液灌入瓶中，随即封口，加盖即可。

（4）印字包装：同注射剂。

例：氯霉素滴眼液。

【处方】
氯霉素	0.25 g	氯化钠	0.9 g
尼泊金甲酯	0.023 g	尼泊金丙酯	0.011 g
蒸馏水	加至 100 mL		

【制备】取尼泊金甲酯、尼泊金丙酯，加沸蒸馏水溶解，于 60 ℃时溶入氯霉素和氯化钠，过滤，加蒸馏水至足量，灌装，100 ℃流通蒸气灭菌 30 min。

解析：① 本品用于治疗砂眼、急慢性结膜炎、眼睑缘炎、角膜溃烂、麦粒肿、角膜炎等；② 氯霉素对热稳定，配液时加热以加速溶解，用 100 ℃流通蒸气灭菌；③ 处方中可加硼砂、硼酸做缓冲剂，也可调节渗透压，同时还可增加氯霉素的溶解度，但此处不如用生理盐水为溶剂者更稳定及刺激性小。

例：醋酸可的松滴眼液（混悬液）。

【处方】
醋酸可的松（微晶）	5.0 g	聚山梨酯 80	0.8 g
硝酸苯汞	0.02 g	硼酸	20.0 g
羧甲基纤维素钠	2.0 g		
蒸馏水	加至 1 000 mL		

【制备】取硝酸苯汞溶于处方量 50%的蒸馏水中，加热至 40～50 ℃，加入硼酸、聚山梨酯 80 使溶解，3 号垂熔漏斗过滤待用；另将羧甲基纤维素钠溶于处方量 30%的蒸馏水中，用垫有 200 目尼龙布的布氏漏斗过滤，加热至 80～90 ℃，加醋酸可的松微晶搅匀，保温 30 min，冷至 40～50 ℃，再与硝酸苯汞等溶液合并，加蒸馏水至足量，200 目尼龙筛过滤两次，分装，封口，100 ℃流通蒸气灭菌 30 min。

解析：① 本品用于治疗急性和亚急性虹膜炎、交感性眼炎、小泡性角膜炎、角膜炎等。② 醋酸可的松微晶的粒径应为 5～20 μm，过粗易产生刺激性，降低疗效，甚至会损伤角膜。③ 羧甲基纤维素钠为助悬剂，配液前需精制。本滴眼液中不能加入阳离子型表面活性剂，因其与羧甲基纤维素钠有配伍禁忌。④ 为防止结块，灭菌过程中应振摇，或采用旋转无菌设备，灭菌前后均应检查有无结块。⑤ 硼酸为 pH 与等渗调节剂，因氯化钠能使羧甲基纤维素钠黏度显著下降，促使结块沉降，改用 2%的硼酸后，不仅改善降低黏度的缺点，并且能减轻药液对眼黏膜的刺激性，本品 pH 为 4.5～7.0。

例：人工泪液。

【处方】				
	羟丙基甲基纤维素	3.0 g	氯化钾	3.7 g
	氯化苯甲烃铵溶液	0.2 mL	氯化钠	4.5 g
	硼酸	1.9 g	硼砂	1.9 g
	蒸馏水	加至 1 000 mL		

【制备】称取羟丙基甲基纤维素溶于适量蒸馏水中，依次加入硼砂、硼酸、氯化钾、氯化钠、氯化苯甲烃铵溶液，再添加蒸馏水至全量，搅匀，过滤，滤液灌装于滴眼瓶中，密封，于 100 ℃流通蒸气灭菌 30 min 即得。

解析：① 本品为人工泪液，能代替或补充泪液、湿润眼球，用于治疗无泪液患者及干燥性角膜炎、结膜炎；② 研究表明，羟丙基甲基纤维素溶液澄明度好，用于眼药水较甲基纤维素等更理想；③ 羟丙基甲基纤维素（4500）宜用 2%溶液，在 20 ℃时黏度为 3 750～5 250 cps 者；④ 处方中的氯化苯甲烃铵溶液是氯化苯甲烃铵的 50%水溶液。

例：依地酸二钠洗眼液。

【处方】		
	依地酸二钠	4 g
	注射用水加至	1 000 mL

【制备】取依地酸二钠溶于适量注射用水中，用氢氧化钠液（0.1 mol/L）或 0.1%碳酸氢钠溶液将 pH 调节至 7～8，加注射用水至 1 000 mL，搅匀，过滤，灌封，115 ℃灭菌 30 min，即得无色澄明液体。

解析：① 本品能络合多种金属离子，用于治疗石灰烧伤、角膜钙质沉着及角膜变性等。本品含依地酸二钠（乙二胺四醋酸二钠）应为 0.38%～0.42%（g/mL）。② 依地酸二钠为一种氨羧络合剂，性质稳定，能与多种金属离子络合，生成稳定的可溶性络合物。眼科局部作用治疗因石灰烧伤而引起的钙质沉着的角膜浑浊。用本品冲洗，15 min 后可显示出溶解钙质的作用。但可引起暂时轻度角膜和结膜水肿及虹膜充血。当碱性烧伤或角膜溃疡时，组织产生胶原质酶，溶解角膜实质层的胶原组织，而使组织破坏或使溃疡扩展。依地酸二钠有抑制胶原质酶作用，从而可控制病情发展。碳酸氢钠起调节 pH 的作用。③ 依地酸二钠的水溶液显酸性，pH 为 5.3，须加碱调节至规定 pH。④ 本品在配制和贮存过程中禁止与金属器皿接触。

3.6.2 眼膏剂

眼膏剂（eye ointments）指由原料药物与适宜基质均匀混合，制成溶液型或混悬型膏状的无菌眼用半固体制剂。眼膏剂应均匀、细腻，易涂布于眼部，对眼部无刺激性，无细菌污染，并易涂布于眼部，便于原料药物分散和吸收。除另有规定外，每个容器的装量应不超过 5 g。

眼膏剂常用的基质，一般为凡士林 8 份、液状石蜡 1 份、羊毛脂 1 份混合而成。根据气温可适当增减液状石蜡的用量。基质中羊毛脂有表面活性作用，具有较强的吸水性和黏附性，使眼膏与泪液容易混合，并易附着于眼黏膜上，基质中药物容易穿透眼膜。基质加热熔合后用绢布等适当滤材保温过滤，并用 150 ℃干热灭菌 1～2 h，备用。也可将各组分分别灭菌供配制用。用于眼部手术或创伤的眼膏剂应灭菌或无菌操作，且不添加抑菌剂或抗氧剂。

一、眼膏剂的制备

眼膏剂的制备与一般软膏剂制法基本相同，但必须在净化条件下进行，一般可在净化操作室或净化操作台中配制。所用基质、药物、器械与包装容器等均应严格灭菌，以避免污染微生物而致眼睛感染的危险。配制用具经 70%乙醇擦洗，或用水洗净后再用干热灭菌法灭菌。包装用软膏管，洗净后用 70%乙醇或 12%苯酚溶液浸泡，应用时用蒸馏水冲洗干净，烘干即可。也有用紫外线灯照射进行灭菌。

眼膏配制时，如主药易溶于水而且性质稳定，则先配成少量水溶液，用适量基质研和吸尽水后，再逐渐递加其余基质制成眼膏剂，灌装于灭菌容器中，严封。

二、实例解析

例：复方碘苷眼膏（复方疱疹净眼膏）。

【处方】				
	碘苷	5.0 g	硫酸新霉素	5.0 g（500 万单位）
	无菌注射用水	20 mL	黄凡士林	800 g
	羊毛脂	100 g	液体石蜡	100 g
	眼膏基质加至	1 000 g		

【制备】取碘苷、硫酸新霉素，置灭菌乳钵中，加灭菌注射用水研成细腻糊状，再分次递加眼膏基质使成全量，研匀，无菌分装，即得。

解析：① 本品为抗病毒药及抗生素类药，用于纯疱疹性角膜炎、牛痘病毒性角膜炎及其他病毒、细菌感染；② 复方疱疹净眼膏在结膜囊内保留时间长，药效持久，可减少用药次数，夜间使用更适合；③ 眼膏基质可以降低药物对眼结膜、角膜的刺激性。

三、眼用制剂质量评价

眼用制剂质量评价应按照《中国药典》（2020 年版）四部通则 0105“眼用制剂”项下相应的规定检查项目进行，检查项包括可见异物（通则 0904）、粒度、沉降体积比、金属性异物、装量差异、装量、渗透压（通则 0632）、无菌（通则 1101）等。

眼膏剂质量评价除按照《中国药典》（2020年版）四部通则0105“眼用制剂”项所规定项目进行检查外，还应参照0109“软膏剂、乳膏剂”相应项目进行检查。

思 考 题

1. 原水的处理及注射用水的制备技术有哪些？
2. 液体的过滤技术有哪些？
3. 热原的去除技术有哪些？
4. 渗透压调节技术有哪些？
5. 灭菌及无菌操作技术和空气净化技术有哪些？
6. 注射剂的定义是什么？注射剂的给药途径有哪些？
7. 制备注射剂的环节有哪些？怎样避免注射剂污染？
8. 注射剂的辅料有哪些？使用中有哪些注意事项？
9. 注射用油的评价指标是什么？有什么含义？
10. 注射剂的质量标准有哪些注意事项？
11. 什么是输液？分类有哪些？
12. 输液的制备工艺过程包括哪些步骤？
13. 输液在生产中、使用中常出现的问题有哪些？解决措施是什么？
14. 输液质量评价内容有哪些？标准是什么？
15. 什么是注射用无菌粉末？有哪两种类型？
16. 注射用无菌粉末制剂有何应用优势？
17. 冻干制剂存在的问题是什么？如何解决？
18. 冷冻干燥过程曲线分哪四个阶段？
19. 冷冻干燥的原理是什么？
20. 简述冷冻干制剂生产过程。
21. 冷冻干燥过程中易出现的异常现象有哪些？解决办法有哪些？
22. 眼用制剂的主要有哪些吸收途径？影响吸收的因素有哪些？
23. 眼用制剂的质量要求有哪些？

参考文献

［1］孟胜男，胡容峰．药剂学（第2版）［M］．北京：化学工业出版社，2021.
［2］张奇．Pharmaceutical Dosage Form & Technology［M］．北京：化学工业出版社，2020.
［3］祁秀玲，贾雷．药剂学［M］．北京：科学出版社，2021.
［4］国家药典委员会．中华人民共和国药典2020年版［M］．北京：化学工业出版社，2020.

（王　宁）

民族骄傲|世界第一部由官方主持编撰的成药标准

《太平惠民和剂局方》

《太平惠民和剂局方》为宋朝太平惠民和剂局编写，是全世界第一部由官方主持编撰的成药标准。

初刊于 1078 年以后。本书是宋代大医局所属药局的一种成药处方配本。宋代曾多次增补修订刊行，而书名、卷次也有多次调整。最早曾名《太医局方》。徽宗崇宁间（1102—1106 年），药局拟定制剂规范，称《和剂局方》。大观（1107—1110 年）时，医官陈承、裴宗元、陈师文曾加以校正。成五卷 21 门、收 279 方。南渡后绍兴十八年（1148 年）药局改“太平惠民局”，《和剂局方》也改成《太平惠民和剂局方》。

《太平惠民和剂局方》，又名《和剂局方》，全书共 10 卷，附指南总论 3 卷。将成药方剂分为诸风、伤寒、一切气、痰饮、诸虚、痼冷、积热、泻痢、眼目疾、咽喉口齿、杂病、疮肿、伤折、妇人及小儿诸疾共 14 门，载方 788 首。均是收录民间常用的有效中药方剂，记述了其主治、配伍及具体修制法。其中有许多名方，如至宝丹、牛黄清心丸、苏合香丸、紫雪丹、四物汤、逍遥散等。其是一部流传较广、影响较大的临床方书。书中许多方剂至今仍广泛用于临床。

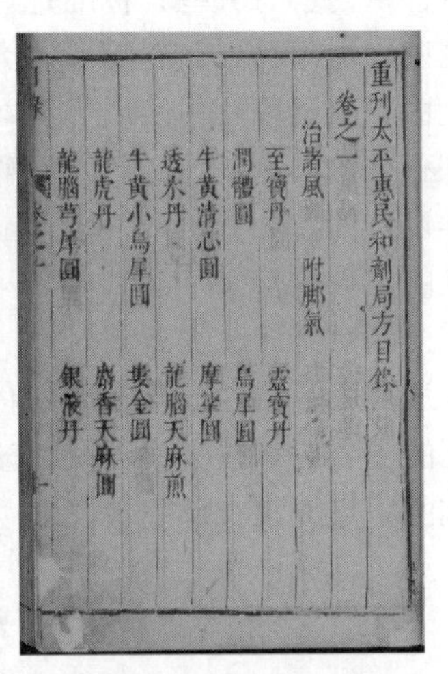
重刊太平惠民和劑局方目錄

卷之一

治諸風 附脚氣

至寶丹 靈寶丹
潤體圓 烏犀圓
牛黄清心圓 摩挲圓
透冰丹 龍腦天麻煎
牛黄小烏犀圓 婁金圓
龍虎丹 麝香天麻圓
龍腦芎犀圓 銀液丹

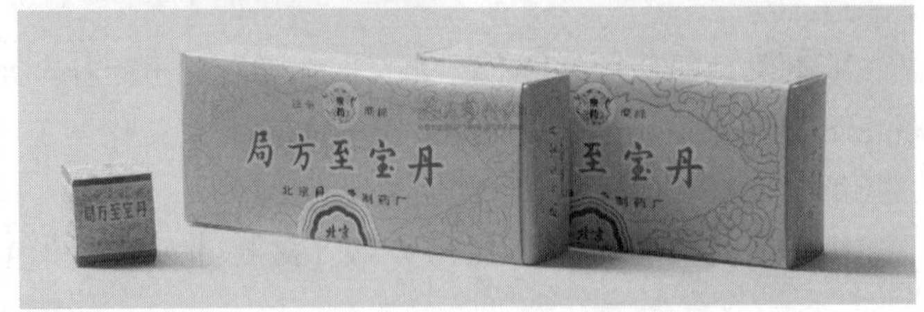

（张　奇）

第4章
液体制剂

液体制剂是指药物分散在适宜的分散介质中制成的液体形态的制剂。通常是将药物（固体、液体或气体）以不同的分散方法（溶解、胶溶、乳化或混悬等）和不同的分散形式（离子、分子、胶粒、液滴或微粒状态）分散在适宜的分散介质中制成的液体分散体系，可供内服或外用。

药物以分子状态分散在介质中，形成均相液体制剂，如溶液剂、高分子溶液剂等；药物以微粒状态分散在介质中，形成非均相液体制剂，如溶胶剂、乳剂、混悬剂等。液体制剂中药物的分散程度、液体分散介质的性质、附加剂的种类等，均会影响制剂的理化性质与稳定性，同时也会影响制剂的有效性与安全性。

液体制剂的品种多，临床应用广泛，其性质、理论和制备工艺在药剂学中占有重要地位。

4.1　液体制剂的特点、分类与质量要求

1. 掌握液体制剂的特点及分类。
2. 掌握液体制剂的质量要求。

一、液体制剂的特点

液体制剂具有以下优点：① 药物以分子或微粒状态分散在介质中，分散度大，吸收快，能较迅速地发挥药效；② 给药途径多，可以内服，也可以外用，如用于皮肤、黏膜和人体腔道等；③ 易于分剂量，服用方便，特别适用于婴幼儿和老年患者；④ 减少某些药物的刺激性，如可避免溴化物、碘化物等固体药物口服后由于局部浓度过高而引起胃肠道刺激作用。

与固体制剂相比，液体制剂也存在一些问题：① 药物分散度大，受分散介质影响，易引起药物的化学降解，使药效降低，甚至失效；② 液体制剂体积较大，携带、运输、贮存都不方便；③ 水性液体制剂容易霉变，需加入防腐剂；④ 非均匀性液体制剂，药物的分散度大，分散粒子具有很大的比表面积，易产生一系列的物理稳定性问题。

二、液体制剂的分类

根据药物分散情况不同，液体制剂分为均相液体制剂、非均相液体制剂。根据给药途径和应用方式不同，液体制剂分为口服液体制剂、皮肤用液体制剂、眼用液体制剂、耳用液体制剂等。

1. 按分散系统分类

（1）均相液体制剂：药物以分子或离子状态均匀分散在分散介质中形成的澄明溶液，是

热力学稳定体系。包括以下两类：

低分子溶液剂：低分子药物分散在分散介质中所形成的液体制剂，也称溶液剂，分散微粒小于 1 nm。

高分子溶液剂：高分子化合物分散在分散介质中所形成的液体制剂，又称亲水胶体溶液，分散微粒大小为 1～100 nm。

（2）非均相液体制剂：药物以微粒状态分散在分散介质中形成的液体制剂，为多相分散体系，是热力学不稳定体系。包括以下几类：

溶胶剂：不溶性固体药物以胶粒状态分散在分散介质中所形成的液体制剂，又称疏水胶体溶液。

乳剂：不溶性液体药物以液滴状态分散在分散介质中所形成的液体制剂。

混悬剂：不溶性固体药物以微粒状态分散在分散介质中所形成的液体制剂。

液体制剂按分散体系分类，分散微粒大小决定了分散体系的特征，见表 4–1。

表 4–1　分散体系中微粒大小与特征

液体类型	微粒大小/nm	特征
低分子溶液剂	＜1	以分子或离子状态分散，均相澄明溶液，热力学稳定
高分子溶液剂	1～100	以分子或离子状态分散，均相溶液，热力学稳定
溶胶剂	1～100	以胶粒状态分散，多相体系，热力学不稳定
乳剂	＞100	以液滴状态分散，多相体系，热力学和动力学不稳定
混悬剂	＞500	以固体微粒状态分散，多相体系，热力学和动力学不稳定

2. 按给药途径分类

（1）内服液体制剂：如合剂、糖浆剂、乳剂、混悬剂、滴剂等。

（2）外用液体制剂：① 皮肤用液体制剂，如洗剂、搽剂等；② 五官科用液体制剂，如洗耳剂、滴耳剂、滴鼻剂、含漱剂、滴牙剂等；③ 直肠、阴道、尿道用液体制剂，如灌肠剂、灌洗剂等。

三、液体制剂的质量要求

液体制剂的药物分散度以及给药途径不同，对其质量要求也不尽相同。一般应符合以下要求：① 均匀相液体制剂应是澄明溶液，非均匀相液体制剂的药物粒子应分散均匀；② 液体制剂应剂量准确，性质稳定，有一定的防腐能力，保存和使用过程不应发生霉变；③ 口服液体制剂应口感适宜，外用液体制剂应无刺激性；④ 液体制剂包装容器的大小和形状应适宜，方便患者携带和使用。

四、液体制剂的包装与贮存

液体制剂的包装关系到产品的质量、运输和贮存。液体制剂体积大，稳定性较其他制剂差。液体制剂如果包装不当，在运输和贮存过程中会发生变质。因此，包装容器的材料选择，容器的种类、形状，以及封闭的严密性等都极为重要。

液体制剂的包装材料包括容器（玻璃瓶、塑料瓶等）、瓶塞（软木塞、橡胶塞、塑料塞）、瓶盖（塑料盖、金属盖）、标签、说明书、纸盒、纸箱、木箱等。

液体制剂包装瓶上应贴有标签。医院液体制剂的投药瓶上应贴不同颜色的标签，习惯上内服液体制剂的标签为白底蓝字或黑字，外用液体制剂的标签为白底红字或黄字。

液体制剂一般应密闭贮存于阴凉干燥处。医院液体制剂应尽量减小生产批量，缩短存放时间，以保证液体制剂的质量。

4.2　液体制剂的溶剂与附加剂

1. 掌握液体制剂的常用溶剂及其性质。
2. 掌握液体制剂的常用附加剂及其种类。

液体制剂的溶剂，对于溶液剂，可称为溶剂；对于溶胶剂、混悬剂、乳剂，由于药物并非溶解，而是分散，故称作分散介质。在液体制剂中，溶剂对药物不仅有溶解、分散作用，对液体制剂的性质和质量也有很大影响。

理想的药用溶剂应符合以下要求：① 对药物有较好的溶解性和分散性；② 化学性质稳定，不与药物或附加剂发生反应；③ 不应影响药效的发挥和含量测定；④ 毒性小、无刺激性、无不适的臭味。制备液体制剂时，应根据药物的性质、制剂的要求和临床治疗需要等因素选择较为合适的溶剂。

一、液体制剂的常用溶剂

按溶剂的极性大小，可分为极性溶剂、半极性溶剂和非极性溶剂。

1. 极性溶剂

（1）水：最为常用、最为人体所耐受的极性溶剂。其优点是不具有任何药理与毒理作用，且廉价易得；可与乙醇、甘油、丙二醇等极性溶剂或半极性溶剂以任意比例混合，并能溶解大多数无机盐和生物碱类、糖类、蛋白质等极性有机物。但缺点是能引起某些药物的水解，也易产生霉变，不宜久贮。使用水作溶剂时，应考虑药物的稳定性以及是否产生配伍禁忌。液体制剂用水应为纯化水。

（2）甘油：黏稠性液体，味甜，毒性小，可供内服，但常用于外用液体制剂。甘油能与水、乙醇、丙二醇以任意比例混合，对苯酚、鞣酸和硼酸的溶解性大于水。无水甘油有吸水性，对皮肤黏膜具有一定的刺激性；但含水 10%的甘油则无刺激性，对皮肤有保湿、滋润、延长局部药效等作用；含甘油 30%以上具有防腐作用。在内服液体制剂中含甘油达 12%（g/mL）以上时，制剂不仅带有甜味，而且能防止鞣质的析出。

（3）二甲基亚砜（DMSO）：有“万能溶剂”之称。澄明、无色、微臭液体，有较强的吸湿性，能与水、乙醇、甘油、丙二醇等溶剂以任意比例混合。DMSO 能促进药物透过皮肤和黏膜的吸收，但对皮肤有轻度刺激，孕妇禁用。用于某些外用制剂，可取得良好的治疗效果，一般用量为 40%～60%。当 DMSO 浓度为 60%时，冰点为－80 ℃，具有良好的防冻作用。

2. 半极性溶剂

（1）乙醇：常用溶剂，可与水、甘油、丙二醇等溶剂以任意比例混合。乙醇具有较广泛的溶解性能，可溶解大部分有机药物和药材中的有效成分，如生物碱及其盐类、苷类、挥发油、树脂、鞣质、有机酸和色素等，溶解性能因乙醇的浓度而异。含乙醇 20%以上即具有防腐作用，40%以上可抑制某些药物的水解。但乙醇本身具有一定的生理活性，与水混合时可产生热效应和体积效应，且有易挥发、易燃烧等缺点。在制剂中一般用作溶剂、防腐剂、消毒杀菌剂，为防止乙醇挥发，制剂应密闭贮存。

（2）丙二醇：性质与甘油相似，但其黏度较甘油小。药用丙二醇一般为 1,2－丙二醇，毒性小，无刺激性，可作为口服、肌内注射的溶剂。丙二醇可与水、乙醇、甘油以任意比例混合，能溶解磺胺类药物、局麻药、维生素 A、维生素 D 及性激素等许多有机药物。丙二醇与水以一定的比例混合，可延缓某些药物的水解，增加稳定性。丙二醇的水溶液可促进药物透过皮肤和黏膜的吸收。在制剂中一般用作溶剂、润湿剂、保湿剂、防腐剂、皮肤渗透剂。

（3）聚乙二醇（PEG）：液体制剂常用低聚合度的 PEG300～PEG600，为无色透明的液体，可与水、乙醇、丙二醇、甘油等溶剂以任意比例混溶，能溶解许多水溶性无机盐和水不溶性的有机药物。PEG 对易水解的药物具有一定的稳定作用，用于外用制剂时，具有与甘油类似的保湿作用。在制剂中一般用作溶剂、助溶剂，常用于外用液体制剂，如搽剂等。

3. 非极性溶剂

（1）脂肪油：为常用非极性溶剂，多指麻油、豆油、橄榄油、棉籽油、花生油等植物油。能溶解油溶性药物，如激素、挥发油、游离生物碱和许多芳香族药物。不能与水混合，多用于外用液体制剂，如洗剂、搽剂、滴鼻剂等。易氧化、酸败，遇碱易发生皂化反应而变质。

（2）液体石蜡：为饱和烷烃化合物，无色、无臭的澄明油状液体，化学性质稳定，但接触空气能被氧化。能与非极性溶剂混合，能溶解挥发油、生物碱以及一些非极性药物等。视相对密度不同，液体石蜡可分为轻质与重质两种，前者密度为 0.818～0.880 g/mL，多用于外用液体制剂，后者密度为 0.845～0.905 g/mL，多用于软膏剂及糊剂。

（3）乙酸乙酯：无色油状液体，微臭，相对密度（20 ℃）为 0.897～0.906 g/mL。可溶解挥发油、甾体药物及其他油溶性药物，有挥发性和可燃性。常用作搽剂的溶剂，但在空气中暴露易氧化，故使用时常加入抗氧剂。

（4）肉豆蔻酸异丙酯：无色、几乎无臭的透明液体，化学性质稳定，不酸败，不易氧化与水解。可与液体烃类、蜡、脂肪和脂肪醇混合，不溶于水、甘油、丙二醇，多用于外用液体制剂。

二、液体制剂常用附加剂

1. 增溶剂

某些难溶性药物在表面活性剂的作用下，在溶剂中的溶解度增加并形成溶液的过程称为增溶（solubilization）。例如，甲酚在水中的溶解度约为 2%，但在钠肥皂溶液中增大到 50%。具有增溶能力的表面活性剂称为增溶剂（solubilizer），被增溶的物质称为增溶质（solubilizate）。每 1 g 增溶剂能增溶药物的克数称为增溶量。常用的增溶剂有聚山梨酯类和聚氧乙烯脂肪酸酯类等，对于以水为溶剂的药物，增溶剂的最适 HLB 为 15～18。

2. 助溶剂

一些难溶性药物与加入的第三种物质在溶剂中形成可溶性分子络合物、复盐或分子缔合物等，以增加药物在溶剂（主要是水）中的溶解度，此现象称为助溶（hydrotropy）。这里所加入的第三种物质即为助溶剂（hydrotropy agent），多为低分子化合物（非表面活性剂）。

助溶剂主要分为两大类：一类是有机酸及其钠盐，如苯甲酸钠、水杨酸钠、对氨基水杨酸钠等；另一类是酰胺化合物，如乌拉坦、尿素、烟酰胺、乙酰胺等。例如，咖啡因与助溶剂苯甲酸钠形成苯甲酸咖啡因复盐，溶解度可从 1:50 提高到 1:1.2；茶碱与助溶剂乙二胺形成分子缔合物氨茶碱，溶解度可从 5%提高到 20%。此外，某些无机化合物如碘化钾等也可用作助溶剂，例如，碘在水中溶解度为 1:2 950，可用碘化钾作为助溶剂，与之形成分子间络合物 KI_3，使碘在水中的溶解度明显增加，可配成含碘 5%的水溶液。

3. 潜溶剂

为了提高难溶性药物的溶解度，常常使用两种或多种混合溶剂。当混合溶剂中各溶剂达到某一比例时，药物的溶解度出现极大值，这种现象称为潜溶（cosolvency），这种混合溶剂称潜溶剂（cosolvent）。可与水组成潜溶剂的有乙醇、丙二醇、甘油、聚乙二醇等。例如，苯巴比妥在 90%乙醇溶液中溶解度最大；甲硝唑采用水－乙醇作为混合溶剂，溶解度提高 5 倍；氯霉素在水中的溶解度为 0.25%，采用含有水－乙醇－甘油混合溶剂，可制成 12.5%的氯霉素溶液；醋酸去氢皮质酮注射液是用水－丙二醇为溶剂制备的。

4. 防腐剂

液体制剂特别是以水为溶剂的液体制剂，易被微生物污染而发霉变质，尤其是含有糖类、蛋白质等营养物质的液体制剂，更容易引起微生物的滋长和繁殖。即使是含有抗菌药或具有抑菌活性的液体制剂，如抗生素类和一些消毒剂，因为抗菌谱不同，仍有可能生长微生物。微生物污染的液体制剂，其理化性质会发生改变，制剂质量会受到严重影响，甚至产生对人体有害的细菌毒素。因此，液体制剂必须严格防止染菌，包括减少或防止环境污染，严格控制原辅料的质量，添加防腐剂等。

防腐剂（preservative）是指能够抑制微生物生长繁殖的物质。防腐剂对微生物繁殖体有杀灭作用，对芽孢则使其无法发育成繁殖体而逐渐死亡。优良的防腐剂应具备以下条件：① 在抑菌浓度范围内对人体无害、无刺激性、内服者应无特殊臭味；② 水中有较大的溶解度，能达到防腐需要的浓度；③ 不影响制剂的理化性质和药理作用；④ 抑菌谱广，对大多数微生物有较强的抑制作用；⑤ 理化性质和抗微生物性质稳定，不易受温度、pH 的影响，不与制剂成分、包材等相互作用。液体制剂中常用防腐剂包括：

（1）羟苯烷基酯类：即对羟基苯甲酸酯类，商品名为尼泊金类，常用的有甲、乙、丙和丁四种酯。本品化学性质稳定，无毒、无味、无臭、无挥发性，是一类优良的防腐剂。在酸性、中性溶液中均有效，在酸性溶液中作用较强，在弱碱性溶液中作用较弱。本品抑菌作用随碳原子数增加而增加，但溶解度则降低，通常混合使用，具有协同作用，通常是羟苯乙酯与羟苯丙酯（1:1）或羟苯乙酯与羟苯丁酯（4:1）合用，用量一般为 0.01%～0.25%。本品可广泛用于内服液体制剂中。

（2）苯甲酸及其盐：苯甲酸在水中难溶，在乙醇中易溶，通常配成 20%的醇溶液备用，用量一般为 0.03%～0.1%，可用于内服或外用液体制剂。在酸性溶液中抑菌效果较好，最适 pH 是 4。防霉作用比羟苯酯类弱，防发酵能力则比羟苯酯类强。苯甲酸钠易溶于水，在酸性溶液中的防腐作用与苯甲酸相当。

（3）山梨酸及其盐：山梨酸为白色或黄白色结晶性粉末，无味，有微弱异臭，在 30 ℃水中的溶解度为 0.125%，在沸水中的溶解度为 12.9%。对细菌的最低抑菌浓度为 0.02%～0.04%（pH＜6.0），对酵母、霉菌的最低抑菌浓度为 0.8%～1.2%。本品的 pK_a 为 4.76，起防腐作用的是未解离的分子，在 pH 为 4.5 的水溶液中效果较好。本品与聚山梨酯类配伍时，也会因络合作用而降低其防腐效力，但由于其有效抑菌浓度低，因而仍有较好的抑菌作用，山梨酸钾、山梨酸钙的作用与山梨酸的相同，水中的溶解度更大，需在酸性溶液中使用。

（4）苯扎溴铵：又称新洁尔灭，为阳离子表面活性剂。淡黄色黏稠液体，溶于水和乙醇。本品极易吸湿潮解，味极苦，有特臭，无刺激性。在酸性、碱性溶液中稳定，能够耐受热压灭菌，一般用量为 0.02%～0.2%，多外用。

（5）其他防腐剂：一些挥发油也有防腐作用，如 0.05%的薄荷油、0.01%～0.02%的桉叶油、0.01%的桂皮油。醋酸氯己定（洗必泰）是一种广谱杀菌消毒剂，微溶于水，溶于乙醇、甘油、丙二醇等溶剂中，常用量为 0.02%～0.05%。此外，邻苯基苯酚、三氯叔丁醇、硫柳汞和硝酸苯汞等也可作防腐剂使用。

5. 矫味剂

为掩盖和矫正药物制剂的不良臭味而加入制剂中的物质称为矫味剂（taste-masking agent）。常用的矫味剂有甜味剂和芳香剂，还有干扰味蕾的胶浆剂、泡腾剂等。

（1）甜味剂：包括天然与人工合成两大类。其中天然甜味剂以蔗糖、单糖浆应用最为广泛。具有芳香味的橙皮糖浆、桂皮糖浆等不但能矫味，还能矫臭。山梨醇、甘露醇等可作为甜味剂。甜菊苷也是一种天然甜味剂，来源于甜菊（Stevia rebaudianum Bertoni）叶，是以对映－贝壳杉烷（ent－kaurane）骨架为母核，由不同糖组成的甜味苷（图 4－1）。总甜菊苷（stevioside）含量约 6%，甜度约为蔗糖的 300 倍，其中又以甜菊苷 A 甜味最强，但含量较少。甜菊苷作为甜味剂使用，常用量为 0.025%～0.05%，甜味持久不被吸收，但甜中带苦，故常与蔗糖和糖精钠合用。

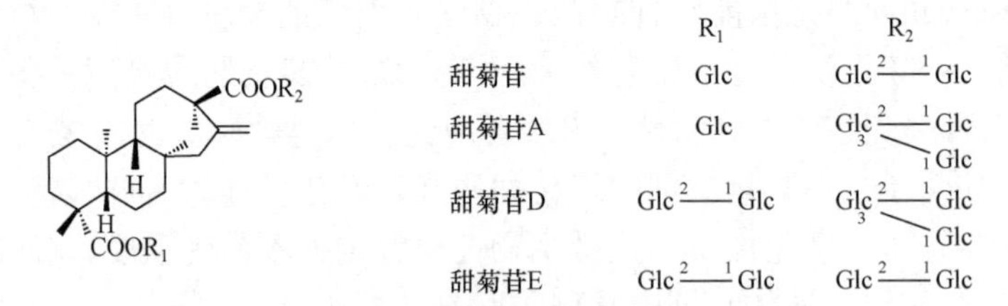

图 4－1　甜菊苷的结构式

合成甜味剂有糖精钠、阿斯巴甜等。糖精钠甜度为蔗糖的 200～700 倍，常用量为 0.03%，常与单糖浆或甜菊苷合用，可作为咸味药物的矫味剂。阿斯巴甜（aspartame）又名蛋白糖，化学名为天冬酰胺苯丙氨酸甲酯，属于二肽类甜味剂，甜度比蔗糖高 150～200 倍，无后苦味，不致龋齿，可以有效地降低热量，适用于糖尿病、肥胖症患者。

（2）芳香剂：在制剂中有时需要添加少量香料和香精，以改善制剂的气味和香味，统称为芳香剂。香料分天然香料和人造香料两大类，天然香料有植物中提取的芳香性挥发油，如柠檬、薄荷挥发油等，以及它们的制剂如薄荷水、桂皮水等。人造香料也称调和香料，是由人工香料添加一定量的溶剂调和而成的混合香料，如苹果香精、香蕉香精等。

（3）胶浆剂：胶浆剂具有黏稠缓和的性质，可以干扰味蕾的味觉而能矫味，如阿拉伯胶、羧甲基纤维素钠、琼脂、明胶、甲基纤维素等的胶浆。如在胶浆剂中加入适量糖精钠或甜菊苷等甜味剂，则增加其矫味作用。

（4）泡腾剂：将有机酸与碳酸氢钠一起，遇水后由于产生大量二氧化碳，二氧化碳能麻痹味蕾起矫味作用。对盐类的苦味、涩味、咸味有所改善。

6. 着色剂

着色剂又称色素，分为天然色素和人工色素两大类。着色剂能改善制剂的外观颜色，可用来识别制剂的浓度、区分应用方法和减少病人对服药的厌恶感。尤其是选用的颜色与矫味剂若能配合协调，则更易为病人所接受。

（1）天然色素：常用的有植物性和矿物性色素，可用作食品和内服制剂的着色剂。常见的植物性色素，红色如苏木、甜菜红、胭脂虫红等，黄色如姜黄、胡萝卜素等，蓝色如松叶兰、乌饭树叶，绿色如叶绿酸铜钠盐，棕色如焦糖等。矿物性色素如氧化铁（棕红色）。

（2）合成色素：人工合成色素的特点是色泽鲜艳，价格低廉，但大多数毒性较大，用量不宜过多。我国批准的内服合成色素有苋菜红、柠檬黄、胭脂红、胭脂蓝和日落黄，通常配成 1%贮备液使用，用量不得超过万分之一。外用色素有伊红、品红、美蓝、苏丹黄 G 等。

不同色素按适当比例混合，可制成各种不同的着色剂。使用色素时应注意，不同溶剂会产生不同色调和强度，氧化剂、还原剂、非离子表面活性剂及日光对大多数色素有褪色作用，pH 也会对色调产生影响。

7. 其他附加剂

在液体制剂中为了增加稳定性，有时需要加入抗氧剂、pH 调节剂、金属离子络合剂等。

（1）抗氧剂：如焦亚硫酸钠、亚硫酸氢钠等。

（2）pH 调节剂：如硼酸缓冲液、磷酸盐缓冲液等。

（3）金属离子络合剂：如依地酸二钠等。

4.3　增加药物溶解度的方法

1. 掌握溶解度的概念。
2. 了解影响药物溶解度的因素。
3. 掌握增加药物溶解度的方法。

药物溶液的形成是制备液体制剂的基础，药物的溶解度，也就是药物的溶解性能是制备液体制剂的关键。

一、药物的溶解度

溶解度（solubility）：是指在一定温度（气体在一定压力），在一定量溶剂中达到饱和时溶解的最大药量。其是反映药物溶解性的重要指标。一般以一份溶质（1 g 或 1 mL）溶于若干毫升溶剂中表示，也可用物质的摩尔浓度（mol/L）表示。

2020 年版《中国药典》用七种术语表示药物的近似溶解度，分别为极易溶解、易溶、溶解、略溶、微溶、极微溶解、几乎不溶或不溶，具体见表 4－2。

表 4－2　《中国药典》关于溶解度的描述

溶解度术语	溶解限度
极易溶解	溶质 1 g（1 mL）能在溶剂不到 1 mL 中溶解
易溶	溶质 1 g（1 mL）能在溶剂不到 1 mL 至不到 10 mL 中溶解
溶解	溶质 1 g（1 mL）能在溶剂不到 10 mL 至不到 30 mL 中溶解
略溶	溶质 1 g（1 mL）能在溶剂不到 30 mL 至不到 100 mL 中溶解

续表

溶解度术语	溶解限度
微溶	溶质 1 g（1 mL）能在溶剂不到 100 mL 至不到 1 000 mL 中溶解
极微溶解	溶质 1 g（1 mL）能在溶剂不到 1 000 mL 至不到 10 000 mL 中溶解
几乎不溶或不溶	溶质 1 g（1 mL）在溶剂 10 000 mL 中不能溶解

药物溶解度可分为特性溶解度（intrinsic solubility）和平衡溶解度（equilibrium solubility）。特性溶解度是指药物不含任何杂质，在溶剂中不发生解离和缔合，也不发生任何相互作用时所形成的饱和溶液的浓度，是药物的重要物理参数之一。但实际上，药物溶解过程中要完全排除药物解离和溶剂的影响不太可能，特别是对于弱电解质药物，因此，一般情况下测定的药物溶解度多为平衡溶解度，或称表观溶解度（apparent solubility）。

二、影响药物溶解度的因素

1. 药物

（1）药物的分子结构。药物在溶剂中的溶解度是药物分子与溶剂分子间相互作用的结果。若药物分子间的作用力大于药物分子与溶剂分子间作用力，则药物溶解度小，反之，则溶解度大，即“相似相溶”。因此，药物的极性大小对溶解度有很大的影响，而药物的结构则决定着药物极性的大小。

（2）药物的粒子大小。一般情况下，药物的溶解度与药物粒子的大小无关。但是，对于难溶性药物来说，一定温度下，其溶解度与溶解速度与其表面积成正比，即小粒子有较大的溶解度，而大粒子有较小的溶解度。但这个小粒子必须小于 1 μm，其溶解度才有明显变化。但当粒子小于 0.01 μm 时，如再进一步减小，不仅不能提高溶解度，反而导致溶解度减小，这是因为粒子电荷的变化比减小粒子大小对溶解度的影响更大。

（3）药物的晶型。同一化学结构的药物，由于结晶条件（如溶剂、温度、冷却速度等）不同，形成不同晶格排列的结晶，称为多晶型（polymorphism）。多晶型现象在有机药物中广泛存在。

药物的晶型不同，导致晶格能不同，其熔点、溶解速度、溶解度等也不同。具有最小晶格能的晶型最稳定，称为稳定型，其有着较小的溶解度和溶解速度；其他晶型的晶格能较稳定型的大，称为亚稳定型，它们的熔点及密度较低，溶解度和溶解速度较稳定型的大。无结晶结构的药物通称无定型，与结晶型相比，由于无晶格束缚，自由能大，因此，溶解度和溶解速度均较结晶型大。例如，无味氯霉素 B 型和无定型是有效的，而 A、C 两种晶型是无效的；维生素 B2 三种晶型在水中的溶解度依次为 60 mg/L（Ⅰ型）、80 mg/L（Ⅱ型）、120 mg/L（Ⅲ型）；新生霉素在酸性水溶液中生成的无定型，其溶解度比结晶型的大 10 倍。

2. 溶剂

（1）溶剂的极性。溶剂通过降低药物分子或离子间的引力，使药物分子或离子溶剂化而溶解，是影响药物溶解度的重要因素。极性溶剂可使盐类药物及极性药物产生溶剂化而溶解；极性较弱的药物分子中的极性基团与水形成氢键而溶解；非极性溶剂分子与非极性药物分子形成诱导偶极–诱导偶极结合；非极性溶剂分子与半极性药物分子形成诱导偶极–永久偶极结合。

（2）溶剂化物。药物在结晶过程中，因溶剂分子进入晶格内部，形成溶剂化物，也称假多晶型（pseudo polymorphism）。若溶剂是水，则称为水合物。溶剂化物和非溶剂化物的熔点、溶解度和溶解速度等不同，多数情况下，溶解度和溶解速度顺序依次为水合物＜无水物＜有机溶剂化物。例如，琥珀酸磺胺嘧啶水合物、无水物和戊醇溶剂化物的溶解度分别为 100 mg/L、390 mg/L、800 mg/L；醋酸氟氢可的松的正戊醇化合物溶解度比非溶剂化合物提高 5 倍。

3. 温度

温度对溶解度的影响取决于溶解过程是吸热还是放热。吸热时，溶解度随温度升高而升高；反之，溶解度随温度升高而降低。绝大多数药物的溶解是吸热过程，故其溶解度随温度的升高而增大，但氢氧化钙等物质的溶解正相反。

4. pH

大多数药物为有机弱酸、弱碱及其盐类，在水中的溶解度受 pH 影响很大。弱酸性药物随着溶液 pH 升高，其溶解度增大；弱碱性药物的溶解度随着溶液的 pH 下降而升高；两性化合物在等电点 pH 时，溶解度最小。

5. 同离子效应

若药物的解离型或盐型是限制溶解的组分，则其在溶液中的相关离子浓度是影响该药物溶解度大小的决定因素。通常在难溶性盐类的饱和溶液中，加入含有相同离子的化合物时，其溶解度降低，这一现象称为同离子效应。例如，许多盐酸盐类药物在生理盐水或稀盐酸中的溶解度比在水中小。

6. 其他

如在电解质溶液中加入非电解质（如乙醇等），由于溶液的极性降低，电解质的溶解度下降；非电解质中加入电解质（如硫酸铵），由于电解质的强亲水性，破坏了非电解质与水的弱的结合键，使溶解度下降。另外，当溶液中除药物和溶剂外还有其他物质时，常使难溶性药物的溶解度受到影响。故在溶解过程中，宜把处方中难溶的药物先溶于溶剂中。

三、增加药物溶解度的方法

1. 制成可溶性盐类

一些难溶性弱酸或弱碱性药物，可制成盐而增加其溶解度。酸性药物如苯巴比妥类、磺胺类等可用碱（氢氧化钠、碳酸氢钠、氢氧化钾、氢氧化铵、二乙醇胺等）制成盐，碱性药物如可卡因、普鲁卡因、奎宁、生物碱等可用酸（盐酸、硫酸、磷酸、氢溴酸等无机酸和枸橼酸、酒石酸、醋酸等有机酸）制成盐，以增加在水中的溶解度。例如，水杨酸的溶解度为 1:500，而水杨酸钠的溶解度为 1:1，溶解度大大提高。

但是在将难溶性弱酸、弱碱药物制成盐类时，除了考虑溶解度外，还应考虑成盐后的稳定性、毒性、刺激性以及疗效等方面的变化，如青霉素钾盐比钠盐具有较低的刺激性，阿司匹林钙盐比钠盐的溶解度大且稳定。

2. 使用增溶剂

难溶性药物分散于表面活性剂形成的胶束中溶解度会增加。需要注意的是，使用增溶剂增溶药物必须选择适当的比例，其用量选择一般是通过三元相图实验来确定。

例：紫杉醇（taxol）又称红豆杉醇，为 20 世纪 90 年代国际上抗肿瘤药三大成就之一，最早从太平洋红豆杉 Taxus brevifolia 的树皮中分离得到，1972 年年底美国 FDA 批准上市，临

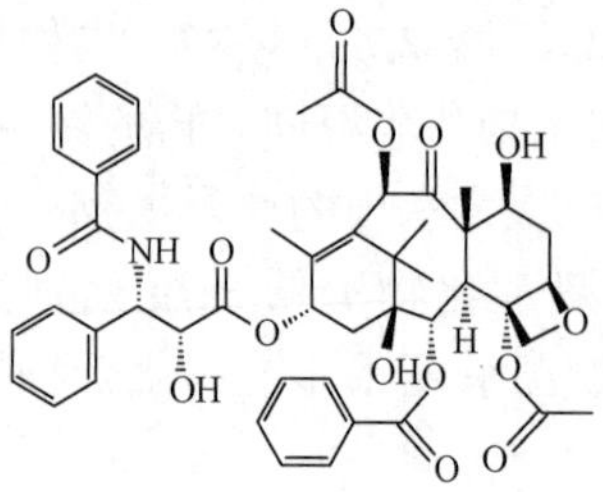

图 4-2　紫杉醇的结构图

床用于治疗卵巢癌、乳腺癌和肺癌疗效较好，颇受医药界重视，临床需求量较大。但紫杉醇在水中溶解度很差，影响其治疗作用和临床应用（图 4-2）。

市售紫杉醇静脉注射剂是将其溶于乙醇和增溶剂聚氧乙烯蓖麻油（cremophor EL，CrEL）1:1 的混合溶媒中制成 6 mg/mL 的浓缩液，使用前用生理盐水或葡萄糖稀释 5～20 倍即可。

3. 加入助溶剂

助溶剂的加入会增加一些难溶性药物在水中的溶解度。助溶的机制可能为助溶剂与难溶性药物形成可溶性络合物，或形成有机分子复合物，或通过复分解形成可溶性盐类。药物的助溶尚无明确规律，一般可根据药物性质来选择助溶剂，比如有机酸钠盐或是酰胺化合物。

4. 选择潜溶剂

潜溶剂一般为水与乙醇、甘油、丙二醇、聚乙二醇等组成的混合溶剂。潜溶剂能提高药物溶解度的原因，一般认为是两种溶剂间发生氢键缔合或潜溶剂改变了原来溶剂的介电常数。药物在潜溶剂中的溶解度与潜溶剂的种类、潜溶剂中各溶剂的比例有关，在选择溶剂时，应考虑其对人体毒性、刺激性以及疗效的影响。

5. 引入亲水基团

难溶性药物分子结构中引入亲水基团可增加其在水中的溶解度，如羟基（—OH）、磺酸钠基（$—SO_3Na$）、羧酸钠基（—COONa）以及多元醇或糖基等。例如，维生素 B_2 在水中溶解度小于 1:3 000，分子中引入$—PO_3HNa$ 形成维生素 B_2 磷酸酯钠，溶解度增加 300 倍；维生素 K_3 不溶于水，分子中引入$—SO_3HNa$ 形成维生素 K_3 亚硫酸氢钠，可制成以水为溶媒的注射剂。

例：青蒿素（qinghaosu，arteannuin，artemisinin）是过氧化物倍半帖，是从中药青蒿（也称黄花蒿）Artemisia annua L.中分离得到的抗恶性疟疾的有效成分。青蒿素在水中及油中均难溶解，影响其治疗作用的发挥，临床应用也受到一定限制。

对青蒿素的结构进行修饰，合成出具有抗疟效价高、原虫转阴快、速效、低毒等特点的双氢青蒿素（dihydroqinghaosu），再进行甲基化，将它制成油溶性的蒿甲醚（artemether）及水溶性的青蒿琥珀酸单酯（artesunate），临床疗效显著提高。青蒿素及其两种衍生物的结构如图 4-3 所示。

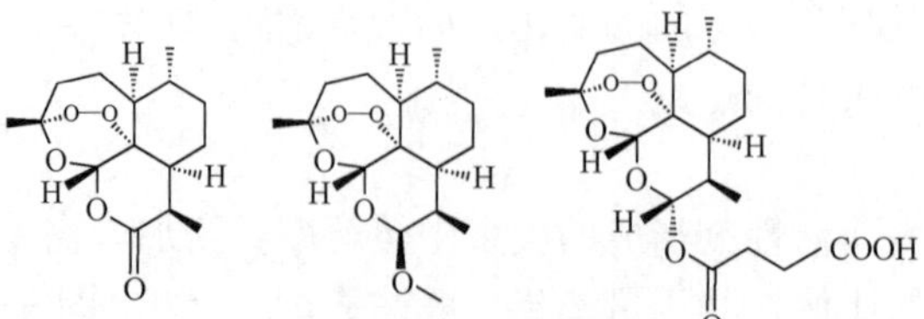

青蒿素　　蒿甲醚　　青蒿琥珀酸单酯

图 4-3　青蒿素及其两种衍生物的结构图

6. 其他方法

采用微粉化或纳米技术减小药物粒径，可增大难溶性药物的溶解度；选择合适的晶型可以改善多晶型药物的溶解度，一般无定形药物溶解度较结晶型药物溶解度大；固体分散体、包合技术等制剂新技术的应用也可提高难溶性药物的溶解度。

此外，可以通过改变温度、pH 来提高一些药物的溶解度。例如，针对溶解过程为吸热的药物，可通过升高温度来提高其溶解度；针对一些有机弱酸、弱碱性药物，可通过调节溶液 pH 来提高其溶解度。

4.4　表面活性剂

1. 掌握表面活性剂的概念、结构特征及分类。
2. 熟悉表面活性剂的性质、应用。

能使溶液表面张力显著下降的物质，称为表面活性剂（Surfactants）。与一般的表面活性物质不同的是，表面活性剂还具有增溶、乳化、润湿、去污、杀菌、消泡和起泡等作用。

表面活性剂的分子结构具有两亲性，一端为亲水基团，另一端为疏水基团（亲油基团）。亲水基团一般极性较强，可以是离子基团，如羧酸、磺酸、硫酸酯及其可溶性盐、磷酸酯基、氨基或胺基及其盐等；也可以是非离子基团，如羟基、酰胺基、醚键、羧酸酯基等。疏水基团常为非极性烃链，烃链长度一般在 8 个碳原子以上，或者是含有杂环或芳香族基团的碳链等。例如，肥皂是脂肪酸类（R—COO—）表面活性剂，其结构中的脂肪酸碳链（R—）为亲油基团，解离的脂肪酸根（COO—）为亲水基团。

一、表面活性剂的分类

表面活性剂通常按其能否解离，分为离子型表面活性剂和非离子型表面活性剂两大类，离子型表面活性剂根据所带电荷的性质，又可分为阴离子表面活性剂、阳离子表面活性剂和两性离子表面活性剂。

1. 阴离子表面活性剂

该类表面活性剂起作用的部分是阴离子。阴离子型表面活性剂在水中解离后，生成由疏水基团和亲水基阴离子组成的表面活性部分以及带相反电荷的反离子，该类表面活性剂一般在 pH 大于 7 时表面活性较强，pH 小于 5 时活性较弱。按亲水基分类，可分为高级脂肪酸盐、硫酸酯盐、磺酸盐、磷酸盐等。

（1）高级脂肪酸盐：肥皂类，通式为$(RCOO^-)_nM^{n+}$。脂肪酸烃链 R 一般在 C_{11}～C_{17}之间，以硬脂酸（C_{18}）、油酸（C_{18}）、棕榈酸（C_{16}）、月桂酸（C_{12}）等较常见。根据金属离子 M 的不同，又可分为碱金属皂（一价皂，如钠皂和钾皂）、碱土金属皂（二价皂，如钙皂和镁皂）和有机胺皂（如三乙醇胺皂）等。肥皂类表面活性剂具有良好的乳化性能和分散油的能力，但易被酸破坏。其中碱金属皂、有机胺皂常用作 O/W 型乳剂的乳化剂，碱土金属皂为 W/O 型乳剂的乳化剂。碱金属皂为可溶性皂，在 pH 大于 9 时稳定，pH 小于 9 时易析出脂肪酸而失去表面活性，多价离子如钙离子、镁离子等也可以与其结合成不溶金属皂而破坏制剂的稳定性。本品有一定的刺激性，一般只用于外用制剂。

（2）硫酸化物：主要为硫酸化油和高级脂肪醇硫酸酯类，通式为 $R \cdot O \cdot SO_3^-M^+$。硫酸化油的代表是硫酸化蓖麻油，俗称土耳其红油，为黄色或橘黄色黏稠液，有微臭，无刺激性。其约含 48.5%的总脂肪油，可与水混合，可用作去污剂和润湿剂，可代替肥皂洗涤皮肤，也可用于挥发油或水不溶性杀菌剂的增溶。高级脂肪醇硫酸酯类脂肪烃链 R 在 C_{12}～C_{18} 范围，常用的是十二烷基硫酸钠（SDS，又称月桂醇硫酸钠）、十六烷基硫酸钠（鲸蜡醇硫酸钠）、十八烷基硫酸钠（硬脂醇硫酸钠）等。本品的乳化性能也很强，且较肥皂类稳定，较耐酸和钙、镁盐，但可与一些高分子阳离子药物发生作用而产生沉淀，对黏膜有一定的刺激性，主要用作外用软膏的乳化剂，有时也用于片剂等固体制剂的润湿剂或增溶剂。

（3）磺酸化物：通式分别为 $R \cdot SO_3^- M^+$，包括脂肪族磺酸化物、烷基芳基磺酸化物、烷基萘基磺酸化物等。常用的品种有二辛基琥珀酸磺酸钠（阿洛索－OT）、二已基琥珀酸磺酸钠（阿洛索－18）、甘胆酸钠、十二烷基苯磺酸钠等。其中，十二烷基苯磺酸钠为目前广泛应用的洗涤剂。水溶性及耐酸、耐钙、镁盐性比硫酸化物稍差，但在酸性溶液中不易水解。其渗透力强、易起泡、去污力好，为优良的洗涤剂。牛磺胆酸钠等胆盐也属于此类表面活性剂，胆盐在消化道中大量分泌，可以作为胃肠道中脂类物质的乳化剂和增溶剂。

2. 阳离子表面活性剂

该类表面活性剂起作用的部分是阳离子，也称阳性皂。主要是季铵型阳离子表面活性剂，结构通式为$[RNH_3]^+ \cdot X^-$，其特点是水溶性好，在酸性与碱性溶液中均较稳定，具有良好的表面活性和杀菌作用。常用的阳离子型表面活性剂有苯扎氯铵（又称洁尔灭）、苯扎溴铵（又称新洁尔灭）、度米芬（又称消毒宁）及消毒净等，主要外用于消毒、灭菌等。

3. 两性离子表面活性剂

分子结构中同时具有正、负电荷基团的表面活性剂，在不同 pH 介质中可表现出阳离子或阴离子表面活性剂的性质。pH 在等电范围内表面活性剂呈中性；在等电点以上呈阴离子型表面活性剂的性质，具有很好的起泡、去污作用；在等电点以下则呈阳离子型表面活性剂的性质，具有很强的杀菌能力。两性离子型表面活性剂有天然和人工合成之分。

（1）卵磷脂：是天然的两性离子表面活性剂。主要来源于大豆和蛋黄，为透明或半透明黄色油脂状物质，在酸性和碱性条件以及酯酶作用下容易水解，不溶于水，溶于氯仿、乙醚、石油醚等有机溶剂，是制备注射用乳剂及脂质微粒制剂的主要辅料。

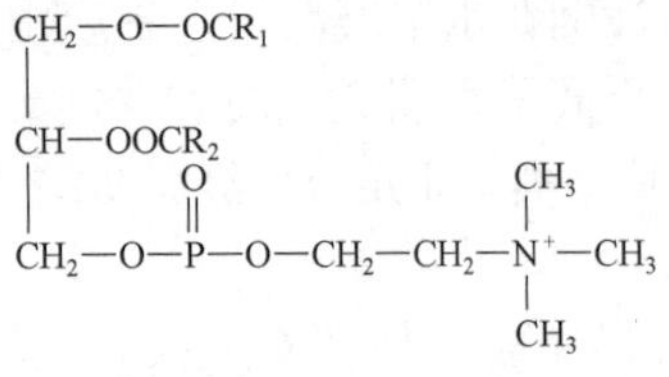

$CH_2-O-OCR_1$
$CH-OOCR_2$
$CH_2-O-P(=O)-O-CH_2-CH_2-N^+(CH_3)_2-CH_3$

图 4－4 磷脂酰胆碱的分子基本结构

卵磷脂成分复杂，包含各种甘油磷脂如脑磷脂、磷脂酰胆碱、磷脂酰乙醇胺、丝氨酸磷脂、肌醇磷脂、磷脂酸等，其中主要成分磷脂酰胆碱由磷酸酯盐型的阴离子部分和季铵盐型的阳离子部分组成，基本结构如图 4－4 所示。

磷脂中磷脂酰胆碱含量高时，可作为水包油型乳化剂，而磷脂中肌醇磷脂含量高时，则为油包水型乳化剂。

（2）氨基酸型表面活性剂：合成的两性离子表面活性剂，通式为（$R \cdot {}^+NH_2 \cdot CH_2CH_2 \cdot COO^-$）。其阴离子部分是羧酸盐，阳离子部分为胺盐。氨基酸型表面活性剂在等电点时亲水性减弱，并可能产生沉淀。十二烷基双（氨乙基）－甘氨酸盐酸盐（商品名为 TegoMHG）属于氨基酸型两性离子表面活性剂，杀菌力很强，但毒性小于阳离子表面活性剂，其 1%水溶液可作消毒喷雾使用。

（3）甜菜碱型表面活性剂：合成的两性离子表面活性剂，通式为（$R \cdot {}^+N \cdot (CH_3)_2 \cdot CH_2 \cdot COO^-$）。其阴离子部分是羧酸盐，阳离子部分为季铵盐。甜菜碱型表面活性剂的优点是在酸性、中性及碱性溶液中均易溶，在等电点时也无沉淀，适用于任何 pH 条件。

4. 非离子型表面活性剂

非离子型表面活性剂是在水溶液中不解离的一类表面活性剂，其分子中亲水基团一般是甘油、聚乙二醇或山梨醇等多元醇，亲油基团一般是长链脂肪酸或长链脂肪醇以及烷基或芳基等，两者以酯键或醚键相结合。

非离子表面活性剂稳定性高，不易受电解质与溶液 pH 等影响，毒性低，溶血作用小，因此广泛应用于药物制剂中，可用于外用、口服制剂，少数可用于注射剂，常用作增溶剂、分散剂、乳化剂等。

非离子表面活性剂品种较多，根据亲水基团的不同，分为以下类型：

1）脂肪酸甘油酯

主要有脂肪酸单甘油酯和脂肪酸二甘油酯，如单硬脂酸甘油酯等。脂肪酸甘油酯的外观根据其纯度可以是褐色、黄色或白色的油状、脂状或蜡状物质，熔点在 30～60 ℃，不溶于水，在水、热、酸、碱及酶等作用下易水解成甘油和脂肪酸。其表面活性较弱，HLB 为 3～4，主要用作 W/O 型辅助乳化剂。

2）多元醇型

（1）脂肪酸山梨坦：商品名为司盘（Span）。

即失水山梨醇脂肪酸酯，是由山梨糖醇及其单酐和二酐与脂肪酸反应缩合而成的混合酯，其结构如下：

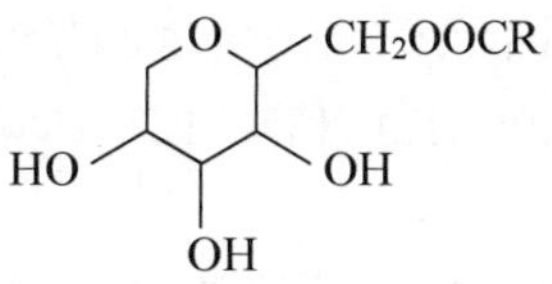

O　CH_2OOCR

HO　OH

OH

RCOO为脂肪酸根，其中R为C_{11}～C_{17}的烃基

根据脂肪酸的不同，有司盘 20（月桂山梨坦）、司盘 40（棕榈山梨坦）、司盘 60（硬脂山梨坦）、司盘 65（三硬脂山梨坦）、司盘 80（油酸山梨坦）和司盘 85（三油酸山梨坦）等多个品种。

脂肪酸山梨坦是黏稠状、白色至黄色的油状液体或蜡状固体。由于本品亲油性较强，一般用作水/油型乳剂的乳化剂，或油/水型乳剂的辅助乳化剂，多用于搽剂和软膏剂，也可作注射（非静脉注射）用乳剂的辅助乳化剂。

（2）聚山梨酯：商品名为吐温（Tween），美国药典品名为 Polysorbate。

即聚氧乙烯失水山梨醇脂肪酸酯，是由失水山梨醇脂肪酸酯与环氧乙烷反应生成的酯类化合物。氧乙烯链节数约为 20，可加成在山梨醇的多个羟基上，是一种复杂的混合物，其结构如下：

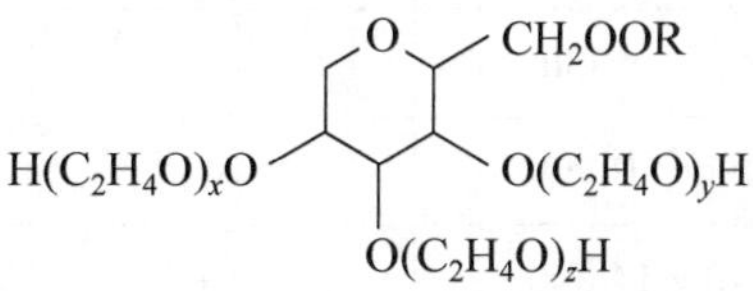

O　CH_2OOR

$H(C_2H_4O)_xO$　$O(C_2H_4O)_yH$

$O(C_2H_4O)_zH$

与司盘的命名相对应，根据脂肪酸的不同，聚山梨酯有吐温 20（月桂山梨坦）、吐温 40（棕榈山梨坦）、吐温 60（硬脂山梨坦）、吐温 65（三硬脂山梨坦）、吐温 80（油酸山梨坦）和吐温 85（三油酸山梨坦）等多个品种。

聚山梨酯是黏稠的黄色液体，对热稳定，但在酸、碱和酶作用下也会水解。由于分子结构中含有聚氧乙烯基，亲水性显著增加，为水溶性的表面活性剂，常用作增溶剂和 O/W 型乳剂的乳化剂。

3）聚氧乙烯型

（1）聚氧乙烯脂肪酸酯：是由聚乙二醇与长链脂肪酸缩合而成的酯，通过羧酸酯基将疏水基和亲水基连接，也称为聚乙二醇酯型表面活性剂，通式为 $R\cdot COO\cdot CH_2(CH_2OCH_2)_nCH_2\cdot OH$。

根据聚氧乙烯基聚合度和脂肪酸种类不同而有不同的品种，包括卖泽类（Myrij）、聚乙二醇－12－羟基硬脂酸酯（Soloul HS 15）、聚乙二醇 1000 维生素 E 琥珀酸酯（TPGS 1000）等。其中，卖泽类常用的有 Myrij45、Myrij49、Myrij51、Myrij52 等。本类产品的水溶性和乳化能力均很强，常用作 O/W 型乳剂的乳化剂。

（2）聚氧乙烯脂肪醇醚：是由聚乙二醇与脂肪醇缩合而成的醚，通式为 $R\cdot O\cdot(CH_2OCH_2)_nH$。

根据聚氧乙烯基聚合度和脂肪酸种类不同而有不同的品种，包括苄泽（Brij）类、西土马哥（Cetomacrogol）、平平加 O（Perogol O）、聚氧乙烯蓖麻油（Cremolphor EL）等。其中，苄泽类为不同相对分子质量的聚乙二醇与月桂醇缩合物，相关产品有 Brij 30、Brij 35 等；西土马哥为聚乙二醇与十六醇的缩合物；平平加 O 是 15 个单位的氧乙烯与油醇的缩合物；聚氧乙烯蓖麻油则是 20 个单位以上的氧乙烯与油醇缩合而成，为淡黄色油状液体或白色糊状物，易溶于水和醇及多种有机溶剂，HLB 值在 12～18 范围内，具有较强的亲水性。本类产品常用作增溶剂及 O/W 型乳化剂。

（3）聚氧乙烯－聚氧丙烯共聚物：又称泊洛沙姆（Poloxamer），商品名为普郎尼克（Pluronic）。由聚氧乙烯和聚氧丙烯聚合而成，通式为 $HO(C_2H_4O)_a—(C_3H_6O)_b—(C_2H_4O)_cH$，其中 a 和 c 为 2～130，b 为 15～67，代表聚氧乙烯与聚丙乙烯的聚合度。

根据共聚比例的不同，本品有不同型号的产品，相对分子质量从 1 000 到 10 000 以上不等，见表 4－3。随着相对分子质量增加，从液体逐渐到固态。其结构中的聚氧乙烯基是亲水基团，而聚氧丙烯基是疏水基团。随聚氧丙烯比例增加，亲油性增强；反之，随聚氧乙烯比例增加，亲水性增强。

表 4－3　泊洛沙姆（普郎尼克）型号及其相对分子质量

泊洛沙姆	普郎尼克	平均相对分子质量	聚合度 a	聚合度 b	聚合度 c
124	L44	2 090～2 360	12	20	12
188	F68	7 680～9 510	79	28	79
237	F87	6 840～8 830	64	37	64
338	F108	12 700～10 400	141	44	141
407	F127	9 840～14 600	101	56	101

本品具有乳化、润湿、分散、起泡和消泡等多种优良性能，但增溶能力较弱。其中 Poloxamer 188（Pluronic F68）作为一种 O/W 型乳化剂，毒性小，刺激性小，且不易引起过敏反应，可用于制备静脉注射用乳剂，用量 0.1%～5%。用本品制备的乳剂，乳粒少，一般在 1 μm 以下，吸收率高，物理性质稳定，能够耐受热压灭菌和低温冰冻。

除上述产品外，非离子型表面活性剂还有脂肪酸甘油酯、脂肪酸蔗糖酯、脂肪酸蔗糖醚、聚氧乙烯烷基酚醚等。OP 系列乳化剂为壬基酚或辛基酚与环氧乙烷的缩合物，即聚氧乙烯烷基酚醚，为棕黄色水溶性膏状物，乳化能力强，可用作 O/W 型乳膏基质的乳化剂。

5. 高分子型表面活性剂

通常将相对分子质量在 2 000 以上且具有表面活性的物质，称为高分子表面活性剂。与低分子表面活性剂一样，高分子表面活性剂也由亲水和亲油基团两部分组成。

相对低分子表面活性剂，高分子表面活性剂在降低表面张力、界面张力、去污力、起泡力和渗透力方面较差，多数情况不形成胶束，这些特征与低分子表面活性剂有很大的差别。但高分子表面活性剂在各种表面、界面有很好的吸附作用，因而分散性、絮凝性和增溶性较好，用量较大时，还具有较强的乳化、稳泡、增稠、成膜等作用。

高分子表面活性剂按其来源，可分为天然、半合成、合成三大类。其中，天然高分子表面活性剂是从动植物分离、精制得到的水溶性高分子，如淀粉类、纤维素类、各种树胶、壳聚糖等；半合成高分子表面活性剂是淀粉、纤维素、蛋白质经化学改性制得，如阳离子淀粉、甲基纤维素等；合成高分子表面活性剂则是由两亲单体均聚或由亲水单体和亲油单体共聚以及在水溶性较好的大分子物质上引入两亲单体制得，如聚丙烯酰胺、聚丙烯酸等。

按其解离性质分类，高分子表面活性剂也可分为阴离子型、阳离子型、两性型和非离子型。其中，阴离子型有聚甲基丙烯酸钠、羧甲基纤维素钠等；阳离子型有氨基烷基丙烯酸酯共聚物等；两性离子型有丙烯酸乙烯基吡啶共聚物、两性聚丙烯酰胺等；非离子型有羟乙基纤维素、聚乙烯吡咯烷酮、聚丙烯酰胺等。

二、表面活性剂的特性

1. 吸附

表面活性剂溶于水中，当浓度较低时，被吸附在溶液与空气交界的表面上或水溶液与油交界的面上，其亲水基团插入水相中，亲油基团朝向空气或油相中，并在表面（或界面）上定向排列，这样就改变了液体的表面组成。这时，表面层的浓度大于溶液内部的浓度，称为正吸附，简称吸附。正吸附发生的原因可以认为是进一步降低了表面张力。

将表面活性剂加入水中，在低浓度时，表面活性剂分子主要聚集在水 – 空气界面上做定向排列，其亲水基团朝向水而亲油基团朝向空气。当浓度足够低时，表面活性剂分子几乎完全集中在溶液表面形成单分子层，此时溶液表面层的表面活性剂浓度远远高于其在溶液内部的浓度。表面活性剂分子在溶液表面层聚集的现象称为正吸附，简称吸附（图 4 – 5）。

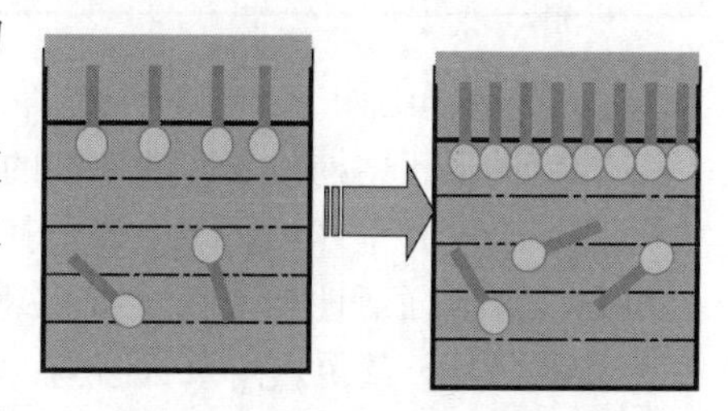
图 4 – 5　表面活性剂的正吸附

正吸附改变了溶液表面的性质，溶液表面水分子被表面活性剂中的碳氢链或其他非极性基团代替。由于水分子与非极性疏水基团间的作用力小于水分子间的作用力，因此表面收缩力降低，从而表现出较低的表面张力，产生较好的润湿性、乳化性、增溶性、起泡性等。表面活性剂与固体接触时，表面活性剂分子也可吸附在固体表面，使固体表面性质发生改变，使之易于润湿。非极性固体表面单层吸附，极性固体表面可发生多层吸附。

2. 胶束

当表面活性剂在水溶液中达到一定浓度，表面张力降至最低时，溶液表面达到饱和吸附，不能容纳更多的表面活性剂分子。当浓度继续增大时，表面活性剂分子开始转入溶液内部，因其疏水基团的存在，表面活性剂分子与水分子之间的排斥力远大于吸引力，导致表面活性剂分子依赖自身疏水基团之间的相互作用而聚集，自发形成疏水基团向内、亲水基团向外，并且在水中稳定分散的缔合体，这种缔合体称为胶束（micelles）。胶束是一种热力学稳定体系。

形成胶束是表面活性剂的重要性质之一，是表面活性剂产生增溶、乳化、去污、分散等作用的根本原因。

1）临界胶束浓度

在一定温度和浓度范围内，表面活性剂开始形成胶束的最低浓度即为临界胶束浓度（critical micelle concentration，CMC）。CMC 与表面活性剂的分子结构、组成等因素有关，不同表面活性剂，CMC 不同。亲水基相同的表面活性剂同系物，疏水基团越大，则越易缔合形成胶束，CMC 越小。在达到 CMC 后的一定范围内，单位体积溶液内形成胶束的数量与表面活性剂的浓度呈正相关。常用表面活性剂的 CMC 见表 4–4。

表 4–4　常用表面活性剂的 CMC

名称	测定温度/℃	CMC/（$mol \cdot L^{-1}$）	名称	测定温度/℃	CMC/（$mol \cdot L^{-1}$）
辛烷基磺酸钠	25	1.50×10^{-1}	氯化十二烷基铵	25	1.6×10^{-2}
辛烷基硫酸钠	40	1.36×10^{-1}	月桂酸蔗糖酯		2.38×10^{-6}
十二烷基硫酸钠	40	8.60×10^{-3}	棕榈酸蔗糖酯		9.5×10^{-5}
十四烷基硫酸钠	40	2.40×10^{-3}	硬脂酸蔗糖酯		6.6×10^{-5}
十六烷基硫酸钠	40	5.80×10^{-4}	吐温 20	25	6.0×10^{-2}（g/L 以下同）
十八烷基硫酸钠	40	1.70×10^{-4}	吐温 40	25	3.1×10^{-2}
硬脂酸钾	50	4.50×10^{-45}	吐温 60	25	2.8×10^{-2}
油酸钾	50	1.20×10^{-3}	吐温 65	25	5.0×10^{-2}
月桂酸钾	25	1.25×10^{-2}	吐温 80	25	1.4×10^{-2}
十二烷基磺酸钠	25	9.0×10^{-3}	吐温 85	25	2.3×10^{-2}

2）胶束的结构

胶束的形状结构与表面活性剂的浓度有关。当表面活性剂的浓度达到 CMC 时，胶束有相近的缔合度并呈球形，即由疏水基构成的内核和排列在球壳外部的亲水基形成栅状结构；随着溶液中表面活性剂浓度增加（20%以上），胶束不再保持球形结构，转变成具有更高分子缔合数的棒状，甚至六角束状结构；浓度更大时，则成为板状或层状结构（图 4–6）。从球形结构到层状结构，表面活性剂的碳氢链从紊乱分布转变成规整排列，完成了从液态向液晶态的转变，表现出明显的光学各向异性性质。在层状胶束结构中，表面活性剂分子的排列已接近于双分子层结构，且层状胶束与相同厚度水层呈等距离平行排列。

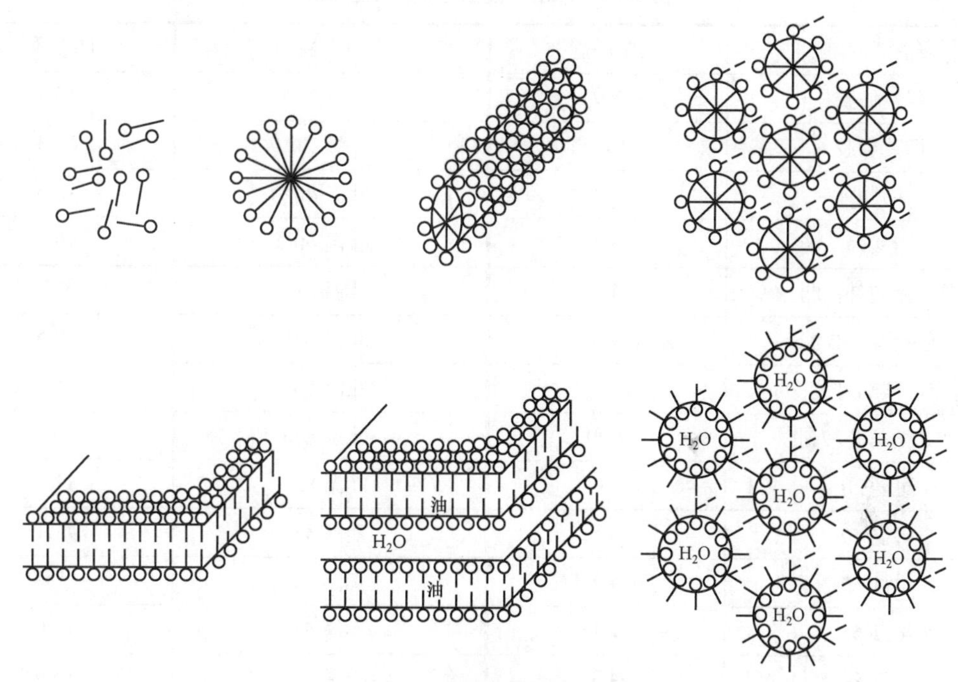

图 4-6　胶束的结构示意图

在含高浓度表面活性剂的水溶液中，如有少量非极性有机溶剂存在，则有可能形成反胶束（reversed micelle），即亲水基团向内、疏水基团朝向非极性液体。油溶性或亲油性表面活性剂如钙肥皂、丁二酸二辛基磺酸钠、司盘类表面活性剂，在非极性溶剂中也可形成类似的反胶束。

3）CMC 测定

当表面活性剂在溶液中的浓度达到 CMC 时，除溶液的表面张力外，溶液的多种物理性质，如摩尔电导、黏度、渗透压、密度、光散射等也会发生急剧变化。换句话说，溶液物理性质发生急剧变化时的表面活性剂的浓度即为该表面活性剂的 CMC。因此，利用这些性质与表面活性剂浓度之间的关系，可推测出表面活性剂的 CMC。常用的 CMC 测定方法有电导法、表面张力法、增溶法、光散射法、染料法以及荧光探针法等。

但需要注意的是，有些性质对单体浓度敏感、有些对胶束敏感，因此，同一个表面活性剂用不同方法测定得到的 CMC 数值可能会有微小的差异。此外，温度、浓度、电解质、pH 等因素对测定结果也会产生影响。

3. 亲水亲油平衡值

1）概念

表面活性剂分子中亲水和亲油基团对油或水的综合亲和力称为亲水亲油平衡（hydrophile-lipophile balance，HLB）值。HLB 值是一个相对值，根据表面活性剂的结构和性质，将无亲水基（完全由疏水碳氢基团组成）的石蜡分子的 HLB 值规定为 0，不含疏水基（完全由亲水性的氧乙烯基组成）的聚乙二醇的 HLB 值规定为 20。非离子表面活性剂的 HLB 值范围为 0～

20，离子表面活性剂的 HLB 值范围为 0～40。常用表面活性剂的 HLB 值见表 4-5。

表 4-5　常用表面活性剂的 HLB 值

表面活性剂	HLB 值	表面活性剂	HLB 值
阿拉伯胶	8.0	吐温 20	16.7
西黄蓍胶	13.0	吐温 21	13.3
明胶	9.8	吐温 40	15.6
单硬脂酸丙二酯	3.4	吐温 60	14.9
单硬脂酸甘油酯	3.8	吐温 61	9.6
二硬脂酸乙二酯	1.5	吐温 65	10.5
单油酸二甘酯	6.1	吐温 80	15.0
十二烷基硫酸钠	40.0	吐温 81	10.0
司盘 20	8.6	吐温 85	11.0
司盘 40	6.7	卖泽 45	11.1
司盘 60	4.7	卖泽 49	15.0
司盘 65	2.1	卖泽 51	16.0
司盘 80	4.3	卖泽 52	16.9
司盘 83	3.7	聚氧乙烯 400 单月桂酸酯	13.1
司盘 85	1.8	聚氧乙烯 400 单硬脂酸酯	11.6
油酸钾	20.0	聚氧乙烯 400 单油酸酯	11.4
油酸钠	18.0	苄泽 35	16.9
油酸三乙醇胺	12.0	苄泽 30	9.5
卵磷脂	3.0	西土马哥	16.4
蔗糖酯	5～13	聚氧乙烯氢化蓖麻油	12～18
泊洛沙姆 188	16.0	聚氧乙烯烷基酚	12.8
阿特拉斯 G-263	25～30	聚氧乙烯壬烷基酚醚	15.0

表面活性剂的 HLB 值越高，亲水性越强；反之，HLB 值越低，亲油性越强。不同 HLB 值的表面活性剂有不同的用途，见表 4-6。

表 4-6　不同 HLB 值表面活性剂的用途

HLB 值	应用	HLB 值	应用
1～3	消泡剂	8～18	O/W 型乳化剂
3～6	W/O 型乳化剂	13～16	去污剂
7～9	润湿剂与铺展剂	13～18	增溶剂

非离子表面活性剂的 HLB 值具有加和性，简单的二组分非离子表面活性剂混合体系的HLB 值可由下式计算：

$$HLB=\frac{HLB_a \times W_a + HLB_b \times W_b}{W_a + W_b} \qquad (4-1)$$

式中，HLB_{ab} 为 a 和 b 两种非离子型表面活性剂混合后体系的 HLB 值；HLB_a 和 HLB_b 分别为 a 和 b 的 HLB 值；W_a 和 W_b 分别为 a 和 b 的量。例如，45%司盘 60（HLB＝4.7）和 55%吐温 60（HLB＝14.9）组成的混合表面活性剂的 HLB 值为 10.31。但上式不适用于混合离子型表面活性剂 HLB 值的计算。

2）HLB 值的理论计算法

如果把表面活性剂的HLB值看成是分子中各种结构基团贡献的总和，则每个基团对HLB值的贡献可以用数值表示，这些数值称为 HLB 基团数（group number），将各个 HLB 基团数代入式（4－2），即可求出表面活性剂的 HLB 值。此法适用于一些阴离子表面活性剂和非离子表面活性剂的 HLB 计算。

$$HLB=\sum(\text{亲水基团 HLB 数})-\sum(\text{亲油基团 HLB 数})+7 \qquad (4-2)$$

例如，十二烷基硫酸钠的 HLB 值为：

$$HLB=38.7-(0.475\times 12)+7=40.0$$

例如，油酸钠的 HLB 值为：

$$HLB=19.1-(0.475\times 17)+7=18.0$$

表面活性剂的一些常见基团及其 HLB 基团数见表 4－7。

表 4－7 一些常见基团及其 HLB 基团数

亲水基团	基团数	亲油基团	基团数
$—SO_4Na$	38.7	—CH—	0.475
$—SO_3Na$	37.4	$—CH_2—$	0.475
—COOK	21.1	$—CH_3$	0.475
—COONa	19.1	═CH—	0.476
—N═	9.4	$—CH_2—CH_2—CH_2—O—$	0.15
酯（失水山梨醇环）	6.8	$—CH(CH_3)—CH_2—O—$	0.15
酯（自由）	2.4		
—COOH	2.1	苯环	1.662
—OH（自由）	1.9	$—CF_2—$	0.870
—O—	1.3	$—CF_3$	0.870
—OH（失水山梨醇环）	0.5		
$—(CH_2CH_2O)—$	0.33	$—CH_2—CH(CH_3)—O—$	0.15

4. Krafft 点与昙点

表面活性剂的溶解度受温度影响。对于离子型表面活性剂，在温度较低时，其在水中的溶解度随温度升高而缓慢增加，但当温度升高至某一温度后，溶解度急剧增加，此温度称为 Krafft 点，又称克氏点，所对应的溶解度即为该表面活性剂在该温度的临界胶束浓度。离子型表面活性剂在 Krafft 点以上时具有更好的表面活性，因此，其应用温度应不低于 Krafft 点。

对于一些聚氧乙烯类非离子表面活性剂，其溶解度在开始时随温度升高而增大，但当温度升高到一定程度时，聚氧乙烯链与水之间的氢键断裂，致使其在水中的溶解度急剧下降并析出，溶液由清变浊，这一现象称为起昙（clouding formation），此时的温度称为昙点或浊点（cloud point）。起昙是一种可逆现象，当温度降到昙点以下时，氢键又重新形成，溶液恢复澄清。吐温类非离子表面活性剂有起昙现象，其浊点多数在 70～100 ℃，例如吐温 20 的昙点为 90 ℃，吐温 60 的昙点为 76 ℃，吐温 80 的昙点为 93 ℃。制剂中含有能产生起昙现象的表面活性剂时，应注意加热灭菌的温度。某些含有聚氧乙烯基的非离子表面活性剂如泊洛沙姆 188 等，在常压下观察不到起昙现象。

三、表面活性剂的生物学性质

1. 对药物吸收的影响

表面活性剂的存在可能促进药物的吸收，也可能降低药物的吸收，取决于多种因素的影响，如药物在胶束中的扩散、生物膜的通透性改变、对胃空速率的影响、黏度等，很难作出预测，一般要通过实验来确定。

通常低浓度的表面活性剂具有降低界面张力的作用，能使固体药物与胃肠道体液间接触角变小，增加药物的润湿性，加速药物的溶解和吸收。但当表面活性剂的浓度增加到 CMC 以上时，药物被包裹或镶嵌在胶团中不易被释放，会大大降低游离药物的浓度，从而降低药物的吸收。例如使用 1.25%吐温 80 时，水杨酰胺的吸收速度为 1.3 mL/min，而当浓度增加到 10%时，吸收速度仅为 0.5 mL/min。

表面活性剂溶解生物膜脂质增加了上皮细胞的通透性，从而改善吸收，如十二烷基硫酸钠可以促进头孢菌素钠、四环素、磺胺脒、氨基苯磺酸等药物的吸收。

2. 与蛋白质的相互作用

离子型表面活性剂与蛋白质易发生相互作用。蛋白质分子在酸性或碱性条件下发生解离，而分别带正电荷或负电荷，从而与阴离子型表面活性剂或阳离子型表面活性剂发生相互作用。表面活性剂还可能破坏蛋白质二级结构中的盐键、氢键和疏水键，使蛋白质各残基之间的交联作用减弱，螺旋结构变得无序或受到破坏，最终使蛋白质发生变性而失去活性。

3. 毒性

一般而言，阳离子型表面活性剂的毒性最大，其次是阴离子型表面活性剂，非离子型表面活性剂毒性最小，两性离子型表面活性剂的毒性小于阳离子表面活性剂。例如，小鼠口服 0.063%氯化烷基二甲铵（阳离子型表面活性剂）后表现出慢性毒性作用；口服 1%二辛基琥珀酸磺酸钠（阴离子型表面活性剂）仅有轻微毒性；而相同浓度的十二烷基硫酸钠（非离子型表面活性剂）则无毒性反应。

表面活性剂的毒性与给药途径有关，一般静脉给药的毒性大于口服给药的毒性。供静脉注射用的 Poloxamer188 毒性较低，麻醉小鼠可耐受 10 mL 浓度为 10%的 Poloxamer188 溶液。一些表面活性剂的口服和静脉注射的半数致死量见表 4－8。

表 4－8　一些表面活性剂的口服和静脉注射的半数致死量（mg/kg，小鼠）

品名	口服	静脉注射
苯扎氯铵（洁尔灭）	350	30
脂肪酸磺酸钠	1 600～6 500	60～350
蔗糖单脂肪酸酯	2 000	56～78
吐温 20	＞25 000	3 750
吐温 80	＞25 000	5 800
Poloxamer188	15 000	7 700
聚氧乙烯甲基蓖麻油醚		6 640

4. 溶血作用

阴离子及阳离子型表面活性剂还有较强的溶血作用，如 0.001%十二烷基硫酸钠溶液就有强烈的溶血作用。非离子表面活性剂的溶血作用较轻微，其中以吐温类的溶血作用最小，其顺序为：聚氧乙烯烷基醚＞聚氧乙烯芳基醚＞聚氧乙烯脂肪酸酯＞吐温类；而吐温类的溶血作用顺序为：吐温 20＞吐温 60＞吐温 40＞吐温 80。吐温 80 和聚氧乙烯蓖麻油用于肌内注射等非血管给药较为安全，但用于静脉给药时，会出现过敏反应等毒副作用，需谨慎。

5. 刺激性

表面活性剂长期应用或高浓度使用可能造成皮肤或黏膜损害。例如，季铵盐类化合物浓度高于 1% 即可对皮肤产生损害，十二烷基硫酸钠产生损害的浓度为 20% 以上，吐温类对皮肤和黏膜的刺激性很低，但一些聚氧乙烯醚类表面活性剂浓度高于 5% 即产生损害作用。

四、表面活性剂在药物制剂中的应用

1. 增溶作用

表面活性剂在水溶液中达到 CMC 后，一些水不溶性或微溶性物质在胶束溶液中的溶解度可显著增加，形成透明胶体溶液，这种作用即为增溶。增溶剂是药物制剂中的重要组成部分，一些挥发油、脂溶性维生素、甾体激素等难溶性药物可以通过增溶形成澄明溶液或提高浓度。

表面活性剂 HLB 值在 13～18 时增溶作用最强，一般以 15～18 最适，此范围内增溶量大、无毒副作用、性质稳定、刺激性小、生物降解性能优异为佳。通常阳离子型表面活性剂不用作增溶剂，阴离子型表面活性剂仅用于外用制剂，非离子型表面活性剂在口服、外用、注射剂中均有应用，其中，以聚山梨酯类应用最为普遍，它对非极性化合物和含极性基团的化合物均有增溶作用。

增溶剂的增溶能力会因加入顺序不同而出现差异。一般应先将药物与增溶剂混合，再加入水，这样增溶效果要好于增溶剂先与水混合，再加入药物。以聚山梨酯 80 增溶维生素 A 棕榈酸酯为例，实验结果表明，将聚山梨酯 80 先溶于水，再加药物，维生素 A 棕榈酸酯几乎不溶；而将药物与聚山梨酯 80 先混合，然后再加水稀释，则能很好地溶解。

2. 乳化作用

表面活性剂能降低油－水界面张力，使乳浊液易形成。表面活性剂分子在分散相液滴周围形成保护膜，防止液滴相互碰撞时聚集，从而能提高乳浊液的稳定性。为使乳浊液稳定存在而加入的表面活性剂称为乳化剂（emulsifier），其稳定作用称为乳化作用。

表面活性剂可作为乳化剂用于乳剂、乳膏剂等药物制剂的制备。通常 HLB 值为 8～16 的表面活性剂可用作 O/W 型乳剂的乳化剂，HLB 值为 3～8 的表面活性剂可用作 W/O 型乳剂的乳化剂。乳化剂的选择除了以 HLB 值为依据外，还需综合考虑安全性、给药途径、制剂稳定性等因素。在实际应用中，复合乳化剂的使用较为常见，其效果往往好于单一乳化剂。

3. 润湿作用

促进液体在固体表面铺展或渗透的作用称作润湿（wetting），能起润湿作用的表面活性剂称为润湿剂（wetting agent）。润湿的作用机制是表面活性剂分子能定向吸附在固–液界面，降低界面张力，减小接触角。

作为润湿剂的表面活性剂 HLB 值一般为 7～9，通常非离子型表面活性剂有较好的润湿效果，并且碳氢链较长对固体药物的吸附作用更强，而阳离子型表面活性剂的润湿效果较差。

润湿剂在混悬剂、颗粒剂、片剂等剂型的制备中有着广泛的应用。例如，制备复方硫黄洗剂时加入吐温 80，可改善药物的润湿性，使硫黄颗粒均匀分散于分散介质中，提高混悬剂的稳定性；片剂制备时，在制粒过程中加入适当润湿剂，可以增加颗粒的流动性，利于片剂的成型，而且能促进水分子渗入片芯，加快片剂的崩解和药物的溶出。

4. 起泡和消泡作用

在气液相界面间形成由液体膜包围的泡孔结构，从而使气液相界面间表面张力下降的现象，称为发泡作用。具有发生泡沫作用的物质称为发泡剂或起泡剂（foaming agents）。一些具有较强亲水性和较高 HLB 值的表面活性剂，在溶液中可降低液体的界面张力，促使溶液产生气泡或使气泡稳定，从而起到起泡剂或稳泡剂的作用。在皮肤、黏膜给药制剂中，通过加入这类表面活性剂，可产生持久稳定的泡沫，从而促进药物吸收，增强药效。例如，在外用避孕片中加入起泡剂和稳泡剂后，可使泡腾剂产生的泡沫持久充满腔道，增加避孕效果。

用来防止泡沫形成或消除泡沫的表面活性剂称为消泡剂（antifoaming agents）。有些中草药的乙醇或水浸出液，因含有皂甙、蛋白质、树胶以及其他高分子化合物等具有表面活性作用的物质，在剧烈搅拌或蒸发浓缩时，会产生大量稳定的泡沫，给浓缩或萃取操作带来困难。此时，可加入少量 HLB 值为 1～3 的亲油性较强的表面活性剂，如辛醇、戊醇、醚类、硅酮等，与泡沫液层争夺液膜表面，并吸附在泡沫表面上，取代原来的起泡剂，而其本身因碳链较短，并不能形成稳定的液膜，从而使泡沫破坏。

5. 去污作用

用于除去污垢的表面活性剂称为去污剂，也称洗涤剂（detergents）。去污的机理较为复杂，包括对污物表面的润湿、分散、乳化、增溶、起泡等多种过程。去污能力以非离子型表面活性剂最强，其次是阴离子型表面活性剂，HLB 值一般为 13～16。常用的去污剂有油酸钠和其他脂肪酸的钠皂、钾皂、十二烷基硫酸钠或烷基磺酸钠等。

6. 消毒和杀菌作用

大多数阳离子型、两性离子型表面活性剂都可用作消毒剂（disinfectant），少数阴离子表面活性剂也有类似作用，如甲酚皂、甲酚磺酸钠等。表面活性剂的消毒或杀菌作用可归结于它们与细菌生物膜蛋白质的强烈相互作用使之变性或破坏。含有长碳链的季铵盐类阳离子型表面活性剂对生物膜具有强烈的溶解作用，可以完全溶解包括细菌细胞在内的各种细胞膜。

这些消毒剂在水中都有较大的溶解度，可根据需要使用不同的浓度，分别用于手术前皮肤消毒、伤口或黏膜消毒、物品表面和环境消毒等。例如，苯扎溴铵为一种常用的广谱杀菌剂，创面消毒用 0.01%溶液，皮肤及黏膜消毒用 0.1%溶液，手术前洗手用 0.05%～0.1%溶液浸泡 5 min，手术器械消毒用 0.1%溶液（内加 0.5%亚硝酸钠以防生锈）煮沸 15 min 后再浸泡 30 min，0.005%以下溶液作膀胱和尿道灌洗，0.002 5%溶液作膀胱保留液。

4.5　低分子溶液剂

1. 掌握低分子溶液剂的概念及其基本性质。
2. 掌握低分子溶液剂的分类及其制备方法。

低分子溶液剂是指小分子药物分散在溶剂中制成的均匀分散的液体制剂。包括溶液剂、芳香水剂、糖浆剂、酊剂、醑剂、甘油剂、涂剂等。低分子溶液剂的特点是：药物的分散度大，易吸收；但稳定性差，特别是某些药物的水溶液稳定性更差；多采用溶解法制备等。

4.5.1　溶液剂

溶液剂（solutions）是指药物溶解于溶剂中所形成的澄明液体制剂。根据需要可加入助溶剂、抗氧剂、矫味剂、着色剂等附加剂。

1. 溶液剂的制备方法

溶液剂的制备方法有溶解法和稀释法两种。

（1）溶解法：将药物直接溶于溶剂，制备过程包括药物的称量、溶解、过滤、质量检查、包装等步骤。具体如下：

取 1/2～3/4 处方量溶剂，加入药物，搅拌使其溶解，过滤，通过过滤器将溶剂加至全量。过滤后的药液进行质量检查。将制得的药物溶液及时分装、密封、贴标签及进行外包装。

（2）稀释法：先将药物制成高浓度溶液，再用溶剂稀释至所需浓度即得。

2. 制备溶液剂时应注意的问题

采用溶液法制备时，要注意以下操作要点：① 处方中如有少量药物、附加剂、溶解度小的药物，应先溶解后再加入其他药物；② 有些药物虽然易溶，但溶解缓慢，此类药物在溶解过程中应采用粉碎、搅拌、加热等措施加快溶解；③ 难溶性药物可加入适宜的助溶剂或增溶剂使其溶解；④ 易氧化的药物溶解时，宜将溶剂加热放冷后再溶解药物，同时应加适量抗氧剂，以减少药物氧化损失；⑤ 易挥发性药物，应在最后加入，以免在制备过程中损失。

用稀释法制备溶液剂时，应注意浓度换算，挥发性药物浓溶液稀释过程中应注意挥发损失，以免影响浓度的准确性。

3. 溶液剂示例

例：复方碘溶液。

【处方】碘 50 g　　　　碘化钾 100 g　　　　蒸馏水适量至 1 000 mL

【制法】取碘、碘化钾，加蒸馏水 100 mL 溶解后，加蒸馏水至 1 000 mL 即得。

【注释】碘化钾为助溶剂，溶解碘化钾时尽量少加水，以增大其浓度，有利于碘的溶解。

4.5.2 糖浆剂

糖浆剂（syrups）是指含药物或芳香物质的浓蔗糖水溶液，供口服用。纯蔗糖的近饱和水溶液称为单糖浆或糖浆，浓度为 85%（g/mL）或 64.7%（g/g）。糖浆剂中的药物可以是化学药物，也可以是药材的提取物。

蔗糖和芳香剂能掩盖某些药物的苦味、咸味及其他不适臭味，易服用，尤其受儿童欢迎。但糖浆剂易被真菌、酵母菌和其他微生物污染，使糖浆剂浑浊或变质，低浓度的糖浆剂应添加防腐剂；糖浆剂中含蔗糖浓度高时，渗透压大，微生物的生长繁殖受到抑制。

糖浆剂的质量要求：① 蔗糖量应不低于 45%（g/mL）。② 应澄清，贮存期间不得有发霉、酸败、产生气体等变质现象，药材提取物允许有少量摇之即散的沉淀。③ 根据需要可加入适宜的附加剂。如需加入防腐剂，羟苯酯类的用量不得超过 0.05%，山梨酸或苯甲酸的用量不得超过 0.3%（其钾盐、钠盐的用量分别按酸计）。如需加入其他附加剂，其品种与用量应符合国家的规定，且不影响成品的稳定性，并应避免对检验产生干扰。④ 必要时可添加适量的乙醇、甘油或其他多元醇作为稳定剂。⑤ 糖浆剂应在 30 ℃以下密闭贮存。

糖浆剂可分为单糖浆、矫味糖浆和含药糖浆三类。其中，单糖浆（不含任何药物的糖浆）和矫味糖浆（橙皮糖浆、姜糖浆等）除提供制备含药糖糖浆外，还可用作矫味剂、助悬剂；含药糖浆用于疾病的治疗，例如磷酸可待因糖浆、硫酸亚铁糖浆。

1. 糖浆剂的制备方法

（1）溶解法：有热溶法、冷溶法两种。

① 热溶法：将蔗糖溶于沸腾的蒸馏水中，继续加热使其全溶，降温后加入其他药物，搅拌溶解、过滤，再通过过滤器加蒸馏水至全量，分装，即得。

热溶法的特点：蔗糖在水中的溶解度随温度升高而增加，在加热条件下蔗糖溶解速度快，趁热容易过滤，可以杀死微生物。但加热过久或超过 100 ℃时，转化糖的含量增加，糖浆剂颜色容易变深。热溶法适用于对热稳定的药物和有色糖浆的制备。

② 冷溶法：将蔗糖溶于冷蒸馏水或含药的溶液中制备糖浆剂的方法。采用该法制备的糖浆剂颜色较浅，但制备所需时间较长并容易污染微生物。冷溶法适用于对热不稳定的药物或挥发性药物。

（2）混合法：将含药溶液与单糖浆均匀混合制备糖浆剂的方法。该法的优点是方法简便、灵活，可大量配制。一般含药糖浆的含糖量较低，要注意防腐。混合法适用于制备含药糖浆。

2. 制备糖浆剂时应注意的问题

（1）药物加入的方法：① 水溶性的固体药物，可先用少量蒸馏水使其溶解，再与单糖浆混合；② 水中溶解度小的药物可酌加少量其他适宜的溶剂使药物溶解，然后加入单糖浆中，搅匀，即得；③ 药物为可溶性液体或药物的液体制剂时，可将其直接加入单糖浆中，必要时过滤；④ 药物为含乙醇的液体制剂，与单浆糖混合时常发生浑浊，为此，可加入适量甘油助溶；⑤ 药物为水性浸出制剂，因含多种杂质，需纯化后再加到单糖浆中。

（2）制备时的注意事项：① 应在避菌环境中制备，各种用具、容器应进行洁净或灭菌处理，并及时灌装；② 应选择药用白砂糖；③ 生产中宜用蒸气夹层锅加热，温度和时间应严格控制。

3. 糖浆剂示例

例：磷酸可待因糖浆。

【处方】磷酸可待因 5 g　　蒸馏水 15 mL　　单糖浆加至 1 000 mL

【制法】取磷酸可待因溶于蒸馏水中，加单糖浆至全量，即得。

【注释】本品为镇咳药，用于剧烈咳嗽。口服，一次 2～10 mL，1 日 10～15 mL。极量一次 20 mL，1 日 50 mL。

例：枸橼酸哌嗪糖浆。

【处方】枸橼酸哌嗪 160 g　　蔗糖 650 g　　尼泊金乙酯 0.5 g
矫味剂适量　　纯化水加至 1 000 mL

【制法】取纯化水 500 mL 煮沸，加入蔗糖与尼泊金乙酯，搅拌溶解，过滤。滤液中加入枸橼酸哌嗪，搅拌溶解，放冷。加矫味剂适量，加纯化水使全量为 1 000 mL，搅匀，即得。

【注释】本品为含药糖浆剂，主药为枸橼酸哌嗪，尼泊金乙酯为防腐剂。

4.5.3 酊剂

酊剂（tincture）是指药物用规定浓度乙醇浸出或溶解而制成的澄清液体制剂，也可用流浸膏稀释制成。可供内服或外用。

酊剂的浓度除另有规定外，含有剧毒药品（药材）的酊剂，每 100 mL 应相当于原药物 10 g；其他酊剂每 100 mL 相当于原药物 20 g。

1. 酊剂的制备方法

（1）溶解法或稀释法：取药材的粉末或流浸膏，加规定浓度乙醇适量，溶解或稀释，静置，必要时过滤，即得。

（2）浸渍法：取适当粉碎的药材，置于有盖容器中，加溶剂适量，密盖，搅拌或振摇，浸渍规定时间，倾取上清液，再加入溶剂适量，依法浸渍有效成分充分浸出，合并浸出液，加溶剂至规定量后，静置 24 h，过滤，即得。

（3）渗漉法：用溶剂适量渗漉，至流出液达规定量后，静置，过滤，即得。

2. 制备酊剂时应注意的问题

（1）乙醇浓度不同，对药材中各成分的溶解性不同，制备酊剂时，应根据有效成分的溶解性选用适宜浓度的乙醇，以减少酊剂中杂质含量。酊剂中乙醇最低浓度为 30%（mL/mL）。

（2）酊剂久贮会发生沉淀，可过滤除去，再测定乙醇含量、有效成分含量，并调整至规定标准，仍可使用。

3. 酊剂示例

例：十滴水。

【处方】樟脑 25 g　　干姜 25 g　　大黄 20 g
小茴香 10 g　　肉桂 10 g　　辣椒 5 g
桉叶油 12.5 mL　　70%乙醇适量

【制法】除樟脑和桉油外，将干姜、大黄、小茴香、肉桂、辣椒五味药材粉碎成粗粉，混匀，用 70%乙醇作为溶媒，按渗漉法渗漉，至渗出的滤液达 800 mL 左右，即停止渗漉，药渣压榨出余液，与渗漉液合并，加樟脑（应先置研钵中加 95%乙醇湿润后研细）与桉叶油，振摇或搅拌使之溶解，置阴凉处静置过夜，如有沉淀，则用棉花滤去，再添加 70% 乙醇至

1 000 mL。分装备用。

【注释】本品有导浊、清暑、开窍、止痛功效，主治中暑引起的头晕、恶心、腹痛、肠胃不适等症。口服每次 2.5～5 mL，小儿酌减。孕妇忌服。

4.5.4 芳香水剂

芳香水剂（aromatic waters）是指芳香挥发性药物（多为挥发油）的饱和或近饱和水溶液。用水与乙醇的混合液作溶剂制成的含大量挥发油的溶液称为浓芳香水剂。芳香水剂浓度一般都很低，可矫味、矫臭和作分散剂使用。

1. 芳香水剂的制备方法

芳香水剂的制备方法因药物原料不同而异。以纯净的挥发油和化学药物为原料的芳香水剂，常用溶解法和稀释法制备；含挥发性成分的药材多用水蒸气蒸馏法（也称为露剂）。

芳香水剂应澄明，必须具有与原有药物相同的气味，不得有异物、酸败等变质现象。芳香水剂浓度一般都很低，可矫味、矫臭和作分散剂使用。芳香水剂多数易分解、氧化甚至霉变，所以不宜大量配制和久贮。

2. 芳香水剂示例

例：浓薄荷水。

【处方】薄荷油 20 mL　　95%乙醇 600 mL　　蒸馏水加至 1 000 mL

【制法】先将薄荷油溶于乙醇，以小剂量分次加入蒸馏水至足量（每次加后用力振摇），再加滑石粉 50 g，振摇，放置数小时，并经常振摇，过滤，自过滤器上添加适量蒸馏水至全量，即得。

【注释】本品为薄荷水的 40 倍浓溶液，薄荷油在水中的溶解度为 0.05%（mL/mL），在 90%乙醇中为 25%。滑石粉为分散剂，与挥发油混匀后，使油粒吸附于其颗粒周围，加水振摇时，易使挥发油均匀分布于水中，以增加其溶解速度。同时，滑石粉还具有吸附剂的作用，过多的挥发油在过滤时吸附于滑石粉表面而除去，起到助滤作用。所用滑石粉不宜太细，否则，能通过滤纸，使溶液浑浊。

4.5.5 酯剂

酯剂（sptrits）是指挥发性药物的浓乙醇溶液，可供内服或外用。凡用于制备芳香水剂的药物，一般都可制成酯剂。酯剂中的药物浓度一般为 5%～10%，乙醇浓度一般为 60%～90%。

酯剂按给药途径，可分为口服酯剂和外用酯剂。其中，大多数酯剂为外用酯剂，如复方樟脑酯、止痒酯等；口服酯剂则较少，如地高辛酯剂。按用药目的，酯剂可分为治疗用酯剂（如亚硝酸乙酯酯、止痒酯、肤康酯、复方苯甲酸酯、消炎止痛酯、复方樟脑酯等）和芳香矫味酯剂（如薄荷酯、橙皮酯等）。

1. 酯剂的制备方法

酯剂可用溶解法和蒸馏法制备。由于酯剂是高浓度醇溶液，故所用容器应干燥，以防遇水而使药物析出，成品浑浊。酯剂含乙醇的浓度一般为 60%～90%，配制时，必须按处方规定使用一定浓度的乙醇。

（1）溶解法：将挥发性物质直接溶解于乙醇中制得。如樟脑酯、氨薄荷酯等。

（2）蒸馏法：将挥发性物质直接溶解于乙醇后进行蒸馏，或将经过化学反应所得的挥发性物质加以蒸馏制得。如芳香氨醑。

2. 醑剂示例

例：樟脑醑。

【处方】樟脑 100 g　　乙醇 800 mL　　加至 1 000 mL

【制法】取樟脑 100 g，加乙醇 800 mL 溶解后，再加适量的乙醇使成 1 000 mL，过滤，即得。

【注释】本品为无色液体，有樟脑的特臭。本品作为局部刺激药，外用于神经痛、肌肉痛或关节痛等。

4.5.6　甘油剂

甘油剂（glycerins）是指药物溶于甘油中制成的专供外用的溶液剂。因甘油具有黏稠性、防腐性、吸湿性，对皮肤、黏膜有滋润作用，能使药物滞留于患处而延长药物局部疗效作用，甘油剂常用于口腔、耳鼻咽喉科疾病。甘油对硼酸、鞣酸、苯酚和碘有较大的溶解度，并对某些有刺激性的药物有一定的缓和作用，故可用于黏膜。甘油剂吸湿性较大，应密闭保存。

1. 甘油剂的制备方法

甘油剂的制备方法有化学反应法和溶解法。

（1）化学反应法：是药物与甘油发生化学反应而制成的甘油剂。如硼酸甘油。

（2）溶解法：是药物加甘油（必要时加热）溶解而制成的甘油剂。如碘甘油。

2. 甘油剂示例

例：碘甘油剂。

【处方】碘 10 g　　碘化钾 10 g　　甘油加至 1 000 mL

【制法】取碘化钾加水溶解后，加碘，搅拌使其溶解，再加甘油至 1 000 mL，搅匀即得。

【注释】甘油作为碘的溶剂，可缓和碘对黏膜的刺激性。甘油易附着于皮肤或黏膜上，使药物滞留患处，从而起延效作用。本品不宜用水稀释，必要时用甘油稀释，以免增加刺激性。碘在甘油中的溶解度约 1%（g/g），可加碘化钾助溶，并可增加碘的稳定性。配制时，宜控制水量，以免增加对黏膜的刺激性。

4.6　高分子溶液剂与溶胶剂

1. 掌握高分子溶液剂、溶胶剂的概念及其基本性质。
2. 掌握高分子溶液剂、溶胶剂的制备方法。
3. 了解高分子溶液剂与溶胶剂的异同。

高分子溶液和溶胶都属于胶体分散体系，两者分散相质点大小均在 1～100 nm 范围，性质上有某些相似之处，但两者有本质的区别。高分子溶液为均相，属热力学稳定体系，而溶胶为非均相，属热力学不稳定体系。

4.6.1　高分子溶液剂

高分子溶液剂是指高分子化合物溶解于溶剂中制成的均相液体制剂，溶剂多为水，少数为非水溶剂。高分子溶液剂属于热力学稳定体系。

以水为溶剂的高分子溶液剂通常称为亲水胶体溶液或胶浆剂。由于高分子化合物分子结构中含有许多亲水集团（极性基团），如—OH、—COOH、$—NH_2$ 等，能发生水化作用，水化后以分子状态分散于水中，从而形成高分子溶液。

高分子化合物结构中还有非极性集团，如$—CH_3$、$—C_6H_5$、$—(CH_2CH_2O)_2$ 等。随着非极性基团数量的增加，高分子的亲水性能降低，而对弱极性或非极性溶剂的亲和力增加。高分子分散在这些非水溶剂中制备的高分子溶液剂，称为非水性高分子溶液剂。

1. 高分子溶液的性质

（1）荷电性：高分子化合物因结构中的某些基团解离而带电，有的带正电，有的带负电。

带负电荷：海藻酸钠、阿拉伯胶、西黄耆胶、淀粉、磷脂、酸性染料（伊红、靛蓝等）、鞣酸等高分子在水溶液中带负电荷。

带正电荷：琼脂、血红蛋白、明胶、碱性染料（亚甲蓝、甲紫等）、血浆蛋白等高分子在水溶液中带正电荷。

带正或负电荷：蛋白质分子中含有羧基和氨基，在水溶液中随 pH 不同，可带正电或负电。当溶液的 pH 大于等电点时，蛋白质带负电荷；pH 小于等电点时，蛋白质带正电；在等电点时，蛋白质不带电，这时溶液的许多性质发生变化，如黏度、渗透压、溶解度、电导等都变为最小值。高分子溶液的这种性质在剂型设计中具有重要意义。

（2）渗透压：亲水性高分子溶液与溶胶不同，有较高的渗透压，渗透压的大小与高分子溶液的浓度有关。溶液的渗透压可用下式表示：

$$\pi/C=RT(1/M+BC)$$

式中，π为渗透压；C 为高分子的浓度（g/L）；R 为气体常数；T 为绝对温度；M 为相对分子质量；B 为特定常数，是由溶质和溶剂相互作用的大小来决定的。

（3）黏度与相对分子质量：高分子溶液是黏稠性流体，其黏稠性大小可用黏度表示。高分子化合物的相对分子质量可以根据高分子溶液的黏度来测定，其黏度与相对分子质量之间的关系可用下式表示：

$$[\eta]=KM^a$$

式中，η 为高分子化合物黏度；K、a 分别为高分子化合物与溶剂之间的特有常数。

（4）聚结特性：高分子化合物含有大量亲水基，能与水形成牢固的水化膜，可阻止高分子化合物分子之间的相互凝聚，使高分子溶液处于稳定状态。但高分子的水化膜和荷电发生变化时，易出现聚结沉淀，如：① 向溶液中加入大量的电解质，由于电解质的强烈水化作用，破坏高分子的水化膜，使高分子凝结而沉淀，这一过程称为盐析；② 向溶液中加入脱水剂，如乙醇、丙酮等也能破坏水化膜而发生聚结；③ 其他因素如盐类、pH、絮凝剂、射线等的影响，使高分子化合物凝结沉淀，称为絮凝现象；④ 带相反电荷的两种高分子溶液混合时，由于相反电荷中和而产生凝结沉淀。

（5）胶凝性：一些亲水性高分子溶液，如明胶水溶液、琼脂水溶液，在温热条件下为黏稠性流动液体，当温度降低时，高分子溶液就形成网状结构，分散介质水被全部包含在网状结构中，形成了不流动的半固体状物，称为凝胶。软胶囊的囊壳就是这种凝胶。形成凝胶的过程称为胶凝。凝胶失去网状结构中的水分时，体积缩小，形成干燥固体，称干胶。

2. 高分子溶液的制备

通常高分子物质在溶解时，首先经过溶胀过程。水分子渗入高分子化合物分子间的空隙中，与高分子的亲水基团发生水化作用使其体积膨胀，这个过程称有限溶胀，一般静置即可完成。由于高分子空隙间存在水分子，降低了高分子化合物分子间的作用力（范德华力），使溶胀过程继续进行，最后高分子化合物完全分散在水中形成高分子溶液，这一过程称为无限溶胀。无限溶胀的过程也是高分子化合物逐渐溶解的过程，这一过程常需加以搅拌或加热才能完成。形成高分子溶液的这一过程称为胶溶，胶溶过程的快慢取决于高分子的性质以及工艺条件。

如明胶、琼脂溶液的制备，是先将明胶或琼脂碎成小块或粉末，加水放置 3～4 h，使其充分吸水膨胀，然后加足量的水并加热使其溶解。

胃蛋白酶等高分子药物，其有限溶胀和无限溶胀过程都很快。制备时，需将高分子药物撒于水面，待其自然溶胀后再搅拌形成溶液。如果撒于水面后立即搅拌，则形成团块，这时在团块周围形成了水化层，使溶胀过程变得相当缓慢。

淀粉遇水立即膨胀，但无限溶胀过程必须加热至 60～70 ℃才能完成。

甲基纤维素、羟丙甲纤维素等高分子的有限溶胀和无限溶胀过程需在冷水中完成。

3. 高分子溶液剂示例

例：胃蛋白酶口服溶液。

【处方】胃蛋白酶 20 g　　单糖浆 100 mL　　5%羟苯乙酯乙醇液 10 mL
橙皮酊 20 mL　　稀盐酸 20 mL　　纯化水加至 1 000 mL

【制法】将单糖浆、稀盐酸加入约 800 mL 纯化水中，搅匀。再将胃蛋白酶撒在液面上，待其自然溶胀、溶解。之后依次将橙皮酊、5%羟苯乙酯乙醇液缓缓加入上述溶液中，最后再加纯化水至全量，搅匀，即得。

【注释】影响胃蛋白酶活性的主要因素是 pH，一般 pH 为 1.5～2.5，含盐酸的量不可超过 0.5%，否则，使胃蛋白酶失去活性。故配制时，先将稀盐酸用适量纯化水稀释。须将胃蛋白酶撒在液面上，待溶胀后再缓缓搅匀，并且不得加热，以免失去活性。本品一般不宜过滤，因胃蛋白酶的等电点为 2.75～3，因此，在该溶液中，pH 小于等电点，胃蛋白酶带正电荷，而润湿的滤纸或棉花带负电荷，过滤时会吸附胃蛋白酶。必要时可将滤材润湿后，用少许稀盐酸冲洗，以中和滤材表面的电荷，消除吸附现象。本品不宜与胰酶、氯化钠、碘、鞣酸、浓乙醇、碱以及重金属配伍，因其能够降低活性。

4.6.2　溶胶剂

溶胶剂是指固体药物微细粒子分散在水中形成的非均相液体分散体系，又称为疏水胶体溶液。溶胶剂中分散的微细粒子大小为 1～100 nm，胶粒是多分子聚集体，有极大的分散度，属热力学不稳定体系。

溶胶剂在药物制剂中应用较少，但其性质对药剂学却有着重要童义。将药物制成溶胶分散体系，可改善药物的吸收，使药效增大或异常，对药物的刺激性也会产生影响。例如，粉末状的硫不被肠道吸收，制成胶体则极易吸收，可产生毒性反应；具有特殊刺激性的银盐制成具有杀菌的胶体蛋白银、氧化银、碘化银，则刺激性降低。

1. 溶胶剂的双电层结构

溶胶剂中固体微粒由于本身的解离或吸附溶液中某种离子而带有电荷，带电的微粒表面必然吸引带相反电荷的离子，称为反离子。吸附的带电离子和反离子构成了吸附层。少部分反离子扩散到溶液中，形成扩散层。吸附层和扩散层分别是带相反电荷的带电层称为双电层，也称扩散双电层。

双电层之间的电位差称为 ζ 电位。吸附层中反离子越多，则溶液中的反离子越少，ζ 电位就越低；相反，吸附层的反离子越少，ζ 电位就越高。ζ 电位越高斥力越大，溶胶也就越稳定。ζ 电位降至 20～25 mV 以下时，溶胶产生聚结而不稳定。

2. 溶胶剂的性质

（1）光学性质：当强光线通过溶胶剂时，从侧面可见到圆锥形光束，这是由于胶粒粒度小于自然光波长而产生的光散射，称为 Tyndall 效应（丁达尔效应）。溶胶剂的浑浊程度用浊度表示，浊度越大，表明散射光越强。

（2）电学性质：溶胶剂因其双电层结构而带电。在电场的作用下，胶粒或分散介质产生移动，在移动过程中产生电位差，这种现象称为界面动电现象。溶胶的电泳现象就是界面动电现象所引起的。

（3）动力学性质：溶胶剂中的胶粒在分散介质中有不规则的运动，称为布朗运动。这种运动是由于胶粒受溶剂水分子不规则的撞击而产生的。溶胶粒子的扩散速度、沉降速度及分散介质的黏度等都与溶胶的动力学性质有关。

（4）稳定性：溶胶剂属热力学不稳定体系，主要表现为有聚结不稳定性和动力不稳定性。但由于胶粒表面电荷产生静电斥力，以及胶粒荷电所形成的水化膜，都增加了溶胶剂的聚结稳定性。由于重力作用，胶粒会产生沉降，但胶粒的布朗运动又使其沉降速度变得极慢，增加了动力稳定性。

溶胶剂对带相反电荷的溶胶以及电解质极其敏感，将带相反电荷的溶胶或电解质加入溶胶剂中，由于电荷被中和，使 ζ 电位降低，同时又减少了水化层，使溶胶剂产生聚结，进而产生沉降。向溶胶剂中加入天然的或合成的亲水性高分子溶液，可使溶胶剂具有亲水胶体的性质，从而稳定性增加，这种胶体称为保护胶体。

3. 溶胶剂的制备

1）分散法

机械分散法：常采用胶体磨进行制备。将药物、分散介质以及稳定剂从加料口处加入胶体磨中，胶体磨以 10 000 r/min 转速高速旋转，将药物粉碎到胶体粒子范围。

胶溶法：向新鲜沉淀中加入适量胶溶剂或洗去体系中过多的电解质时，沉淀可自动地分散变成胶体。这种使沉淀转变成胶体的方法叫作胶溶法，也称解胶法。胶溶作用只发生于新鲜的沉淀中，如果沉淀放置较久，小粒子经老化作用，出现粒子间的连接或变成大粒子，就不能利用胶溶作用来达到重新分散的目的。例如，$Fe(OH)_3$ 新鲜沉淀加入稳定剂 $FeCl_3$（起主要作用的是其中的 FeO^+），经搅拌可得 $Fe(OH)_3$ 溶胶。

超声分散法：用 20 000 Hz 以上超声波所产生的能量使粗粒分散成溶胶的方法。

2）凝聚法

物理凝聚法：改变分散介质的性质使溶解的药物凝聚成溶胶的方法。例如，将硫黄溶于乙醇中制成饱和溶液，过滤，滤液细流在搅拌下流入水中。由于硫黄在水中的溶解度小，迅速析出，形成胶粒而分散在水中。

化学凝聚法：借助氧化、还原、水解、复分解等化学反应制备溶胶的方法。例如，硫代硫酸钠溶液与稀盐酸作用，生成新生态硫分散于水中，形成溶胶。

4.7　混悬剂

1. 掌握混悬剂的概念及其质量要求。
2. 了解影响混悬剂稳定性的影响因素，熟悉混悬剂中常用的稳定剂。
3. 掌握混悬剂的制备及其质量评价。

混悬剂（suspensions）是指难溶性固体药物以微粒状态分散于分散介质中形成的非均相液体制剂。混悬剂中药物微粒一般在 0.5～10 μm 之间，根据需要，也可小于 0.5 μm 或大于 10 μm，小者可为 0.1 μm，大者可达 50 μm 或更大。混悬剂多数为液体制剂，分散介质一般为水，也可用植物油。也有干混悬剂，即按混悬剂的要求将药物用适宜方法制成粉末状或颗粒状制剂，使用时加水即迅速分散成混悬剂，其目的主要是解决混悬剂在贮存过程中的稳定性问题。混悬剂可用于内服、外用、注射、滴眼等多种给药途径。

一、混悬剂的稳定性

混悬剂主要存在物理稳定性问题。混悬剂中药物微粒分散度大，具有较高的表面自由能，粒子容易聚结，因此，混悬剂属热力学不稳定体系。与溶胶剂相比，混悬剂微粒粒径大，粒子的布朗运动不显著，易受重力作用而沉降，因此，混悬剂又属于动力学不稳定体系。相比亲水性药物，疏水性药物的混悬剂存在更大的稳定性问题。

1. 混悬粒子的沉降速度

混悬剂中的微粒受重力作用产生沉降时，其沉降速度服从 Stokes 定律，见下式：

$$V=\frac{2r^2(\rho_1-\rho_2)g}{9\eta} \tag{4-3}$$

式中，V 为沉降速度（cm/s）；r 为微粒半径（cm）；ρ_1、ρ_2 分别为微粒和分散介质的密度（g/mL）；g 为重力加速度（cm/s^2）；η 为分散介质的黏度（P，即泊，g/（cm·s），1 P=0.1 Pa·s）。

由 Stokes 沉降公式可见，微粒沉降速度与微粒半径平方、微粒与分散介质的密度差成正比，与分散介质的黏度成反比。混悬剂微粒沉降速度越大，动力稳定性就越小。

增加混悬剂动力稳定性的主要方法有：① 减小微粒半径，以降低沉降速度。混悬剂中的微粒大小是不均匀的，大的微粒总是迅速沉降，细小微粒沉降速度很慢。细小微粒由于布朗运动，可长时间悬浮在介质中，使混悬剂长时间地保持混悬状态。② 加入高分子助悬剂，增加分散介质的黏度，减小固体微粒与分散介质间的密度差。疏水性药物微粒因吸附助悬剂分子，还可增加亲水性。

2. 微粒的荷电与水化

混悬剂中微粒可因本身解离或吸附分散介质中的离子而荷电，具有双电层结构，即有 $\zeta-$电势。由于微粒表面荷电，水分子可在微粒周围形成水化膜，这种水化作用的强弱随双电层厚度而改变。微粒荷电使微粒间产生排斥作用，加之有水化膜的存在，阻止了微粒间的相互聚结，使混悬剂稳定。

向混悬剂中加入少量的电解质，可以改变双电层的构造和厚度，会影响混悬剂的聚结稳定性并产生絮凝。疏水性药物混悬剂的微粒水化作用很弱，对电解质更敏感。亲水性药物混悬剂微粒除荷电外，本身具有水化作用，受电解质的影响较小。

3. 絮凝与反絮凝

混悬剂中的微粒由于分散度大而具有很大的总表面积，因而微粒具有很高的表面由自能，这种高能状态的微粒就有降低表面自由能的趋势。表面自由能的改变可用下式表示：

$$\Delta G = \delta_{SL} \Delta A \tag{4-4}$$

式中，ΔG为表面自由能的改变值；ΔA为微粒总表面积的改变值；δ_{SL}为固－液界面张力。

对一定的混悬剂，δ_{SL}是一定的，只有降低ΔA才能降低微粒的表面自由能ΔG。微粒团聚是体系的自发过程。但由于微粒荷电，电荷的排斥力阻碍了微粒产生聚集。加入适当的电解质，使混悬微粒的ζ电位降低，可以减小微粒间电荷的排斥力，当ζ电位降低一定程度后，混悬剂中的微粒形成疏松的絮状聚集体，使混悬剂处于稳定状态。混悬微粒形成疏松聚集体的过程称为絮凝（flocculation），加入的电解质称为絮凝剂（flocculant）。为了得到稳定的混悬剂，一般应控制ζ电位在20～25 mV范围内，使其恰好能产生絮凝作用。絮凝状态具有以下特点：微粒沉降速度快、有明显的沉降面、沉降体积大且疏松，经振摇后能迅速恢复均匀的混悬状态。

向絮凝状态的混悬剂中加入电解质，使ζ电位升高到50～60 mV，絮凝状态变为非絮凝状态的这一过程称为反絮凝（deflocculation），加入的电解质称为反絮凝剂（deflocculant）。反絮凝剂与絮凝剂所用的电解质相同。

4. 结晶增长与转型

混悬剂中药物微粒大小不可能完全一致，在放置过程中，微粒的大小与数量在不断变化。混悬剂溶液总体上是饱和溶液，但小微粒因溶解度大而不断地溶解，小微粒数目不断减少；大微粒则因过饱和而不断地增长变大，使沉降速度加快，结果导致混悬剂稳定性降低。在混悬体系中，微粒大小分布越不均匀，其溶解度相差越大。因此，在制备混悬剂时，不仅要考虑微粒分散相的粒度，同时还要考虑粒度分布的均匀性。

许多有机药物，如巴比妥、氯霉素、四环素等都有多种晶型。同一种药物的多种晶型中仅有一种晶型最稳定，其他为亚稳定型。药物的亚稳定型结晶微粒由于具有较高的溶解度，会不断地溶解，同时会形成稳定型结晶的晶核，并不断长大，使微粒粒径增大，使混悬剂稳定性降低。

药物的晶癖（结晶的外部形态）对混悬剂的稳定性也有影响，如对称的圆柱状碳酸钙比不对称的针状碳酸钙稳定，前者下沉聚集，但易分散；后者下沉聚结成饼，不易分散。

5. 分散相的浓度和温度

在同一分散介质中分散相的浓度增加，混悬剂的稳定性降低。温度对混悬剂的影响更大，温度变化不仅改变药物的溶解度和溶解速度，还能改变微粒的沉降速度、絮凝速度、沉降容积，从而改变混悬剂的稳定性。冷冻可破坏混悬剂的网状结构，也使其稳定性降低。

二、混悬剂中的稳定剂

为了提高混悬剂的物理稳定性，在制备时需加入的附加剂称为稳定剂。稳定剂包括助悬剂、润湿剂、絮凝剂和反絮凝剂等。

1. 助悬剂（suspending agents）

助悬剂是指能增加分散介质的黏度以降低微粒的沉降速度或增加微粒亲水性的附加剂。助悬剂种类很多，包括低分子化合物、高分子化合物，甚至有些表面活性剂也可作助悬剂用。常用的助悬剂有：

① 低分子助悬剂：如甘油、糖浆剂等，在外用混悬剂中常加入甘油。

② 高分子助悬剂：

天然的高分子助悬剂：主要是胶树类，如阿拉伯胶、西黄蓍胶、桃胶等。阿拉伯胶和西黄蓍胶可用其粉末或胶浆，阿拉伯胶用量一般为 5%～15%，西黄蓍胶因黏度较大，用量仅为 0.5%～1%。此外，还有植物多糖类，如海藻酸钠、琼脂、淀粉浆等；蛋白质类，如明胶等。

合成或半合成高分子助悬剂：主要是纤维素类，如甲基纤维素、羧甲基纤维素钠、羟丙基纤维素。其他如卡波普、聚维酮、葡聚糖等。此类助悬剂大多性质稳定，受 pH 影响小，但应注意某些助悬剂与药物或其他附加剂有配伍变化，如甲基纤维素与鞣质或盐酸有配伍变化，羧甲纤维素钠与三氯化铁或硫酸铝也有配伍变化。

硅皂土：天然硅胶状的含水硅酸铝，为灰黄或乳白色极细粉末，直径为 1～150 μm，不溶于水或酸，但在水中可膨胀，体积增加约 10 倍，形成高黏度并具触变性和假塑性的凝胶。硅皂土在 pH＞7 时，膨胀性更大，黏度更高，助悬效果更好。

触变胶：利用触变胶的触变性，即凝胶与溶胶恒温转变的性质，也可达到助悬、稳定作用。静置时形成凝胶防止微粒沉降，振摇时变为溶胶有利于混悬剂的使用。2%单硬脂酸铝溶解于植物油中可形成典型的触变胶。一些具有塑性流动和假塑性流动的高分子化合物水溶液常具有触变性，可选择使用。

2. 润湿剂（wetting agent）

润湿剂是指能增加疏水性药物微粒被水湿润的附加剂。许多疏水性药物，如硫黄、甾醇类、阿司匹林等不易被水润湿，加之微粒表面吸附有空气，给制备混悬剂带来困难，这时应加入润湿剂。润湿剂可吸附于微粒表面，降低微粒与分散介质之间的界面张力，增加药物的亲水性，产生较好的分散效果。

最常用的润湿剂是 HLB 值在 7～11 之间的表面活性剂，如聚山梨酯类、聚氧乙烯蓖麻油类、泊洛沙姆等。

3. 絮凝剂与反絮凝剂

使混悬剂产生絮凝作用的附加剂称为絮凝剂，而产生反絮凝作用的附加剂称为反絮凝剂。

制备混悬剂时常需加入絮凝剂，使混悬剂处于絮凝状态，以增加混悬剂的稳定性。絮凝剂主要是具有不同价数的电解质，其中阴离子絮凝作用大于阳离子。电解质的絮凝效果与离子的价数有关，离子价数增加 1，絮凝效果增加 10 倍。同一电解质可因用量不同，在混悬剂中起絮凝作用或反絮凝作用，例如，枸橼酸盐、枸橼酸氢盐、酒石酸盐、酒石酸氢盐、磷酸盐和一些氯化物（如三氯化铝）等，既可用作絮凝剂，也可用作反絮凝剂。

絮凝剂和反絮凝剂的种类、性能、用量、混悬剂所带电荷以及其他附加剂等均对絮凝剂和反絮凝剂的使用有影响，应在实验的基础上加以选择。

三、混悬剂的制备

适合制成混悬剂的情况包括：① 凡难溶性药物需制成液体制剂供临床应用时；② 药物的剂量超过了溶解度而不能以溶液剂形式应用时；③ 两种溶液混合时药物的溶解度降低而析出固体药物时；④ 为了使药物产生缓释作用等条件下，都可以考虑制成混悬剂。但为了安全起见，毒剧药或剂量小的药物不应制成混悬剂使用。

制备混悬剂时，应使混悬微粒有适当的分散度，粒度均匀，以减小微粒的沉降速度，使混悬剂处于稳定状态。混悬剂的制备方法有机械分散法和凝聚法。

（1）机械分散法：是将粗颗粒的药物先粉碎达到符合混悬剂微粒要求的分散程度，再分散于分散介质中制成混悬剂的方法。小量制备时可用乳钵，大量生产可用乳匀机、胶体磨等设备。粉碎时如采用加液研磨法，药物更易粉碎，微粒可达到 0.1～0.5 μm。加液研磨时，可使用处方中的水、芳香水、糖浆、甘油等液体，通常是 1 份药物加入 0.4～0.6 份液体进行研磨，能产生最大分散效果。

对于具有一定亲水性的难溶性药物，如氧化锌、炉甘石等，一般应先将药物粉碎到一定细度，再加处方中的液体适量，研磨至适宜的分散度，最后加入处方中的剩余液体至全量。

对于强疏水性的难溶性药物，由于不易被水润湿，须先加一定量的润湿剂与药物研磨均匀后再加液体研磨混匀。

对于质重、硬度大的药物，可采用中药制剂常用的“水飞法”，即在药物中加适量的水研磨至细，再加入较多量的水，搅拌，稍加静置，倾出上层液体，研细的悬浮微粒随上清液被倾倒出去，余下的粗粒再进行研磨。如此反复，直至完全研细，达到要求的分散度为止。“水飞法”可使药物粉碎到极细的程度。

（2）凝聚法：采用凝聚法制备混悬剂，有物理凝聚法和化学凝聚法两种。

① 物理凝聚法：是将分子或离子分散状态分散的药物溶液加入另一分散介质中凝聚成混悬液的方法。一般将药物制成热饱和溶液，在搅拌下加至另一种不同性质的液体中，使药物快速结晶，可制成 10 μm 以下（占 80%～90%）微粒，再将微粒分散于适宜介质中制成混悬剂。醋酸可的松滴眼剂就是用物理凝聚法制备的。

② 化学凝聚法：是利用化学反应使两种药物生成难溶性的药物微粒，再混悬于分散介质中制备混悬剂的方法。为使微粒细小均匀，化学反应在稀溶液中进行并应急速搅拌。胃肠道透视用 $BaSO_4$ 就是用此法制成的。

四、混悬剂质量评价

1. 微粒大小

混悬剂中微粒的大小不仅关系到混悬剂的质量和稳定性，也会影响混悬剂的药效和生物利用度。测定混悬剂中微粒大小及其分布，是评定混悬剂质量的重要指标。显微镜法、库尔特计数法、浊度法、光散射法、漫反射法等方法可用于测定混悬剂粒子大小。

2. 沉降体积比

沉降体积比（sedimentation rate）是指沉降物的体积与沉降前混悬剂的体积之比。沉降体积比可用于评价混悬剂的稳定性。

测定方法：按 2020 版《中国药典》，除另有规定外，将 50 mL 混悬剂置于具塞量筒中，密塞，用力振摇 1 min，测定沉降前混悬液的体积 V_0 或高度 H_0，静置 3 h 后，观察沉降面不再改变时沉降物的体积 V 或沉降面高度 H，计算沉降容积比 F，见下式：

$$F=\frac{V}{V_0}=\frac{H}{H_0} \tag{4-5}$$

式中，F 值为 0～1，F 值越大，混悬剂越稳定。混悬微粒开始沉降时，沉降高度 H 随时间而减小。所以，沉降体积比 H/H_0 是时间的函数，以 H/H_0 为纵坐标，沉降时间 t 为横坐标作图，可得沉降曲线，曲线的起点最高点为 1，以后逐渐缓慢降低并与横坐标平行。根据沉降曲线的形状可以判断混悬剂处方设计的优劣，沉降曲线比较平和、缓慢地降低可认为处方设计优良，但较浓的混悬剂不适合绘制沉降曲线。口服混悬剂的沉降体积比应不低于 0.9。

3. 絮凝度

絮凝度（flocculation value）是比较混悬剂絮凝程度的重要参数，用下式表示：

$$\beta=\frac{F}{F_\infty}=\frac{V/V_0}{V_\infty/V_0}=\frac{V}{V_\infty} \tag{4-6}$$

式中，F 为絮凝混悬剂的沉降体积比；F_∞ 为去絮凝混悬剂的沉降体积比；β 为絮凝度。

絮凝度表示由絮凝所引起的沉降物体积比增加的倍数。例如，去絮凝混悬剂的 F_∞ 值为 0.15，絮凝混悬剂的 F 值为 0.75，则 $\beta=5.0$，说明絮凝混悬剂沉降体积比是去絮凝混悬剂降体积比的 5 倍。β 值越大，絮凝效果越好。用絮凝度评价絮凝剂的效果、预测混悬剂的稳定性具有重要价值。

4. 重新分散性

优良的混悬剂经过贮存后再振摇，沉降物应能很快重新分散，这样才能保证服用时的均匀性和分剂量的准确性。重新分散性测定方法为：将混悬剂置于 100 mL 量筒内，以 20 r/min 的速度转动，经过一定时间的旋转后，量筒底部的沉降物应重新均匀分散。

5. ζ 电位

混悬剂中微粒具有双电层，即 ζ 电位。ζ 电位的大小可表明混悬剂存在状态。一般 ζ 电位在 25 mV 以下时，混悬剂呈絮凝状态；ζ 电位在 50～60 mV 时，混悬剂呈反絮凝状态。可采用电泳法测定混悬剂的 ζ 电位，ζ 电位与微粒电泳速度的关系见下式：

$$\zeta=4\pi\frac{\eta V}{eE} \tag{4-7}$$

式中，η 为混悬剂的黏度；V 为微粒电泳速度；e 为介电常数；E 为外加电强度。

6. 流变性

用旋转黏度计测定混悬液的流动特性曲线，通过流动特性曲线的形状可判断流动类型，以评价混悬液的流变学性质。若为触变流动、塑性触变流动和假塑性触变流动，则有利于减缓或防止微粒的沉降，提高混悬剂的稳定性。

六、混悬剂的质量要求

混悬剂一般应满足以下要求：① 药物本身的化学性质应稳定，在使用或贮存期间含量应符合要求；② 混悬剂中微粒大小根据用途不同而有不同要求；③ 粒子的沉降速度应很慢，沉降后不应有结块现象，轻摇后应迅速均匀分散；④ 混悬剂应有一定的黏度；⑤ 外用混悬剂应容易涂布；⑥ 使用时应无不适感或刺激性。

七、混悬剂示例

例：复方硫黄洗剂。

【处方】沉降硫黄 30 g　　硫酸锌 30 g　　樟脑醑 250 mL

羧甲基纤维素钠 5 g　　甘油 100 mL　　纯化水加至 1 000 mL

【制法】取沉降硫黄置乳钵中，加甘油研磨成细糊状；硫酸锌溶于 200 mL 水中；另将羧甲基纤维素钠用 200 mL 水制成胶浆，在搅拌下缓缓加入乳钵中研匀，移入量器中；搅拌下加入硫酸锌溶液，搅匀，在搅拌下以细流加入樟脑醑，加纯化水至全量，搅匀，即得。

【注释】硫黄为强疏水性药物，甘油为润湿剂，使硫黄能在水中均匀分散。羧甲基纤维素钠为助悬剂，可增加混悬液的动力学稳定性。用聚山梨酯 80 作润湿剂，成品质量更佳。但不宜用软肥皂，因其与硫酸锌生成不溶性的二价锌皂。樟脑醑为10%樟脑乙醇液，加入时应急剧搅拌，以免樟脑因溶剂改变而析出大颗粒。本品具有制止皮脂溢出、杀菌、收敛等作用，适用于头皮皮脂溢出、痤疮及酒渣鼻等。

4.8　乳剂

1. 掌握乳剂的概念、组成及种类。
2. 掌握乳剂的特点和质量要求。
3. 熟悉乳剂中常用的乳化剂、助乳化剂，掌握乳化剂的选择方法。
4. 了解乳剂的形成理论以及影响乳剂类型的因素。
5. 了解乳剂不稳定的常见表现形式。
6. 掌握乳剂的制备与质量评定方法。

乳剂（emulsions）是指互不相溶的两种液体混合，其中一相液体以液滴状态分散于另一相液体中形成的非均相液体制剂。形成液滴的液体相称为分散相（disperse phase）、内相或非连续相，另一相液体则称为分散介质（disperse medium）、外相（external phase）或连续相（continuous phase）。液体分散相分散于另一不相混溶的液体分散介质中形成乳剂的过程称为“乳化”。

一、乳剂的组成及分类

乳剂通常由水相、油相和乳化剂组成，三者缺一不可。乳剂中的一相通常为水或水性液体，称为水相（water phase，W）；另一相为与水不相混溶的液体，称为油相（oil phase，O）。乳化剂在乳剂的形成与稳定中发挥着极其重要的作用。根据其种类、性质及相体积比（φ），可形成水包油型或油包水型乳剂，也可制成复乳（multiple emulsion）。为增加乳剂的稳定性，乳剂中还可加入辅助乳化剂、防腐剂和抗氧剂等附加剂。

乳剂中的液滴具有很大的分散度，其总表面积大，表面自由能很高，属热力学不稳定体系。

1. 按分散系统的组成分类

① 单乳：又可分为水包油型（O/W 型）与油包水型（W/O 型）乳剂。前者是指外相为“水”、内相为“油”的乳剂，后者是指外相为“油”、内相为“水”的乳剂。O/W 型与 W/O 型乳剂的主要区别见表 4－9。

表 4－9　区别乳剂类型的方法

方法	O/W 型乳剂	W/O 型乳剂
外观	通常为乳白色	接近油的颜色
皮肤上的感觉	无油腻感	有油腻感
稀释	可用水稀释	可用油稀释
导电性	导电	不导电或几乎不导电
水溶性染料－亚甲蓝	外相染色	内相染色
油溶性染料－苏丹红	内相染色	外相染色
滤纸润湿法	液滴迅速铺展，中心留有油滴	不能铺展

② 复乳：是指将第一次乳化所得的 W/O 型一级乳分散在含适宜乳化剂的水相中（或 O/W 型一级乳分散在含适宜乳化剂的油相中）经二次乳化制备得到的乳剂，常以 W/O/W 型或 O/W/O 型表示。

2. 按分散相粒子大小分类

① 普通乳（emulsion）：乳滴大小一般为 1～100 μm，呈乳白色不透明液体。

② 亚微乳（submicroemulsion）：乳滴大小一般为 0.1～0.5 μm。亚微乳常作为胃肠外给药的载体。静脉注射乳剂应为亚微乳，粒径一般控制在 0.25～0.4 μm 范围内。

③ 纳米乳（nanoemulsion）：当乳滴粒子小于 0.1 μm 时，乳剂粒子小于可见光波长的 1/4，即小于 120 nm 时，乳剂处于胶体分散范围，这时光线通过乳剂时不产生折射，而是透过乳剂，肉眼可见乳剂为透明液体，这种乳剂称为纳米乳或微乳（microemulsion）或胶团乳（micellar emulsion），纳米乳粒径在 0.01～0.10 μm 范围。

二、乳剂的特点

乳剂的主要特点：① 乳剂中液滴的分散度很大，药物吸收和药效发挥很快，生物利用度高；② 油性药物制成乳剂能保证剂量准确，且使用方便；③ 水包油型乳剂可掩盖药物的不良臭味，口服乳剂可加入矫味剂，易于服用；④ 外用乳剂能改善药物对皮肤、黏膜的渗透性，减少刺激性；⑤ 静脉注射乳剂注射后分布较快、药效高、具有靶向性，静脉营养乳剂是高能营养输液的重要组成部分。

乳剂也存在一些不足，如在贮藏过程中易受温度、光、氧、微生物等影响，出现分层、破乳或酸败等现象。

三、乳剂的质量要求

乳剂的类型与给药途径不同，其质量要求也不相同。一般要求乳剂的外观呈均匀的乳白色（普通乳、亚微乳）或半透明、透明（纳米乳）；分散相液滴大小均匀，粒径符合规定；无分层现象；无异臭味，内服口感适宜，外用和注射用无刺激性；有良好的流动性，方便使用；具备一定的防腐能力，在贮存与使用中不易霉变。

四、乳化剂

乳化剂（emulsifying agent 或 emulsifier）是乳剂的重要组成部分，对乳剂的形成、稳定性以及药效发挥等方面起重要作用。

乳化剂的作用：① 有效降低表面张力，有利于形成乳滴、增加新生界面，使乳剂保持一定的分散程度和物理稳定性；② 在乳剂的制备过程中不必消耗更大的能量，振荡、搅拌和均质等方法能制成稳定的乳剂。

乳化剂应具备的条件：① 有较强的乳化能力，并能在乳滴周围形成牢固的乳化膜；② 安全性好，无毒副作用，无刺激性；③ 理化性质稳定，受外界因素（如酸碱、盐、pH 等）的影响小。

常用的乳化剂分为表面活性剂、天然高分子、固体粉末三类。

（1）表面活性剂：这类乳化剂分子中有较强的亲水基和亲油基，乳化能力强，性质比较稳定，容易在乳滴周围形成单分子乳化膜。这类乳化剂混合使用效果更好。

① 阴离子型乳化剂：硬脂酸钠、硬脂酸钾、油酸钠、硬脂酸钙、十二烷基硫酸钠、十六烷基硫酸化蓖麻油等。

② 非离子型乳化剂：单甘油脂肪酸酯、三甘油脂肪酸酯、聚甘油硬酯酸酯、脂肪酸山梨坦（Span）、聚山梨酯（Tween）、卖泽（myrj）、苄泽（brij）、泊洛沙姆（Poloxamer）等。

（2）天然高分子：这类乳化剂亲水性较强，黏度较大，可形成多分子乳化膜，使乳剂的稳定性增加，可用于制备 O/W 型乳剂。天然高分子表面活性小，降低表面张力的性能低，用于制备乳剂时做功较多，且用量较大。天然高分子乳化剂易被微生物污染变质，使用时需添加防腐剂。

① 阿拉伯胶：是阿拉伯酸的钠、钙、镁盐的混合物。适用于制备植物油、挥发油的乳剂，可供内服用。阿拉伯胶使用浓度为 10%～15%，在 pH 为 4～10 范围内乳剂稳定。阿拉伯胶内含有氧化酶，使用前应在 80 ℃加热加以破坏。阿拉伯胶的乳化能力较弱，常与西黄蓍胶、琼脂等合用。

② 西黄蓍胶：其水溶液具有较高的黏度，pH 为 5 时黏度最大。0.1%溶液为稀胶浆，0.2%～2%溶液呈凝胶状。西黄蓍胶的乳化能力较差，一般与阿拉伯胶合用。

③ 明胶：两性蛋白质，用量为油量的 1%～2%，浓度超过 5%可形成凝胶，使用时须加防腐剂。易受溶液的 pH 及电解质的影响而产生凝聚作用。常与阿拉伯胶合用。

④ 磷脂：由卵黄或大豆提取，能显著降低液相间的界面张力，乳化能力强，一般用量为 1%～3%。可供内服或外用，精制品可供静脉注射用。

⑤ 杏树胶：杏树分泌的胶汁凝结而成的棕色块状物，用量为 2%～4%。杏树胶的乳化能力和黏度均超过阿拉伯胶，可作为阿拉伯胶的代用品。

（3）固体粉末：这类乳化剂为不溶性的细微固体粉末，乳化时能吸附于油水界面形成固体微粒乳化膜。形成乳剂的类型由接触角θ决定：

① 当$\theta < 90°$时，易被水润湿，形成 O/W 型乳剂。乳化剂有氢氧化镁、氢氧化铝、二氧化硅、硅皂土、白陶土等。

② 当$\theta > 90°$时，易被油润湿，形成 W/O 型乳剂。乳化剂为氢氧化钙、氢氧化锌、硬脂酸镁等。

五、辅助乳化剂

辅助乳化剂又称助乳化剂，一般无乳化能力或乳化能力很弱，与乳化剂合用可增加乳剂稳定性。辅助乳化剂可调节乳化剂的 HLB 值，并能与乳化剂形成稳定的复合凝聚膜，增加乳化膜的强度，防止乳滴合并。此外，辅助乳化剂还能提高乳剂的黏度，有利于提高乳剂的稳定性。例如，甲基纤维素、羧甲基纤维素钠、羟丙基纤维素、海藻酸钠、琼脂、西黄蓍胶、阿拉伯胶、黄原胶、果胶、皂土等可增加水相黏度；鲸蜡醇、蜂蜡、单硬脂酸甘油酯、硬脂酸、硬脂醇等可增加油相黏度。一些中短链醇或低相对分子质量聚乙二醇等还可提高乳化剂的表面活性和乳化性能，可用作制备微乳、纳米乳的辅助乳化剂。

六、乳化剂的选择

选择适宜的乳化剂是配制稳定乳剂的重要因素。乳化剂的选择应根据乳剂的使用目的、药物的性质、处方组成、乳剂的类型、乳化方法等综合考虑。

（1）根据乳剂的类型选择：乳剂处方设计时，首先应先确定乳剂类型，根据乳剂类型选择所需的乳化剂。O/W 型乳剂应选择 O/W 型乳化剂，W/O 型乳剂应选择 W/O 型乳化剂。乳化剂的 HLB 值可为选择提供重要依据。

（2）根据给药途径选择：口服乳剂应选择无毒的天然乳化剂或某些亲水性高分子乳化剂等。外用乳剂应选择对局部无刺激性、长期使用无毒性的乳化剂。注射用乳剂可选择磷脂、泊洛沙姆等非离子型乳化剂。

（3）根据乳化剂的性能选择：乳化剂的种类很多，其性能各不相同，应选择乳化性能强、性质稳定、受外界因素（如酸碱、盐、pH 等）的影响小、无毒无刺激性的乳化剂。

（4）混合乳化剂的选择：为了使乳化剂发挥最好的效果，提高界面膜的强度，增加乳剂的稳定性，以及调节乳剂的黏度、柔韧性和涂展性，通常将几种乳化剂混合使用。

乳化剂混合使用有许多特点：① 调节 HLB 值，以改变乳化剂的亲油性、亲水性，使其具有更大的适应性。如磷脂与胆固醇的混合比例为 10:1 时，可形成 O/W 型乳剂，比例为 6:1 时，则形成 W/O 型乳剂。② 增加乳化膜的牢固性。如油酸钠为 O/W 型乳化剂，与鲸蜡醇、胆固醇等亲油性乳化剂混合使用可形成络合物，增强乳化膜的牢固性，并增加乳剂黏度及其稳定性。③ 非离子型乳化剂可以混合使用，如聚山梨酯和脂肪酸山梨坦等。④ 非离子型乳化剂可以和离子型乳化剂混合使用。但阴离子型乳化剂和阳离子型乳化剂不能混合使用，以免混合后形成溶解度很小的沉淀。乳化剂混合使用必须符合油相对 HLB 值的要求，见表 4－10。

表 4－10　乳化油相所需的 HLB 值

油相	所需 HLB 值		油相	所需 HLB 值	
	W/O 型	O/W 型		W/O 型	O/W 型
液状石蜡（轻）	4	10.5	鲸蜡醇	—	15
液状石蜡（重）	4	10～12	硬脂醇	—	14
棉籽油	5	10	硬脂酸	—	15
植物油	—	7～12	精制羊毛脂	8	15
挥发油	—	9～16	蜂蜡	5	10～16

七、乳剂的形成理论

乳剂是由水相、油相和乳化剂经乳化制成。要制备符合要求的稳定的乳剂，首先必须提供足够的能量使分散相能够分散成微小的乳滴，其次是提供乳剂稳定的必要条件。

1. 降低表面张力

水相与油相混合时，借助于机械力的搅拌作用即可形成大小不同的乳滴，但很快会合并分层。这是因为形成乳剂的两相液体之间存在界面张力，两相间界面张力越大，界面自由能也越大，形成乳剂的能力就越小。两相液体形成乳剂的过程，是两相液体之间形成大量新界面的过程，乳滴越小，新增界面就越大，乳滴粒子的表面自由能也就越大。这时乳剂就有降低表面自由能的趋势，促使乳滴合并。为保持乳剂的分散状态和稳定性，必须降低界面自由能。一是乳滴粒子自身形成球形，以保持最小表面积；其次是最大限度地降低界面张力或表面自由能。乳化剂的作用是吸附于乳滴界面，有效地降低表面张力或表面自由能，从而在简单的振摇或搅拌的作用下就能形成具有一定分散度和稳定性的乳剂。因此，适宜的乳化剂是形成稳定乳剂的必要条件。

2. 形成牢固的乳化膜

界面吸附膜学说即 Bancroft 规则，认为乳剂中分散度很大的乳滴，其表面具有很大的吸附能力，乳化剂被吸附在乳滴表面，有规则地定向排列于乳滴与分散介质之间的界面而形成界面吸附膜（又称乳化膜），不仅降低油、水间的界面张力，而且像屏障一样阻止乳滴合并，使乳剂保持稳定。乳剂稳定性的大小取决于所形成界面膜的附着性和牢固性，界面膜的附着性和牢固性越大，乳剂越稳定。

不同种类的乳化剂可形成不同类型的乳化膜，一般可分为以下四种类型：

① 单分子乳化膜：表面活性剂类乳化剂吸附于乳滴表面，定向排列成单分子乳化膜。若乳化剂是离子型表面活性剂，乳化膜的离子化可使乳化膜本身带电荷，由于电荷互相排斥，阻止乳滴的合并，增加乳剂稳定性。

② 多分子乳化膜：亲水性高分子化合物类乳化剂吸附于乳滴表面，形成多分子乳化膜。强亲水性多分子乳化膜（如阿拉伯胶）不仅阻止乳滴的合并，而且能增加分散介质的黏度，使乳剂更稳定。

③ 复合凝聚乳化膜：由 O/W 型和 W/O 型乳化剂混合使用共同形成的界面乳化膜。如吐温（O/W 型）与司盘（W/O 型）、十六烷基硫酸钠（O/W 型）与胆固醇（W/O 型）、硬脂酸钠（O/W 型）与鲸蜡醇（W/O 型）等混合乳化剂，可形成稳定的完全封闭的复合凝聚乳化膜，阻止乳滴合并。但要注意的是，复合凝聚膜的形成与乳化剂的分子形状有关，并非任何两种不同类型的乳化剂混用均可形成复合凝聚膜，如十六烷基硫酸钠与油醇混用，由于油醇双键的空间效应导致二者不能在油水界面有序排列，从而不能形成复合凝聚膜。

④ 固体微粒乳化膜：固体微粒足够细时，不易因重力影响而沉降，且对水相和油相有不同的亲和力，因而对油、水两相表面张力有不同程度的降低。乳化过程中固体微粒吸附于乳滴表面排列成固体微粒乳化膜，具有阻止乳滴合并的作用，增加乳剂的稳定性。如硅皂土、氢氧化镁等都可作为固体微粒乳化剂使用。

八、影响乳剂类型的因素

决定乳剂类型的因素很多，最主要的是乳化剂的性质，以及形成乳化膜的牢固性、相容积比、温度和制备方法等。

1. 乳化剂的分子结构和性质

乳化剂的亲油性、亲水性是决定乳剂类型的主要因素：① 乳化剂是表面活性剂，则乳化剂分子中含有亲水基和亲油基，形成乳剂时，亲水基伸向水相，亲油基伸向油相，若亲水基大于亲油基，乳化剂伸向水相的部分较大，使水的表面张力降低很大，可形成 O/W 型乳剂；若亲油基大于亲水基，则形成 W/O 型乳剂。② 天然或合成的亲水性高分子乳化剂亲水基特别大，而亲油基很弱，降低水相表面张力的作用大，形成 O/W 型乳剂。③ 固体微粒乳化剂若亲水性大，则被水相湿润，形成 O/W 型乳剂；反之，形成 W/O 型乳剂。

乳化剂的溶解度也能影响乳剂的形成。通常易溶于水的乳化剂有助于形成 O/W 型乳剂，易溶于油的乳化剂有助于形成 W/O 型乳剂。油、水两相中对乳化剂溶解度大的一相将成为外相，即分散介质。乳化剂在某一相中的溶解度越大，表示两者的相溶性越好，表面张力越低，体系的稳定性越好。乳化剂的亲水性太大，极易溶于水，反而使形成的乳剂不稳定。

2. 相体积比

油、水两相的容积比简称相容积比。从几何学的角度看，具有相同粒径的球体最紧密填充时，球体所占的最大体积为 74%；如果球体之间再填充不同粒径的小球体，球体所占的总体积可达 90%。理论上相容积比在小于 74%的前提下，相容积比越大，乳滴的运动空间越小，乳剂越稳定。实际上，乳剂的相容积比达 50%时，能显著降低分层速度，相容积比一般在 40%～60%较稳定；相容积比＜25%时，乳滴易分层；分散相的体积超过 60%时，乳滴之间的距离很近，乳滴易发生合并或引起转相。制备乳剂时应考虑油、水两相的相容积比，以利于乳剂的形成和稳定。

九、乳剂的稳定性

乳剂属热力学不稳定体系，其不稳定的常见表现形式主要有以下几种。

1. 分层

分层（delamination）是指乳剂放置后出现分散相粒子上浮或下沉的现象，又称乳析。分层的主要原因是分散相和分散介质之间的密度差。乳滴上浮或下沉的速度符合 Stokes 公式。乳滴的粒子越小，上浮或下沉的速度就越慢。减小分散相和分散介质之间的密度差、增加分散介质的黏度都可以减小乳剂分层的速度。乳剂分层也与分散相的相容积比有关，通常分层速度与相容积比成反比，相容积比低于 25%时，乳剂很快分层，达到 50%时，分层速度明显减小。乳剂分层时，由于乳滴周围的乳化膜没有被破坏，轻轻振摇即可恢复成乳剂原来的状态，故分层是一个可逆过程。

2. 絮凝

絮凝（flocculation）是指乳剂中分散相乳滴发生可逆的聚集现象。如果乳滴的 ζ 电位降低，乳滴聚集而絮凝，由于乳滴荷电以及乳化膜的存在，絮凝状态仍保持乳滴及其乳化膜的完整性，阻止了乳滴的合并。乳剂中的电解质和离子型乳化剂是产生絮凝的主要原因，同时，絮凝与乳剂的和度、相容积比以及流变性有密切关系。乳剂的絮凝作用限制了乳滴的移动并形成网状结构，可使乳剂处于高黏状态，有利于乳剂稳定。絮凝不同于乳滴的合并，但絮凝进一步变化也会引起乳滴的合并。

3. 合并与破裂

乳剂中的乳滴周围有乳化膜存在，但乳化膜破裂导致乳滴变大，称为合并（coalescence）。乳剂中乳滴大小不均一时，小乳滴通常填充于大乳滴之间，使乳滴的聚集性增加，易引起乳滴的合并。若增加分散介质的黏度，可降低乳滴合并速度。合并进一步发展，使乳剂分为油、水两相称为破裂（demulsification）。破乳后，由于乳滴周围的乳化膜完全破坏，经振摇不能恢复成原来乳剂的状态，故破乳是一个不可逆过程。

4. 转相

转相（phase inversion）是指由于某些条件的变化而使乳剂的类型发生改变，由 O/W 型转变为 W/O 型或由 W/O 型转变为 O/W 型。转相主要是由乳化剂的性质改变引起的。如油酸钠是 O/W 型乳化剂，遇氯化钙后生成油酸钙，变为 W/O 型乳化剂，乳剂则由 O/W 型变为 W/O 型。向乳剂中加入相反类型的乳化剂也可使乳剂转相，特别是两种乳化剂的量接近相等时，更容易转相。转相时，两种乳化剂的量比称为转相临界点（phase inversion critical point）。在转相临界点上，乳剂不属于任何类型，处于不稳定状态，可随时向某种类型的乳剂转变。

5. 酸败

乳剂受外界因素及微生物的影响，使油相或乳化剂等发生变化而引起变质的现象称为酸败（rancidity）。乳剂中通常需加入抗氧剂和防腐剂，以防止氧化或酸败。

十、乳剂的制备

1. 制备方法

① 油中乳化剂法（emulsifier in oil method）：又称干胶法。先将乳化剂（胶）分散于油相中研匀，然后加水相制成初乳，最后稀释至全量，如图 4-7 所示。本法适用于天然高分子作乳化剂制备乳剂，如阿拉伯胶或阿拉伯胶与西黄蓍胶的混合胶。由于此类乳化剂是天然胶类，因此该乳剂制备方法也称干胶法。制备初乳时，若油相为植物油，油、水、胶（乳化剂）的参考比例为 4:2:1；若油相为挥发油，则其比例为 2:2:1；若油相为液体石蜡，则其比例为 3:2:1。

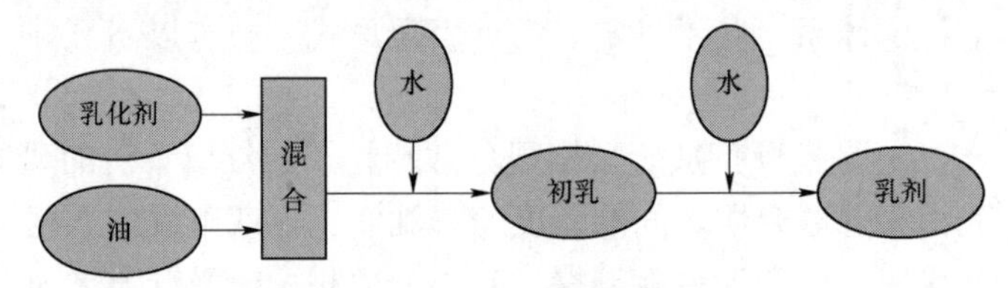

图 4-7　油中乳化剂法

② 水中乳化剂法（emulsifier in water method）：又称湿胶法。先将乳化剂分散于水中研匀，再加入油相，用力搅拌使成初乳，再加水稀释至全量，混匀，即得，如图 4-8 所示。初乳中油、水、胶的比例同干胶法。

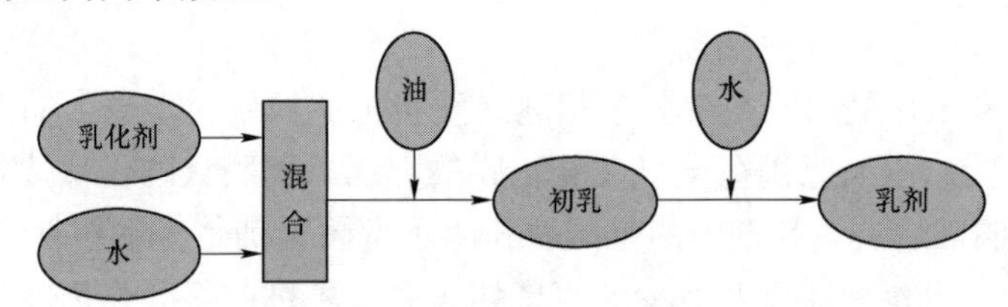

图 4-8　水中乳化剂法

③ 新生皂法（nascent soap method）：是指将油水两相混合时，在两相界面上生成新生皂类乳化剂产生乳化的方法。植物油中含有硬脂酸、油酸等有机酸，加入氢氧化钠、氢氧化钙、三乙醇胺等，在高温（70 ℃以上）下生成的新生皂为乳化剂，经搅拌即形成乳剂。生成的一价皂则为 O/W 型乳化剂，二价皂则为 W/O 型乳化剂。本法适用于乳膏剂的制备。如图 4-9 所示。

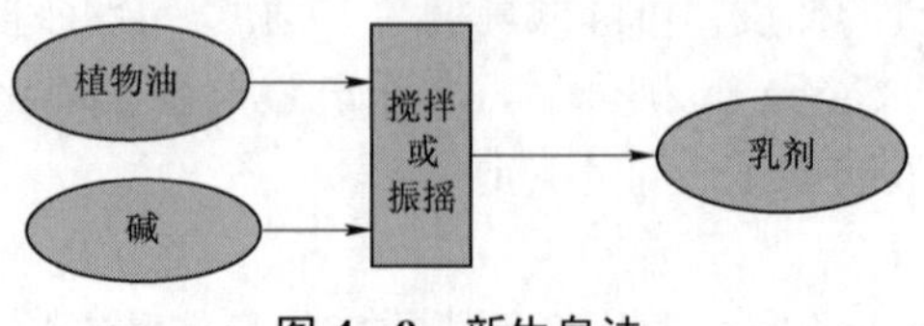

图 4-9　新生皂法

④ 两相交替加入法（alternate addition method）：向乳化剂中每次少量交替地加入水或油，边加边搅拌，即可形成乳剂。天然胶类、固体微粒乳化剂等可用本法制备乳剂。当乳化剂用量较多时，本法是一个很好的方法。

⑤ 机械法：将油相、水相、乳化剂混合后用乳化机械制备乳剂的方法。机械法制备乳剂时可不用考虑混合顺序，借助机械提供的强大能量，很容易制成乳剂。

⑥ 复合乳剂的制备：采用二步乳化法制备。首先将水、油、乳化剂制成一级乳，再以一级乳为分散相与含有乳化剂的水或油再乳化制成二级乳。如制备 O/W/O 型复合乳剂，先选择亲水性乳化剂制成 O/W 型一级乳剂，再选择亲油性乳化剂分散于油相中，在搅拌下将一级乳加于油相中，充分分散即得 O/W/O 型乳剂。

⑦ 纳米乳的制备：纳米乳的乳化剂主要是表面活性剂类，其 HLB 值应在 15～18 范围内，乳化剂和辅助成分一般占乳剂的 12%～25%。

2. 药物的加入方法

根据药物的溶解性质不同，采用不同的加入方法。① 若药物溶解于油相，可先将药物溶于油相再制成乳剂；② 若药物溶于水相，可先将药物溶于水后再制成乳剂；③ 若药物既不溶于油相，也不溶于水相，可用亲和性大的液相研磨药物，再制成乳剂，也可将药物先用已制成的少量乳剂研磨至细再与乳剂混合均匀。

3. 常用设备

① 搅拌乳化装置：小量制备可用乳钵，大量制备可用搅拌机，分为低速搅拌乳化装置和高速搅拌乳化装置。

② 乳匀机：借助强大推动力使两相液体通过乳匀机的细孔而形成乳剂。制备时通常先用其他方法初步乳化，再用乳匀机乳化，效果较好。

③ 胶体磨：利用高速旋转的转子和定子之间的缝隙产生强大剪切力使液体乳化，要求不高的乳剂可用本法制备。

④ 超声波乳化装置：利用 10～50 kHz 高频振动制备乳剂，可制备 O/W 和 W/O 型乳剂，但黏度大的乳剂不宜用本法制备。

4. 影响因素

乳剂制备中，除了注意选择适宜的乳化方法外，还应注意温度、乳化时间、乳化次数等因素对乳剂形成与稳定的影响。

① 温度：升高温度可降低连续相的黏度，有利于剪切力的传递与乳剂的形成。但温度升高，界面膜会膨胀，同时也增大了乳滴的动能，使乳滴易聚集合并，故乳化温度不宜过高。

② 乳化时间：乳化开始阶段的搅拌、研磨等可促使乳剂的形成，但当乳滴形成后继续长时间的搅拌等，则可使乳滴之间的碰撞机会增多，导致乳滴合并甚至破裂，因此应选择适宜的乳化时间。

③ 乳化次数：乳剂中乳滴粒径越小且均匀，其稳定性越好。一般先经搅拌装置初步乳化制得初乳（粗乳），再经过胶体磨、高压乳匀机或超声波乳化器进行反复乳化处理，以制得粒径小且均一、稳定性好的乳剂。

十一、乳剂的质量评定

乳剂给药途径不同，其质量要求也各不相同。乳剂的基本质量评价如下。

1. 粒径

乳剂的粒径大小是衡量乳剂质量的重要指标。不同用途的乳剂对粒径大小要求不同，例如静脉注射用乳剂，要求90%的乳滴粒径应在1 μm以下，不得有大于5 μm的乳滴。乳剂在贮存期间，乳滴粒径的变化与其稳定性密切相关。常用的测定方法包括：

① 显微镜法：用光学显微镜测定。可测定粒径范围为0.2～100 μm粒子，测定粒子数不少于600个。

② 库尔特计数器（coulter counter）法：库尔特计数器可测定粒径范围为 0.6～150 μm的粒子和粒度分布。

③ 激光散射光谱（PCS）法：样品制备容易，测定速度快，可测定0.01～2 μm 范围的粒子，适用于静脉乳剂的测定。

④ 透射电镜（TEM）法：可测定粒子大小及分布，可观察粒子形态。可测定粒子范围为0.01～20 μm。

2. 分层现象

乳剂经长时间放置，粒径变大，进而产生分层现象。这一过程的快慢是衡量乳剂稳定性的重要指标。分层程度可用乳析体积比表示。乳析体积比是指分层部分乳剂的体积或高度与乳剂总体积或高度之比，乳析体积比越大，乳剂越不稳定。

为了在短时间内观察乳剂的分层，可用离心法进行加速实验。将乳剂置10 cm离心管中以3 750 r/min速度离心5 h，相当于放置 1年的自然分层效果。此法可用于估计乳剂的稳定性。将乳剂以4 000 r/min离心15 min，如不分层，可认为乳剂质量稳定。口服乳剂用半径为10 cm的离心机以4 000 r/min 离心15 min不应有分层现象。

3. 乳滴合并速度

乳滴合并速度符合一级动力学规律，即：

$$\lg N = -\frac{Kt}{2.303} + \lg N_0 \tag{4-8}$$

式中，N、N_0分别为t和t_0时间的乳滴数；K为合并速度常数；t为时间。通过测定随时间t变化的乳滴数 N，求出合并速度常数 K，可估算乳滴合并速度，用于评价乳剂的稳定性。K越大，表明乳滴合并速度越快，乳剂越不稳定。

4. 稳定常数

乳剂离心前后光密度变化百分率称为稳定常数，用K_e 表示，其表达式如下：

$$K_e = (A_0 - A) / A \times 100\% \tag{4-9}$$

式中，A_0为未离心乳剂稀释液的吸光度；A为离心后乳剂稀释液的吸光度。

测定时，取乳剂适量于离心管中，以一定转速离心一定时间，从离心管底部取出少量乳剂，稀释一定倍数，以蒸馏水为对照，用比色法在可见光波长下测定吸光度A，同法测定原乳剂稀释液的吸光度A_0，计算 K_e。离心速度和波长的选择可通过实验加以确定。此法能够定量地反映乳剂的稳定性，K_e 值越小，表明乳剂越稳定。

5. 乳剂示例

例：鱼肝油乳。

【处方】鱼肝油368 mL　　吐温80 12.5 g　　西黄蓍胶9 g

甘油 19 g　　苯甲酸 1.5 g　　糖精 0.3 g
杏仁油香精 2.8 g　　香蕉油香精 0.9 g　　纯化水加至 1 000 mL

【制法】将甘油、糖精、水混合，投入粗乳机搅拌 5 min，用少量的鱼肝油润匀苯甲酸、西黄蓍胶投入粗乳机，搅拌 5 min，投入吐温 80，搅拌 20 min，缓慢均匀地投入鱼肝油，搅拌 80 min，将杏仁油香精、香蕉油香精投入搅拌 10 min 后，粗乳液即成。将粗乳液缓慢均匀地投入胶体磨中研磨，重复研磨 2～3 次，用两层纱布过滤，并静置脱泡，即得。

【注释】处方中鱼肝油为主药，吐温 80 为乳化剂，西黄蓍胶为辅助乳化剂，甘油为稳定剂，苯甲酸为防腐剂，糖精为甜味剂，杏仁油香精、香蕉油香精为芳香矫味剂。本品用于维生素 A、D 缺乏症。

思考题

1. 简述液体制剂的特点、分类及质量要求。
2. 液体制剂的常用溶剂有几类？分别举例说明。
3. 液体制剂中常用的附加剂有哪些？分别举例说明。
4. 平衡溶解度和特性溶解度的含义分别是什么？
5. 影响药物溶解度的因素有哪些？
6. 增加药物溶解度的方法有哪几种？
7. 试述表面活性剂的定义、分类及结构特点。
8. 简述表面活性剂的特性。
9. 简述表面活性剂在药物制剂中的应用。
10. 用司盘 80（HLB 值 4.3）和聚山梨酯 20（HLB 值 16.7）制备 HLB 值为 9.5 的混合乳化剂 100 g，请问两者应各用多少克？该混合物可作何用？
11. 低分子溶液剂有哪些？试举例说明。
12. 简述高分子溶液剂、溶胶剂的概念及其基本性质。
13. 高分子溶液剂与溶胶剂有何异同？
14. 混悬剂的物理稳定性包括哪些方面？
15. 试根据 Stokes 定律分析如何增加混悬剂的动力学稳定性。
16. 混悬剂处方中常用的稳定剂有哪几类？
17. 简述混悬剂的制备方法以及质量评价方法。
18. 简述乳剂的组成、分类与特点。
19. 试述乳剂中乳化剂的选择方法，并举例说明常用乳化剂的种类。
20. 简述乳剂的形成理论和影响乳剂类型的因素。
21. 乳剂不稳定的常见表现形式有哪些？
22. 试述乳剂的制备方法以及质量评价要求。

参考文献

[1] 张奇. 军用药物制剂工程学［M］. 北京：化学工业出版社，2012.

[2] 钟海军，李瑞. 药剂学 [M]. 武汉：华中科技大学出版社，2021.
[3] 丁立，邹玉繁. 药物制剂技术（第二版）[M]. 北京：化学工业出版社，2021.
[4] 杨瑞虹. 药物制剂技术与设备（第四版）[M]. 北京：化学工业出版社，2021.
[5] 张洪斌. 药物制剂工程技术与设备（第三版）[M]. 北京：化学工业出版社，2019.
[6] 方亮. 药剂学（第8版）[M]. 北京：人民卫生出版社，2016.
[7] 孟胜男，胡容峰. 药剂学 [M]. 北京：中国医药科技出版社，2016.
[8] 王建新，杨帆. 药剂学（第2版）[M]. 北京：人民卫生出版社，2015.
[9] 张志荣. 药剂学（第2版）[M]. 北京：高等教育出版社，2014.
[10] 崔福德. 药剂学（第7版）[M]. 北京：人民卫生出版社，2011.
[11] 方晓玲. 药剂学 [M]. 北京：人民卫生出版社，2007.
[12] 曹德英. 药剂学（第2版）[M]. 北京：人民卫生出版社，2007.
[13] 周建平. 药剂学 [M]. 南京：东南大学出版社，2007.
[14] 张强，武凤兰. 药剂学 [M]. 北京：北京大学医学出版社，2005.
[15] 陆彬. 药剂学 [M]. 北京：中国医药科技出版社，2003.

（郝艳丽）

民族骄傲|中国古代著名中药学专著

《本草纲目》

——李时珍撰写

李时珍（约 1518 年—1593 年），明代杰出医药学家，字东璧，晚号濒湖山人。蕲州（今湖北蕲春）人。自嘉靖三十一年（1552 年）至万历六年（1578 年），历时 27 载，三易其稿，著成《本草纲目》。此书采用“目随纲举”编写体例，故以“纲目”名书。载有药物 1 892 种，其中植物 1 195 种，增收新药 374 种，收集医方 11 096 个，约 190 万字，书前附药物形态图 1 100 余幅，分为 16 部、60 类。

《本草纲目》集我国 16 世纪之前药学成就之大成。该著作对世界医药学、植物学、动物学、矿物学、化学的发展产生深远的影响，在英国生物学家查尔斯·达尔文于 1859 年所著书籍《物种起源》中多次被参考引用，是东方医药巨典和中国古代的百科全书。该书首创的按药物自然属性逐级分类的纲目体系，是现代生物分类学的重要方法之一。

该书首先介绍历代本草的中药理论和所载药物，又首次载入民间和外用药 374 种，如三七、半边莲、醉鱼草、大风子等，并附方 11 096 则。显示当时最先进的药物分类法，除列“一十六部为纲，六十类为目”外，还包括每药之中“标名为纲，列事为目”，即每一药物下列释名、集解等项，如“标龙为纲，而齿、角、骨、脑、胎、涎皆列为目”；又有以一物为纲，而不同部位为目。特别是在分类方面，从无机到有机，从低等到高等，基本符合进化论观点。全面阐述所载药物知识，对各种药物设立若干专项，分别介绍药物名称、历史、形态、鉴别、采集、加工，以及药性、功效、主治、组方应用等；同时，引述自《本经》迄元明时期各家学说，内容丰富而有系统。

（张　奇）

第5章
半固体制剂

半固体制剂是一类应用于皮肤或黏膜的药物制剂形式，包括软膏剂、乳膏剂、凝胶剂、糊剂、栓剂等，其特点是结构易破坏，在使用过程中易发生流动和变形的现象。本章主要介绍半固体制剂（软膏剂、乳膏剂、凝胶剂、糊剂和栓剂）的概念、特点、基质、制备方法、质量检查、包装贮存等。

5.1 软膏剂

要求：

1. 掌握软膏剂的概念和质量要求。
2. 掌握软膏剂的常用基质、制备方法、质量评价与包装贮存。

图 5－1 软膏剂示意图

软膏剂（ointments）是指药物与油脂性或水溶性基质均匀混合制成具有适当稠度、易涂布于皮肤、黏膜或创面的半固体外用制剂。软膏剂主要有保护创面、润滑皮肤和局部治疗作用，如抗感染、消毒、止痒、止痛和麻醉等。有些软膏中药物经透皮吸收后也可以发挥全身治疗作用。如图 5－1 所示。

软膏剂主要由药物和基质组成。按药物在基质中不同的分散状态，软膏剂可分为两类：溶液型、混悬型。其中，溶液型软膏剂为药物溶解（或共熔）于基质或基质组分中制成的软膏剂，混悬型软膏剂为药物细粉均匀分散于基质中制成的软膏剂。

除药物和基质外，软膏剂常根据需要添加抗氧剂、防腐剂、保湿剂、经皮吸收促进剂等附加剂。抗氧剂、防腐剂主要用于防止药物及基质的变质，特别是软膏剂中含有水、不饱和烃类、脂肪类基质时加入这些稳定剂尤为重要。

软膏剂在生产与贮期间均应符合以下一般质量要求：① 均匀、细腻、涂于皮肤或黏膜上应无粗糙感；② 有适当的黏稠性，易于涂布于皮肤或黏膜上而不融化，黏稠度随季节变化小；③ 性质稳定，应无酸败、异臭、变色、变硬等变质现象，贮存时应不发生分层或油水分离，并且能保持药物固有的疗效；④ 应无刺激性、过敏性以及其他不良反应；⑤ 用于创面的软膏剂应无菌。

一、软膏剂的基质

基质（bases）是软膏剂成型和发挥药效的重要组成部分。基质的性质对软膏剂的质量影响很大，如直接影响药效、流变性质、外观等。

理想的软膏剂基质应满足下列条件：① 润滑无刺激，稠度适宜，易于涂布；② 性质稳定，与主药或附加剂等无配伍禁忌；③ 具有吸水性，能吸收伤口分泌物；④ 不妨碍皮肤的正常功能，具有良好释药性能；⑤ 易洗除，不污染皮肤和衣服等。目前尚没有一种基质能同时满足上述要求，因此，在实际应用时，应根据药物和基质的性质以及用药目的进行合理选择，并根据软膏剂的特点和要求采用添加附加剂或混合使用等方法来保证制剂的质量和临床需要。

常用的软膏剂基质主要有油脂性基质、水溶性基质。

1. 油脂性基质

包括烃类、类脂类、动植物油脂类以及合成（半合成）油脂性基质。其特点是滑润、无刺激性，能与较多的药物配伍，不易生菌。此类基质涂于皮肤能形成封闭性油膜，促进皮肤水合作用，可以保护皮肤和裂损伤面，并减少皮肤水分的蒸发，使皮肤柔软，对表皮增厚、角化、皲裂有软化保护作用，主要用于遇水不稳定的药物。缺点是疏水性差，释药性能差，不易用水洗除，不易于水性液体混合，一般不单独用于制备软膏剂。

油脂性基质中以烃类基质凡士林最为常用，固体石蜡与液状石蜡用于调节稠度，类脂中以羊毛脂与蜂蜡应用较多，羊毛脂可增加基质吸水性及稳定性。植物油常与熔点较高的蜡类熔合成适当稠度的基质。

（1）烃类。从石油中得到的各种烃的混合物，其中大部分属于饱和烃。

① 凡士林（vaseline）：又称软石蜡（soft paraffin），是由多种相对分子质量烃类组成的半固体状物，熔程为 38～60 ℃，有黄、白两种，后者由前者漂白而成。凡士林有适宜的黏稠性和涂展性，可单独用作软膏基质；无臭味，无刺激性，性质稳定，不会酸败；能与多种药物配伍，特别适用于遇水不稳定的药物（如某些抗生素等）。凡士林仅能吸收约 5%的水，故不适用于有多量渗出液的患处。可通过加入适量羊毛脂、胆固醇或某些高级醇类（如鲸蜡醇、硬脂醇等）提高其吸水性能。水溶性药物与凡士林配合时，还可加适量表面活性剂如非离子型表面活性剂聚山梨酯类于基质中，以增加其吸水性。

② 固体石蜡（paraffin）：为各种固体烃的混合物，熔程为 50～65 ℃，主要用于调节软膏的稠度。石蜡与其他原料融合后不会单独析出，故优于蜂蜡。

③ 液状石蜡（liquid paraffin）：为各种液体烃的混合物，能与多数脂肪油或挥发油混合，主要用于调节软膏的稠度，还可作为加液研磨的液体，与药物粉末共研，以利于药物与基质混合。

（2）类脂类。是指高级脂肪酸与高级脂肪醇化合而成的酯及其混合物，有类似于脂肪的物理性质，但化学性质较脂肪稳定，且具一定的表面活性作用，从而有一定的吸水性能。其多与油脂类基质合用。常用的有羊毛脂、蜂蜡、鲸蜡等。

① 羊毛脂（wool fat）：一般是指无水羊毛脂（wool fat anhydrous）。为淡黄色黏稠微具特臭的半固体，是羊毛上的脂肪性物质的混合物，主要成分是胆固醇类的棕榈酸酯及游离的胆固醇类，游离的胆固醇和羟基胆固醇等约占 7%，熔程为 36～42 ℃，具有良好的吸水性。为取用方便，常吸收 30%的水分以改善黏稠度，称为含水羊毛脂。羊毛脂可吸收两倍的水而形成乳剂型基质，由于本品黏性太大而很少单用作基质，常与凡士林合用，以改善凡士林的吸水性与渗透性。羊毛脂经皂化后分离得到的胆固醇及其他固醇的混合物称为羊毛醇，如进一步分离，可得纯净的 W/O 型乳化剂胆固醇。凡士林中加入胆固醇或羊毛醇时可吸收更多的水。

② 蜂蜡（beeswax）与鲸蜡（spermaceti）：蜂蜡有黄白之分，白蜂蜡是由黄蜂蜡精制而成。蜂蜡的主要成分为棕榈酸蜂蜡醇酯，含有少量游离醇和游离酸，熔程为 62～67 ℃。鲸蜡的主要成分为棕榈酸鲸蜡醇酯，还含有少量游离醇类，熔程为 42～50 ℃。两者均具有一定的表面活性作用，属较弱的 W/O 型乳化剂，在 O/W 型乳剂型基质中起稳定作用。两者均不易酸败，常用于取代乳剂型基质中部分脂肪性物质，以调节稠度或增加稳定性。

（3）油脂类。是指来源于动物或植物的高级脂肪酸甘油酯及其混合物。豚脂（lard）为常用动物油脂，熔程为 36～42 ℃，其特点为释放药物较快，易酸败，可加入 1%～2%苯甲酸或 0.1%没食子酸丙酯以防止酸败。植物油脂如花生油、麻油、菜籽油等，常与熔点较高的蜡类基质一起合用，得到稠度适宜的基质。植物油因其分子结构中存在不饱和键，稳定性欠佳，长期贮存过程中易氧化，一般需加抗氧剂。氢化植物油为植物油氢化而成的饱和或近饱和脂肪酸甘油酯，一般呈白色微细粉末或蜡状固体，熔点为 57～61 ℃，稳定性较植物油好。

（4）合成（半合成）油脂性基质。由各种油脂或原料加工合成，其组成与原料油脂相似，可保持原料油脂的优点，同时，在稳定性、皮肤刺激性和皮肤吸收性等方面有明显改善。常用的合成（半合成）油脂性基质有角鲨烷、羊毛脂衍生物、硅酮、脂肪酸、脂肪醇、脂肪酸酯等。

① 角鲨烷（squalane）：是从深海鲨鱼肝脏中提取的角鲨烯经氢化制得的一种烃类油脂，又名深海鲨鱼肝油。为无色、无味的透明黏稠油状液体，主要成分为六甲基二十四烷（异十三烷）及其纯度较高的侧链烷烃。具有高度的滋润性和保湿性，化学稳定性高，对皮肤有较好的亲和性，具有较低的极性和中等的铺展性，与其他油脂有良好的相容性。

② 羊毛脂衍生物（lanolin ramification）：包括羊毛醇、羊毛脂酸、乙酰化羊毛醇、氢化羊毛脂、聚氧乙烯羊毛脂等。羊毛醇是羊毛脂的水解产物，也可通过皂化反应制得，为浅黄色至黄棕色油膏或蜡状固体，熔程为 45～75 ℃，性能比羊毛脂好，广泛用于软膏剂等外用产品。羊毛脂脂肪酸为明黄色蜡状固体，对皮肤具有良好的滋润作用。乙酰化羊毛脂由羊毛脂与醋酐反应制得，熔程为 30～40 ℃，具有较好的抗水性能和油溶性能，能形成抗水薄膜，保持皮肤水分。氢化羊毛脂由羊毛脂还原而得，熔程为 48～54 ℃，白色蜡状固体，稳定性高，吸水性好，已被皮肤吸收，可代替天然羊毛脂。聚氧乙烯羊毛脂由羊毛脂醇与环氧乙烷加成而得，为非离子型表面活性剂，对皮肤无毒、无刺激性，可作为乳化剂、分散剂。

③ 二甲基硅油（dimethicone）：或称硅油或硅酮（silicones），是一系列不同相对分子质量的聚二甲硅氧烷的总称，通式为 $CH_3[Si(CH_3)_2 \cdot O]_n \cdot Si(CH_3)_3$。本品为一种无色或淡黄色的透明油状液体，无臭，无味，黏度随相对分子质量的增加而增大，常见有 2～100 mPa·s 多种。其最大的特点是在应用温度范围（−40～150 ℃）内黏度变化极小。对大多数化合物稳定，但在强酸强碱中降解。在非极性溶剂中易溶，随黏度增大，溶解度逐渐下降。本品化学性质稳定，无毒性，对皮肤无刺激性，润滑而易于涂布。不妨碍皮肤的正常功能，不污染衣物，为一较理想的疏水性原料。常与其他油脂性原料合用制成防护性软膏，用于防止水性物质如酸、碱液等的刺激或腐蚀，也可制成乳剂型基质应用。本品中加入薄膜形成剂如聚乙烯吡咯烷酮、聚乙烯醇及纤维素衍生物等，可增强其防护性。硅油对药物的释放和穿透皮肤性能较豚脂、羊毛脂及凡士林为快，但成本较高。本品对眼睛有刺激性，不宜作眼膏基质。

④ 脂肪酸、脂肪醇及其酯：脂肪酸主要和氢氧化钾或三乙醇胺等合用，生成新生皂作为乳化剂，常用的有棕榈酸、硬脂酸、异硬脂酸等。脂肪醇主要为 C_{12}～C_{18} 高级脂肪醇，常

用的有鲸蜡醇、硬脂醇等。脂肪酸酯多为高级脂肪酸与低相对分子质量的一元醇酯酯化而成，与油脂可互溶，黏度低，延展性好，皮肤渗透性好。

2. 水溶性基质

水溶性基质是由天然或合成的水溶性高分子物质所组成。常用的有甘油明胶、淀粉甘油、纤维素衍生物、聚羧乙烯及聚乙二醇等。本类基质一般释放药物较快，无油腻性，易涂展，对皮肤及黏膜无刺激性，能与水溶液混合并能吸收组织渗出液，多用于润湿、糜烂创面，有利于分泌物的排除；也常用作腔道黏膜（如避孕软膏）或防油保护性软膏的基质。缺点是润滑作用较差。本类基质中的水分容易蒸发并且易于霉变，需加保湿剂及防腐剂。

（1）甘油明胶：由甘油、明胶及水加热制成。一般明胶用量 1%～3%，甘油 10%～30%。本品温热后易涂布，涂后能形成一层保护膜，因本身有弹性，故在使用时较舒适。

（2）纤维素衍生物：常用的有甲基纤维素及羧甲基纤维素。前者溶于冷水，后者冷、热水中均溶。羧甲基纤维素钠是阴离子型化合物，遇酸及汞、铁、锌等重金属离子可生成不溶性物，与阳离子型药物配伍也可产生沉淀并使药效下降。

（3）聚乙二醇（polyethyleneglycol，PEG）：是用环氧乙烷与水或乙二醇逐步加成聚合得到的水溶性聚醚。分子式为 $HOCH_2(CH_2OHCH_2)_nCH_2OH$，通常在名称后附有相对分子质量数值，以表明品种。药剂中常用的平均相对分子质量为 300～6 000。PEG 700 以下均是液体，PEG 1000、PEG 1500 及 PEG 1540 是半固体，PEG 2000～PEG 6000 是固体。固体 PEG 与液体 PEG 适当比例混合可得半固体的软膏基质，且较常用，可随时调节稠度。此类基质易溶于水，能与渗出液混合且易洗除，化学性质稳定，能耐高温，不易霉败。但由于其较强的吸水性，用于皮肤常有刺激感，且久用可引起皮肤脱水干燥感。本品与一些药物如苯甲酸、水杨酸、鞣酸、苯酚等配伍会产生络合，导致基质过度软化，并能降低酚类防腐剂的活性。与季胺盐类、山梨糖醇及羟苯酯类等遇水不稳定的药物等有配伍变化。

例：含聚乙二醇的水溶性基质。

【处方】 聚乙二醇 4000 400 g，聚乙二醇 400 600 g
或 聚乙二醇 4000 500 g，聚乙二醇 400 500 g
共制成 1 000 g

【制法】 将两种聚乙二醇混合后，在水浴上加热至 65 ℃，搅拌至冷凝，即得。若需较硬基质，则可取等量混合后制备。

聚乙二醇 4000 为蜡状固体，熔点为 50～58 ℃，聚乙二醇 400 为黏稠液体，两种成分用量比例不同，可调节软膏的稠度，以适应不同气候和季节的需要。由于本基质水溶性大，与水溶液配合时易引起稠度的改变，如需与 6%～25%的水溶液混合时，可取 50 g 硬脂酸代替等量的聚乙二醇 4000 以调节稠度。

此类基质还可作为防油性物质（矿物油、漆类）刺激的防护软膏，工作前涂擦，工作后洗除。

（4）脂肪醇－丙二醇（fatty alcohol－propylene glycol，FAPG）：FAPG 基质是一种无水无油基质，国外应用较多。其基本组成是硬脂醇 15%～45%、丙二醇 45%～85%、聚乙二醇 0%～15%，还可能含有增稠剂（甘油或硬脂酸）或吸收促进剂。FAPG 基质的特点为：无水，适用于易水解的药物；铺展性、黏附性好，可形成封闭性的薄膜；不易水解，不易酸败，易洗除。以 FAPG 为基质制备的软膏剂润滑、白皙、柔软、带有珠光。临床主要作为类固醇药物皮肤外用制剂的基质。

二、软膏剂的附加剂

软膏剂中除药物和基质外，可根据需要添加其他的附加剂。常用的附加剂主要有抗氧剂、防腐剂、保湿剂、经皮吸收促进剂等。

1. 抗氧剂

在软膏剂的贮藏过程中，微量的氧就会使某些活性成分氧化而变质。因此，常加入一些抗氧剂来保护软膏剂的化学稳定性。常用的抗氧剂分为三种：

① 第一种是抗氧剂，它能与自由基反应，抑制氧化反应，如 V_E、没食子酸烷酯、丁羟基茴香醚（BHA）和丁羟基甲苯（BHT）等。

② 第二种是由还原剂组成，其还原势能小于活性成分，更易被氧化，从而能保护该物质。它们通常和自由基反应，如抗坏血酸、异抗坏血酸和亚硫酸盐等。

③ 第三种是抗氧剂的辅助剂，它们通常是螯合剂，本身抗氧效果较小，但可通过优先与金属离子反应，从而加强抗氧剂的作用。这类辅助抗氧剂有枸橼酸、酒石酸、EDTA 和巯基二丙酸等。

2. 防腐剂

软膏剂中的基质中通常有水性、油性物质，甚至蛋白质，这些基质易受细菌和真菌的侵袭，微生物的滋生不仅可以污染制剂，而且有潜在毒性。所以，应保证在制剂及应用器械中不含有致病菌，例如假单孢菌、沙门氏菌、大肠杆菌、金黄色葡萄球菌。对于破损及炎症皮肤，局部外用制剂不含微生物尤为重要。加入的杀菌剂的浓度一定要使微生物致死，而不是简单地起抑制作用。

对抑菌剂的要求是：① 和处方中组成物没有配伍禁忌；② 抑菌剂要有热稳定性；③ 在较长的贮藏时间及使用环境中稳定；④ 对皮肤组织无刺激性、无毒性、无过敏性。常用的抑菌剂见表 5－1。

表 5－1 软膏剂中常用的抑菌剂

种类	举例	使用浓度/%
醇	乙醇，异丙醇，氯丁醇，三氯甲基叔丁醇，苯基－对－氯苯丙二醇，苯氧乙醇，溴硝基丙二醇（Bronopol）	7
酸	甲酸，脱氢乙酸，丙酸，山梨酸，肉桂酸	0.1～0.2
芳香酸	茴香醚，香茅醛，丁子香粉，香兰酸酯	0.001～0.002
汞化物	醋酸苯汞，硼酸盐，硝酸盐，汞撒利	
酚	苯酚，苯甲酚，麝香草酚，卤化衍生物（如对氯邻甲苯酚，对氯－间二甲苯酚），煤酚，氯代百里酚，水杨酸	0.1～0.2
酯	对羟基苯甲酸（乙酸，丙酸，丁酸）酯	0.01～0.5
季铵盐	苯扎氯铵，溴化烷基三甲基铵	0.002～0.01
其他	葡萄糖酸洗必泰	0.002～0.01

3. 其他附加剂

水溶性基质的软膏剂由于水分易蒸发而使软膏变硬，常需加入适宜的保湿剂，如甘油、丙二醇、山梨醇等。保湿剂一般为亲水性物质，在较低湿度范围内具有结合水的能力，还可通过控制产品与周围空气之间水分的交换使皮肤维持在高于正常水含量的平衡状态，起到减轻皮肤干燥的作用。

经皮吸收促进剂是指能够渗透进入皮肤，降低药物通过皮肤阻力，加速药物穿透皮肤而不损害皮肤正常生理功能的物质。常用的吸收促进剂有低级醇类（如乙醇、丙二醇）、表面活性剂、油酸、月桂氮䓬酮、薄荷醇、桉叶油等。

三、软膏剂的制备

软膏剂的制备，根据软膏类型、药物与基质的性质、制备量及设备条件不同，采用的方法也不同。

制备软膏的基本要求是必须使药物在基质中分布均匀，细腻，以保证药物剂量与药效，这与制备方法的选择特别是加入药物方法的正确与否关系密切。

1. 基质的处理

对于油溶性基质，需进行加热过滤及灭菌处理。常将基质加热熔融后趁热过滤，除去杂质，再加热至 150 ℃灭菌 1 h 以上，并除去水分。

2. 药物加入的一般方法

（1）药物不溶于基质或基质的任何组分中时，必须将药物粉碎至细粉（眼膏中药粉细度为 75 μm 以下）。若用研磨法，配制时取药粉先与适量液体组分，如液状石蜡、植物油、甘油等研匀成糊状，再与其余基质混匀。

（2）某些在处方中含量较少的药物如皮质激素类、生物碱盐类等，可用少量适宜的熔剂溶解后，再加至基质中混匀。

（3）药物可直接溶于基质中时，则油溶性药物溶于少量液体油中，再与油脂性基质混匀成为油脂性溶液型软膏。水溶性药物溶于少量水后，与水溶性基质成水溶性溶液型软膏。

（4）具有特殊性质的药物，如半固体黏稠性药物（如鱼石脂或煤焦油），可直接与基质混合，必要时先与少量羊毛脂或聚山梨酯类混合，再与凡士林等油性基质混合。中药浸出物为液体（如煎剂、流浸膏）时，可先浓缩至稠膏状再加入基质中。固体浸膏可加少量水或稀醇等研成糊状，再与基质混合。

（5）樟脑、薄荷脑、麝香草酚等挥发性共熔成分共存时，可先研磨至共熔后再与基质混匀；单独使用时，可用少量适宜熔剂溶解，再加入基质中混匀，或溶于约 40 ℃的基质中。容易氧化、水解或挥发性的药物加入时，基质温度不宜过高（60 ℃以下）。

（6）对热敏感的药物或挥发性药物，应在基质温度冷却至 40 ℃左右时加入。

3. 制备方法及设备

油脂性基质的软膏主要采用研磨法和熔融法制备。

（1）研磨法（incorporation method）。基质为油脂性的半固体时，可直接采用研磨法（水溶性基质不宜用）。一般在常温下将药物与基质等量递加混合研匀。此法适用于小量制备，且药物为不溶于基质者。用软膏刀在陶瓷或玻璃的软膏板上调制，也可在乳钵中研制。大量生产时，采用机械研磨，常用三辊研磨机（图 5-2）。

（2）熔融法（fusion method）。熔点较高的组分组成的软膏基质常温下不能均匀混合，须用该法制备。特别适用于含固体成分的基质。先加温熔化高熔点基质后，再加入其他低熔成分熔合成均匀基质，然后加入药物，搅拌均匀冷却即可。如药物不溶于基质，必须先研成细粉筛入熔化或软化的基质中，搅拌混合均匀，若不够细腻，需要通过研磨机进一步研匀。实验室小量制备时，熔融过程常通过水浴或加热套加热，在烧杯或搪瓷盘中完成。大量生产或工业生产时，多用蒸汽夹层锅加热来熔融油脂性基质，在软膏搅拌机中完成制备（图 5-3）。

图 5-2　三辊研磨机

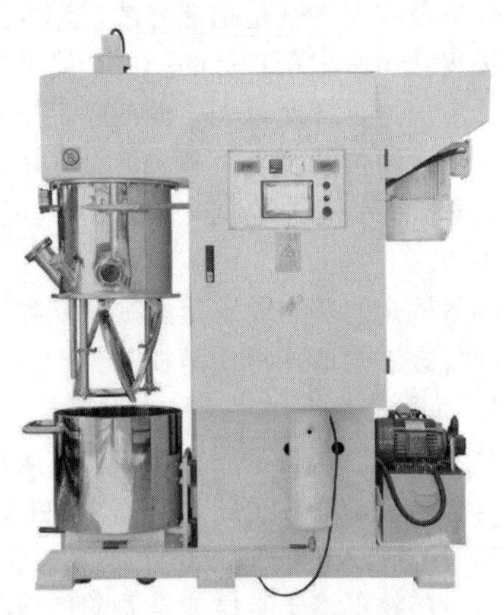

图 5-3　软膏剂搅拌机

熔融法制备软膏剂时需注意：① 冷却过程中需要不断搅拌，以防止不溶性药粉下沉，导致分散不均匀；② 冷凝成膏状后应停止搅拌，以免带入过多气泡；③ 冷却速率不能太快，以免基质中高熔点组分呈块状析出；④ 对热敏感或挥发性成分应待基质冷却至接近室温时加入。

四、软膏剂的质量检查

按照 2020 版《中国药典》四部通则 0109，软膏剂除另有规定外，应进行粒度、装量、微生物限度、无菌等项目检查。此外，软膏剂的质量评价还包括外观性状、主药含量、物理性质（熔点、黏度和稠度、pH 等）、刺激性、稳定性以及软膏剂中药物释放、穿透、吸收等。

1. 粒度

除另有规定外，混悬型软膏剂、含饮片细粉的软膏剂按照下述方法检查，应符合规定。取供试品适量，置于载玻片上涂成薄层，薄层面积相当于盖玻片面积，共涂 3 片，按照粒度和粒度分布测定法（通则 0982 第一法）测定，均不得检出大于 180 μm 的粒子。

2. 装量

按照最低剂量检查法（通则 0942）检查，应符合规定。

3. 微生物限度

除另有规定外，按照微生物计数法（通则 1105）、控制菌检查法（通则 1106）及非无菌药品微生物限定标准（通则 1107）检查，应符合规定。

4. 无菌

用于烧伤（除程度较轻的Ⅰ或浅Ⅱ级烧伤）或严重创伤的软膏剂，按照无菌检查法（通则 1101）检查，应符合规定。

5. 主药含量

采用适宜的溶剂将药物从软膏剂中溶解提取出来，进行含量测定，测定方法必须考虑和排除基质对提取物含量测定的干扰和影响，测定方法的回收率应符合要求。

6. 物理性质

（1）熔程：一般软膏以接近凡士林的熔程为宜。按照药典方法测定或用显微熔点仪测定，由于熔点的测定不易观察清楚，需取数次平均值来评定。

（2）黏度和流变性测定：用于软膏剂黏度和流变性的测定仪器有流变仪和黏度计。目前常用的有旋转黏度计（适用黏度范围 10^{2}～10^{14} mPa·s）、落球黏度计（适用范围 10^{-2}～10^{6} mPa·s）、穿入计等。流变性是软膏基质最基本的物理性质，测定流变性主要是考察半固体制剂的物理性质：① 可进行质量检控，包括处方设计和制备过程（如混合、研磨、泵料、搅拌、挤压成形、灌注、灭菌等）对质量的影响；② 了解影响制剂质量的因素，如温度、贮藏时间等对产品结构及稳定性的影响；③ 包装容器中取用方便而不溢出，制剂在皮肤上的涂展性、附着性等；④ 测定基质的稠度与药物从制剂中的释放速度的关系等。

7. 刺激性

软膏剂涂于皮肤或黏膜时，不得引起疼痛、红肿或产生斑疹等不良反应。药物和基质引起过敏反应者不宜采用。若软膏的酸碱度不适而引起刺激时，应在基质的精制过程中进行酸碱度处理，使软膏的酸碱度近似中性。中国药典规定应检查酸碱度，参见药典规定的测定方法。

8. 稳定性

根据药典有关稳定性的规定，软膏剂应进行性状（酸败、异臭、变色、分层、涂展性）、鉴别、含量测定、卫生学检查、皮肤刺激性实验等方面的检查，在一定的贮存期内，应符合规定要求。

9. 药物释放度及吸收

（1）释放度检查法：释放度检查方法很多。国外文献介绍的释放度测定方法有渗析池法（dialysis cell method）、圆盘法（disk assemble method）等。虽然这些方法不能完全反映制剂中药物吸收的情况，但作为药厂控制内部质量标准有一定的实用意义。

（2）体外实验法：有离体皮肤法、凝胶扩散法、半透膜扩散法和微生物法等，其中以离体皮肤法较接近应用的实际情况。

离体皮肤法：在扩散池（常用 Franz 扩散池）中将人或动物皮肤固定，测定在不同时间由供给池穿透皮肤到接受池溶液中的药物量，计算药物对皮肤的渗透率。

（3）体内实验法：将软膏涂于人体或动物的皮肤上，经一定时间后进行测定，测定方法与指标有：体液与组织器官中药物含量的分析法、生理反应法、放射性示踪原子法等。

五、软膏剂的包装与贮存

软膏剂的包装容器有塑料盒、塑料管、锡管和铝管。其中，塑料管性质稳定，不和药物及基质发生相互作用，但因其有透湿性，长期贮存软膏可能失水变硬。包装用金属管一般内涂环氧树脂隔离层，可避免软膏成分与金属发生作用。工业上采用软膏自动灌装、轧尾、装盒联动机进行灌封和包装。

除另有规定外，软膏剂应避光、密封贮存，贮存温度一般为室温，不宜过高或过低，以免基质分层或药物降解，从而影响软膏剂的均匀性和效果。

六、软膏剂示例

1. 油脂性基质软膏

例：清凉油软膏。

【处方】樟脑 160 g　薄荷脑 160 g　薄荷油 100 g　桉叶油 100 g
石蜡 210 g　蜂蜡 90 g　氨溶液（10%）6.0 mL　凡士林 200 g

【制法】先将樟脑、薄荷脑混合研磨使其共熔，然后与薄荷油、桉叶油混合均匀，另将石蜡、蜂蜡和凡士林加热至 110 ℃（除去水分），必要时过滤，放冷至 70 ℃，加入芳香油等，搅拌，最后加入氨溶液，混匀即得。

【应用】本品用于止痛止痒，适用于伤风、头痛、蚊虫叮咬。

【注解】本品较一般油性软膏稠度大些，近于固态，熔程为 46～49 ℃，处方中石蜡、蜂蜡、凡士林三者用量配比应随原料的熔点不同加以调整。

例：复方苯甲酸软膏。

【处方】苯甲酸 120 g　水杨酸 60 g　液状石蜡 100 g
石蜡适量　羊毛脂 100 g　凡士林加至 1 000 g

【制法】取苯甲酸、水杨酸细粉加液状石蜡研成糊状。另将羊毛脂、凡士林、石蜡加热融化，经细布过滤，待温度降至 60 ℃以下时加入上述药物，搅拌并至冷凝。

【应用】本品有抗霉菌及角质脱剥作用，用于手足癣及体股癣。与同类药物的醇溶液剂相比，本品的刺激性较小，但忌用于糜烂或继发性感染部位。

【注解】本处方选用常用的油脂性基质，其中石蜡的用量因气候而定，以使软膏有适宜的稠度为准。控制药物加入的温度很重要，温度过高不仅使药物挥发损失，而且当本品冷凝后，常析出粗大的药物结晶。水杨酸与铜、铁离子可形成有色化合物，配置时应避免与铜、铁器皿接触。

2. 水溶性基质软膏

例：吲哚美辛软膏。

【处方】吲哚美辛 10 g　交联型聚丙烯酸钠（SDB－L－400）10 g
PEG－4000 80 g　甘油 100 g
苯扎溴铵 10 mL　蒸馏水加至 1 000 g

【制法】称取 PEG－4000、甘油置烧杯中微热至完全溶解，加入吲哚美辛混匀，SDB－L－400 加入 800 mL 水（60 ℃）于研钵中研匀后，将基质与 PEG－4000、甘油、吲哚美辛混匀，加水至 1 000 g 即得。

【应用】本品具有消炎止痛作用，用于风湿性关节炎、类风湿性关节炎、痛风等。

【注解】SDB－L－400 是一种高吸水性树脂材料，例如，表观密度 0.6～0.8 g/cm^3，粒径 38～200 μm 的 SDB－L－400 在 90 s 内吸水量为自重的 200～300 倍，膨胀成胶状半固体，具有保湿、增稠、皮肤浸润等作用，用量为 14%。PEG 作为透皮吸收促进剂，经皮渗透作用可提高 2.5 倍。甘油作为保湿剂。苯扎溴铵作为防腐剂。

5.2 乳膏剂

要求：

1. 掌握乳膏剂的概念和质量要求。
2. 掌握乳膏剂的常用基质、制备方法、质量评价与包装贮存。

乳膏剂（creams）是指药物均匀溶解或分散于乳状液型基质中制成的易于涂布的半固体制剂。根据基质不同，可分为水包油（O/W）型乳膏剂和油包水（W/O）型乳膏剂。

2000 年以及之前版本的《中国药典》中，软膏剂的基质中包括乳剂型基质，乳膏剂属于软膏剂的一种。2005 年版《中国药典》开始将使用乳剂型基质制成的乳膏剂从软膏剂中分出，列为独立的剂型。

乳膏剂的质量要求除应符合软膏剂的有关质量规定外，还要求不得有油水分离及胀气现象。

一、乳膏剂的基质

乳膏剂的基质属于乳剂型基质，其类型及原理与乳剂的相似，由水相、油相及乳化剂三种成分组成，也分为 W/O 型与 O/W 型两类，但所用油相物质多为半固体或固体，故形成半固体状态的乳剂型基质。

W/O 型乳剂基质较不含水的油脂性基质容易涂布，油腻性小，并且水分从皮肤表面蒸发时有和缓的冷却作用，故有“冷霜”之称。O/W 型乳剂基质无油腻性，易用水洗除。O/W 型基质能与大量水混合，含水量较高。由于基质中水分的存在，使其增强了润滑性，易于涂布。但 O/W 型基质外相含多量水，在贮存过程中可能霉变，常须加入防腐剂。同时，水分也易蒸发失散而使软膏变硬，故常需加入甘油、丙二醇、山梨醇等作保湿剂，一般用量为 5%～20%。O/W 型基质乳膏剂药物的释放和透皮吸收较快。

乳膏型基质对水和油均有一定的亲和力，可与创面渗出物或分泌物混合，不阻止皮肤表面分泌物的分泌和水分蒸发，对皮肤的正常功能影响较小。但应注意的是，O/W 型基质制成的乳膏剂在使用于分泌物较多的皮肤病，如湿疹时，其吸收的分泌物可重新透入皮肤（反向吸收）而使炎症恶化，故需正确选择适应症。遇水不稳定的药物（如金霉素、四环素等），不宜制成乳膏剂。

1. 油相

乳膏剂基质中常用的油相包括硬脂酸、石蜡、蜂蜡、高级醇（如十八醇）等，有时为调节稠度，加入液状石蜡、凡士林或植物油等。

2. 乳化剂

乳膏剂基质组成中，乳化剂对乳剂基质类型起重要作用。常用的乳化剂有：

（1）皂类。有一价皂、二价皂、三价皂等。

① 一价皂：常为一价金属离子钠、钾、铵的氢氧化物、硼酸盐或三乙醇胺、三异丙胺等的有机碱与脂肪酸（如硬脂酸或油酸）作用生成的新生皂，HLB 值一般在 15～18，降低水相表面张力的能力强于降低油相的表面张力的能力，则易成 O/W 型的乳剂型基质。但若处方中含过多的油相，能转相为 W/O 型的乳剂型基质。

新生皂作乳化剂形成的基质应避免用于酸、碱类药物制备乳膏，特别是忌与含钙、镁离子类药物配方。

② 多价皂：是由二、三价的金属（钙、镁、锌、铝）氧化物与脂肪酸作用形成的多价皂。

亲油性强于亲水端，其 HLB 值<6 易形成 W/O 型乳剂型基质。形成的乳剂型基质（W/O

型）较一价皂为乳化剂形成的 O/W 型乳剂型基质稳定。

（2）脂肪醇硫酸（酯）钠类。常用的为十二烷基硫酸（酯）钠（sodium lauryl sulfate），是阴离子型表面活性剂，常与其他 W/O 型乳化剂合用来调整适当的 HLB 值，以达到油相所需范围，常用的辅助 W/O 型乳化剂有十六醇或十八醇、硬脂酸甘油酯、脂肪酸山梨坦类等。本品的常用量为 0.5%～2%。本品与阳离子型表面活性剂作用形成沉淀并失效，加入 1.5%～2%氯化钠可使之丧失乳化作用，其乳化作用的适宜 pH 应为 6～7，不应小于 4 或大于 8。

（3）高级脂肪酸及多元醇酯类。

① 十六醇及十八醇：十六醇，即鲸蜡醇（cetylalcohol），熔点为 45～50 ℃，十八醇即硬脂醇（stearylalcohol），熔点为 56～60 ℃，均不溶于水，但有一定的吸水能力，吸水后可形成 W/O 型乳剂型基质的油相，可增加乳剂的稳定性和稠度。

② 硬脂酸甘油酯（glyceryl monostearate）：即单、双硬脂酸甘油酯的混合物，不溶于水，溶于热乙醇及乳剂型基质的油相中，本品分子的甘油基上有羟基存在，有一定的亲水性，但十八碳链的亲油性强于羟基的亲水性，是一种较弱的 W/O 型乳化剂，与较强的 O/W 型乳化剂合用时，则制得的乳剂型基质稳定，且产品细腻润滑，用量为 15%左右。

③ 司盘（Span）与吐温（Tween）类：均为非离子型表面活性剂。脂肪酸山梨坦，即司盘类 HLB 值在 4.3～8.6 之间，为 W/O 型乳化剂；聚山梨酯，即吐温类 HLB 值在 10.5～16.7 之间，为 O/W 型乳化剂。各种非离子型乳化剂均可单独制成乳剂型基质，但为调节 HLB 值，常与其他乳化剂合用，并能与酸性盐、电解质配伍，但与碱类、重金属盐、酚类及鞣质均有配伍变化。

（4）聚氧乙烯醚的衍生物类。

① 平平加 O（peregol O）：为脂肪醇聚氧乙烯醚类，分子式为 $R—O—(CH_2-CH_2O)_nH$，是非离子型 O/W 型乳化剂，HLB 值为 16.5，有良好的乳化、分散性能。本品在冷水中溶解度比热水中大，1%水溶液的 pH 为 6～7。对皮肤无刺激性，性质稳定，耐酸、碱、硬水，耐热，耐金属盐，其用量一般为油相质量的 5%～10%（一般搅拌）或 2%～5%（高速搅拌）。本品与羟基或羧基化合物可形成络合物，使形成的乳剂基质破坏，故不宜与苯酚、间苯二酚、麝香草酚、水杨酸等配伍。

② 乳化剂 OP：为烷基酚聚氧乙烯醚类。也为非离子 O/W 型乳化剂，HLB 值为 14.5，可溶于水，1%水溶液的 pH 为 5～7，用量一般为油相质量的 2%～10%。对皮肤无刺激性。本品耐酸、碱、还原剂及氧化剂性质稳定，对盐类也稳定，但水溶液中如有大量的金属离子如铁、锌、铝、铜等时，其表面活性降低。其常与其他乳化剂合用。本品不宜与酚羟基类化合物，如苯酚、间苯二酚、麝香草酚、水杨酸等配伍，以免形成络合物，破坏乳剂型基质。

3. 乳剂型基质举例

例：含有机铵皂的乳剂型基质。

【处方】 硬脂酸 100 g　　蓖麻油 100 g　　液体石蜡 100 g
三乙醇胺 8 g　　甘油 40 g　　蒸馏水加至 1 000 g

【制法】 将硬脂酸、蓖麻油、液体石蜡置蒸发皿中，在水浴上加热（75～80 ℃）使熔化。另取三乙醇胺、甘油与水混匀，加热至同温度，缓缓加入油相中，边加边搅直至乳化完全，放冷即得。

【注解】三乙醇胺与部分硬脂酸形成有机铵皂，起乳化作用，其 pH 为 8，HLB 值为 12。可在乳剂型基质中加入 0.1%羟苯乙酯作防腐剂。必要时加入适量单硬脂酸甘油酯，以增加油相的吸水能力，达到稳定 O/W 型乳剂型基质的目的。

例：含多价钙皂的乳剂型基质。

【处方】硬脂酸 12.5 g　单硬脂酸甘油酯 17.0 g　蜂蜡 5.0 g
地蜡 75.0 g　液状石蜡 410.0 mL　白凡士林 67.0 g
双硬脂酸铝 10.0 g　氢氧化钙 1.0 g　羟苯乙酯 1.0 g
蒸馏水 401.5 mL

【制法】取硬脂酸、单硬脂酸甘油酯、蜂蜡、地蜡在水浴上加热熔化，再加入液状石蜡、白凡士林、双硬脂酸铝，加热至 85 ℃，另将氢氧化钙、羟苯乙酯溶于蒸馏水中，加热至 85 ℃，逐渐加入油相中，边加边搅，直至冷凝。

【注解】处方中氢氧化钙与部分硬脂酸作用形成的钙皂及双硬脂酸铝（铝皂）均为 W/O 型乳化剂，水相中氢氧化钙为过饱和态，应取上清液加至油相中。

例：含十二烷基硫酸钠的乳剂型基质。

【处方】硬脂醇 220 g　十二烷基硫酸钠 15 g　白凡士林 250 g
羟苯甲酯 0.25 g　羟苯丙酯 0.15 g　丙二醇 120 g
蒸馏水加至 1 000 g

【制法】取硬脂醇与白凡士林在水浴上熔化，加热至 75 ℃，加入预先溶在水中并加热至 75 ℃的其他成分，搅拌至冷凝。

【注解】处方中的十二烷基硫酸钠用作主要乳化剂，而硬脂醇与白凡士林同为油相，前者还起辅助乳化及稳定作用，后者防止基质水分蒸发并留下油膜，有利于角质层水合而产生润滑作用，丙二醇为保湿剂，羟苯甲、丙酯为防腐剂。

例：含硬脂酸甘油酯的乳剂型基质。

【处方】硬脂酸甘油酯 35 g　硬脂酸 120 g　液状石蜡 60 g
白凡士林 10 g　羊毛脂 50 g　三乙醇胺 4 mL
羟苯乙酯 1 g　蒸馏水加至 1 000 g

【制法】将油相成分（即硬脂酸甘油酯、硬脂酸、液状石蜡、凡士林、羊毛脂）与水相成分（三乙醇胺、羟苯乙酯溶于蒸馏水中）分别加热至 80 ℃，将熔融的油相加入水相中，搅拌，制成 O/W 型乳剂基质。

例：含聚山梨酯（Tween）类的乳剂型基质。

【处方】硬脂酸 60 g　Tween 80 44 g　Span 80 16 g
硬脂醇 60 g　液状石蜡 90 g　白凡士林 60 g
甘油 100 g　山梨酸 2 g　蒸馏水加至 1 000 g

【制法】将油相成分（硬脂酸、油酸山梨坦、硬脂醇、液状石蜡及凡士林）与水相成分（聚山梨酯 80、甘油、山梨酸及水）分别加热至 80 ℃，将油相加入水相中，边加边搅拌至冷凝成乳剂型基质。

【注解】处方中 Tween 80 为主要乳化剂，Span 80 为反型乳化剂（W/O 型），调节适宜的 HLB 值而形成稳定的 O/W 乳剂型基质。硬脂醇为增稠剂，制得的乳剂型基质光亮细腻，也可用单硬脂酸甘油酯代替得到同样效果。

例：以油酸山梨坦（Span 80）为主要乳化剂的乳剂型基质。

【处方】单硬脂酸甘油酯 120 g　　蜂蜡 50 g　　石蜡 50 g
白凡士林 50 g　　液状石蜡 250 g　　Span 80 20 g
聚山梨酯 80 10 g　　羟苯乙酯 1 g　　蒸馏水加至 1 000 g

【制法】将油相成分（单硬脂酸甘油酯、蜂蜡、石蜡、白凡士林、液状石蜡、油酸山梨坦）与水相成分（Span 80、羟苯乙酯、蒸馏水）分别加热至 80 ℃，将水相加入油相中，边加边搅拌至冷凝即得。

【注解】处方中 Span 80 与硬脂酸甘油酯同为主要乳化剂，形成 W/O 型乳剂型基质，Span 80 用于调节适宜的 HLB 值，起稳定作用。单硬脂酸甘油酯、蜂蜡、石蜡均为固体，有增稠作用，单硬脂酸甘油酯用量大，制得的乳膏光亮细腻且本身为 W/O 型乳化剂。蜂蜡中含有蜂蜡醇也能起较弱的乳化作用。

例：含平平加 O 的乳剂型基质。

【处方】平平加 O 25～40 g　　十六醇 50～120 g　　凡士林 125 g
液状石蜡 125 g　　甘油 50 g　　羟苯乙酯 1 g
蒸馏水加至 1 000 g

【制法】将油相成分（十六醇、液状石蜡及凡士林）与水相成分（平平加 O、甘油、羟苯乙酯及蒸馏水）分别加热至 80 ℃，将油相加入水相中，边加边搅拌至冷，即得。

【注解】其他平平加类乳化剂经适当配合也可制成优良的乳剂型基质，如平平加 A－20 及乳化剂 SE－10（聚氧乙烯 10 山梨醇）和柔软剂 SG（硬脂酸聚氧乙烯酯）等配合制得较好的乳剂型基质。

例：含乳化剂 OP 的乳剂型基质。

【处方】硬脂酸 114 g　　蓖麻油 100 g　　液体石蜡 114 g　　三乙醇胺 8 mL
乳化剂 OP 3 mL　　羟苯乙酯 1 g　　甘油 160 mL　　蒸馏水 500 mL

【制法】将油相（硬脂酸、蓖麻油、液体石蜡）与水相（甘油、乳化剂 OP、三乙醇胺及蒸馏水）分别加热至 80 ℃。将油、水两相逐渐混合。搅拌至冷凝，即得 O/W 型乳剂型基质。

【注解】处方中少量硬脂酸与三乙醇胺反应生成的有机铵皂及乳化剂 OP 均为 O/W 型乳化剂，为调节 HLB 值，还可加入适量反相乳化剂，如油酸山梨坦或以单硬脂酸甘油酯取代部分硬脂酸，可制得更稳定而细腻光亮的 O/W 型乳剂型基质。

二、乳膏剂的制备

乳膏剂的制备采用乳化法。具体方法为：将处方中的油脂性和油溶性组分混合，加热至 80 ℃左右使其熔化，制成油溶液（油相），趁热过滤；另将水溶性组分溶于水，过滤，加热至温度等同于或略高于油相温度（≥80 ℃），制成水溶液（水相）；搅拌条件下将水相和油相混合、乳化，搅匀，冷却至室温，即得。

1. 油相和水相的混合

乳膏剂制备时，油相和水相的混合方法有三种：① 分散相加入连续相中，适用于分散相体积较小的乳膏基质；② 连续相加入分散相中，适用于大多数乳膏基质，混合过程中乳剂发生转型，使分散相粒子更为细小；③ 两相同时混合，适用于配备输液泵和连续混合装置的乳膏生产线。

油相和水相混合时，要尽量避免产生气泡，否则，乳膏剂的体积增大，且可能导致贮存过程中乳膏剂不稳定，产生相分离和酸败。

2. 药物的加入方法

若药物能够溶于某一组分（水相或油相），可在乳化前将药物溶于相应的组分中；若药物在油相或水相中均不溶，应先将药物粉碎至适宜粒度，在油水两相混合、乳化完成后，在适当的温度下将药物均匀分散在基质中。

此外，在乳膏剂制备过程中要注意，水相温度要等于或略高于油相温度，否则，可能导致部分油相组分在完全乳化前过早凝固，使所制得的乳膏外观粗糙。大量生产时，由于油相温度不易控制，或两相混合时搅拌不匀，也可导致所制得的乳膏不够细腻。可在温度降至 30 ℃时再通过胶体磨或软膏剂研磨机使其更加细腻均匀，也可使用有旋转型热交换器的连续式乳膏剂制造装置和均质乳化剂。

三、乳膏剂的质量检查

乳膏剂的质量评价与软膏剂的基本相同。应按照 2020 年版《中国药典》四部（通则 0109），进行粒度、装量、无菌、微生物限度等检查。乳膏剂另需注意乳剂的稳定性，是否有破乳、油水分离和胀气等现象。

四、乳膏剂的包装与贮存

乳膏剂的包装同软膏剂。乳膏剂应避光密封置 25 ℃以下贮存，不得冷冻。

五、乳膏剂示例

例：水杨酸乳膏。

【处方】水杨酸 50 g　　硬脂酸甘油酯 70 g　　硬脂酸 100 g
白凡士林 120 g　　液状石蜡 100 g　　甘油 120 g
十二烷基硫酸钠 10 g　　羟苯乙酯 1 g　　蒸馏水 480 mL

【制法】将水杨酸研细后通过 60 目筛，备用。取硬脂酸甘油酯、硬脂酸、白凡士林及液状石蜡，加热熔化为油相。另将甘油及蒸馏水加热至 90 ℃，再加入十二烷基硫酸钠及羟苯乙酯溶解为水相。然后将水相缓缓倒入油相中，边加边搅，直至冷凝，即得乳剂型基质。将过筛后的水杨酸加入上述基质中，搅拌均匀即得。

【应用】本品用于治手足癣及体股癣，忌用于糜烂或继发性感染部位。

【注解】① 本品为 O/W 型乳膏，采用十二烷基硫酸钠及单硬脂酸甘油酯（1:7）为混合乳化剂，其 HLB 值为 11，接近本处方中油相所需的 HLB 值 12.7。制得的乳膏剂稳定性较好。② 在 O/W 型乳膏剂中加入凡士林可以克服应用上述乳膏时会干燥的缺点，有利于角质层的水合而有润滑作用。③ 加入水杨酸时，基质温度宜低，以免水杨酸挥发损失，而且温度过高，当本品冷凝后，常会析出粗大药物结晶。还应避免与铁或其他重金属器具接触，以防水杨酸变色。

例：硝酸甘油乳膏。

【处方】硝酸甘油 50 g　　硬脂酸甘油酯 105 g　　硬脂酸 170 g
白凡士林 130 g　　月桂醇硫酸钠 15 g　　甘油 100 g
对羟基苯甲酸乙酯 1.5 g　　蒸馏水 480 mL

【制法】按乳化法制成 O/W 型乳膏剂。

【应用】本品用于慢性心力衰竭，预防心绞痛发作。一般每晚敷一次，涂于胸、腹或四肢内侧皮肤上，每次应用软膏量相当于硝酸甘油 10～20 mg。

【注解】硝酸甘油舌下及口服给药虽然作用明显，但作用时间短。

例：复方醋酸曲安缩松乳膏。

【处方】醋酸曲安缩松 0.25 g　二甲基亚砜 15 g　尿素 100 g
硬脂酸 120 g　单硬脂酸甘油酯 35 g　白凡士林 50 g
液体石蜡 100 g　甘油 50 g　对羟苯甲酸乙酯 1.5 g
三乙醇胺 4 g　蒸馏水加至 1 000 g

【制法】取硬脂酸、单硬脂酸甘油酯、白凡士林、液体石蜡加热熔化，混匀，经细布过滤，保温 80 ℃左右。另将尿素、对羟基苯甲酸乙酯、甘油、三乙醇胺溶于热蒸馏水中，并于 80 ℃左右缓缓加入油相中，不断搅拌制成乳剂基质。将醋酸曲安缩松溶于二甲基亚砜后，加至乳剂基质中混匀。

【应用】本品用于过敏性皮肤病、皮炎、湿疹、银屑等。

【注解】醋酸曲安缩松不溶于水及乳剂基质，用二甲基亚砜溶解后加入基质中，有利于小剂量药物以细小颗粒均匀分散，从而提高疗效。皮质激素类药物必须透入表皮后才能发挥其局部抗炎作用，尿素能促进药物的透皮，故可提高疗效。尿素受热易分解，应控制水相温度不超过 85 ℃。

5.3 凝胶剂

要求：

1. 熟悉凝胶剂的概念、常用基质、制备方法。
2. 了解凝胶剂的质量检查和包装贮存。

凝胶剂（Gelatin）：是指药物与适宜的辅料制成具有凝胶特性的均匀透明或半透明的半固体制剂。凝胶剂通常用于皮肤及腔道（如鼻腔、阴道、直肠等）。

凝胶剂有单相凝胶和双相凝胶之分。双相凝胶是由小分子无机药物胶体小粒以网状结构存在于液体中，具有触变性，如氢氧化铝凝胶。局部应用的由有机化合物形成的凝胶剂是指单相凝胶，又分为水性凝胶和油性凝胶。

水性凝胶的基质一般由西黄蓍胶、明胶、淀粉、纤维素衍生物、聚羧乙烯和海藻酸钠等加水、甘油或丙二醇等制成；油性凝胶的基质常由液体石蜡与聚氧乙烯或脂肪油与胶体硅或铝皂、锌皂构成。在临床上应用较多的是以水凝胶为基质的凝胶剂。

凝胶剂在生产与贮存期间应符合以下要求：① 凝胶剂应均匀细腻，在常温时保持胶状，不干涸或液化；② 混悬型凝胶剂中胶粒应分散均匀，不应下沉、结块。

一、凝胶剂的基质

凝胶剂基质属单相分散系统，分为水性基质和油性基质。水性凝胶基质一般由水、甘油或丙二醇与纤维素衍生物、卡波姆、明胶、西黄蓍胶、淀粉和海藻酸盐等构成。油性凝胶基质一般由液体石蜡、聚乙烯甘油酯、脂肪油、胶体二氧化硅、铝皂、锌皂等构成。临床上应用较多的是水性基质的凝胶剂，也称为水凝胶。

水性凝胶基质大多在水中溶胀成水性凝胶（hydrogel）而不溶解。这类基质一般易涂展和洗除，无油腻感，能吸收组织渗出液，不妨碍皮肤正常功能。还由于黏滞度较小而利于药物，特别是水溶性药物的释放。这类基质的缺点是润滑作用较差，易失水和霉变，常需添加较大剂量的保湿剂和防腐剂。

1. 卡波姆（carbomer）

丙烯酸与丙烯基蔗糖交联的高分子聚合物，商品名为卡波普（carbopol），按黏度不同，常分为 934、940、941 等规格，本品是一种引湿性很强的白色松散粉末。由于分子中存在大量的羧酸基团，与聚丙烯酸有非常类似的理化性质，可以在水中迅速溶胀，但不溶解。其分子结构中的羧酸基团使其水分散液呈酸性，1%水分散液的 pH 约为 3.11，黏性较低。当用碱中和时，随大分子逐渐溶解，黏度也逐渐上升，在低浓度时形成澄明溶液，在浓度较大时形成半透明状的凝胶。在 pH 为 6～11 时，有最大的黏度和稠度，中和使用的碱以及卡波普的浓度不同，其溶液的黏度变化也有所区别。一般情况下，中和 1 g 卡波普约消耗 1.35 g 三乙醇胺或 400 mg 氢氧化钠。

本品制成的基质无油腻感，涂用润滑舒适，特别适用于治疗脂溢性皮肤病。由于本基质的声阻抗与人体软组织的相近，而且对皮肤无刺激性，对超声波探头材料无损坏性，是一种理想的超声波耦合剂。卡波普凝胶易被电解质破坏，与阳离子药物配伍时应注意。

2. 纤维素衍生物

纤维素经衍生化后，成为在水中可溶胀或溶解的胶性物，调节适宜的稠度可形成水溶性软膏基质。此类基质有一定的黏度，随着相对分子质量、取代度和介质的不同而具不同的稠度。因此，取用量也应根据上述不同规格和具体条件来进行调整。常用的品种有甲基纤维素（MC）和羧甲基纤维素钠（CMC－Na），两者常用的浓度为 2%～6%，1%的水溶液 pH 均在 6～8。甲基纤维素能缓慢溶于冷水，不溶于热水，但湿润、放置冷却后可溶解，羧甲基纤维素钠在任何温度下均可溶解。MC 在 pH 为 2～12 时均稳定，CMC－Na 在 pH 低于 5 或高于 10 时黏度显著降低。本类基质涂布于皮肤时，有较强黏附性，较易失水，干燥而有不适感，常需加入 10%～15%的甘油调节。制成的基质中均需加入防腐剂，常用 0.2%～0.5%的羟苯乙酯。在 CMC－Na 基质中不宜加硝（醋）酸苯汞或其他重金属盐作防腐剂，也不宜与阳离子型药物配伍，否则，会与 CMC－Na 形成不溶性沉淀物，从而影响防腐效果或药效，对基质稠度也会有影响。

二、凝胶剂的制备

凝胶剂制备时，根据需要可加入保湿剂、抑菌剂、抗氧剂、乳化剂、增稠剂和透皮促进剂等附加剂，其处方组成包括药物、凝胶基质和附加剂。

水凝胶剂的制备通常采用溶胀胶凝法，即将水性凝胶材料加水溶胀形成凝胶基质，再将药物加入基质中。药物的加入方法如下：

1. 水溶性药物

先将药物溶于部分水或甘油中，必要时可加热，其余处方成分按基质配制方法制成水凝胶基质，再与药物溶液混匀加水至足量搅匀即得。

2. 水不溶性药物

先将药物用少量水或甘油研细、分散，再混于基质中搅匀即得。

凝胶剂示例：

例：卡波普基质凝胶。

【处方】卡波普 940 10 g　　乙醇 50 g　　羟苯乙酯 1 g
甘油 50 g　　氢氧化钠 4 g　　蒸馏水加至 1 000 g

【制法】将卡波普与300 mL蒸馏水混合，氢氧化钠溶于100 mL水后加入上液搅匀，再将羟苯乙酯溶于乙醇后逐渐加入搅匀，即得透明凝胶。

【注解】采用碱中和方法制备卡波普凝胶基质，可减少对皮肤的刺激，并使其有一定黏度。

例：盐酸克林霉素凝胶。

【处方】盐酸克林霉素 10 g　　卡波普 940 10 g　　三乙醇胺 10 g
对羟苯乙酯 0.5 g　　甘油 50 g　　蒸馏水加至 1 000 g

【制法】将羟苯乙酯、卡波普940加至蒸馏水中于80 ℃水浴上加热溶解，冷却后加入甘油及盐酸克林霉素使溶解，最后加入三乙醇胺，搅拌均匀即得透明凝胶。

【注解】本品用于治疗痤疮。盐酸克林霉素对厌氧性痤疮杆菌有较强的杀灭作用；水溶性基质有利于脂溢性皮肤病的治疗。

例：双氯芬酸钠凝胶剂。

【处方】双氯酚酸钠 10 g　　CMC－Na 60 g　　羟苯乙酯 2 g
泊洛沙姆 5 g　　PEG1000 100 g　　甘油 150 g
乙醇 50 mL　　蒸馏水加至 1 000 g

【制法】称取处方量CMC－Na与甘油，研匀，加入适量蒸馏水，加热至40～50 ℃，放置过夜，使其充分溶胀，得到凝胶基质。另将羟苯乙酯溶于50 mL乙醇中，将聚乙二醇1000、泊洛沙姆188和双氯酚酸钠用适量蒸馏水溶解，将羟苯乙酯乙醇溶液和聚乙二醇、泊洛沙姆和双氯芬酸钠的水溶液缓慢加入凝胶基质中，再加入纯化水至1 000 g，搅拌均匀，即得乳白色凝胶。

三、凝胶剂的质量检查

按照2020年版《中国药典》四部通则0114，凝胶剂应进行粒度、装量、pH和微生物限度等检查。用于较重烧伤或严重创伤的凝胶剂还应进行无菌检查。

四、凝胶剂的包装与贮存

除另有规定外，凝胶剂应避光、密闭贮存，并应防冻。

用于烧伤治疗如为非无菌制剂的，应在标签上标明“非无菌制剂”，产品说明书中应注明“本品为非无菌制剂”，同时，在适应证下应明确“用于程度较轻的烧伤（Ⅰ或浅Ⅱ）”；注意事项下规定“应遵医嘱使用”。

5.4　糊剂

要求：

1. 熟悉糊剂的概念、常用基质、制备方法。
2. 了解糊剂的质量检查和包装贮存。

糊剂（Paste）：指大量的原料药物固体粉末（一般 25%以上）均匀地分散在适宜的基质中所制得的半固体制剂。糊剂可分为含水凝胶性糊剂和脂肪糊剂，其中，含水凝胶性糊剂是以水性凝胶为基质，脂肪糊剂主要以凡士林、羊毛脂或其混合物等为基质。糊剂基质应均匀细腻，涂于皮肤或黏膜上应无刺激性。

一、糊剂的制备

糊剂制备时，应根据剂型的特点、原料药物的性质、制剂的疗效和产品的稳定性选择适宜的基质。糊剂的制备通常是先将药物粉碎成细粉，再与基质搅匀成糊状，即得。

糊剂在生产与贮藏期间应符合下列有关规定。

（1）糊剂基质应根据剂型的特点、原料药物的性质、制剂的疗效和产品的稳定性选用。糊剂基质应均匀、细腻，涂于皮肤或黏膜上应无刺激性。

（2）糊剂应无酸败、异臭、变色与变硬现象。

（3）除另有规定外，糊剂应避光密闭贮存；置 25 ℃以下贮存，不得冷冻。

除另有规定外，糊剂应进行以下相应检查：

【装量】按照最低装量检查法（通则 0942）检查，应符合规定。

【微生物限度】除另有规定外，按照非无菌产品微生物限度检查：微生物计数法（通则 1105）、控制菌检查法（通则 1106）及非无菌药品微生物限度标准（通则 1107），应符合规定。

糊剂示例

例：复方氧化锌水杨酸糊剂。

【处方】氧化锌 25 g　　水杨酸 10 g　　淀粉 250 g
羊毛脂 250 g　　凡士林 250 g

【制法】分别将氧化锌、淀粉和水杨酸过 100 目筛，备用。称取处方量过筛后的氧化锌、淀粉和水杨酸混合均匀，另取羊毛脂和凡士林加热熔化，冷却至 50 ℃后，缓慢加入上述药物粉末混合物，搅拌研匀，即得。

【注解】本糊剂中固体粉末成分大于 50%，体温下软化而不熔化，能在皮肤上保留较长时间，可吸收分泌液使皮肤保持干燥，大量粉末的存在使得基质具有一定的空隙，不影响皮肤的正常生理，适用于亚急性皮炎和湿疹。处方中固体成分多，硬度大，采用热熔法制备时，氧化锌与淀粉使用前需干燥，以免受潮、结块，应将基质温度降低后再加入固体粉末，以免淀粉糊化（淀粉糊化温度为 68～72 ℃）。处方中含有羊毛脂，使得所制备糊剂细腻，同时具有增加吸收分泌液的作用。冬季气温较低时，可用适量液体石蜡代替凡士林调节稠度和硬度。

二、糊剂的包装与贮存

除另有规定外，糊剂应避光、密闭、25 ℃以下贮存，不得冷冻。在贮存期间应无酸败、异臭、变色与变硬现象。

5.5　膜剂与涂膜剂

与软膏剂、乳膏剂、凝胶剂、糊剂一样，膜剂和涂膜剂在使用过程中也同样存在流动性和变形的特点，因此将其作为半固体制剂在本章进行介绍。

要求：

1. 熟悉膜剂、涂膜剂的概念、常用基质、制备方法。
2. 了解膜剂、涂膜剂的质量检查和包装贮存。
3. 了解膜剂与涂膜剂的区别。

5.5.1　膜剂

膜剂（films）是指原料药物与适宜的成膜材料经加工制成的膜状制剂。供口服或黏膜用。

可口服、口含、舌下、眼结膜囊内和阴道内给药，也可用于皮肤和黏膜创伤、烧伤或炎症表面的覆盖。

一、膜剂的分类

单层膜、多层膜、夹心膜。其中，单层膜可分为水溶性膜剂和水不溶性膜剂两类，在临床应用较多；多层膜又称复合膜，由多层药膜叠合而成，可用作复方膜剂，从而解决药物配伍禁忌问题，也可制备成缓控释膜剂；夹心膜是指在两层不溶性的高分子膜中间夹着含有药物的药膜，以零级速度释放药物。

膜剂的厚度和面积视用药部位的特点和含药量而定，厚度一般为 0.1～0.2 mm，通常不超过 1 mm。面积为 1 cm^2 者供口服，0.5 cm^2 者供眼用，5 cm^2 供阴道用，其他部位应用者可根据需要剪成适宜大小。

二、膜剂的特点

制备工艺简单，生产中无粉尘；体积小，重量小，携带方便；成膜材料用量少；药物在成膜材料中分布均匀，含量准确，稳定性好，配伍变化少；普通膜剂中药物的溶出和吸收快；可采用不同的成膜材料制成速释或缓控释膜剂。但其缺点是载药量少，因此不适合较大剂量药物。

三、成膜材料与附加剂

成膜材料是膜剂（涂膜剂）处方组成的重要部分，其性能和质量不仅对膜剂（涂膜剂）的成型工艺有影响，而且对膜剂（涂膜剂）的质量及药效产生重要影响。理想的成膜材料应具有下列条件：① 生理惰性，无毒、无刺激、无不适臭味；② 性能稳定，不降低主药药效，不干扰含量测定；③ 成膜、脱膜性能好，成膜后有足够的强度和柔韧性；④ 用于口服、腔道、眼用膜剂的成膜材料应具有良好的水溶性或能逐渐降解，外用膜剂的成膜材料应能迅速完全释放药物；⑤ 来源丰富，价格低廉。

膜剂（涂膜剂）的成膜材料主要是一些天然或合成的高分子化合物，常用的成膜材料包括：

① 天然胶类：虫胶、明胶、阿拉伯胶、琼脂、淀粉、纤维素、海藻酸钠等。此类成膜材料多数可降解或溶解，但成膜性能较差，故常与其他成膜材料合用。

② 聚乙烯醇（PVA）：根据其聚合度与醇解度不同，有不同规格。其性质与相对分子质量有关，一般相对分子质量越大，水溶性越差，水溶液黏度大，成膜性能好。PVA 对眼黏膜、皮肤无毒无刺激，口服吸收很少，可作眼膜剂。水溶液对眼无刺激，并可润湿眼球，膜的抗拉强度、柔软性、水溶性都较好，目前最常用。

③ 乙烯－醋酸乙烯共聚物（EVA）：无色透明，组织相容性好，成膜柔软，相对分子质量增加，机械强度增加，醋酸乙酸含量增加，透明性和柔软性增加。EVA 不溶于水，热塑性好，其性能与醋酸乙酸比例有关。在相对分子质量相同条件下，醋酸乙烯的比例越大，材料的溶解性、成膜性和透明性越好。

④ 聚乙烯吡咯烷酮（PVP）：具有优良的生理惰性，不参与人体新陈代谢，又具有优良的生物相容性，对皮肤、黏膜、眼等不形成任何刺激。一般用 K 值来表征 PVP 的平均相对分子质量，通常 K 值越大，其黏度越大，黏结性越强。

⑤ 纤维素衍生物：如乙基纤维素（EC）、羟丙纤维素（HPC）和羟丙甲纤维素（HPMC）等。特别是 HPC、HPMC，因其优良的成膜性、韧性等，在膜剂的开发中得到广泛应用。

除主药和成膜材料外，膜剂（涂膜剂）还根据需要添加一些附加剂，所加附加剂对皮肤或黏膜应无刺激性。常见的附加剂包括增塑剂（甘油、丙二醇、三乙酸甘油酯、邻苯二甲酸二甲酯等）、着色剂（色素、TiO_2）、矫味剂（蔗糖、甜菊苷等）、填充剂（淀粉、碳酸钙等）、表面活性剂（聚山梨醇酯 80、豆磷脂等）、脱膜剂（液体石蜡）等。

涂膜剂的处方组成还包含挥发性有机溶剂，如乙醇、丙酮、乙酸乙酯、二甲基亚砜等，或使用不同比例的混合溶剂。常用溶剂为不同浓度的乙醇溶液等。必要时加抑菌剂、抗氧剂等。

四、膜剂的制备

原料药物如为水溶性，应与成膜材料制成具有一定黏度的溶液。如为不溶性原料药物，应粉碎成极细粉，并与成膜材料等混合均匀。

膜剂的常见制备方法包括匀浆法、热塑法、复合法。

① 匀浆法：该方法常用于以 PVA 为载体的膜剂。首先将成膜材料溶于水，过滤，加入主药，充分搅拌溶解（注意：不溶于水的主药可预先制成微晶或粉碎成细粉，用搅拌或研磨等方法均匀分散于浆液中），脱去气泡。然后涂膜，小量制备时，可倾于平板玻璃上涂成宽厚一致的涂层，大量生产可用涂膜机涂膜。烘干，根据主药含量计算单剂量膜的面积，剪切成单剂量的小格。

② 热塑法：将药物细粉和成膜材料（如 EVA 颗粒）相混合，用橡皮滚筒混炼，热压成膜；或将成膜材料（如聚乳酸、聚乙醇酸等）在热熔状态下加入药物细粉，使溶入或均匀混合，涂膜，在冷却过程中成膜。

③ 复合法：此法一般用于缓释膜的制备。以不溶性的热塑性成膜材料（如 EVA）为外膜，分别制成具有凹穴的底外膜带和上外膜带，另用水溶性的成膜材料（如 PVA 或海藻酸钠）用匀浆制膜法制成含药的内膜带，剪切后置于底外膜带的凹穴中。也可用挥发性溶剂制成含药匀浆，以间隙定量注入的方法注入底外膜带的凹穴中。经吹风干燥后，盖上外膜带，热封即成。这种方法一般用机械设备制作。复合膜的简便制备方法是先将 PVA 制成空白覆盖膜后，将覆盖膜与药膜用 50%乙醇粘贴，加压，在（60±2）℃烘干即可。

五、膜剂的质量检查

膜剂在生产与贮藏期间应符合下列规定：

（1）原辅料的选择应考虑到可能引起的毒性和局部刺激性。

（2）膜剂外观应完整光洁、厚度一致、色泽均匀、无明显气泡。多剂量的膜剂，分格压痕应均匀清晰，并能按压痕撕开。

（3）膜剂所用的包装材料应无毒性，能够防止污染，方便使用，并且不能与原料药物或成膜材料发生理化作用。

（4）除另有规定外，膜剂应密封贮存，防止受潮、发霉和变质。

除另有规定外，膜剂应进行以下相应检查。

【重量差异】按照下述方法检查，应符合规定。检查法除另有规定外，取供试品 20 片，精密称定总重量，求得平均重量，再分别精密称定各片的重量。每片重量与平均重量相比较，按表中的规定，超出重量差异限度的不得多于 2 片，并不得有 1 片超出限度的 1 倍。见表 5－2。

表 5-2　膜剂重量检查差异限度

平均重量/g	重量差异限度/%
0.02 及 0.02 以下	±15
0.02 以上至 0.20	±10
0.20 以上	±7.5

凡进行含量均匀度检查的膜剂，一般不再进行重量差异检查。

【微生物限度】除另有规定外，按照非无菌产品微生物限度检查：微生物计数法（通则1105）、控制菌检查法（通则1106）及非无菌药品微生物限度标准（通则1107），应符合规定。

六、膜剂示例

例：复方替硝唑口腔膜剂。

【处方】替硝唑 0.2 g　　PVA17－88 3.0 g　　甘油 2.5 g
氧氟沙星 0.5 g　　羧甲纤维素钠 1.5 g　　糖精钠 0.05 g
蒸馏水加至 100 g

【制备】先将 PVA、羧甲纤维素钠分别浸泡过夜、溶解。将替硝唑溶于 15 mL 热蒸馏水中，氧氟沙星加适量稀酸酯溶解后加入，加糖精钠、蒸馏水补至足量。放置，待气泡除尽后，涂膜，干燥分格，每格含替硝唑 0.5 mg、氧氟沙星 1 mg。

例：毛果芸香碱眼用膜剂。

【处方】硝酸毛果芸香碱 15 g　　PVA 28 g　　甘油 2 g　　蒸馏水加至 30 mL

【制法】将 PVA、甘油、蒸馏水加热溶解，趁热过滤，放冷；将硝酸毛果芸香碱加入，搅拌溶解，涂膜机涂膜，切割，包装。

【注解】PVA 为成膜材料，甘油为增塑剂。本品用于治疗青光眼，用膜剂 5 mg/天相当于16 mg 滴眼液 6 次×2 d/次。

5.5.2　涂膜剂

涂膜剂（paint）是指原料药物溶解或分散于含成膜材料的溶剂中，涂搽患处后，形成薄膜的外用液体制剂。

涂膜剂用时涂布于患处，有机溶剂迅速挥发，形成薄膜保护患处，并缓慢释放药物，起治疗作用。一般用于无渗出液的损害性皮肤病、过敏性皮炎、牛皮癣和神经性皮炎等。

一、涂膜剂特点

制备工艺简单，不用裱背材料，无需特殊机械设备；使用方便，耐磨性能好，不易脱落；易洗脱，不污染衣物；患者依从性好等。

二、涂膜剂的制备

涂膜剂的制备方法较简单，一般用溶解法制备。先将成膜材料用适当溶剂溶解，再加入药物即可。药物如能溶于溶剂，则直接加入溶解；如不能溶于溶剂，则先用少量溶剂充分研细后加入。如为中草药，则应先制成乙醇提取液或其提取物的乙醇－丙酮溶液，再加到成膜材料溶液中。

三、涂膜剂的质量检查

涂膜剂在生产与贮藏期间应符合下列有关规定。

（1）涂膜剂用时涂布于患处，有机溶剂迅速挥发，形成薄膜保护患处，并缓慢释放药物，起治疗作用。涂膜剂一般用于无渗出液的损害性皮肤病等。

（2）涂膜剂常用的成膜材料有聚乙烯醇、聚乙烯吡咯烷酮、乙基纤维素和聚乙烯醇缩甲乙醛等；增塑剂有甘油、丙二醇、三乙酸甘油酯等；溶剂为乙醇等。必要时可加其他附加剂，所加附加剂对皮肤或黏膜应无刺激性。

（3）涂膜剂应稳定，根据需要可加入抑菌剂或抗氧剂。除另有规定外，在制剂确定处方时，该处方的抑菌效力应符合抑菌效力检查法（通则 1121）的规定。

（4）除另有规定外，应采用非渗透性容器和包装，避光、密闭贮存。

（5）除另有规定外，涂膜剂在启用后最多可使用 4 周。

（6）涂膜剂用于烧伤治疗如为非无菌制剂的，应在标签上标明“非无菌制剂”；产品说明书中应注明“本品为非无菌制剂”，同时，在适应症下应明确“用于程度较轻的烧伤（Ⅰ°或浅Ⅱ°）”；注意事项下规定“应遵医嘱使用”。

除另有规定外，涂膜剂应进行以下相应检查：

【装量】 除另有规定外，按照最低装量检查法（通则 0942）检查，应符合规定。

【无菌】 除另有规定外，用于烧伤［除程度较轻的烧伤（Ⅰ°或浅Ⅱ°）］、严重创伤或临床必须无菌的涂膜剂，按照无菌检查法（通则 1101）检查，应符合规定。

【微生物限度】 除另有规定外，按照非无菌产品微生物限度检查：微生物计数法（通则 1105）、控制菌检查法（通则 1106）及非无菌药品微生物限度标准（通则 1107），应符合规定。

四、涂膜剂示例

例： 复方酮康唑涂膜剂。

【处方】 酮康唑 10 g　　丙酸氯倍他索 0.25 g　　硫酸新霉素 500 万 U
PVA124 30 g　　氮酮 15 mL　　丙二醇 10 mL
亚硫酸钠 2 g　　EDTA 0.5 g　　丙酮 100 mL
无水乙醇 550 mL　　蒸馏水加至 1 000 mL

【制法】 将酮康唑、丙酸氯倍他索溶解于无水乙醇和丙酮的混合溶剂中，再加入氮酮，得溶液 A；另将 PVA124、丙二醇和适量蒸馏水水浴加热溶解，再加入硫酸新霉素、亚硫酸钠和 EDTA 搅拌溶解，得溶液 B；将溶液 A 加至溶液 B 中，加蒸馏水至全量，搅匀即得。

【注解】 PVA124 为成膜材料，亚硫酸钠为抗氧剂，EDTA 为金属离子络合剂，以防止酮康唑氧化。氮酮、丙二醇为经皮吸收促进剂。本品具有抗真菌、止痒的作用，用于手足癣、体癣、股癣等。

5.6　栓剂

要求：

1. 掌握栓剂的概念、特点和质量要求。
2. 掌握影响栓剂中药物吸收的因素。
3. 熟悉栓剂的常用基质、制备方法、置换价、质量评价与包装贮存。

栓剂(Suppositories)是指将药物和适宜的基质制成具有一定形状供腔道给药的固体制剂。栓剂在常温下为固体，塞入人体腔道后，在体温下迅速软化，熔融或溶解于分泌液，逐渐释放药物而产生局部或全身作用。与其他半固体制剂一样，栓剂也有“软”的特点，因此在本章中进行介绍。

栓剂也称“坐药”或“塞剂”，在古代东汉张仲景的《伤寒论》中早有栓剂应用记载。国外则在公元 16 世纪始有记载，当时仅以发挥局部疗效为目的。1852 年发现可可豆脂做栓剂基质的特点后，欧洲开始研究以直肠为给药途径的栓剂，并得到普遍使用。发展至今，栓剂在剂型研究、制剂生产中已占有重要位置。

栓剂的形状和示意如图 5－4 和图 5－5 所示。

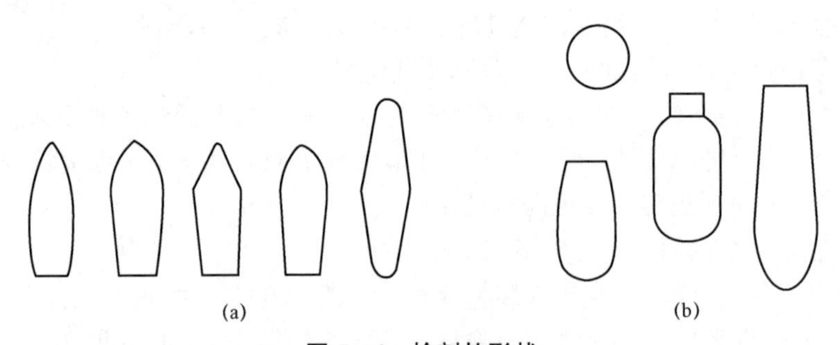

图 5－4　栓剂的形状

（a）肛门栓外形；（b）阴道栓外形

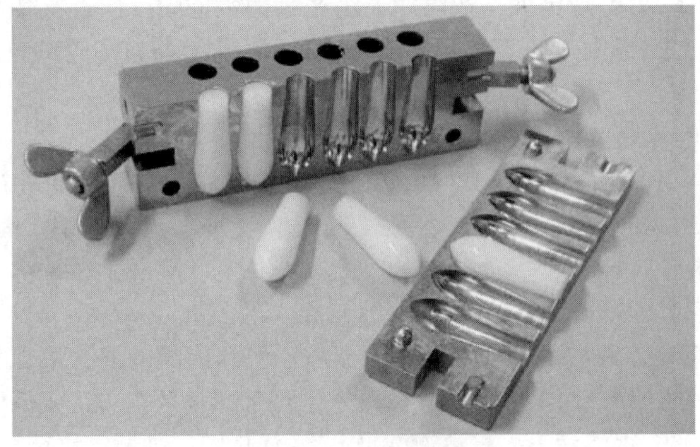

图 5－5　栓剂示意图

一、栓剂的分类

1. 按作用性质分类

（1）局部作用：滑润、收敛、抗菌消炎、杀虫、止痒、局麻等作用，例如甘油栓、蛇黄栓、紫珠草栓及苯佐卡因栓等。

局部作用的栓剂只在腔道局部起作用，应尽量减少吸收，故应选择融化或溶解、释药速度慢的栓剂基质。水溶性基质制成的栓剂因腔道中的液体量有限，使其溶解速度受限，释放药物缓慢，较脂肪性基质更有利于发挥局部药效。如甘油明胶基质常用于局部杀虫、抗菌作用的阴道栓基质。局部作用通常在半小时内开始，要持续约 4 h。但液化时间不宜过长，否则使病人感到不适，而且可能不会将药物全部释出，甚至大部分排出体外。

（2）全身作用：镇痛、镇静、兴奋、扩张支气管和血管、抗菌等作用，例如吗啡栓、苯巴比妥钠栓及氨哮素栓等。

全身作用的栓剂一般要求迅速释放药物，特别是解热镇痛类药物宜迅速释放、吸收。一般应根据药物性质选择与药物溶解性相反的基质，有利于药物释放，增加吸收。如药物是脂溶性的，则应选择水溶性基质；如药物是水溶性的，则选择脂溶性基质，这样溶出速度快，体内峰值高，达峰时间短。为了提高药物在基质中的均匀性，可用适当的溶剂将药物溶解或者将药物粉碎成细粉后再与基质混合。

2. 按给药途径分类

根据施用腔道的不同，分为直肠用、阴道用、尿道用栓剂等，如肛门栓、阴道栓、尿道栓、牙用栓等，其中最常用的是肛门栓和阴道栓。

（1）肛门栓。其形状有圆锥形、圆柱形、鱼雷形等。每颗重量 2 g，长 3～4 cm，儿童用约 1 g。其中以鱼雷形较好，此形状的栓剂塞入肛门后，由于括约肌的收缩容易压入直肠内。肛门栓中药物只能发挥局部治疗作用。

（2）阴道栓。也称阴道弹剂，其形状有球形、卵形、鸭嘴形等，每颗重量 2～5 g，直径为 1.5～2.5 cm。其中以鸭嘴形较好，因相同重量的栓剂，鸭嘴形的表面积较大。阴道栓可分为阴道普通栓和阴道膨胀栓，其中阴道膨胀栓是指含药基质中插入具有吸水膨胀功能的内芯后制成的栓剂，膨胀内芯是以脱脂棉或黏胶纤维等经加工、灭菌制成的。

（3）尿道栓。一般呈笔形，一端稍尖。尿道栓有男女之分，男用的重约 4 g，长 1～1.5 cm；女用重约 2 g，长 0.60～0.75 cm。

（4）其他。喉道栓、耳用栓和鼻用栓等。

以上所述栓剂的重量是以可可豆脂为基质制成的，若基质比重不同，栓剂重量也不同。

3. 按制备工艺和释药特点分类

（1）双层栓：一种是内外层含不同药物；另一种是上下两层，分别使用水溶或脂溶性基质，将不同药物分隔在不同层内，控制各层的溶化，使药物具有不同的释放速度。

（2）中空栓：可达到快速释药的目的。中空部分填充各种不同的固体或液体药物，溶出速度比普通栓剂要快。

（3）控、缓释栓：微囊型、骨架型、渗透泵型、凝胶缓释型。

二、栓剂的特点

栓剂的药效直接，可避免肝脏首过效应，起到局部作用或全身作用，有一般口服药物无法比拟的优势。栓剂常温下为固体，可用于软膏剂不易给药的腔道。制备栓剂的基质还具有缓和药物刺激性的作用。

优点：栓剂用作直肠给药时，中下直肠静脉吸收可避免药物的肝脏首过消除效应，也可减少对肝脏的毒副作用；药物不受胃肠道 pH 或酶的破坏，适用于不宜口服给药的药物；适用于不能口服给药或吞咽困难的患者，如婴幼儿、呕吐或昏迷的患者；可在腔道起润滑、抗菌、杀虫、收敛、止痛、止痒等局部作用。

缺点：使用不如口服方便，且受传统观念和习惯影响，不被临床病人作为首选；生产成本比片剂、胶囊剂高；生产效率低。

三、栓剂的基质

栓剂须有一定的硬度和韧性，以便塞入腔道；进入腔道后，应在一定时间内液化，且无刺激性，能按需要起局部或全身性治疗作用。因此，基质的选择至关重要，其是栓剂成型的主要因素，也是影响药物发挥疗效的关键。

常用栓剂基质包括油脂性基质（如可可豆脂、半合成椰油酯、半合成或全合成脂肪酸甘油酯等）和水溶性基质（如甘油明胶、聚乙二醇、泊洛沙姆等）。

（1）化学性质：高熔点亲脂性栓剂基质是半合成的长链脂肪酸甘油三酯的混合物，包括单甘油酯、双甘油酯，也可能存在乙氧化脂肪酸。根据基质的熔程、羟值、酸值、碘值、凝固点和皂化值，可将基质分为不同的类别。亲水性栓剂基质通常是亲水性半固体材料的混合物，在室温条件下为固体，而使用时，药物会通过基质的熔融、溶蚀和溶出机制而释放出来。相对于高熔点栓剂基质，亲水性栓剂基质有更多羟基和其他亲水性基团。聚乙二醇为一种亲水性基质，具有合适的熔化和溶解行为。

（2）物理性质：栓剂基质最重要的物理性质便是它的熔程。一般来说，栓剂基质的熔程在 27～45 ℃。然而，单一剂基质的熔程较窄，通常在 2～3 ℃，基质熔程的选择应考虑其他处方成分对制剂终产品熔程的影响。

（3）功能机制：栓剂应在略低于体温（37 ℃）下熔化或溶解而释放药物，其释放机制为溶蚀或扩散分配。高熔点脂肪栓剂基质在体温条件下应熔化。水溶性基质应能够溶解或分散于水性介质中，药物释放机制是溶蚀和扩散机制。

理想的栓剂基质应符合下列要求：① 室温时应具有适宜的硬度，当塞入腔道时不变形，不破碎；在体温下易软化、融化或溶解；② 基质的熔点与凝固点的差距不宜过大；③ 油脂性基质的酸价在 0.2 以下，皂化值应在 200～245 之间，碘价低于 7；④ 具有润湿或乳化能力，水值较高；⑤ 理化性质稳定，在贮存过程中不易霉变，与主药或其他附加剂无配伍禁忌；⑥ 对黏膜无刺激性、毒性和过敏性；⑦ 药物在基质中的释药速率应符合作用目的，局部作用栓剂一般要求释放缓慢而持久，全身作用栓剂则要求进入腔道后能迅速释药。

1. 油脂性基质

（1）天然脂肪酸酯类：

① 可可豆脂（cocoa butter）：可可豆脂是梧桐科（sleruliacence）植物可可树（theobromacocao）种仁中得到的一种固体脂肪。本品是较好的栓剂基质，在常温下为黄白色固体，无刺激性，可塑性好。密度为 0.990～0.998 g/cm^3，熔点为 30～34 ℃。加热至 25 ℃时即可开始熔化，在体温能迅速熔化，在 10～20 ℃时易粉碎成粉末。可以冷压成型，也可以搓捏成型。本品可与多数药物配合使用，但有些药物如挥发油、樟脑、薄荷油、酚以及水合氯醛等可使可可豆酯熔点显著降低至液化。

本品为天然产物，主要是含硬脂酸、棕榈酸、油酸、亚油酸和月桂酸的甘油酯，其中可可碱含量可高达 2%。有 α、β、β'、γ四种晶型，其中以 β 型最稳定。当加热至约 36 ℃（即熔点以上时）即迅速冷至凝点（15 ℃）以下，这样得到的可可豆酯的熔点仅为 24 ℃，比原来的熔点低 11 ℃，原因是生成异构体而使熔点降低，以致难以成型和包装。通常应缓缓升温加热，待熔化至 2/3 时停止加热，让余热使其全部熔化，以避免上述异物体的形成。或在熔化的可可豆酯中加入少量稳定的晶型，以促使不稳定晶型转变成稳定晶型，也可在熔化凝固时将温度控制在 28～32 ℃几小时或几天，使不稳定的晶型转变为稳定型。

每 100 g 可可豆脂可吸收 20～30 g 水，若加入 5%～10%吐温－61，可增加吸水量，并且还有助于药物混悬在基质中。加入乳化剂可制成 W/O 或 O/W 型乳剂基质，药物在乳剂基质中释放较快。加入 10%以下的羊毛脂可增加其可塑性。加入单硬脂酸铝、硅胶等，可使熔化的可可豆酯具有触变性而使混悬栓剂稳定。但含有这些附加剂的栓剂，在贮存时易变硬，应长时间观察其稳定性。

② 乌桕脂：由乌桕树果实外皮固体脂肪纯化而成，为白色至深绿色的固体脂肪，有特臭而无刺激性气味。熔点为 38～42 ℃，软化点为 31.5～34 ℃。乌桕脂与纯可可脂的主要成分结构相同，所含脂肪酸成分主要是亚麻子油酸和次亚麻子油酸。脂溶性药物可降低乌桕脂熔点及软化点，药物从乌桕脂中释放的速率较可可豆脂缓慢。

③ 香果脂：樟科植物香果树的成熟种仁压榨提取得到的固体脂肪，或成熟种子压榨提取的油脂经氢化后精制而成。本品为白色结晶性粉末或淡黄色块状物，质轻，气微，味淡。本品在氯仿或乙醚中易溶，在无水乙醇中溶解，在水中不溶。熔点为 30～36 ℃，无毒性和刺激性。但其软化点较低，抗热性能较差，可与乌桕脂合用于克服此缺点。

（2）半合成或全合成脂肪酸甘油酯：是由椰子或棕榈种子等天然植物油水解、分馏所得 C_{12}～C_{18} 游离脂肪酸，经部分氢化再与甘油酯化而得的三酯、二酯、一酯的混合物，即称半合成脂肪酸酯。这类基质化学性质稳定，成形性能良好，具有保湿性和适宜的熔点，不易酸败，为取代天然油脂的较理想的栓剂基质。国内已生产的有半合成椰油酯、半合成山苍子油酯、半合成棕榈油酯、硬脂酸丙二醇酯等。

① 半合成椰油酯：由椰子油加硬脂酸再与甘油酯化而成。本品为乳白色块状物，熔点为 33～41 ℃，凝固点为 31～36 ℃。有油脂臭味，在水中不溶，吸水能力大于 20%，刺激性小。

② 半合成山苍子油酯：由山苍子油水解、分离得到月桂酸再加硬脂酸与甘油经酯化而得到的油酯，也可直接用化学品合成，称为混合脂肪酸酯。三种单酯混合比例不同，产品的熔点也不同，其规格有 34 型（熔点为 33～35 ℃）、36 型（熔点为 35～37 ℃）、38 型（熔点为 37～39 ℃）与 40 型（熔点为 39～41 ℃）等，其中栓剂制备中最常用的为 38 型。本品的理化性质与可可豆脂相似甚至更优，为黄色或乳白色块状物，在水或乙醇中几乎不溶。其已作为许多品种栓剂的基质，特别适用于热熔法制备栓剂。

③ 半合成棕榈油酯：是以棕榈仁油经碱处理而得的皂化，再经酸化得棕榈油酸，加入不同比例的硬脂酸、甘油经酯化而得的油酯，为较好的半合成脂肪酸甘油酯。本品为乳白色固体，抗热能力强，酸价和碘价低，对直肠和阴道黏膜均无不良影响。

④ 硬脂酸丙二醇酯：是硬脂酸丙二醇单酯与双酯的混合物，为乳白色或微黄色蜡状固体，稍有脂肪臭。水中不溶，遇热水可膨胀，熔点为 35～37 ℃，对腔道黏膜无明显的刺激性，安全、无毒。

（3）氢化植物油：由植物油部分或全部氢化得到的白色半固体或固体脂肪，如氢化花生油、氢化棉籽油、氢化椰子油等。此类基质性质稳定，不易酸败，无毒性和刺激性。但释药性较差，需要加入适量表面活性剂以改善释药速度。

2. 水溶性基质

（1）甘油明胶（gelatin glycerin）：甘油明胶是将明胶、甘油、水按一定的比例在水浴上加热融和，蒸去大部分水，放冷后经凝固而制得。本品具有很好的弹性，不易折断，且在体温下不融化，但能软化并缓慢溶于分泌液中缓慢释放药物等特点。其溶解速度与明胶、甘油及水三者用量有关，甘油与水的含量越高，则越容易溶解，且甘油能防止栓剂干燥变硬。通常用量为明胶与甘油约等量，水分含量在 10%以下。如水分过多，则成品变软。

本品多用作阴道栓剂基质，明胶是胶原的水解产物，凡与蛋白质能产生配伍变化的药物，如鞣酸、重金属盐等，均不能用甘油明胶作基质。以本品为基质的栓剂，贮存时应注意在干燥的环境中的失水性。本品也易滋长霉菌等微生物，故需加入抑菌剂，如对羟基苯甲酸脂类。

（2）聚乙二醇（polyethylene glycol，PEG）：本类基质具有不同聚合度、相对分子质量以及物理性状。PEG 栓剂基质中含 30%～50%的液体，其硬度为 2.7～2 kg • cm^{-2}，接近或等于可可豆脂的硬度，其硬度较为适宜。其相对分子质量为 200、400 及 600 者为透明无色液体。相对分子质量为 1 000 的，为软蜡装固体，4 000 以上为固体。PEG1000、PEG4000、PEG6000 三种熔点分别为 37～40 ℃、50～58 ℃、55～63 ℃。通常将两种或两种以上不同相对分子质量的聚乙二醇加热熔融，制得所要求的栓剂基质：

① 低熔点聚乙二醇：聚乙二醇 1000 96%，聚乙二醇 4000 4%。

此基质熔点低，夏季要用冰箱贮存，此处方适用于需要快速溶解的场合。

② 高熔点基质：聚乙二醇 1000 75%，聚乙二醇 4000 25%。

此基质可抗热。可以略高于前一基质的温度贮存，适用于要求药物释放较慢的场合。

本类基质为难溶性药物的常用载体。于体温不熔化，但能缓缓溶于体液中而释放药物。本品吸湿性较强，对黏膜有一定刺激性，加入约 20%的水则可减轻刺激性。为避免刺激，还可在纳入腔道前先用水湿润，也可在栓剂表面涂一层蜡醇或硬脂醇薄膜。

本类基质不宜与银盐、鞣酸、奎宁、水杨酸、乙酰水杨酸、苯佐卡因、氯碘喹啉、磺胺类配伍。

（3）聚氧乙烯（40）单硬脂酸酯类（polyoxyl 40 stearate）：是聚乙二醇的单硬脂酸酯和二硬脂酸酯的混合物，并含有游离乙二醇，呈白色或微黄色，无臭或稍有脂肪臭味的蜡状固体。熔点为 39～45 ℃；可溶于水、乙醇、丙酮等，不溶于液体石蜡。商品名 Myri52，商品代号为 S－40。S－40 可以与 PEG 混合使用，可制得崩解、释放性能较好的稳定的栓剂。

（4）泊洛沙姆（poloxamer 188）：本品为乙烯氧化物和丙烯氧化物的嵌段聚合物（聚醚），为一种表面活性剂。易溶于水，能与许多药物形成空隙固溶体。本品型号有多种，随聚合度增大，物态从液体、半固体至蜡状固体，易溶于水，可用作栓剂基质。较常用的型号为 188 型，商品名为 pluronic F68，熔点为 52 ℃。型号 188，编号的前两位数 18 表示聚氧丙烯链段相对分子质量为 1 800（实际为 1 750），第三位 8 乘以 10%为聚氧乙烯相对分子质量占整个相对分子质量的百分比，即 8×10%＝80%，其他型号类推。本品能促进药物的吸收并起到缓释与延效的作用。

（5）聚山梨酯 61：为聚氧乙烯脱水山梨醇单硬脂酸酯，淡琥珀色可塑性固体，熔点为 35～39 ℃，皂化值为 95～115。有润滑性，可分散到水中。除苯酚、鞣酸及焦油类外，本品可与大多数药物配伍，且对腔道黏膜无毒性和刺激性。

四、栓剂的附加剂

栓剂的处方组成中，除了药物和基质，会根据不同目的和需要加入一些添加剂，如增加稳定性，便于成型、识别，增加药物吸收等。常见的栓剂附加剂有以下几种：

（1）硬化剂：若制得的栓剂在贮藏或使用时过软，可加入适量的硬化剂，如白蜡、鲸蜡醇、硬脂酸、巴西棕榈蜡等调节，但效果十分有限。因为它们的结晶体系和构成栓剂基质的三酸甘油酯大不相同，所得混合物明显缺乏内聚性，而且其表面异常。

（2）增稠剂：当药物与基质混合时，因机械搅拌情况不良或生理上需要时，栓剂制品中可酌加增稠剂，常用的增稠剂有氢化蓖麻油、单硬脂酸甘油酯、硬脂酸铝等。

（3）乳化剂：当栓剂处方中含有与基质不能相混合的液相，特别是在此相含量较高时（大于 5%），可加适量的乳化剂。

（4）吸收促进剂：起全身治疗作用的栓剂，为了增加全身吸收，可加入吸收促进剂，以促进药物被直肠黏膜的吸收。常用的吸收促进剂有：① 表面活性剂：在基质中加入适量的表面活性剂，能增加药物的亲水性，尤其对覆盖在直肠黏膜壁上的连续的水性黏液层有胶溶、洗涤作用并造成有孔隙的表面，从而增加药物的穿透性，提高生物利用度；② 透皮吸收促进剂 Azone：含 Azone 栓剂均有促进直肠吸收的作用，Azone 可改变生物膜的通透性，能增加药物的亲水性，能加速药物向分泌物中转移，因而有助于药物的释放、吸收。此外，氨基酸乙胺衍生物、乙酰醋酸酯类、β- 二羧酸酯、芳香族酸性化合物、脂肪族酸性化合物也可作为吸收促进剂。

（5）着色剂：可选用脂溶性着色剂，也可选用水溶性着色剂，但加入水溶性着色剂时，必须注意加水后对 pH 和乳化剂乳化效率的影响，还应注意控制脂肪的水解和栓剂中的色移现象。

（6）抗氧剂：对易氧化的药物应加入抗氧剂，如叔丁基羟基茴香醚（BHA）、叔丁基对甲酚（BHT）、没食子酸酯类等。

（7）防腐剂：当栓剂中含有植物浸膏或水性溶液时，可使用防腐剂及抗菌剂，如对羟基苯甲酸酯类。使用防腐剂时，应验证其溶解度、有效剂量、配伍禁忌以及直肠对它的耐受性。

五、栓剂的制备

根据施用腔道和使用目的的不同，制成各种适宜的形状。栓剂的制备基本方法有两种，即冷压法与热熔法。

1. 冷压法（cold compression method）

冷压法是将药物与基质的粉末置于冷却的容器内混合均匀，然后手工搓捏成型或装入制栓模型机内压成一定形状的栓剂。

2. 热熔法（fusion method）

将计算量的基质粉末用水浴或蒸汽浴加热熔化，温度不易过高，然后按药物性质以不同方法加入，混合均匀，倾入冷却并涂有润滑剂的模型中至稍微溢出模口为度。放冷，待完全凝固后，削去溢出部分，开模取出。热熔法是制备栓剂最常用的制法，适用于脂肪性基质和水溶性基质的栓剂的制备。工厂生产一般采用机械自动化操作来完成。如图 5－6 所示。

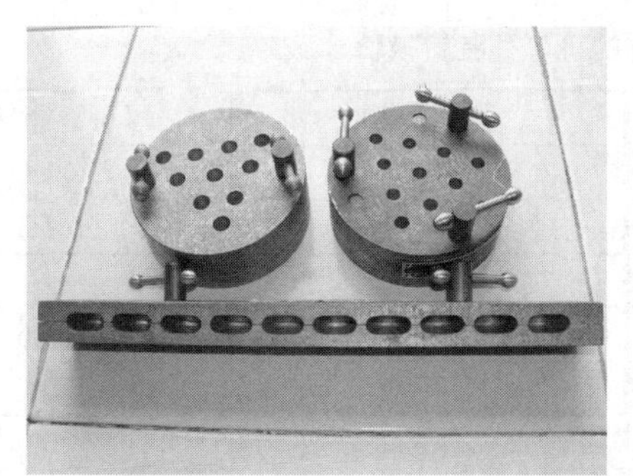

图 5－6　栓剂制备的模具

（1）栓剂药物的加入方法：

① 不溶性药物，一般应粉碎成细粉，再与基质混匀；

② 油溶性药物，可直接溶解于已熔化的油脂性基质中；

③ 水溶性药物，可直接与已熔化的水溶性基质混匀；或用适量羊毛脂吸收后，与油脂性基质混匀。

（2）润滑剂：

栓剂模孔需用润滑剂润滑，以便冷凝后取出栓剂。常用的有两类：

① 油脂性基质的栓剂，常用肥皂、甘油各 1 份与 90%乙醇 5 份制成的醇溶液。

② 水溶性或亲水性基质的栓剂，常用油性润滑剂，如液状石蜡、植物油等。有的基质不黏模，如可可豆脂或聚乙二醇类，可不用润滑剂。

六、置换价

置换价（displacement value，DV）：药物的重量与同体积基质重量的比值称为该药物对基质的置换价。

不同的栓剂处方，用同一模具所制得的栓剂容积是相等的，但其重量则随基质与药物密度的不同而有区别。而一般栓模容纳重量（如 1 g 或 2 g）是指以可可豆脂为代表的基质重量。加入药物会占有一定体积，特别是不溶于基质的药物。为保持栓剂原有体积，必须通过置换价计算栓剂中基质用量。

可以用下述方法和公式求得某药物对某基质的置换价：

$$\mathrm{DV}=\frac{W}{G-(M-W)}$$

式中，G，纯基质平均栓重；M，含药栓平均重量；W，每个栓剂的平均含药重量。

七、测定方法

取基质作空白栓，称得平均重量为 G，另取基质与药物定量混合做成含药栓，称得平均重量为 M，每粒栓剂中药物的平均重量 W，将这些数据代入上式，即可求得某药物对某一新基质的置换价。用测定的置换价可以方便地计算出制备这种含药栓需要基质的重量 x：

$$x=\left(G-\frac{y}{DV}\right)\cdot n$$

式中，y，处方中药物的剂量；n，拟制备栓剂的枚数。

常用药物的可可豆脂置换价见表 5－3。

表 5－3　常用药物的可可豆脂置换价

常用药物	可可豆脂置换价	常用药物	可可豆脂置换价
硼酸	1.5	蓖麻油	1.0
没食子酸	2.0	盐酸可卡因	1.3
鞣酸	1.6	鱼石脂	1.1
氨茶碱	1.1	盐酸吗啡	1.6
巴比妥	1.2	薄荷油	0.7
次碳酸铋	4.5	苯酚	0.9
次没食子酸铋	2.7	苯巴比妥	1.2
樟脑	2.0	水合氯醛	1.3

八、栓剂的质量检查

栓剂的一般质量要求有：药物与基质应混合均匀，栓剂外形应完整光滑；塞入腔道后应无刺激性，应能融化、软化或溶解，并与分泌液混合，逐步释放出药物，产生局部或全身作用；并应有适宜的硬度，以免在包装、贮藏或用时变形。

栓剂在生产与贮藏期间应符合下列有关规定。

（1）栓剂一般采用搓捏法、冷压法和热熔法制备。搓捏法适用于脂肪型基质小量制备；冷压法适用于大量生产脂肪性基质栓剂；热熔法适用于脂肪性基质和水溶性基质栓剂的制备。

（2）栓剂常用基质为半合成脂肪酸甘油酯、可可豆脂、聚氧乙烯硬脂酸酯、聚氧乙烯山梨聚糖脂肪酸酯、氢化植物油、甘油明胶、泊洛沙姆、聚乙二醇类或其他适宜物质。根据需要可加入表面活性剂、稀释剂、润滑剂和抑菌剂等。除另有规定外，在制剂确定处方时，该处方的抑菌效力应符合抑菌效力检查法（通则 1121）的规定。常用水溶性或与水能混溶的基质制备阴道栓。

（3）制备栓剂用的固体原料药物，除另有规定外，应预先用适宜方法制成细粉或最细粉。可根据施用腔道和使用需要，制成各种适宜的形状。

（4）栓剂中的原料药物与基质应混合均匀，其外形应完整光滑，放入腔道后应无刺激性，应能融化、软化或溶化，并与分泌液混合，逐渐释放出药物，产生局部或全身作用；并应有适宜的硬度，以免在包装或贮存时变形。

（5）栓剂所用内包装材料应无毒性，并不得与原料药物或基质发生理化作用。

（6）除另有规定外，应在 30 ℃以下密闭贮存和运输，防止因受热、受潮而变形、发霉、变质。生物制品原液、半成品和成品的生产及质量控制应符合相关品种要求。

除另有规定外，栓剂应进行以下相应检查。

【重量差异】按照下述方法检查，应符合规定。

检查法　取供试品 10 粒，精密称定总重量，求得平均粒重后，再分别精密称定每粒的重量。每粒重量与平均粒重相比较（有标示粒重的中药栓剂，每粒重量应与标示粒重比较），按表中的规定，超出重量差异限度的不得多于 1 粒，并不得超出限度 1 倍。栓剂重量差异限度见表 5-4。

表 5-4　栓剂重量差异限度

平均粒重或标示粒重/g	重量差异限度/%
1.0 以下至 1.0	±10
1.0 以上至 3.0	±7.5
3.0 以上	±5

凡规定检查含量均匀度的栓剂，一般不再进行重量差异检查。

【融变时限】除另有规定外，栓剂在体温（37±0.5）℃下融化、软化或溶解的时间，应符合规定。取 3 粒栓剂，按药典四部通则 0922 的方法检查，应符合规定。除另有规定外，脂肪性基质的栓剂 3 粒应在 30 min 内全部融化、软化或触压时无硬心，水溶性基质的栓剂 3 粒应在 60 min 内全部溶解。

【微生物限度】 除另有规定外，按照非无菌产品微生物限度。

使用检查微生物计数法（通则1105）、控制菌检查法（通则1106）及非无菌药品微生物限度标准（通则1107）检查，应符合规定。

【药物溶出度和释放度】

按照2020年版《中国药典》（通则0931），测定时设定温度（37±0.5）℃，选用水或缓冲液等作为释放介质。对于油脂性基质制备的栓剂，需要考虑油脂性的基质与水性释放介质不易亲和，不能规则地融化扩散，同时，脂溶性栓剂扩散后形成混浊液，影响含量测定等问题。有研究采用篮法，将栓剂置于垫有微孔滤膜的转篮中进行测定，也可用透析法、透析槽法、流动池法、搅拌法和循环法等。

【体内吸收】

可用家兔或犬等动物进行实验。给药后按一定时间间隔抽取血液或收集尿液，测定药物浓度，描绘血药浓度（或尿药量）–时间曲线，计算动物体内药物吸收的动力学参数。

【黏膜刺激性】

一般用动物进行实验。将基质检品的粉末、溶液或栓剂施于家兔的眼黏膜上，或纳入动物的直肠、阴道，观察有何异常反应。在动物实验基础上，临床验证多在人体肛门或阴道中观察用药部位有无红肿、灼痛、刺激以及不适感觉等反应。

【稳定性】

栓剂应在(37±2)℃、相对湿度为65%±5%的条件下进行加速稳定性实验；在(25±2)℃、相对湿度为60%±5%或（5±3）℃下进行长期稳定性实验，定时取样，检查外观性状、主药含量、融变时限以及有关物质，评价其稳定性。

九、栓剂的包装和贮存

将栓剂分别用蜡纸或锡纸包裹后置于小硬纸盒或塑料盒内，以免互相粘连，避免受压。除另有规定外，应在30℃以下密闭贮存，防止因受热、受潮而变形、发霉、变质。

十、新型栓剂

在普通栓剂的基础上，以控制栓剂中药物的释放速度为目的，相继研发出了多种新型栓剂。如以速释为目的的中空栓剂、泡腾栓剂，以缓释为目的的渗透泵栓剂、微囊栓剂和凝胶栓剂，既有速释又有缓释部分的双层栓剂等。

中空栓剂：1984年首先研制成功的。中空栓剂的中间有一空心部分，可填充各种不同类型的药物。中空栓剂放入体内后，外壳基质迅速融化破裂，使填充在中空部分的药物暴露而快速释放药物，中空栓剂中心的药物还可添加适当赋形剂或制成固体分散体，使药物快速或缓慢释放，从而具有速释或缓释作用。

双层栓剂：主要有内外双层栓剂和上下双层栓剂。内外双层栓剂的内外两层含有不同药物，可先后释药而达到特定的治疗目的。上下双层栓剂有三种：① 将两种或两种以上理化性质不同的药物分别分散于脂溶性基质或者水溶性基质中，制成含有上下两层的栓剂，以便于药物的吸收或避免药物发生可能的配伍禁忌；② 用空白基质和含药基质制成上下两层，利用上层空白基质阻止药物向上扩散，并避免塞入的栓剂逐渐自动进入直肠深部，以减少药物自直肠上静脉吸收，提高药物生物利用度；③ 将同一种药物分别分散于脂溶性基质和水溶性基质中，制成上下两层，使栓剂同时具有速释和缓释的作用。

凝胶栓剂：以亲水凝胶为基质制成的栓剂，亲水凝胶去掉水分后较坚硬，可注模成型，遇水后吸收水分，体积膨胀，柔软而富有弹性，可以避免栓剂纳入体腔后所产生的异物感。凝胶栓剂具有缓释性能，其释药速率与亲水凝胶的组成、重新水化速率等因素有关。

微囊栓剂：是先将药物制成微囊，再与栓剂基质混合制成的栓剂。微囊栓兼备栓剂和微囊的优势，具有缓释作用。

渗透泵栓剂：是一种具有栓剂外形、用于腔道给药的渗透泵控释制剂，其特点是以渗透压作为驱动力控制药物恒速释放。

其他缓控释栓剂：还可通过改进栓剂基质、添加合适的辅料和采用聚合物包衣等方法，制备缓控释栓剂。

十一、栓剂示例

例：吡罗昔康栓。

【处方】吡罗昔康 10 g　　S－40 500 g　　共制 1 000 枚

【制法】取 S－40 在水浴上熔化，吡罗昔康研细，加入上述熔化的基质研磨均匀，保温灌模即得。

【注解】本品有镇痛消炎消肿作用，用于治疗风湿性及类风湿性关节炎。

例：氨哮素栓。

【处方】氨哮素 300 mg　　尼泊金甲酯水溶液（0.1%）42 mL
半合成椰子油脂 793 g　　共制 500 枚

【制法】将基质在水浴上熔融，倾入研钵中约 200 g，另将氨哮素溶于尼泊金甲酯的水溶液中，加热至 40～50 ℃，逐渐加入研钵中研匀，再逐渐加入基质研匀，倾入已涂有润滑剂的模具中，冷却，即得。

【注解】本品用于治疗支气管哮喘和喘息性支气管炎。本品起效时间一般为 10～30 min，维持时间为 8～24 h。本品直肠给药后，吸收比口服胶囊快，血药浓度高，加入表面活性剂后，生物利用度显著提高。

例：甘油栓。

【处方】甘油 80 g　　无水碳酸钠 2 g　　硬脂酸 8 g
蒸馏水 10 mL　　共制 30 枚

【制法】取无水碳酸纳与蒸馏水共置于蒸发皿内，搅拌溶解后，加甘油混合，置水浴上加热，缓缓加入硬脂酸细粉，边加边搅拌，等泡沫停止，溶液变澄明时，倾入已涂有润滑剂的模具内，冷凝，即得。

注意灌模前应先将模具预热（80 ℃左右），然后倾入热溶液，使栓剂缓慢冷却，如果冷却过快，则形成的栓进硬度、弹性和透明度均受影响。

【注解】本品为缓泻药，有缓和的通便作用，治疗便秘。

例：野艾叶栓。

【处方】野艾叶粉（80 目）60 g　　颠茄流浸膏 3 mL　　白芨粉 15 g
无水羊毛脂 30 g　　乌桕油 150 g

【制法】取乌桕油加热溶化后，将颠茄流浸膏加羊毛脂充分混匀后，再加入野艾叶及白芨粉，搅匀倾入栓剂模具中，冷却，即得。

【注解】本品有消炎、止血、止痛的作用，常用于内痔及直肠炎症。

例：蛇黄栓。

【处方】 蛇床子（150目）10 g　　黄连（150目）5 g　　硼酸5 g
葡萄糖5 g　　甘油 适量　　甘油明胶 适量
共制100枚

【制法】 取蛇床子、黄连、硼酸、葡萄糖加适量甘油研成糊，再将甘油明胶置水浴上加热，待熔化后，再将上述蛇床子等糊状物加入，不断搅拌均匀，倾入已涂过润滑剂的阴道栓模具内，冷却，即得。

【注解】 本品治疗阴道炎。

思 考 题

1. 软膏剂的基质分为哪几类？各有何特点？
2. 凡士林、羊毛脂各属于何类？有何特点？
3. 软膏剂的制备方法有哪些？
4. O/W 型乳剂型基质有何特点？在乳膏剂处方设计中应注意哪些问题？
5. O/W 型和 W/O 型乳化剂主要有哪些？其 HLB 值范围是多少？
6. 凝胶剂常用基质有哪些？简述卡波姆的性质及在药剂学中的应用。
7. 糊剂的贮存要求是什么？
8. 膜剂、涂膜剂的成膜材料有哪些？
9. 膜剂按结构可分为哪几类？
10. 膜剂的制备方法有哪些？
11. 膜剂与涂膜剂的区别是什么？
12. 试述栓剂的基本种类及其特点。
13. 常用的栓剂基质有哪些？
14. 栓剂的制备方法有哪些？
15. 栓剂中药物的置换价定义是什么？如何测定可可豆脂的置换价？
16. 栓剂质量检查有哪些项目？各有何意义？

参考文献

[1] 钟海军，李瑞. 药剂学（第1版）[M]. 武汉：华中科技大学出版社，2021.
[2] 张奇. 军用药物制剂工程学 [M]. 北京：化学工艺出版社，2012.

（郝艳丽）

民族骄傲|华夏医圣

张　仲　景

张仲景，名机，字仲景（约公元 150 至 154 年—约公元 215 至 219 年），东汉南阳涅阳县（今河南省邓州市穰东镇张寨村）人，东汉末年著名医学家，被尊称为医圣，是中国历史上最杰出的医学家之一。他的传世巨著《伤寒杂病论》确立了六经辨证论治，成为后世研习中医必备的经典著作。对于推动后世医学的发展起了巨大的作用。

张仲景为了医治冬天人们耳朵的冻伤，发明了“祛寒娇耳汤”，后来冬至这天吃饺子的习俗流传了下来。如今饺子的种类和形状也有了很大改进，有中国人的地方就有饺子，饺子也成了阖家团圆的代表食品。

《伤寒杂病论》是集秦汉以来医药理论之大成，并广泛应用于医疗实践的专书，是我国医学史上影响最大的古典医著之一，也是我国第一部临床治疗学方面的巨著。

书中方剂均有严密而精妙的配伍，例如桂枝与芍药配伍，若用量相同（各三两），即为桂枝汤；若加桂枝三两，则可治奔豚气上冲，若倍芍药，即成治疗腹中急痛的小建中汤。若桂枝汤加附子、葛根、人参、大黄、茯苓等，则可衍化出几十个方剂。其变化之妙，疗效之佳，令人叹服。尤其是该书对于后世方剂学的发展，诸如药物配伍及加减变化的原则等，都有着深远影响，而且一直为后世医家所遵循。

许多著名方剂在现代人民卫生保健中仍然发挥着巨大作用，例如：治疗乙型脑炎的白虎汤，治疗肺炎的麻黄杏仁石膏甘草汤，治疗急、慢性阑尾炎的大黄牡丹皮汤，治疗胆道蛔虫症的乌梅丸，治疗痢疾的白头翁汤，治疗急性黄疸型肝炎的茵陈蒿汤，治疗心律不齐的炙甘草汤，治疗冠心病心绞痛的瓜蒌薤白白酒汤等，都是临床中常用的良方。

另在剂型上此书也勇于创新，其种类之多，已远远超过了汉代以前的各种方书。计有汤剂、丸剂、散剂、膏剂、酒剂、洗剂、浴剂、熏剂、滴耳剂、灌鼻剂、吹鼻剂、灌肠剂、阴道栓剂、肛门栓剂等。此外，对各种剂型的制法记载甚详，对汤剂的煎法、服法也交代颇细。所以后世称张仲景的《伤寒杂病论》为“方书之祖”，称该书所列方剂为“经方”。

《伤寒杂病论》对针刺、灸烙、温熨、药摩、吹耳等治疗方法也有许多阐述。另对许多急救方法也有收集，如对自缢、食物中毒等的救治就颇有特色。其中对自缢的解救，很近似现代的人工呼吸法。这些都是祖国医学中的宝贵资料。

《伤寒杂病论》奠定了张仲景在中医史上的重要地位，并且随着时间的推移，这部专著的科学价值越来越显露出来，成为后世从医者人人必读的重要医籍。张仲景也因对医学的杰出贡献被后人称为“医圣”。清代医家张志聪说过：“不明四书者不可以为儒，不明本论（《伤寒论》）者不可以为医。”

张仲景作为古代数不清医者的代表，有一颗心怀天下、济世救民的医者仁心，值得后代敬仰，更值得学习和传承。

（张　奇）

第6章
肺吸入制剂

1. 掌握气雾剂、喷雾剂和粉雾剂的定义、组成、制备及质量评价。
2. 熟悉药物的肺部吸收特点。
3. 了解药物颗粒在肺部沉积、吸收的影响因素；吸入剂型的种类、区别。
4. 掌握气雾剂、喷雾剂、粉雾剂处方组成及装置类型。

6.1 概述

军事特殊作业环境易诱发特定疾病，包括肺部疾病，如高原低压低氧环境易诱发高原肺水肿、海水吸入易造成急性肺损伤等。肺吸入制剂指药物本身或药物溶解或分散于合适的介质中，以蒸气、气溶胶或粉末等形式递送至肺部，发挥局部或全身作用的液体或固体制剂。肺吸入制剂具有肺组织药物浓度高、无首过效应、药物吸收快等优势，是治疗肺部疾病如肺纤维化、肺水肿、肺炎的理想给药途径。肺吸入制剂用于全身治疗也具有较大优势，药物可通过肺泡上皮细胞层迅速吸收进入全身循环。肺部吸入制剂包括吸入气雾剂、吸入粉雾剂、供雾化器用的液体制剂和可转变成蒸气的制剂。本节将重点介绍气雾剂、供雾化器用的液体制剂、喷雾剂和粉雾剂。

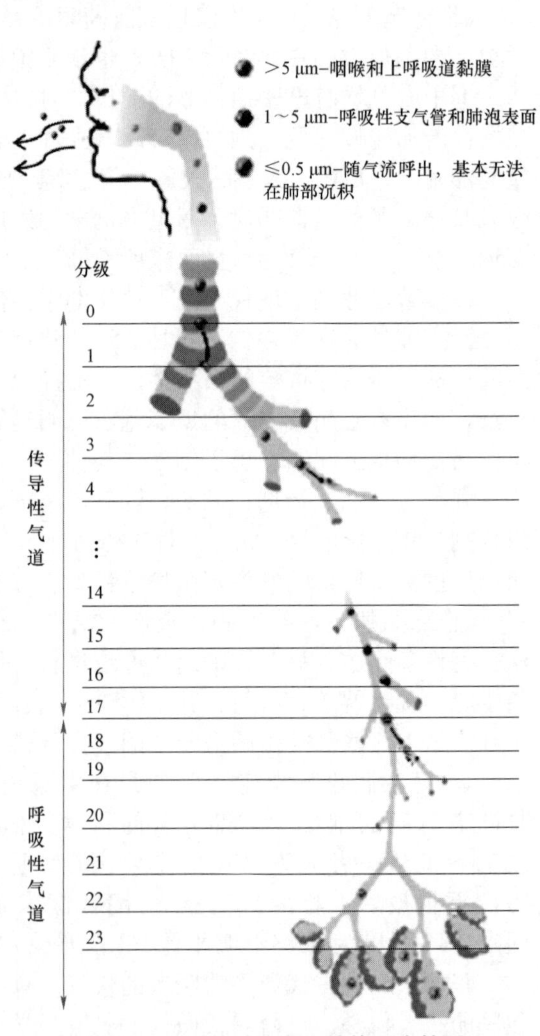

图6–1　呼吸系统生理结构示意简图

6.1.1 呼吸系统结构

呼吸系统由鼻、咽、喉、气管、支气管及肺等器官组成，分为上呼吸道（upper respiratory tract）和下呼吸道（lower respiratory tract）。口腔、鼻、喉为上呼吸道，气管及以下为下呼吸道。下呼吸道根据功能分为两个区域：传导性气道（conducting airways）和呼吸性气道（respiratory airways）（图6–1）。传导性气道是气体通道，始于口鼻部，由气管、支气管、细支气管、终末细支气管组成，在到达呼吸性气道前，气管形成大约 16 级分叉，使气道表面积递增的同时空气流速相应减小。除输送气体外，传导性气道调节吸入气体的湿度和温度与呼吸性气道一致。

呼吸性气道始于第 17 级呼吸性细支气管，由呼吸性细支气管、肺泡管、肺泡囊组成，从第 17 级呼吸性细支气管至肺泡囊整个表面均有气体交换功能。肺泡管由连接着的成团肺泡组成，长约 1 mm。呼吸性气道的表面积大（约 102 m^2），能更大限度地与吸入气体或具有治疗作用的药物颗粒接触。同时，肺泡上皮细胞和毛细血管的总厚度仅为 0.5～1 μm，且肺部的生物代谢酶主要分布在Ⅱ型肺泡上皮细胞中，其活性低，无肝脏首过效应，因此肺部给药后药物吸收迅速，生物利用度高。

6.1.2　药物肺部吸收的特点

肺部给药是一种无创、快速、有效的药物递送技术，也是治疗肺部疾病最直接有效的给药途径。作为一种局部的给药方式，肺部给药系统能够直接、快速地提高肺部治疗部位药物浓度并降低系统暴露浓度。肺部给药吸收速度快，几乎能与静脉注射相当。肺部由气管、支气管、细支气管、肺泡管和肺泡囊组成，药物的吸收在肺泡部位进行。药物肺部吸收的优点有：① 肺部肺泡数量众多（有 3 亿～4 亿个上皮细胞，总面积可达 70～100 m^2，为体表面积的 25 倍）；② 肺泡壁由单层上皮细胞构成，这些细胞紧靠丰富的毛细血管网，毛细血管数量巨大，血流量丰富，且有高通透性的毛细血管分布在相邻肺泡的 2 层上皮细胞膜之间，使药物易通过肺泡表面快速吸收进入体循环，可以同时起到全身的治疗作用；③ 肺部化学降解和酶降解少，药物破坏程度小；④ 药物直接作用于肺部病灶部位，可降低药物剂量减少毒副作用，这对于需要长期治疗的肺部疾病非常重要。

6.1.3　影响药物在肺部沉积和吸收的因素

（一）影响药物在肺部沉积的因素

药物吸入后，必须在肺部有一定沉积才能发挥作用，影响药物肺部沉积的因素主要包括微粒大小和患者自身因素（呼吸气流、吸入方式和呼吸气流变化）。

1. 微粒大小

微粒大小是影响药物在呼吸系统沉积形式及部位的主要因素。颗粒在肺部的沉降机制主要包括惯性碰撞、重力沉降和布朗运动。肺部给药一般用空气动力学直径表征粒子大小。空气动力学直径指在静息状态下与该粒子具有相同沉降速度的单位密度ρ_0（1 g/cm^3）球体的直径。直径＞5 μm 的粒子主要受惯性碰撞的影响沉积在咽喉及上呼吸道黏膜，吸收较慢；直径在 1～5 μm 间的粒子主要以重力沉积形式沉积在呼吸性支气管和肺泡表面；直径＜0.5 μm 的粒子，主要会因布朗运动的影响随气流被呼出体外，基本无法在呼吸道沉积。故一般认为肺部给药合适的粒径为 0.5～5 μm。

2. 患者自身因素

患者自身因素如呼吸气流、吸入方式及肺部生理变化都会对肺部沉积产生影响。① 呼吸气流：正常人每次吸气量 500～600 cm^3，其中约有 200 cm^3 存在于咽、气管及支气管之间，这部分气流常呈湍流状态，呼气时会被呼出；当气流进入支气管以下部位后，气流速度减慢，呈层流状态，气流中的粒子容易沉积。呼吸量越大，粒子在呼吸系统的沉积率越高；而呼吸频率越快，粒子在呼吸系统的沉积率则越低。② 吸入方式：吸入后屏住呼吸，可通过沉降和扩散机制增加粒子的沉积。缓慢深吸入，并在呼气前屏气可有效增加粒子在肺部的沉积率，但也与给药装置有关。③ 肺部生理变化：疾病状态如气管部位的阻塞性疾病会影响药物的肺部沉积。

（二）影响药物在肺部吸收的因素

影响药物肺部吸收的因素包括药物性质（相对分子质量、脂溶性、溶解度与溶出速度、吸湿性）和患者生理因素等。

1. 药物性质

① 相对分子质量：药物相对分子质量的大小是影响其肺部吸收的主要因素之一，相对分子质量小的化合物易通过肺泡囊表面细胞壁的小孔，因而吸收快，而相对分子质量大的化合物如糖、酶、高分子等，难以由肺泡囊吸收；② 脂溶性：亲脂性药物主要经脂质双分子膜扩散迅速吸收，而亲水性药物主要通过细胞旁路吸收，故亲脂性药物吸收速度较亲水性药物快；③ 吸湿性：吸湿性强的药物在通过湿度较高的呼吸道时，会因吸湿而聚集增大，妨碍药物吸收，故吸湿性小的药物更适合肺部给药。

2. 生理因素

呼吸道的解剖结构、气流速度、屏气时间等生理因素均影响药物的肺部吸收。覆盖在呼吸道黏膜上的黏液层影响药物的溶解及扩散过程，从而影响药物的吸收。此外，呼吸道黏膜中的代谢酶可使药物失活。处于上呼吸道中的不溶性粒子会被纤毛清除，位于肺泡的不溶性粒子会被巨噬细胞清除。

3. 其他

制剂的处方组成、给药装置影响药物粒子大小、形态和喷出速度，进而影响药物在肺内的沉积部位，从而影响药物的吸收。

6.2 气雾剂

6.2.1 概述

气雾剂（Aerosols）是指含药混悬液、乳液或溶液，与液化抛射剂共同装封于具有一定压力和定量阀门系统的耐压容器中，使用时借助抛射剂的压力，将内容物呈雾状物喷出的制剂。气雾剂中除抛射剂和药物外，必要时可适当添加附加剂如稳定剂、增溶剂和共溶剂。

6.2.2 气雾剂的组成

气雾剂是由抛射剂、药物与附加剂、耐压容器和阀门系统所组成。抛射剂与药物（必要时加附加剂）一同装封在耐压容器内，若打开阀门，则药物、抛射剂一起喷出而形成气雾。

（一）抛射剂

抛射剂（propellant）是喷射药物的动力，同时，可兼作药物的溶剂或稀释剂。抛射剂多为液化气体，常压下沸点低于室温。因此，需装入耐压容器内，由阀门系统控制。当阀门开启时，外部压力突然降低（≤1 个大气压），抛射剂带着药物以雾状喷射，并急剧气化，同时将药物分散成微粒。

1. 抛射剂的要求

抛射剂应满足以下条件：① 在常温下饱和蒸气压高于大气压；② 无毒、无致敏反应和刺激性；③ 惰性，不与药物等发生反应；④ 不易燃，不易爆炸；⑤ 无色、无臭、无味；⑥ 价廉易得。但一个抛射剂不可能同时满足以上各个要求，应根据用药目的适当选择。

2. 抛射剂的分类

抛射剂可大致分为氟氯烷烃、氟氯烷烃代用品、碳氢化合物和压缩气体四类。

（1）氟氯烷烃类。又称氟利昂（Freon，CFC），特点是沸点低，常温下饱和蒸气压略高于大气压，易控制，性质稳定，不易燃烧，液化后密度大，无味，基本无臭，毒性较小，不溶于水，可作脂溶性药物的溶剂。将不同性质的氯氟烷烃按不同比例混合后，可得到不同性质的抛射剂，以满足制备气雾剂的需要。由于氯氟烷烃对大气臭氧层的破坏，国际卫生组织已经要求停用。国家食品药品监督管理局规定，从 2007 年 7 月 1 日起，药品生产企业在生产外用气雾剂时，将停止使用氯氟烷烃类物质作为药用辅料；从 2010 年 1 月 1 日起，生产吸入式气雾剂停止使用氯氟烷烃类物质作为药用辅料。《保护臭氧层维也纳公约》规定，氯氟烷烃类物质应在 2010 年前淘汰。

（2）氟氯烷烃代用品。目前国际上采用的替代抛射剂主要为氢氟烷（hydrofluoroalkane，HF），如四氟乙烷（HF－134a）和七氟丙烷（HF－227）。最早的替代产品是 3M 公司于 1996 年上市的 Airomir 和 1999 年葛兰素威康公司推出的 Ventolin Evohaler，均是以 HFA－134a 为抛射剂的沙丁胺醇（舒喘灵）制剂。HFA 分子中不含氯原子，仅含碳氢氟 3 种原子，因而降低了对大气臭氧层的破坏。HFA 与 CFC 的理化性质存在较大差异（表 6－1），传统的氟里昂制剂技术并不能简单地移植给 HFA 剂型。应根据药物和辅料在 HFA 中的溶解度，设计定量吸入气雾剂（pressurized metered dose inhaler，pMDI）。

表 6–1　新的氟代烷烃与氟利昂性质比较

名称	分子式	代号	蒸气压/kPa	沸点/℃	密度/（g·mL^{-1}）	消耗臭氧潜能值（ODP）*	100 年全球升温潜能值（GWP）**	大气生命周期/年
三氯一氟甲烷	$CFCl_3$	CFC－11	202.65（44.1 ℃）	23.7	1.48	1	4 750	60
二氯二氟甲烷	CF_2Cl_2	CFC－12	506.62（16.1 ℃）	－29.8	1.46	1	10 900	120
二氯四氟乙烷	CF_2ClCF_2Cl	CFC－114	268（25 ℃）	3.8	1.44	1	10 000	200
1,1,1,2－四氟乙烷	CH_2FCF_3	HFC－134a	662.07（25 ℃）	－23	1.231	0	1 430	1 200
1,1,1,2,3,3,3－七氟丙烷	CF_3CHFCF_3	HFC－227ea	390（20 ℃）	－16.4	1.394	0	3 220	33

*ODP（Ozone Depletion Potential），指某种物质在其大气寿命期内，造成的全球臭氧损失相对于同质量的 CFC-11 排放所造成的臭氧损失的比值，ODP 值越小，环境特性越好。

**GWP（Global Warming Potential），是一种物质产生温室效应的一个指数，是在 100 年的时间框架内，某种温室气体产生的温室效应对应于相同效应的二氧化碳的质量，GWP 越大，表示该温室气体在单位质量单位时间内产生的温室效应越大。

（3）碳氢化合物。作抛射剂的主要品种有丙烷、正丁烷和异丁烷。此类抛射剂虽然稳定，毒性不大，密度低，沸点较低，但易燃、易爆，不宜单独应用，常与氟氯烷烃类抛射剂合用。

（4）压缩气体。用作抛射剂的主要有二氧化碳、氮气和一氧化氮等。其化学性质稳定，不与药物发生反应，不燃烧。但液化后的沸点均较上述两类低得多，常温时蒸气压过高，对容器耐压性能的要求高。若在常温下充入非液化压缩气体，则压力容易迅速降低，达不到持久的喷射效果，在气雾剂中基本不用，用于喷雾剂。

3. 抛射剂用量

气雾剂喷射能力的强弱取决于抛射剂的用量及自身蒸气压。在一般情况下，用量大，蒸气压高，喷射能力强；反之，则弱。根据气雾剂所需的压力，可将两种或几种抛射剂以适宜的比例混合使用。

根据 Raoult 定律，在一定温度下，溶质的加入导致溶剂蒸气压下降，蒸气压下降与溶液中的溶质摩尔分数成正比；根据 Dalton 气体分压定律，系统的总蒸气压等于系统中各不同组分的分压之和，由此可计算混合抛射剂的蒸气压。

$$p=p_A+p_B+\cdots+p_N,\ p_A=x_Ap_A^0$$

式中，p 为混合抛射剂的总蒸气压；p_A、p_B 分别为抛射剂 A 和 B 的分压；p_A^0、p_B^0 分别为纯抛射剂 A 和 B 的饱和蒸气压；x 为抛射剂的摩尔分数。

CFC 作为抛射剂时常混合使用。而 HFA134a 和 HFA227 均具有较高的蒸气压，不适合混合使用。至今所有 HFA 产品均采用单一抛射剂（以 HFA134a 为主），并且对灌装容器也提出了更高的耐压性要求。

（二）药物与附加剂

1. 药物

液体和固体药物均可制备气雾剂，目前应用较多的药物有呼吸道系统用药、心血管系统用药、解痉药及烧伤用药等，多肽类药物气雾剂给药系统的研究也有报道。

2. 附加剂

药物通常在 HFA 抛射剂中不能达到治疗剂量所需的溶解度，为制备质量稳定的溶液型、混悬型或乳剂型气雾剂，根据需要可加入溶剂、助溶剂、抗氧剂、抑菌剂、表面活性剂、稳定剂等附加剂。吸入气雾剂中的所有附加剂均应对呼吸道黏膜和纤毛无刺激性、无毒性；非吸入气雾剂中的所有附加剂均应对皮肤或黏膜无刺激性。在 HFA 处方中，无水乙醇广泛用作潜溶剂，以增加表面活性剂和活性药物在 HFA 中的溶解度。表面活性剂有助于药物和辅料的分散或溶解及阀门的润滑。常用的表面活性剂有油酸、磷脂和司盘 85 等。

（三）耐压容器

气雾剂的容器应能耐受气雾剂所需的压力，并且不得与药物或附加剂发生作用，其尺寸精度与溶胀性必须符合要求。其最基本的质量要求为安全性，而安全性的最基本指标为耐压性能。国家标准规定变形压力不小于 1.2 MPa，爆破压力不小于 1.4 MPa。目前，可用作气雾剂容器的材料有马口铁、镀锌铁、玻璃、铝、树脂、橡胶以及复合材料等。国内生产的气雾罐以传统的铝、不锈钢和马口铁为材料，耐压性强，但对药液不稳定，需内涂保护层如聚乙烯或环氧树脂等，涂层无毒，并且不能变软、溶解和脱落。

（四）阀门系统

阀门系统对气雾剂产品发挥其功能起着十分关键的作用。阀门系统是控制药物和抛射剂从容器喷出的主要部件。气雾阀必须既能有效地使内容物定量喷出，又能在关闭状态时有良好的密封性能，使气雾剂内容物不渗漏出来；需能承受各种配方液的侵蚀和适应生产线上高速高压的灌装；必须具有一定的牢固度和强度，以承受罐内高压。阀门系统一般由推动钮、阀门杆、橡胶封圈、弹簧、定量室和浸入管组成（图6－2）。

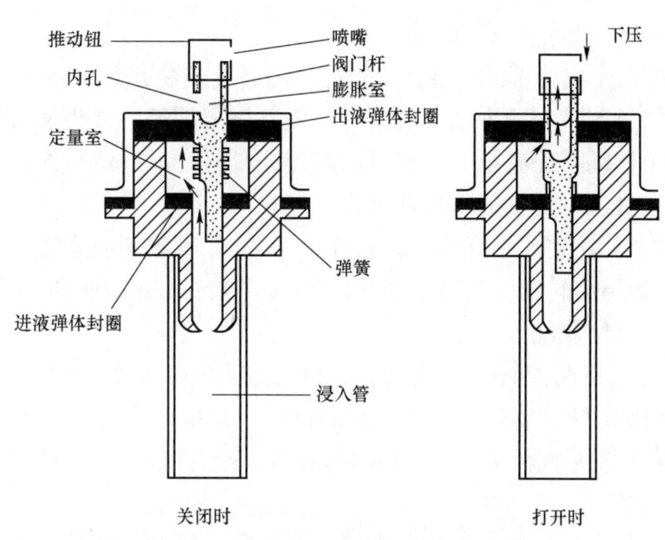

图6－2　气雾剂阀门系统结构示意图

6.2.3　气雾剂的制备

气雾剂的制备过程可分为药物的配制与分装和抛射剂的充填，最后经质量检查合格后为气雾剂成品。

1. 药物的配制与分装

首先根据药物性质和所需的气雾剂类型将药物分散于液状抛射剂中，溶于抛射剂的药物可形成澄清药液，不溶于抛射剂的药物可制备成混悬型或乳剂型液体。配制好合格的药物分散系统后，在特定的分装机中定量分装于气雾剂容器内。

（1）溶液型气雾剂：将药物溶于抛射剂中形成的均相分散体系。溶液型气雾剂应制成澄清药液。为配制澄明的溶液，经常把乙醇或丙二醇加入抛射剂中形成潜溶剂，增加药物在抛射剂中的溶解度，约物溶液喷射后形成极细的雾滴，抛射剂迅速气化，使药物雾化用于吸入治疗。

（2）混悬型气雾剂：药物在混悬型气雾剂中通常具有较好的化学稳定性，可传递更大的剂量。但混悬微粒在抛射剂中常存在相分离、絮凝和凝聚等物理稳定性问题，常需加入表面活性剂作为润湿剂、分散剂和助悬剂。混悬型气雾剂应将药物微粉化并保持干燥状态，主要需控制以下几个环节：① 水分含量要极低，应在0.03%以下，通常控制在0.005%以下，以免药物微粒遇水聚结；② 药物的粒度极小，应在5 μm以下，不得超过10 μm；③ 在不影响生理活性的前提下，选用在抛射剂中溶解度最小的药物衍生物，以免在贮存过程中药物微晶粒变大；④ 调节抛射剂和（或）混悬固体的密度，尽量使两者密度相等；⑤ 添加适当的助悬剂。

（3）乳剂型气雾剂：由药物、水相、油相（抛射剂）与乳化剂等组成的非均相分散体系。药物主要溶解在水相中，形成O/W或W/O型。如外相为药物水溶液、内相为抛射剂，则可形成O/W型乳剂；如内相为药物水溶液、外相为抛射剂，则形成W/O型乳剂。乳化剂是乳剂型气雾剂的必需组成部分，选择原则是在振摇时应完全乳化成很细的乳滴，外观白色，较稠厚，至少在1～2 min内不分离，并能保证抛射剂与药液同时喷出。

2. 抛射剂的填充

抛射剂的填充主要有压灌法和冷灌法两种。

（1）压灌法：是在完成药液的分装后，先将阀门系统安装在耐压容器上，并用封帽扎紧，然后用压装机进行抛射剂填充的方法。灌装时，压装机上的灌装针头插入气雾剂阀门杆的膨胀室内，阀门杆向下移动，压装机与气雾剂的阀门同时打开，过滤后的液化抛射剂在压缩气体的较大压力下定量进入气雾剂的耐压容器内。

压灌法的优势：① 在室温下操作，设备简单；② 在安装阀门系统后高压灌装，故抛射剂的损耗较少；③ 如用旋转式多头灌装设备，可达160灌/min的速度；④ 对水不稳定的药物（如沙丁胺醇）也可用此法。

（2）冷灌法：首先将药液冷却至低温（－20 ℃左右）后进行分装，然后将冷却至低温（－30～－60 ℃）的液化抛射剂灌装到气雾剂的耐压容器中；也可将冷却的药液和液化抛射剂同时进行灌装，立即安装阀门系统，并用封帽扎紧。最后在阀门上再安装推动钮和保护盖，完成整个气雾剂的制备。

冷灌法是利用抛射剂在常压、低温下为液体的性质，可以在低温下开口的容器中进行灌装，对阀门系统无特殊要求，但由于是开口灌装，抛射剂可能有一定损失，因此操作必须迅速。由于在低温下水分会结冰，所以含乳状液或水分的气雾剂不宜用此法进行灌装。

6.2.4 气雾剂的质量评价

定量气雾剂释出的主药含量应准确，喷出的雾滴（粒）应均匀，吸入气雾剂应保证每揿含量的均匀性；制成的气雾剂应进行泄漏检查，确保使用安全；气雾剂应置凉暗处贮存，并避免暴晒、受热、敲打、撞击。定量气雾剂应标明：① 每罐总揿次；② 每揿主药含量或递送剂量。

吸入气雾剂应进行每罐总揿次、递送剂量均一性、每揿主药含量（每揿主药含量应为每揿主药含量标示量的80%～120%）、喷射速率、喷出总量（每罐喷出量均不得少于标示装量的85%）、每揿喷量检查。混悬型气雾剂应做粒度检查。非定量气雾剂做最低装量检查。除程度较轻的烧伤（Ⅰ度或浅Ⅱ度）外，用于其余程度烧伤，以及严重创伤或其他临床治疗必须无菌的气雾剂，应符合无菌要求。

6.2.5 气雾剂制备举例

例：咖啡因乳剂气雾剂。

【处方】 HFA－227 150 mL　　F_8H_{11}DMP 1.5 g　　PFOB 95 mL

咖啡因一水合物 46.9 mg　　NaCl（0.9%） 5 mL

【制备】 取 1.5 g F_8H_{11}DMP 在缓慢搅拌下溶解于 95 mL PFOB（全氟辛基溴）中得油相，将 46.9 mg 咖啡因一水合物溶于 5 mL 0.9% NaCl 溶液中，将该溶液加到油相后，依次用低压和高压进行均质化加工处理，温度保持在 40 ℃，得 W/O 型乳剂。分剂量灌装，封接剂量阀门系统，每 100 mL 药物乳剂分别压入 150 mL HFA－227，即得咖啡因乳剂型气雾剂。

【适应症】 抗疲劳，减轻哮喘。

【注解】 ① PFOB：全氟辛基溴作为该喷雾剂的外油相；② 由于 HFA－227 抛射剂的水溶性不好，故若要使形成的乳剂均匀稳定，必须制备成 W/O 型乳剂，外层的 PFOB 油相可与 HFA－227 抛射剂互溶；③ F_8H_{11}DMP 是氟化的表面活性剂，为乳剂型气雾剂的稳定剂、乳化剂。

例： 丙酸倍氯米松气雾剂。

【处方】 丙酸倍氯米松 1.67 g　　乙醇 160 g　　HFA－134a 1 839 g
共制 2 000 g

【制备】 将丙酸倍氯米松与冷乙醇（－65 ℃）混合并匀质化，得到的混悬液中加入冷 HFA－134a（－65 ℃），搅拌混合，冷灌法装于气雾剂容器中，加盖阀门，即得丙酸倍氯米松气雾剂。

【适应症】 治疗或预防支气管哮喘及过敏性鼻炎。

6.3　喷雾剂

6.3.1　概述

喷雾剂是指含药溶液、乳状液或混悬液填充于特制的装置中，使用时借助于手动泵的压力、高压气体、超声振动或其他方法将内容物呈雾状物释出，用于肺部吸入或直接喷至腔道黏膜、皮肤及空间的制剂。

6.3.2　喷雾剂分类

喷雾剂以局部治疗为主，雾滴较大，制备工艺简单，成本较低。常见以鼻腔、体表喷雾给药，如抗组胺药物（治疗鼻腔充血、过敏等）；抗菌药等（治疗烫伤或晒伤）；含抗菌剂、除臭剂的喷雾剂（治疗口臭、喉炎）。喷雾剂按照使用方法，分为单剂量喷雾剂和多剂量喷雾剂。按照雾化原理，分为喷射喷雾剂、超声喷雾剂。按照用药途径，分为吸入和外用喷雾剂。按照分散系统，分为溶液型、乳剂型和混悬型，溶液型喷雾剂的药液应澄清；乳剂型喷雾剂的液滴在液体介质中应分散均匀；混悬型喷雾剂应将原料药物细粉和附加剂充分混匀、研细，制成稳定的混悬液。按照定量与否，分为定量喷雾剂和非定量喷雾剂。喷雾剂按照分类方法不同具体如图 6－3 所示。

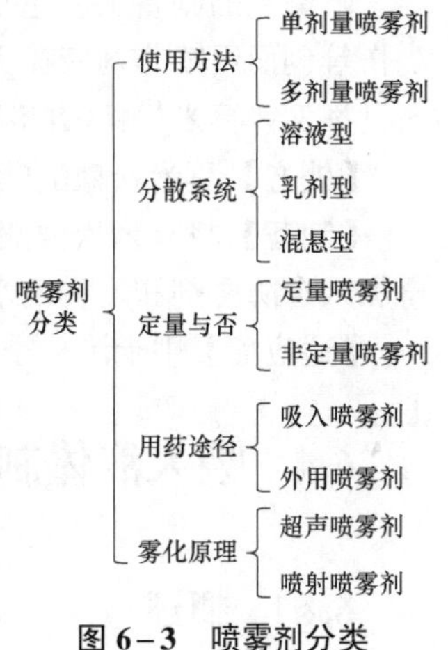

图 6－3　喷雾剂分类

6.3.3 喷雾装置

喷雾装置要求，要求无毒、无刺激，性质稳定，不与药物相互作用。一般喷雾用阀门系统（手动泵）的容器为塑料瓶和玻璃瓶（图 6–4）。目前市场上常用的喷雾剂装置为口腔喷雾剂、鼻用喷雾剂以及吸入喷雾剂。对于紧急发作的病症，喷雾剂具有使用方便，快速到达病灶部位发挥疗效的优势。

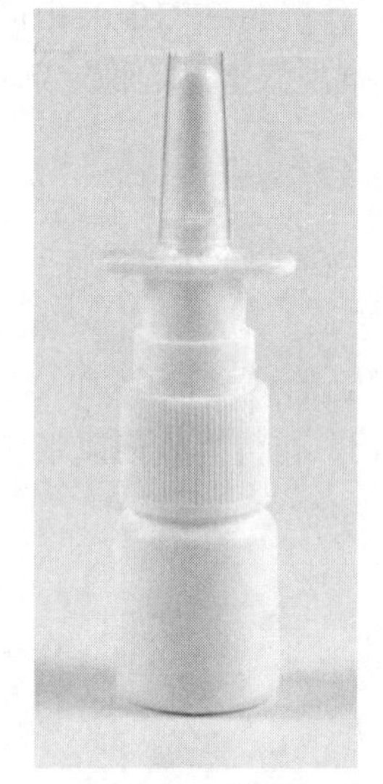

图 6–4 上市喷雾剂外观图

6.3.4 喷雾剂的质量评价

《中国药典》2020 年版四部制剂通则规定，喷雾剂在生产与贮藏期间应符合下列有关规定。

（1）喷雾剂应在相关品种要求的环境配制，如一定的洁净度、灭菌条件和低温环境等。存放时应避光密封贮存。

（2）根据需要可加入溶剂、助溶剂、抗氧剂、抑菌剂、表面活性剂等附加剂，如：苯扎氯铵、三氯叔丁醇、依地酸二钠等。附加剂对皮肤或黏膜应无刺激性。

（3）喷雾剂装置中各组成部件均应采用无毒、无刺激性、性质稳定、与原料药物不起作用的材料制备。

喷雾剂用于烧伤治疗如为非无菌制剂的，应在标签上标明“非无菌制剂”；产品说明书中应注明“本品为非无菌制剂”，同时，在适应症下应明确“用于程度较轻的烧伤（Ⅰ度或浅Ⅱ度）”；注意事项下规定“应遵医嘱使用”。

喷雾剂质量检查与气雾剂质量检查相似，应检查每瓶总喷次、每喷喷量、每喷主药含量（每喷主药含量一般应为标示含量的 80%～120%）、递送剂量均一性、装量差异等。

6.3.5 喷雾剂举例

喷雾剂的制备工艺包括配液、灌装、装手动泵。一般避光环境下配制，注意防止污染；烧伤等创面用喷雾剂应在无菌环境下配制。

举例：莫米松糠酸酯喷雾剂。

【处方】莫米松糠酸酯 3 g　　聚山梨酯 80 适量水（含防腐剂和增稠剂）适量

【制备】将莫米松糠酸酯用适当方法制成细粉，加入表面活性剂聚山梨酯 80 混合均匀，再加入含防腐剂和增稠剂水溶液中，分散均匀，分装于规定的喷雾剂装置中即可。

【适应症】用于治疗季节性鼻炎和常年性鼻炎，对过敏性鼻炎有预防作用。

6.4 吸入液体制剂与可转变成蒸气的制剂

6.4.1 概述

吸入液体制剂是指供雾化器用的液体制剂，即通过雾化器产生连续供吸入用气溶胶的乳液、混悬液或溶液。吸入液体制剂包括吸入溶液、吸入乳液、吸入混悬液、吸入用溶液（需稀释后使用的浓溶液）或吸入用粉末（需溶解后使用的粉末）。吸入液体制剂可以将药物的混悬液或溶液雾化成小液滴，且不受患者呼吸行为的影响，适用范围广。吸入液体制剂直接递送药物到肺组织，相比于口服制剂，往往具有见效快、用量少、不良反应少等特点，且处方简单，所用溶剂或分散介质通常为注射用水，常添加有等渗调节剂、缓冲盐、金属螯合剂、pH 调节剂等，必要时可加入少量的乙醇或丙二醇增加药物溶解度。制备水溶性差药物的吸入混悬液时，处方中通常加入适量表面活性剂（如聚山梨酯）作为稳定剂和分散剂。吸入液体制剂的单次吸入剂量一般少于气雾剂和粉雾剂。

6.4.2　雾化装置

目前，吸入液体雾化给药已广泛应用在临床上。用于此剂型的药物除了传统的平喘药、抗生素、麻醉药、镇咳祛痰药外，也还有部分中药制剂。与气雾剂和粉雾剂不同，处方因素对雾化吸入剂的影响较小，雾化器的雾化效率对其影响较大。雾化器类型较多，按照工作原理，大致可分为喷射雾化器、超声雾化器和振动筛雾化器等（图 6－5）。喷射雾化器，也称空气压缩式雾化器，在相同的治疗时间内吸入的雾化量适宜，不易造成缺氧、呛咳。雾化的颗粒也更细，可以深入下呼吸道的治疗，现国内临床大多采用喷射雾化器，但其存在残留液体体积大、噪声大的不足。与喷射雾化器不同，超声雾化器的雾化过程不受患者呼吸行为的影响，还可根据患者的病情来调整雾滴大小和雾化速率等。但是超声雾化可能破坏蛋白质等生物大分子以及热敏性药物的结构，同时，对于黏度较大的药液以及微米混悬液雾化效果不佳，现已基本被淘汰。相比于超声式雾化器和喷射式雾化器，振动筛雾化器能雾化小体积的剂量（最低到达 0.5 mL），且药液残留少，药物利用率高，雾化过程中药液温度无显著变化，更适于雾化生物大分子等稳定性差的药物，但技术复杂，需激光打孔，因而成本相对较高。随着吸入治疗在临床上的应用日趋广泛，针对各种不同需求的雾化器产品应运而生，目前已研究出智能雾化系统，该系统与振动筛型或喷气型雾化器相连，可实现靶向与准确定量给药。

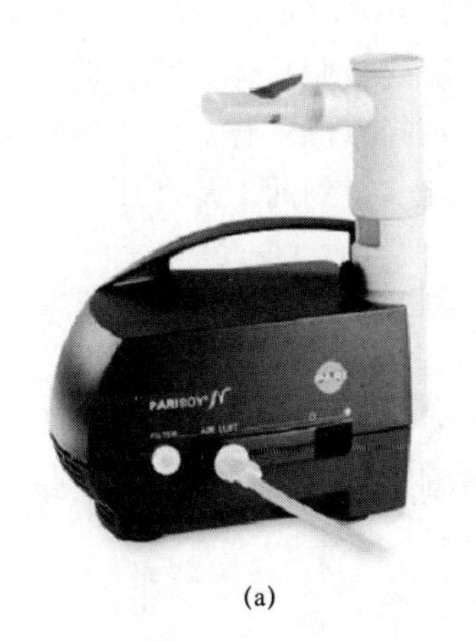
(a)

(b)

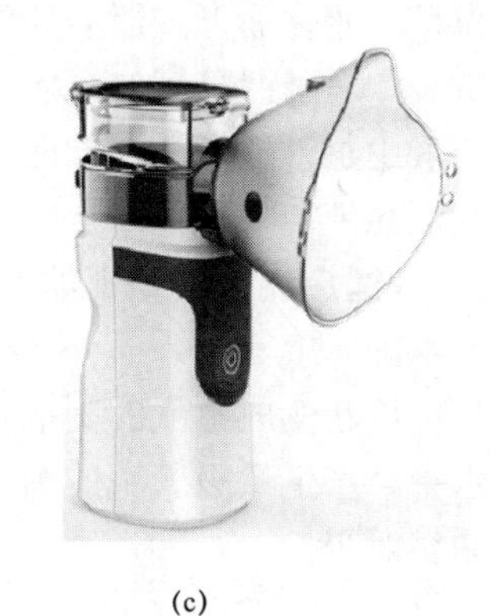
(c)

图 6－5　喷雾剂装置

（a）喷射雾化器；（b）超声雾化器；（c）手持式振动筛雾化吸入器

6.4.3　吸入液体制剂的质量评价

吸入用溶液使用前采用说明书规定溶剂稀释至一定体积。吸入用粉末使用前采用说明书规定量的无菌稀释液溶解释稀成供吸入用溶液。吸入液体制剂使用前，其 pH 应在 3～10 范围内。混悬液和乳液振摇后应具备良好的分散性，可保证递送剂量的准确性。除非制剂本身具有足够的抗菌活性，多剂量水性雾化溶液中可加入适宜浓度的抑菌剂。除另有规定外，在制剂确定处方时，该处方的抑菌效力应符合抑菌效力检查法的规定。吸入液体制剂应检查递送速率、递送总量和微细粒子剂量。

6.4.4 吸入液体制剂的举例

吸入液体制剂制备过程与注射液类似，包括配液、灌装。一般避光环境下配制，注意防止污染。必要时，需要研究吸入液体与雾化装置的匹配性。

例：吸入用布地奈德混悬液。

【处方】 布地奈德 1 g　　依地酸二钠 适量　　氯化钠 适量
柠檬酸钠 适量　　柠檬酸 适量　　聚山梨酯 80 适量
注射用水 2 000 mL

【制备】 将除聚山梨酯 80 外的辅料溶于 80%处方量的注射用水中，搅拌下缓慢加入聚山梨酯 80，搅拌使其溶解，最后加入微粉化布地奈德原料药，补加注射用水至处方量。将上述混合溶液置于高压均质机中，使用较小的均质压力，均质循环 3 次，制得微粉化布地奈德混悬液。

【适应症】 用于治疗支气管哮喘。该制剂临床应用较为广泛，尤其对儿童呼吸道感染的治疗，温和，见效快。

例：西地那非脂质体吸入混悬液。

【处方】 枸橼酸西地那非 适量　　硫酸铵 适量　　苄泽 58 7.5 mg
蛋黄卵磷脂 150 mg　　胆固醇 30 mg

【制备过程】 取蛋黄卵磷脂、胆固醇和苄泽 58 溶于适量乙醇，于烧瓶中 50 ℃水浴减压旋转蒸发，除尽有机溶剂，得到均匀脂质膜，加入 0.3 mol/L 硫酸铵溶液 10 mL，在 37 ℃恒温振荡，水化后形成脂质体混悬液，超声后用 0.22 μm 过滤，得到硫酸铵脂质体。将其放入透析袋中，用调整到 pH 为 10 的 0.9% NaCl 水溶液中透析，得硫酸铵梯度脂质体。在脂质体混悬液中加入适量枸橼酸西地那非原料，于 40 ℃水浴中振荡 30 min，得到西地那非脂质体吸入混悬液。

【适应症】 西地那非脂质体混悬液吸入给药后，可用于治疗烟雾吸入性肺损伤复合高原肺水肿。

可转变成蒸气的制剂是指可转变成蒸气的溶液、固体或混悬液制剂，通常是将其加入热水中，产生供吸入用的蒸气。其不涉及使用其他辅料，目前此类制剂全部用于麻醉。市场流通相对少。

6.5 粉雾剂

6.5.1 概述

粉雾剂是指一种或一种以上的药物粉末，装填于特殊给药装置，在气流作用下抛出药物粉末，随气流沉积于呼吸道。粉雾剂不含抛射剂，药物以固体粉末形式存在，不仅环境友好，而且药物稳定性较好，剂量较大，患者用药时，不需要吸气与揿压阀门同步，病人顺应性更好。由于呼吸道结构较为特殊，吸入粉雾剂的粒径一般要求相对严格。鼻用粉雾剂一般颗粒空气动力学粒径＞10 μm，递送至肺部的粉雾剂粒径则要求颗粒空气动力学粒径在 1～5 μm。粉雾剂颗粒粒径较细，对制备工艺及环境控制要求严格，制备和存放需注意防止吸潮。粉雾剂组成除药物外，可以添加可用于吸入的辅料，如乳糖、葡聚糖、甘露醇、木糖醇、氨基酸、硬脂酸镁。

6.5.2　粉雾剂的给药装置

粉雾剂给药装置一般包含三个主体结构：雾化器主体、扇叶推进器、口（鼻）吸器三部分，使用时患者利用自身吸气，将药物粉末递送至肺部组织。粉雾剂给药装置包括胶囊型、贮库型及泡罩型（图 6－6）。胶囊型装置为单剂量装置，使用时取一颗装载药物的吸入胶囊置于样品仓进行吸入，贮库型和泡罩型为多剂量装置，使用时通过装置旋钮释放粉末，可实现多次吸入。

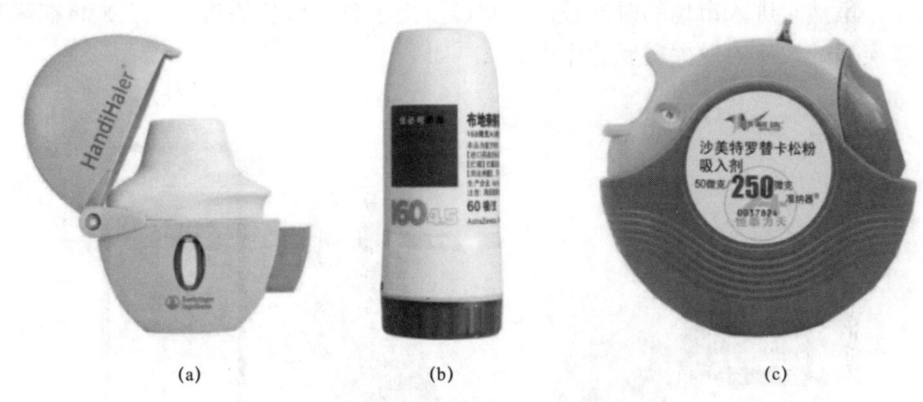

图 6－6　上市粉雾剂装置

（a）胶囊型；（b）贮库型；（c）泡罩型装置

Fisons 制药公司和葛兰素史克制药公司在 1967 年和 1977 年推出第一代单剂量胶囊吸入器 Spinhalar®和 Rotahaler®，由于药物微粉与辅料之间的高黏附力，装置分散药物颗粒不成熟，使得其向肺部输送药物量少。1988 年，葛兰素史克制药公司生产的单剂量分装型吸入装置蝶式吸入器 Diskhaler®和阿斯利康公司生产的贮库型吸入装置 Turbuhaler®在欧洲上市，随后葛兰素史克制药公司又推出了准纳器（Diskus®）多剂量独立包装型吸入装置。第二代多剂量型粉雾剂将多剂量药物和吸入装置一体化，简化了药物填充步骤，患者携带和操作更简便，并通过改进配方工艺、微粒结构，肺部沉积率得到了明显提高。

目前上市的粉雾剂在治疗哮喘、慢阻肺等呼吸道疾病方面占据重要市场，但由于粉雾剂产生气溶胶的动力来源于患者的主动吸气，由于患者的年龄、气道功能受损等原因，可能存在吸气能力不足，吸气曲线变异度大，将导致激发药量不足，剂量递送不均一，成为限制粉雾剂吸入装置临床使用的主要问题。因此，改进粉雾剂吸入装置需要简化操作步骤，改善装置的易操作性，降低吸气峰流速，提高剂量均一性等。葛兰素史克研发的 Ellipta®，仅有开—吸—关 3 个步骤，与 Handihaler®、Diskus®等吸入装置比较，患者接受度更高。患者的吸气流速在 30～90 L/min 范围内，细颗粒占比 20.7%～25.4%，剂量均一性较好。

主动给药式吸入装置利用自带动力将药物分散为气溶胶，供患者吸入，对吸气流速要求低，如辉瑞公司生产的 Exubera®利用手动活塞压缩空气分散胰岛素粉末。但由于这两种装置结构复杂，价格高昂，电池续航能力有限，操作步骤复杂，以及装置体积过大等原因，最终没有获得市场认可而撤市。

针对患者依从性差，研发了智能吸入装置，可对患者吸入药物进行用药提醒和管理，分为外接式和自身集成式两种类型（图 6–7）。美国 Propeller Health 公司研发了一个包括传感器、移动应用程序、分析移动平台的智能系统，可以记录患者使用解救药物的时间、地点，提醒患者按时吸入缓解药物，并将数据同步到智能手机应用（APP）上，通过对吸入药物使用的持续观察，追踪诱发疾病发作的刺激物和症状，并将数据与医师进行网络共享，便于医师监测患者的症状，及时调整治疗方案。该制剂于 2012 年经美国食品药品监督管理局（FDA）批准上市。通过该平台对哮喘患者进行管理后，使用缓解药物的患者减少了 78%，无症状时间增加了 48%。这可能得益于患者的用药依从性提高和医师对治疗方案的及时调整。智能吸入装置在临床研究中显著提高了患者的依从性，改善了治疗效果，有利于减少药物浪费，降低医疗成本，虽然它进入市场的时间较短，却显示出了急速增长的势头，未来将在哮喘和慢性阻塞性肺疾病的治疗中发挥重要的作用。

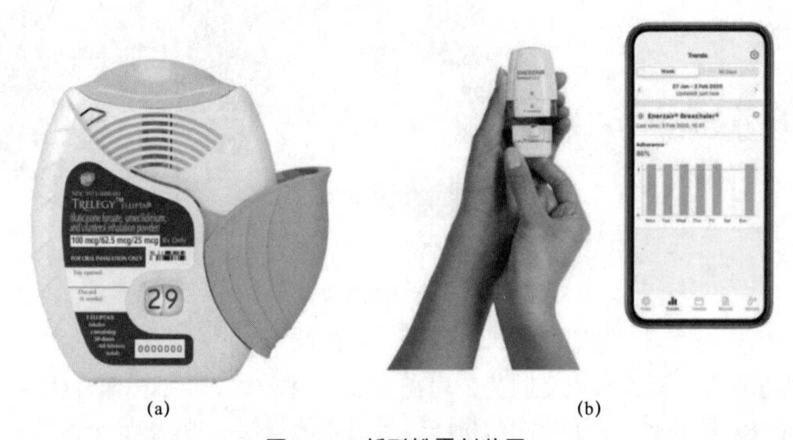

(a)　　(b)

图 6–7　新型粉雾剂装置

（a）可提示剩余剂量的粉雾剂装置；（b）智能型粉雾剂装置，可通过手机 APP 进行吸入检测

6.5.3　吸入粉雾剂的质量评价

吸入粉雾剂是药械组合药品，制剂和装置共同决定了产品的质量和雾化性能。在装置的开发中，需要关注使用装置的类型，与制剂处方联合开发。在制剂开发中，要关注粉体的粒度分布、颗粒形态、流动性、比表面积、多晶型及结晶度，提高对物化性质的认识。在产品的检测中，不仅要关注质量标准的检测项目，还要从患者的角度出发考察产品的雾化性能，以满足不同患者的使用。

吸入粉雾剂的质量研究重点关注粒度分布与微细粒子剂量。粒度分布是粉雾剂中粉体最重要特性之一，影响药物–载体的分离和最终产品的性能。当不同粒径的粉末混合时，原料药与载体之间的黏附力不同，直接影响粉雾剂的雾化特性。在气溶胶的质量控制中，质量中位空气动力学直径（MMAD）非常重要，决定药物在气道内沉积的水平和作用机制，并最终影响治疗效果。从装置递送出去的颗粒的空气动力学粒径分布（APSD）决定了粉雾剂的性能。《中国药典》建议使用级联撞击器（CI）来评估吸入制剂的 APSD。级联撞击器通过一系列收集盘或级段对药物颗粒进行空气动力学粒径分级并收集药品，以量化每个级段沉积的药品质量。《中国药典》收载了几种级联撞击器，包括双级撞击器（TI）、安德森药物撞击器（ACI）和新一代药物撞击器（NGI）。每个撞击器都有自己特定的设计规范和不同级段的截止直径，所以应该比较来自不同级联撞击器的 APSD 数据。

药物研发过程中，一般用微细粒子剂量（FPD）控制处方粉末细颗粒的数量。FPD 是通过级联撞击器测试得到的在指定级别的药物沉积分布数量，可以间接反映药物在肺部沉积的情况。此外，使用级联撞击器测试空气动力学粒径分布（APSD）的同时，还能得到几何标准偏差（GSD）的数据。GSD 表示气溶胶粒度分布的宽窄，较低的 GSD 表示粒径分布较窄。GSD 也与雾化性能关系紧密，具有较窄粒径分布的气溶胶颗粒具有更高的生物利用度。与体内粒子实际沉积情况相比，级联撞击器极大地简化了整个吸入过程。

除了粒度大小，颗粒形状、流动性、比表面积、多晶型及结晶度等均影响粉雾剂中粉体的稳定性和雾化性能。粉末的分散与粉末的流化与解聚密切相关，流动性差、内聚力大的粉末在吸入时会导致雾化性能较差。吸入药物微粒的粒径很小，使气溶胶颗粒的比表面积非常大。小粒径药物更容易吸收水分、具有更高电荷，导致粉雾剂产品的稳定性降低。比表面积是粉雾剂处方开发中的关键要素，在研发和生产中发现药物微粒比表面积任何改变都要仔细考虑，否则，会影响最终结果。不同晶型的化合物具有不同能量状态，导致不同的物化性质，包括稳定性、溶解性，甚至不同的生物利用度。在粉雾剂生产过程中，结晶态的药物颗粒经过高能粉碎后，结晶度会下降，也就是说，会产生无定型物。无定型物的吉布斯自由能高于结晶态，热力学不稳定，在长期放置过程中趋于向低能态转化（例如重结晶）。重结晶后，由于颗粒的表面性质发生了变化，粉雾剂的雾化性能会发生巨大变化。

6.5.4　吸入粉雾剂举例

吸入粉雾剂对微粒的空气动力学粒径要求严格，一般小于 5 μm，且要求粉末具备良好的流动性。改善粉末流动性的常用方法为把小剂量的药物颗粒与载体颗粒混合，后者包括如吸入用乳糖颗粒，二棕榈酰磷脂酰胆碱、氨基酸等混合后制成疏松聚集物。如果药物剂量较大，可以考虑直接把药物微粉化。微粉化技术包括研磨粉碎、气流粉碎、超临界流体技术、喷雾干燥、冷冻干燥法等。例如，用喷雾干燥技术制备硫酸特布他林粉雾剂，处方工艺优化后，可以使粉雾剂颗粒的空气动力学粒径在 1.70～1.90 μm，重现性良好。目前多款粉雾剂已在市场上销售（表 6－2）。

表 6－2　部分已上市粉雾剂

商品名	主要成分	适应症	厂家	主要辅料
Proair Respiclick	硫酸沙丁胺醇	患有可逆性气道阻塞性疾病的 4～11 岁儿童；治疗或预防支气管痉挛；预防运动支气管痉挛（EIB）	Teva Pharmaceutical Industries Ltd.	α－乳糖一水合物

续表

商品名	主要成分	适应症	厂家	主要辅料
Trelegy Ellipta	氟替卡松，芜地溴铵，维兰特罗三苯乙酸盐	COPD患者长期维持治疗	GlaxoSmithKline	硬脂酸镁、乳糖一水合物（含有乳蛋白）
Inbrija	左旋多巴	适用于多巴胺/左旋多巴治疗帕金森病间歇发作	Acorda	DPPC和氯化钠、羟丙甲纤维素
Duaklir Pressair	阿地溴铵/富马酸福莫特罗	COPD患者的维持治疗	Circassia	乳糖一水合物（可以含有乳蛋白）

思 考 题

1. 肺部用制剂有哪些常用制剂品种？作用及特点分别是什么？
2. 影响药物在肺部沉积、吸收的因素有哪些？
3. 气雾剂的组成成分有哪些？分别举例说明。
4. 喷雾剂和粉雾剂的特点分别是什么？临床应用时，分别需要注意什么？

参考文献

［1］金义光，李淼. 肺部给药系统及其治疗肺部疾病的进展［J］. 国际药学研究杂志，2015（42）：289－295.

［2］Hsia C C, Hyde D M, Weibel E R. Lung Structure and the Intrinsic Challenges of Gas Exchange［J］. Compr Physiol, 2016(6): 827－895.

［3］Hu Y, Li M, Zhang M, Jin Y. Inhalation treatment of idiopathic pulmonary fibrosis with curcumin large porous microparticles［J］. Int J Pharm, 2018 (551): 212－222.

［4］Chen T, Zhuang B, Huang Y, et al. Inhaled curcumin mesoporous polydopamine nanoparticles against radiation pneumonitis［J］. Acta Pharm Sin B, 2022(12): 2522－2532.

［5］万妮，陈斌，李合，等. 肺部吸入给药系统的研究进展［J］. 中国新药杂志，2021（30）：1386－1395.

［6］Wang W, Liu Y, Pan P, et al. Pulmonary delivery of resveratrol－β－cyclodextrin inclusion complexes for the prevention of zinc chloride smoke-induced acute lung injury［J］. Drug Deliv, 2022(29): 1122－1131.

［7］雷伯开，金方. 药用定量吸入气雾剂中氟里昂抛射剂替代的研究进展［J］. 中国医药工业杂志，2007（06）：447－451.

［8］崔福德. 药剂学［M］. 北京：人民卫生出版社，2011.

［9］方亮. 药剂学［M］. 北京：人民卫生出版社，2016.

［10］方孟香，张华，曹铭晨. 肺部给药系统研究进展［J］. 医药导报，2018（37）：302－305.

［11］刘斐烨，游一中. 吸入给药新进展［J］. 中国药师，2016（19）：980－985.
［12］Li M, Zhu L, Liu B, et al. Tea tree oil nanoemulsions for inhalation therapies of bacterial and fungal pneumonia［J］. Colloids Surf B Biointerfaces, 2016(141): 408－416.
［13］黎晓亮. 吸入制剂的现状和研究进展[J]. 临床医药文献电子杂志，2019(42)：193－195.
［14］张沛然，涂盈锋，王硕，等. 布地奈德固体脂质纳米粒肺部给药系统的制备和评价[J]. 中国药学，2011（20）：390－396.
［15］黄粤琪，陈婷，王婉梅，等. 西地那非脂质体的制备及其肺部给药预防高原肺水肿的作用［J］. 药学学报，2021（56）：2658－2668.
［16］张萌萌，李淼，葛媛媛，等. 治疗原发性肺癌的美乐托宁脂质体粉雾剂研究［J］. 药学学报，2019（54）：555－564.
［17］李瑞滕，刘岩，章辉，等. 治疗细菌性肺炎的肉桂油 β－环糊精包合物粉雾剂研究［J］. 药学学报，2021（56）：2642－2649.
［18］Li M，Zhang T，Zhu L，Wang R，Jin Y. Liposomal andrographolide dry powder inhalers for treatment of bacterial pneumonia via anti-inflammatory pathway［J］. Int J Pharm, 2017（528）：163－171.
［19］陈哲，李雯燕，倪晓凤，等. 呼吸系统吸入制剂研发现状的系统评价［J］. 中国药房，2021（32）：1671－1677.
［20］Barrett M, Combs V, Su JG, et al. AIR Louisville: Addressing Asthma With Technology, Crowdsourcing, Cross-Sector Collaboration, And Policy［J］. Health Aff (Millwood), 2018(37): 525－534.
［21］何光杰，韩英，周业芳，等. 吸入粉雾剂产业化过程中的质量控制［J］. 药物评价研究，2019（42）：2301－2304.
［22］Mitchell J, Newman S, Chan H－K. In vitro and in vivo aspects of cascade impactor tests and inhaler performance: a review［J］. AAPS PharmSciTech, 2007(8): E110.
［23］Begat P, Morton D A V, Staniforth J N, et al. The cohesive-adhesive balances in dry powder inhaler formulations I: Direct quantification by atomic force microscopy［J］. Pharm Res, 2004(21): 1591－1597.
［24］Zhang G, Xie F, Sun Y, et al. Inhalable jojoba oil dry nanoemulsion powders for the treatment of lipopolysaccharide-or H_2O_2-induced acute lung injury［J］. Pharmaceutics, 2021(13): 486.
［25］张成飞，李岩峰，杜晓英，等. 吸入粉雾剂产品的开发要点［J］. 药物研究评价，2019（42）：2314－2317.
［26］李核成. 硫酸特布他林干粉吸入剂制备工艺的优化研究[J]. 中国新药杂志，2011（20）：180－183.

（贾学丽，张桐桐，金义光）

民族骄傲|建安三神医之一

董　奉

董奉（220—280），又名董平，字君异，号拔墘，侯官县董墘村（今福州市长乐区古槐镇龙田村）人。由于医术高明，人们把董奉同当时谯郡的华佗、南阳的张仲景并称为“建安三神医”。

董奉医术高明，治病不取钱物，只要重病愈者在山中栽杏5株，轻病愈者种杏1株。

数年之后，有杏万株，郁然成林。夏天杏子熟时，董奉便在树下建一草仓储杏。需要杏子的人，可用谷子自行交换。再将所得之谷赈济贫民，供给行旅。后世以“杏林春暖”“誉满杏林”称誉医术高尚的医家，唤中医为“杏林”。

（张　奇）

第7章

经皮给药制剂

1. 掌握药物经皮吸收的影响因素、经皮给药剂型和制备工艺。
2. 熟悉经皮给药制剂常用辅料及其作用。
3. 了解提高药物经皮吸收的新技术。
4. 掌握经皮给药剂型及其特点。

经皮递药系统（Transdermal drug delivery system，TDDS）指药物以一定的速率透过皮肤，经毛细血管吸收进入体循环的一类制剂。TDDS 与其他给药途径相比，有主动优势：直接作用于局部病变组织发挥药效，避免肝首过效应及口服吸收影响，避免药物的胃肠道副作用，长时间维持血药浓度恒定，避免峰谷现象降低药物毒副作用，减少给药次数，有效提高患者依从性，可随时中断给药。常用经皮给药剂型有贴剂、凝胶剂、凝胶膏剂、液晶、黑膏药、喷雾剂、泡沫剂等。

一、皮肤结构与经皮给药机制

1. 皮肤结构

人体皮肤由表皮、真皮、皮下组织及附属器组成，如图 7－1 所示。表皮层（Epidermis）包括角质层、透明层、颗粒层、有棘层和基底层。表皮层无血液循环系统，其营养物质供给及新陈代谢主要靠真皮内的组织液穿越基底膜进行。表皮细胞位于最外层，主要发挥物理屏蔽作用。真皮层主要由结缔组织构成，并含有大量毛细血管、淋巴和神经丛。皮下组织主要由脂肪组成，也含有血管、汗腺、淋巴管和神经等，与真皮层没有明显界限。皮肤附属器主要是指毛囊、汗腺、皮脂腺等。

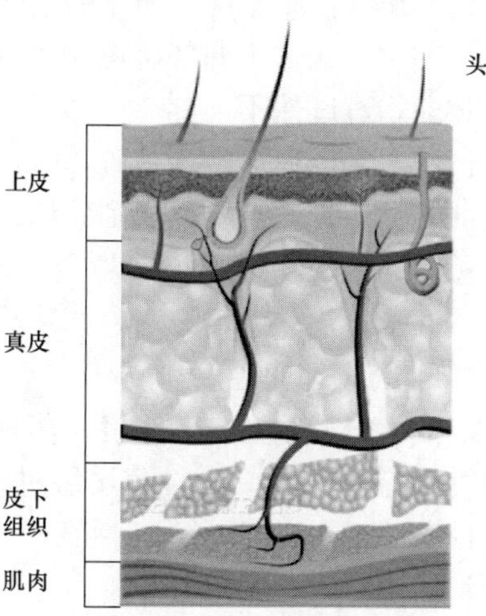

图 7－1　皮肤结构示意图

2. 经皮给药机制

药物经皮吸收进入体循环有两条路径：经表皮途径（Transepidermal route）和经附属器途径（Transappendageal route），如图 7－2 所示。

经表皮途径　经表皮途径是药物经皮吸收最主要的路径，指药物透过皮肤表皮角质层进入活性表皮，再扩散至真皮层，进而被毛细血管吸收进入体循环的途径。药物透过角质层过程可分为穿细胞途径和细胞间质途径两种途径。穿细胞途径（Transcellular route）是药物穿过皮肤表皮角质细胞到达活性表皮。细胞间质途径（Intercellular route）是药物通过角质细胞间类脂双分子层到达活性表皮。药物通过穿细胞途径到达活性表皮时，需要经过多次亲水/亲脂环境的环境分配。因此，细胞间质途径是药物透过角质层的主要途径。

经附属器途径　经附属器途径是指药物通过毛囊、皮脂腺和汗腺等皮肤附属器吸收进入体循环。药物透过皮肤附属器的速度大于经表皮途径，但由于皮肤附属器仅占皮肤角质层面积的 1%，所以药物经附属器途径吸收不是药物经皮吸收的主要途径。一些离子型药物和极性较强的大分子药物难以透过富含类脂的角质层，此时经皮肤附属器途径占主要。

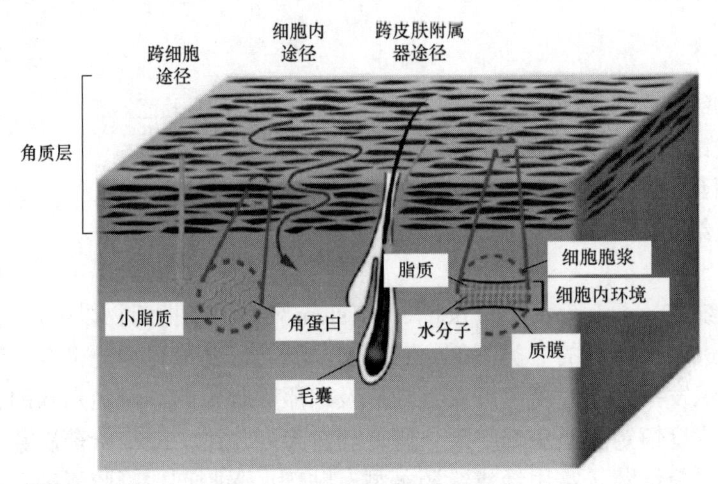

图 7-2　药物经皮吸收途径

二、药物经皮吸收的影响因素

1. 生理因素

生物种属　不同种属动物皮肤的角质层、厚度、皮肤附属器数量及角质层脂质种类均不同，导致药物的皮肤透过性存在很大差异。一般认为猪皮的药物透过性接近人的皮肤，而大鼠、家兔、豚鼠皮肤对药物的透过性大于猪皮。

性别　男性的皮肤厚度往往大于女性，并且男性在各发育阶段皮肤角质层脂质含量没有变化，而女性则不同，随年龄增长，皮肤角质层脂质含量各有不同。

部位　人体不同部位皮肤角质层厚度、皮肤附属器数量、脂质组成，血管情况等不同，导致药物透过性不同。

状态　当皮肤结构被破坏时，皮肤角质层的屏障作用降低，使得药物透过性变大。例如，皮肤被烫伤时，角质层遭到破坏，药物易被吸收。皮肤水化后，皮肤组织软化膨胀，致密性变差，导致药物透过性增大。

温度　皮肤温度升高，药物分子扩散性越好，透过性增高。

2. 药物理化性质

油水分配系数与溶解度　药物的油水分配系数是影响药物经皮吸收的主要因素之一。脂溶性适宜的药物易通过角质层进入活性表皮，继而被吸收。活性表皮是水性组织，脂溶性大的药物难以分配进入活性表皮。因此，用于经皮吸收的药物最好在水相及油相中均有较大的溶解度。

药物分子大小与形状　相对分子质量＞500 的药物较难透过角质层。药物分子的形状与立体结构对药物经皮吸收也有很大影响，其中，线性分子通过角质细胞间类脂双分子层结构的能力要明显强于非线性分子。

pK_a　很多药物是有机弱酸或有机弱碱，以分子型存在时，有较大的透过性，而离子型药物难以通过皮肤。表皮内 pH 为 4.2～5.6，真皮内 pH 为 7.4 左右。

熔点　一般情况下，低熔点药物晶格能较小，在介质中热力学活度较大，易透过皮肤。

分子结构　药物分子结构中具有氢链供体或受体，会与角质层的类脂形成氢键，对药物经皮吸收起负效应。许多药物分子具有手性，其左旋体和右旋体往往具有不同的经皮透过性。

3. 剂型因素

剂型　剂型能够影响药物的释放性能，进而影响药物的经皮吸收。药物从制剂中释放越快，越有利于经皮吸收。一般半固体制剂中药物的释放较快，骨架型贴剂中药物的释放较慢。

基质　药物与基质的亲和力不同，会影响药物在基质和皮肤间的分配。一般基质和药物的亲和力不应太大，否则，药物难以从基质中释放并转移到皮肤；同时，基质和药物的亲和力也不能太小，否则，载药量不能达到设计要求。

pH　给药系统的 pH 影响有机酸或有机碱类药物的解离程度。离子型药物的透过系数小，而分子型药物的透过系数大。

药物浓度与给药面积　大部分药物的稳态透过量与膜两侧的浓度梯度成正比。因此，基质药物浓度越大，其经皮吸收量越大，但当浓度超过一定范围时，吸收量不再增加。给药面积越大，经皮吸收的量也越大，但面积太大，患者的用药从性差，一般贴剂面积不宜超过 60 cm^2。

透皮吸收促进剂　一般常在制剂中添加透皮吸收促进剂，可提高药物吸收速率，利于减少给药面积和时滞。不过，需要注意的是，促进剂添加量过小，起不到促进作用；而添加量过多，则会对皮肤产生刺激性。

三、经皮给药常用剂型

（一）贴剂

1. 贴剂概述

贴剂是指原料药与适宜材料制成的供粘贴在皮肤上的可产生全身或局部作用的一种薄片状制剂。贴剂可用于完整皮肤表面，也可用于有疾患或不完整的皮肤表面。用于完整皮肤表面将药物输送透过皮肤进入血液循环系统起全身作用的贴剂称为透皮贴剂。透皮贴剂通过药物扩散起作用，药物透过皮肤的速度受药物浓度影响。

贴剂与传统剂型如口服制剂和注射剂比较具有如下优点：① 避免了口服给药时肝脏的首过效应及胃肠道对药物的破坏，提高了药物的生物利用度；② 维持恒定的最佳血药浓度或生理效应，减少胃肠道给药的副作用，提高疗效；③ 具有缓释作用，可减少给药次数，延长有效作用时间；④ 避免药物对胃肠道的刺激性，且给药无创伤，提高依从性；⑤ 通过给药面积调节给药剂量，减少个体间差异，且患者可自主用药，也可随时停止用药，使用方便；⑥ 为不宜口服或注射的药物提供了一种全身给药方式，且可用于紧急情况下无应答、无知觉的昏迷患者。

贴剂通常由含药层、背衬层、保护层组成。保护层作用是防黏和保护制剂，通常为防黏纸、塑料或金属材料，除去时，不应造成药物贮库及粘贴层的剥离。活性成分和水不能透过贴剂的保护层。除去保护层将贴剂贴于干燥、洁净、完整的皮肤表面时，轻压就能使贴剂牢固贴于皮肤表面；同时，将贴剂从皮肤上去除时，不应损伤皮肤或残留含药层。黏胶分散型贴剂和贮库型贴剂的制备工艺流程如图7－3和图7－4所示。

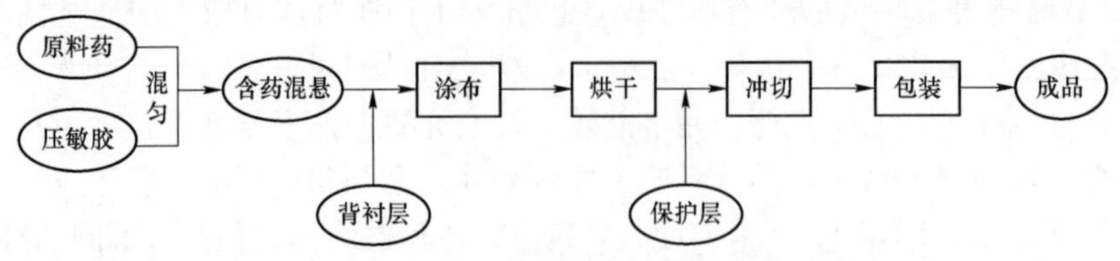

图7－3　黏胶分散型贴剂的生产工艺流程图

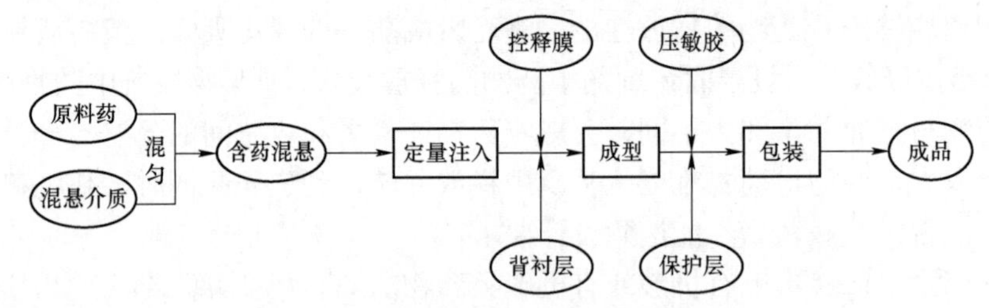

图7－4　贮库型贴剂生产工艺流程图

2. 贴剂质量评价

根据《中国药典》，贴剂应对黏附力、含量均匀度、重量差异、释放度和微生物限度进行相应检查。贴剂外观应完整光洁，有均一的应用面积，冲切口应光滑，无锋利的边缘。原料药物可以溶解在溶剂中，填充入贮库，贮库应无气泡和泄漏。原料药物如混悬在制剂中，则必须保证混悬和涂布均匀。粘贴层涂布应均匀，用有机溶剂涂布的贴剂，应对残留溶剂进行检查。采用乙醇等溶剂，应在标签中注明过敏者慎用。贴剂应在标签和/或说明书中注明每贴所含药物剂量、总的作用时间及药物释放的有效面积。透皮贴剂应在标签和/或说明书中注明贴剂总的作用时间及释药速率、每贴所含药物剂量及药物释放的有效面积；当无法标注释药速率时，应标明每贴所含药物剂量、总的作用时间及药物释放的有效面积。

3. 贴剂制备举例

例：贮库型芬太尼贴剂。

【处方】含药层。

芬太尼 14.7 mg/g　　　乙醇（95%）适量　　　水 适量

羟乙基纤维素（2%）适量　　　甲苯 适量

聚酯膜为背衬层，乙烯－醋酸乙烯共聚物为限速膜；聚硅氧烷压敏胶为压敏胶层；硅化纸为保护层。

【制备】芬太尼溶于95%乙醇，加入水制得14.7 mg/g芬太尼的30%乙醇/水溶液，缓慢加入2%羟乙基纤维素，不断搅拌，形成凝胶；在聚酯膜上铺展聚硅氧烷压敏胶溶液，挥发溶剂得到0.05 mm厚的压敏胶层；用旋转热封机将凝胶（15 mg/cm^2）压在背衬层上，接着是0.05 mm乙烯－醋酸乙烯共聚物（含9%醋酸乙烯）限速膜层；切割成10 cm^2、20 cm^2、40 cm^{2}的单个贴剂。

【注解】芬太尼正辛醇/水分配系数为860，相对分子质量为336.46，熔点为84 ℃，对皮肤刺激性小，适合制成透皮贴剂。

（二）凝胶剂

1. 凝胶剂概述

凝胶剂指原料药与凝胶辅料制成的半固体制剂。凝胶剂可用于皮肤及体腔，如鼻腔、阴道和直肠等。乳状液型凝胶剂称为乳胶剂。无机药物如氢氧化铝的颗粒分散于凝胶基质称为混悬型凝胶剂，可具有触变性，静止时为半固体，搅拌或振摇时成为液体。凝胶剂中可加入保湿剂、防腐剂、抗氧剂、乳化剂、增稠剂和透皮吸收促进剂等。

水性凝胶基质一般由高分子材料吸水后构成，应用最多，而油性凝胶基质由液状石蜡与聚乙烯或脂肪油与胶体硅或铝皂、锌皂等构成。形成水性凝胶基质的高分子可源于天然、半合成及合成，常用的有海藻酸盐、明胶、果胶、纤维素衍生物、淀粉及其衍生物、聚维酮、聚乙烯醇、聚丙烯酸类（如卡波姆、聚丙烯酸等）。水性凝胶基质的优点包括：无油腻感，易于涂展，易于洗除；能吸收组织渗出液，不妨碍皮肤正常功能；黏度小，有利于药物特别是水溶性药物释放。它的缺点是润滑性较差，易失水和霉变，常需加入较多保湿剂和防腐剂。

环境敏感水凝胶（Environmental-sensitive hydrogel）也称为智能水凝胶（Smart hydrogels），可对物理刺激（温度、光、电场、压力等）、化学刺激（H^+等）和生化刺激（特异的识别分子）等外界刺激产生响应，发生体积变化、凝胶 – 溶胶转变等物理结构和化学性质的突变，如聚丙烯酸类、壳聚糖衍生物、海藻酸、改性纤维素等 pH 敏感型水凝胶，泊洛沙姆 127 等温度敏感型水凝胶。

水凝胶剂制备时，通常将处方中的水溶性药物先溶于部分水或甘油中，必要时加热；处方中其余成分按基质配制方法先制成水性凝胶基质，再与药物溶液混匀，然后加水至足量搅匀即得。水不溶性药物可先用少量水或甘油研细、分散，再与基质搅匀。

2. 凝胶剂质量评价

凝胶剂应均匀、细腻，在常温时保持胶状，不干或液化。混悬型凝胶剂中胶粒应分散均匀，不应下沉、结块。凝胶剂基质不与药物发生相互作用。除另有规定外，凝胶剂应遮光密封，置于 25 ℃以下贮存，并应防冻。根据《中国药典》，除另有规定外，凝胶剂应对粒度、装量、无菌、微生物限度等项目进行相应检查。

3. 凝胶剂制备举例

例：复方维 A 酸凝胶。

【处方】 维 A 酸 2.5 g　　氯霉素 5 g　　卡波姆 940 6 g
水溶性维生素 E 20 g　　冰片 5 g　　丙二醇 100 mL
乙醇 200 mL　　三乙醇胺 65 mL　　水溶性氮酮 15 mL
水 加至 1 000 g

【制备】 丙二醇、卡波姆溶于适量水，加三乙醇胺调 pH 接近中性；氯霉素溶于适量温水；维 A 酸、冰片溶于乙醇；搅拌下将上述溶液混匀，加入水溶性维生素 E、水溶性氮酮，再加水至全量，搅拌均匀。

【注解】 处方中的卡波姆 940 水溶性凝胶基质具有稳定性好、无刺激、质量易控制的特点，广泛应用于医药及化妆品行业。该凝胶稠度适宜，没有乳膏的油腻性，易于涂抹，作用持久。

（三）膏剂

1. 膏剂概述

膏剂是药材提取物与亲水性基质混合后涂布于背衬材料制得。膏剂的亲和性、渗透性、耐汗性较好，可重复粘贴，对皮肤无明显致敏性和刺激性，使用较舒适，水合程度较高，保湿性能好，有利于药物渗透和吸收，生产中不使用有机溶媒，环境污染小。膏剂基质对主药稳定性和释放很关键。理想的膏剂基质需满足以下条件：易与药物混合均匀，不发生反应，对药效无影响；对皮肤无刺激和过敏反应；延展性好，具有一定保湿性和黏弹性；贴于皮肤不受温度、汗水等因素影响而软化变形，揭贴时无残存、易洗涤，对皮肤及衣物影响较小；适宜的 pH。

黏着剂决定膏剂的皮肤黏着力，主要为水溶性合成、半合成或天然高分子。天然高分子包括明胶、桃胶、西黄芪胶、阿拉伯胶、海藻酸盐、琼脂、黄原胶、淀粉等，其中，明胶最常用。合成和半合成高分子包括甲基纤维素、聚乙烯醇、聚乙烯吡咯烷酮、聚丙烯酸钠、羧甲基纤维素及其钠盐、卡波姆等，其中聚丙烯酸最常用，其分子中邻近羧基间的电荷斥力使聚合物溶胀、溶解，具有较强黏性和吸水性。黏着剂在膏剂中用量一般为 0.5%～50%，最佳范围为 5%～25%。凝胶膏剂含水量大，最高可达 60%。加入保湿剂可防止凝胶膏剂干缩，进而影响其黏着性、赋形性及药物释放度。常用保湿剂有甘油、山梨醇、丙二醇、聚乙二醇及其混合物等，在凝胶膏剂中的用量为 1%～70%，最佳范围为 10%～60%。膏剂的制备工艺主要包括基质和药物前处理、基质成型和制剂成型三部分。基质原料类型及其配比、基质与药物比例、配置程序等均影响膏剂的成型。膏剂的生产工艺流程如图 7－5 所示。

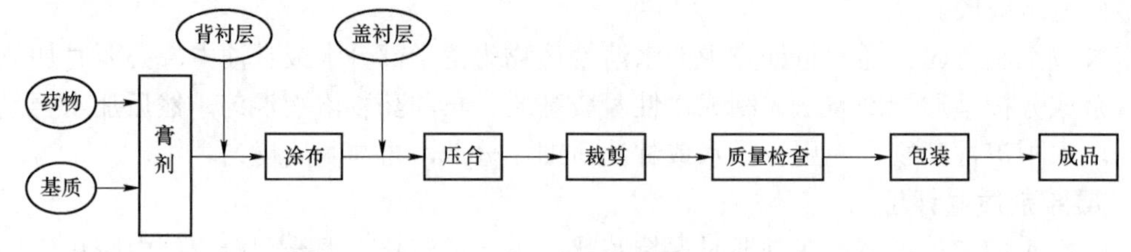

图 7－5 膏剂的生产工艺流程

（注：背衬层由不易渗透的铝塑合膜制成，可防止药物流失和潮解；盖衬层覆盖在贴剂表面，使用时去除。）

2. 膏剂质量评价

根据《中国药典》规定，膏剂应检查含膏量、耐热性、赋形性、黏附力、含量均匀度、微生物限度等项目。含膏量检查法如下：取供试品 1 片，除去盖衬，精密称定，置烧杯中，加适量水，加热煮沸至背衬与膏体分离后，将背衬取出，用水洗涤至背衬无残留膏体，晾干，在 105 ℃干燥 30 min，移至干燥器中，冷却 30 min，精密称定，减失重量即为膏重，按标示面积换算成 100 cm^2 的含膏量，应符合各品种项下的规定。

赋形性检查法如下：取凝胶贴膏供试品 1 片，置于 37 ℃、相对湿度 64%的恒温恒湿箱中 30 min，取出，用夹子将供试品固定在一平整钢板上，钢板与水平面的倾斜角为 60°，放置 24 h，膏面应无流淌现象。

3. 膏剂制备举例

例：复方维 A 酸乳膏。

【处方】 维 A 酸 0.01 g　　维生素 A 100 单位　　维生素 B_1 6 g
维生素 B_6 20 g　　硝酸咪康唑 20 mg　　硬脂酸 1.5 g
液状石蜡 2.5 g　　三乙醇胺 0.4 g　　甘油 1 g
羟苯乙酯 0.01 g　　硼砂 0.01 g　　水 4.6 g

【制备】用水将硬脂酸、液状石蜡、三乙醇胺、甘油、羟苯乙酯、硼砂调和成基质，然后将硝酸咪康唑、维 A 酸、维生素 A、维生素 B_1、维生素 B_6 一起加入基质内，调成乳膏，包装后即得。

【注解】维 A 酸具有抗角化、抗炎、抗皮脂的作用，可用于治疗痤疮。维 A 酸不稳定，见光易分解，故制备及测定含量时，应尽量避免强光照射。

（四）液晶

1. 液晶概述

液晶包括立法液晶和层状液晶。立方液晶（Cubosomes）是两亲性脂质分子分散在水中自组装形成的含双连续水区和脂质区的闭合脂质双层“蜂窝状（海绵状）”液晶结构。两亲性分子在三维空间无限循环堆叠形成晶胞，晶胞继续堆叠形成曲面度极小的紧密结构，在其网络状的立方晶格中有微小的水道结构，两条水通道互不相通，一条与外水道相连，而另一条封闭，具有巨大表面积。立方液晶独特的内部结构使其能够同时包封水溶性、脂溶性及两亲性药物分子。立方液晶可显著提高药物皮肤渗透性，且能提高皮肤，尤其是皮肤深层的药物滞留量，特别有利于皮肤深层病变组织的治疗。层状液晶是不规则的盘状胶束层层排列。层状结构中的表面活性剂分子是尾接尾连接的，并在面向水层的交替平面层中排列。在极性层中加入水分子和药物分子可增加层的厚度。层状晶体相为流体性质，且由于与皮肤细胞间脂膜相似的层状结构，适于经皮给药。

两亲性分子是形成液晶的关键，一类是脂肪酸盐、油酸盐、烷基磺酸盐等；另一类是具有两亲性基团的化合物，如磷脂类、单油酸甘油酯（GMO）、植烷三醇（PYT）等。GMO 和 PYT 最常用，前者的生物相容性、降解性更好，口服或外用的毒性和刺激性更小，往往作为首选；而后者有一定细胞毒性。

2. 液晶制备举例

例：盐酸普萘洛尔立方液晶。

【处方】盐酸普萘洛尔 3.5 g　　单油酸甘油酯 9 g　　Pluronic F－127 5.0 g
水 加至 100 g

【制备】精密称取处方量的 GMO 和 F127，溶解于适量的无水乙醇中，超声处理 30 min 使溶解形成透明的低黏度的前体溶液，为 A 相；分别精密称取处方量的盐酸普萘洛尔加入超纯水中，水浴加热使其充分溶解为 B 相。将 A 相缓慢地滴加至 B 相中，并不断磁力搅拌，挥发除去乙醇，再经高压均质得到盐酸普萘洛尔立方液晶纳米粒。

【注解】盐酸普萘洛尔立方液晶具有较高的皮肤渗透性和药物滞留量，有利于深部型和复合型婴幼儿血管瘤的治疗，可以降低或避免口服给药带来的高血药浓度和高不良反应发生率。

四、提高药物经皮吸收的新技术

1. 离子导入

离子导入（Iontophoresis）是低强度直流电场下加速药物离子或带电胶体穿过组织屏障的方法。离子导入促进药物经皮吸收的主要机制是药物离子受电场力和电渗流驱动，以及电场下药物电离并被驱动。药物离子从基质中通过皮肤进入组织，其中，阳离子在阳极、阴离子在阴极通过静电排斥作用进入皮肤。药物的透过量与电流强度成正比，但从安全角度考虑，临床上电流强度应控制在 0.5 mA/cm^2 以下。电学、药物、化学促渗剂、贮库溶液、皮肤状态、离子导入仪等因素都对经皮离子导入有影响。离子导入经皮给药适用于离子型和大分子多肽类药物的经皮给药，可通过调节电流的大小来控制药物经皮导入的速率。

2. 超声导入

超声波通过机械振动传递能量给皮肤，使皮肤角质层中的脂质层结构发生变化，渗透性增加。当超声能量足够高时，细胞膜形成孔，进一步增加药物渗透性，称为声孔隙效应。超声导入的优点是无创、对皮肤损伤小、操作简单、通用性强，并且几乎适用于所有药物。超声导入需要借助超声偶联剂，通常是以水凝胶来传输超声波。因此，在超声偶联剂中加入活性成分，实现物理治疗和透皮给药同时进行。低频超声经皮促渗给药因其无创性、安全性等优势已广泛应用于临床，涉及药物包括止痛及抗炎药、局麻药、抗生素、抗肿瘤药、胰岛素和皮质醇等。

3. 电致孔

高电场脉冲作用于皮肤，可发生皮肤细胞或组织的电致孔效应，药物可通过暂时性孔道进入细胞或穿透组织。在低、中电压脉冲条件下，药物通过皮肤附属器途径透过皮肤；在高电压脉冲条件下，电致孔主要利用亲水性传输孔道促进药物经皮转运。此外，电泳和扩散作用也是电致孔条件下促进药物经皮渗透的主要原因。电致孔技术的优点是它的通用性，能严格控制透皮渗透速率。电穿孔技术的应用范围很广，尤其适用于生物大分子传递，如多肽、蛋白质、疫苗等。

4. 微针

微针（Microneedle）是针尖长度为 25～2 000 μm 的微型针体阵列。由于其非常短的针长，只能穿透皮肤生物屏障的主要组成角质层，而不到达真皮层，所以可以通过形成的微孔道直接输送药物跨过角质层进入皮肤，也可以通过插入皮肤的微针溶解后释放药物。微针是一种“微入侵”方法，不产生痛感，但最大限度突破了皮肤屏障。微针根据其结构，可分为空心微针和实心微针。根据材料类型，微针又可分为金属微针和可溶性聚合物微针。微针适用于各种类型药物，特别是大分子药物，如多肽、蛋白质、小干扰 RNA（siRNA）、寡核苷酸和疫苗等。

5. 吸收促进剂

透皮吸收促进剂是增强药物经皮透过性的物质。透皮吸收促进剂是改善药物经皮吸收的首选方法。下面介绍目前已上市制剂中常用的几种透皮吸收促进剂：

（1）月桂氮䓬酮：是强亲脂性物质，其油水分配系数为 6.21，常用浓度为 1%～5%，促透作用起效缓慢，常常与极性溶剂丙二醇合用，产生协同作用。

（2）油酸：反式构型不饱和脂肪酸，具有很强的打乱双分子层脂质有序排列的作用，常与丙二醇合用产生协同作用，常用浓度小于 10%，浓度超过 20%会引起皮肤红斑和水肿。

（3）醇类：低级醇类可以增加药物的溶解度，改善其在组织中的溶解性，促进药物的经皮透过性。在外用制剂中，常用丙二醇作保湿剂，乙醇作为药物溶剂。

（4）薄荷醇：具有清凉和止痛作用，具有起效快、毒副作用小等优点，常与丙二醇合用产生协同作用。

（5）二甲亚砜：可被皮肤吸收，其发挥促透作用需要高浓度，对皮肤产生较严重的刺激性，因此其使用受到限制。

（6）表面活性剂：阳离子型表面活性剂的促透作用优于阴离子型表面活性剂和非离子

型，但对具有皮肤刺激性，因此一般选择非离子型表面活性剂。常用的表面活性剂有蔗糖脂肪酸酯类、聚氧乙烯脂肪醇醚类和脱水山梨醇脂肪酸酯类等。

6. 离子对

离子型药物难以透过角质层，但是通过加入与药物带有相反电荷的物质形成离子对，改善其油水分配系数，使之容易分配进入角质层类脂。当它们扩散到水性的活性表皮内，解离成带电分子继续扩散到真皮。双氯芬酸、氟比洛芬等强脂溶性药物与有机胺形成离子对后，可显著增加其经皮透过量。

五、经皮给药系统的军事应用

1. 战创伤敷料

战创伤会造成伤者大面积皮肤软组织缺损，导致创面出血、易感染。由于战场环境的紧迫性与复杂性，采用敷料暂时覆盖创面是战创伤早期救治的常用方法。性能良好的敷料可以起到保护伤口、控制出血、预防感染并吸收分泌物，对于挽救伤员生命、降低伤残率具有重要意义。

灭菌脱脂棉、纱布及绷带是应用历史最长的战创伤敷料，但其仅能对创面起到物理保护作用，但易造成感染，创面愈合慢，易粘连和易造成二次创伤，换药次数频繁。矿物类敷料具有分子筛和吸附水分功能，止血迅速，吸附渗出液，抑菌抗炎，如沸石敷料、高岭土敷料。天然多糖敷料是较新型的敷料，包括海藻酸盐敷料、透明质酸敷料、壳聚糖敷料。它们的特点是生物相容性好，经改造后可具备很好的止血、促伤口愈合、抗菌等功能。合成高分子敷料包括聚氨酯、聚乙烯醇、丙烯酰胺等，主要以薄膜、泡沫、水胶体等形式作为医用敷料。纤维蛋白敷料是模拟人体血液凝固最后反应阶段，起到止血和促进伤口愈合作用。该敷料可被组织完全吸收。液体敷料可采用喷涂、刷涂等方法涂覆在创面作为保护层或药物载体，包括 α-氰基丙烯酸酯类、聚甲基丙烯酸烷氧基酯类和纳米壳聚糖喷雾敷料等。银离子敷料具有较强抗菌作用，促进伤口愈合。

2. 用于日光性皮炎的经皮制剂

高原紫外线强度高，易引发日光性皮炎，特别是 10:00—14:00 紫外线最强。除减少外出外，防晒霜是必要选择。除了阻挡紫外线的方法如涂防晒霜外，某些中药经皮制剂对高原日光性皮炎有一定治疗作用。复方苦黄喷雾剂具有止痛、抗感染、促进创伤愈合、愈后瘢痕小等效果。马应龙麝香痔疮膏主要由人工麝香、人工牛黄、冰片、炉甘石、硼砂、珍珠、琥珀等组成，用于治疗日光性皮炎既可对皮肤的伤害治其因，又可清凉减轻痛痒而缓其症，可标本兼治。

3. 用于唇炎的经皮制剂

唇炎是发生于唇部的炎症性疾病的总称。根据病程分类，有急性唇炎和慢性唇炎；根据临床症状特征分类，有糜烂性唇炎、湿疹性唇炎、脱屑性唇炎；根据病因病理分类，有慢性非特异性唇炎、腺性唇炎、良性淋巴增生性唇炎、肉芽肿性唇炎、梅-罗综合征、光化性唇炎和变态反应性唇炎等。由于风沙、干燥、低氧等恶劣环境影响，常出现唇干嘴裂、手裂、脸裂等严重皮肤疾病。

唇炎的患者可以使用红霉素软膏进行治疗，另外，还可以使用曲安奈德乳膏、抗过敏药、抗生素药来改善病症。

4. 用于湿疹的经皮制剂

湿疹属变态反应性疾病，一般可发生于全身各个部位。现在治疗湿疹最常用的药物是口服抗过敏药。根据发病部位及持续时间的不同，湿疹可使用激素类药膏治疗，如地奈德软膏、丙酸氯倍他索软膏等，也可使用一些无激素软膏治疗，如氧化锌软膏、尿素软膏等。

5. 用于真菌性皮肤病的抗真菌制剂

真菌性皮肤病是由真菌引起的人类皮肤、黏膜、头发和皮肤附件的浅表性传染病。临床上多表现为水泡鳞片型。本病的共同特点是发病率高、传染性强、易复发或再次感染。常见的真菌性皮肤病有头癣、手足癣、股癣、花斑癣等，治疗药物包括特比萘芬软膏、灰黄霉素软膏、复方酮康唑乳膏。

6. 用于细菌性皮肤病的经皮制剂

细菌性皮肤病是一种由细菌感染引起的皮肤病，可发生于全身皮肤。皮肤损伤多种多样，包括丘疹、脓疱、斑块、结节、鳞片等，可伴有瘙痒、疼痛等不适，有时伴有发热、寒战等全身症状，治疗药物包括复方多黏菌素 B 软膏、莫匹罗星软膏、红霉素软膏、庆大霉素软膏、盐酸林可霉素凝胶。

7. 冻伤

冻伤指由寒冷所致，比较严重的局限性皮肤炎症损害。高寒天气易导致冻伤，且易反复发作，迁延不易愈合。发病时手足等患处灼痒、热痛，严重影响工作和休息。冻伤内因主要指机体自身的功能状态，如皮肤血管对寒冷敏感度、自主神经功能、遗传因素；外因主要指环境温度、湿度、防护措施等。潮湿可加速体表散热，故冬季湿度大，特别是气温在 10 ℃以下的地区，冻伤发生率较高。冻伤的治疗可以先服用阿司匹林来减少血小板聚集。布洛芬可有效减轻冻伤造成的组织损伤。冻伤治疗用经皮制剂包括氯化锌软膏和各种中药冻伤膏。

8. 皲裂

皲裂是各种原因在手和脚皮肤上引起的皮肤干燥和线状裂纹。本病是常见皮肤病，多见于老年人和妇女。通常受到机械或化学物质的刺激，加上冬季寒冷的气候，皮下汗腺分泌减少，皮肤干燥，皮肤角质增厚，失去弹性，因此，手和脚移动时很容易发生皲裂。尿素软膏可用于治疗皲裂。它的保湿效果强，还有一定软化角质作用，但并不会使角质层过薄。

思 考 题

1. 药物经皮吸收的影响因素有哪些？
2. 举例说明经皮给药常用剂型。
3. 提高药物经皮吸收的新技术有哪些？

参考文献

［1］李春花，李佳佳，郑鹏，等. 浅谈传统黑膏药的缺陷，改进和发展趋势［J］. 广州化工，2017，45（16）：11－12.

［2］Karnoub A E, Weinberg R A. Ras oncogenes: split personalities［J］. Nature reviews Molecular cell biology, 2008, 9(7): 517－531.

［3］Zhang M, Zhuang B, Du G, et al. Curcumin solid dispersion-loaded in situ hydrogels for local treatment of injured vaginal bacterial infection and improvement of vaginal wound healing

［J］. Journal of Pharmacy and Pharmacology, 2019, 71(7): 1044 – 1054.

［4］马平勃. 复方维 A 酸凝胶的制备及质量控制［J］. 中国药业，2002，11（11）：47 – 48.

［5］金义光，陈迪虎. 黄原胶在混悬剂和软膏中的应用［J］. 解放军药学学报，2001，17（6）：313 – 316.

［6］康德成. 皮肤病乳膏及制备方法［P］. 中国发明专利，CN200510017557.7，2005.

［7］Guo C, Wang J, Cao F, et al. Lyotropic liquid crystal systems in drug delivery［J］. Drug discovery today, 2010, 15(23 – 24): 1032 – 1040.

［8］Evenbratt H, Jonsson C, Faergemann J, et al. In vivo study of an instantly formed lipid–water cubic phase formulation for efficient topical delivery of aminolevulinic acid and methyl-aminolevulinate［J］. International journal of pharmaceutics, 2013, 452(1 – 2): 270 – 275.

［9］Makai M, Csányi E, Németh Z, et al. Structure and drug release of lamellar liquid crystals containing glycerol. International journal of pharmaceutics, 2003, 256(1 – 2): 95 – 107.

［10］Kaur L. Drug Delivery Via Lyotropic Liquid Crystals: An Innovative Approach［J］. Acta Scientific Pharmaceutical Sciences 2021, 5(9): 94 – 101.

［11］Jin Y G, Qiao Y X, Li M, et al. Langmuir monolayers of the long-chain alkyl derivatives of a nucleoside analogue and the formation of self-assembled nanoparticles［J］. Colloids and Surfaces B: Biointerfaces, 2005, 42(1): 45 – 51.

［12］Ma P, Li R, Zhu L, et al. Wound healing of laser injured skin with glycerol monooleicate cubic liquid crystal［J］. Burns, 2020(46): 1381 – 1388.

［13］刘丽丽，陈谢谢，陈家乐，等. 脂质立方液晶纳米粒的研究进展及其在经皮给药系统中的应用［J］. 中国药学杂志，2017，52（12）：1005 – 1010.

［14］房盛楠. 盐酸普萘洛尔立方液晶凝胶的制备与评价［D］. 福州：福建医科大学，2017.

［15］Zuo J, Du L, Li M, et al. Transdermal enhancement effect and mechanism of iontophoresis for non-steroidal anti-inflammatory drugs［J］. International Journal of Pharmaceutics, 2014, 466(1 – 2): 76 – 82.

［16］Zhao Y-Z, Du L-N, et al. Potential and problems in ultrasound-responsive drug delivery systems［J］. International Journal of Nanomedicine, 2013(8): 1621 – 1633.

［17］Du L, Jin Y, Zhou W, et al. Ultrasound-triggered drug release and enhanced anticancer effect of doxorubicin-loaded poly (D, L-lactide-co-glycolide)-methoxy-poly (ethylene glycol) nanodroplets［J］. Ultrasound in Medicine and Biology, 2011, 37(8): 1252 – 1258.

［18］Chen X, Zhu L, Li R, et al. Electroporation-enhanced transdermal drug delivery: Effects of lg$P$, pK_a, solubility and penetration time［J］. European Journal of Pharmaceutical Sciences, 2020(151): 105410.

［19］Yu X, Li M, Zhu L, et al. Amifostine-loaded armored dissolving microneedles for long-term prevention of ionizing radiation-induced injury［J］. Acta Biomaterialia, 2020(112): 87 – 100.

［20］Zhu L, Zhang S, Yu X, et al. Application of armodafinil-loaded microneedle patches against the negative influence induced by sleep deprivation［J］. European Journal of Pharmaceutics and Biopharmaceutics, 2021(169): 178 – 188.

［21］Zhang Y, Li Q, Wang C, et al. Cinnarizine dissolving microneedles against microwave-

induced brain injury［J］. Biomedicine Pharmacotherapy, 2022(155): 113779.
［22］高文彪，张岩睿，张军. 胶原/壳聚糖止血敷料在外科伤口中的应用［J］. 中国组织工程研究，2012，16（29）：5477.
［23］曾丽萍，连锡蓉. 银离子敷料在大面积擦伤病人中的应用［J］. 全科护理，2014，12（22）：2023－2023.
［24］刘龙友，赵凯，倪生冬，等. 复方苦黄喷雾剂治疗日光性皮炎的临床研究［J］. 西北国防医学杂志，2013，34（3）：258－258.
［25］朱育菁，于晓杰，潘志针，等. 灰黄霉素的研究进展［J］. 厦门大学学报：自然科学版，2010，49（3）：435－439.

（唐子琰，宋兴爽，胡静璐，杜丽娜，金义光）

民族骄傲|世界上最早的医学麻醉剂

麻　沸　散

——华佗发明

华佗，字元化，沛国谯（今安徽省亳州市）人。据考证，他约生于汉永嘉元年（145年），卒于建安十三年（208 年）。著名医学家。少时曾在外游学，钻研医术而不求仕途，行医足迹遍及安徽、山东、河南、江苏等地。华佗一生行医各地，声誉颇著，在医学上有多方面的成就。

华佗是中国历史上第一位创造手术外科的专家，也是世界上第一位发明麻醉剂“麻沸散”及发明用针灸医病的先驱者、创始人。“麻沸散”为外科医学的开拓和发展开创了新的研究领域。他的发明比美国的牙科医生摩尔顿（1846 年）发明乙醚麻醉获得成功要早 1 600 多年。

华佗医术高超，精通内科、妇科、儿科、针灸等，尤其擅长外科，后人尊称其为“外科鼻祖”。所谓外科，即处理身体创伤、胸腹急症等病症，在医治过程中，患者常常疼痛难忍。为了保障治疗，华佗在前人的基础上，经过多年走访和试验，研制出一种可以麻痹人体神经的药物，这便是世界上最早的医学麻醉剂——麻沸散。

据考证，麻沸散的组成是曼陀罗花一升，生草乌、全当归、香白芷、川芎各四钱，炒南星一钱，粉碎混合制备成散剂，供内服。

华佗将麻沸散与热酒混合，让患者服下，患者会渐渐失去知觉，陷入昏睡，之后华佗便能对其进行开胸剖腹、清除腐肉等高难度的外科手术。开刀时，病人自己并不感到疼痛，一个月之内，伤口便愈合复原了。华佗采用酒服“麻沸散”施行腹部手术，开创了全身麻醉手术的先例。这种全身麻醉手术，在中国医学史上是空前的，在世界医学史上也是罕见的创举。

（张　奇）

第二篇
军用特殊药物制剂

第 8 章
核化生损伤防治制剂

1. 掌握辐射损伤防护制剂、化学武器防护制剂、生物武器防护制剂种类和作用。
2. 了解核武器、化学武器、生物武器的种类。
3. 了解核辐射、化学、生物损伤机制。
4. 掌握核化生损伤防护制剂的基本知识。

核武器、化学武器和生物武器的医学防护，是军事医学的重要组成部分，药物制剂是核化生损伤防治的重要手段。由于核化生损伤一般比较紧急，所以相关防护制剂以方便携带和服用、起效快、效果显著为特点。本章将介绍核化生武器、损伤类型、防治相关制剂及其作用机制。

8.1 核化生武器及损伤特点

8.1.1 核武器及其损伤特点

军事环境下，核辐射主要来源于核武器爆炸和少数核事故。核武器是利用原子核裂变或聚变反应，瞬间释放出巨大能量，造成大规模杀伤和破坏作用的武器。核电站发生核泄漏事故，是指核反应堆里的放射性物质外泄，造成环境污染并使公众受到辐射危害。

核武器是利用原子核裂变或核聚变反应瞬时释放的巨大的能量，产生爆炸作用，并具有大规模毁伤破坏效应的武器。按照功能与用途不同，分为战略核武器和战术核武器。战略核武器系统一般是由威力较高的核弹和航程较远的投掷发射系统以及相应的指挥控制通信系统组成。战略核武器是核武器国家的国家安全战略的重要支柱。与战略核武器相比，具有两个特点：① 小型化，即微型核弹，可用榴弹炮发射，也可用作地对地导弹的弹头；② 强化某一种杀伤因素，如强辐射弹（中子弹）、弱残余辐射弹（强冲击波弹）和感生辐射弹（以放射性沾染为主），使人员发生不同程度的放射损伤、冲击伤或烧伤。

核武器爆炸瞬间产生的巨大能量，以光辐射、冲击波、早期核辐射和放射性沾染四种形式造成杀伤和破坏作用，核事故主要造成核辐射和放射性沾染两种伤害形式。

急性放射病是机体在短时间内受到大剂量射线照射后引起的全身性疾病，是辐射所致确定性效应中最严重的一种。外照射和内照射都可能发生急性放射病，但以外照射为主。外照射引起急性放射病的射线有 γ 射线、X 射线和中子照射等。射线照射是引起急性放射病的病因，机体受照剂量的大小是决定急性放射病病情的主要因素。根据照射剂量大小、病理和临床过程的特点，急性放射病分为三型，即骨髓型、肠型和脑型。骨髓型又按伤情轻重分为四度，即轻度、中度、重度、极重度。人员受照剂量小于 1 Gy，一般不会产生急性放射病；受照剂量达到 1～2 Gy 可引起轻度骨髓型放射病；2～4 Gy 可引起中度骨髓型放射病；4～6 Gy 可发生中度骨髓型放射病；大于 6 Gy 可致极重度骨髓型、肠型、脑型放射病。三种类型放射病的受照剂量有一些交叉，又均发生造血功能障碍，但肠型和脑型发生主导损害的脏器分别是肠和脑。

1. 骨髓型急性放射病

（1）轻度骨髓型急性放射病：由于受照剂量不太大，病人的临床症状较少，一般也不太严重，约有 1/3 的人无明显症状；病程分期不明显。照射后前几天内，病人可能出现头昏、乏力、失眠、恶心和轻度食欲减退等症状，通常不出现呕吐和腹泻，且造血损伤较轻。

（2）中度和重度骨髓型急性放射病：二者的临床病程相似，症状典型，只是病情的严重程度有所不同。临床特点是：造血功能障碍是贯穿病程始终的基本损伤，并决定感染和出血症状的发生、发展，病程具有明显的阶段性。临床经过可分为初期、假愈期、极期和恢复期。

（3）极重度骨髓型急性放射病：其临床经过和主要症状与重度时大体相似，因受照剂量更大，病情更严重，症状出现的时间更早且持续更久，病程发展快，自行恢复的可能性降低，死亡率显著增高。

2. 肠型急性放射病

肠型急性放射病是机体受到 10 Gy 以上剂量照射后引起的以肠道损伤为基本改变，以呕吐、腹泻、血水便为主要症状的极严重急性放射病。该型病病情十分严重，病程很快，临床症状重且临床分期不明显，经积极综合治疗后仍无存活的例子。

3. 脑型急性放射病

脑型急性放射病是指机体受到 50 Gy 以上剂量照射后发生的以脑和中枢神经系统损伤为基本损伤变化的一种极其严重的急性放射病，其病情较肠型更严重，发病更迅猛，临床分期不明显，预后极差。

8.1.2 化学武器及其损伤特点

为杀伤对方有生力量和牵制对方军事行动而使用的各种化学战剂弹药及其施放器材，统称为化学武器。化学战剂是指用于战争目的，具有剧烈毒性，能大规模毒害或杀伤敌方人畜和植物的各种化学物质，又称军用毒剂，简称毒剂。化学战剂是构成化学武器的基本要素。化学战剂应具备毒性强、作用快、毒效持久、施放后易造成杀伤浓度或战斗密度等条件。化学武器大规模使用始于 1914—1918 年的第一次世界大战，使用的毒剂有氯气、光气、双光气、氯化苦、二苯氯胂、氢氰酸、芥子气等多达 40 余种，毒剂用量达 12 万吨，伤亡人数约 130 万，占战争伤亡总人数的 4.6%。目前外军装备的毒剂主要有 6 类 14 种，有些国家的军队平时还贮存了大量植物杀伤剂和有机磷农药，战争中可以随时使用。

1. 化学战剂分类

化学战剂按毒剂的毒理作用可分为 6 类。

（1）神经性毒剂：是毒性最强的一类化学战剂。具有毒性强、杀伤作用快，中毒后可迅速引起一系列神经系统中毒症状出现等特点。具体可分为两大类，包括 G 类毒剂和 C 类毒剂。G 类毒剂有塔崩（GA）、沙林（GB）和梭曼（GD）等，以 6 呼吸道为主要中毒途径；V 类毒剂主要是维埃克斯（VX），可通过皮肤吸收和呼吸道吸入两种途径中毒。

（2）糜烂性毒剂：又称“起疱剂”，主要以对皮肤、黏膜、眼、呼吸道等的损伤——红斑、起疱、糜烂、坏死为主要特征。实际上损伤并不局限于体表局部，吸收到体内后，还会出现广泛的全身中毒症状。糜烂性毒剂的代表有芥子气（HD）和路易氏剂（L）。芥子气在现代化学战剂中占有重要地位，可使中毒伤员长时间失去战斗力；在战场布毒后，可维持较长时间的有效毒害浓度。路易氏剂可与芥子气配制成混合毒剂，以增强其损伤效果。

（3）失能性毒剂：这类毒剂可使人暂时失去战斗力，而不致有生命危险，适合在特定条件下的军事目的。美军装备的失能性毒剂有毕兹（BZ），它可使中毒伤员出现暂时性精神活动障碍，同时还伴有运动功能失调。

（4）全身中毒性毒剂：又称氰类毒剂。主要有氢氰酸（AC）和氯化氰（CK）。毒理作用主要是破坏全身细胞对氧的正常利用，导致呼吸衰竭死亡。

（5）窒息性毒剂：又称肺刺激性毒剂。主要代表为光气（CG）、双光气（DP）。其毒理作用为损伤呼吸道，引起肺水肿，导致缺氧，出现窒息症状，严重者可以迅速死亡。

（6）刺激性毒剂：是一类引起体表敏感组织如眼、上呼吸道、黏膜等出现强烈刺激症状的速效毒剂。它在战场上可以起到骚扰敌方行动的战斗效果。主要代表为苯氯乙酮（CN）、亚当氏剂（DM）、西埃斯（CS）和西阿尔（CR）。这类毒剂起效快，但染毒人员在脱离染毒地带后症状可自行消失（表 8-1）。

表 8-1　国外目前主要装备的化学战剂及其代号

类别	名称	代号
神经性毒剂	塔崩	GA
	沙林	GB
	梭曼	GD
	维埃克斯	VX
糜烂性毒剂	芥子气	HD
	路易氏剂	L
	芥路混合剂	—
失能性毒剂	毕兹	BZ
全身中毒性毒剂	氢氰酸	AC
	氯化氰	CK
窒息性毒剂	光气	CG
	双光气	DP
刺激性毒剂	苯氯乙酮	CN
	亚当氏剂	DM
	西阿尔	CR
	西埃斯	CS

化学战剂还有其他分类方式，如按杀伤作用时间，可分为非持久性毒剂、持久性毒剂、半持久性毒剂；按中毒后是否致死，可分为致死性毒剂、非致死性毒剂；按中毒症状出现快慢，可分为速效性毒剂、非速效性毒剂。

2. 化学武器损伤特点、战斗状态和伤害形式

化学武器损伤与常规武器相比有如下特点：

（1）剧毒性：化学武器的杀伤作用主要是由毒剂的毒性引起的。

（2）多样性：① 中毒途径较多；② 毒害作用多；③ 释放方法多。

（3）持续性：化学武器使用后，其杀伤作用会持续维持一段时间。

（4）扩散性：化学武器使用后，毒剂可在一定空间范围内扩散。

（5）局限性：① 敌我双方比较接近时，化学武器不便使用；② 化学武器对防护训练良好和有防护装备的部队不易达到伤害效果；③ 化学武器的使用也受地形和气象条件限制。

化学战剂在施放现场上得以发挥杀伤作用所处的状态叫作战斗状态。战斗状态有蒸气态、雾态、烟态、微粉态和液滴态 5 种。雾和烟统称为气溶胶，蒸气态和气溶胶态毒剂主要通过呼吸道吸入中毒；微粉比烟的粒子要大，容易沉降造成地面染毒，并能飞扬，造成空气染毒；液滴态毒剂主要污染地面和物体，人员则通过皮肤吸收中毒。无论是雾、烟、微粉还是液滴态毒剂，都还会蒸发成为蒸气态。所以，毒剂的战斗状态不是绝对的，而是在变化的，通常是几种战斗状态同时存在，以其中之一为主。化学武器主要通过毒剂的出生云、再生云和毒剂液滴 3 种形式对人员起伤害作用。

化学袭击后的毒剂蒸气或气溶胶（初生云）随风传播和扩散，使得毒剂的效力远远超过释放点。故其杀伤范围较常规武器大许多倍。染毒空气能渗入要塞、堑壕、坑道、建筑物甚至装甲车辆、飞机和舰舱内，从而发挥其杀伤作用。换言之，对于常规武器具有一定防护能力的地域和目标，使用化学武器显然更为有效。化学武器的这种扩散“搜索”能力，不需要高度精确的施放手段。因此，对确切方位不能肯定的小目标的袭击，使用化学武器比使用常规武器成功的可能性更大。

8.1.3 生物武器及其损伤特点

生物武器是指由一些致病微生物及其毒素和施放生物战剂的装置组成的一种特殊武器。《核化生防护大辞典》定义了生物武器的杀伤目标，即“以生物战剂杀伤有生力量和毁坏植物的武器”。生物战剂是军事行动中用来危害人和动植物的致病微生物、毒素及其他生物活性物质的总称，是构成生物武器杀伤威力的决定因素。生物战剂有天然存在的，也有人工提取的，随着生物学技术和材料科学的进展，改变原有特性已经不再是难事，因而产生了人工改造甚至人工合成的微生物或毒素种类。致病性微生物是有生命的物质，包括病毒、细菌、衣原体、立克次体和真菌等。一旦进入机体，就能大量繁殖，其代谢产物能破坏机体的正常功能，导致发病或死亡。毒素是动物、植物和微生物产生的有毒物质，是有毒蛋白质或非蛋白质的低分子化合物，没有生命，微量毒素进入机体即可因造成生理机能破坏，导致中毒或死亡，但无传染性。

当前，世界卫生组织承担了国际性生物武器防护技术指导的角色，在其 2004 版的《化学和生物武器的公共微生物应对措施 WHO 指南》中，列出了的生物战剂有 45 种（表 8－2）。

表 8-2　世界卫生组织指南中的生物战剂列表（WHO 指南 2004）

类别	生物战剂微生物种类名称—引发的疾病	
细菌类	炭疽杆菌—炭疽	布鲁氏菌属—布鲁氏菌病
	鼻疽伯克霍尔德菌—鼻疽病	类鼻疽伯克霍尔德菌—类鼻疽病
	土拉弗朗西斯—土拉菌病	伤寒沙门氏菌—伤寒
	志贺菌属—志贺菌病	霍乱弧菌—霍乱
	鼠疫耶尔森菌—鼠疫	贝氏柯克体—Q 热
	普氏立克次体—斑疹伤寒	立氏立克次体—落基山斑点热
	鹦鹉热衣原体—鹦鹉热	五日热巴通体—战壕热
真菌类	粗球孢子菌—球孢子病	
病毒类	汉坦病毒—朝鲜出血热	马丘波病毒—玻利维亚出血热
	裂谷热病毒—裂谷热	蜱传脑炎病毒—森林脑炎
	登革病毒—登革热	埃博拉病毒—埃博拉病毒病
	日本脑炎病毒—日本脑炎	黄热病毒—黄热病
	猴痘病毒—猴痘	基孔肯亚病毒—基孔肯亚病
	天花病毒变种—白痘等	天花病毒—重型天花
原生动物类	福氏纳归虫—纳归虫病	鼠弓形虫—弓形虫病
	血吸虫属—血吸虫病	
毒素类	肉毒毒素—中毒	葡萄球菌肠毒素 B—中毒
	石房蛤毒素—中毒	黄曲霉毒素—中毒
	单端孢霉烯毒素—中毒	

1. 生物武器的危害方式

最主要的危害方式：施放气溶胶。指利用飞机、导弹等运载工具，投掷或发射装有特殊结构的生物战剂的航弹、集束炸弹或气溶胶发生器，将生物剂的液体或固体微粒分散成为 0.01～50 μm 的微粒悬浮于空气，造成生物云团，污染较大面积地域。生物气溶胶施放的危害面积最大，在适于生物气溶胶施放的气象条件下，一架飞机或一枚导弹施放的生物战剂气溶胶可污染上千平方千米。

其他方式：污染饮用水、食品和物体；撒布粘有生物战剂的布片、羽毛、食物、杂物等方式；撒布携带、染有生物战剂的生物媒介；针对袭击目标定向、定点投放。

2. 生物武器的危害途径

生物武器的危害因素是生物战剂，通过呼吸道、皮肤黏膜和消化道入侵人体，导致疾病或死亡，包括呼吸道吸入途径、皮肤黏膜暴露途径、消化道食入途径、病媒昆虫叮咬途径等多种途径。

3. 生物战剂损伤表现

活的生物战剂导致暴露者发生传染病，其临床表现依据战剂种类和侵入机体途径而不同。根据早期症候群，世界卫生组织推荐国家建立症状监测系统，以早期发现生物袭击事件（表 8-3）。

表8－3 生物战剂损伤的早期表现

症候群	可能涉及的生物战剂种类	传染性
流感样症状	除毒素外的多种生物战剂种类	强
严重肺炎±休克综合征	多数细菌及病毒战剂	强
疱疹、皮疹+急性发热	天花病毒等病毒和部分细菌种类	强
出血性综合征	埃博拉、马尔堡、拉沙热、裂谷热等出血热病毒	强
急性脑膜脑炎	委内瑞拉马脑炎、东部和西部马脑炎等脑炎病毒	有
迟缓性瘫痪	肉毒毒素等毒素	无
腹泻	霍乱弧菌、伤寒杆菌等细菌、病毒等肠道病原体	有
猝死	肉毒毒素等毒素	强或无

8.2 辐射损伤防治制剂

辐射损伤防治药物一般指照前给药能减轻辐射损伤，照后早期使用能减轻辐射损伤的发展，促进损伤恢复的药物。目前的辐射损伤防治药物主要有以下三类：

急性放射病防治药物：指在机体受电离照射前后给药能减轻机体的辐射损伤的药物。

阻吸收药物：指能够有选择地阻止或减少放射性物质的吸收，从而减轻其对机体的进一步损害的药物。

促排药物：指能够促进放射性物质的排出，有选择性地与放射性物质结合形成稳定的、可溶性的络合物，或阻止机体对体内的放射性物质再吸收的药物。

一、辐射损伤防治药物的作用原理

迄今，已有许多学者对辐射损伤防治药物的作用原理提出不同的学说，主要有以下 10 个方面。其中，前 5 项可归纳为辐射化学原理，即辐射防治药物通过参与辐射化学的变化从而减轻辐射对生物分子的损伤。后 5 项可归纳为生化生理学原理，即药物作用于机体通过改变代谢过程和功能状态提高机体的抗辐射能力。

（1）清除自由基学说。许多辐射损伤防治药物被认为能清除放射所产生的 $H^{\cdot}$、$OH^{\cdot}$和$HO_2^{\cdot}$等自由基，即消除辐射的间接作用于防止其对机体的损伤。半胱胺、AET（2－氨乙基异硫脲氢溴酸盐）、二乙基二硫代氨基甲酸盐等氨巯基类药物具有清除自由基的作用。

（2）降低组织氧张力，减弱氧效应。氧的存在可以使电离辐射损伤效应增强 2～3 倍，称为氧效应。一些防治药物具有降低组织氧张力的作用，如儿茶酚胺、组胺、胆碱酯、对氨基苯丙酮、吗啡、亚硝酸盐等。5－羟色胺能使血管收缩，也有减低氧张力的作用。氨巯基类药如半胱胺、AET 等均能降低氧张力。

（3）供给氢原子，使靶分子迅速修复。生物靶分子受照后发生电离，产生生物分子自由基，这些生物分子的离子和自由基可与氢原子迅速结合而得到修复，并将电子转移到非关键的分子上去，从而避免了由于靶分子的损伤而引起一系列继发辐射损伤反应。硫醇类、胺类及许多含有活泼氢的药物都具有供给氢原子的能力。

（4）螯合酶功能所必需的金属离子。电离辐射可将细胞中与酶蛋白结合的金属离子释放，引起酶功能丧失及核酸结构改变，因而能螯合金属离子的化合物可对辐射损伤有防护作用。在含铜酶中，铜的氧化状态稳定对于防止辐射损伤也很重要。实验表明，氨巯基类化合物及其他能螯合铜离子的金属螯合剂具有辐射防护作用。

（5）转移辐射能学说。电离辐射损伤是由于辐射能的直接或间接作用，将能量转移到生物靶分子中所发生的电离，激发或产生自由基而引发一系列生物效应。能捕获或转移辐射能的物质，可将辐射能捕获到本身分子上，或从生物靶分子上将能量转移到非要害的分子上，使靶分子得到修复。

（6）混合二硫化合物的形成学说。巯基辐射防护剂及其二硫化物，如胱胺等，均能迅速与蛋白质上的巯基及二硫基发生反应，形成二硫化物，使机体靶分子上的巯基和二硫键发生改变，从而保护硫原子，使其避免受辐射的直接或间接作用的破坏。

（7）“生化休克”学说。该学说认为防护药与蛋白质结合形成混合二硫化物并不能发挥防护作用，而是通过这一结合引起一系列复杂的生化休克现象，最终产生防护效果。

（8）内源性巯基释放或内源性防护剂释放学说。该学说认为辐射防护作用是通过防护药作用于机体，引起机体内在的具有防辐射作用的物质释放而产生作用的。内源性辐射防护物质包括谷胱甘肽、5-羟色胺、组胺等。

（9）与 DNA 结合学说。防护药与 DNA 结合可能是氨巯基类防护药物的重要作用途径。DNA 螺旋上没有被组蛋白遮盖的部位，可与氨巯基类化合物结合，使 DNA 螺旋结构更加稳定，有利于防止辐射的原发性损伤。

（10）环磷酸腺苷（cAMP）作用学说。巯基防护药在体内首先与生物膜上的特异性受体结合，刺激结合在膜上的腺苷环化酶系统，形成 cAMP，使细胞内该分子含量增多。cAMP 通过活性化合物的产生引起继发性生化反应，使各种由于辐射引起的调节障碍恢复正常。

尽管对辐射防护药的作用原理有多种学说加以解释，但尚没有一种学说可以圆满地回答该问题。一般认为各类防护药的作用原理可能各不相同，同一类药物其作用途径也可能不是单一的，因此不是一种学说所能概括的。

二、辐射损伤防治药物种类和作用

1. 急性放射病防治药物

① 含硫抗辐射药物：氨乙基硫代磷酸和氨磷汀（WR2721）的特点是游离巯基经磷酰潜伏化，不仅抗辐射活性明显增加，毒副作用也降低。如 WR2721 是迄今氨巯基类中抗辐射作用最强的一个化合物，而且对肠型放射病和中子杀伤均有一定的预防作用。

② 有机磷化合物：有机磷化合物是一类有效的辐射防护剂，但不同结构的药物在抗辐射作用、毒性和给药途径上有很大差别。其中，胺烷基硫磷酸酯和 *S*-烷基异硫脲烷基亚磷酸盐等类型具有较好的防护效果，且毒性没有显著增加。

③ 甾体化合物：甾体雌激素衍生物可使受照小鼠外周血白细胞升高、减轻辐射损伤及急性放射病病情。

④ 高分子辐射防治药：多糖类、多糖衍生物、聚离子化合物、具有干扰素诱导功效的多聚物可能具有辐射防治作用。

⑤ 抗辐射中草药：经大量药理活性筛选，人参、苦参、茜草、猴菇、密环菌等的提取物对照射小鼠和狗有防治作用，提高动物存活率且对造血系统有恢复作用。

⑥ 细胞因子类抗辐射药物：美国 FDA 批准的 G－CSF（重组粒细胞集落刺激因子）可用于骨髓型急性放射病的治疗，白细胞介素类中 IL－1、IL－3、IL－6 等都有明显的抗辐射作用，其中，IL－3 不仅能调控造血功能再生，还能促进 T、B 淋巴细胞功能的恢复。IL－1 不仅照前给药有用，在照后 2～24 h 给药仍能发挥作用。IL－6 是一种对免疫、造血等组织都有调控作用的多功能细胞因子，对照后多谱系造血细胞的恢复有明显作用。

2. 放射性核素阻吸收药

核爆炸和核电站事故所产生的放射性核素主要有放射性碘（^{131}I 等）、锶（^{90}Sr）、铯（^{134}Cs、^{137}Cs）等，进入人体后引起急性内照射。医学处理措施主要为减少吸收，非特异性措施为催吐、洗胃、缓泻，特异性措施为阻止放射性核素在胃肠道等靶器官的吸收。

3. 放射性核素促排药

对于体内的放射性核素，主要是应用络合剂和影响代谢的药物促进其排出。络合剂能选择性地与体内沉积的放射性核素的阳离子结合，形成稳定、可溶的络合物经肾脏排出体外，从而减少体内放射性核素积量。美国 FDA 批准了 3 种辐射防治药物并进行了储备，分别是二乙烯三胺五醋酸三钠钙盐（$DTPA-Ca-Na_3$），可螯合镅、锔和钚；普鲁士蓝，可螯合铊和铯；碘化钾，可阻断甲状腺吸收放射性碘。

8.3 化学武器防治制剂分类及用途

1. 神经性毒剂防治药物

预防性药物主要包括：① 化学类药物，即可逆性乙酰胆碱酯酶（acetylcholinesterase，AChE）抑制剂、抗胆碱能药物和重活化剂，使用可逆性 AChE 抑制剂可在短时间内保护 AChE 不受有机磷类化合物（OPs）的磷酸化，使部分 AChE 保持活性而达到预防目的；② 生物类药物，即生物清除剂，该类制剂使得血中的有机磷分子在与 AChE 结合前丧失活性，故可作为预防制剂使用。

2. 糜烂性毒剂防治药物

目前尚无有效的、可实际应用的硫芥中毒治疗药物，对局部和全身损伤主要采用对症和支持疗法。路易氏剂中毒有特效二巯类抗毒剂，中毒后应尽早使用，应用越早，效果越好。

3. 失能性毒剂防治药物

BZ 属特异性毒蕈碱受体拮抗剂，经呼吸道吸入或经皮肤吸收后，可与相应的 M 受体形成牢固的 BZ－受体复合物，从而有效地阻止了乙酰胆碱与 M 受体结合，导致中枢和外周胆碱能系统的功能减低。目前使用的集中对中枢抗胆碱能失能性毒剂的有效对抗药包括毒扁豆碱、解毕灵，但对抗药过量使用会引起胆碱能毒性反应。

4. 窒息性毒剂防治药物

光气吸入中毒后的主要病变是中毒性肺水肿。光气中毒无特效疗法，基于乌洛托品的化学性质，认为其对光气中毒只有预防作用而无治疗效果。目前仍采用综合对症支持疗法，治疗的主要原则是纠正缺氧、防治肺水肿、防治心血管功能障碍、控制感染和对症处理。必须根据上述原则和病情发展的不同阶段灵活采取相应措施。

5. 全身中毒性毒剂防治药物

全身中毒性毒剂，也称血液毒，具有作用快速和毒性强的特点，属于速效杀伤性毒剂，主要代表是氢氰酸和氯化氰。预防主要以器材防护为主，但防毒面具对氰类毒剂防护时间有限，需同时服用防治药物。亚硝酸异戊酯是氰化物中毒急救药物，起效快，但有效抗毒作用维持时间短，给药后可再静脉注射硫代硫酸钠解毒。

6. 刺激性毒剂防治药物

防毒面具可以完全防护刺激性毒剂对眼和呼吸道的刺激作用。中毒后也可选用治疗药物，如抗烟剂。

8.4　生物武器防治制剂分类及用途

对生物武器的人员防护包括非医学手段和医学手段防护。非医学防护指利用物理措施将人体与污染的外环境隔离开，以避免暴露受到感染的各种措施，也称物理防护措施。医学防护措施指通过疫苗、抗血清或药物来预防或减少损伤，减少发病或死亡。

医学防护主要包括免疫防护和药物防治，其中，免疫防护又包括特异免疫预防和非特异免疫预防。特异免疫预防指人工自动免疫——疫苗接种和人工被动免疫——使用抗血清（抗毒素）。

人工自动免疫——疫苗，指接种疫苗、类毒素，使人体获得特异性免疫能力。当前的疫苗主要是预防性疫苗，需要在暴露前完成全程免疫才能获得预期效果（表 8－4）。

表 8－4　主要生物战剂可用的疫苗及特性

生物战剂	疫苗名称	接种方法（成人剂量）	免疫形成时间/天	免疫维持时间/年
鼠疫杆菌	皮肤划痕鼠疫活菌苗	皮肤划痕，1 次接种 50 μL，7×10^8～9×10^8	10	0.5～1
炭疽芽孢杆菌	皮肤划痕炭疽活菌苗	皮肤划痕，1 次接种 50 μL，含菌 1.6×10^8～2.4×10^8	2～14	1
布氏菌	皮肤划痕布氏菌苗	皮肤划痕，1 次接种 50 μL，含菌 9×10^9～10×10^9	14～21	1
霍乱弧菌	吸附霍乱类毒素、全军体疫苗	肌肉注射，初次 0.5 mL，4～8 周后第 2 针 0.5 mL，每年流行前加强 1 次	7	0.5～1
肉毒毒素	精制吸附甲乙二联肉毒类毒素	皮下接种 2 次，初次 0.5 mL，60 天后再接种 0.5 mL	20	2～3
贝氏柯克体	Q 热疫苗	皮下接种 3 次，分别为 0.25 mL、0.5 mL、1.0 mL，每次间隔 7 天	7～14	1
斑疹伤寒杆菌	斑疹伤寒疫苗	皮下接种 3 次，分别为 0.5 mL、1.0 mL、1.0 mL，各间隔 5～10 天	14	1
黄热病毒	黄热减毒活疫苗	皮下接种 1 次，0.5 mL	14	10
天花病毒	天花疫苗	皮肤划痕法	14～21	3
流行性出血热病毒	Ⅰ型肾综合征出血热灭活疫苗	肌肉注射，基础免疫 3 次，分别为 0 天、7 天、28 天，1 年后加强 1 次，每次剂量为 1.0 mL	21	1

续表

生物战剂	疫苗名称	接种方法（成人剂量）	免疫形成时间/天	免疫维持时间/年
流行性出血热病毒	Ⅱ型肾综合征出血热灭活疫苗	肌肉注射，基础免疫3次，分别为0天、14天、28天，1年后加强1次，每次剂量为1.0 mL	28	1
	双价肾综合征出血热灭活疫苗	肌肉注射，基础免疫3次，分别为0天、7天、28天，1年后加强1次，每次剂量为1.0 mL	21	1
乙型脑炎病毒	乙型脑炎病毒减毒活疫苗	皮下注射1次，剂量为0.5 mL，接种后第2年和第7年各加强1次	30	2

人工被动免疫——抗毒素/抗血清。暴露后可根据需要使用抗毒素/抗血清，将有效中和性抗体注入机体，保护感染者不发病或减轻疾病状况。目的是使接受者立即获得相应的免疫力，但不持久。抗毒素/抗血清对于肉毒毒素中毒和某些炭疽病人来讲，是不能代替的关键治疗手段。

药物预防又称化学预防，是生物恐怖袭击医学防护工作中的一项重要应急措施。生物武器袭击后，一般有一段潜伏期，不会立即发病，在这一段时间内，可以对特定人群进行药物预防或预防性治疗。药物预防的目的是根据初步判断的生物战剂病原种类，为受到生物袭击的人群服用相应的药物，来预防发病、降低发病率和死亡率。生物战剂的常见防治药物见表8-5。

表8-5　生物战剂的常见防治药物

生物战剂种类	药物	用法	成人剂量（使用时遵医嘱）	用药持续天数
鼠疫杆菌	四环素	口服	每日4次，500 mg	7
	强力霉素	口服	每日2次，100 mg	7
	环丙沙星	口服	每日2次，500 mg	7
	磺胺嘧啶	口服	第1天，1日4次，每次1 g；第2～4天，每日2次，每次1 g	4
炭疽芽孢杆菌	四环素	口服	每日4次，2 g	5～6
	青霉素	肌注	每日160万单位，2次	5～6
	环丙沙星	口服	每日2次，500 mg，并开始接种疫苗	28
	强力霉素	口服	每日2次，200 mg，并开始接种疫苗	28
土拉弗朗西斯菌	链霉素	肌注	每日1次，1 g	7
	四环素	口服	每日4次，500 mg	14
	强力霉素	口服	每日2次，100 mg	14
霍乱弧菌	四环素	口服	每日4次，1 g	5
	强力霉素	口服	第一天200 mg，以后每日100 mg	3
	呋喃唑酮	口服	每日2次，200 mg	4

续表

生物战剂种类	药物	用法	成人剂量（使用时遵医嘱）	用药持续天数
贝氏柯克体	氯霉素 四环素	口服	每日 4 次，每次 0.5 g	5～7
	强力霉素	口服	暴露前 8～12 天开始，每日 2 次，每次 50 mg	5
布鲁氏菌	强力霉素＋ 利福平	口服	每日强力霉素（200 mg）＋利福平（750 mg）	—
天花病毒	西多福韦	口服	每日 2 次，每次 3 g，间隔 12 h	3
拉沙病毒	三氮唑核苷	静脉注射和口服	前 4 天，每天 60 mg/kg；然后每天 30 mg/kg 口服，连服 6 天	10

生物武器损伤预防与治疗药物主要分为以下三类。

1. 疫苗及抗血清

炭疽菌苗：皮上划痕用炭疽活疫苗，为灰白色均匀悬液，用于预防炭疽杆菌感染，疫苗每瓶 0.5 mL 含菌 2.0×10^9，1 mL 含菌 3.0×10^9。在上臂外侧三角肌附着处皮上划痕接种。疫苗瓶开启后，应于 3 h 内用完，剩余的疫苗应废弃。活疫苗应在 2～8 ℃避光保存和运输。

森林脑炎疫苗：灭活疫苗，橘红色澄明液体，无异物，无沉淀，含硫柳汞防腐剂，用于预防森林脑炎病毒感染，2～8 ℃避光保存和运输。

乙型脑炎减毒活疫苗：淡黄色疏松体，复溶后为橘红色和淡粉红色澄明液体，用于预防乙型脑炎病毒的感染。注射剂，复溶后每瓶 0.5 mL；2.5 mL，皮下注射。

冻干肉毒抗毒素：白色或淡黄色疏松体，按标签规定量加灭菌注射用水，溶解后呈无色或淡黄色澄明液体，无异物，主要成分为抗肉毒（A 型、B 型或 E 型）免疫球蛋白，用于预防和治疗肉毒中毒。皮下注射、肌内注射、静脉注射均可，每次注射 1 万～2 万单位。注射抗毒素后，必须观察 30 min，2～8 ℃避光保存和运输。

2. 抗生素

盐酸四环素片：黄色片或糖衣片。预防、治疗炭疽杆菌、鼠疫杆菌、土拉杆菌、霍乱弧菌等的感染。0.25 g/片，宜空腹口服。

盐酸多西环素片（强力霉素片）：淡黄色片或薄膜衣片，除去包衣后显淡黄色。预防和治疗类鼻疽杆菌、斑点热立克次体、霍乱弧菌等的感染。

环丙沙星胶囊（环丙氟哌酸、盐酸环丙沙星）：胶囊剂，内容物为白色或类白色粉末，预防或治疗布氏杆菌、鼻疽菌等的感染。本品大剂量应用或尿 pH 在 7 以上时可发生结晶尿。

3. 抗病毒药物

西多福韦：冻干粉针，为白色块状物，在水中易溶，水溶液的 pH 在 6～8。主要成分为(*S*)－N1－[(3－三苯甲氧基－2－乙基磷酸甲氧基)甘油醇]－胞嘧啶。抗病毒感染，用于天花病毒暴露后的早期治疗。在静脉滴注本药的同时，用 100 mL 生理盐水匀速滴注 1 h 以上，并同时口服羧苯磺胺，以降低肾中毒危险。

三氮唑核苷：代表药物为利巴韦林、病毒唑。白色结晶性粉末，无臭无味，注射液为无色澄明液体，主要成分为 1－β－d－呋喃核糖基－1H－1,2,4－三氮唑－3－羧酰胺。抗病毒治疗，有报道可用于拉沙热病毒暴露后的早期治疗。注射剂规格 100 mg:1 mL。长期或大剂量服用对肝功能、血象有不良反应。

Ⅰ型干扰素（包括α、β、ω）：白色薄壳状疏松体，无色或淡黄色澄明液体，主要成分为重组人干扰素。抗病毒治疗用药，对委内瑞拉马脑炎病毒、东方马脑炎病毒、森林脑炎病毒等多种战剂病毒感染有抑制作用。皮下注射或肌内注射，疗程为 3～6 个月，过敏体质者应慎用。

课后习题

1. 核武器、化学武器、生物武器有哪些类型？
2. 核辐射、化学武器、生物武器的损伤特点是什么？
3. 辐射损伤防治制剂、化学武器防治制剂、生物武器防治制剂的种类和作用是什么？

参考文献

[1] 王松俊. 核化生武器及其防护［J］. 人民军医，1997（09）：505－507.
[2] 张虎山，刘慧杰，陈汉石，等. 各种辐射主要来源和相关防护措施及对策简介［J］. 广州环境科学，2012（4）：3.
[3] 罗孝如. 核武器的五大杀伤破坏因素［J］. 生命与灾害，2018（01）：22－23.
[4] 毛秉智，陈家佩. 急性放射病基础与临床［M］. 军事医学科学出版社，2002.
[5] 吴春晓. 化学战剂的发展与防护［D］. 兰州：兰州大学，2007.
[6] 韶夫. 化学毒剂的类型及防治［J］. 东方养生，1995（Z1）：68－71.
[7] 余文珮，但国蓉，陈明亮，等. 化学战剂分类及作用靶点研究进展［J］. 人民军医，2020，63（06）：537－540.
[8] 艾里森，范崇旭. 化学与生物战剂手册［M］. 北京：防化研究院信息研究中心，2005.
[9] 黄培堂. 生物和化学武器的公共卫生应对措施［M］. 北京：人民卫生出版社，2005.
[10] 黄清臻，邵新玺. 媒介生物与生物战剂［J］. 中华卫生杀虫药械，2004（04）：208－211.
[11] 张源，杨福军，徐文清. 辐射防护药物研究最新进展［J］. 国际放射医学核医学杂志，2017，41（05）：353－358.
[12] 高月，马增春. 辐射损伤防治药物发展历史与展望［J］. 辐射防护通讯，2009，29（05）：30－35.
[13] 丁桂荣，郭国祯. 抗辐射损伤药物的研究现状［J］. 辐射研究与辐射工艺学报，2007（06）：321－325.
[14] 舒心，杨娟娟. 几类辐射损伤防治药物的研究进展［J］. 中国辐射卫生，2004（03）：231－232.
[15] 赵艳梅，田伟，王焕坤，等. 氨磷汀防辐射应用现状及发展趋势［J］. 临床军医杂志，2022，50（04）：437－438.
[16] 童曾寿. 具抗辐射活性的有机磷化合物的合成法［J］. 科学通报，1989（23）：1799－1802.

[17] 汤洁，粟永萍，艾国平，等. 新型异黄酮及甾体类化合物抗辐射作用的实验研究[J]. 安徽医药，2009，13（12）：1474－1477.
[18] 王庆蓉，马丽，雷呈祥. 多糖抗辐射作用的研究进展［J］. 海军医学杂志，2009，30（03）：273－276.
[19] 付伟，杜光. 核辐射防治药物的基础研究进展［J］. 世界临床药物，2022，43（08）：1012－1018.
[20] 张瑞华，李丽琴，宋良才，等. 神经性毒剂损伤防治药物研究进展[J]. 军事医学，2013，37（10）：784－788.
[21] 邹仲敏，赵吉清，赛燕，等. 美国糜烂性毒剂损伤和救治研究项目及其进展［J］. 军事医学，2012，36（06）：460－464.
[22] 黄世杰. 中枢抗胆碱能类失能性毒剂中毒的急救治疗[J]. 人民军医，1982（08）：24－26.
[23] 董定龙. 抗氰药物临床应用概况［J］. 化工劳动保护（工业卫生与职业病分册），1993（03）：121－123.
[24] 贾继民，党荣理，李海龙，等. 化学恐怖袭击“三防”医学救援辅助决策系统设计与构建［J］. 职业卫生与应急救援，2012，30（05）：231－234.
[25] 钟倩. 对抗生物武器的药物和疫苗［J］. 国外医药（合成药 生化药 制剂分册），2001（06）：344－345.

（袁伯川，杜丽娜，金义光）

民族骄傲|中国第一部临床急救手册

《肘后备急方》

《肘后备急方》，是中国第一部临床急救手册。专著共8卷，73篇。东晋时期葛洪著。葛洪（1152—1237年），初名伯虎，字容父，号蟠室，自称蟠室老人，浙江省东阳市南马镇葛府人，后居城内葛宅园。

《肘后备急方》原名《肘后救卒方》，简称《肘后方》。是将可供急救医疗、实用有效的单验方及简要灸法汇编而成。主要记述各种急性病症或某些慢性病急性发作的治疗方药、针灸、外治等法，并略记个别病的病因、症状等。用简易的处方和易得的药物，在仓促发病时可以应用。比如，用常山、青蒿治疗疟疾，黄连治疗痢疾等。书中的药方，都很简单，容易采集和购买，既简单，又有疗效，被后世的医疗世家广泛使用，也深受百姓们的欢迎。书中对天花、恙虫病、脚气病以及恙螨等的描述都属于首创，尤其是用狂犬脑组织治疗狂犬病，被认为是中国免疫思想的萌芽。

《肘后备急方》中记载的"青蒿一握，以水二升渍，绞取之，尽服之"就是青蒿对疟疾治疗有奇效的记载，药学家屠呦呦根据以上记载，创造性地从中草药中分离出青蒿素，对疟疾治疗作出了巨大贡献。在2015年成功获得了诺贝尔生理学奖和医学奖。

《肘后备急方》是华夏儿女智慧的结晶，是炎黄子孙的瑰宝，为中华民族的生生不息作出了巨大贡献。

（张　奇）

第9章
军民两用制剂

1. 熟悉军民两用常见疾病治疗药物制剂。
2. 了解军民两用疾病类型分类。

9.1　抗感染药剂

抗感染药物是指能杀灭或抑制引起人体感染的细菌、病毒和寄生虫的药物。包括抗生素、化学合成抗菌药、植物来源抗菌药及抗厌氧菌药、抗结核药、抗麻风药、抗真菌药、抗病毒药、抗疟药、抗原虫药、抗蠕虫药等。

1. 抗生素

抗生素（Antibiotics）是指由细菌、真菌或其他微生物在生活过程中所产生的具有抗病原体活性的一类物质。根据结构可分为β–内酰胺类、喹诺酮类、大环内酯类等，最常用的头孢菌素属于β–内酰胺类，左氧氟沙星属于喹诺酮类，阿奇霉素属于大环内酯类，庆大霉素属于氨基糖苷类。

头孢菌素　头孢菌素类抗生素可抑制肽聚糖合成，进而抑制细菌细胞膜的合成。头孢菌素β–内酰胺环酰胺基的化学结构与肽聚糖五肽有很大的相似性，它可通过共价结合青霉素结合蛋白（Penicillin binding protein，PBP）抑制肽聚糖的合成。

阿奇霉素　阿奇霉素是红霉素结构的重组体，能有效抑制多种革兰氏阳性球菌、衣原体、支原体以及嗜肺军团菌感染，对流感嗜血杆菌具有较高的抗菌活性，其具体机制是通过与细菌细胞壁上核糖体上的50S亚基结合来阻止新生肽链的合成与翻译，阻止50S亚基的组装，进而抑制依赖于RNA的蛋白质体内合成，从而达到抗感染目的。其游离碱可口服，乳糖酸盐可供注射。

氨苄西林　其为半合成广谱青霉素，其游离酸含3分子结晶水，供口服用，钠盐供注射用。对革兰阳性菌的作用与青霉素G近似，对绿色链球菌和肠球菌的作用较优，对其他菌的作用较差。该药在干燥状态下稳定。受潮或在水溶液中，除降解外，还会发生聚合反应，生成可致敏聚合物。

2. 抗真菌药物

抗真菌药物主要包括两性霉素B及其衍生物、氟胞嘧啶、棘白菌素类等。

两性霉素B脂质体　其机制为通过与敏感真菌细胞膜上的固醇相结合，损伤细胞膜通透性，导致细胞内重要物质如钾离子、核苷酸和氨基酸等外漏，破坏细胞的正常代谢从而抑制其生长。脂质体包埋的两性霉素B通过肝脏摄取，缓慢释放进入血液，避免了直接造成器官损害。目前临床上应用的有两性霉素B脂质复合体（ABELCET®）、两性霉素B胆固醇复合体（AMPHOTEC®、AMPHOCIL®）和两性霉素 B 脂质体（AmBisome）。

【处方】 用量/1 000 支，参考。

两性霉素 B 50 g　　氢化卵磷脂（HSPC）213 g
胆固醇 52 g　　二硬脂酰磷酸甘油（DSPG）84 g
生育酚 0.64 g　　蔗糖 900 g
$C_4H_4Na_2O_4 \cdot 6H_2O$ 27 g

注：$C_4H_4Na_2O_4 \cdot 6H_2O$ 为琥珀酸二钠的水化物。

【制备】 将两性霉素 B、HSPC、胆固醇、DSPG 和生育酚用适当的溶剂溶解，减压除去有机溶剂，备用。蔗糖、$C_4H_4Na_2O_4 \cdot 6H_2O$ 用注射用水溶解，得溶液，调节 pH 至 5～6，备用。混合，水化，分散，所得液体过均质机、微射流仪或者采用挤出器制备脂质体，控制粒度小于 100 nm。无菌过滤，分装，冷冻干燥，即得两性霉素 B 脂质体。

3. 中成药抗感染

具有清热解毒功效的中成药一般具有抗菌作用。其作用方式复杂，除了针对病原体外，还具有直接的抗炎作用，如蒲公英、堇菜、鱼腥草、半枝莲、金银花、板蓝根和穿心莲等。其中一些中药单体效果尤为明显。

小檗碱片　小檗碱是从中药毛茛科植物黄连（*Coptis chinensis* Franch.）的干燥根茎中提取的一种天然的异喹啉类生物碱。临床常用小檗碱盐酸盐。剂型有片剂、胶囊剂，主要用于治疗胃肠炎、细菌性痢疾等肠道感染、眼结膜炎、化脓性中耳炎等。已收载于《中国药典》2020 年版。

黄藤素　黄藤素为抗菌药，用于治疗上呼吸道感染、扁桃体炎、肠炎、痢疾、泌尿道感染、外科和妇科细菌感染性炎症等。在局部滴眼用于治疗结膜炎，阴道外用可治疗白念珠菌感染。目前临床主要使用普通片、缓释片、分散片、硬胶囊、软胶囊、栓剂、注射剂、粉针等系列制剂。已收载于《中国药典》2020 年版。

莫匹罗星软膏　外用抗生素，适用于革兰阳性球菌引起的皮肤感染，如脓疱病、疖肿、毛囊炎等原发性皮肤感染及湿疹合并感染、不超过 10 cm × 10 cm 面积的浅表性创伤合并感染等继发性皮肤感染。它能强有力地抑制细菌异亮氨酸－tRNA 合成酶上的异亮氨酸结合点，从而抑制细菌蛋白质和 RNA 合成。

莫匹罗星软膏是一种亲水性软膏。使用后可穿透皮肤表层，直接作用于伤口局部，形成封闭湿润的伤口环境，有利于组织细胞生长，加速肉芽组织形成，缩短愈合时间。

【处方】 用量/100 g

莫匹罗星 0.64 g　　PEG 4000 39 g　　PEG 400 213 g

【制备】 PEG 混合物加热熔融后，将莫匹罗星均匀分散在其中，冷却即得。

磺胺嘧啶银喷雾剂　烧伤创面治疗关键在于预防感染，减少创面渗出，加速创面愈合。磺胺嘧啶银能在湿润环境下释放银离子，增大细菌细胞膜通透性，同时干扰细胞壁合成，且磺胺能抑制敏感细菌叶酸合成，两者联用起到强大、迅速、持久的抗菌效果。同时，还可促进创面干燥、结痂和愈合，且疗效显著，已成为烧伤创面治疗的重要药物。

【处方】 丙酮 20 mL　　十四酸异丙酯 1 mL
有机硅乳液（37%）2 g　　聚乙烯吡咯烷酮 K29 水溶液 5 mL
丙二醇 3 mL　　磺胺嘧啶银盐 3 g

丁烷/丙烷混合气体 40 mL

【制备】聚乙烯吡咯烷酮溶解在 5 mL 双馏水中。在溶液中加入 3 mL 丙二醇和 1 mL 十四酸异丙酯，搅拌的同时加入 3 g 磺胺嘧啶银盐。将有机硅乳液的丙酮溶液（2 g/20 mL）加入该悬浮液中。电动搅拌器搅拌悬浮液 10 min 并倒入 75 mL 喷雾罐中。最后将 40 mL 丁烷/丙烷混合气体（70/30）注入密封的喷雾罐中。

9.2　抗病毒药剂

目前抗病毒药物按结构可分为核苷类药物、三环胺类、焦磷酸类、蛋白酶抑制剂、反义寡核苷酸及其他类。

阿昔洛韦片　阿昔洛韦在体内能转化为三磷酸化合物，干扰单纯疱疹病毒 DNA 聚合酶的作用，抑制病毒 DNA 复制。对细胞α-DNA 聚合酶也有较弱抑制作用。可经口服、静脉滴注给药。用于单纯疱疹病毒 HSV1 和 HSV2 的皮肤或黏膜感染，还可用于带状疱疹病毒感染。

【处方】羧甲淀粉钠 15 g　　聚维酮 K 306.64～12 g
硬脂酸镁 7 g　　乙醇 38.18～69 g
阿昔洛韦（$C_8H_{11}N_5O_3$）200 g　　乳糖 150 g
微晶纤维素 80 g（65 g 内加/15 g 外加）　　交联聚维酮 25 g

【制备】将阿昔洛韦、微晶纤维素、乳糖、交联聚维酮、羧甲淀粉钠和硬脂酸镁过 20 目筛混匀，加入 8%聚维酮 K30，50%乙醇过 20 目尼龙筛制粒，55～65 ℃以下干燥，干颗粒过 20 目筛整粒，加入微晶纤维素和 1 硬脂酸镁混匀，测颗粒百分含量，压片。

利巴韦林片　该药为强效单磷酸次黄嘌呤核苷脱氢酶抑制剂，具有广谱抗病毒性能，对多种病毒如呼吸道合胞病毒、流感病毒、单纯疱疹病毒等有抑制作用，主要用于呼吸道合胞病毒引起的病毒性肺炎与支气管炎、皮肤疱疹病毒感染，可经口服、静脉滴注、滴鼻、滴眼给药。

奥司他韦片　磷酸奥司他韦是其活性代谢产物的药物前体，其活性代谢产物是强效的选择性流感病毒神经氨酸酶抑制剂。其作用机制是通过改变病毒复制所必需的神经氨酸酶活性位点结构，从而阻止所有与临床相关的流感病毒 F 株或 G 株毒株的复制，阻抑甲、乙型流感病毒的传播。口服后在体内大部分转化为有效活性物，可进入气管、肺泡、鼻黏膜及中耳等部位，并由尿液排泄。$t_{1/2}$ 为 6～10 h。

【处方】微晶纤维素 8.9 g　　羧甲基淀粉钠 7.5 g
气相二氧化硅 5 g　　乳糖 21.5 g
磷酸奥司他韦 24.6 g　　硬脂酸镁 7.5 g
滑石 2.5 g　　*D*-葡萄糖 22.5 g

【制备】根据配方，将磷酸奥司他韦、微晶纤维素、硬脂酸镁、羧甲基淀粉钠混合，过 100 目筛，添加气相二氧化硅到粉末中。采用直接压缩法制备片芯。用甜味剂、水溶性辅料配制成压缩包衣片。将制备好的芯片用包覆材料进行压缩涂层成压缩包衣片。

9.3　抗破伤风药剂

破伤风梭菌常见载体有锐性利器、菜刀、脏铁钉、泥土等，官兵在日常训练中如不小心受伤，就会有感染破伤风的风险。受伤后及时接种破伤风疫苗十分重要。临床上破伤风疫苗一般分为两种，一种叫作破伤风抗毒素，是最常见的，也是最廉价的破伤风疫苗；还有一种叫作破伤风免疫球蛋白。

破伤风抗毒素注射剂　注射破伤风抗毒素是将破伤风抗毒素作为抗原，使人体产生抗体，以达到免疫目的。注射破伤风抗毒素前要先进行皮试，以防止由于过敏而产生不良反应。破伤风抗毒素能中和血液中游离毒素，缓解破伤风症状和降低死亡率。

【处方】破伤风抗毒素原液（1 500 IU/mL）0.7 mL　　注射用生理盐水 0.9～3.3 mL

【制备】将检定合格的原液，按成品规格以灭菌注射用水稀释，调整效价、蛋白质浓度、pH 及氯化钠含量，除菌过滤。用 1 mL 注射器吸取生理盐水 0.9 mL，加破伤风抗毒素原液 0.1 mL，稀释至 1 mL，作为皮试液。皮试结果阴性，用 5 mL 注射器吸取皮试液后，剩余的皮试液和原液进行肌内注射。皮试结果阳性，需采用脱敏注射方法，将皮试后剩余皮试药液、破伤风抗毒素原液及生理盐水稀释至 4 mL。

破伤风免疫球蛋白注射剂　破伤风免疫球蛋白是由破伤风类毒素免疫的健康者提供血浆，经低温乙醇分离提取制备而成的特异性免疫球蛋白。注射破伤风免疫球蛋白后，在 1～2 d 内机体即可获得 0.11 IU/L 的保护抗体水平。破伤风免疫球蛋白提供的蛋白中至少有 98%是 IgG 抗体，IgG 分子小，易进入毛细血管，其中约有 50% IgG 抗体存在于血液循环中，并可维持 21～28 d，因此能迅速持久地中和血液循环中游离的破伤风毒素。

【处方】马破伤风免疫球蛋白 F（ab′）0.75 mL（预防）/2.5 mL（治疗）
注射用生理盐水适量

【制备】将免疫血浆稀释后，加入适量胃酶，如果必要，还可加入适量甲苯，调整适宜 pH 后，在适宜温度下消化一定时间。采用加温、硫酸铵盐析、明矾吸附、柱色谱等步骤进行纯化。浓缩可采用超滤或硫酸铵沉淀法进行。可加入适量间甲酚作为抑菌剂，可加入适量甘氨酸作为保护剂，然后澄清、除菌过滤。纯化后的马破伤风免疫球蛋白原液应置于 2～8 ℃避光保存至少 1 个月作为稳定期。将检定合格的原液，按成品规格以灭菌注射用水稀释，调整效价、蛋白质浓度、pH 及氯化钠含量，除菌过滤。

9.4　止血药剂

战争中周围主干血管受伤占全部血管损伤的 95%以上，胸腹部大血管损伤只占 2.5%～4%。因此，止血技术已成为目前战伤救治中最重要的环节，如不及时救治，即可出现死亡。止血通常分为动脉出血（血色鲜红、速度快，呈间歇喷射状）、静脉出血（血色暗红、速度缓慢，持续涌出）和毛细血管出血（血色多鲜红，缓慢流出）。战场急救主要是对外出血进行及时止血，可分为止血药物和止血敷料。内出血需手术治疗，并尽快后送。

1. 止血类药物

血液凝固是一个复杂过程，按作用机理，止血类药物可分为三类：

① 直接作用于血管的药物，如垂体后叶素中的安络血、催产素、加压素等，通过增强毛细血管对损伤的抵抗力，缩小毛细血管小动脉和小静静脉，达到止血目的。

② 改善和促进凝血因子活性的药物，如维生素 K_1 适用于维生素 K 缺乏引起的各种出血性疾病，可增加血小板数量，增强聚集和黏附；还能增强毛细血管阻力，降低通透性，减少

血液渗出。

③ 抑制纤维蛋白溶解的药物又称抗纤溶药。氨基己酸、环甲苯酸等抗纤溶药物可竞争性抑制纤维蛋白原溶解激活剂，使纤维蛋白原不能被激活成纤溶酶，从而抑制纤维蛋白溶解，达到止血目的。

氨基己酸片　能竞争性抑制纤溶酶原激活因子，使纤溶酶原不能激活为纤溶酶，从而抑制纤维蛋白及纤维蛋白原的溶解，达到止血作用。100 mg/mL 高浓度时，可直接抑制纤溶酶。适用于外科大手术出血、妇产科出血、肺出血、上消化道出血等。术中早期用药或术前用药，可减少手术中渗血，并减少输血量。有口服片剂、静滴注射剂、局部止血剂等。

立止血注射液　是一种高效、速效、长效、安全的止血药。包括具有凝血酶样作用的类凝血酶和具有凝血激酶样作用的类凝血激酶。注射后仅在出血部位产生止血作用，而在血管内仅有去纤维蛋白原作用，没有血栓形成和凝血作用。肌内、皮下注射后 20～30 min 见效，止血作用可维持 48～72 h。

【处方】三氯叔丁醇 0.3%　　盐酸适量

巴曲酶约 99%　　氯化钠 0.9%

【制备】药液使用前，用 100 mL 以上的生理盐水稀释。

云南白药胶囊剂　为治疗内外伤及血瘀肿痛的著名中成药，具有止血愈伤、活血散瘀、消炎消肿、排脓去毒等功效。主要有散剂和胶囊剂。外敷只适用于闭合性创伤，对皮肤出血破损的开放性创伤不适用，应改为口服用药。其处方及制备均为国家保密。

2. 止血敷料

随着科技水平的进步，创伤快速止血敷料的研制成为野战外科研究的热点之一。创伤快速止血敷料是应用于创伤出血早期救治的药物，该药物在伤后即可喷洒到伤口，起到迅速止血、止痛并杀菌等作用。为了适应未来高技术战争条件下军事行动的流动性、快速性及部队疏散部署等特点，许多国家都认识到单兵自救互救能力的重要性，都致力于研究和开发创伤快速止血药物。创面敷料主要有两类：① 天然来源敷料，应用一些天然皮肤类似物用作伤口敷料，包括动物皮肤、动物胶原蛋白、植物根茎、表皮、矿物粉末敷料等；② 人工合成类敷料，可按需定制，包括聚氨酯、海藻酸盐、甲壳素和壳聚糖、多微孔类无机材料如沸石（zeolite）等、羧甲基纤维素（可溶性止血纱布）、α-氰基丙烯酸酯类（cyanoacrylate）组织胶等。

胶原蛋白　包括明胶海绵、微晶胶原、增凝明胶海绵等。胶原蛋白在自然状态下止血效率最高，不需进行交联或变性成明胶，且副作用少，是较理想的创面止血材料。该类材料止血速度较慢，对血小板等血液成分的牵拉能力及和创面组织附着力均较差，容易破裂，因此，常与其他类创面止血材料合用，如与壳聚糖合用作为止血材料。

沸石　美军在阿富汗战争及伊拉克战争中使用了 Z-Medica 公司生产的止血海绵（商品名为 Quickclot®）来对战伤伤口进行止血，该材料主要成分是一种沸石，它是由硅氧化物、铝、钠、镁及少量石英组成的一种人工合成惰性颗粒状矿物质，具有分子筛和吸附水分的功效，已被证明有极好的止血特性。使用时，将其覆盖在出血伤口上，可迅速吸收血块中水分，加速凝血过程，使血痂提早形成。但由于止血过程会产热，在大面积出血伤口上使用时，会产生组织热损伤，现国内外对此材料的研究主要聚焦在如何减少其产热对组织带来的损伤。

组织胶　目前国内外临床使用较多的是氰基丙烯酸乙酯、氰基丙烯酸正丁酯、氰基丙烯酸正辛酯等，并已证实无毒、无致癌性、组织相容性好、止血效果显著。其主要机制为有机胺类加入 0.05%～1%催化剂后会迅速黏合生物体组织，发挥止血、镇痛、防止细菌感染、加速伤口愈合的作用。其黏合性能与生物相容性能良好，无变态反应，伤口不挛缩，瘢痕轻微。

可溶性止血纱布 可溶性止血纱布在国外又称速即纱（Surgice1®），是一种再生氧化纤维编织纱块，属于羧甲基纤维素类止血材料。在密切接触伤口后，可使血液凝血成分聚集在其周围，在 2～8 min 完成止血，目前常用于手术创面出血及渗血不易停止的部位，如骨面渗血等。由于其止血时间较长，对出血迅猛者效果较差，不适合单独作为伤口止血材料，但可作为伤口包扎敷料辅助的止血材料用于伤口表面（图 9－1）。

图 9－1 常见止血敷料

（a）（b）止血海绵；（c）止血微球；（d）止血毛条

9.5 烧伤药剂

治疗烧伤多采用外用药物，主要包括抗感染药和促愈合药。抗感染药物，如百多邦、磺胺嘧啶银、抗生素；生物技术类药物包括重组人表皮生长因子凝胶、重组牛碱性成纤维细胞生长因子等。

重组人表皮生长因子凝胶 重组人表皮生长因子可使纤维细胞等发生增殖分化，促进上皮细胞分离，加快上皮细胞、内皮细胞或显微细胞迁移，在烧伤愈合过程中非常重要。重组人表皮生长因子能促进浅Ⅱ度烧伤病人的表皮生长，减少创面渗液量，减少换药次数，加速创面愈合。凝胶制剂具有良好的保湿效果，能减少病人创面敷料的包扎厚度，降低换药成本。纳米银抗菌凝胶与重组人表皮生长因子凝胶联合应用，可能通过纳米银的生物膜吸附作用，使表皮生长因子更好地与细胞表面相应受体结合形成复合物，从而达到促进细胞分裂、创面愈合的作用。临床上确实观察到纳米银抗菌凝胶联合重组人表皮生长因子凝胶可明显缩短烧伤创面愈合时间。

【处方】 甘油 500 g　复方尼泊金酯乙醇溶液 100 mL
Carbopol 940NF 200 g　三乙醇胺适量
透明质酸 5 g　乙二胺四乙酸二钠 5 g
焦亚硫酸钠 10 g　rhEGF 溶液 200 mL

【制备】 称取透明质酸、乙二胺四乙酸二钠、焦亚硫酸钠，加水搅溶后，加入甘油和复方尼泊金酯乙醇溶液（每 100 mL 含尼泊金甲酯 10 g、尼泊金丙酯 1 g），搅匀后加入 Carbopol 940NF，搅拌并放置至溶胀均匀后，加入含 rhEGF 的溶液，迅速搅匀后，加入三乙醇胺适量使中和成透明凝胶，再加水。

湿润烧伤膏 湿润烧伤膏有利于肢体Ⅱ度烧伤患者的伤口愈合、疼痛缓解、疗效及疤痕减少。它能防止伤口与外界环境接触，阻止细菌侵入伤口，还能持续排出伤口渗出液，将细胞坏死分解后释放的细胞代谢物和化学物质带出，减少局部刺激，改善局部微循环功能，减少组织缺血缺氧，缓解疼痛，促进伤口愈合。还能维持局部伤口湿润环境，维持组织正常生活状态，增强组织抗感染能力。同时，能突变细菌，降低病原菌侵袭性，不含细菌生长所需的水和氧气，可防止细菌生长。此外，该软膏含有β–谷甾醇、小檗碱等成分，具有抗感染作用。该药还可调节皮肤组织中上皮细胞和成纤维细胞的比例，使修复后的上皮组织接近正常组织，减少瘢痕组织增生。

【处方】 白芨 0.9%～15%　海桐叶 8%～10%　水灵草 8%～9.2%
麝香 0.08%～0.2%　樟脑 2.2%～2.8%　蜂蜜 78.32%～60%
地龙 0.8%～1.2%　田七 0.7%～1.1%　广丹 9%～11%
虎杖 2%～3%　乙醇适量

【制备】 粉碎是将地龙、广丹、虎杖、白芨、海桐叶和水灵草分别进入粉碎机中粉碎，其粉碎的粒度为 80～100 目。粉碎后的中草药原料，即地龙、广丹、虎杖、白芨、海桐叶、水灵草、田七，按比例提取，均匀混合成这种烧伤粉，以适于下道工艺的煎制。煎制是采用生铁锅或铝锅，煎制时首先将蜂蜜加热至 40～50 ℃后，将混合成的烧伤粉（地龙、广丹、虎杖、白芨、海桐叶、水灵草和田七）加入煎制，其煎制的温度仍然控制在 40～50 ℃，煎制的时间为 15～20 min。将煎好的中草药原料加入溶解的秦香与樟脑溶液进行搅拌均匀。

紫花烧伤膏 紫花烧伤膏主要由紫草、花椒、地黄和冰片等几味中药制成，其主要功效为活血化瘀、去腐生肌、抗菌镇痛等。紫花烧伤膏用于颜面部烧伤的治疗，具有起效快、价格低廉、使用方便以及副作用小等显著优点，能提高颜面部深Ⅱ度烧伤的治疗效果。磺胺嘧啶锌因其中的锌能破坏细菌 DNA 结构，故其抗菌效果显著。紫花烧伤膏与磺胺嘧啶锌联合使用，能显著促进颜面部深Ⅱ度烧伤创面的愈合，减少使用次数，降低感染，尤其能显著地避免治疗后瘢痕形成。

9.6 军事训练伤防护药物制剂

军事训练伤是部队非战斗性减员、战斗力削弱的主要原因之一，是影响部队作战能力和官兵身体健康的重要因素。军事训练损伤的发生率在世界范围内普遍较高，成为世界各国军事医学研究机构共同关注的问题。

军事训练伤常见的类型有急性腰扭伤、慢性腰部劳损、纤维织炎、肌肉断裂、腱断裂、韧带损伤、腱鞘炎和滑囊炎等。针对上述军事训练伤，可选择相应的防护药物制剂。

1. 急性腰扭伤药物制剂

急性腰扭伤的治疗主要以消除病因、缓解疼痛、解除痉挛、防止复发为原则。治疗手段以非手术治疗为主，主要包括卧床休息，理疗、冷敷、热敷，按摩及药物治疗等。由于个体差异大，用药不存在绝对的最好、最快、最有效，除常用非处方药外，应在医生指导下充分结合个人情况选择最合适的药物。治疗急性腰扭伤的药物有布洛芬、对乙酰氨基酚等。二者均为非甾体抗炎药，可抑制前列腺素合成，具有解热镇痛及抗炎作用。

布洛芬缓释胶囊 布洛芬是 WHO 和 FDA 联合推荐的唯一儿童解热药，具有抗炎、镇痛和解热作用，治疗风湿和类风湿性关节炎的疗效较好，适用于治疗类风湿性关节炎、骨关节炎、强直性脊柱炎和神经炎。布洛芬的镇痛和抗炎机制尚未完全阐明，它可能作用于局部炎症组织并抑制前列腺素或其他递质的合成，同时抑制白细胞活性和溶酶体酶释放，导致局部疼痛冲动和疼痛受体的敏感性降低。

【处方】 聚山梨酯－80 10 g　　蓖麻油 10 mL
95%乙醇至 1 000 mL　　布洛芬（100 目）300.0 g
丙烯酸树脂Ⅱ号 50 g　　95%乙醇至 1 000 mL
丙烯酸树脂Ⅱ号 20 g　　邻苯二甲酸二乙酯 10 g

【制备】 含药丸芯的制备取处方量丙烯酸树脂Ⅱ号，加入 95%乙醇至 1 000 mL，搅拌使之完全溶解，作为缓释黏合液。另取处方量布洛芬过 100 目筛，投入 KJZ210 型快速搅拌制粒机中，开启搅拌桨，连续加入适量缓释黏合剂，制得无母核的含药丸芯。包衣工艺取处方量丙烯酸树脂Ⅱ号，加 95%乙醇至 1 000 mL，使之完全溶解后，加入邻苯二甲酸二乙酯、聚山梨酯－80、蓖麻油，搅拌溶解得缓释包衣液。筛选 16～20 目筛的含药丸芯，置于普通包衣机中，喷入缓释包衣液，热风吹干，制得布洛芬缓释微丸，装入胶囊。

对乙酰氨基酚胶囊 该药主要通过抑制合成前列腺素所需要的环氧酶而起到调节体温和镇痛的作用。但其对前列腺素合成的抑制部位不同于阿司匹林、布洛芬等，它主要抑制中枢神经系统内前列腺素合成，而不在外周神经系统。对乙酰氨基酚作为解热镇痛药，常用于抗感冒药的处方中。对乙酰氨基酚是美国消耗量最大的非处方镇痛药。

【处方】 淀粉适量　　对乙酰氨基酚（$C_8H_9NO_2$）95.0%～105.0%
滑石粉适量

【制备】 将上述药包衣测定含量后填充普通明胶硬胶囊，即得。

2. 慢性腰部劳损药物制剂

双氯芬酸二乙胺乳胶剂、氟比洛芬巴布膏等外用于腰背部疼痛处，可有效减轻炎症反应，缓解局部肌肉软组织疼痛。如果疼痛剧烈，可加用依托考昔、塞来昔布等药物口服。如果腰骶部出现特定的疼痛点或部位，必要时可考虑使用利多卡因及曲安奈德注射至痛点，进行封闭治疗。

双氯芬酸二乙胺乳胶剂 商品名为扶他林，主要成分是双氯芬酸二乙胺，与双氯芬酸钠没有区别。它具有很强的抗炎和镇痛作用，结合了乳状液和凝胶的双重优势，能使有效成分迅速渗透到皮肤中，并直接通过局部血液进入炎症组织。它可通过抑制环氧合酶，阻断前列腺素合成而发挥抗炎镇痛作用，并可通过降低血管通透性消除肿胀。该乳胶剂局部给药时，药物可通过局部吸收直接作用于病变组织，无胃肠道吸收和代谢，避免了口服非甾体类镇痛抗炎药的毒副作用和胃肠道反应，获得更好的治疗效果。

【处方】氮酮 400 g　尼泊金甲酯 8 g　尼伯金丁酯 2 g
三乙醇胺 68 g　纯水足量　双氯芬酸乙醇胺 112 g
Carbomer 934 50 g　棕榈酸异丙酯 400 g　异丙醇 1 000 g
吐温－80 50 g

【制备】将 1 mol/L 双氯芬酸溶于丙酮中，分别加入等摩尔量的二乙醇胺，搅拌析出沉淀，干燥后得双氯芬酸二乙醇胺。将 Carbomer974 分散于纯水中，加入三乙醇胺调节黏度。另取药物溶于异丙醇水溶液中，于搅拌下缓慢加至凝胶基质中，加蒸馏水至足量，继续搅拌至凝胶状。然后加入液体石蜡和吐温－80，研匀，即得乳胶剂。

氟比洛芬巴布膏　采用亲水性高分子材料，具有高透皮性、高吸收性、刺激性小等特点。其透皮过程为零级过程，其黏着性、赋型性、稳定性、皮肤刺激性等均达到中国药典标准。且氟比洛芬巴布膏起效速度快，血药浓度低，作用时间长。氟比洛芬巴布膏在损伤引起的急慢性疼痛中具有良好效果。

【处方】氮酮 8%　聚异丁烯适量　医用汽油 100 mL
氟比洛芬丙酮 5 mL　2,6－二叔丁基对甲酚 适量　石蜡适量

【制备】按照设计比例，将高相对分子质量和低相对分子质量的聚异丁烯、增黏剂和液体石蜡用 100 mL 医用汽油完全溶胀后，再加入 600 mg/mL 氟比洛芬的丙酮溶液 5 mL，充分搅拌均匀后，超声波除气泡 0.5 h。于橡皮胶涂布机上均匀涂布，70 ℃烘干，贴剂胶厚约 70 μm。按照国家标准测定贴剂的剥离强度、初黏力和持黏力。

3. 纤维织炎药物制剂

纤维织炎又称肌筋膜炎，是指肌肉和筋膜的无菌性炎症反应。当机体受到风寒侵袭、疲劳、外伤或睡眠位置不当等外界不良因素刺激时，可诱发肌肉筋膜炎的急性发作，肩颈腰部的肌肉、韧带、关节囊的急性或慢性损伤、劳损等是本病的基本病因。目前，临床上主要采用药物、按摩、针灸及物理疗法等对纤维织炎进行治疗。

盐酸替扎尼定片　是一种中枢骨骼肌松弛剂。它可缓解痉挛，但不会导致肌肉无力。在治疗剂量下不产生心理依赖，耐受性好，是一种优良的中枢肌松药。盐酸替扎尼定作为中枢 α_2 肾上腺素受体激动剂，可在脊髓和脑干水平限制肾上腺素，缓解肌肉痉挛，限制多突触反射，打破疼痛循环，改善血液循环，缓解疼痛。尼美舒利联合盐酸替扎尼定可通过抑制胃酸分泌和降低尼美舒利诱导的低分子糖蛋白含量而缓解尼美舒利引起的副反应。

4. 肌肉断裂药物制剂

肌肉断裂可使用抗炎镇痛类药物进行治疗，也可使用冷敷等物理方法治疗。应注意受伤后必须立即停止任何动作，避免外伤加重病情，肌肉断裂需要在两天内间歇性冷敷，可有效减少局部肿胀和疼痛；受伤两天后应进行局部热敷，口服抗炎镇痛类药物缓解疼痛，如阿司匹林、布洛芬、对乙酰氨基酚、甲芬那酸等。

5. 肌腱断裂药物制剂

肌腱断裂的发生，主要是由于外力作用后肌腱连续性中断。肌腱断裂和断裂程度在临床不同部位不同，患者的临床表现也不同，如果患者的跟腱部分断裂，患者会感到脚跟疼痛、局部肿胀、皮下瘀伤、明显压痛和踝关节后伸受限。如果患者手指屈肌肌腱完全断裂，患者

手指也会出现疼痛、肿胀、皮下瘀伤等症状，患者指间关节的主动活动明显受限，被动活动正常。因此，临床上，患者发现肌腱断裂。如果是部分断裂，多数可以采取保守治疗，可以给予局部制动，外敷活血化瘀的药物或者是采用中药熏洗等办法。如果出现肌腱完全断裂，可以选择手术治疗，经切开探查，进行肌腱修补。肌腱断裂的治疗常用到的镇痛药物有阿司匹林、对乙酰氨基酚、甲芬那酸、布洛芬等。

阿司匹林肠溶片

【处方】 玉米淀粉 72.5 g　　10%淀粉浆适量　　滑石粉 12.5 g
阿司匹林 800 g　　乳糖 255 g　　淀粉 110 g

【制备】 片芯的制备：将乳糖和淀粉用 10%淀粉浆制粒，与阿司匹林、玉米淀粉、滑石粉混匀后压成片芯。片芯的平均片重为 125 mg，硬度为 6～7 kPa。

包衣溶液的制备：将肠溶材料溶于 pH 为 7.8 的碳酸氢铵水溶液。肠溶材料应逐渐加入，以避免聚集和漂浮。形成胶体溶液后，再依次加入其他辅料，包括增塑剂、色素和滑石粉。

6. 腱鞘炎药物制剂

临床治疗腱鞘炎的方法多种多样。常用药物治疗、外科治疗、物理治疗、针灸推拿治疗、中药熏蒸治疗和小针刀治疗。根据疾病的程度，临床上使用单一疗法或多种疗法的组合。治疗腱鞘炎的药物主要包括：中成药制剂，例如麝香镇痛膏、云南白药膏等，有活血化瘀，改善局部血液循环的功效；非甾体抗炎药物是使用最多的药物，例如阿司匹林、对乙酰氨基酚、甲芬那酸、布洛芬缓释胶囊等，可有效止痛；皮质类固醇药物，例如醋酸泼尼松龙、地塞米松等，在症状较严重时，可局部注射皮质激素，缓解症状。

甲芬那酸胶囊

甲芬那酸是一种非甾体抗炎镇痛药物，具有镇痛、解热、抗炎作用，具有较强的抗炎作用。主要用于轻度和中度疼痛，如牙科、产科或骨科手术后疼痛，软组织损伤疼痛和骨关节疼痛。此外，它还可用于痛经、血管性头痛和癌症疼痛。对非甾体抗炎药过敏、炎症性肠病、活动性消化性溃疡患者禁用。主要不良反应为胃肠道反应，包括腹部不适、胃灼热感、恶心、腹泻等，在严重的情况下，它会导致消化性溃疡。

7. 滑囊炎药物制剂

滑囊炎是指滑囊的急性或慢性炎症。滑囊是结缔组织中的囊状间隙，是由内皮细胞组成的封闭性囊，内壁为滑膜，有少许滑液。少数与关节相通，位于关节附近的骨突与肌腱或肌肉、皮肤之间。凡摩擦力或压力较大的地方，都可有滑囊存在。许多关节的病变都可以引起该病。针对滑囊炎进行治疗，临床上常用的药物包括非甾体类的抗炎药物，具体药物包括布洛芬、对乙酰氨基酚等。也可以使用皮质类固醇的药物，例如醋酸泼尼松龙、糖皮质激素等，这些药物都可以有效减少局部的炎症反应，从而缓解患者疼痛的情况。

布洛芬缓释胶囊

【处方】 丸芯 1 000 粒　　布洛芬（100 目）300.0 g
丙烯酸树脂Ⅱ号 50 g　　95%乙醇至 1 000 mL
包衣液 1 000 粒　　丙烯酸树脂Ⅱ号 20 g
邻苯二甲酸二乙酯 10 g　　聚山梨酯－80　10 g
蓖麻油 10 mL　　95%乙醇至 1 000 mL

【制备】含药丸芯的制备：取处方量丙烯酸树脂Ⅱ号，加入 95%乙醇至 1 000 mL，搅拌使之完全溶解，作为缓释黏合液。另取处方量布洛芬过 100 目筛，投入 KJZ210 型快速搅拌制粒机中，开启搅拌浆，连续加入适量缓释黏合剂，制得无母核的含药丸芯。包衣工艺取处方量丙烯酸树脂Ⅱ号，加 95%乙醇至 1 000 mL，使之完全溶解后，加入邻苯二甲酸二乙酯、聚山梨酯－80、蓖麻油，搅拌溶解得缓释包衣液。筛选 16～20 目筛的含药丸芯，置于普通包衣机中，喷入缓释包衣液，热风吹干，制得布洛芬缓释微丸，装入胶囊。

9.7　军用营养制剂

我国地形复杂，气候多样，战士们在日常训练、生活中会出现高温、潮湿、缺氧、辐射、寒冷等恶劣环境，这些问题会影响战士们的身体健康以及战士们的作战能力，因此，开发军用营养制剂来应对这些问题就显得非常重要。营养制剂应该具有抗疲劳、抗极端环境和抗辐射等作用。

1. 抗疲劳营养制剂

连续性的体力劳动或脑力劳动后，机体内所发生的一系列复杂的生理生化变化过程，使身体出现疲劳的现象。产生疲劳的主要原因是能量物质过度消耗，在活动的过程中，体内能量物质大量消耗而得不到及时补充；代谢产物积聚，代谢乳酸、蛋白分解物等大量堆积又不能及时消除，影响体内的正常代谢，造成运动能力下降；内环境紊乱，体内酸碱平衡、离子分布、渗透压平衡、水平衡等失调。抗疲劳就是延缓疲劳的产生或加速疲劳的消除，能产生这种作用的物质称为抗疲劳物质。

军人在应对极端军事环境、高强度军事训练过程中，不仅要克服精神上消极因素，还要保持、提高自身体能。除了在日常军事训练中加大耐力训练，各国军队也会采用营养补充剂或兴奋剂作为辅助手段，提高军人机体水平。

咖啡因咀嚼片

咖啡因是甲基黄嘌呤类化合物，分子式为 $C_8H_{10}N_4O_2$，是世界上最为流行的中枢神经刺激剂。咖啡因抗疲劳的作用机制是：咖啡因作用于腺苷受体延缓疲劳，咖啡因是腺苷 A_1 和 A_{2A} 受体的特异性拮抗剂，主要从中枢和外周两方面发挥作用。在中枢，咖啡因通过影响纹状体上的基底神经节产生兴奋作用。基底神经节是一组与运动控制等方面有关的结构，主要在纹状体上被接收。基底神经节高度表达 A_1 和 A_{2A} 受体，咖啡因可与 A_1 和 A_{2A} 受体高度结合，通过阻断 A_1 和 A_{2A} 受体减少腺苷在大脑中的传递。腺苷可抑制包括多巴胺在内的大脑兴奋性神经递质的释放，因此咖啡因可通过阻断腺苷受体诱导多巴胺释放，从而提高兴奋性和发挥抗疲劳作用。在外周，咖啡因与腺苷受体产生拮抗作用，增加交感神经活性和脂肪酸氧化，通过节约糖原、减轻疼痛来延长运动和抗疲劳时间。

【处方】包衣液 100 g　　薄膜包衣预混剂 15 g　　苹果酸 0.6 g
三氯蔗糖 0.02 g　　水 60 g　　乙醇 60 g
香精 20 g　　丸芯用量适量　　咖啡因 40 g
环糊精 100 g　　苹果酸 70 g　　三氯蔗糖 2 g
氯化钠 20 g　　50%乙醇适量　　硬脂酸镁 20 g

【制备】称取咖啡因 40 g 与环糊精 100 g 进行研磨包合，再与苹果酸 70 g、三氯蔗糖 2 g、氯化钠 20 g、山梨醇 1 900 g 混合均匀。使用 50%乙醇溶液制粒，烘干，整粒。加入硬脂酸镁 20 g、香精 20 g 混合均匀，压片。用水和乙醇配制欧巴代包衣预混剂，并在处方中加入适量三氯蔗糖和苹果酸，包衣并包装备用。

2. 抗极端环境营养制剂

极端环境主要指高原缺氧、高温、低温等环境，对人体物质代谢、消化吸收有很大影响。开发研制适应未来作战环境需要的功能性食品，可以提高军队的战斗力。

维生素片

补充相应维生素有助于改善缺氧代谢途径，军人在缺氧条件下增加维生素 B_1、B_2 和 PP 的膳食摄入量，可以增强机体抗缺氧能力。维生素 B_2 对碳水化合物和氨基酸有明显改善作用，并可通过增加肉碱的合成来间接提高脂肪酸的含量，以增加应激反应。通过多种维生素（B_1、B_2、烟酸）对急性缺氧小鼠的调节作用发现，急性缺氧时，血清代谢产物变化明显，乳酸、糖、脂质、乙醇浓度显著改变，补充维生素 B_1、B_2、烟酸后，上述代谢变化均逐渐得到了恢复。

把维生素 B 粉末、填充剂、黏合剂溶液的比例分配为维生素 B 粉末 30%～98%、填充剂 1%～65%、黏合剂溶液 1%～5%后，再把所述维生素 B 粉末与填充剂投入湿法制粒机中进行混合，混合 5～20 min 后加入所述黏合剂溶液，黏合剂溶液的浓度为 1%～20%，然后继续搅拌混合 10～30 min 即成为维生素 B 湿颗粒，把制成的维生素 B 湿颗粒转移至沸腾干燥器内进行干燥，在温度达到 60～90 ℃时干燥结束，保温 10～30 min 后进行冷却，当冷却到 40 ℃以下时放料，干燥后即得到维生素 B 颗粒。压片可得片剂。

9.8 睡眠调节类药物制剂

高原睡眠障碍发病率现已超过 40%，已成为急慢性高原病以外备受关注的高原医学难题。高原睡眠障碍不仅会造成官兵机体呼吸、消化、内分泌、生殖等多个系统的器质性或功能性损害，还会导致官兵心理健康波动和认知能力下降，严重影响高原官兵生理功能和作业效能。高原环境会引起睡眠及呼吸节律紊乱，表现为睡眠效率降低，入睡困难，觉醒频繁，并伴随周期性呼吸的出现；脑电图中各波节律发生变化，以 α 节律紊乱为主；脑血流量从起初适应性的增加到长久低氧暴露后的减少，导致氧饱和度降低，终致中枢神经系统出现抑制，影响睡眠。

1. 佐匹克隆片

佐匹克隆（Zopiclone）是环吡咯酮类非苯二氮䓬类镇静催眠药，可延长睡眠总时间，减少觉醒次数，提高睡眠质量。与苯二氮䓬类药物相比，半衰期短，成瘾性低，吸收、排泄快，入睡速度快且后遗效应小，更适合军用。

佐匹克隆作用机制与苯二氮䓬类的相似，可增强 γ-氨基丁酸受体活性，产生中枢抑制作用，进而产生镇静催眠作用。除具有镇静催眠作用外，佐匹克隆还具有抗焦虑、肌松和抗惊厥作用。

2. 唑吡坦片

唑吡坦（Zolpidem）属于咪唑并吡啶类非苯二氮䓬类镇静催眠药，临床主要用于治疗短期失眠；其耐受性好，不良反应低，对第 2 天的认知和精神影响较小。唑吡坦的镇静催眠作用与其选择性结合苯二氮䓬类 ω1（1 型）受体有关。

9.9 镇痛药物

镇痛作用主要用于各种剧痛的止痛，如创伤、烧伤、烫伤、术后疼痛等。

1. 阿片类镇痛药物

阿片类镇痛药物主要包括吗啡、可待因、羟考酮、哌替啶、芬太尼、二氢埃托啡等。以片剂、注射液为主。

喷他佐辛　是一种中等强度的镇痛药，属于合成吗啡衍生物。其镇痛作用为吗啡的 1/3，呼吸抑制作用为吗啡的 1/2。其镇痛作用时间短，持续时间长，镇静作用弱，不易产生依赖性。临床上用于各种原因引起的疼痛，如创伤性疼痛、术后疼痛和癌症疼痛。也可用于术前或麻醉前给药，作为诱导麻醉或维持麻醉的辅助剂，可减少不良反应的发生。喷他佐辛常用制剂为皮下、肌内注射或静脉给药的注射液，为无色至几乎无色的澄明液体。

二氢埃托啡片　是半人工合成的阿片受类体的激动剂，舌下含服吸收迅速，有强效的镇痛效果，药物剂量小，作用时间较短，较其他阿片类镇痛药不良反应少，无欣快感反应，其成瘾潜在性小，可用于各种剧烈疼痛，如晚期癌肿、外伤、手术后、急腹痛等，包括对吗啡或哌替啶无效者。术前或术中及时有效的疼痛控制有助于术后疼痛的处理及减少阿片类药物的使用量。

2. 非阿片类镇痛药物

非阿片类镇痛药物主要包括甲芬那酸、萘普生、酮咯酸等。

萘普生　主要是通过抑制前列腺素的合成，从而发挥抗炎和镇痛的效果。由于前列腺素是和机体发生炎症反应、疼痛密切关系的物质，在临床上，萘普生主要用于缓解轻至中度的疼痛，比如关节痛、神经痛、肌肉痛、偏头痛、头痛、痛经和牙痛。萘普生常用制剂为肌肉注射的注射液，外观为几乎无色或微黄色的澄明液体。

曲马多　曲马多为合成的可待因类似物，与阿片受体有很弱的亲和力。通过抑制神经元突触对去甲肾上腺素的再摄取，并增加神经元外 5－羟色胺浓度，影响痛觉传递而产生镇痛作用。曲马多注射液为无色澄清液体，采用肌内注射或静脉注射给药。

加合百服宁片　又叫酚咖片，每片含对乙酰氨基酚 500 mg、咖啡因 65 mg。对乙酰氨基酚又叫扑热息痛，属于解热镇痛抗炎药，作用是退烧止疼；咖啡因用来增强对乙酰氨基酚的止疼效果。加合百服宁（酚咖片）是用来退烧止疼的，解决病人的发烧和疼痛症状，属于一种对症治疗药。

9.10 战时精神类疾病治疗药物制剂

战时精神疾病是指战争期间军人发生的神经症及精神疾病。战时精神疾病不仅在战场上指战员中可以发生，在后方后勤保障人员和人民群众中也可出现。战时精神疾病的性质、种类、发病机制、症状、预防和治疗等与平时神经症及精神疾病无明显差异。但其致病因素则与战争环境有关。症状以情感不稳、惊慌、焦虑、抑郁、木僵、幻觉、遗忘等为主。

1）创伤后应激障碍

创伤后应激障碍（Post-traumatic syndrome disorder，PTSD）是指个体经历、目睹或遭遇到一个或多个涉及自身或他人的实际死亡，或受到死亡威胁，或严重受伤，或躯体完整性受到威胁后，所导致的个体延迟出现和持续存在的精神障碍。PTSD 症状可能在创伤事件后立即出现，也可能数月后才出现。PTSD 核心症状有三种，即创伤性再体验症状、回避和麻木类症状、警觉性增高症状。其记忆功能也会受到影响。

2）战时焦虑性神经症

战时焦虑是指没有明确客观对象和具体观念内容的提心吊胆与恐惧不安的心情，常伴有显著的自主神经症状、肌肉紧张和运动性不安。战时焦虑性神经症是指以原发性焦虑症状为主要身体症状的一种神经症。本病约占战时神经症的 10%～15%。

3）战时癔症

癔症是一类由精神因素引起的精神疾病，其临床表现比较突出，多表现为分离性识别障碍、分离性遗忘、情绪爆发和分离性木僵等。战时癔症是指在战时特殊环境及条件下，由于处境及心理因素引起情绪及反映为主的症状，表现为转换症状和分离症状。起病急剧，病程短促，预后良好，易复发。本病在战时精神性疾病中发病率最高，约占 40%～70%。常在战争后期或战争结束后增多。

4）战时神经衰弱

由于精神高度紧张导致大脑易兴奋或衰弱，表现为睡眠障碍、兴奋症状、衰弱症状及情绪症状等的一种神经症称为神经衰弱，约占战时神经症的 30%，多在战争结束后出现。战时特别是在战场残酷环境中精神高度紧张、任务艰巨繁重、长期过度疲劳、生活不规律等均为致病因素。病前性格特征多为缺乏坚韧力和自制力，对困难缺乏顽强斗志，遇事信心不足，情感不稳，自主神经功能易紊乱等。

5）战时疑难性神经症

战时疑难性神经症的临床症状是担心或相信患有一种或多种严重躯体疾患的持久的先占观念，是患者对自己的感觉或躯体征象作出与实际情况不符的解释，反复就医，多次医学检查的阴性结果和医生解释也不能打消，并因此而烦恼、焦虑、抑郁或恐惧。

6）战时精神分裂症

战时精神分裂症与平时典型精神分裂症的概念类似，但在表现上略有不同，一种表现为分裂样精神病，常因心理应激起病急剧；另一种是由症状精神病或神经症状导致的。发病率约为 10%～20%，起病急、病程短、预后好。可因战时或临战前特殊条件下精神高度紧张、空袭爆炸或激光、微波制导武器而致病。

7）战时情感性精神障碍

战时情感性精神障碍是指显著而持久的改变，以高扬或低落为基本临床表现，伴有相应的思维和行为改变，表现为躁狂和抑郁两状态交替出现的双相或循环型精神病或单独躁狂或单独抑郁的单相躁狂症或单相抑郁症。本病多呈周期性发作，间歇期精神正常，仅占战时精神病的 2%～3%。

战时可见的躁狂抑郁症，表现为三种情况：① 由于脑挫伤或脑气浪伤，后期出现躁狂或抑郁状态，成为外伤性情感性精神病；② 在战场因惊慌恐惧、紧张等心理因素引起躁狂或抑郁状态，即所谓心因性抑郁症或躁狂症；③ 继发性抑郁症，即颅脑挫伤或躯体外伤后的内因性抑郁症，其中颅脑损伤后出现的症状多不典型。

8）战时急性反应性精神病

急性反应性精神病是指由急剧、强烈而明显心理因素诱发、骤然发病的一组精神病。症状多与心理因素密切相关，可较快恢复。战时发生率占战时神经症的 15%～30%。

1. 地西泮片

地西泮可用于治疗焦虑症及各种功能性神经症，也可以用于治疗失眠，尤其对焦虑性失眠疗效极佳。还可与其他抗癫痫药合用，治疗癫痫大发作或小发作，控制癫痫持续状态时应静脉注射。常用于治疗各种原因引起的惊厥，如子痫、破伤风、小儿高烧惊厥等。地西泮对脑血管意外或脊髓损伤性中枢性肌强直或腰肌劳损、内镜检查等所致肌肉痉挛也有较好的治疗效果。地西泮还可治疗偏头痛、肌紧张性头痛、呃逆、炎症引起的反射性肌肉痉挛、惊恐症、酒精戒断综合征，家族性、老年性和特发性震颤，可用于麻醉前给药。但是需要注意的是，青光眼、重症肌无力、粒细胞减少、肝肾功能不全者、驾驶机动车和高空作业人员、老年人、婴儿及体弱患者慎用。老年人剂量减半。

2. 艾司唑仑片

艾司唑仑具有一定镇静作用，也有抗焦虑、改善催眠、抗癫痫、抗惊厥、肌肉松弛等作用。作为一种苯二氮䓬类药物，主要通过增强中枢神经系统 γ 氨基丁酸的作用而发挥药理作用。如果患者有严重的呼吸系统疾病、重症肌无力，则不能使用这一类药物。其不良反应包括头昏、乏力、嗜睡等，老年人要注意从小剂量开始。

3. 癸氟奋乃静注射液

癸氟奋乃静主要用于急、慢性精神分裂症，对单纯型和慢性精神分裂症的情感淡漠和行为退缩症状有振奋作用，也适用于拒绝服药者及需长期用药维持治疗的患者。用药需要注意的是，可能会发生锥体外系综合征。常见反应为失张力反应和静坐不能，如果与典型帕金森氏症不相似，可能难以辨认。运动不能可能成为不可逆的，偶见溢乳、癫痫加重、上腹疼痛或黄疸。癸氟奋乃静可能使贮存的儿茶酚胺释放，因而患嗜铬细胞瘤的患者使用时会有危险。

【性状】本品为黄色至橙黄色的澄明油状液体。

【作用特点】癸氟奋乃静是吩噻嗪类神经阻滞剂，用于治疗精神分裂症、躁狂症和其他精神病。与氯丙嗪相比，它不易引起镇静、低血压或抗胆碱作用，但锥体外副作用的发生率较高。氟奋乃静通常以盐酸盐的形式口服，或以作用时间更长的癸酸醋或庚酸酯形式肌肉注射，有时也皮下注射。

【给药途径】癸氟奋乃静注射液。

9.11　特殊、极端环境所致疾病防治药物

9.11.1　湿热酷暑环境

1. 中暑的防治药物制剂

中暑是指在高温作业环境下，由于热平衡或水盐代谢紊乱而引起的一种以中枢神经系统或循环系统障碍为主要表现的急性疾病，是部队夏秋季节军事训练时的常见病和多发病，中暑人员如果无法妥善救治，可能发生热痉挛、热衰竭或热射病等重症中暑，危及人员生命，

其中热射病病死率为20%～70%。寻找有效方便的防治药物来避免或最大限度地减少部队在热环境中中暑现象的发生意义重大。

藿香正气水（丸、胶囊） 藿香正气水是常见的民间用于防治中暑的药物，药物使用历史悠久，使用方便。它由苍术、陈皮、厚朴（姜制）、白芷、茯苓、大腹皮、生半夏、甘草浸膏、广藿香油、紫苏叶油组成，适用于外感风寒、内伤湿滞或夏伤暑湿所致的感冒，症见头痛昏重、胸膈痞闷、脘腹胀痛、呕吐泄泻，肠胃型感冒见上述症候者。藿香正气水含有乙醇，应避免服用头孢类药物，以免发生双硫仑样反应。

十滴水 十滴水的主要成分为樟脑、干姜、大黄、小茴香、肉桂、辣椒、桉油。主要功效包括祛风止痛，治疗皮肤瘙痒、神经痛等。处方中，干姜温中散寒、回阳通脉、燥湿化痰、温肺化饮；大黄清热泻火、凉血解毒、祛瘀；小茴香缓解痉挛，止痛；肉桂止痛助阳，发汗解表，温经通脉。十滴水有清热解暑的作用，可治疗中暑引起的头痛头昏、恶心呕吐、腹胀腹泻。外用还可以治疗痱子。

微量元素或电解质 补充微量元素或电解质可预防热射病的发生。高强度体能训练使机体某些电解质及微量元素随着体液排出而丢失，导致体能下降、中暑或导致热射病。高强度体能训练中，战士体液及能源物质消耗比较大，应及时补充。热射病早期即有大量出汗，排水、钠流失过多，在补充水分时，往往忽略补充盐分而易引起电解质紊乱，并发现低钠血症可诱发热痉挛和热晕厥，应口服等渗盐液或含钠丰富的食物，以快速补钠，缓解症状。口服补液盐溶液较常规能量补给能更及时、有效地改善电解质紊乱和降低心肌细胞功能的损伤，补充战士体能。

2. 痱子、湿疹等

痱子是由于环境中气温高、湿度大，出汗过多，不易蒸发，汗液使表皮角质层浸渍，致使汗腺导管口变窄或阻塞。汗腺导管内汗液滞留后，因内压增高而发生破裂，外溢的汗液渗入并刺激周围组织于汗孔处出现丘疹、丘疱疹和小水疱。

湿疹病因复杂，常为内外因相互作用结果。内因如慢性消化系统疾病、精神紧张、失眠、过度疲劳、情绪变化、内分泌失调、感染、新陈代谢障碍等，外因如生活环境、气候变化、食物等均可导致湿疹。同时，外界刺激如日光、寒冷、干燥、炎热、热水烫洗及各种动物皮毛、植物、化妆品、肥皂、人造纤维等均可诱发湿疹，是复杂的内外因子共同作用引起的一种迟发型变态反应。由于瘙痒难忍或渗出物较多而严重影响生活质量。

炉甘石洗剂 常用制剂炉甘石洗剂为粉红色的混悬液，含15%炉甘石、5%氧化锌，或各8%炉甘石、氧化锌，有吸附及干燥功能，可中和皮肤酸性分泌物，缓解炎症、止痒、保护皮肤，局部外用于急性瘙痒性皮肤病，如荨麻疹、痱子等。

氧化锌 具有吸附及干燥性能，对皮肤有抗菌、收敛滋润和保护作用，常与滑石粉、硼砂、硼酸等配合制成撒布剂、混悬剂或软膏剂，外用于皮炎、湿疹、痱子及皮肤溃疡等，是痱子粉的主要成分。

薄荷脑 局部应用可促进血液循环、消炎、止痒等，可用于痱子的止痒、止痛。痱子粉、十滴水、风油精、清凉油等含有薄荷脑，这些制剂外用后有清凉舒适感，止痒效果较好，但由于薄荷脑刺激性较大，不可用于破溃或有渗出液的皮肤。

黄连素 有研究表明，痱子可能和出汗过多无关，而与皮肤上细菌大量繁殖有关，其中，葡萄球菌产生的胞外多糖物质阻塞了汗液排出，导致汗液不能正常分泌而出现痱子。目前传统治疗方式是洗浴后扑痱子粉等，起到祛痱、止痒作用，虽可减轻症状或治愈，但疗程较长。黄连素又名小檗碱，是从黄连或黄柏等植物中提取的生物碱，现已能够人工合成，其性苦寒，有清热解毒之效。黄连素抗菌谱广，体外对多种革兰氏阳性菌及阴性菌均具有抑制作用，其中对溶血性链球菌、葡萄球菌、霍乱弧菌、志贺菌属、伤寒杆菌、白喉杆菌、肺炎双球菌等具有较强抑制作用。黄连素通过抑制汗孔中细菌繁殖，使汗孔保持通畅，汗液顺利向外排泄，从而快速缓解。

3. 日晒伤

日光性皮炎又称急性日晒伤、晒斑，是皮肤接受强烈光线照射引起的一种急性损伤性皮肤反应，患处皮肤表现为红肿、灼热、疼痛，甚至出现水疱、灼痛、皮肤脱屑等症状，某些患者还会出现头痛、发热、恶心、呕吐等全身症状。

一般可外用炉甘石洗剂和糖皮质激素，严重者可用 3%硼酸水湿敷，但要防治大面积湿敷时硼酸吸收中毒的问题。有全身症状者，可口服抗组胺药、羟氯喹、维生素 C、非甾体类抗炎药，严重者可使用糖皮质激素。

复方薄荷脑软膏　本品为复方制剂，每克含水杨酸甲酯 3.33 mg、樟脑 90 mg、薄荷脑 13.5 mg、松节油 0.83 mg；辅料为桉油、凡士林。具有消炎、止痛、止痒等作用。可用于鼻塞、昆虫叮咬、皮肤皲裂、轻度烧烫伤、擦伤、晒伤及皮肤瘙痒等。

复方吲哚美辛酊　吲哚美辛作为一种非甾体抗炎药物，具有抗炎、镇痛、解热作用，其作用机制是抑制环氧酶而减少局部前列腺素合成，制止炎症组织痛觉神经冲动的形成，抑制炎症反应等。处方中所含马来酸氯苯那敏通过阻断 H1 受体而对抗组胺引起的过敏反应；度米芬对革兰氏阳性菌和阴性菌均有杀灭作用；鞣酸苦参碱对皮肤真菌有抑制作用。本复方制剂具有抗炎、脱敏、防晒及抑制真菌等作用，可用于日光性皮炎、接触性皮炎、丘疹性荨麻疹、湿疹、神经性皮炎、脂溢性皮炎、皮肤瘙痒症、痤疮、蚊虫叮咬等。

马来酸氯苯那敏片　该制剂作为组胺 H1 受体拮抗剂，能对抗过敏所致的毛细血管扩张，降低毛细血管通透性，缓解支气管平滑肌收缩所致的喘息。其抗组胺作用较持久，具有明显的中枢抑制作用，能增加麻醉药、镇痛药、催眠药和局麻药的作用。该制剂可用于多种皮肤过敏，如荨麻疹、湿疹、皮炎、药疹、皮肤瘙痒症、神经性皮炎、虫咬症、日光性皮炎等。也可用于过敏性鼻炎、血管舒缩性鼻炎、药物及食物过敏等。

3%硼酸洗液　该制剂为消毒防腐药，可用于小面积创面冲洗，对细菌和真菌有弱抑制作用。虽不易穿透完整皮肤，但可从皮肤损伤处、伤口和黏膜等处吸收。

氢化可的松软膏　可用于过敏性皮炎、湿疹、神经性皮炎、脂溢性皮炎及瘙痒症等治疗，具有消炎、抗过敏、止痒及减少渗出作用。同时，能消除局部非感染性炎症引起的发热、发红及肿胀，从而减轻炎症；其还可通过防止或抑制细胞免疫反应来减轻原发免疫反应的扩展。该制剂可经皮肤吸收，尤其在皮肤破损处吸收更快。

9.11.2　极寒环境

1. 冻伤

冻伤是指机体长时间暴露于冰点以下温度环境所致的损伤，多发生于寒区军事训练、战备、执行作战任务等活动中，也见于御寒装备不足的长时间野外作业及户外运动中。临床主要表现为低温所导致的皮肤、肌肉及深部组织的充血、水肿、坏死甚至坏疽。手、足冻伤较为多见，耳廓、面部等暴露部位的冻伤也相对常见。严重冻伤的致残率和病死率较高，是寒区非战斗减员的重要原因之一。其治疗以全身使用扩血管药物结合局部抗炎、消肿、改善循环为主。

肌醇烟酸酯软膏　选择性地使病变部位和受寒冷刺激敏感部位的血管扩张，解除血管痉挛，改善末梢血液循环。用于预防和治疗冻疮。常用于 I 度冻伤。

醋酸氟轻松软膏　醋酸氟轻松软膏外用可使真皮毛细血管收缩，抑制表皮细胞增殖或再生，抑制结缔组织内纤维细胞的新生，稳定细胞内溶酶体膜，防止溶酶体酶释放所引起的组织损伤。同时，该制剂具有较强的抗炎及抗过敏作用，除冻伤外，可用于治疗过敏性皮炎、异位性皮炎、接触性皮炎、脂溢性皮炎、湿疹、皮肤瘙痒症、银屑病、神经性皮炎等。

多磺酸基粘多糖乳膏　多磺酸基粘多糖通过作用于血液凝固和纤维蛋白溶解系统而发挥抗血栓作用。同时，还可通过促进间叶细胞的合成及恢复细胞间保持水分的能力，从而促进结缔组织再生。因此，该制剂能防止浅表血栓的形成，阻止局部炎症的发展和加速血肿的吸收，适用于浅表性静脉炎、静脉曲张性静脉炎，静脉曲张外科和硬化术后的辅助治疗，以及血肿、挫伤、肿胀、水肿、血栓性静脉炎、由静脉输液和注射引起的渗出、抑制疤痕形成、软化疤痕等。

磺胺嘧啶银霜　磺胺嘧啶银霜处方中含银，对坏死组织具有腐蚀作用，痂下有脓者，可将痂皮腐蚀软化，易于剔除，同时又不会破坏新鲜的正常肉芽组织，故能去腐生肌，具有收敛伤口之功效。磺胺嘧啶本身又属于抗生素类药物，具有抗炎、消肿、排脓的作用。霜剂渗透性好，能完全渗透到皮肤、肌肉中，且能持续保持 36～48 h。各种溃疡创面在外科处理的基础上，涂以磺胺嘧啶银霜可祛除腐肉、消除炎症、扩张血管、改善局部血液循环、促进肉芽生长和溃疡创面愈合。

重组人表皮生长因子凝胶　人表皮生长因子（hEGF）是由 53 个氨基酸组成的小分子多肽，相对分子质量约为 6 000 Da，等电点约为 4.6，对酸、碱、热等理化因素均较稳定。hEGF 是一种多功能细胞生长因子，通过与细胞膜上 hEGF 受体结合发挥作用。表皮细胞、成纤维细胞、内皮细胞及平滑肌细胞等多种细胞的细胞膜上都含有 hEGF 受体，其中表皮细胞含量最高。hEGF 与细胞膜上 hEGEF 受体结合，促使细胞内部发生一系列复杂的生化级联反应，RNA、DNA 和蛋白质合成增加，最终促进细胞生长繁殖、加速新陈代谢。

hEGF 凝胶具有广泛的生物学效应，能促进各种表皮生长，已用于烧烫伤、溃疡、各类创伤及角膜损伤等治疗。hEGF 还能促进正常表皮细胞的新陈代谢，添加到美容护肤品中可以达到美白、抗皱、延缓衰老的作用。适用于冻伤后皮肤组织的再生恢复。

右旋糖酐－40　右旋糖酐－40（Dextran-40）又称低分子右旋糖酐，可提高血浆渗透压、增加血容量、减低血小板黏附性并抑制红细胞凝聚、降低血液黏稠度、降低周围循环阻力而疏通微循环。静滴可用于由失血、创伤、烧伤等各种原因引起的休克和中毒性休克，还可早期预防因休克引起的弥散性血管内凝血。适用于冻伤程度较高的Ⅲ级冻伤。其制剂形式为右旋糖酐－40 葡萄糖或氯化钠注射液静滴后使用。

2. 冻疮

寒冷是冻疮发病的主要原因，主要由于冻疮患者皮肤在遇到寒冷（0～10 ℃）、潮湿或冷暖急变时，局部小动脉发生收缩，久之动脉血管麻痹而扩张，静脉淤血，局部血液循环不良而发病。此外，患者自身皮肤湿度、末梢微血管畸形、自主性神经功能紊乱、营养不良、内分泌障碍等也可能是重要诱因。缺乏运动、手足多汗潮湿、鞋袜过紧及长期户外低温下工作等因素均可致使冻疮的发生。前文提到的右旋糖酐－40、多磺酸基黏多糖乳膏也可用于冻疮治疗。冻疮和冻伤的最明显区别是冻疮程度较轻，而冻伤一般程度较严重。

烟酰胺　烟酰胺是辅酶Ⅰ和辅酶Ⅱ的组成部分，是许多脱氢酶的辅酶。缺乏时可影响细胞正常呼吸和代谢而引起糙皮病。神经酰胺是皮肤屏障的重要成分。特应性皮炎、老年人皮肤和冬季干燥皮肤的角质层中神经酰胺含量显著减少。烟酰胺通过增加角质层中神经酰胺含量而增强皮肤屏障功能，减少经皮水分流失。烟酰胺经胃肠道易吸收，吸收后可分布到全身，经肝脏代谢，仅少量以原形自尿液排出。神经酰胺作为冻疮的辅助治疗用药，可促进修复冻伤皮肤，提高皮肤抵抗力。

硝苯地平片　硝苯地平是一种二氢吡啶类钙拮抗剂，作为血管扩张剂可用于预防和治疗冠心病、心绞痛，特别是变异型心绞痛和冠状动脉痉挛所致心绞痛。它可抑制 Ca^{2+} 内流，松弛血管平滑肌，扩张冠状动脉，增加冠脉血流量，提高心肌对缺血的耐受性，同时，能扩张周围小动脉，降低外周血管阻力，从而使血压下降。作为冻疮的治疗药物，硝苯地平通过扩张血管、降低受损组织循环阻力、改善微循环而发挥作用。

9.11.3　高原环境

急性高原反应包括很多类型，如高原脑水肿、高原肺水肿、急性高原反应、睡眠障碍等。干预睡眠障碍的药物制剂可参照本章“9.8 睡眠调节类药物制剂”。

1. 高原脑水肿

高原地区由于大气压和氧分压降低，人体急进高原 2 500 m 以上时，易发生急性高原病。随着海拔升高，吸入气氧分压明显下降，氧供发生严重障碍。大脑皮质对缺氧耐受性最低，随着缺氧加重，脑细胞有氧代谢障碍，无氧代谢增加，ATP 生成减少，脑细胞膜钠离子泵功能障碍，细胞内钠、水潴留，引起脑水肿。缺氧也可直接作用于血管内皮细胞，释放扩血管因子，使血流及血容量增高，血管壁通透性增加，离子、水分等渗出血管壁进入脑间质，发生脑间质水肿。若不及时纠正脑缺氧状况，就可形成“脑缺氧—脑水肿—颅内压升高—脑循环障碍—血氧扩散困难—脑缺氧”的恶性循环。

高原脑水肿是由急性缺氧引起的中枢神经系统功能严重障碍。其特点为发病急，临床表现为严重头痛、呕吐、共济失调、进行性意识障碍等。病理改变主要有脑组织缺血或缺氧性损伤、脑循环障碍、颅内压增高等。若治疗不当，常危及生命。

乙酰唑胺片　乙酰唑胺是一种碳酸酐酶抑制剂，其预防急性高原病的机制可能是通过增加副交感神经张力加速快速上升到高海拔的习服过程。乙酰唑胺还具有清除氧自由基及抗氧化作用，能减轻缺氧导致的脑细胞氧化损伤，从而延长缺氧耐受时间。此外，乙酰唑胺还能增强一氧化氮合酶活性，改善组织微循环并降低血液黏滞度，提高红细胞变形能力，增加重要器官的供氧能力，增强机体能量代谢，提高有氧运动能力。乙酰唑胺是唯一被 FDA 批准用于防治急性高原病的药物。

西洛他唑片　西洛他唑是一种磷酸二酯酶Ⅲ抑制剂，具有可逆性抑制血小板聚集和血管扩张的作用，可增加单位时间内肢体的血流量。西洛他唑对慢性局灶性脑缺血具有改善作用，能增加血红蛋白在组织中的释氧量。

地塞米松软膏　地塞米松是一种人工合成的皮质类固醇，可用于治疗皮肤病、严重过敏、哮喘、慢性阻塞性肺病、喉炎、脑水肿等。与乙酰唑胺相比，地塞米松虽不能加速适应高原环境，但可有效消除高原反应症状并具有预防作用，是治疗中重度急性高原反应的理想防治药物。

甘露醇注射液 甘露醇作为高渗降压药，是临床抢救特别是脑部疾病抢救常用药物，它通过提高血浆渗透压使组织脱水而快速降低颅内压和眼内压，适用于颅脑外伤、脑瘤、脑组织缺氧引起的水肿，大面积烧伤后引起的水肿，肾功能衰竭引起的腹水，青光眼等，可用于消除高原环境所导致的脑水肿。

呋塞米片 呋塞米主要通过抑制肾小管髓袢厚壁段对 NaCl 的主动重吸收，使管腔液中 Na^+、Cl^- 浓度升高，而髓质间液 Na^+、Cl^-浓度降低，使渗透压梯度差降低，从而导致水、Na^+、Cl^-排泄增多。该药利尿作用强而短，为强效利尿药，用于治疗心、肝、肾等引起的水肿，特别是对其他利尿药无效的病例。呋塞米可通过降低颅内压、改善脑循环来预防和治疗高原脑水肿。

红景天冻干粉针剂 使用抗氧化剂可减少急性高原反应的发病率，提高机体适应高原环境的能力。红景天是一种传统藏药，其根茎活性提取物是高原反应的有效防治药物。它主要通过减少炎症因子而抑制细胞凋亡，改善线粒体能量代谢，减轻低压缺氧导致的脑损伤。红景天是目前国内抗高原反应最常用药物。

复方党参胶囊 该药以补气药党参为君药，以补血药当归和补阴药沙参为臣药，辅以活血药丹参为佐药，具有补气、补血、活血化瘀、滋阴、扶正固本、益气宁心、调节生理机能、镇静、抗机体缺氧、改善心脑功能等作用，主要用于预防和治疗因心肌和脑组织等缺氧、缺血引起的胸闷、气喘、乏力、昏睡、头疼、食欲不振、心绞痛、肺水肿、脑水肿及脑昏迷等急性高原反应。

2. 高原肺水肿

高原肺水肿是指抵达高原（一般指海拔 3 000 m 以上）出现静息时呼吸困难、胸闷、胸部压塞感、咳嗽、咳白色或粉红色泡沫痰，患者感全身乏力或活动能力减低等现象。海拔 3 000 m 以下也可出现高原肺水肿。吸氧是治疗和抢救的主要措施，严重者应高浓度加压给氧，必要时采用高压氧舱。药物治疗可采用乙酰唑胺、甘露醇、呋塞米、氨茶碱、酚妥拉明（参见 9.11.3 节）。

氨茶碱片 氨茶碱为茶碱与二乙胺复盐，其药理作用主要来自茶碱，乙二胺增加其水溶性。氨茶碱对支气管平滑肌的松弛作用最强，可使支气管扩张，肺活量增加，也能松弛肠道、胆道等多种平滑肌，能缓解支气管黏膜的充血、水肿。此外，氨茶碱还能扩张冠状动脉、增加心肌供血、加强心脏收缩力，多用于肺水肿及因心力衰竭而引起的肺充血（心性喘息）的平喘。

酚妥拉明注射液 酚妥拉明是竞争性、非选择性 α_1、α_2 受体阻滞药，其作用持续时间较短。它可通过阻断 α_1 和 α_2 受体引起血管扩张和血压降低，以小动脉为主，静脉次之，结果使体循环和肺循环阻力下降，动脉压降低。一般采用静脉给药后，可使全身平均动脉压和全身血管阻力下降。

3. 雪盲

雪盲就是电光性眼炎，主要是紫外线对眼角膜和结膜上皮造成损害引起的炎症，主要由阳光中经雪地表面强烈反射的紫外线所致。特点是眼睑红肿、结膜充血水肿，有剧烈的异物感和疼痛感，症状有怕光、流泪、无法睁眼等，发病期间视物模糊等。患者开始两眼肿胀难忍，怕光、流泪、视物不清；经久暴露于紫外线者可见眼前黑影，暂时严重影响视力，故误认为“盲”。登山运动员和在空气稀薄的雪山高原上的工作人员易患此病。雪盲症应主要做好预防工作，长时间在高山、雪原工作者应佩戴好护目镜。同时，可补充多种维生素软胶囊。

维生素 A 软胶囊 维生素 A 是维持暗视力的重要物质，一旦维生素 A 缺乏，就会导致夜盲症。维生素 A 对维持泪液分泌和眼表健康有重要作用，缺乏后会引起角结膜干燥症、角膜软化症。

维生素 B 片 维生素 B 具有促进神经组织发育的重要作用，及时补充维生素 B 对维持视网膜的正常生理功能有重要作用。

维生素 C 片 维生素 C 具有抗氧化损伤的作用，对促进角膜和视网膜的轻微损伤修复有重要作用。

9.11.4 航空环境

1. 运动病

运动病，也称空晕病、晕机病、航空病、晕动病，是由飞行中各种加速度刺激人体前庭器官引起的综合病症，主要症状为头晕、恶心、冷汗、皮肤变白、血压和脉搏改变，甚至呕吐、虚脱等。视感觉和运动感觉持久不一致，也会引发此病。患者初时感觉上腹不适，继有恶心、面色苍白、出冷汗，旋即有眩晕、精神抑郁、唾液分泌增多和呕吐；严重者可有血压下降、呼吸深而慢、眼球震颤等症状。严重呕吐者会引起失水和电解质紊乱。由于运输工具不同，可分别称为晕车病、晕船病、晕机病（航空晕动病）及宇宙晕动病。本病常在乘车、航海、飞行和其他运行数分钟至数小时后发生；一般在停止运行或减速后数十分钟和几小时内症状消失或减轻。经多次发病后，症状反可减轻，甚至不发生。

内耳前庭器是人体平衡感受器官，它包括三对半规管和前庭的椭圆囊与球囊。半规管内有壶腹嵴、椭圆囊、球囊、耳石器（又称囊斑），它们都是前庭末梢感受器，可感受各种特定运动状态的刺激。当汽车启动、加减速、刹车、船舶晃动、颠簸，电梯和飞机升降时，这些刺激使前庭椭圆囊和球囊的囊斑毛细胞产生形变放电，向中枢传递并感知。这些前庭电信号的产生、传递在一定限度和时间内不会产生不良反应，但每个人的强度和时间耐受性有一个限度，这个限度就是致晕阈值，如果刺激超过了这个限度，就会出现运动病症状。每个人耐受性差别很大，除了与遗传因素有关外，还受视觉、个体体质、精神状态及客观环境（如异味）等因素影响，所以，在相同客观条件下，只有部分人出现运动病症状。

药物预防主要采用氢溴酸东莨菪碱、茶苯海明、盐酸氯苯甲静、异丙嗪等。此类药物有抑制中枢神经系统的副作用，飞行员不宜服用。

氢溴酸东莨菪碱片 氢溴酸东莨菪碱片是一种外周作用较强的抗胆碱药，其外周作用较阿托品强而维持时间短，能抑制腺体分泌，解除毛细血管痉挛，改善微循环，扩张支气管。其主要作用机理是阻断前庭系统和网状结构系统中的胆碱能受体，该受体因不能与递质相接触而敏感性增高，为冲破阻断作用递质生成过多，并和未被阻断的神经元形成新的网络以对抗阻断。氢溴酸东莨菪碱片除治疗运动病外，也可用于治疗震颤麻痹、狂躁性精神病、胃酸分泌过多、胃肠痉挛、农药中毒、感染性休克、麻醉前给药等。

茶苯海拉明片 是苯海拉明与 8-氨茶碱的复合物，具有抗组胺作用，具有抑制血管渗出、减轻组织水肿、镇静、镇吐等作用，口服后在胃肠道吸收迅速而完全。适用于皮肤、黏膜的过敏反应，如荨麻疹、过敏性皮炎、过敏性鼻炎、血管性水肿、花粉症及皮肤瘙痒症等，能有效控制症状；也可用于血清病、过敏性结膜炎等过敏性疾病。与东莨菪碱合用可预防运动病，有效改善晕车、晕船、晕机所致的恶心、呕吐等症状。

盐酸美克洛嗪片 组胺受体拮抗剂，中枢抑制作用、止吐作用和抗组胺作用均较苯海拉明强而持久，可维持 12～24 h。美克洛嗪不仅能降低机体对组胺的反应，且对前庭神经有显著的抑制作用。适用于各种皮肤过敏性疾病，也可用于妊娠、放疗及运动病引起的恶心、呕吐。

盐酸倍他司汀片 组胺类药物，主要有以下药理作用：① 改善微循环，扩张脑血管、心血管，特别是对椎底动脉系统有较明显的扩张作用，显著增加心、脑及周围循环血流量；② 对内耳毛细血管前括约肌有松弛作用，增加耳蜗和前庭血流量，从而消除内耳性眩晕、耳鸣和耳闭感；还能增加毛细血管通透性，促进细胞外液的吸收，消除内耳淋巴水肿；③ 能对抗儿茶酚胺的血管收缩作用及降低动脉压，并有抑制血浆凝固及 ADP 诱导的血小板凝集作用，能延长大鼠体外血栓形成时间。盐酸倍他司汀可用于梅尼埃综合征、血管性头痛及脑动脉硬化，并可用于治疗脑血栓、脑栓塞、一过性脑供血不足等急性缺血性脑血管疾病，对高血压所致直立性眩晕、耳鸣等也有效，也可用于内耳眩晕症。

甲氧氯普胺片 多巴胺 2 受体拮抗剂，同时，还具有激动 5－羟色胺 4 受体和轻度抑制 5－羟色胺 3 受体效应，具有中枢性镇吐和促进胃、食管蠕动等作用。可用于缓解中枢性呕吐，胃源性呕吐，脑外伤后遗症、急性颅脑损伤、药物、肿瘤、手术、化疗及放疗等引起的恶心和呕吐。对运动病效果显著。

2. 鼻窦气压性损伤

鼻窦是鼻腔周围颅骨内含气空腔的总称，分为上颌窦、筛窦、蝶窦、额窦。鼻窦气压伤是由于外界大气压急剧变化时，鼻窦内负压和外界气压不能及时取得平衡所引起的鼻窦黏膜损伤和炎症。鼻窦气压伤好发于额窦和上颌窦。正常人鼻窦口保持开放状态，当外界气压变化时，窦腔气压能迅速与外界平衡，不会发生气压损伤。如果鼻窦黏膜肿胀或窦口开放不利，由于气压变化过快，会引起鼻窦内外的气压差，在压力作用下鼻窦内黏膜充血、水肿甚至剥脱，引起鼻窦疼痛等不适症状，主要表现为额部疼痛或面颊、牙齿麻木，可有间断性鼻出血。鼻内分泌物较黏稠，常带血丝，如果继发感染，可发展为慢性鼻窦炎。常见致病原因有鼻窦异常、上呼吸道感染、职业因素（如飞行员、潜水员）、高压氧治疗等，飞行员和潜水员易患此病。

欧龙马滴剂 欧龙马滴剂是一种中药制剂，具有良好的抑菌、抗炎、免疫调节、促分泌物稀化等作用；可加强纤毛运动，促使鼻腔鼻窦分泌物排出。可用于急性鼻窦炎或慢性鼻窦炎急性发作。成分为欧龙胆、报春花、酸模、洋接骨木、马鞭草；辅料乙醇的含量为 19%。滴剂见鼻滴剂的制备方法。

桃金娘油 桃金娘油主要用于治疗呼吸系统疾病，能重建上下呼吸道黏液纤毛清除功能，使黏液移动速度明显加快，促进痰液排出。桃金娘油还可通过减轻支气管黏膜肿胀来达到舒张支气管的效果，可用于治疗急性鼻窦炎、鼻窦气压性损伤。

【处方及制备】桃金娘的预处理：新鲜桃金娘干燥，粉碎到 40～100 目；桃金娘的超临界提取：10～30 MPa 下，提取温度为 45～55 ℃，提取时间为 1～2 h，夹带剂无水乙醇与桃金娘果实的体积质量比为 0.5～2 L/kg，得桃金娘精油。

呋麻滴鼻液　呋麻滴鼻液是耳鼻咽喉科常用药，主要成分包括呋喃西林和麻黄素，呋喃西林属于抗生素，有抑菌作用；麻黄素属于拟肾上腺素类药，能收缩黏膜血管。呋麻滴鼻液经常用于治疗各种鼻炎引起的鼻塞，可快速缓解，作用可持续 5～6 h；也可用于消炎及消除鼻黏膜水肿减轻鼻组织肿胀。但此药物长期使用会有反跳现象，效果会越来越差，甚至加重疾病发展。所以临床上不能长期使用，一般使用一个星期以后，要停用一个星期，必要时可以再次使用。

盐酸羟甲唑啉喷鼻剂　盐酸羟甲唑啉具有直接激动血管 α_1 受体而引起血管收缩的作用，从而减轻炎症所致的充血和水肿。盐酸羟甲唑啉喷雾剂可用于治疗急慢性鼻炎、鼻窦炎、过敏性鼻炎、肥厚性鼻炎等。主要不良反应为用药过频易致反跳性鼻充血，久用可致药物性鼻炎。

9.11.5　航海环境

航海环境中主要医学问题包括运动病、节律紊乱、睡眠障碍及维生素缺乏可能带来的疾病。可分别参照相关章节。同时，应关注长期航海带来的认知能力下降和噪声引发的健康问题，寻找安全、有效的药物。

9.12　驱避剂

驱避剂（Repellents）是指能阻止昆虫（或其他动物）接触、叮咬的合成物或有机物。驱避剂并不直接作用于昆虫将其杀死，而是使用后依靠其物理、化学作用使昆虫忌避，发生转移潜逃，安全有效，而且能降低昆虫产生抗药性的概率，降低感染虫媒病的风险。

根据驱避对象不同，驱避剂可用于驱避蚂蚁、蚂蟥及蚊、蠓、螨、蚤、蜱、白蛉等小型吸血媒介。

理想的驱避剂应具有以下特点：① 长效性，高效性，广谱性。② 毒性低，易降解，不污染环境。③ 皮肤渗透性低，刺激性小，不对人体产生有害影响。④ 性质稳定，便于运输携带。⑤ 使用方便，气味芬芳或无味，使用舒适度高。⑥ 生产工艺简单，成本低廉，便于推广。本书主要从驱避剂分类和剂型两方面概括最新研究进展。

驱避剂按照有效成分来源不同，主要分为化学合成驱避剂和植物源驱避剂。合成驱避剂具有广谱、高效、作用迅速等优点。植物源驱避剂具有安全环保，易降解、低残留、害虫不易产生抗药性等特点。

9.12.1　化学合成驱避剂

化学合成驱避剂是利用化学方法合成出的具有一定驱避活性的化合物，一般可进行工业大规模生产，主要的合成驱避剂有避蚊胺（N,N－Diethyl－3－methyl benzoyl amide，DEET）、驱蚊酯（Ethyl Butylacetylaminopropionate，IR3535）、N,N－二乙基苯乙酰胺（N,N－Diethyl Phenylacetamide，DEPA）、氯菊酯（Permethrin）等。

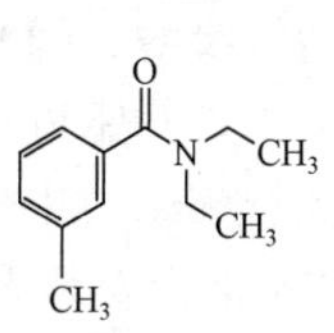

O N CH_3 CH_3 CH_3

避蚊胺

避蚊胺　是一种油状挥发性液体，微溶于石油醚，不溶于水，易溶于乙醇。DEET 是一种广谱驱避剂，对蟑螂、跳蚤、白蛉、蚊子和牛虻等多种昆虫都有驱避作用，因其驱避效果好，成本低廉，被广泛应用，是驱蚊剂的“黄金标准”。与多种植物精油相比，DEET 对埃及伊蚊具有最高的驱避效率和最长的驱避时间，20% DEET 4 h 内驱避率为 100%。DEET 作为驱避剂的安全性存在争议，可能会对皮肤、心血管系统和神经系统产生不利影响，但仍然缺乏确实的证据表明在规定剂量下持续使用对人类健康产生的不利影响。DEET 具有强烈的油腻感，并且由于其相对分子质量较低而易被皮肤吸收，所以不建议直接涂在皮肤上。孕妇和小于 6 个月的儿童应避免接触含有 DEET 的驱虫剂。此外，DEET 会损坏橡胶、塑料、合成纤维等材料，但不会损伤天然纤维，如棉和羊毛，所以使用起来有一定局限性。

避蚊胺喷雾剂

【处方】 十二烷基苯磺酸三乙醇胺盐 4%　　聚苯乙烯苯酚聚氧乙烯醚 14%～18%
避蚊胺 78%～80%　　脂肪醇聚氧乙烯醚硫酸钠 2%～5%

【制备】 各有效成分按照所述的质量分数依次放入搅拌槽，在温度为 20～30 ℃范围内搅拌 5～10 min，慢慢加入水制成一定比例溶液，继续在 30～60 ℃范围内搅拌 10～20 min，冷却静置。其中，一定比例是指按质量分数 5%～50%与水混合。

驱蚊酯　是一种广谱、高效的昆虫驱避剂，呈油状透明液体，在常压室温下易挥发，微溶于水，所以具有一定的耐水性，热稳定性好，与 DEET 相比，它对黏膜刺激性更小。IR3535 毒性低于 DEET 和 picaridin，可针对 6 个月以上的儿童和孕妇，但仍不建议将其直接涂抹于皮肤。IR3535 的作用方式可能是通过影响蚊虫的嗅觉受体 CquiOR136。在一项研究中，使用市售含 20%的 IR3535 的驱避剂在 6 h 内对白蛉的驱避率达到 100%。

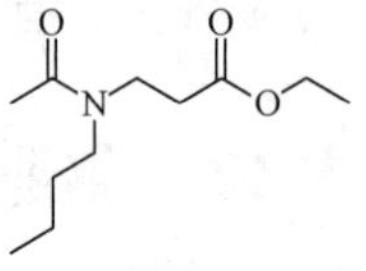

驱蚊酯

驱蚊酯喷雾剂

【处方】 95%乙醇 2%～10%　　聚乙二醇 6000　5%～10%
三乙醇胺 0.5%～2%　　去离子水适量
驱蚊酯 25%～40%　　卡波姆 940　0.5%～1.2%
聚乙二醇 400　10%～15%　　丙二醇 2%～10%

【制备】 ① 凝胶基质的制备：在搅拌的同时向丙二醇中慢慢加入卡波姆 940，然后加入 80%～90%计量的去离子水，加热搅拌至卡波姆 940 溶胀完全，冷至 25～35 ℃下加入 95%乙醇，三乙醇胺调节 pH 在 5.0～7.0；② 带药混合液的制备：室温下用 10%～20%的水将聚乙二醇 6000 配成水溶液，加入聚乙二醇 400 搅拌均匀，加入驱蚊酯和聚乙烯基吡咯烷酮/十六碳烯共聚物，搅拌得带药混合液；③ 将②得到的带药混合液加入①的凝胶基质中，加水至全量，搅拌均匀即可。

N,N－二乙基苯乙酰胺　DEPA 可驱避埃及伊蚊、白纹伊蚊、斯氏按蚊、血红扇头蜱、波斯锐缘蜱、蟑螂、黑蝇、旱蚂蟥、白蛉等多种昆虫。相比 DEET，DEPA 的价格更低，毒性更小，其驱避机理尚不明确。在野外驱避测试中，DEPA 对蚊子、白蛉和旱蚂蟥的驱避率均优于邻苯二甲酸二甲酯（Dimethyl phthalate，DMP），与 DEET 的驱避率无显著差异。20% DEPA 溶液对埃及伊蚊的有效驱避时间为 5.5 h，比供试的 22 种精油驱避时间更长（最长为 4 h）。

N,N－二乙基苯乙酰胺喷雾剂

【处方】香精 0.15　　药用乙醇 2/8.1

去离子水 91.9　　二氯苯醚菊酯 0.3

N,N－二乙基苯乙酰胺 0.3　　S_1 0.5

MGIL－164 0.75　　BHT 0.1

Tx-10 4

【制备】见喷雾剂制备方法。

9.12.2 植物来源驱避剂

人类利用植物驱避昆虫的做法由来已久，最简单的方法是将植物碾碎带在身边或放于屋内。植物源驱避剂主要来自植物不同组织部位的提取物，如根、茎、叶、花、种子及果实等。植物在生长过程中，容易受到害虫侵害，为了抵御有害生物，会产生一些对害虫具有驱避、触杀、胃毒、拒食作用的生物活性物质用于保护自身。其中大多数化学物质如生物碱、萜类、黄酮类、酚酸类等，以及具有独特结构的多糖和氨基酸等均具有一定的杀虫、抑菌等生物活性。近代研究发现，常见的驱虫植物多分布在马鞭草科、龙脑科、桃金娘科、柏科、菊科、芸香科、唇形科、姜科、月桂科和禾本科等。部分植物精油驱避的昆虫及有效驱避成分见表 9－1。

表 9－1　植物精油及其有效驱避成分

植物来源	驱避昆虫	主要成分	参考文献
亚香茅 *Cymbopogon nardus* (L.) Rendle	甘薯粉虱	香茅醛	[61]
香茅 *Cymbopogon citratus* (DC.) Stapf	埃及伊蚊、白蛉	香茅醛、柠檬醛	[62，63]
假荆芥 *Nepeta cataria*	埃及伊蚊、肩胛蜱	假荆芥内酯	[64]
柠檬桉 *Eucalyptus citriodora* Hook.f.	埃及伊蚊、蜱虫	香茅醛、香茅醇、1,8－桉叶素	[65]
调料九里香 *Murraya koenigii* (L.) Spreng.	蟑螂	α－蒎烯、石竹烯	[66]
肉桂 *Cinnamomum cassia Presl*	甲虫、埃及伊蚊	桂皮醛	[67]
Zanthoxylum riedelianum	烟粉虱	柠檬烯、β－月桂烯	[50]
牛至 *Origanum vulgare* L.	花蜱、埃及伊蚊	香芹酚、百里香酚	[68]
北美乔柏 *Thuja plicata* D. Don	白蚁	雪松醇	[69]
肉豆蔻 *Myristica fragrans* Houtt.	埃及伊蚊	α－蒎烯、柠檬烯	[70]
芸香草 *Cymbopogon distans* [52] Wats.	书虱、赤拟谷盗	香叶醇、*R*－香茅醛	[71]
胡椒 *Piper nigrum*	德国小蠊	胡椒碱、β－石竹烯	[72]
薄荷 *Mentha haplocalyx* Briq.	蚂蚁、苍蝇、四纹豆象	薄荷醇	[68]
甜橙 *Citrus sinensis* (L.) Osbeck	埃及伊蚊幼虫	*R*－柠檬烯	[73]
薰衣草 *Lavandula angustifolia* Mill.	斯氏按蚊	芳樟醇	[74]

植物精油理化性质不稳定，易分解变质，散发挥发，且直接涂抹在皮肤上会有油腻、灼热等不适感，甚至会引起轻微过敏。将植物精油驱虫药物制备成适宜的剂型十分必要，可以提高驱避剂的安全性；减少药物渗入皮肤。解决有效成分蒸发快、作用时间短的问题，提高药物的稳定性，便于运输、贮存。

风油精溶液 具有特殊清凉气味，为无色或淡黄色澄清液体，主要成分是薄荷油。可用于驱避蚊虫，改善精神疲劳，含有β–蒎烯、柠檬烯、β–芳樟醇、β–石竹烯、左旋薄荷酮、桉叶素等多种成分，其中以左旋薄荷醇含量最高。

驱避军用纺织品 采用在纺织品中加入驱避成分的制备方法，制备军用服装、墙布、帐篷和包裹袋等易受到昆虫侵害的物品，从而为军人提供更全面的防护。驱避成分通过喷涂、浸渍与纤维结合等多种方式加入织物中。将柠檬酸作为交联剂，将薄荷和薰衣草精油精油包合物载入棉织物中，显示出良好的驱蚊效果。5 次洗涤后，红外光谱显示，精油包合物仍然较好地保留在棉织物中。改性 DEET 与交联剂形成共价键，进而被固定在棉织物上，即使清洗 10 次，驱蚊率仍保持在 72%～84%的范围内。DEET 与β–环糊精结合制成纳米海绵，分散在聚丙烯酸树脂中，聚丙烯酸树脂用来增强 DEET 对织物的附着力，40 ℃洗涤 40 min 后的织物仍可以保留 20%的 DEET。使用具有驱蚊作用的桉叶油（15%和 30%）和 DEPA（15%）分别对织物进行处理，现场测试穿着处理过的织物平均保护时间均超过 6 h。金属–有机骨架材料（MOFs）具有表面积大、化学性质稳定和吸附性强的特点。首先加入金属–有机骨架材料 1,3,5–均苯三羧酸铜（Copper–benzene–1,3,5–tricarboxylic acid，Cu–BTC），对织物面料进行改性，再将 DEET 载入面料。Cu–BTC 可增加 DEET 在织物中的含量，减缓 DEET 释放，DEET 缓释时间可长达 24～36 h。

军事特殊环境对驱避军用纺织品提出了更高要求，如稳定性好，耐高温、极寒环境，使用方便，可实现自用、互用。采用最新制剂技术，如果与民用制剂取长补短，可实现军民两用制剂水平的快速提升。

思 考 题

1. 睡眠调节类药物主要有哪几种？
2. 战时精神类疾病主要有哪几种？常见治疗药物有哪些？
3. 军事训练伤常见类型有哪些？常见治疗药物有哪些？
4. 镇痛类药物分类及主要作用机制。
5. 特殊极端环境包括哪几种类型？常见治疗药物有哪些？

参考文献

［1］陈书峰，胡杨洋，杨放，金义光，姚洁，李蔷薇. 抗结核药物新剂型–异烟肼药质体的研究［J］. 国外医药抗生素分册，2010，31（3）：110–113.

［2］刘素霞. 阿奇霉素的药理及其临床应用观察［J］. 甘肃科技，2014，30（21）：129–130.

［3］Hong Y, Ramzan I, McLachlan A J. Hepatobiliary disposition of liposomal amphotericin B in the isolated perfused rat liver［J］. J Pharm Sci, 2005, 94(1): 169–176.

[4] Ibrahim A. S, Avanessian V, Spellberg B, et al. Liposomal amphotericin B, and not amphotericin B deoxycholate, improves survival of diabetic mice infected with Rhizopus oryzae [J]. Antimicrob Agents Chemother, 2003, 47(10): 3343－3344.
[5] 李婉玲，翁霞，何华英. 百多邦联合速愈平软膏治疗老年患者压疮的疗效观察 [J]. 护理学杂志，2011，26（21）：70－71.
[6] Oduro-Yeboah J. Pharmazeutische Formulierungen [J]. EP 0095897, 1988.
[7] 余明莲，王聪敏，郭月玲，刘畅. 改进型复方磺胺嘧啶银乳膏对烧伤创面修复的促进作用 [J]. 解放军药学学报，2010，26（1）：39－41.
[8] Foroutan S M, Ettehadi H A, Torabi H R. Formulation and In Vitro Evaluation of Silver Sulfadiazine Spray [J]. Iranian Journal of Pharmaceutical Research, 2002, 1(1): 47－49.
[9] 孙玮婧. 阿昔洛韦片制备工艺及质量标准研究 [D]. 哈尔滨：哈尔滨商业大学，2019.
[10] 王登之. 治疗流感病毒的利巴韦林口腔崩解片及其制备方法 [P]. CN02156848.0，2002.
[11] 张鹤鸣，汤建华，王淑珍，王文剑. 抗流感病毒药物奥司他韦的研究现状及新进展 [J]. 河北医药，2010，32（12）：1623－1625.
[12] Farheen A. Formulation and Evaluation of Oseltamivir Phosphate Immediate Release Tablets by Using Compression Coating Technique Ijppr [J]. Human, 2017, 10(4): 248－264.
[13] 余超，徐玉茗，徐瑾，万凯化，袁兴东，李穗，周鹃. 破伤风抗毒素临床应用及安全性研究进展 [J]. 中国药物警戒，2016，13（1）：36－41.
[14] 国家药典委员会，破伤风抗毒素中华人民共和国药典（2020 版三部）[M]. 北京：中国医药科技出版社，2020.
[15] 韦海霞. 破伤风抗毒素皮试液配制及脱敏注射方法的改进及其临床应用 [J]. 临床合理用药杂志，2011，4（13）：29.
[16] 何庆，丛鲁红. 破伤风免疫球蛋白在破伤风治疗中的应用 [J]. 中国生物制品学杂志，2007（5）：391－392.
[17] 国家药典委员会，马破伤风免疫球蛋白中华人民共和国药典（2020 版三部）[M]. 北京：中国医药科技出版社，2020.
[18] 汪文娟，高琴，魏曾曾. 局部氧疗联合重组人表皮生长因子凝胶治疗中老年压疮的效果观察 [J]. 安徽医药，2013，17（4）：705－706.
[19] 王勇，王光华，苏卫国. 纳米银抗菌凝胶联合重组人表皮生长因子凝胶对深Ⅱ度烧伤创面的疗效观察 [J]. 中国美容医学，2013，22（21）：2098－2099.
[20] 陆兵，程度胜，朱厚础. 重组人表皮生长因子凝胶剂的研制 [J]. 药学实践杂志，2001（3）：143－145.
[21] 钟微子，关永翔. 湿润烧伤膏与聚维酮碘膏治疗四肢Ⅱ度烧伤的疗效观察 [J]. 实用医技杂志，2008（19）：2502－2503.
[22] 孙广峰，曾雪琴，王达利，聂开瑜，唐修俊，金文虎. 湿润烧伤膏治疗Ⅱ度烧伤创面的临床疗效观察 [J]. 遵义医学院学报，2010，33（5）：460－461.
[23] 周国才. 中草药湿润烧伤膏 [P]. 中国发明专利，CN1095612，1994.
[24] 吴少军，马宏梅. 磺胺嘧啶锌软膏治疗四肢深Ⅱ度烧伤的疗效观察 [J]. 宁夏医科大学学报，2011，33（10）：999－1000.

［25］卢丹，尤孝庆. 布洛芬缓释胶囊的制备［J］. 中国医药工业杂志，1998，29（10）：452－453.
［26］王曼丽. 双氯芬酸乙醇胺乳胶剂的研制［D］. 沈阳：沈阳药科大学，2008.
［27］丁雪鹰，高申，王世岭，张沂. 氟比洛芬巴布剂在健康人体内的药代动力学［J］. 药学服务与研究，2001，1（1）：22－24.
［28］陈琰. 芳基丙酸类非甾体抗炎药的透皮机理和氟比洛芬贴剂的研究［D］. 上海：第二军医大学，2002.
［29］(IR) H R. Aqueous enteric coating formulation, with buffer (eg ammonium hydrogen carbonate) which solubilises enteric polymer yet decompos［P］. GB2353215, 2001.
［30］郑爱萍，梁希，郭飞，孙建绪. 咖啡因药物组合物及其制备方法［P］. CN105030716B，2019.
［31］范卫东，章根宝，徐勇智，洪丰庆. 用于直接压片的维生素 B-(6)颗粒的制备方法［P］. CN101474158B，2011.
［32］Wang Y H, Sun J F, Tao Y M, et al. Paradoxical relationship between RAVE (relative activity versus endocytosis)values of several opioid receptor agonists and their liability to cause dependence［J］. Acta Pharmacol Sin, 2010, 31(4): 393－8.
［33］Bornemann-Cimenti H, Lederer A J, et al. Preoperative pregabalin administration significantly reduces postoperative opioid consumption and mechanical hyperalgesia after transperitoneal nephrectomy［J］. Br J Anaesth, 2012, 108(5): 845－9.
［34］国家药典委员会，癸氟奋乃静注射液中华人民共和国药典（2020 版二部）［M］. 北京：中国医药科技出版社，2020.
［35］李代波，曾岚，蒋昀，帅丽芳，银涛，刘乐斌. 服用藿香正气液、喷洒凉水及其联合预防中暑的效果比较［J］. 解放军预防医学杂志，2016，34（05）：732－733.
［36］朱秀梅，余庆玲，李丽娟，蓝雪兵，黄菲菲，彭山玲，孔悦. 体能训练时预防热射病的口服补液方案研究进展［J］. 武警医学，2022，33（2）：173－175.
［37］冯仲贤. 黄连素外用治疗痱子 57 例［J］. 中国民间疗法，2014，22（08）：31.
［38］刘清宇，刘松春，程治铭，石伟. 寒区冻伤预防及诊疗研究进展［J］. 人民军医，2021，64（02）：147－150.
［39］马四清，宋青. 高原肺水肿防治研究进展［J］. 解放军医学杂志，2021，46（06）：603－608.
［40］李雪，王荣，霍妍，赵安鹏，李文斌，封士兰. 西洛他唑抗高原缺氧的药效学评价［J］. 中南大学学报（医学版），2022，47（02）：202－210.
［41］赵谋明，陈文芬，崔春等. 一种桃金娘精油的制备方法及其在广式腊肠中的应用［P］. CN102226131B，2013.
［42］陶波，张大伟. 蚊虫驱避剂的研究进展［J］. 东北农业大学学报，2014，45（2）：123－128.
［43］刘一婧，杜丽娜，金义光. 驱避剂及其剂型的研究进展［J］. 国际药学研究杂志，2020，47（12）：1104－1112.
［44］Riffell J A. Olfaction: Repellents that Congest the Mosquito Nose［J］. Curr Biol, 2019, 29(21): 1124－1126.
［45］Norashiqin M, Mohamed N Z, Rohani A. New candidates for plant-based repellents against Aedes aegypti［J］. J Amer Mosquito Control Assocn, 2016, 32(2): 117－123.

［46］Swale D R, Bloomquist J R. Is DEET a dangerous neurotoxicant?［J］. Pest Manag Sci, 2019, 75(8): 2068－2070.
［47］Nogueira B T, Almeida L L M, Eduardo R J, et al. Development and characterization of micellar systems for application as insect repellents［J］. Int J Pharm, 2013, 454(2): 633－640.
［48］Alpern J D, Dunlop S J, Dolan B J, et al. Personal protection measures against mosquitoes, ticks, and other arthropods［J］. Med Clin, 2016, 100(2): 303－316.
［49］郑庆康，许晓锋，郑进渠，雷乐颜. 一种水剂型避蚊胺组合物及其制备方法［P］. CN102920617B，2014.
［50］Melanie T, Mattos S M R, Oliveira S L B. et al. Trends in insect repellent formulations: A review［J］. Int J Pharm, 2018, 539(1－2): 190－209.
［51］Xu P, Choo Y M, Alyssa D L R, et al. Mosquito odorant receptor for DEET and methyl jasmonate［J］. PNAS, 2014, 111(46): 16592－16597.
［52］Weeks E N I, Gideon W, Logan J L, et al. Efficacy of the insect repellent IR3535 on the sand fly Phlebotomus papatasi in human volunteers［J］. J Vector Ecol, 2019, 44(2): 290－292.
［53］刘朝晖，李意芳，秦琼. 蚊虫驱避剂及制备方法［P］. CN101843566A，2010.
［54］Tikar S N, Ruchi Y, Mendki M J, et al. Oviposition deterrent activity of three mosquito repellents diethyl phenyl acetamide (DEPA), diethyl m toluamide (DEET), and diethyl benzamide (DEB) on Aedes aegypti, Aedes albopictus, and Culex quinquefasciatus［J］. Parasitol Res, 2014, 113(1): 101－106.
［55］Kalyanasundaram M, Mathew N. N, N-diethyl phenylacetamide (DEPA): a safe and effective repellent for personal protection against hematophagous arthropods［J］. Journal of Medical Entomology, 2006, 43(3): 518－525.
［56］Mendki M J, Singh A P, Tikar S N, et al. Repellent activity of N, N－diethylphenylacetamide (DEPA) with essential oils against Aedes aegypti, vector of dengue and chikungunya［J］. Int J Mosq Res, 2015, 2(1): 17－20.
［57］贾家祥，汤林华，施恒华，陈逸君，赵福洲，王乃健. N,N－二乙基苯基乙酰胺化合物在抗螨抑菌中的应用［P］. CN1836509，2006.
［58］Ferreira M M, Moore Sarah J. Plant-based insect repellents: a review of their efficacy, development and testing［J］. Malaria J, 2011, 10(1): 11.
［59］张瑞玲，张远丽，张辉，孙娜，张忠. 植物源蜱类驱避剂的应用进展［J］. 中国媒介生物学及控制杂志，2016，27（3）：308－310.
［60］李慧，刘辉，张兴. 植物源蚊虫驱避剂的研究与应用［J］. 中华卫生杀虫药械，2018，24（2）：199－202.
［61］Saad K A, Mohamad R M, Idris A B. Toxic, repellent, and deterrent effects of citronella essential oil on Bemisia tabaci (Hemiptera: Aleyrodidae) on Chili plants［J］. J Entomol Sci, 2017, 52(2): 119－130.
［62］Ruchi S, Rekha R, Sunil K, et al. Therapeutic potential of citronella essential oil: a review

［J］. Curr Drug Discov Technol, 2019, 16(4): 330－339.

［63］Pujiastuti A, Cahyono E, Sumarni W. Encapsulation of Citronellal from Citronella Oil using β－Cyclodextrin and Its Application as Mosquito (Aedes aegypti) Repellent［J］. J Phys Confer Series, 2017, 824: 1－7.

［64］William R, Jadrian E, Tom G, et al. Repellency assessment of Nepeta cataria essential oils and isolated Nepetalactones on Aedes aegypti［J］. Sci Rep, 2019, 9(1): 1－9.

［65］Diaz J H. Chemical and plant-based insect repellents: efficacy, safety, and toxicity［J］. Wilderness & Envir Med, 2016, 27(1): 153－163.

［66］Jamil R, Natashah N N, Ramli H, et al. Extraction of essential oil from murraya Koenigii leaves: Potential study for application as natural-based insect repellent［J］. ARPN J Eng Appl Sci, 2016, 11(4): 1－5.

［67］Zhang Q, Wu X, Liu Z. Primary screening of plant essential oils as insecticides, fumigants, and repellents against the health pest Paederus fuscipes (Coleoptera: Staphylinidae)［J］. J Ecom Entomol, 2016, 109(6): 2388－2396.

［68］Hikal W M, Baeshen R S, Said-Al A H A. H. Botanical insecticide as simple extractives for pest control［J］. Cogent Biol, 2017, 3(1): 1－16.

［69］Tonay İ, Gökhan E, Ceylan T G, et al. In-vivo and in-vitro tick repellent properties of cotton fabric［J］. Textile Res J, 2015, 85(19): 2071－2082.

［70］Mohd N M, Chiu H I, Yong Y K, et al. Biocompatible Nutmeg Oil-Loaded Nanoemulsion as Phyto-Repellent［J］. Front Pharmacol, 2020, 11: 1－16.

［71］Zhang J S, Zhao N N, Liu Q Z, et al. Repellent constituents of essential oil of Cymbopogon distans aerial parts against two stored-product insects［J］. J Agric Food Chem, 2011, 59(18): 9910－9915.

［72］Ahmed W T, Hamada C, Hua H, et al. Biological activity of essential oil from Piper nigrum against nymphs and adults of Blattella germanica (Blattodea: Blattellidae)［J］. J Kansas Entomol Soc, 2017, 90(1): 54－62.

［73］Galvão J G, Silva V F, Ferreira S G, et al. β－cyclodextrin inclusion complexes containing Citrus sinensis (L.) Osbeck essential oil: An alternative to control Aedes aegypti larvae［J］. Thermochim Acta, 2015(608): 14－19.

［74］Shelly K, Chakraborty J N. Mosquito repellent activity of cotton functionalized with inclusion complexes of β－cyclodextrin citrate and essential oils［J］. Fashion and Textil, 2018, 5(1): 1－18.

［75］Rungarun T, Unchalee S, Grieco John P, et al. Plants traditionally used as mosquito repellents and the implication for their use in vector control［J］. Acta Trop, 2016, 157: 136－144.

［76］黄兴雨，杨黎燕，尤静. 薄荷挥发油研究进展［J］. 化工科技，2019，27（3）：70－74.

［77］Teli M D, Chavan P P. Modified application process on cotton fabric for improved mosquito repellency［J］. J Textile Instit, 2016, 108(6): 915－921.

［78］Peila R, Scordino P, Shanko D B, et al. Synthesis and characterization of β－cyclodextrin nanosponges for N, N－diethyl－meta－toluamide complexation and their application on

polyester fabrics [J]. React Func Polym, 2017(119): 87－94.
[79] Murugesan B. Analysis and Characterization of Mosquito-Repellent Textiles [J]. J Textile Sci Eng, 2017, 7(317): 1－6.
[80] Emam H E, Abdelhameed R M. In－situ modification of natural fabrics by Cu-BTC MOF for effective release of insect repellent (N, N－diethyl－3－methylbenzamide) [J]. J Porous Mater, 2017, 24(5): 1175－1185.

（焦文成，唐子琰，宋兴爽，王椿清，李　祺，杜丽娜）

民族骄傲|中国古代著名药学家

孙 思 邈

——药王

孙思邈（581—682），京兆华原（今陕西耀县）人，唐代医药学家、道士。被后人尊称为“药王”。他钻研诸子百家，善谈老庄，兼通佛典，精于医药。撰著了《备急千金要方》和《千金翼方》各30卷，另有《千金髓方》20卷已佚。

《备急千金要方》简称《千金要方》或《千金方》。作者认为，“人命至重，有贵千金，一方济之，德逾於此”（《自序》），故以“千金”命书。该书成于永徽三年（652），计二三三门，合方论五千三百首，记述了妇、儿、内、外各科病证以及本草、制药、食治、养性、平脉、导引、针灸孔穴主治等多方面的内容，保存了唐代以前许多医学文献资料，具有较高的科学价值，为我国现存最早的一部临床实用百科全书。

《大医精诚》出自唐代孙思邈著作《备急千金要方》的第一卷。《大医精诚》论述了有关医德的两个问题：第一是精，也即要求医者要有精湛的医术，认为医道是“至精至微之事”，习医之人必须“博极医源，精勤不倦”。第二是诚，也即要求医者要有高尚的品德修养，以“见彼苦恼，若己有之”感同身受的心，策发“大慈恻隐之心”，进而发愿立誓“普救含灵之苦”，且不得“自逞俊快，邀射名誉”“恃己所长，经略财物”。

《大医精诚》是论述医德的一篇极为重要的文献，它广为流传，对后世医药工作者在医风医德的建设方面产生极为深远的影响。

（张 奇）

第三篇

药物制剂前沿

第 10 章
新型制剂

1. 了解靶向制剂的类型、原理及评价方法。
2. 了解固体分散体的类型、原理及评价方法。
3. 了解渗透泵的类型、原理及评价方法。
4. 了解胃滞留制剂的类型、原理及评价方法。
5. 了解脉冲制剂的类型、原理及评价方法。

新型制剂区别于传统制剂如常规片剂、胶囊、口服液、贴剂、注射剂等，是采用新技术手段得到的制剂，但制剂形态可能仍然以片剂、胶囊、口服液、注射剂的形式出现。新型制剂技术有很多种，并且一直在发展和创新。本章仅介绍有代表性的几种新型制剂。

10.1 靶向制剂

靶向制剂，又称靶向给药系统（targeted drug delivery system，TDDS），是指载体将药物通过局部给药或全身血液循环选择性浓集定位于靶组织、靶器官、靶细胞或细胞内结构的给药系统。

药物分子进入人体后，药物的体内命运只受其固有性质和机体状态决定。一般情况下，药物会在全身各组织分布，但可能在不同组织的分布有一定差别。有些药物是全身发挥作用，但大部分药物需要在病变组织分布才能发挥作用。如果药物分布在病变组织较多，而在其他正常组织分布少，就可以实现天然药物靶向效果。但是，大部分情况下药物并没有在病变组织分布较多，甚至只有少量药物到达病变组织也就是靶组织。如果采用传统制剂，药物是全身分布，要提高靶区的药物浓度，必须提高全身循环系统中药物浓度，就必须增加药物应用剂量，从而使药物在正常组织也增加，也就提高了毒副作用概率。特别是对于细胞毒抗癌药物，在杀灭癌细胞的同时损伤正常细胞。靶向制剂使药物尽量分布于靶组织，提高药效，降低毒副作用，也就提高了安全性、有效性、可靠性和患者顺应性。

靶向制剂不仅使药物选择性分布于靶组织、靶器官、靶细胞甚至细胞内的结构，而且需要滞留一定时间，以便发挥药效，同时，载体应无毒副作用。成功的靶向制剂应具备定位浓集、控释、无毒性可降解三个要素。

10.1.1 靶向制剂的分类

根据靶向制剂在体内到达的部位，可以分为三类：① 组织或器官靶向制剂，如肝靶向制剂、肾靶向制剂、肿瘤靶向制剂等；② 细胞靶向制剂，如靶向肝脏部位的肿瘤细胞；③ 亚细胞靶向制剂，如线粒体靶向制剂。

按照靶向给药机制，可将靶向制剂分为被动靶向制剂、主动靶向制剂和物理化学靶向制剂。

被动靶向制剂又称自然靶向制剂，指药物或给药系统进入体内，由于细胞内吞作用或病理特异性分布实现靶向。静脉注射微粒的体内分布首先取决于粒径大小。人体最小毛细血管内径约为 5 μm，通常微粒粒径大于 7 μm 时，被肺的最小毛细血管以机械过滤方式截留，再被单核细胞摄取进入肺组织或肺气泡；小于 7 μm 时，一般被肝和脾中巨噬细胞摄取；200～400 nm 的纳米粒集中于肝后迅速被肝清除；小于 10 nm 则积聚于骨髓。肿瘤组织由于血管不正常生长，血管内皮细胞间隙大，纳米粒易从血液中迁移至肿瘤组织，称为增强渗透和滞留（Enhanced penetration and retention，EPR）效应，从而具有一定的肿瘤组织靶向性。

主动靶向制剂是连接配体或抗体在载体表面，载体携带药物在体内循环时，特异性识别靶细胞，从而将药物定向递送至靶组织（图 10－1）。配体特异性与细胞表面受体结合，而抗体特异性和细胞表面抗原结合。普通纳米载体进入循环系统后，易被血液中补体等成分（称为调理素）调理化，然后被巨噬细胞识别和吞噬，使药物蓄积在肝、脾、肺等巨噬细胞丰富的组织（称为单核巨噬细胞系统）中。载体表面连接亲水性长链（如聚乙二醇）后，可减少调理化作用，减少巨噬细胞吞噬，就有机会到达其他组织。

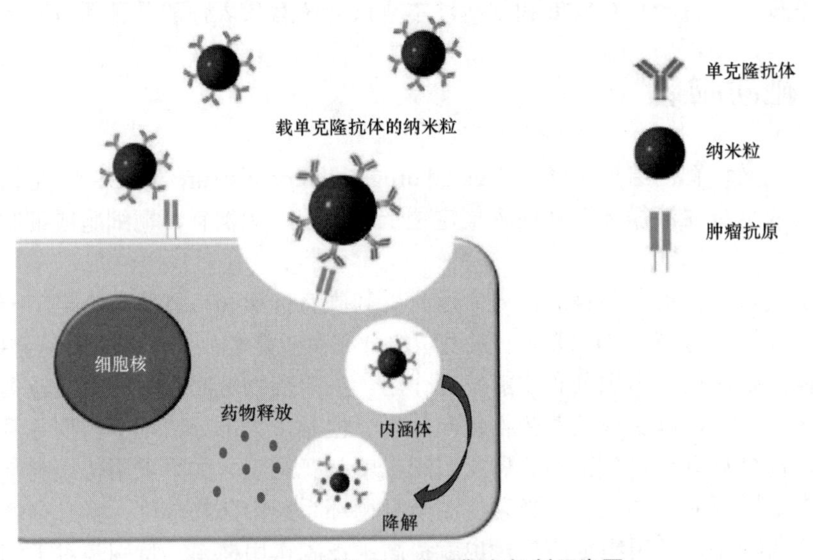

图 10－1　抗体介导的主动靶向机制示意图

物理化学靶向制剂应用物理化学方法使靶向制剂在特定部位发挥药效。磁靶向制剂含有磁性颗粒，可集中分布于磁场区域内的靶组织，并释放药物。磁靶向是血管内血流对微粒产生的力和磁力间的竞争过程。磁力大于毛细血管的线性血流速率（0.05 cm/s），磁性纳米粒被截留在靶向部位，并被靶组织细胞吞噬。磁性颗粒材料要有良好的生物相容性、生物降解性，且代谢产物无毒，在一定时间内能排出体外。热敏感靶向制剂含有热敏感材料，到达加热组织时，药物可快速释放。例如，热敏性脂质体采用温度敏感脂质体制备。在凝胶－液晶相变温度（T_m）以下，磷脂膜呈凝胶态，膜流动性差，包裹的药物不释放；在 T_m 以上时，磷脂膜流动性增加，包裹药物迅速释放。pH 敏感靶向制剂含有 pH 敏感材料，到达 pH 低或高的组织时，pH 敏感材料形态发生变化，药物从内部释放。例如，感染和肿瘤组织的 pH 低于正常组织。pH 敏感材料包括聚β-氨基酯、磷脂酰乙醇胺等。超声敏感靶向制剂含有超声敏感材料。超声散射和超声空化效应是超声的重要生物学效应。前者可以增强血液和组织温度升高；后者可以使血细胞和组织破裂，促使空腔、气泡形成及加强其振荡，导致毛细血管及细胞膜的通透性增高。超声敏感载体主要是微泡，由外壳包裹气体构成，直径为 1～8 μm，包裹空气或者密度较大的气体，如氟化碳、六氟化硫等。超声能量将微泡破坏，导致药物在体内的定向释放。

10.1.2　靶向制剂的评价

靶向制剂的物理化学性质决定其稳定性、体内靶向性、生物安全性，主要包括粒径、电位、包裹率、载药量、药物释放。粒径考察方法主要包括光散射法、沉降系数法、差速离心法、透射电子显微镜（TEM）、扫描电子显微镜（SEM）。用电镜可观察制剂显微结构和表面特性，后者会影响药物释放和载体摄取等性质。微粒表面电位一般用 Zeta 电位表达，常采用动态光散射方法测定。微粒的药物包裹率测定一般是建立药物测定方法，然后用合适的方法（如离心、凝胶过滤）分离游离药物和载药微粒，分别测定药物含量后就可以得到。载药量一般用单位质量的微粒中含有多少药物表达。药物释放一般将载药微粒放置于透析袋中，再放入释放介质中，在一定时间测定释放的药物量。

靶向制剂一般为微粒剂型，可以将其直接与细胞共同培养，一定时间后检测对细胞生长的影响，考察其安全性和药效。靶向制剂的体内评价采用正常或病理动物模型考察。在正常动物模型上，主要考察靶向制剂的安全性。在病理动物模型如肿瘤动物模型上，主要考察靶向制剂的药物动力学、组织分布、药效。通过药物在靶组织和正常组织分布的差异，判断其靶向性。如果采用小动物活体成像技术，还可以直观地看到靶向制剂的体内分布。

10.2　固体分散体

固体分散体（solid dispersion）是药物分子以高度分散状态分散在固体材料。如果药物是难溶性药物，其水溶性材料的固体分散体可提高其溶出，进而提高生物利用度。固体分散体作为制剂的中间体，可制备速释、缓释、肠溶制剂。Sekiguchi 等在 1961 年提出固体分散体概念，并以尿素为材料，用熔融法制备磺胺噻唑固体分散体，口服后吸收比普通磺胺噻唑明显加快。1963 年，Levy 等制得分子分散的固体分散体，溶出速率提高，也更易吸收。

根据 Noyes-Whitney 方程，溶出速率随药物分散度增加而提高。固体分散体最突出的优点是显著提高难溶性药物的溶出速度及生物利用度，主要机制包括：① 药物晶型转变：药物以无定型或分子分散形式存在于载体中，溶出过程不需要克服晶格能；② 润湿性增加：水溶性载体可被溶出介质充分润湿；③ 载体的增溶作用：两亲性载体可提高药物的溶解。固体分散体中药物以分子、胶体、微晶或无定形形式存在。水溶性载体材料得到的固体分散体可使难溶性药物高效、速效；难溶性或肠溶性载体材料使药物具有缓释或肠溶特点。

固体分散技术不仅可明显提高药物生物利用度，而且可降低毒副作用。双炔失碳酯－PVP 共沉淀物片的有效剂量小于普通片的一半，说明前者生物利用度大大提高。硝苯地平－邻苯二甲酸羟丙甲纤维素（HP55）固体分散体缓释颗粒剂提高了原药的生物利用度。吲哚美辛－PEG 6000 固体分散体丸的剂量小于普通片的一半时，药效相同，而对大鼠胃的刺激性显著降低。利用水不溶性聚合物或脂质材料制备的硝苯地平固体分散体有明显缓释作用。米索前列腺醇在室温时很不稳定，对 pH 和温度都很敏感，微量水时，酸或碱均可引发 11 位—OH 脱水形成 A 型前列腺素；但制成米索前列腺醇－Eudragit RS 及 RL 固体分散体后，稳定性明显提高。目前国内利用固体分散体技术生产且已上市的产品有联苯双酯丸、复方炔诺孕酮丸、尼群地平片、穿心莲内酯滴丸等。

10.2.1 载体材料

固体分散体的溶出速率主要取决于载体材料。载体材料应满足下列条件：无毒、无致癌性、不与药物发生化学变化、不影响主药化学稳定性、不影响药物疗效与含量检测、能使药物得到最佳分散状态或缓释效果、价廉易得。常用载体材料可分为水溶性、难溶性和肠溶性三大类。几种载体材料可联合应用，以达到要求的速释或缓释效果。

水溶性载体材料包括高分子、非离子表面活性剂、有机酸、糖醇、纤维素衍生物。聚乙二醇类（PEG）熔点低（50～63 ℃），化学性质稳定（180 ℃以上分解），易溶于水和多种有机溶剂，常用 PEG 4000 和 PEG 6000；采用滴制法成丸时，可加硬脂酸调整其熔点。聚维酮（PVP）熔点较高，热稳定（150 ℃变色），易溶于水和多种有机溶剂，有较强抑晶作用，但贮存过程中易吸湿而析出药物结晶，常用 PVP K15、PVP K30、PVP K90。泊洛沙姆 188（poloxamer 188，即 pluronic F68）是常用的非离子表面活性剂，分子中有大比例聚氧乙烯基，易溶于水和多种有机溶剂，可抑制药物结晶。有机酸包括枸橼酸、酒石酸、琥珀酸、胆酸及脱氧胆酸等，易溶于水而不溶于有机溶剂，不适用于对酸敏感的药物。半乳糖、蔗糖、甘露醇、山梨醇、木糖醇用于制备固体分散体，水溶性强，毒性小，分子中的多个羟基可与药物形成氢键，适用于剂量小、熔点高的药物，尤以甘露醇为最佳。羟丙纤维素（HPC）和羟丙甲纤维素（HPMC）也用于制备固体分散体，但难以研磨，需加入适量乳糖、微晶纤维素等改善。

难溶性载体材料包括纤维素类、聚丙烯酸树脂和脂质。乙基纤维素（EC）溶于有机溶剂，羟基可与药物形成氢键，黏性大，载药量大，稳定性好，不易老化。含季铵基的聚丙烯酸树脂 Eudragit（包括 E、RL 和 RS 等几种）在胃液中可溶胀，在肠液中不溶，不被吸收，对人体无害，广泛用于制备缓释固体分散体；适当加入水溶性载体材料如 PEG 或 PVP 可调节释放速率，如萘普生－Eudragit RL 和 RS 固体分散体。其他材料包括胆固醇、谷甾醇、棕榈酸甘油酯、胆固醇硬脂酸酯、蜂蜡、巴西棕榈蜡、氢化蓖麻油、蓖麻油蜡等脂质材料，均可制成缓释固体分散体，也可加入表面活性剂、糖类、PVP 等水溶性材料，适当提高其释放速率，达到满意的缓释效果。

肠溶性载体材料包括纤维素类、聚丙烯酸树脂，常用的包括邻苯二甲酸醋酸纤维素（CAP）、邻苯二甲酸羟丙甲纤维素（HPMCP，包括 HP－50、HP－55）、羧甲乙纤维素（CMEC）、Eudragit L100 和 Eudragit S100（分别相当于国产Ⅱ号及Ⅲ号聚丙烯酸树脂）。

10.2.2 固体分散体的类型

固体分散体主要有 3 种类型：简单低共熔混合物、固态溶液、共沉淀物。药物与载体材料两种固体共熔后，将其骤然冷却固化，如果两者的比例符合低共熔物的比例，则形成简单低共熔混合物，即药物以微晶形式分散在载体材料中成为物理混合物，不能或很少形成固体溶液。如果两组分配比不是低共熔组分比，则在某一温度，先析出的某种成分微晶可以在另一种成分的熔融体中自由生长成较大结晶，如树枝状结构；当温度进一步降低到低共熔温度时，低共熔晶体则可以填入先析出的晶体结构空隙，使微晶表面积大大减小，影响增溶效果（图 10–2）。药物在载体材料中以分子状态分散时，称为固态溶液。按药物与载体材料的互溶情况，分为完全互溶与部分互溶；按晶体结构，分为置换型与填充型。共沉淀物（也称共蒸发物）是由药物与载体材料以适当比例混合，形成共沉淀无定形物，有时称为玻璃态固熔体，因其有如玻璃的质脆、透明、无确定的熔点；常用载体材料为多羟基化合物，如枸橼酸、蔗糖、PVP 等。

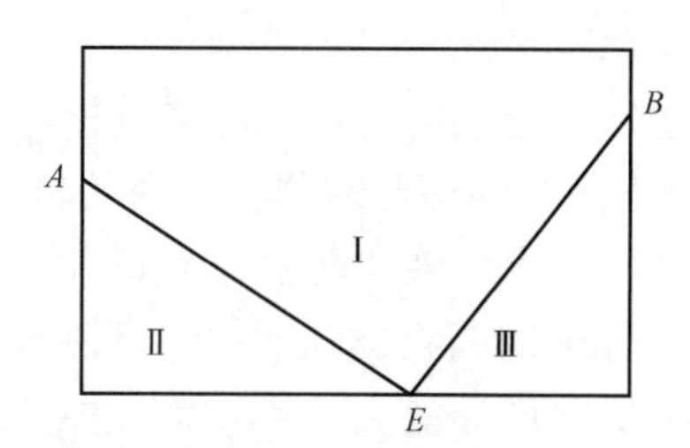

图 10–2　简单低共熔混合物相图

A、*B* 分别为组分 A、B 的熔点，相Ⅰ为组分 A 和组分 B 的熔融态，相Ⅱ表示 A 的微晶与 A 在 B 中的饱和溶液（熔融态）共存，相Ⅲ表示 B 的微晶与 B 在 A 中的饱和溶液（熔融态）共存

固体分散体的类型可因不同载体材料而不同，如联苯双酯与不同载体材料形成的固体分散体，经 X 射线衍射分析证明，联苯双酯与尿素形成的是简单的低共熔混合物，即联苯双酯以微晶形式分散于载体材料中；而联苯双酯与 PVP 的固体分散体中，联苯双酯的晶体衍射峰已消失，形成无定形粉末状共沉淀物；联苯双酯与 PEG 6000 形成的固体分散体中，联苯双酯的特征衍射峰较两者的物理混合物约小一半，认为有部分联苯双酯以分子状态分散，而另一部分是以微晶状态分散。固体分散体的类型还与药物同载体材料的比例以及制备工艺等有关。

10.2.3　固体分散体的制备方法

药物固体分散体的常用制备方法有 7 种。不同药物采用何种固体分散技术，主要取决于药物的性质和载体材料的结构、性质、熔点及溶解性能等。

熔融法是将药物与载体材料混匀，加热至熔融，在剧烈搅拌下迅速冷却成固体，或将熔融物倾倒在不锈钢板上成薄层，用冷空气或冰水使骤冷成固体，固体在一定温度下放置变脆成易碎物，放置的温度及时间视不同的品种而定。药物–PEG 类固体分散体只需在干燥器内室温放置一到数日即可，而灰黄霉素–枸橼酸固体分散体需在 37 ℃或更高温度下放置多日才能完全变脆。为了缩短药物的加热时间，也可将载体材料先加热熔融后，再加入已粉碎的药物（60～80 目筛）。本法的关键是需由高温迅速冷却，以达到高的过饱和状态，使多个胶态晶核迅速形成而得到高度分散的药物，而非粗晶。本法简便、经济，适用于对热稳定的药物，多用熔点低、不溶于有机溶剂的载体材料，如 PEG 类、枸橼酸、糖类等；缺点是不耐热的药物和载体不宜用此法，药物和载体在熔融过程中可能发生分解和蒸发，此时可考虑在减压条件下熔融或充惰性气体。将熔融物滴入冷凝液中使之迅速收缩、凝固成丸得到的固体分散体俗称滴丸。常用冷凝液有液状石蜡、植物油、甲基硅油以及水等。在滴制过程中能否成丸，取决于丸滴的内聚力是否大于丸滴与冷凝液的黏附力。冷凝液的表面张力小，丸形就好。

溶剂法也称共沉淀法。将药物与载体材料共同溶解于有机溶剂中，蒸去有机溶剂后，使药物与载体材料同时析出，即可得到药物与载体材料混合而成的共沉淀物，经干燥即得。常用的有机溶剂有氯仿、无水乙醇、95%乙醇、丙酮等。本法的优点是避免高热，适用于对热不稳定或挥发性药物。PVP 熔化时易分解，采用溶剂法较好。该法使用有机溶剂的用量较大，成本高，且有时有机溶剂难以完全除尽。残留的有机溶剂除对人体有危害外，还易引起药物重结晶而降低药物的分散度。不同有机溶剂所得固体分散体的分散度也不同，如螺内酯分别使用乙醇、乙腈和氯仿时，以乙醇所得的固体分散体的分散度最大，溶出速率也最高，而用氯仿所得的分散度最小，溶出速率也最低。

溶剂熔融法是将药物先溶于适当溶剂中，将此溶液直接加入已熔融的载体材料中均匀混合后，按熔融法冷却处理。药物溶液在固体分散体中所占的量一般不超过 10%（*w/w*），否则，难以形成脆而易碎的固体。本法可适用于液态药物，如鱼肝油、维生素 A、维生素 D、维生素 E 等，但只适用于剂量小于 50 mg 的药物。凡适用于熔融法的载体材料均可采用。制备过程中一般不除去溶剂，受热时间短，产品稳定，质量好。但注意选用毒性小、易与载体材料混合的溶剂。将药物溶液与熔融载体材料混合时，必须搅拌均匀，以防止固相析出。

溶剂喷雾（冷冻）干燥法是将药物与载体材料共溶于溶剂中，然后喷雾或冷冻干燥，除尽溶剂得到固体分散体。溶剂喷雾干燥法可连续生产，溶剂常用 C1～C4 的低级醇或其混合物；而溶剂冷冻干燥法适用于易分解或氧化、对热不稳定的药物，如酮洛芬、红霉素、双香豆素等。此法污染少，产品含水量可低于 0.5%。常用载体材料包括 PVP、PEG、环糊精、甘露醇、乳糖、水解明胶、纤维素类、聚丙烯酸树脂等。布洛芬或酮洛芬与 50%～70% PVP 的乙醇溶液通过溶剂喷雾干燥法，可得稳定的无定形固体分散体。双氯芬酸钠、EC 与壳聚糖（质量比 10:2.5:0.02）通过喷雾干燥法制备固体分散体，药物可缓慢释放，累积释放曲线符合 Higuchi 方程。

研磨法是将药物与较大比例载体材料混合后，强力持久地研磨一定时间，不需要加溶剂而借助机械力降低药物的粒度，或使药物与载体材料以氢键相结合，形成固体分散体。研磨时间的长短因药物而异。常用的载体材料有微晶纤维素、乳糖、PVP、PEG。

双螺旋挤压法将药物与载体材料置于双螺旋挤压机内，经混合、捏制而成固体分散体，无需有机溶剂，同时，可用两种以上的载体材料，制备温度可低于药物熔点和载体材料的软化点，因此药物不易破坏，制得的固体分散体稳定。硝苯地平与 HPMCP 通过双螺旋挤压法制得黄色透明固体分散体，经 X 射线衍射与 DSC 检测，显示硝苯地平以无定形存在于固体分散体中。

溶解－光聚合法用 N－乙烯吡咯烷酮（NVP）溶解药物，在 365 nm 紫外光照射下，NVP 通过自由基光聚合反应形成聚乙烯吡咯烷酮（PVP），得到药物的分子固态溶液，即形成固体分散体。该方法制备的固体分散体的难溶性药物溶出速率不仅比原料药大，也比传统的固体分散体大，体现了分子分散的特点。不过该方法对适用药物的性质有要求，药物的紫外光线吸收范围不能在 365 nm 附近，同时要求药物不能有消除自由基的作用。

固体分散体技术也有一定限制。固体分散体适用于剂量小的药物，药物含量一般为 5%～

20%；液态药物的比例一般不宜超过 10%，否则，不易固化成坚脆物，难以进一步粉碎。固体分散体在贮存过程中会逐渐老化。贮存时，固体分散体的硬度变大，析出晶体或结晶粗化，称为老化。老化与药物浓度、贮存条件及载体材料的性质有关，因此必须选择合适的药物浓度及载体材料。常采用混合载体材料，以弥补单一载体材料的不足，积极开发新型载体材料，保持良好的贮存条件，如避免较高温度与湿度等，增强固体分散体的稳定性。

10.2.4　固体分散体的速释与缓释原理

大部分固体分散体的制备是为了增加药物溶出，即获得速释效果。如前所述，药物以高度分散状态分散于固体分散体载体材料中，当载体材料为水溶性材料时，药物的溶解和溶出自然增加。PEG 包括 PEG 4000、PEG 6000、PEG 12000 或 PEG 20000，作为载体材料时，分子由两列平行的螺状链所组成，经熔融后再凝固时，螺旋的空间造成晶格的缺损，这种缺损可改变药物结晶体的性质，如溶解度、溶出速率、吸附能力以及吸湿性等；如果药物相对分子质量小于 1 000，可在熔融时插入螺旋链中形成填充型固态溶液，即以分子状态分散，溶出速率达到最高。熔融法制备的固体分散体，由于从高温骤冷，黏度迅速增大，分散的药物难以聚集、合并、长大，有些药物易形成胶体等亚稳定状态。当载体材料为 PVP、甲基纤维素或肠溶材料 Eudragit L 等时，药物可呈无定形分散。这些亚稳态或无定形态的药物的溶解度和溶出速率都比其他晶体状态的大。

药物的高度分散状态与药物含量有关。倍他米松－PEG 6000 固体分散体中，当倍他米松质量分数 3%时，以分子状态分散；4%～30%时，以微晶状态分散；而 30%～70%时，药物逐渐变为无定形；70%以上时，药物转变为均匀的无定形。药物由于所处分散状态不同，溶出速率也不同，分子分散时溶出最快，其次为无定形，而微晶最慢。药物在固体分散体中的分散状态可以有两种或更多。联苯双酯 PEG 6000 固体分散体中药物可以微晶、胶体或分子状态分散。

除了药物高度分散状态对药物溶出有影响外，载体材料也有促进药物溶出的作用。水溶性材料可增加包裹药物微晶的润湿性，可以防止药物分子聚集和重结晶，但要注意载体材料和药物的比例，药物比例太高，不能保证药物的高度分散状态。磺胺异恶唑和 PVP 质量比为 10:1 时，PVP 的量太少，不足以包围药物和保持其高度分散性。一般以质量比 1:4 或 1:5 为宜。

用疏水或脂质类载体材料制成的固体分散体具有缓释作用。载体材料形成网状骨架结构，药物以分子或微晶状态分散于骨架内，药物的溶出必须首先通过载体材料的网状骨架扩散，故释放缓慢。水溶性药物及难溶性药物均可制备成缓释固体分散体，释药速率受载体种类、黏度、用量、工艺等影响。固体分散体中乙基纤维素用量越大、黏度越高，则药物溶出越慢，缓释作用越强。缓释作用可符合零级、一级或 Higuchi 等规律，主要取决于载体材料。用 HPC、PEG 等作致孔剂也可调节至零级动力学释放药物。

10.2.5　固体分散体的性质考察

用热分析法可以检测药物在固体分散体中的状态，包括差示热分析法（DTA）、差示扫描量热法（DSC）。X 射线衍射技术可检查药物在固体分散体中的晶型特征，当药物以无定形状态存在时，药物结晶衍射峰消失。红外光谱法主要用于确定固体分散体中有无复合物形成或其他相互作用。核磁共振谱法同样可检测药物与载体材料间的相互作用。

固体分散体随放置时间延长，稳定性也可能发生变化。高温、高湿会加速固体分散体变化，出现变色、硬度变大、析出结晶或药物溶出度和生物利用度降低等情况，称为老化。固体分散体中药物稳定性涉及结晶形成、晶型变化、药物水解或氧化、与载体材料发生反应。少数固体分散体经放置后，出现溶出增加，如氯磺丙脲－尿素固体分散体。选择合适的制备工艺、放置条件时，固体分散体可保持长期稳定。在处方中加入络合剂可以去除微量金属离子，减少氧化反应发生。酸性药物氯噻酮选用酸性载体材料枸橼酸或富马酸制备固体分散体，优于中性载体材料尿素，在高温放置 3 个月后，仍能保持释放速率不变。

10.2.6 固体分散体举例

例：磺胺噻唑－PVP 共沉淀物。

【处方】磺胺噻唑 0.5 g　　　　　　PVP（K30）1.5 g

【工艺】共沉淀法。

（1）制备操作。

① 磺胺噻唑－PVP 共沉淀物制备。取 0.5 g 磺胺噻唑置于 50 mL 鸡心瓶中，加入 1.5 g PVP（K30），加入适量的 95%乙醇溶液，稍加热使其溶解，在 50 ℃水浴中减压除去乙醇，取出产品，研磨后过 60 目筛。如此制备的共沉淀物中，药物与 PVP 的质量比为 1:3。

② 磺胺噻唑－PVP 物理混合物制备。按 1:3 比例称取磺胺噻唑和 PVP，放入乳钵中混合研磨后过 60 目筛，即得。

③ 显微镜观察。分别取少许磺胺噻唑、PVP（K30）、共沉淀物、物理混合物的粉末于载玻片上，滴加少量水，在显微镜下观察形态。

④ 溶出速率实验。精密称取 50 mg 磺胺噻唑或相当于 50 mg 磺胺噻唑的物理混合物和共沉淀物，放入 500 mL 烧杯中，加入 500 mL 人工胃液，在 37 ℃下测定溶出速率，搅拌桨转速为 50 r/min。从样品接触人工胃液即开始计时，按 0 min、1 min、3 min、5 min、12 min、25 min 间隔取样，每次取样 5 mL 并补加 5 mL 人工胃液，过滤样品。从滤液中取 1 mL，用人工胃液稀释至 10 倍，在 282 nm 处测吸收度。以人工胃液为空白样品，第 25 min 的样品取出后，将烧杯置于火上加热至沸，使药物全部溶解再冷却到 37 ℃，取样 5 mL 同上述操作，此份样品即为时间无穷大时的样品。比较各样品的溶出速率。

（2）注意事项。

① 磺胺噻唑直接加乙醇溶解缓慢，且需乙醇量较大，故先将磺胺噻唑与 PVP 在鸡心瓶中混合，再加入乙醇。

② PVP 加入鸡心瓶内时，要防止沾在磨口口颈上，否则，瓶塞不易打开。

③ 减压蒸发时，要使瓶内液体尽量沸腾，这样所得产品质地疏松，药物在载体中分布均匀。

例：吲哚美辛滴丸。

【处方】吲哚美辛 1 g　　　　　　PEG6000　9 g

【工艺】溶剂－熔融法制成滴丸。

（1）制备操作。

① 简易滴丸装置的安装。

② 吲哚美辛与 PEG 6000 熔融液的制备。按处方量称取吲哚美辛，加入适量无水乙醇，微热溶解后，加入处方量的 PEG 6000 熔融液中（60 ℃水浴保温），搅拌混合均匀，直至乙醇挥发完为止。继续静置于 60 ℃水浴中保温 30 min，待气泡除尽，备用。

③ 滴丸的制备。将上述除尽气泡的吲哚美辛 PEG 6000 混匀熔融液转入注射器内，在保温 70～80 ℃的条件下，控制滴速，一滴一滴地滴入冷凝液中。待冷凝完全，倾去冷凝液，收集滴丸，用滤纸除去丸上的冷凝液，放置在硅胶干燥器中（或自然干燥），24 h 后称重，计算收率。

（2）注意事项。

熔融液内的乙醇与气泡必须除尽，才能使滴丸呈高度分散状态且外形光滑。

10.3　渗透泵

渗透泵是在薄膜衣片的薄膜上激光打孔，以膜内外渗透压差为驱动力，水进入渗透泵内，溶解的药物通过孔释放。口服渗透泵的优点包括药物释放更平稳，药物生物利用度大大提高，毒副作用下降，不受介质环境 pH、酶、胃肠蠕动、食物等因素影响，体内外相关性好，有效减少患者服药次数，提高患者顺应性。渗透泵作为理想的缓控释制剂应用于许多领域，包括心血管药物、呼吸系统药物、糖尿病药物，以及抗肿瘤及非甾体类消炎、镇痛、解热药物等。

10.3.1　渗透泵片的分类

单室渗透泵片也称初级渗透泵片。片芯由水溶性药物和水溶性聚合物或其他辅料制成。包衣层由水不溶性的聚合物如醋酸纤维素、乙基纤维素或乙烯－醋酸乙烯共聚物等构成，作为半渗透膜，只允许水渗透。薄膜衣用适当方法（如激光）打一个或多个孔。如图 10－3 所示，渗透泵置于水环境中时，水分进入，药物溶解成饱和溶液，膜内外产生渗透压差，水分继续进入，药物通过膜孔释放。

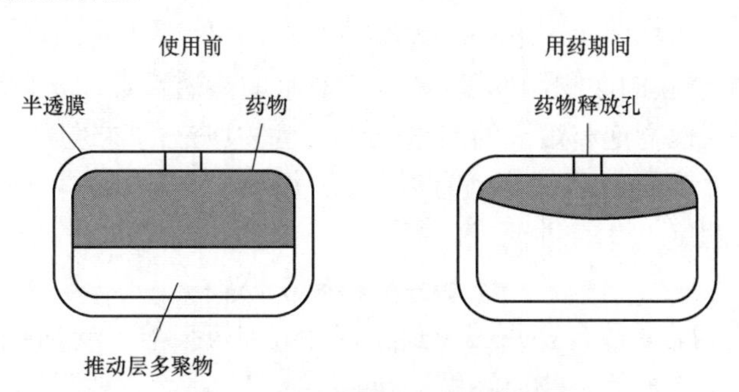

图 10－3　单室渗透泵片示意图

双室渗透泵片适用于水溶性过大或难溶于水的药物。片芯为双层片，用柔性聚合物膜隔成两个室，上室内含有药物，遇水后形成溶液或混悬液，下室装载盐或膨胀剂。双室渗透泵片用半透膜包衣并在上室一面上打孔（图 10－4）。水分子渗透进入下室后，物料溶解膨胀，产生驱动压力，推动隔膜将上层药液顶出小孔，释药过程中，药室体积发生变化。双室渗透泵片还可以是两个单室渗透泵的组合，中间用不透性膜隔离，两面开孔，应用于复方制剂比较合适，两种药物分别释放，特别适用于有配伍禁忌的药物，又称夹层渗透泵片。

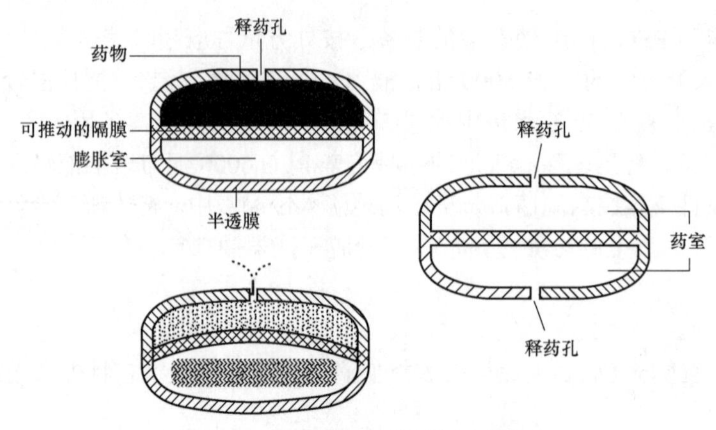

图 10－4　双室渗透泵片示意图

10.3.2　释药机理

渗透泵控释片是以渗透压为驱动力控制药物释放的系统。衣膜在胃肠道中选择性地使水渗入，将药物溶解成饱和溶液，片内渗透压可达 4 053～5 066 kPa，而体液渗透压只有 760 kPa。在膜内外渗透压差的作用下，在外界水分子进入的同时，药物溶液由小孔持续泵出。释药速率按恒速进行，但随着片芯中药物逐渐减少而低于饱和浓度时，释药速率也逐渐下降直至为零。

渗透泵型片剂片芯的吸水速度取决于膜的渗透性能和片芯的渗透压。

口服渗透泵制剂的零级释药过程遵循下列公式。

零级释药速率的释药速率为

$$\mathrm{d}m/\mathrm{d}t = \mathrm{d}v/\mathrm{d}t \cdot c$$

式中，$\mathrm{d}v/\mathrm{d}t$ 为水分子渗透入衣膜内的体积流量，即片内体积增加的速率；c 为片内溶解的药物浓度。

$$\mathrm{d}v/\mathrm{d}t = KA/[h(\Delta\pi - \Delta p)]$$

式中，A 和 h 分别为半透膜的面积和厚度；K 为膜对水的渗透系数；Δp 为流体静压差；$\Delta\pi = \pi_s - \pi_e$（$\pi_s$ 为系统内渗透活性物饱和溶液的渗透压，π_e 为胃肠液的渗透压，当片剂内存在固体渗透活性物时，$\pi_s \geqslant \pi_e$）；释药孔径大小适宜时，Δp 很小，与π_s 相比可略去；药物饱和溶液的浓度 c 等于药物的溶解度 S_d，合并两式即得

$$\mathrm{d}m/\mathrm{d}t = KA/(h\pi_s) \times S_d$$

右边π_s 和 S_d 均为常数，故只要片芯内药物保持 S_d 不变，在一定时间内，渗透泵片内药物以零级速率释放，直至渗透活性物质溶解完全。

渗透泵内外渗透压差呈 4 倍才能保证释药均匀恒定。片芯药物尽管多采用水溶性药物，但药物溶液的渗透压往往较小，需要加入渗透压促进剂，以增加药室内渗透压。渗透泵的半渗透膜必须有高度水渗透性，使吸水速率足够大而获得足够药物释放，加入增塑剂和水溶性致孔剂可增加膜渗透性。释药孔可通过机械打孔、激光打孔和膜致孔方法形成。释药孔一般为圆形，也可以是方形、三角形或不规则形。释药孔直径从几十微米到几百微米，有些可能更大，应视具体情况而定。释药孔截面积 A_0 满足 $A_{min} \leqslant A_0 \leqslant A_{max}$。释药小孔应小于允许的最大截面积 A_{max}，以免释药太快；要大于最小截面积 A_{min}，以降低体系内的流体静压力，使药

物能从小孔释放出来，并维持恒定的零级释药速率。透泵片释药速率和持续时间与包衣膜厚度密切相关，膜过薄易破裂，膜过厚则难以获得足够释药速率。

10.3.3　渗透泵主要材料

渗透泵由片芯、包衣膜、孔构成。包衣膜为水不溶性高分子材料，但允许水渗透，材料主要包括醋酸纤维素、乙基纤维素、聚氯乙烯、聚碳酸酯。包衣膜可加入致孔剂，如多元醇、水溶性高分子，以及增塑剂，如邻苯二甲酸酯、甘油酯、琥珀酸酯，改善衣膜的通透性和机械性能，能耐受较大渗透压。渗透压促进剂是调节药室内渗透压的物质，其用量多少决定零级释药时间，包括硫酸镁、氯化镁、硫酸钾、硫酸钠、甘露醇、尿素等高溶解性化合物，应用于药物溶液渗透压较小情况。渗透压促进聚合物吸水或液体发生膨胀或溶胀，体积增加 2～50 倍，包括交联或非交联亲水聚合物，以共价键或氢键形成的轻度交联聚合物为佳，如相对分子质量为 13 万～500 万的聚羟基甲基丙烯酸烷基酯、相对分子质量为 1 万～36 万的聚乙烯吡咯烷酮、相对分子质量为 45 万～400 万的聚丙烯酸钠、相对分子质量为 10 万～500 万的聚环氧乙烷。磺丁基醚 $-\beta-$ 环糊精（SBE $-\beta-$ CD）也可作为渗透压促进剂，不仅增加渗透压，还可与药物形成包合物来提高药物溶解。

10.3.4　新型渗透泵

微孔型渗透泵无须打孔，依靠衣膜中水溶性致孔剂遇水形成的孔道来增加衣膜通透性，药物通过致孔剂形成的微孔再释放出来。微孔渗透泵的制备工艺简单，可以降低或避免由于单一释药孔释药造成的局部药物浓度过高，产生副作用，以及释药孔堵塞造成药物无法释放。

夹层渗透泵的片芯包括推进层和两侧含药层，片芯外半渗透衣膜包衣，含药层面各有一释药孔。水经半透膜进入片芯，含药层水化后，形成药物混悬液，推进层水化膨胀，推动药物混悬液从释药孔释放。夹层渗透泵制剂的制备涉及压制三层片芯、包半透膜衣、打孔，其中打孔工序无须识别含药层，易实现工业化生产。夹层渗透泵还可用于将不同溶解性或不同机理药物制备成复方制剂，使两种药物同步释放。为使两侧含药层药物释药速率不同，可通过释药孔不同或不对称形状片芯使得两侧半透膜厚度产生差异而获得。硝苯地平酒石酸美托洛尔夹层渗透泵片，利用聚氧乙烯作为药物层增稠剂，可膨胀水凝胶制备推动层，两种药物均可保持 16 h 零级释放，3 个月的加速稳定性实验后，仍保持释药稳定。

胃内滞留型渗透泵能延长药物的胃内滞留时间（一般大于 4 h），增加药物吸收，提高疗效，对直接作用于胃黏膜的药物如抗幽门螺旋杆菌药、抗溃疡药有特殊意义。胃内滞留型渗透泵的片芯为含药渗透泵片，外层由胃漂浮材料和药物组成。外层药物与片芯的药物可相同，也可不同。将法莫替丁添加铁粉制成胃滞留型渗透泵片，通过铁粉与胃液反应产生氢气作为助推剂，使药物从单层渗透泵片中释放。铁粉还使渗透泵密度达 2.5 g/cm^3，使其在胃内滞留时间延长至 7 h。

时控型渗透泵利用水进入渗透泵片中溶解药物或渗透压促进剂产生渗透压梯度需要一段时间而实现，在此时间后，药物才开始稳定释放。盐酸酸曲美他嗪择时渗透泵片通过水凝胶层与包衣层厚度延长药物滞留时间，使药物具有 4 h 时滞释药，其后缓慢恒速释药。

结肠靶向渗透泵采用结肠环境敏感的包衣膜包衣，到达结肠后，包衣膜成为半透膜，发挥渗透泵作用。包载盐酸双环胺、双氯芬酸钾的微型结肠靶向双层渗透泵片，结肠中的酶分解包衣膜上的果胶，产生释放药物的小孔，既可防止药物提前泄漏，又实现了结肠靶向释药。原位孔道的形成可在与介质接触后的预定时间内形成，并且释药速率与半透膜中制孔剂用量呈正相关。体外结果呈现出24 h内零级释放的特点，实现了靶向与控释相结合。

10.4 胃滞留制剂

胃滞留制剂可增加药物在胃内的浓度，有利于胃部疾病治疗，同时，有利于有肠道吸收窗的药物吸收。另外，由于药物大部分在小肠部位吸收，胃滞留制剂本身也是一种较好的缓控释制剂。胃滞留制剂已广泛用于药物缓控释（表10－1）。

表10－1 上市的胃滞留产品

主药	商品名	类型/技术	研发公司
氧氟沙星	Zanocin OD	泡腾型漂浮系统	Ranbaxy，India
盐酸二甲双胍	Riomet OD	泡腾型漂浮系统	Ranbaxy，India
环丙沙星	Cifran OD	泡腾型漂浮系统	Ranbaxy，India
硅酸镁铝、氢氧化镁、西甲硅油	Inon Ace Tablets	泡沫型漂浮系统	Sato Pharma，Japan
环丙沙星	ProQuin® XR	AcuForm™ 膨胀型系统	Depomed，USA
盐酸二甲双胍	Glumetza®	AcuForm™ 膨胀型系统	Depomed，USA
盐酸哌唑嗪	Prazopress XL	泡腾溶胀型漂浮系统	Sun Pharma，Japan
盐酸二甲双胍	Metformin HCl LP	MINEXTAB®漂浮系统	Galenix，France
头孢克洛	Cefaclor LP	MINEXTAB®漂浮系统	Galenix，France
曲马多	Tramadol LP	MINEXTAB®漂浮系统	Galenix，France
盐酸环丙沙星和甜菜碱	Cipro XR	基质溶胀型系统	Bayer，German
巴氯芬	Baclofen GRS	多层包衣漂浮溶胀系统	Sun Pharma，India
卡维地洛	Coreg CR	渗透漂浮系统	GlaxoSmithKline，UK
左旋多巴和苄丝肼	Madopar	漂浮系统（缓释胶囊）	Roche，UK
海藻酸钠、碳酸钙和碳酸氢钠	Liquid Gaviscon	泡腾漂浮型海藻酸溶液	Reckitt Benckiser Healthcare，UK
地西泮	V alrelease	漂浮型胶囊	Roche，UK
米索前列醇	Cytotec	双层漂浮胶囊	Pharmacia Limited，UK
铝镁抗酸剂	Topalkan	漂浮型海藻酸溶液	Pierre Fabre Medicament，France
硫酸亚铁、维生素等	Conviron	漂浮型胶态凝胶形成剂	Ranbaxy，India
普瑞巴林	Lyrica CR	漂浮溶胀型	Pfizer，USA

10.4.1　胃滞留制剂的分类

根据滞留原理的不同，可大致将胃滞留制剂分为胃漂浮制剂、胃黏附制剂、药物快速膨胀制剂以及高密度型/沉降型制剂（图 10－5）。

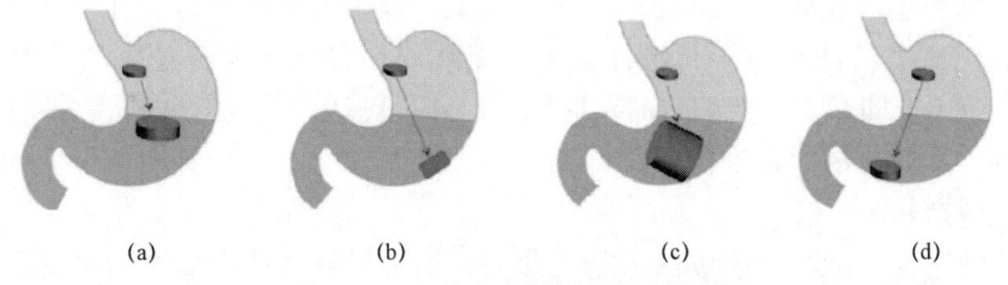

图 10－5　胃滞留制剂分类示意图

（a）胃漂浮制剂；（b）胃黏附制剂；（c）药物快速膨胀制剂；（d）高密度型制剂

胃漂浮制剂通过比水低的密度而实现胃内漂浮和胃内释药。单剂量胃漂浮制剂可能存在一次释药或不释药的情况。多剂量胃漂浮制剂可以减少释药的差异，如产气型多剂量系统、中空微球、低密度泡沫微粒、低密度凝胶，以及可溶胀聚合物和泡腾化合物构成的多剂量系统。胃漂浮制剂受身体环境影响较大，如禁食时制剂可能滞留在胃底部；进食后胃内食物黏度、姿势、胃液都会产生影响，甚至需要大量饮水才能使制剂漂浮。

胃黏附制剂通过制剂与胃黏膜的黏附作用滞留在胃内。相互作用强度和时间决定药物释放。胃黏附制剂的滞留效率同样受到身体环境影响，如黏液转换率、胃分泌物、胃切应力。用壳聚糖和卡波姆 934 制备斑蝥素胃黏附缓释片，胃滞留时间长，药物缓释，生物利用度提高，血药浓度平稳。羟丙甲纤维素（HPMC K15M）为黏附材料制得葛根素胃黏附微丸，胃内滞留比例达到 87.67%，6 h 累计释放度达到 90%，体现出胃滞留制剂和多剂量制剂的特点。

药物快速膨胀制剂通过胃内快速膨胀，体积大至无法排入小肠，药物释放完毕后，体积减小，被排出。具有广泛溶胀性能的聚合物通常适用于这种原理。通常在饱腹情况下，制剂尺寸增加到大于幽门静止直径大小（大约 13 mm），即可防止从胃中排空；然而，这往往在禁食状态下不起作用。

高密度型/沉降型制剂的密度大于胃液，口服后沉降在胃底部，避免被快速胃排空。为了减小胃排空时间差异性，一般要求密度需达到 2.4～2.8 g/cm^3。通常使用硫酸钡、铁粉、氧化锌及二氧化钛等辅料。

多机制协同给药系统是将几种胃滞留机制联合应用，增加胃滞留效率。例如，胃漂浮和黏附协同给药系统，选择漂浮材料为十八醇，黏附材料为壳聚糖，制备菠萝叶提取物黏附漂浮微丸，体外黏附性达到 73.2%，漂浮时间达到 12 h 以上，体内黏附性证明 6 h 微丸滞留率达到 40%以上，同时具有优良的缓控释效果。

10.4.2　胃滞留制剂常用材料

影响药物性能的除生理因素（年龄、性别、食物等）外，还有制剂因素，比如材料的形状、晶型、结构、稳定性、溶解性、吸水性等。所以，使用时必须考虑辅料的理化性质，甚至有时需要加入辅助材料，比如具有膨胀性能的高分子材料、易于形成氢键的黏附材料、密度较小的漂浮材料等。以下将综述胃滞留制剂常用的材料。

（一）蜡质材料

常用的蜡质材料如单硬脂酸甘油酯、硬脂酸、十八醇、十六醇等，此类物质密度小，可以使制剂堆密度小于胃液密度，从而漂浮在胃液上，且该类材料在胃中几乎可以立即起漂。采用挤出滚圆法制备的法莫替丁胃漂浮微丸，蜡质材料为硬脂酸，使丸芯密度减小至小于 1 g/cm^3，在胃液中立即起漂，增加胃滞留时间，提高胃肠道中药物吸收程度，发挥缓释效果，减少给药次数，降低药物的毒副作用。

（二）起泡材料

起泡材料通常含有碳酸盐或碳酸氢盐，此类物质可以与胃液中酸性物质发生反应，从而产生二氧化碳气体，可以增大制剂体积，减小制剂密度使其漂浮。

（三）膨胀材料

膨胀材料的特性是到达胃中，碰到胃液，体积会迅速膨胀至几倍甚至几十倍。制剂中加入膨胀材料，从而使制剂体积膨胀，难以从胃中排出，达到胃滞留效果。常见的膨胀材料有聚乙烯吡咯烷酮（PVP）、交联聚乙烯吡咯烷酮（PVPP）等。使用交联聚乙烯吡咯烷酮吸水后膨胀，卡波姆具有较高黏性，作为辅料制备复方泮托拉唑钠胃内漂浮片，遇水后可以膨胀，从而使密度减小，可以起到漂浮作用。

（四）黏附材料

黏附材料发挥黏附作用的原因主要有：电子转移（静电引力）、吸附作用（氢键、范德华力）、润湿作用（水溶性）、扩散－互穿作用、断裂作用、细胞黏附作用等。现阶段制剂中常用的黏附材料有壳聚糖、海藻酸钠、卡波姆、羟丙甲纤维素等。使用卡波姆（CP）制备片剂可获得最高的黏膜黏附强度，这可能是由于 CP 中大量的质子供体羧基与带负电荷的黏液凝胶形成氢键。同时，CP 与糖蛋白的分子间复合物的形成也可以解释其高的黏膜黏附强度。然而，由于分子内氢键的减少和延伸的圆柱形状，CP 的离子化部分也具有生物黏附力，与螺旋形式的 CP 相比，具有圆柱形结构使其对黏蛋白网络的渗透性更高。高相对分子质量、强氢键形成基团（羧酸）的存在、阴离子性质和足够的链柔韧性是造成 CP 的高生物黏附性的原因。同时，当 HPMC 与 CP 以一定比例组合时，显示出相对较高的生物黏附性。在制剂中，随着 CP 浓度的增加，黏膜黏附强度也增加。CP 由于其高的生物黏附强度、较高的溶胀率和良好的胶凝性能，是很有前途的基础基质。配制的片剂与 0.1 mol/L HCl 作为溶解介质接触后，酸碱反应开始，产生 CO_2 气体，该气体被截留在水胶体凝胶基质中，因此片剂会浮起。

海藻酸钠是常用的天然制剂辅料，结构中含有羟基和羧基，易于与金属离子形成凝胶，具有较强的生物黏附作用，常用于黏附制剂。使用海藻酸钠包覆脂质体，通过激光共聚焦显微镜法结果证明，使用海藻酸钠包覆与未包覆的脂质体相比，黏膜黏附性能增加。

壳聚糖具有良好的生物黏附性能，也可形成凝胶。通过喷雾干燥法采用壳聚糖制备了斑蝥素黏附微球，制得的微球包封率良好，生物黏附性能优良。

（五）其他材料

除天然的材料外，还有一些合成或半合成的材料，如纤维素类衍生物、甲壳胺衍生物，还有纤维蛋白朊、胶原蛋白朊等。有研究曾对黏合手术后的伤口分别使用氢基丙烯酸烷酯和胶原蛋白胨，结果显示，胶原蛋白胨对于手术后伤口的黏合作用优于氢基丙烯酸烷酯，且无明显的副作用，胶原蛋白胨具有良好的生物黏附性能，可用于眼科手术后伤口黏合。

10.4.3 胃滞留制剂的体内评价

胃滞留制剂的胃滞留效果最终需要体内实验证明，包括动物模型或健康志愿者。可视化技术可用于监测制剂的胃滞留，包括γ-闪烁扫描法、X-射线示踪法、胃镜检查法等。γ-闪烁扫描法是将短半衰期放射性同位素（如锝-99m，半衰期 6 h）放置在胃滞留制剂中，给药后用γ-闪烁扫描仪监控，可以在线看到制剂的实时位置。X 射线示踪法是将 X 射线不能穿透的材料如硫酸钡作为造影剂加入胃滞留制剂，可造影成像，可实时观察制剂位置。其他方法包括胃镜、磁粒子成像、磁共振成像、超声检查。

例：呋喃唑酮胃漂浮片。

【处方】 呋喃唑酮 100 g　　十六烷醇 70 g　　HPMC 43 g
丙烯酸树脂 40 g　　十二烷基硫酸钠适量　　硬脂酸镁适量

【制备工艺】 精密称取药物和辅料，充分混合后，用 20% HPMC 水溶液制软材，过 18 目筛制粒，于 40 ℃干燥，整粒，加硬脂酸镁混匀后，压片。每片含主药 100 mg。

【体外实验】 体外实验证明，本品以零级及 Higuchi 方程规律体外释药。

【体内实验】 在人胃内滞留时间为 4～6 h，明显长于普通片（1～2 h）。其对幽门弯曲菌清除率为 70%，胃窦黏膜病理炎症的好转率为 75.0%。

例：地西泮胃内漂浮控释片。

【处方】 地西泮 15 g　　乳糖（干燥）65 g　　甘露醇 24 g
SCMC 105 g　　PMC 55 g　　PVP 15 g
MC 76 g　　单硬脂酸甘油酯 29 g　　滑石粉适量
硬脂酸镁 5 g

【制备工艺】 干法粉末直接压片法。将上述原辅料粉碎，过 100 目筛，混合，粉末直接压片。

【体外实验】 体内外实验表明，体外释放时间显著延长，体内吸收 AVC 为普通片的 2 倍。每片含主药 15 mg。

10.5 脉冲制剂

脉冲制剂是一种迟释制剂，针对和时间节律有关的疾病治疗，如心绞痛、高血压、哮喘、炎症、疼痛，在某一设定时间或条件下释放药物，减少了非疾病发作时间释药带来的副作用，以及充分发挥药效。现已有维拉帕米昼夜节律脉冲释药系统上市。

脉冲制剂实现脉冲释药可在释药系统中设计脉冲机制，达到一次或多次脉冲释药目的，也可利用人体生理机能节律性带来的生理环境触发释放，也可以通过外界条件控制释药，如 pH、电化学、温控、磁控等手段，还可以多种机制联合应用。

时间控制型脉冲给药系统是将药物包裹在具有一定溶解时滞的包衣层内，包衣层一定时间后溶解，内部药物迅速释放；如果在外层继续包裹药物层，可以实现立即释药和迟滞释药二次脉冲（图 10-6）。具体制剂可以是片剂、微丸和胶囊。为达到较长时间时滞，包衣溶蚀层往往较厚，采用固体脂质类材料，可通过压制包衣法包衣。维拉帕米脉冲释放片即为该类型制剂的典型代表。膜包衣定时爆释系统由包衣膜和片芯构成。片芯内的崩解剂或膨胀剂控制水进入膜，达到一定时间后，膜被胀破而释药。包衣膜的厚度决定药物释放速度。

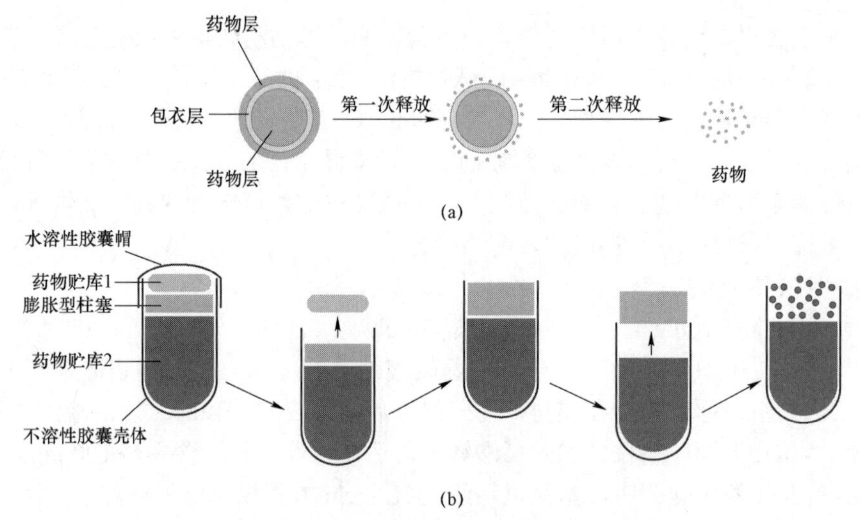

图 10-6　时间控制型脉冲给药系统示意图

（a）溶蚀包衣型；（b）渗透泵型

渗透泵也可以作为脉冲制剂。水分通过半透膜及渗透压促进剂吸水产生足够渗透压需要一定时间，调整半透膜、渗透压促进剂的种类和组成可控制开始释药时间。如果渗透泵片进一步包衣，可延长时滞。维拉帕米定时控释片（Covera-HS）的片芯包括药物、聚氧乙烯、氯化钠、HPMC E-5，包衣层包括醋酸纤维素、HPMC 和 PEG 3350，激光打孔，服药后间隔特定时间（5 h）以零级形式释药。当高血压患者醒来时，体内的儿茶酚胺水平增高，因而收缩压、舒张压和心率增高，因此，心血管意外事件（心肌梗死猝死）多发生于清晨，最佳给药时间为清晨 3 点左右。晚上临睡前服用 Covera-HS，次日清晨可脉冲释药，符合该病的节律。

时间控制型定时脉冲胶囊由水不溶胶囊壳、药物贮库、膨胀性柱塞（定时塞）和水溶性胶囊帽组成，当其接触水时，胶囊帽溶解，药物贮库 1 释药，定时塞遇水膨胀，逐渐脱离胶囊壳或溶蚀，或发生酶降解，药物贮库 1 释药。膨胀型柱塞由水凝胶组成，可采用 HPMC 与 PEO；用柔性膜包衣，水可渗透，不影响膨胀，可采用 Eudragit RS100、Eudragit RL100。胶囊壳由聚丙烯组成，水不溶和不能渗透。

还有 pH 响应型脉冲给药系统、电化学控制脉冲给药系统、温控制式脉冲给药系统、超声控制脉冲给药系统和磁控脉冲给药系统（图 10-7）。

pH 响应型脉冲给药系统利用胃肠道内 pH 变化实现脉冲释药。人体胃肠道 pH 从上到下逐渐增大，胃 pH 为 1～3，十二指肠 pH 为 5.0～5.5，在回肠远端逐渐升高至 7.0 左右，结肠为 6.5～7.5。如果采用结肠 pH 环境下溶解的高分子制备制剂，在胃和小肠中不溶解，到达结肠后释药。常用的结肠定位释放材料如 Eudragit L、Eudragit S。治疗结肠炎的 5-氨基水杨酸 pH 敏感定位释放系统已上市。

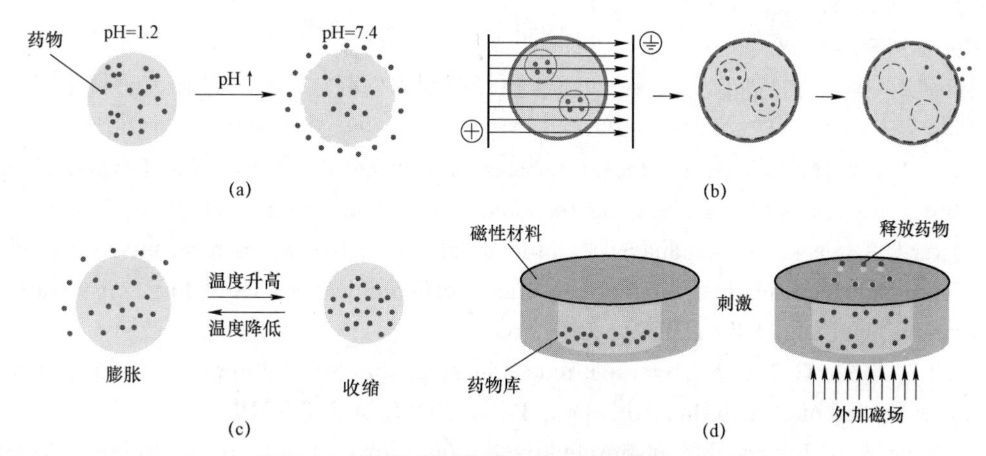

图 10－7　不同外界环境刺激下脉冲释放示意图

（a）pH；（b）电化学；（c）温控；（d）磁控

电化学控制脉冲给药系统利用高分子电解质对电场敏感而发生膨胀或收缩的性质，控制药物释放，可获得多次脉冲效果。常用材料有聚氧乙烯（PEO）、聚甲基丙烯酸（PMAA）、聚丙烯酸（PAA）。

温控制式脉冲给药系统利用热敏性水凝胶的敏感性而释药。聚异丙基丙烯酰胺（IPAAM）凝胶随温度升高而收缩（不溶），随温度下降而膨胀（可溶）；而聚丙烯酰胺凝胶则相反。

超声控制脉冲给药系统利用超声促进药物释放，通过调节超声波密度、频率和负载周期而控释。

磁控脉冲给药系统利用外加磁场对制剂中的磁性材料控制实现药物释放。磁性材料在磁场作用下，产生一定趋向性，导致制剂表面产生孔洞，释放出药物。

参考文献

［1］方亮. 药剂学［M］. 北京：人民卫生出版社，2016.

［2］金义光. 纳米技术在药物递送中的应用［M］. 北京：化学工业出版社，2015.

［3］Wathoni N, Puluhulawa L E, Joni I M, et al. Monoclonal antibody as a targeting mediator for nanoparticle targeted delivery system for lung cancer［J］. Drug Deliv, 2022(29): 2959－2970.

［4］孙嘉慧，唐海，杨美青，等. 固体分散体技术提高难溶性药物溶解度研究进展［J］. 化工与医药工程，2022（42）：38－43.

［5］罗怡婧，黄桂婷，郑琴，等. 药物固体分散体技术回顾与展望［J］. 中国药学杂志，2020（55）：1401－1408.

［6］杜鹏，王璐璐，郑稳生，等. 固体分散体载体材料研究新进展［J］. 中国医药生物技术，2021（16）：339－342.

［7］Fang R, Liu Y, Ma L, Yu X, et al. Facile preparation of solid dispersions by dissolving drugs in N－vinyl－2－pyrrolidone and photopolymerization［J］. Mater Sci Eng C, 2021(124): 112063.

［8］Bhujbal S V, Mitra B, Jain U, et al. Pharmaceutical amorphous solid dispersion: A review of manufacturing strategies［J］. Acta Pharm Sin B, 2021(11): 2505－2536.

［9］安欣欣，周洪雷，李传厚，等. 口服渗透泵控释制剂的研究进展［J］. 中国药房，2018

（29）：3165－3168.
［10］靳海明，杨美燕，高春生，等. 口服缓控释制剂体外释放评价方法研究进展［J］. 中国新药杂志，2013（22）：196－200.
［11］Chen J, Pan H, Ye T, et al. Recent Aspects of Osmotic Pump Systems: Functionalization, Clinical use and Advanced Imaging Technology［J］. Curr Drug Meta, 2016(17): 279－291.
［12］Pawar V K, Kansal S, Asthana S, et al. Industrial perspective of gastroretentive drug delivery systems: physicochemical, biopharmaceutical, technological and regulatory consideration［J］. Expert Opin Drug Deliv, 2012(9): 551－565.
［13］Patil S, Talele G S. Gastroretentive mucoadhesive tablet of lafutidine for controlled release and enhanced bioavailability［J］. Drug Deliv, 2015(22): 312－319.
［14］Hoffman F A. Expandable gastroretentive dosage forms［J］. J Control Release, 2003(90): 143－162.
［15］Patil H, Tiwari R V, Repka M A. Recent advancements in mucoadhesive floating drug delivery systems: A mini-review［J］. J Drug Deliv Sci, 2016(31): 65－71.
［16］周勇，陈万明. 时辰节律与脉冲式给药系统［J］. 中国药房，1999：94－95.
［17］平齐能，屠锡德，张均，等. 药剂学［M］. 北京：人民卫生出版社，2013.
［18］De Geest B G, Mehuys E, Laekeman G, et al. Pulsed drug delivery［J］. Expert Opin Drug Deliv, 2006(3): 459－462.
［19］刘蓉梅，李力，韩晓林. 脉冲式给药系统的研究进展［J］. 江苏药学与临床研究，2000：31－32.

（沈锦涛，孙　锐，严文锐，金义光）

民族骄傲|华夏医祖

扁　鹊

秦越人（公元前 407 年—前 310 年），即扁鹊，姬姓，秦氏，名越人，又号卢医，一说为勃海郡郑（今河北任丘）人，再一说为齐国卢邑（今山东长清）人。春秋战国时期名医，与华佗、张仲景、李时珍并称中国古代四大名医，被称为华夏医祖。

扁鹊少时学医于长桑君，善于运用四诊：望、闻、问、切，尤其是脉诊和望诊来诊断疾病，精于内、外、妇、儿、五官等科，名闻天下。

扁鹊医术高超的典故：

公元前 357 年到了齐国的都城临淄（今山东临淄县），齐桓侯田午派人招待他，桓侯接见时，他望着桓侯的颜色，说："君有疾在腠理，不治将恐深。"桓侯答道："寡人无疾。"他离开后，桓侯就对左右的人说："医之好利，欲以不疾为功。"过了五天，他见到桓侯又说："君之病在肌肤，不治将益深。"桓侯仍答道："寡人无疾。"他辞出后，桓侯感到很不高兴。过了几天，再见桓侯时，他又郑重地说："君之病在肠胃，不治将宜深。"桓侯很不愉快，没有理睬。又过了几天，扁鹊复见桓侯。见桓侯的脸色，吃惊地溜走了。桓侯便派人追问原因，他说："疾在腠理，汤熨之所及也；在肌肤，针石之所及也，在肠胃，火齐之所及；在骨髓，司命之所属，无奈何也。今在骨髓，臣是以无请矣。"不久桓侯病发，派人去请他治疗，可是他已取道魏国，到秦国去了。桓侯终因病深，医治无效而死去。

后人为纪念他，尊他为"医学祖师"。直到现在，凡是得到人们尊重的高明医生，都誉为"扁鹊再世"。

（张　奇）

第 11 章
脂质体药物传递系统

1. 掌握脂质体及脂质体药物的概念，脂质体药物制剂优势，脂质体制备常用材料、方法，质量检查指标。

2. 熟悉脂质体主动载药原理、包封率测定，脂质体形态、粒径控制技术及测定方法。

3. 了解脂质体的结构类型及作为药物传递系统的作用特点。

11.1 脂质体概述

脂质体（liposomes）最早由英国动物生理学家 Alec D. Bangham（1921—2010）于 20 世纪 60 年代初发现。随后，G. Weissmann 将其命名为 liposomes，G. Gregoriadis 等人随即开始研究将脂质体用作药物载体传递系统。

1980 年中期，L'Oreal 及 Dior Christian 推出脂质体化妆品。1988 年，外用治疗皮肤病的益康唑脂质体凝胶（Pevary Lipogel）获得上市，而用于治疗真菌系统感染的注射用两性霉素 B 脂质体（AmBisome）于 1990 年进入市场。与此同时，许多突破性技术逐渐解决了脂质体作为系统给药载体的关键难题，例如载药效率低、稳定性差、免疫清除快等。1995 年年底，阿霉素脂质体（Doxil®）注射剂被 FDA 获准上市。这不仅是脂质体研究领域的一次里程碑，也使得基于药物传递系统（DDS）的制剂由概念变为实用产品。如今，不同类型脂质体广泛用于各种药物载体，包括抗癌药物、抗感染药物、基因、疫苗等制剂，并在全球范围内成功上市了 20 余种产品。

脂质体（liposomes）是磷脂等两性分子分散于水相时，在疏水力作用下，通过自排而形成具有双分子层结构的封闭囊泡（vesicles）。脂质体结构如图 11－1 所示，常用于制备脂质体的材料为磷脂酰胆碱及胆固醇，其分子结构如图 11－2 所示。药剂学中主要涉及利用脂质体构建药物载体，实现理想的药物传递。

脂质体作为药物载体，具有许多优势：① 适用范围广。水溶性、脂溶性、两性药物、成像物质或多种组合，都可以包封于脂质体中。② 安全性高。磷脂为细胞膜成分，脂质体具有良好生物安全性；药物被包封于脂质体中，能够降低药物对于正常组织细胞毒性，不良反应较少。③ 稳定性高。脂质体对包封药物具有保护作用，增加药物的体内外稳定性。④ 靶向性高。脂质体表面及结构容易修饰，能够实现靶向性药物传递。⑤ 缓控释作用。脂质体制剂能够降低药物的消除速率，延长药物作用时间，尤其是多囊脂质体药物是优良长效载体。

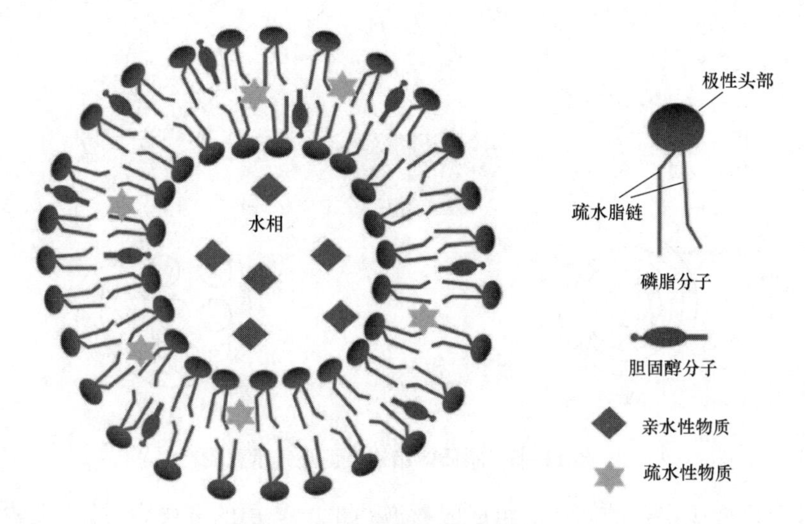

图 11－1　脂质体结构示意图

CHO　DOPC　DSPS　DMACHO　DOTAP　DOTMA

图 11－2　脂质体制备常用材料分子结构

（一）脂质体结构类型

按脂质体结构特征，分为单层脂质体、多层脂质体、多囊脂质体三大类，如图 11－3 所示。

1. 单层脂质体（unilamellar vesicles）

是由一层双分子脂质膜形成的囊泡，根据其大小，可分为小单层脂质体（small unilamellar vesicle，SUV）和大单层脂质体（large unilamellar vesicle，LUV）。小单层脂质体的最小直径约为 20～50 nm，大单层脂质体的直径一般为 50～300 nm。LUV 与 SUV 相比，对水溶性药物包封率高，包封容积大。

2. 多层脂质体（multilamellar vesicle，MLV）

是双分子脂质膜与水交替形成的多层结构的囊泡，一般由两层以上磷脂双分子层组成多

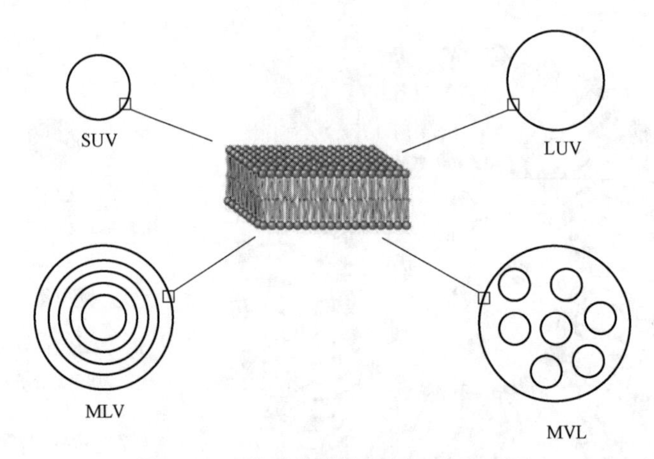

图 11－3　脂质体结构类型及其示意图

层同心层。仅仅由较少层数的同心层组成的囊泡（如 2～4 层的多层脂质体）又称寡层脂质体。MLV 的直径一般大于 500 nm。

3. 多囊脂质体（multivesicular liposomes，MVL）

是内部含有非同心的多室结构的脂质体。多囊脂质体一般由磷脂、低熔点脂类（如油酸甘油酯）及小分子多元醇（如甘油）等材料混合，采用特殊工艺（如乳化－旋蒸法制备）。多囊脂质体粒径较大，由于具有多室结构，释药缓慢，是优良的长效制剂载体，如上市的 DepoDur®（吗啡脂质体制剂）与阿糖胞苷多囊脂质体（DepoCyt®）可维持药效数日，甚至一周以上。

基于药物传递功能的脂质体分类：

1. 普通脂质体

由一般脂质组成的脂质体。

2. 长循环脂质体

采用 PEG 等修饰形成的脂质体，静注后避免被机体快速清除，实现长循环。

3. 特殊功能脂质体

（1）热敏脂质体。采用 T_c 稍高于体温的脂质成分制备的脂质体，给药后局部加热可促进药物快速定点释放作用。

（2）pH 敏感脂质体。某些特殊材料制成的脂质体，在不同 pH 下可导致脂质膜通透性改变，甚至解体。

（3）磁性脂质体。运载磁性物质（如 Fe_3O_4 或其衍生物）的脂质体。

（4）免疫脂质体。将抗体或抗体片段通过化学连接到脂质体表面，形成抗体修饰脂质体。

（5）配体修饰脂质体。表面连接细胞受体特异性配体的脂质体。

（二）脂质体理化性质

1. 相变温度

当温度升高到一定限度时，脂质体双分子层中磷脂酰基侧链可从有序排列变为无序排列，整个磷脂分子在单分子层面运动加剧，磷脂膜由近于静止的凝胶态（gel phase）变化为二维平面流动的液晶态（liquid crystalline phase）。此时，脂质体直径增大，双分子层厚度减小，膜通透性增加。此时温度称为相变温度（phase transition temperature，T_c）。不同磷脂分子具有各自特定的相变温度，其大小取决于极性基团的性质、酰基链的长度和不饱和度。一般酰基链越短或链的不饱和度越高，相变温度越低。磷脂膜的相变温度可借助差示扫描量热法（DSC）、电子自旋共振光谱（ESR）等测定。当磷脂膜发生相变时，由于处于液晶态和凝胶态的磷脂分子聚集体可能同时存在而出现相分离现象，膜通透性最高，导致内容物快速泄漏。

2. 膜的通透性

脂质体膜具有半透性，磷脂分子相变温度高，通透性低，凝胶态膜通透性远小于液晶态。不同分子扩散跨膜速率差别较大，取决于分子体积大小、油水分配系数、极性表面积、荷电状态等。电中性的很小分子（M_w＜100 Da），如水和尿素能很快跨膜；在水和有机溶剂中溶解度都较好的小分子（M_w＜1 000 Da），较易透过磷脂膜；高分子化合物（如蛋白、肽类）、离子、荷电分子，以及多羟基极性较大的分子，如葡萄糖，跨膜通透性极低。此外，在体系达到及超过相变温度时，脂质体膜对于各种分子通透性增加。

3. 膜的流动性

膜流动性是磷脂分子热运动的宏观表现。凝胶态膜流动性较小，液晶态凝胶态膜流动性较大。温度升高时，膜的流动性增加，通透性增大，被包裹的药物释放或泄漏加快，因而膜的流动性直接影响脂质体的稳定性。胆固醇具有调节膜流动性的作用，磷脂/胆固醇摩尔比为 1:1 时，脂质体膜相变温度消失，因此，胆固醇也被称为流动性缓冲剂（fluidity buffer）。磷脂膜中加入胆固醇，低于相变温度时，可使膜分子排列有序性降低，膜流动性、通透性增加；高于相变温度时，则可使膜分子排列有序性增加，膜流动性、通透性降低。

4. 脂质体荷电性

（1）中性脂质体，即不荷电脂质体，表面 ζ 电位为 0（$\zeta=0$），如采用 PC（磷脂酰胆碱）制备脂质体。

（2）阳离子脂质体，即荷正电脂质体（$\zeta>0$），带正电荷的脂质材料形成的脂质体，能够有效运载基因药物，如 NDA 片段、siRNA 等。

（3）阴离子脂质体，即荷负电脂质体（$\zeta<0$），带负电荷的脂质材料形成的脂质体，一般用于运载荷正电药物，通过静电吸引提高包封率。

含荷负电脂质材料，如磷脂酸（PA）和磷脂酰丝氨酸（PS）等的酸性脂质体荷负电；含碱基（胺基）脂质材料，如十八胺等脂质体荷正电，不含离子的脂质体显电中性。脂质体表面电荷与其包封率、稳定性、靶器官分布及对靶细胞的作用有关。

（三）脂质体药物传递功能

一些药物在到达体内作用部位之前被降解或消除，难以发挥有效治疗作用。小分子药物进入机体后在全身分布，既作用于病灶部位，也作用于非病灶组织，从而引起毒副作用。采用脂质体传递药物，能够实现缓慢释放药物，发挥长效作用；也能够实现靶向传递，改变药物的体内分布，使药物仅作用于病变组织或靶细胞，提高疗效、降低毒副作用等。脂质体药物传递功能基于以下原理实现。

1. 淋巴系统趋向性

脂质体（包括其他微粒载体）进入机体后，易于被免疫细胞识别、吞噬，从而被动靶向于淋巴系统。正是基于这一性质，脂质体广泛用作疫苗载体，提高抗原传递效率。接种后，荷电或普通脂质体易于被局部抗原提呈细胞（APC）摄取，而小粒径隐形脂质体（＜200 nm）易于进入淋巴结，被其中的 APC 摄取，诱导免疫应答。必须指出，作为其他药物载体，通过静脉注射给药，脂质体易被动靶向于肝、脾等器官，并被其中数量众多的免疫细胞摄取。这是否发挥治疗作用取决于药物作用目标、脂质体释药方式等。

2. 被动靶向性

主要利用病变组织（如肿瘤）毛细血管通透性增高而淋巴管缺乏导致药物滞留即 EPR（enhanced permeation and retention，高通透与滞留）效应实现针对病变组织输送药物。因此，要求脂质体粒径小于病灶组织毛细血管开口而大于正常组织毛细血管开口，一般为 50～200 nm，如 Doxil®/Caelyx®（阿霉素脂质体注射剂）平均粒径为 80～100 nm，能够有效发挥抗癌疗效，显著降低正常组织毒性。

3. 主动靶向性

采用抗原、抗体、配体等进行表面修饰使脂质体能够特异性输送药物至特定病灶部位，即实现主动靶向性。如上述免疫脂质体、配体修饰脂质体，注射入体内后，载体表面修饰物功能团能够与相应抗原、受体等进行特异性结合，将药物靶向输送到病灶组织、器官、细胞甚至细胞器。

4. 物理化学靶向性

脂质体中包含对理化刺激或信号（如 pH、温度、光照、磁场等）敏感物质，当环境变化（如 pH 降低、温度升高等）时，引发载体结构变化、解体，或使载体滞留于组织，使所携带药物释放于信号刺激部位，从而发挥靶向治疗作用。如上述 pH、热、光敏感脂质体、磁性脂质体等，上市的 Visudyne®（liposomal verteporfin，脂质体维替泊芬）为光动治疗注射剂。

（四）脂质体作用机制

脂质体在体内分布及在细胞水平上的作用机制有吸附、脂质交换、内吞、融合、渗漏和扩散等。

1. 吸附

脂质体与细胞结构相似并具有共同磷脂组成成分，在适当条件下，脂质体通过静电等作用非特异性吸附到细胞表面，或通过配体与细胞特异性结合而吸附到细胞表面，以此实现定位释药。

2. 脂质交换

脂质体通过吸附可与细胞膜进行脂质交换，利于包载药物进入细胞。脂质交换为分子热运动结果，也可以通过细胞表面特异性蛋白介导。交换过程中，脂质体膜通透性增加，药物释放加快，提高病灶部位药物浓度，利于发挥疗效。

3. 融合

融合是指脂质体膜与细胞膜相结合而融为一体，而将内容物直接传递到细胞内，药物一般不经历溶酶体降解过程，因此是有效的细胞靶向传递方式。对于蛋白、多肽、基因等稳定性差的药物，是理想的传递方式。

4. 渗漏

普通脂质体进入机体容易结合调理素、血浆蛋白等，可能导致结构改变，从而泄漏药物。加入适量胆固醇（高于 1/3 摩尔比）可有效减少脂质体渗漏。

5. 磷酯酶消化

脂质体易被体内磷酯酶消化，肿瘤组织中磷酸酯酶的水平明显高于正常组织，所以脂质体在肿瘤组织中更容易释放药物。

6. 内吞/吞噬

配体修饰脂质体能够通过特定受体结合被细胞通过“受体介导内吞”方式摄入胞内。这是主动靶向药物传递的主要设计依据。通过受体介导内吞方式进入细胞的脂质体直接进入吞噬体（endosomes），进而形成溶酶体（lysosomes，内部环境 pH 约 5），随后被溶解、消化，释放药物，同时也可能导致药物失活。磷脂被水解成脂肪酸，重新循环再掺入宿主质膜磷脂。此外，细胞内吞作用与脂质体粒径、表面理化性质有关。例如，脂质体大小为 100 nm 时，易发生内吞作用，而 PEG 化阻碍内吞作用。

11.2　脂质体制备材料

脂质体膜材料主要为磷脂，可以根据药物及制剂特征选用其他类脂成分作为膜材或辅助成分。由于胆固醇具有改变膜相变温度、增加脂质体稳定性、防止药物泄漏等作用，成为制备脂质体常用的附加成分。此外，为制备荷电脂质体，常使用中性磷脂混合荷电类脂材料。现将常用脂质体膜材料简介如下，部分分子结构如图 11－2 所示。

1. 中性磷脂

磷脂酰胆碱（phosphatidylcholine，PC）是最常用的中性磷脂，是细胞膜主要磷脂成分。天然磷脂酰胆碱可从蛋黄和大豆中提取，是一种混合物，由含有不同长度、不同饱和度的脂肪链的多种磷脂酰胆碱组成，具有生理条件下电中性、来源广、价格低等特点。合成磷脂酰胆碱成分单一，价格高昂，如二棕榈酰磷脂酰胆碱（dipalmitoyl phosphatidylcholine，DPPC）、二硬脂酰磷脂酰胆碱（distearoyl phosphatidylcholine，DSPC）、二油酰磷脂酰胆碱（dioleoyl phosphatidylcholine，DOPC，分子结构如图 11－2 所示）。此外，鞘磷脂（sphingomyelin，SM）也是常用中性磷脂，已经用于制备上市的长春新碱脂质体制剂。

2. 荷负电磷脂

正常生理条件（pH＝7）下，荷负电磷脂有磷脂酸（phosphatidic acid，PA）、磷脂酰甘油（phosphatidyl glycerol，PG）、磷脂酰肌醇（phosphatidylinositol，PI）、二硬脂酰磷脂酰丝氨酸（distearoyl phosphatidylserine，DSPS，分子结构如图 11－2 所示）等。在负电荷磷脂中，有三种作用力共同调节双分子层膜头部基团的相互作用：空间位阻、氢键和静电荷。

由酸性磷脂组成的膜能与阳离子发生非常强烈的结合，尤其是二价离子，如钙和镁。由于与阳离子的结合降低了其头部基团的静电荷，使双分子层排列紧密，从而升高了相变温度。在适当环境温度下加入阳离子能引起相变。由酸性和中性脂质组成的膜，加入阳离子能引起相分离。

3. 荷正电脂质材料

正常生理条件（pH＝7）下荷正电脂质材料一般为含氮链烃衍生物。常用的有脂肪胺，如硬脂胺（stearylamine）；脂肪胺衍生物，如 DOTAP（1,2－dioleoyl－3－trimethylammonium－propane，1,2－二油酰基－3－三甲胺基－丙烷，分子结构如图 11－2 所示）、DDAB（Dimethyldioctadecylammonium Bromide，双十八烷基二甲基溴化铵）、DOTMA（1,2－di－O－octadecenyl－3－trimethylamm- onium propane，十八烯氧基－N,N,N－三甲基丙胺，分子结构如图 11－2 所示）；胆固醇衍生物，如 DMACHO（3β－[N－(N',N'－dimethylaminoethane)－carbamoyl] cholesterol）（二甲基乙二胺基甲酸胆固醇酯，分子结构如图 11－2 所示）等。

4. 胆固醇（cholesterol）

为一种生物合成甾醇化合物，是细胞膜等生物膜重要组成成分之一。胆固醇属于中性脂质，具有两亲性，但亲油性远大于亲水性，分子结构如图 11－2 所示。其本身不能形成脂质双分子层结构，但作为两性分子，能以平行于磷脂分子方式嵌入磷脂膜，形成羟基基团朝向亲水面、甾环及脂肪链朝向双分子层中心的膜结构。胆固醇能够发挥调节膜的“流动性”、降低膜通透性等重要作用，因此，为制备脂质体药物常用的辅助膜材。

11.3 脂质体的制备方法

（一）脂质体制备方法

脂质体为磷脂等两性分子水化后分散于水溶液中通过分子自排形成的，因此，制备过程主要涉及磷脂分散与极性基团水化，同时，一般应将温度控制在相变温度以上。制备方法较多，可以通过不同方法获得具有不同特征的脂质体。脂质成分选择主要依据脂质体应用目的，非饱和磷脂，如天然大豆或蛋黄卵磷脂，相变温度较低，制备条件相对缓和；而饱和磷脂，如氢化豆磷脂，相变温度较高，制备时需考虑药物是否为温度敏感成分。由于胆固醇能够提高脂质体体内、外稳定性，尤其是加入大约 50%（mol/mol）比例的胆固醇可显著增加生物体内稳定。此外，磷脂易被氧化，制备及贮存过程应当适当避光、杜绝氧气，也可加入适量抗氧化剂，如α－生育酚（维生素 E）等。制备脂质体常用以下方法。

1. 薄膜分散法

薄膜分散法（film dispersion method）是 Bangham 最早报道脂质体所用方法，因为简单易行，目前仍最常用。将磷脂等膜材及脂溶性药物溶于适量的氯仿或其他有机溶剂中，然后在旋转减压下除去溶剂，使脂质成分在器壁形成薄膜，加入含有水溶性药物的缓冲液，通过旋转、涡旋或振摇进行水化，则可形成粒径分布宽的大多层脂质体。其包封率较低，尤其是水溶性药物（＜10%）。

2. 逆相蒸发法

将磷脂等膜材溶于有机溶剂，如氯仿、乙醚等，加入待包封药物的水溶液（水溶液:有机溶剂＝1:3～1:6）进行短时超声，直到形成稳定 W/O 型乳剂，减压蒸发除去有机溶剂，即可形成脂质体。此法制备的脂质体一般为大单层或寡层脂质体，显著特点为对于水溶性药物包封率较高，可达 60%。

3. 注入法

将脂质材料溶于乙醚或乙醇，然后注射入剧烈搅拌的缓冲溶液，通过减压、超滤等方法去除有机溶剂，即形成寡层或单层脂质体，药物包封率较低。

4. 复乳法

以磷脂为乳化剂溶于油相，水溶性药物溶于内水相，通过乳化制备复乳，进一步搅拌或通入氮气，除去有机溶剂，形成脂质体。一般为单层或寡层脂质体，对于水溶性药物，包封率较高。

5. 乳化－冻干法

以磷脂等为乳化剂，与亲脂性药物一起溶于氯仿/环己烷/（1:3，体积比）作为油相（O），冻干保护剂（如蔗糖）溶于内水相（W1）及/或外水相（W2），通过乳化制备 W1/O/W2 复乳、

W1/O 单乳或 O/W2 单乳，随后快速冷冻并通过冻干除去溶剂，冻干品水化，形成脂质体。一般为单层或寡层脂质体。三种乳化–冻干法均可有效包封亲脂性药物，而 W1/O/W2 复乳或 W1/O 单乳–冻干法对于水溶性药物包封率较高。

6. 去污剂增溶–透析法

是采用胶束增溶–透析法。此法是采用亲水表面活性剂（如胆酸盐）将磷脂等膜材增溶于水溶液，形成混合胶束，再采用半透膜透析去除表面活性剂，磷脂等分子则自排成脂质体。由于该方法条件温和，不使用有机溶剂，适于蛋白、多肽等稳定性低的药物。

脂质体的制备方法还有很多，如钙融合法（Ca^+–induced fusion），即以磷脂酰丝氨酸等带负电荷磷脂为膜材，加入 Ca^+，使之相互融合，形成类似于蜗牛壳的螺旋圆桶状脂质体，称为脂质卷（cochleate）；再加入络合剂 EDTA，除去 Ca^+，则可产生单层脂质体。而采用超临界流体技术制备脂质体，能有效控制粒径，无有机残留，适合工业化生产。

脂质体形成机制：

脂质体为两性分子分散于水溶液，在疏水力作用下，通过分子自排形成具有双分子层囊泡。1976 年，分子生物学家 J. Israelachvili 通过对两亲性分子聚集行为研究，提出了堆叠参数（packing parameter，PP）概念，用于描述两性分子自排特征。

$$PP = V / (AL)$$

式中，V 为两性分子中疏水链体积；L 为两性分子中疏水链长度；A 为亲水性基团截面积，如图 11–4 所示。

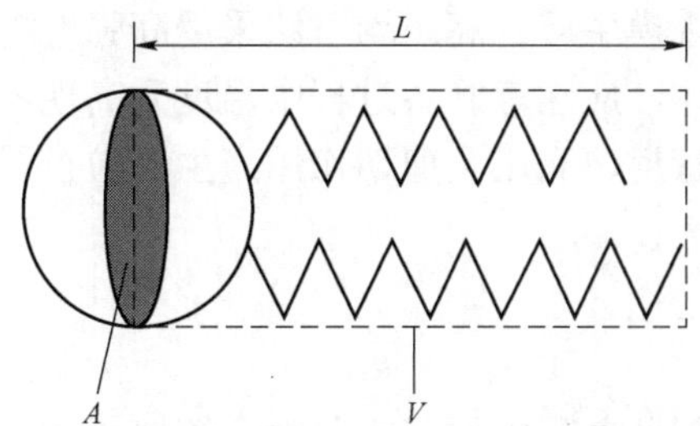

图 11–4　两性分子极性部位、疏水部位参数

表面活性剂 PP 值与形成结构的关系见表 11–1。

表 11–1　表面活性剂 PP 值与形成结构的关系

PP	结构
PP＜1/3	球形胶束（spherical micelles）
1/3＜PP＜1/2	柱形胶束（cylindrical micelles）
1/2＜PP＜1	柔性双分子层（flexible bilayers）
PP = 1	平面双分子层（planar bilayers）
1＜PP	反相胶束（reverse micelles）

（二）脂质体粒径控制

脂质体粒径大小及分布影响体内行为，甚至释药特性。例如，粒径为 1 μm 的脂质体易于滞留于肺泡，100 nm 的脂质体易于被动靶向于肿瘤组织，因此，有效控制粒径是制备脂质体制剂关键环节。不同制备方法获得不同结构、不同大小的脂质体，但控制粒径的常用手段是通过高强度机械做功，将脂质体破碎为需要粒径。

1. 超声（sonication）

将制备的脂质体通过 20 kHz 频率超声，可以有效减小粒径，但超声是机械波，将大脂质体击碎而重排为小脂质体，会导致药物泄漏。超声也会产生热量，进一步破坏稳定性差的药物，如蛋白、多肽、基因片段等。一般采用间歇超声，并以冰水浴降温。

2. 挤出（extrusion）

过膜挤出法能够有效控制粒径在理想范围，粒径分布均匀，适用于小规模制备。主要将大脂质体多次挤压通过一定孔径大小的微孔滤膜（micropore membrane），挤压破碎，形成粒径近于孔径的脂质体。常用聚碳酸酯膜，有 0.8 μm、0.45 μm、0.2 μm、0.1 μm 等多种规格。一般按照由大到小的顺序，将大粒径脂质体通过微孔滤膜，最终得到小粒径脂质体。可以采用不锈钢挤出仪通过氮气加压挤出，适于 1～10 mL 或更多体积脂质体；或注射器手动挤出，适于小于 1 mL 脂质体。

3. French 挤压法

French 挤压仪为细胞膜破碎器。将脂质体置入 French 压力室，在很高的压力（可达 20 000 psi，pound per inch）下挤压通过出样孔，可产生粒径小至 20 nm 的单层脂质体。制备脂质体时，调节压力能够有效控制粒径，通过冰水浴可阻止温度升高。

4. 高压均质法及微射流法

主要用于中试及工业大规模生产。高压均质法采用高强度机械挤压，使得脂质体高速通过小孔，破碎为小粒径脂质体，应注意制备过程中温度升高现象。微射流是高压惰性气体驱动脂质体快速通过内径细长管道，高压及剪切作用产生小粒径脂质体，制备过程中可以通过冰水浴控制温度。

（三）脂质体载药

1. 被动载药法

被动载药法是在脂质体制备过程中将药物包封、镶嵌、结合于脂质体。亲脂性药物一般可以在脂质体制备过程中获得较高包封率。水溶性药物采用一般方法难以获得理想包封率，但采用复乳或复乳–冻干法能够获得较高包封率；而逆向蒸发法是目前包封水溶性药物最有效方法；此外，制备荷电脂质体（如阳离子脂质体、阴离子脂质体）时，通过静电吸引有效结合带反电荷药物，如基因药物、蛋白、肽类。

2. 主动载药法（active loading）

主动载药法也称为遥控载药法（remote loading），是将两性药物（可以离子化药物）包载入空白脂质体的有效方法。此法是先制备空白脂质体，随后建立内外离子梯度（ion gradient），由于两性药物不同荷电状态对膜通透性不同，外部中性药物不断扩散进入脂质体，随即被离子化，因不透膜而滞留于脂质体，以此完成高效率载药。最先建立的主动载药法是 pH 梯度法（即质子梯度法），后来发展出了其他各种离子（如 Cu^{2+}、Mn^{2+}、CO_3^{2-}、CH_3COO^-）梯度法，但原理相同，如图 11–5 所示。

pH 梯度法是通过脂质体内外形成质子（H^+）梯度，完成装载可结合质子形成离子的药物。硫酸铵梯度法（图 11–5（a））是改进的 pH 梯度法，以其装载阿霉素为例，简述操作过程如下：① 制备粒径适宜的空白脂质体。以 pH = 4 的 300 mmol/L $(NH_3)_2SO_4$ 水溶液为介质，制备空白脂质体，控制粒径为 100 nm。② 建立离子梯度。通过柱色谱以缓冲溶液（如 HEPES）洗脱，除去外相$(NH_3)_2SO_4$，脂质体膜内外形成铵离子梯度（$\Delta pH = 3.8$）。③ 载药。加入含阿霉素缓冲液（$pH = 7.8$），60 ℃孵育 10～20 min，即可获得近 100%包封率。

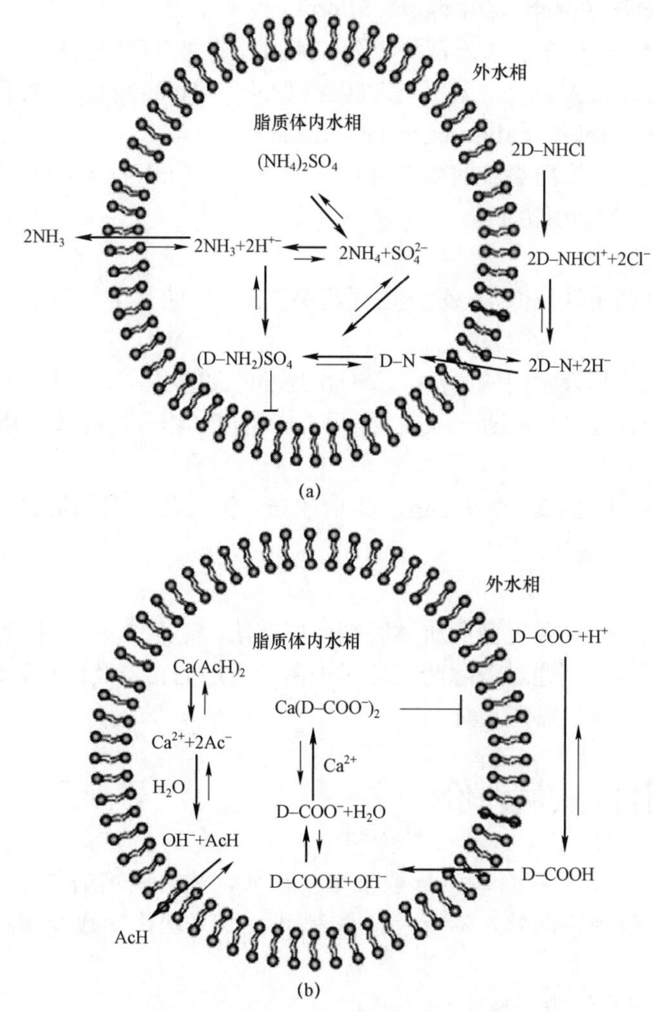

图 11－5 脂质体主动载药原理示意图

（四）分离脂质体与游离药物

游离药物，即未被包封的药物，一般需要与脂质体分离、除去。

1. 透析法（dialysis）

将脂质体装入透析袋，置于不断搅拌的等渗溶液，多次更换透析液，即可透析去除游离药物。透析袋分子截留量一般应 3 倍大于被分离药物相对分子质量。透析时间较长，一般不适于离子化药物。

2. 柱色谱法（column chromatography）

常用葡聚糖凝胶柱（如 Sephadex G－50），也称为凝胶过滤法。当被分离物质流动通过凝胶多孔颗粒时，药物分子及小粒径脂质体渗入小孔程度高，而粒径较大脂质体渗入小孔程度较低，因此，从凝胶柱上依次洗脱出大粒径脂质体、小粒径脂质体、游离药物。

3. 离心法（centrifugation）

离心是脂质体与游离物质分离的有效方法。离心力依赖于脂质体与分散介质密度差，一般需要超速离心（离心力＞50 000*g*）才能完成。

4. 鱼精蛋白凝聚法（protamine aggregation）

可用于多种脂质体，如带中性或带负电荷的脂质体。利用鱼精蛋白（10 mg/mL 溶液）与脂质体结合，形成密度较大微粒，采用一般转速离心（＜10 000*g*）即可沉淀脂质体。

5. 微型柱离心法（mini－column centrifugation）

将脂质体加入装载葡聚糖凝胶的微型柱（常用去针头 1 mL 注射器），通过离心（800*g*～3 000*g*），快速洗脱、分离出脂质体。

（六）脂质体灭菌

由于脂质体制剂稳定性较低，一般无法采用高温灭菌，通常可用以下方法获得无菌制剂。

1. 过滤除菌

这是获得无菌脂质体最常用的方法，适于 0.22 μm 或更小的脂质体。挤压通过 0.2 μm 聚碳酸酯膜将脂质体粒径控制、除菌一步完成。不过，挤出过程可能导致脂质体及内容物损失。

2. 射线灭菌

一般用 ^{60}Co 射线灭菌，这种方法适于工业生产，但过强照射能够破坏脂质体及不稳定成分。

3. 无菌操作

是目前实验室及工业制备无菌脂质体制剂所用方法。制备时，需将将脂质体的脂质成分、缓冲液、药物和水溶液分别通过滤除菌或热压灭菌，所用的容器及仪器管道经过高温或化学灭菌，最后在无菌环境下制备脂质体。

11.4 脂质体的质量评价

首先，脂质体药物必须符合制剂一般要求，例如，注射制剂必须无菌，无热原，具有合适的渗透压、pH 范围。此外，对于脂质体制剂，以下理化参数及指标必须进行表征与检测。

（一）粒径、形态与结构

脂质体的粒径大小和分布均匀程度与其包封率及稳定性有关，直接影响脂质体在机体组织的分布和代谢，影响到脂质体的载药效果。脂质体粒径、形态与结构的检测、观察主要有以下技术方法：

1. 动态光散射（dynamic light scattering，DLS）

又称为光子相关光谱法（photon correlation spectroscopy），该方法能快速、便捷地测定纳米粒子的平均粒径及分布。

2. 光学显微镜

对于大粒径（微米范围）脂质体，脂质体大小及粒径分布可以通过光学显微镜直接观察。将脂质体混悬液稀释，取 1 滴放入载玻片上或滴入细胞计数板内，放上盖玻片，观察脂质体大小和数目，然后按其大小分档计数，以视野见到的粒子总数求出各档次的百分数，观察其形态。

3. 电子显微镜

电子显微镜成像原理类似于光学显微镜，以波长很短的电子束代替光束，分辨率较高，可达 2 Å 左右。电镜依据电子束成像原理分为扫描电镜和透射电镜，前者适于观察样品微粒形貌，后者适于观察样品微粒结构；二者均能检测微粒大小及分布，但需要以标尺对粒子逐个估算，因此比较耗时、耗力。由于是在真空条件下成像，电镜用于观察液体样品，需要对样品进行适当的固化处理，处理方法包括负染、冰冻蚀刻以及低温电镜技术。

负染法（negative staining）：是采用含有重金属盐包埋脂质体，并作为背衬材料，以亮视野成像模式（bright field imaging mode），突出观测对象的层次结构。常用的负染材料有磷钨酸（phosphotungstic acid，PTA）、钼酸铵（ammonium molybdate，AM）、乙酸双氧铀（uranyl acetate）等。PTA、AM 为阴离子，用于观察阳离子脂质体可能由于相反电荷结合而引起脂质体聚结、沉淀。而乙酸双氧铀遇到磷酸根离子会生成沉淀，若用其染色，应事先去除磷酸根离子。

冰冻蚀刻法（freeze-etching）：样品处理过程复杂，成本较高。是将脂质体样品滴加到铜网格，置于 −196 ℃的液氮中，进行快速冷冻（quick freezing）；然后采用低温刀切割作用使样品产生冷冻断裂（freeze-fracture）；在真空条件下适当升温（90～110 ℃），使断裂面的冰升华消退，暴露样品结构，这一过程称为深度蚀刻（deep etching）；以 45° 角向切割断面喷涂铂层，再以 90° 角喷涂碳层，以加强成像反差和强度；最后，将镀膜样品置于次氯酸钠溶液，消化掉样品，获得碳/铂镀膜，即为具有样品断面结构特征的复膜（replica）。复膜显示出了样品蚀刻面的形态，在电镜下得到放大影像，即代表脂质体断裂面的微观结构。

低温电镜（cryo-TEM）：将样品滴加到铜网格上，然后置于 −196 ℃的液氮中，迅速凝结固化，随后以保温加样设备直接置入具有维系低温环境的电镜，进行观察。低温电镜显著优点是：样品处理、观察过程能够维持粒子结构原貌；分辨率高，可以达到 2 Å 以下，为目前分辨率最高的观察方法，已经开始用于观察受体等功能蛋白的空间结构。

（二）包封率与载药量

包封率（encapsulation efficiency，EE）是指包入脂质体内药物量与总药物量的百分比，一般采用重量包封率。包封率高可以节省原料药，避免去除游离药物等烦琐步骤。包封率是在脂质体的制备过程中很重要的考察参数。

载药量（loading capacity）是指脂质体中药物含量，一般用脂质体膜材与药物摩尔比表示。载药量大可以节约昂贵的磷脂等膜材料，利于脂质体药物工业化生产。

（三）表面荷电性

采用荷电膜材制备的脂质体一般也荷电。例如，含有磷脂酸（PA）或磷脂酰丝氨酸（PS）的脂质体荷负电，含有十八胺的脂质体荷正电，不含离子的脂质体显电中性。脂质体表面电性对其包封率、稳定性、体内分布及靶向作用有显著影响。脂质体荷电性一般用 ζ 电位表示，主要采用电泳光散射法（electrophoretic light scattering），可以便捷地检测脂质体的 ζ 电位。

（四）释药特性

脂质体释药特性显著影响治疗效果，例如，Doxil®在正常生理条件下几乎不释放药物，而在肿瘤组织释药明显加快，使其能够有效发挥抗癌作用。脂质体释药特性可以根据给药途径、给药部位，设计适当释放介质，进行体外检测。

（五）稳定性

1. 药物泄漏

脂质体中药物的泄漏率表示脂质体在贮存期间包封率的变化情况，是衡量脂质体稳定性的重要指标。对于易于泄漏药物的脂质体制剂，可以采用冻干等技术制备无水产品来提高稳定性。

2. 脂质体聚集与沉淀

中性脂质体贮存过程中容易发生聚集、融合，形成大多层脂质体，或形成磷脂块沉淀，同时泄漏药物。减小粒径，适当荷电，PEG 化，或加入冻干保护剂制备成冻干产品，能够有效提高稳定性。

3. 磷脂水解与氧化

（1）水解。磷脂分子甘油酰基受到酸、碱催化，容易水解脱去一条酰基链，形成单链溶血磷脂。因此，制备脂质体时，溶液 pH 应避开强酸、强碱范围。水解形成的溶血磷脂可以采用 HPLC（高效液相色谱）或 TLC（薄层扫描色谱）进行检测。

（2）氧化。含有不饱和碳链的磷脂易于发生氧化反应，产生多种产物，主要包括过氧化脂类、环氧化脂类、溶血磷脂，以及含醛基、羟基、羰基、羧基等短链化合物。因此，采用不饱和磷脂（如蛋黄磷脂、豆磷脂）制备脂质体制剂，应采取避免氧化措施。例如，加入抗氧化剂（如维生素 E 等）、加入络合剂消除过渡金属离子催化、填充惰性气体、避光操作等，均有利于防止磷脂氧化。

磷脂氧化产物可以通过色谱、光谱、质谱、核磁共振谱鉴定及定量分析。对于含有不饱和碳链的磷脂，其氧化过程往往产生含共轭二烯键的过氧化物。而共轭二烯键化合物在 233 nm 波长处有较强的紫外吸收，因此，可以通过紫外/可见分光光度法分析氧化程度。检测过程简单、易行：以无水乙醇/纯水（9:1，体积比）为溶剂，将磷脂标准品（如 DPPC）或样品溶于溶剂，配制成一定浓度的澄清溶液，在 233 nm 波长处测定标准品或样品吸光度，即可算出过氧化磷脂质量。

此外，磷脂氧化所产生的丙二醛（MDA）具有较强的溶血、细胞毒性，在酸性条件下可与硫巴比妥酸（TBA）反应，生成具有红色发色团产物（TBA-pigment），在 532 nm 波长处有特征吸收，吸收值的大小即反映磷脂的氧化程度，也可以此对磷脂氧化反应进行定量检测。

11.5 其他脂质载体——类脂囊泡（niosomes）

类脂囊泡又称非离子表面活性剂囊泡（nonionic surfactant vesicles），是非离子表面活性剂于水溶液中自排而形成的双分子膜闭合囊泡。类脂囊泡在结构组成和物理性质方面与脂质体的相似，但稳定性高于脂质体，一般安全性低于脂质体。作为药物载体，类脂囊泡早期用于抗癌药物和抗感染药物研究，现在已经涉及透皮给药系统、口服药物载体、抗肿瘤药物功能化载体、诊断与造影等领域，具有广阔的应用前景。

（一）类脂囊泡制备材料

类脂囊泡的主要制备材料为非离子表面活性剂。形成类脂囊泡的表面活性剂应具有合适的两亲性基团，疏水性烷基链的长度一般为 C12～C18，有时需要加入胆固醇作为稳定剂，通过胆固醇的空间排斥作用阻止囊泡的聚集。常用的非离子型表面活性剂有：

（1）多元醇型。脱水山梨醇脂肪酸脂类（Span，司盘）。

（2）聚乙二醇类。聚氧乙烯脂肪酸脂（Myrij，卖泽）、聚氧乙烯脂肪醇醚（Brij，苄泽）。根据聚合度不同，卖泽有 Myrij45、Myrij49、Myrij51、Myrij52、Myrij53 等；苄泽有 Brij30、Brij35 等不同型号。

（3）聚氧乙烯－聚氧丙烯共聚物。结构中聚氧乙烯是亲水性的，而聚氧丙烯是疏水性的。常用的有 Poloxamer188（商品名 Pluronic 68）。

（4）其他。常用于制备类脂囊泡的材料脂肪酸蔗糖酯、蔗糖醚等。

（二）类脂囊泡形成条件

（1）临界胶束浓度（CMC）。在水溶液中，非离子表面活性剂分子亲水基团聚集在一起、疏水基团聚集在一起，当其浓度超过临界胶束浓度时，形成类囊泡，因此，形成类脂质体要求 CMC 值小。

（2）HLB 值。非离子表面活性剂分子必须受到较强的疏水作用，才能自排形成类脂体，因此 HLB 值较小，尤其为 4～8 时，易形成囊泡。

（3）堆叠参数。非离子表面活性剂分子 PP 为 0.5～1 时，能通过自排形成类脂体。

（三）类脂囊泡应用

类脂囊泡与脂质体的应用范围基本一致。临床上尚没有类脂囊泡产品应用，文献报道的类脂囊泡主要应用于以下几个方面：

（1）抗感染药物的载体。最早报道的类脂囊泡用于治疗寄生虫，如利什曼病的治疗。

（2）抗肿瘤药物的载体。采用类脂囊泡包封抗肿瘤药物，可减少抗肿瘤药物的毒副作用，增强药物在体内的组织靶向性，如甲氨蝶呤类脂囊泡。

（3）抗炎药物的载体。如氟比洛芬类脂囊泡制备的凝胶剂，用于透皮给药。

（4）诊断造影剂的载体。如碘普罗胺类脂囊泡，用于实验动物冠状动脉造影成像。

类脂囊泡分类、制剂制备及质量评价均类似于脂质体，不再赘述。

11.6　脂质体制剂临床应用实例——光动治疗药物脂质体制剂

经过半个多世纪发展，多个脂质体制剂已经成功用于临床治疗。该类治疗范围广泛，包括癌症化疗、疫苗接种预防、抗病原体感染、长效镇痛、光动力治疗血管增生等。

光动力治疗（Photodynamic therapy，PDT）是一种先给予患者光敏制剂，再以特定波长的光源照射病灶部位，光敏剂分子释放能量形成活性氧，清除病变成分，实现治疗。其原理是，在病灶部位受到特定波长光子照射，光动剂分子基态电子吸收光能后，跃迁形成高能量的单线态或三线态，随后通过发射光子回到基态，释放能量，使周边的稳态氧转变为活性氧（ROS），剧烈氧化周边生物成分（如细胞膜、蛋白等），引发病变细胞坏死或血管破损等现象，从而清除病灶。

维替泊芬/维速达尔®（Verteporfin/Visudyne®），即 9－甲基（异构体Ⅰ）和 13－甲基（异构体Ⅱ）反式－（±）－18－乙烯－4,4a－二氢－3,4－双（甲酯基）－4a,8,14,19－四甲基－23H,25H－苯卟啉－9,13－二丙酯，是一种光敏剂。由于难溶于水，可将其包封于纳米脂质体磷脂双分子层中，以 15 mg/剂制备为静脉注射用冻干制剂。该制剂按照 6 mg/m^2 体表面积药物剂量，用于治疗老年眼底黄斑变性疾病。治疗时，经 10 min 静脉注射完维速达尔制剂，5 min

后，以689 nm波长激光照射眼底，达到50 J/cm^{2}光剂量，即完成治疗。其治疗原理是，卟啉在光照射下形成活性氧，消蚀眼底黄斑处异常增生血管，实现治疗，如图11－6所示。

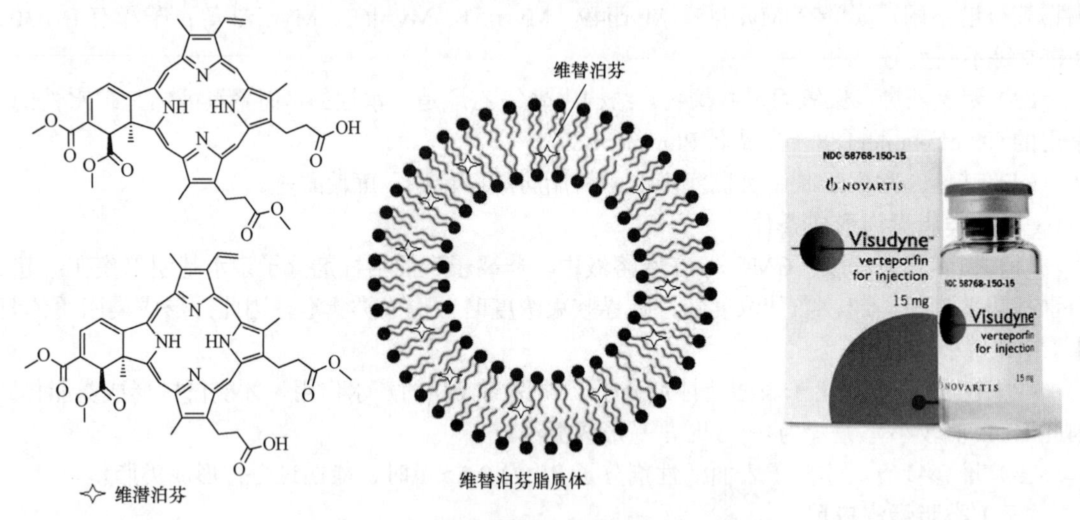

图11－6　维替泊芬脂质体光动制剂示意图

思　考　题

1. 脂质体作为药物载体有何优势？
2. 简述脂质体的概念、结构分类和功能。
3. 简述pH梯度法制备高包封率载药脂质体的原理和方法。
4. 简述硫酸铵梯度法制备高包封率载药脂质体的原理和方法。
5. 简述类脂囊泡的概念，并比较其与脂质体的异同。

参考文献

［1］邓英杰. 脂质体技术［M］. 北京：人民卫生出版社，2006.

［2］NEW RRC. Liposomes: A Practical Approach［M］. Oxford UK: Oxford University Press, 1990.

［3］Barenholz Y. Doxil®—The first FDA-approved nano-drug: Lessons learned［J］. Journal of Controlled Release, 2012, 160(2): 117－134.

［4］Wang N, Wang T, Zhang M, Chen R, Deng Y. Using procedure of emulsification lyophilization to form lipid A-incorporating cochleates as an effective oral mucosal vaccine adjuvant-delivery system (VADS)［J］. Int J Pharm, 2014, 468(1): 39－49.

［5］Wang T, Wang N, Sun W, Li T. Preparation of submicron liposomes exhibiting efficient entrapment of drugs by freeze-drying water-in-oil emulsions［J］. Chem Phys Lipids, 2011, 164(2): 151－157.

［6］Allen T M, Cullis P R. Liposomal drug delivery systems: from concept to clinical applications

［J］. Adv Drug Deliv Rev, 2013, 65(1): 36－48.
［7］王汀，李文秀，邓英杰. 微柱离心－药脂比测定脂质体药物包封率［J］. 沈阳药科大学学报，2008，25（1）：10－14.
［8］KIM R S, Labella F S. Comparison of analytical methods for monitoring autoxidation profiles of authentic lipids［J］. J Lipid Res, 1987, 28(9): 1110－1117.
［9］Pattni B S, Chupin V V, Torchilin V P. New Developments in Liposomal Drug Delivery. Chem Rev［J］. 2015, 115(19): 10938－66.
［10］崔福德. 药剂学（第七版）［M］. 北京：人民卫生出版社，2012.

（王 宁）

时代楷模|共和国勋章获得者、中国首位诺贝尔医学奖获得者

药学家屠呦呦

屠呦呦，女，1930年12月30日出生于浙江宁波，汉族，中共党员，药学家。1951年考入北京大学医学院药学系生药专业。1955 年毕业于北京大学医学院（今北京大学医学部）。毕业后接受中医培训两年半，并一直在中国中医研究院（2005年更名为中国中医科学院）工作，期间晋升为硕士生导师、博士生导师。现为中国中医科学院首席科学家，终身研究员兼首席研究员，青蒿素研究开发中心主任，博士生导师，2019年9月29日获得“共和国勋章”。

屠呦呦多年从事中药和西药结合研究，突出贡献是创制新型抗疟药青蒿素和双氢青蒿素。1972年成功提取分子式为$C_{15}H_{22}O_5$的无色结晶体，命名为青蒿素。她发现的青蒿素是一种用于治疗疟疾的药物，挽救了全球特别是发展中国家数百万人的生命，可以有效降低疟疾患者的死亡率。

2015 年 10 月获得诺贝尔生理学或医学奖，她成为第一位获诺贝尔科学奖项的中国本土科学家，诺贝尔科学奖项是中国医学界迄今为止获得的最高奖项，也是中医药成果获得的最高奖项。

“我们应该学习屠呦呦研究员这种埋头苦干、潜心钻研、坚韧不拔、持之以恒的工作作风，去掉浮躁、淡泊名利，始终围绕科学目标脚踏实地勤奋工作。”“人民英雄”国家荣誉称号获得者，中国中医科学院院长张伯礼院士这样评价屠呦呦先生。

（张　奇）

第 12 章
蛋白与多肽类药物制剂

1. 掌握：① 生物技术药物及其制剂的概念和特点；② 蛋白、基因类药物液体和固体制剂的处方组成、制备方法。

2. 熟悉：① 蛋白、基因类药物的结构及其不稳定性的表现；② 生物技术药物制剂的质量评价。

3. 了解：① 蛋白多肽类药物的新型给药系统；② 寡核苷酸及基因类药物的输送。

12.1 基于生物技术的蛋白与多肽药物制剂

生物技术药物（biotech drug）是指采用生物活性物质制得的药物。生物活性物质可以直接来源于生物体，例如益生菌药物；有的是生物组织，例如哺乳动物胎盘。生物活性物质更多的是生物体组成成分或生物体合成成分，例如干细胞、免疫细胞、蛋白质、核算、病原体相关分子模式成分（Pathogen-associated molecular pattern，PAMP）等。生物技术药物功能越来越强大，治疗范围也越来越多广泛。这得益于相关技术的快速发展，使得基因重组、蛋白表达、微生物及细胞改造等能够用于生物药物工业化制备。

生物药物制剂主要剂型是液体制剂或冻干制剂，常见的如疫苗制剂、单克隆抗体制剂、血浆制剂、细胞制剂、核酸药物与基因编辑相关制剂等。目前市场上生物药物数量正在迅速增长，许多生物技术药物已经成为最畅销药物。例如，全球药物销售统计数据显示，2021 年全球畅销居前 20 个药物中有 14 个是生物药物，占据多数。可见，生物技术药物已然成为重要的临床治疗手段。这主要是因为生物药物比小分子药物的药效更强，生物活性成分能发挥小分子药物无法实现的作用，尤其是针对机体自身功能异常导致的疾病，如肿瘤。

然而，多数生物药物相对分子质量大、结构复杂，无法通过化学合成手段获得；很多生物药物具有独特的空间构象及活性最佳的分子结构，只有保持该空间构象，药物才能在体内与特定受体结合，发挥专一性治疗功能。生物药物研发过程一般不需要做靶点的选择、确认和验证，不需要进行先导化合物的筛选、确认、优化等步骤。为改善体内分布、药力学参数、或药效作用等，天然生物药物的结构也可以进一步改造，但涉及的化学修饰的步骤相对较少。由于生物药物分子质量相对较大，结构较为复杂，在不同生理条件下，通常亲水性、电荷情况可能变化较大，因此，制剂开发过程不同于小分子药物。表 12－1 列举了解热镇痛药物对乙酰氨基酚与阿达木单抗制剂相比的一些不同点。

由于相对分子质量较大、结构较复杂、生物膜透过率较低、亲水性与解离性受生理条件影响较大，生物药物制剂具有许多值得注意的特点。第一，一般生物药物制剂口服难以吸收，

表 12-1 对乙酰氨基酚与阿达木单抗制剂相比的一些不同点

药物	对乙酰氨基酚	Humira（阿达木单抗）
适应症	解热镇痛	风湿性关节炎
化学组成	$C_8H_9NO_2$	900个氨基酸
相对分子质量	151.1	149 100
制备方法	有机合成	DNA重组技术
剂型	片剂	冻干粉末
贮存条件	贮存于15～30 ℃	贮存于2～5 ℃
给药途径	口服	静脉注射
有效期	5年	2年

需要采用注射给药才能确保有效的生物利用度。第二，生物药物通常活性半衰期短，需要采取一日多次注射的给药方案，患者顺从性低。虽然一些相对分子质量较小的多肽类药物，例如降钙素、环孢素、血管升压素等，有鼻喷剂、片剂、胶囊剂等非注射制剂上市，但大多数的生物药物仍为注射剂型。生物药物非注射给药也是药物递送研究的重点和难点，一直缺乏突破性进展。第三，生物药物稳定性质较差，对温度、pH、离子强度、表面作用、机械力等很多因素都很敏感，因此，在制剂设计时，需要充分考虑影响稳定性因素，确保贮存、运输等过程不会破坏药物安全性及有效性。由于生物药物相对分子质量大而结构复杂，在研发过程中，药物可能发生理化变化，甚至生物降解。这要求研发过程采用更多的分析手段进行详细表征，对生物药物降解倾向进行分析预测，耗时费力，增加研发难度。第四，生物药物递送技术也不同于小分子药物。对于那些作用靶点位于细胞质或细胞核内的生物药物，生物药物往往需要采用纳米载体实现递送的目的。例如，核酸类药物如反义寡核苷酸、小干扰RNA（siRNAs）、MRNA和基因等药物作用靶点位于细胞内部，甚至细胞核内部，必须借助有效载体（如阳离子脂质纳米粒等）帮助跨越多重生物膜屏障发挥作用。

目前，生物领域前沿新技术、新方法、新治疗疾病手段不断出现，使生物药物制剂范围不断扩大，外延不断拓展。例如，RNAi（RNA interference）、CRISPR（Clustered Regularly Interspaced Short Palindromic Repeats）基因干扰或编辑技术治疗遗传性疾病，CAR-T 细胞（Chimeric Antigen Receptor-T cell）技术治疗恶性肿瘤，iPSC（诱导多能干细胞技术）治疗功能退化性疾病，mRNA（信使RNA）技术制备疫苗，等等。这里仅简单介绍基于成熟技术、已经应用于市场的生物药物制剂，包括蛋白多肽药物制剂、核酸药物传递系统、疫苗制剂以及细胞治疗制剂。

12.2 蛋白、多肽类药物制剂

12.2.1 蛋白多肽类药物制备

蛋白质和多肽具有相同特征的化学组成，一般由20种常见氨基酸通过肽键（—CO—NH—）连接而成。通常将相对分子质量小于5 kDa、约少于50个氨基酸残基的分子称为多肽，而相对分子质量大于 5 kDa、具有 50 个以上氨基酸残基及特定三维结构的大分子称为蛋白质。

蛋白类药物通常采用基因重组技术改造的动物或细菌细胞（如中国地鼠卵巢细胞系CHO）或细菌（如大肠杆菌、酵母菌）进行制备。制备时，首先将编码目标蛋白基因插入细胞或细菌基因组，随即细胞或细菌（也称工程细胞、工程菌）在发酵罐中生长、表达目标蛋白，再用离心或超滤等方法分离目标蛋白，最后通过色谱等方法进一步纯化得到蛋白药物。蛋白药物产率往往取决于表达细胞或菌体，实际生产需要从技术和经济角度综合考虑，合理选择表达细胞，在确保药物质量前提下尽量降低成本。

多肽类药物可以通过固相合成技术来制备，而一些难以合成的多肽药物往往通过基因重组方式制备。

蛋白、多肽类药物制备完成后，要利用多种分析手段，例如十二烷基硫酸钠－聚丙烯酰胺凝胶电泳（SDS－PAGE）、毛细管区带电泳、高效液相色谱、质谱及光谱等多种方法进行表征，以确定活性和纯度，最后添加一定辅料加工为合适制剂。

12.2.2　蛋白多肽类药物结构与理化性质

蛋白质和多肽分子一般由 20 种常见氨基酸通过肽键连接形成。由于 20 种氨基酸所带电荷、亲水疏水性、分子大小等理化性质不同，决定了由这些氨基酸组成的不同蛋白质或多肽的性质、结构特征及分子间的相互作用也不相同。水溶性蛋白质往往是较多亲水性氨基酸基团暴露于外部环境，因而在水性溶液中容易溶解；与此相反，若蛋白分子较多疏水性氨基酸暴露于表面，分子则难溶于水。同理，若蛋白质分子亲水性与疏水性氨基酸比较均匀地分布于表面，则会表现出两性溶解特征。

蛋白与多肽容易受外部条件影响，因此，蛋白质多肽药物在不同生理部位、不同生理条件下可能表现出不同生物活性。首先，酸碱度可能对蛋白多肽性质及生物活性产生较大影响。当溶液 pH 远离等电点（isoelectric point，IP）时，蛋白质与多肽药物荷电状态增加，溶解度也随之增加。药物等电点是药物分子净电荷数为零时的溶液 pH，在此情况下，药物溶解度通常最低。值得注意的是，当环境 pH 很低时，可能由于过多基团处于荷电状态，导致蛋白质分子暴露出较多的非极性基团，从而水溶性降低。其次，离子强度对蛋白多肽性质及生物活性也会产生较大影响。例如盐析作用，即溶液中盐成分达到一定浓度时，蛋白会沉淀析出。产生盐析作用的原因包括：① 盐类更易水化，竞争掉蛋白质水分子，使得氢键消失；② 盐离子与荷相反电荷的蛋白基团结合，改变蛋白与水溶剂界面张力，导致蛋白分子聚集形成沉淀。此外，还有许多其他因素也会对蛋白多肽性质及生物活性产生较人影响，例如水溶性聚合物也可能改变蛋白溶解度，而有机溶剂则可能导致蛋白分子失去活性。

天然蛋白质具有特定的氨基酸序列及通过折叠形成三维立体结构，由此在物理空间上可以将蛋白质结构分为四级。一级结构是指氨基酸通过肽键连接形成长链的特定顺序，由遗传物质决定。二级结构是蛋白多肽链主链骨架（不包括 R 基团）通过有规律的折叠和盘绕形成的局部空间结构。二级结构主要由氨基酸残基非侧链基团之间的氢键决定。常见的二级结构包括α－螺旋（α－helix）和β－折叠（β－sheet）、β－转角（β－turn）、β－突起（β－bulge）、环（loop）与无规则卷曲（random coil）等。三级结构是指蛋白多肽链在二级结构的基础上氨基酸侧链以次级键基团进一步盘绕、卷曲和折叠形成的完整三维结构。三级结构维持蛋白质基本功能单位，包括模体（motif）、结构域（domain）等。模体是具有特定三维结构的氨基酸保守短序列片段，通常由 10～20 个氨基酸残基（residue）组成，是许多蛋白共同结构单位，例如锌指模体（Zn-finger motif）。结构域是具有特定三维结构及独立功能的氨基酸保守序列，通常由 40～700 个氨基酸残基组成，平均为 100 个氨基酸残基，例如蛋白质跨膜域、配体（ligand）结合域等。结构域往往为某一蛋白家族共同具有的功能结构，主要依赖氢键、疏水键、离子键、范德华力，以及疏水、离子等弱作用力维系稳定性。四级结构是多肽链蛋白（单体蛋白）组合形成独特的空间结构，单体蛋白（也称亚基）只有按这种方式排列组成

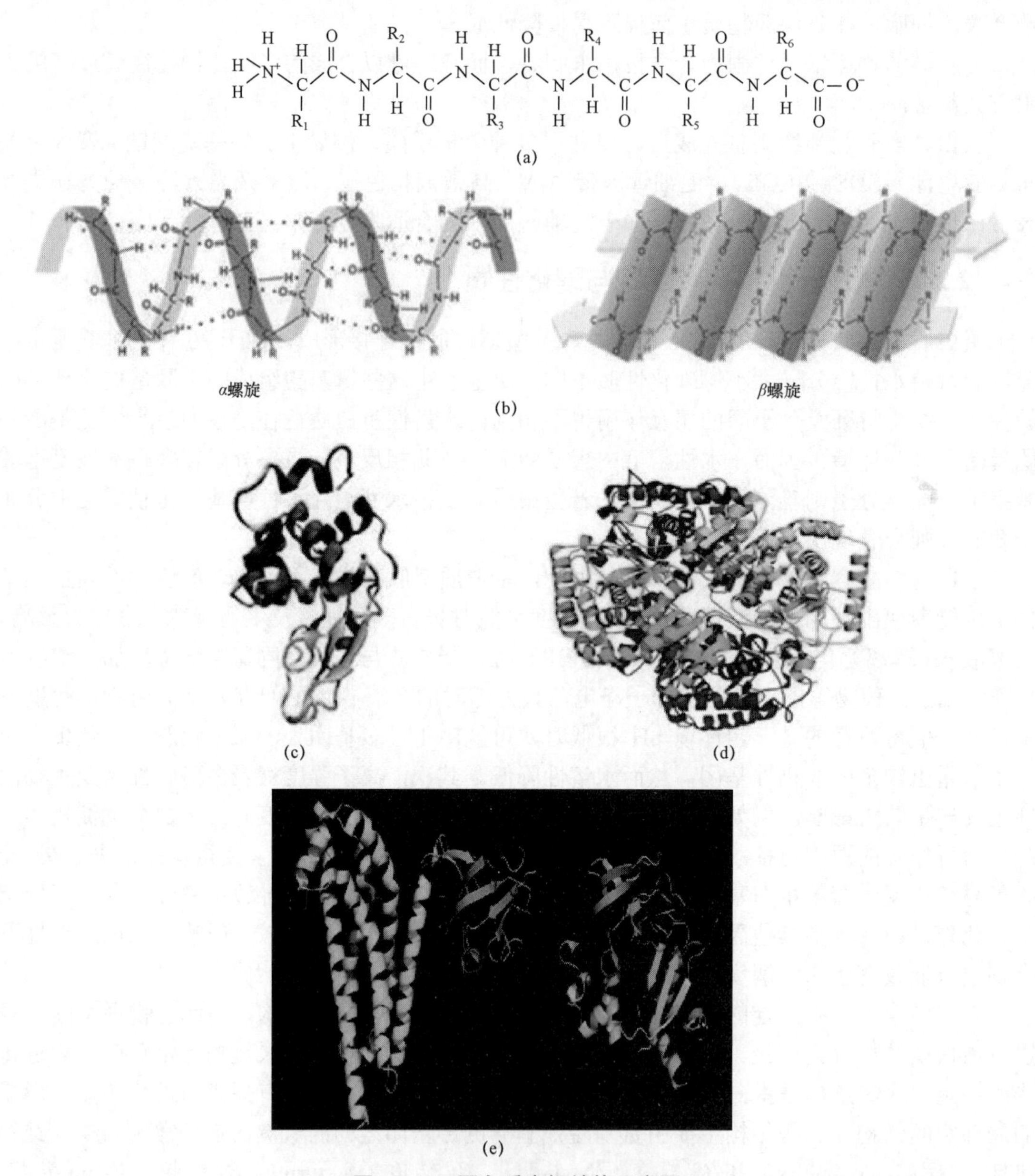

图 12－1　蛋白质高级结构示意图

（a）一级结构；（b）二级结构；（c）三级结构；（d）四级结构；（e）具有相同结构域（深色一致部分）的两种蛋白

(引用自：Martin A Schroer. Small angle X-ray scattering studieson proteins under extreme conditions. Doctorate Dissertation, 2011)

复合体才能发挥功能。四级结构是具有两条及以上多肽链的寡聚蛋白质或多聚蛋白质才有的空间排布结构。例如乳酸脱氢酶（Lactate dehydrogenase，LDH）为含锌离子的金属蛋白，是具有四个亚基的寡聚蛋白（图 12－1（d））。乳酸脱氢酶是糖无氧酵解及糖异生的重要酶系之一，只有以四级结构形式存在，才具有催化丙酸与 *L*－乳酸之间的还原与氧化反应。

12.3　蛋白多肽类药物不稳定性

蛋白多肽类药物活性与其结构的完整性密切相关。小分子药物活性几乎完全取决于其化学稳定性，而蛋白多肽类药物生物活性不仅取决于其化学稳定性，还取决于其物理稳定性，即空间构象。由于蛋白类药物相对分子质量较大，结构复杂，因此可能存在多个功能域。有时蛋白分子发生了部分化学降解，但未牵涉活性域变化，则该蛋白仍可以保持生物活性。

（一）化学不稳定性

蛋白多肽类药物化学不稳定性主要表现为化学键的断裂，形成新化学键，产生新化学实体等，导致一级结构变化。这样的化学变化类型主要包括水解、脱酰胺基、氧化、外消旋、α 及 β 消除（1,1 消除及 1,2 消除）、二硫键的断裂与交换等。外界环境可能使得某些氨基酸序列更容易发生化学变化，例如蛋白质在折叠和去折叠状态下化学反应可能不同。温度对蛋白分子空间结构及失活反应能够产生较大影响。因此，在考察蛋白类药物热稳定性时，需要实验结果能够比较真实地反映稳定性情况，从而能够用于预测产品贮存有效期，以及制订运输、使用条件。发展蛋白多肽药物制剂，往往在处方筛选时不断测定实际贮存条件下药物的稳定性。表 12－2 列举了一些容易发生化学反应的氨基酸序列。

表 12－2　容易降解的氨基酸

氨基酸序列	降解机制	氨基酸序列	降解机制
Cys-Cys	二硫键降解	Trp，Met，Cys，Tyr，His	氧化
Lys-Thr	铜诱导清除	Met	氧化
Glu，Asp	脱酰胺	Trp	光降解
Asp-Pro，Asp-Tyr	水解	Cys，Ser，Thr，Phe，Lys	清除
Asn	水解		

注：Cys：半胱氨酸；Lys：赖氨酸；Thr：苏氨酸；Glu：谷氨酸；Asp：天冬氨酸；Pro：脯氨酸；Tyr：酪氨酸；Asn：天冬酰胺；Gln：谷氨酰胺；Trp：色氨酸；Met：甲硫氨酸；His：组氨酸；Ser：丝氨酸；Phe：苯丙氨酸。

以下列举一些涉及氨基酸脱酰胺基、氧化、二硫键交换等降解反应的蛋白药物实例。

1. 脱酰胺反应

蛋白质与多肽脱酰胺反应多为多肽，蛋白序列中谷氨酰胺或天冬酰胺侧链上的酰胺基被水解形成游离羧酸根。后者可能进一步攻击肽链，形成一个对称的丁二酰亚胺中间结构（图 12－2），进一步水解为稳定的天冬氨酸或者异天冬氨酸。由于反应过程完成后酰胺基团被羧基取代，故被称作脱酰胺作用。当天冬酰胺连接甘氨酸时，该反应尤其容易发生。

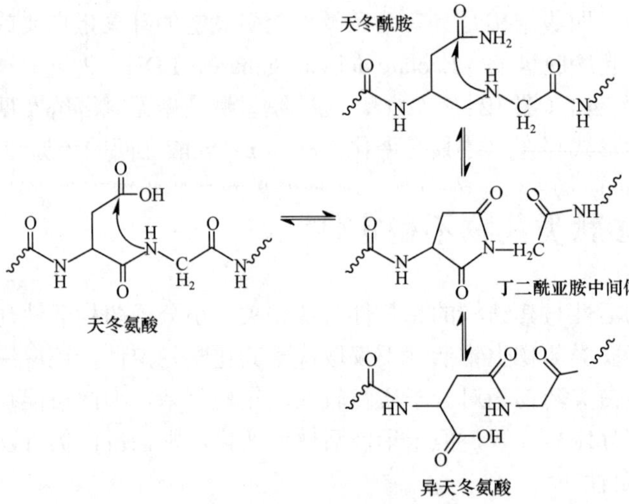

图 12-2　脱酰胺反应

2. 氧化反应

蛋白质与多肽氨基酸链中存在甲硫氨酸、半胱氨酸、组氨酸、色氨酸和酪氨酸等侧链是易发生氧化反应的位点，尤其是甲硫氨酸，甚至容易被空气氧化。许多肽类激素在分离、合成、贮存过程中易产生氧化反应，制备时往往需要充以氮气。氧化反应速率也与溶液 pH 有关。例如，图 12-3 所示的甲硫氨酸氧化反应易发生在中性 pH 区间。引发氧化反应的因素，除了空气中的氧气以外，还包括金属离子、自由基、光照等。

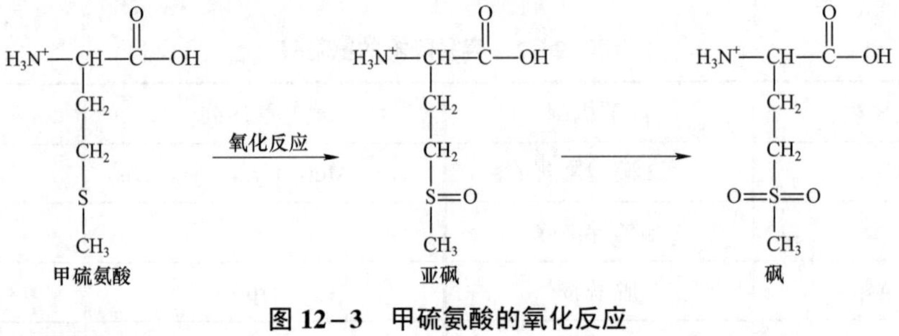

图 12-3　甲硫氨酸的氧化反应

3. 二硫键断裂或交换

蛋白分子中巯基（—SH）、二硫键（—S—S—）较为活泼，容易发生化学反应，对蛋白药物性质产生重要影响。典型反应包括不同基团二硫键之间发生断裂、交换，导致氨基酸排列错误，并引起分子三维结构改变，导致蛋白分子丧失活性。在中性 pH 溶液中，二硫键相对稳定，一些制备工艺以及贮存条件偏离中性，可能导致二硫键发生断裂或氨基酸重新排列。在中性和碱性介质中，二硫键交换反应往往还受到硫醇类催化。这种情况下，往往由烃硫基负离子对二硫键中的一个硫原子进行亲核攻击。在酸性介质中，二硫键交换一般由锍阳离子（H_3S^+）介导发生。锍阳离子是由二硫键中的一个质子受到攻击而形成，随后锍阳离子与二硫键上的一个硫原子进行亲电子置换。这种二硫键交换过程可以通过加入硫醇消除锍阳离子来阻断。

4. 其他多肽和蛋白质

比较常见的其他化学反应还包括水解、外消旋、异构化、β-消除等。多数情况下，此类化学反应可以通过选择适当温和的工艺及制备条件来阻断或避免。

（二）物理不稳定性

物理不稳定性是指蛋白药物物理状态发生改变的现象，一般也包括化学组成（一级结构）不变而高级结构（二级及以上结构）发生改变的过程。物理不稳定表现为变性（去折叠）、聚集、沉淀和表面或界面吸附等。一般认为，变性发生在其他物理不稳定性过程（如聚集、沉淀、吸附）之前。

1. 变性/去折叠

蛋白分子具有适当的折叠状态，而蛋白构象去折叠则会导致蛋白吸附、聚集或化学降解。这是因为蛋白分子的物理稳定性通常是由其内部疏水残基间相互作用维持。当这些疏水残基暴露在溶剂中时，它们会与疏水性界面（如容器表面）相互作用，或者疏水残基相互结合并在局部富集，从而导致蛋白聚集及沉淀。热力学研究表明，蛋白从折叠状态到去折叠状态的吉布斯自由能变化（$\Delta G_{f\text{-}u}$）为 5～20 kJ/mol，形成一个氢键可以降低蛋白质 0.5～2 kcal/mol 自由能，形成一个离子对可以降低 0.4～10 kcal/mol 自由能。因此，少数氢键或离子对的细微变化也可能导致蛋白质去折叠。

2. 聚集

蛋白质发生聚集后，溶解度会减小，活性可能会降低，甚至完全丧失，因此，在蛋白质制剂中不允许出现不溶性聚集物或沉淀。蛋白质聚集往往是由于蛋白质分子变性导致暴露更多疏水部位，后者倾向于相互结合，最终导致形成聚集。制备过程中涡旋、温度变化或发生显著的表面/界面吸附现象，都可能增加疏水表面积而引发蛋白质聚集。此外，蛋白质分子某些基团发生化学变化也可能造成疏水界面暴露而产生聚集。值得注意的是，在某些情况下，物理聚集和化学聚集可能同时发生，前者往往具有可逆性，而后者则是不可逆的，一般难以复原。一些变性剂，如十二烷基硫酸钠（SDS）、盐酸胍（GdnHCl）、尿素等，可以用来确定蛋白质聚集性质。如果蛋白质聚集物可以在这些变性剂中溶解，那么说明这些聚集物是物理聚集；反之，则为共价（化学）聚集。蛋白质聚集物能在变性剂和还原剂（如 SDS）中复溶，表示聚集过程可逆，反之，则不可逆。

3. 表面/界面吸附

蛋白质分子氨基酸成分决定了其表面或界面吸附作用，例如容器表面、输送管道表面、气–液界面等。蛋白质表面吸附会导致剂量损失，使实际到达患者体内的蛋白药物剂量减少。蛋白质表面吸附另一个可能后果是蛋白质变性失活，因为表面吸附可能引起蛋白质发生去折叠等状态变化。表面/界面吸附诱发蛋白质稳定性降低还可能是蛋白质分了在界面（气/液界面或固/液界面）上发生了重新定位或排布。部分蛋白质吸附后先发生去折叠，再从界面解吸附，分子间进一步聚集，导致活性丧失。其他一些引起蛋白质表面/界面吸附的关键因素，包括表面张力、有效吸附表面积、蛋白质分子的表面性能（如疏水性）等。

4. 沉淀

上述蛋白质聚集包括蛋白质在溶液中形成一些可溶性聚集物，而沉淀则是蛋白质由于溶解度降低而从溶液中析出的过程。在这种情况下，蛋白质通常已发生部分或完全去折叠，该过程一般不再可逆，也把这种过程叫作形成颗粒。胰岛素结霜就是一个发生蛋白质沉淀的典型例子，即为胰岛素分子在容器壁上形成细小的沉淀颗粒。

（三）蛋白多肽类药物分子稳定性影响因素

影响蛋白质与多肽类药物稳定性的因素较多，包括温度、pH、蛋白质浓度、离子强度、表面能、机械力等，为蛋白药物制剂研究中的考察重点。由于制剂中总存在这些因素，它们相互影响、相互制约，因此，药物稳定性实际上是稳定性破坏与改善两种作用相互平衡的结果。

维持蛋白质空间结构的主要作用之一是蛋白质折叠，主要依靠疏水作用、静电相互作用（电荷排斥和电子对）、氢键、范德华力等弱作用。破坏其中任何一种作用，都有可能打破该蛋白质稳定性的平衡，使得分子发生改变。表12－3中列出了一些可能破坏这种平衡的因素。这些因素对蛋白质稳定性的影响程度，会因不同蛋白质分子而异，而相同因素既可能促进稳定，也可能破坏稳定，这依赖于它们的强度、蛋白质含量和微环境等的相互影响。图12－4为主要的化学和物理降解过程的示意图。

表12－3　影响蛋白质稳定性的因素

因素	如何影响蛋白质的稳定性	影响哪种稳定性
温度	1. 温度越高，蛋白质分子稳定性越差 2. 温度过低可能导致蛋白质失活，例如，核糖核酸酶在－22 ℃以下和 40 ℃以上的条件下均能变性；或者温度过低导致水分子结冰，破坏蛋白质结构	影响物理、化学稳定性，导致聚集、水解
pH	1. 近等电点可能导致蛋白质沉淀，极端 pH（如过于远离等电点）可能导致蛋白质去折叠 2. pH 介导蛋白质变性有些可逆 3. 蛋白质通常在较窄 pH 范围内稳定	影响物理、化学稳定性，导致聚集、水解、脱酰胺基作用、β－消除及消旋
表面/界面作用	1. 蛋白质吸附导致，表面上蛋白质的重排和构象变化 2. 表面/界面吸附通常有浓度依赖性、容器种类/膜选择性 3. 蛋白质在表面/界面上吸附会饱和	主要影响物理稳定性，导致去折叠、吸附和聚集
盐类	1. 盐类影响蛋白质静电作用 2. 盐类对蛋白质有促稳定和去稳定双重作用，这取决于：① 盐类的种类和浓度；② 蛋白质分子的带电残基；③ 离子相互作用的特性；④ 溶液 pH	主要影响物理稳定性，导致去折叠、吸附和聚集
金属离子	1. 催化蛋白质氧化反应 2. 多数氨基酸残基易受金属离子催化而被氧化，包括 Met、Cys、His、Trp、Tyr、Pro、Arg、Lys、Thr 等 3. 金属离子，如 Zn^{2+}、Ca^{2+}、Mn^{2+}、Mg^{2+}等，与蛋白质适当结合成牢固结构，增加蛋白质稳定性	影响物理、化学稳定性，导致聚集、氧化
络合剂	1. 与蛋白质结合，或与稳定蛋白质构象的离子进行络合，降低蛋白质稳定性 2. 络合剂与金属离子络合，阻断后者催化蛋白质氧化反应	主要影响物理稳定性，导致去折叠和聚集
机械力	1. 摇晃会增加空气/水界面，增加蛋白质暴露疏水基团概率，导致蛋白质去折叠 2. 不同蛋白质对剪切力相互作用的耐受性不同	主要影响物理稳定性，导致去折叠、吸附、聚集
非水溶剂	1. 水与非水溶剂混合使溶液极性下降，蛋白质疏水性部位会倾向于去折叠 2. 加入非水溶剂破坏蛋白质外部亲水层，导致分子去折叠 3. 蛋白质与非水溶剂相互作用可能可逆	主要影响物理稳定性，导致去折叠、吸附、聚集

续表

因素	如何影响蛋白质的稳定性	影响哪种稳定性
蛋白质浓度	1. 浓度高于溶解度蛋白质聚集，甚至沉淀析出 2. 高浓度蛋白质溶液能较好地抵抗冷冻引发的聚集作用，主要因为结合相对较多水分子	主要影响物理稳定性，导致聚集
蛋白质纯度	痕量杂质如金属离子、酶或生产、包装中产生的其他杂质会潜在影响蛋白质的稳定性	影响物理、化学稳定性

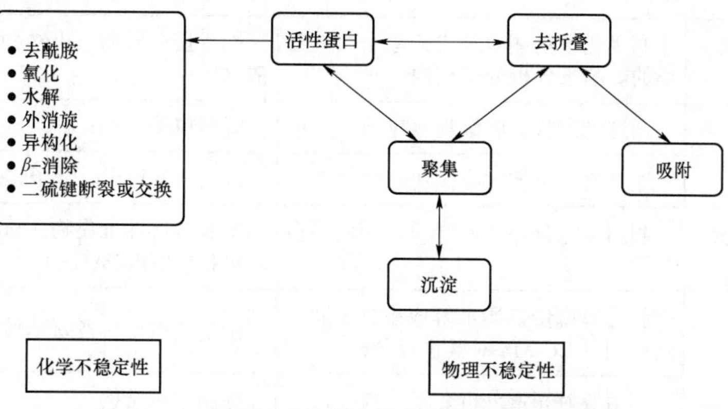

图 12-4　蛋白质主要物理和化学降解途径示意图

（四）蛋白多肽药物稳定性分析方法

蛋白质和多肽类药物稳定性检测是开发此类药物制剂的主要工作内容之一。采用适当的分析技术，准确监测蛋白质和多肽类药物的物理和化学稳定性，对于处方前研究、稳定剂筛选及工艺优化至关重要。表 12-4 中列出了一些监测蛋白质与多肽稳定性的常用技术及其应用原理、分析范围。

表 12-4　监测蛋白质与多肽不稳定性的分析技术

分析技术	技术原理	主要应用
毛细管电泳（CE）	利用电场分离荷电物质	检测化学降解过程，如脱酰胺基、水解与氧化，也可以用来检测聚集情况
圆二色谱（CD）	左、右圆偏振光差异吸收	估计二级结构如α-螺旋和β-折叠的百分数，检测三级结构的局部变化
液相差示扫描量热法（DSC）	检测样品的热效应	检测蛋白质的去折叠温度，评价蛋白质的折叠可逆性
荧光色谱法	荧光激发产生辐射	检测蛋白质的去折叠和聚集情况
离子交换高效液相色谱法（IEC-HPLC）	根据异性电荷相吸原理分离极性分子	定性、定量检测蛋白质的化学降解，特别是脱酰胺基作用
反相高效液相色谱法（Rp-HPLC）	根据分子的亲水/疏水性进行组分分离	定性、定量检测蛋白质的化学降解，特别是氧化、水解和脱酰胺基作用。可以通过与质谱相连来检测化学降解和杂质
分子排阻高效液相色谱法（SEC-HPLC）	根据相对分子质量不同、在微孔空隙保留时间不同，来分离分子	检测蛋白质降解和聚集，检测杂质

续表

分析技术	技术原理	主要应用
红外色谱法（IR）	化学键振动对红外辐射的吸收作用	表征蛋白质二级结构，表征分子间通过 β－折叠相互作用形成的非共价聚集
光散射法（LS）	溶液中粒子对光的散射作用	检测分子大小及蛋白质聚集动力学
质谱法（MS）	通过电场分离质荷比不同荷电分子或基团	检测相对分子质量，表征化学降解产物和杂质
核磁共振光谱法（NMR）	利用化学基团对核自旋原子周围磁场的影响来分析分子结构	检测蛋白质的三维结构及蛋白质的去折叠情况
光学显微镜	通过光束放大成像观察粒子	观察粒子大小
电子显微镜	通过电子束放大成像观察粒子	放大观察粒子、分子、基团甚至原子结构
聚丙烯酰胺凝胶电泳（PAGE）	利用电泳分离凝胶介质中不同蛋白分子	检测可溶性聚集物（native PAGE）或共价聚集物（SDS-PAGE）
肽谱	利用酶将蛋白质水解成小分子肽，随后利用 LC-MS 对其进行分析	确定位点变化及氨基酸序列
拉曼光谱	利用散射光谱分析分子结构	检测二级结构
小角 X 射线衍射或散射	利用 X 射线对粒子或基团衍射或散射现象进行分析	检测蛋白质和聚集物的三维结构，但分辨率较高
超速离心法	利用超速离心分离质量不同的粒子或分子	可对蛋白质聚集物进行定量分析
紫外－可见光谱（UV-Vis）	利用基团（尤其是芳香氨基酸和肽键）对紫外－可见光吸收进行定量分析	表征蛋白质聚集物，定量分析蛋白质含量，检测蛋白质构象，判断蛋白质中的杂质

12.4　蛋白多肽类药物制剂及其稳定化方法

蛋白多肽类药物制剂主要采用注射方式给药，包括静脉注射、肌内或皮下注射。因此，它们通常被制备成液体注射剂或注射用冻干粉针制剂。蛋白质与多肽类药物分子对制剂生产、贮存、分装和使用过程中许多因素都较为敏感。蛋白多肽类药物在整个供应链中保持物理和化学稳定性是制剂研究人员面临的主要挑战，也是该类制剂研发过程中的主要任务。

（一）蛋白多肽类药物制剂稳定性的因素

维持蛋白类药物制剂稳定性的关键是保持药物分子的折叠结构。这主要通过保护能够维持折叠结构的相互作用力来实现，例如不破坏疏水相互作用、氢键、静电相互作用和范德华力等。任何能够改善这些相互作用的手段都可以用来提高蛋白类药物制剂的稳定性。稳定蛋白质与多肽类药物制剂可以通过化学修饰来稳定分子结构，但更可行的办法是优化制剂处方组成和制备工艺，以改善制剂中药物所处的微环境。目前，蛋白质与多肽类药物制剂的稳定化手段主要有：① 替换容易发生降解的氨基酸；② 加入稳定剂，以改变蛋白质的外在环境；③ 通过干燥手段获得无水蛋白质制剂，去除促进其降解介质。

1. 氨基酸替换

通过替换蛋白质分子中一些易降解的氨基酸残基，可以使其变得更加稳定。前面介绍了一些易化学降解的氨基酸残基，这类残基被替换为稳定氨基酸则可以降低不稳定性。此外，通过替换蛋白质中特定氨基酸以提高蛋白质内核紧密度，也可以防止蛋白质去折叠，从而提高稳定性。显而易见，这种替换不稳定氨基酸的方法可能会导致蛋白质功能及免疫原性发生较大变化。由此修饰的蛋白质分子需要适当的毒理学、药理学实验来验证其安全性、药动学特征以及药效。

2. 添加稳定剂

选择合适溶剂或加入稳定剂，是防止制剂中的蛋白质与多肽类药物发生物理变化和化学降解的重要手段。选择适当的共溶剂（如水/甘油）或其他辅料，使其结合到蛋白质疏水部位，增加溶液黏稠度，增加蛋白分子紧密度或增强蛋白质内核折叠状态，是提高蛋白药物稳定性的有效措施。水/甘油是常用的共溶剂，其稳定蛋白质机制尚不完全清楚。有研究者认为，是通过增加分子实体紧密度及阻止分子折叠时发生聚集；也有研究者提出优先水化或结合理论（preferential hydration/interaction），认为空间位阻效应使得共溶剂或稳定剂（如聚乙二醇）在蛋白质表面被排斥，导致蛋白质优先水化，或导致水表面张力增加（如盐类、糖类溶液中），或某种形式化学不相容性（如电荷间相互排斥）增加，从而使得蛋白质分子稳定。也有人认为，静电作用驱使结合在蛋白表面的甘油分子处于被排斥取向，这使得蛋白分子处于更加紧密的构象状态；同时，甘油发挥两性分子功能，连接水分子及蛋白疏水部位，降低了二者之间的界面张力，从而稳定蛋白质分子。表 12－5 中列出了常用的稳定剂及其作用机制与应用实例。稳定剂作用与其浓度及蛋白质种类有关，适当浓度方可发挥稳定作用。

表 12－5　稳定性的种类、作用机制和应用实例

稳定剂的种类	作用机制	应用实例
缓冲液	保持蛋白质稳定溶液 pH，影响静电作用及化学降解	磷酸盐缓冲液、枸橼酸盐缓冲液、醋酸盐缓冲液
糖类及多元醇	增加水分子表面张力，蛋白分子紧密折叠，优先水化	蔗糖、海藻糖、葡萄糖、山梨醇、甘油等
表面活性剂	降低蛋白质溶液表面张力，从而降低蛋白质在疏水界面吸附及聚集的驱动力	聚山梨醇醇类（吐温 80、吐温 20）、普朗尼克 F68、普朗尼克 127 等
盐类	增加与蛋白质接触的水的表面张力，通过使疏水基团远离水分子的方式强化蛋白质内部的疏水相互作用，促进水分子在蛋白质分子周围聚集，引起优先水化	NaCl、KCl 等
聚合物	优先排出作用，通过空间位阻来防止蛋白质间的相互作用，增加溶液黏度，限制蛋白质结构变形	血清白蛋白、PEGs、HP-β-CD、右旋糖酐等
金属离子	与蛋白质结合，使蛋白质的结构更紧固和稳定	Ca^{2+}、Mg^{2+}、Zn^{2+}等
氨基酸	优先排出作用，还可降低一些化学降解	His、Gly、Met 等
抗氧剂	防止蛋白质氧化	维生素 C、硫酸盐、枸橼酸等

3. 蛋白质无水制剂

蛋白质和多肽类药物多为注射给药，一般选择液体制剂，制备工艺简单，使用方便。但若药物在液体制剂中稳定性较差，可以通过冻干或喷雾干燥制备无水制剂。例如，2015 年，FDA 批准了 Raplixa®上市，它是凝血酶和纤维蛋白原在无菌状态下经喷雾干燥制备得到的新型生物药物制剂，用于控制成人手术过程中的轻中度出血症状。2006 年，FDA 批准上市的 Exubera®也是通过喷雾干燥法制备的胰岛素干粉吸入制剂。喷雾干燥法在制备效率、生产容量及成粒性方面要优于冷冻干燥法。但冷冻干燥法制备过程的低温环境有利于保持产品稳定性，大部分蛋白质与多肽类药物固体剂型主要采用冻干方法制备。冷冻干燥过程中，低温冷冻和干燥等步骤易使蛋白质变性，一般需要加入冻干保护剂。表 12-6 简要列出了在冷冻干燥过程中可能使蛋白质变性的因素及其变性机制。

表 12-6　冷冻干燥过程中可能使蛋白质变性的因素及其变性机制

因素	机制	结果
低温	温度降低可能增加水中非极性基团的溶解度，导致蛋白质的结构松弛；同时，减弱蛋白质中的疏溶剂作用，导致冷变性	降低活性
浓度效应	溶液冷冻成固态导致蛋白质的浓度增加，可能导致聚集。此外，溶液中部分溶质的优先结晶可能会引起局部离子强度及处方组成的改变，从而导致蛋白多肽的降解	引起蛋白质聚集和化学降解率增加
冰-水界面形成	较早形成的冰会形成冰-水界面，从而导致蛋白质的界面吸附	引起蛋白质去折叠及表面/界面吸附介导的蛋白质去折叠和变性
冷冻过程中的 pH 变化	缓冲液中的部分缓冲盐选择性地优先结晶可导致局部 pH 变化	引起蛋白质聚集及化学降解
冷冻过程中的聚合物相分离	低温下不同聚合物的溶解度差异可能导致它们之间相分离	引起蛋白质在相界面吸附，导致其去折叠
脱水化作用	干燥引起蛋白质表面水化层的消失，会影响其内部折叠状态，如破坏蛋白质表面与该水化层的氢键作用	引起蛋白质去折叠、聚集

为减少冷冻干燥过程中各种因素对蛋白质和多肽的不利影响，通常蛋白多肽类药物冻干制剂处方中还添加一些低温和冻干保护剂，如糖类/多元醇、聚合物、非水溶剂、表面活性剂和氨基酸等。表 12-7 中列举了低温保护剂和冻干保护剂的稳定化机制，以及相应的辅料成分。此外，冷冻干燥制剂处方中往往还加入填充剂，为干燥产品提供机械支撑，改善制剂外观，提高蛋白制剂使用时的水化速度。

表 12-7　低温保护剂和冻干保护剂在冻干过程中对蛋白质的保护机制

功能	机制	药用辅料
低温保护剂	优先结合理论：这些保护剂能够在冷冻过程中优先从蛋白质表面排出，从而使更多的水分子能够在蛋白质表面聚集，使蛋白内芯更加紧密坚固。在此类保护剂作用下，蛋白质本身对抗冷冻引起的去折叠能力增强	海藻糖、蔗糖、麦芽糖等糖和多元醇类，HPMC、白蛋白等聚合物

续表

功能	机制	药用辅料
冻干保护剂	（1）水替代假说：该保护剂通过与蛋白质的表面形成氢键（如通过保护剂上的羟基），以取代干燥过程中失去的水分，使蛋白多肽继续受到氢键的保护 （2）玻璃态动力学假说：与结晶状态相比，无定形玻璃态在结构上与液体更加类似。而其特有的刚性和惰性又能够使蛋白质和多肽在其中以分子状态分散，从而避免蛋白质和多肽分子的运动、聚集和变性	海藻糖、蔗糖、麦芽糖等糖和多元醇类，白蛋白、右旋糖酐等聚集物类

（二）蛋白多肽类药物制剂研发过程简介

1. 处方前研究

一般药物制剂开发过程始于处方前研究，是药物发现阶段和制剂开发阶段的交接点。在处方前研究过程中，需要在少量样品前提下，尽量研究清楚该候选药物分子性质。与小分子类药物的处方前研究工作（通常包括检测溶解性、lg$P$、pK_a、溶出度及多态性等）相比，生物药物处方前研究关注点有相同，也有不同。

首先，建立适当的分析方法来表征蛋白质和多肽类药物的物理化学性质，这包括等电点、溶解度（在不同的 pH 条件下、不同的介质中），以及在不同条件下的蛋白质和多肽类药物分子多级结构。此外，还需在不同的外界因素（如加热、pH、振荡或光照）作用下，对蛋白质和多肽类药物分子进行强制降解实验，以确证其主要降解产物，了解蛋白质和多肽类药物分子固有的物理和化学稳定性。最后，还需要研究蛋白质和多肽类药物与各种辅料相容性，筛选适宜辅料。

2. 制剂研究

首先需要确定目标生物药物的产品特征，包括其剂量、给药频率（每日 1 次或多次）、给药方式（静脉注射、皮下注射、肌内注射等）、有效期、初级包装、给药装置相容性等。表 12－8 列出了除水之外，蛋白质和多肽类药物液体制剂处方中一些常用组分。为了加速制剂开发，制剂稳定性实验通常在加速条件下进行，即在高温、极端 pH、强光照射、高湿（对于冷冻干燥的制剂）、反复冻融等条件下考察稳定性。然而，由于蛋白质和多肽类药物分子降解途径的复杂性，一般在筛选处方时，也需要对其在实际贮存条件下的长期稳定性进行考察。此外，制剂工业化大规模生产可行性和使用时患者对给药方式的顺应性，也是剂型设计过程需要考虑的因素。

表 12－8　蛋白质与多肽类液体制剂常用的处方组分

组分	功能	常用的辅料
缓冲物质	保持制剂的 pH 稳定	磷酸盐缓冲液、氨基丁三醇（TRIS）、组氨酸等
防腐剂	防止细菌污染	苯酚、苯甲醇、尼泊金甲酯等
渗透压调节剂	保证制剂与体液等渗	NaCl、甘油、甘露醇、丙二醇等
稳定剂	防止或降低蛋白质降解或聚集	聚山梨醇酯类（Tween 80/20）、泊洛沙姆类、Zn^{2+}、Ca^{2+}、苯酚、白蛋白、维生素 C、乙二胺四乙酸（EDTA）等

12.5 蛋白质和多肽类药物的递送

注射是蛋白多肽类药物最常用的给药方式，因为注射途径可确保药物在体内起效快、药效强、生物利用度高、药动学和药效学参数可靠。然而，注射给药方式的最大缺点就是其侵害性、产生疼痛，甚至损伤注射局部组织。蛋白质和多肽类药物的血浆半衰期通常较短，为达到所需的治疗效果，通常需要忍受多次注射疼痛，使得患者顺应性较差。

为了克服蛋白质和多肽类药物注射制剂缺点，近年来研究者们尝试了许多新型制剂。这些新制剂可以分为两类：一种仍然是蛋白质和多肽类药物的长效注射制剂，改变了其药理及治疗特性，减少给药次数；第二种是采用递送系统实现蛋白质和多肽类药物非注射给药。采用这些手段的目标是赋予蛋白多肽制剂更好的患者顺应性、便利性以及更强的药效。表12－9总结了近几年采用的蛋白质和多肽类药物新型制剂手段。

表12－9 近几年采用的蛋白质和多肽类药物新型制剂手段

种类	策略	制剂手段
注射型	通过延长蛋白质和多肽类药物的血浆半衰期或溶出速度，从而降低注射频率	1. 化学修饰（PEG化、糖基化、乙酰化、氨基酸替换、蛋白融合等） 2. 贮库给药系统（微粒递药系统、原位贮库递药系统、植入递药系统等） 3. 蛋白质结晶或沉淀
非注射型	运用非注射的其他给药途径	● 口服递药 ● 肺部递药 ● 透皮递药 ● 鼻腔递药 ● 口腔递药

（一）蛋白多肽类药物新型注射制剂

非注射给药方式虽然顺应性较高，但生物利用度低，增大计量会提高成本，使治疗更加昂贵。侵入性注射给药可以确保高生物利用度，对于昂贵的蛋白多肽药物是首选给药方式。此外，注射能保证给药剂量准确，这对于一些治疗窗窄、药效强的蛋白质和多肽类药物尤为重要。在表12－10中列出了一些蛋白多肽药物的新型注射制剂及实现手段。

1. 化学修饰

是运用化学合成或蛋白工程技术手段，在蛋白质和多肽类药物分子上连接一些化学基团，或改变其肽链上氨基酸，获得具有良好成药性的蛋白质和多肽分子。化学修饰法主要包括PEG化、糖基化、乙酰化、蛋白融合等。这些方法均有可能延长蛋白质或多肽类药物的血浆半衰期或增强其药效。

（1）PEG化：指将聚乙二醇（PEG）通过共价键与蛋白多肽类药物进行键合；或将PEG与蛋白质和多肽类药物表面的氨基、巯基或羧基等基团进行连接的方法。

（2）糖基化：糖基化是在酶的控制下，蛋白质或肽类附加上糖类基团的过程，起始于内质网，结束于高尔基体，一般会在蛋白质氨基酸残基形成糖苷键。

（3）乙酰化：是指将脂肪酸羧基与N－端残基上氨基通过酰胺键结合的过程。乙酰化若发生在半胱氨酸残基上，则能够形成可逆性乙酰化蛋白质。

（4）蛋白质融合：可以通过融合基因的基因工程方式获得。通常包括去除编码第一个蛋白质（如具有治疗作用的蛋白质）的互补 DNA 序列上的终止密码子，然后添加第二个蛋白质（如具有长血浆稳定性的内源性蛋白质）的互补 DNA 序列，这可以通过基因编辑方法实现。随后将这段修饰过的 DNA 序列导入细胞，表达出单一蛋白质。通过增大融合蛋白分子体积或发挥稳定作用的蛋白，可降低体内清除率，延长药效。因为内源性蛋白质（添加上的第二蛋白质）具有较长的血浆稳定性，会延长融合蛋白药物的血浆半衰期。

2. 药物传递系统（DDS）

是通过药物载体运输蛋白多肽类药物，延长其体内作用时间的制剂手段。这可以实现体内药物在较长时间内维持有效血药浓度，改变药动学参数及分布特征，降低注射频率，减少副作用，提高患者顺应性。目前蛋白多肽类药物给药系统主要有微粒和纳水粒载体、原位贮库（常为凝胶剂）及植入制剂。

（1）微米/纳米颗粒载体给药系统：目前一些基于该类型 DDS 的蛋白多肽类药物缓释注射制剂已经进入市场。通过皮下或肌内注射后吸收入血获得全身作用，也可直接将药物注射到特定部位实现局部治疗。纳米颗粒载体粒径范围适宜时，也可以直接注射到静脉血管中，以获得较长的循环时间。根据所使用材料种类，微米/纳米颗粒载体给药系统可分为高分子聚合物 DDS、脂质材料 DDS 两大类。例如，促黄体激素释放激素类微球制剂（Trelsta®、Decapeptyl®、Lupron Depot®）、奥曲肽微球制剂（Suprecur®、Sandostatin LAR®、Somatuline® LA）等。

（2）原位贮库给药系统：为含有可生物降解型载体、药物黏性溶液或混悬液，药物可以溶解或混悬于该给药系统中。当皮下或肌内注射时，可生物降解型载体作为药物贮库，缓慢释放药物，延长作用时间。赛诺菲安万特公司 Eligard®（醋酸亮丙瑞林皮下注射）就是原位贮库给药系统制剂实例。

（3）植入制剂给药系统：通过局部微创手术将制剂植入患者体内。如果该给药系统采用的是非生物降解型载体，在治疗结束后，还需要第二次手术移除该制剂。这使得植入制剂给药系统与其他贮库型给药系统相比，患者顺应性较差。例如，阿斯利康公司上市 Zoladex®（促性腺激素释放激素植入制剂）。

3. 蛋白质与多肽结晶或沉淀

利用蛋白质与多肽结晶或蛋白质与多肽沉淀来延缓药物在体内溶出速度，以减少注射给药次数。例如，低精蛋白锌胰岛素（isophane insulin，NPH）是一个含锌胰岛素分子与带正电荷鱼精蛋白分子结合形成蛋白结晶混悬液，通过延缓体内溶出速度来减少注射给药次数。

（二）蛋白多肽类药物的非注射型新型制剂

蛋白质和多肽药物非注射制剂包括口服、肺部、经皮和经鼻给药等制剂。没有特定空间构象的短链多肽的非注射制剂的开发相对容易，一些制剂取得了成功，例如去氨加压素（9 个氨基酸组成的多肽），经鼻给药生物利用度达到 10%～20%。由于蛋白质的相对分子质量较大，生物膜透过性差，经非注射途径给药时，可能在给药部位被各种蛋白酶降解，开发难度较大。

1. 口服给药

蛋白多肽药物口服剂型最具挑战性，因为该类药物相对分子质量大，在胃肠道中稳定性差，其口服生物利用度极低，难以达到令人满意的治疗效果。口服蛋白质与多肽药物制剂开发策略包括通过增加药物在小肠上皮细胞的透过性、抑制蛋白酶的活性、利用载体包裹保护等。采用纳水给药系统、自乳化药物递送系统、纳米囊、聚合物或脂质纳米粒等开发新制剂，仅在动物模型上显示出一定效果，例如能明显提高药物生物利用度。

2. 肺部给药

肺部具有独特生理学性质，肺泡总表面积大（100 多平方米），上皮细胞层较薄，血液循环丰富，以及催化降解蛋白酶少且活性较低等，这使其成为一个能够快速吸收蛋白质和多肽类药物的有效部位。胰岛素肺部给药研究最早可追溯至 1924 年，而 2006 年辉瑞公司获批 Exubera®是第一个上市的胰岛素干粉吸入剂，但在 2007 年因为销量不佳而退市。2014 年，FDA 批准了第二个胰岛素肺吸产品 Afrezza®，起效更为迅速，携带便捷。与其他非注射途径如口服、经鼻和经皮等相比，肺部给药能提供更高的生物利用度，但长期给药安全性是阻碍其研发的另一个障碍。

3. 经鼻给药

鼻黏膜表面上皮细胞表面覆盖着大量微绒毛，大大增加了药物吸收面积。与胃肠道相比，鼻黏膜内皮基底膜更薄，结构更为疏松，鼻腔蛋白降解酶含量更低，有利于药物吸收。而鼻黏膜下含有丰富的毛细血管，使药物能够快速进入全身血液循环。目前，已有一些蛋白质与多肽类药物的滴鼻剂或鼻喷雾制剂已经上市，如鲑降钙素鼻喷雾剂。

4. 经皮给药

皮肤表明，发挥屏障功能的致密角质层是药物进入机体的最大障碍，只允许脂溶性小分子药物通过。蛋白质与多肽药物难以被动透过皮肤，因此，在透皮制剂处方中，通常需要加入渗透促进剂。近年来，研究者利用物理方法促进蛋白质跨过皮肤屏障，取得了可喜进展。一些新型促渗技术，如离子导入法、电穿孔法、超声促渗法、微针法和非侵入式喷射注射器等，在透皮给药领域有了实际应用，越来越多受到关注。

思 考 题

1. 请描述蛋白药物分子四级结构。
2. 为什么蛋白类药物需要保持正确的折叠构象？维持蛋白质构象结构稳定性的作用力包括哪些？
3. 蛋白和多肽类药物不稳定性表现在哪些方面？简述其不稳定性机制及影响因素。

参考文献

［1］方亮. 药剂学（第 8 版）［M］. 北京：人民卫生出版社，2017.
［2］孟胜男，胡容峰. 药剂学（第 2 版）［M］. 北京：中国医药科技出版社，2021.
［3］Michelle Parker, Zhiyu Li. Chapter 22 Biotechnology and drugs［J］. The Science and Practice of Pharmacy, 2021(23): 397－415.
［4］Mun S J, Cho E, Kim J S, et al. Pathogen-derived peptides in drug targeting and its therapeutic approach［J］. J Control Release, 2022(350): 716－733.

[5] Rashid M H. Full-length recombinant antibodies from Escherichia coli: production, characterization, effector function (Fc) engineering, and clinical evaluation [J]. MAbs, 2022, 14(1): 2111748.
[6] Ciemny M, Kurcinski M, Kamel K, et al. Protein-peptide docking: opportunities and challenges [J]. Drug Discov Today, 2018, 23(8): 1530–1537.
[7] Lubell W D. Peptide-Based Drug Development [J]. Biomedicines, 2022, 10(8): 2037.

（王　宁）

时代楷模|国家荣誉奖章获得者

药学泰斗顾方舟

人民科学家“糖丸爷爷”顾方舟（1926.6—2019.1.2）研制的脊髓灰质炎疫苗糖丸是中国预防“小儿麻痹症”的最有效手段。2000年，联合国卫生组织证实“小儿麻痹症”在中国消失。

1955年，江苏南通忽然爆发疫情，上千个孩子在几天内腿脚瘫痪，落下了终身残疾。这种疾病就是脊髓灰质炎，俗称小儿麻痹症。脊髓灰质炎是由脊髓灰质炎病毒引起的严重危害儿童健康的急性传染病，脊髓灰质炎病毒为嗜神经病毒，主要侵犯中枢神经系统的运动神经细胞，以脊髓前角运动神经元损害为主。患者多为1～6岁儿童，主要症状是发热，全身不适，严重时肢体疼痛，发生分布不规则和轻重不等的弛缓性瘫痪，故称小儿麻痹症。

这种疾病由病毒进行传播，传染性强，发病迅速，传播速度快。通过疫苗来预防，从根源上断绝这种病的发生是最有效的治疗手段。

顾方舟教授研制的脊髓灰质炎疫苗，最初是液体口服液的给药形式，但是液体疫苗味道苦涩，虽然有效，但小孩却不愿意喝，容易造成浪费。经过科研刻苦攻关，顾教授以蔗糖为主要辅料，将疫苗研制成丸剂的形式，这种脊髓灰质炎疫苗糖丸，口感好，保质期长，方便运输和贮存，受到小朋友们的热烈欢迎，为疫苗的推广和应用创造了极好的条件。

在疫苗的研制过程中，顾方舟教授不辞劳苦，克服了无数的困难和挑战。外国专家中途撤走技术人员和设备，顾老带领技术团队独立承担起研制任务，利用现有条件和设备继续进行研究，最终克服困难研制成功。

最难能可贵的是顾老的敬业和奉献精神。为了验证疫苗的安全性，他不仅自己亲自以身试毒，试用疫苗产品，还冒着巨大的风险，瞒着妻子，将自己家里不满一岁的儿子作为疫苗产品的临床试用对象，推动实验进展。

2019年1月2日，顾方舟因病与世长辞。国家授予了他“人民科学家”的荣誉称号。

是“糖丸爷爷”顾方舟使儿童摆脱了脊髓灰质炎的威胁，拥有健康和无忧无虑的童年。以顾方舟教授为代表的“制药人”是中华人民共和国的脊梁，为我们国家、为人类的健康事业作出了巨大贡献，值得我们学习，是我们真正的偶像。

（张　奇）

第13章
疫苗制剂

1. 掌握：疫苗、基因重组疫苗、联合疫苗的概念及疫苗的原理。
2. 熟悉：疫苗的类型、特点及主要作用。
3. 了解：疫苗发展历程、常见疫苗制备技术、疫苗产业特点。

13.1 前言

疫苗（vaccine）是能够诱导机体产生特异性免疫应答的生物药物制剂。传统疫苗一般含有抗原成分，接种后可以激活免疫系统，产生抗原特异性抗体及细胞毒性T淋巴细胞（CTL），清除表达相同抗原病原体。随着生物技术发展，一些新型疫苗由编码抗原的核酸制备，接种后再由机体表达抗原，激活免疫系统。例如，mRNA新冠疫苗、DNA新冠疫苗属于这类新型疫苗，相较于传统疫苗，能够诱导机体形成更强大的免疫应答。同时，疫苗能够诱导机体产生免疫记忆，使免疫系统再次遭遇表达相同抗原病原体时，可以迅速将其识别、产生特异性免疫，从而清除病原体，预防感染。在疫苗问世的200年里，接种疫苗已经被有效地用于应对多种传染性疾病，例如根除致命的天花，大大降低了百日咳、白喉、破伤风、麻疹、狂犬病、脊髓灰质炎等感染死亡率和致残率，对全球人口健康产生了深远影响。可以说，疫苗是迄今为止临床应用效率最高、使用成本最低的公众健康维护手段。一直以来，疫苗接种基本上用于对抗感染性疾病，而现在利用相同原理，疫苗也被进一步发展为治疗肿瘤的有效手段。

13.2 疫苗技术发展与疫苗种类

疫苗的产生可谓是人类医学史上最具里程碑意义的事件之一。人类生存史即为一部同疾病和自然灾害作斗争的历史，而战胜由微生物感染引发的传染性疾病，就是其中重要组成部分。通过接种疫苗经济而有效地防治传染性疾病，也是迄今人类取得的最重要医学成就。

中国早在宋真宗时期（968—1022年）已经开始种痘预防天花，医者从天花病人身上取痘液接种至健康人，以避免罹患天花。1796年，英国医生Edward Jenner（1749—1823年）从感染牛痘的挤奶女工痘疱中取疮浆，接种于一名8岁男童手臂上，结果发现该男孩未因感染天花死亡。这证明种痘可以使人获得相应免疫力来抵御相关感染，使得医学界开始认识到接种疫苗能够有效预防传染性疾病。从此，人类拉开了现代疫苗发展的宏伟序幕。

1. 减毒活疫苗技术与灭活疫苗技术——现代疫苗发展开端

18 世纪后期，Edward Jenner 采用具有相似抗原的非致病微生物作为疫苗预防烈性病原体感染，标志着人类开始步入近代疫苗学时代。19 世纪后期，法国科学家 Louis Pasteur（1822—1895 年）不仅证明了微生物病因学，还建立了通过培养微生物制备灭活疫苗及通过微生物传代培育制备减毒疫苗。1879 年，Pasteur 通过研究发现，鸡霍乱及炭疽疾病由微生物病原体感染引起，后者同时被德国微生物研究科学家 Robert Koch（1943—1910）证实。1885 年，Pasteur 通过连续传代培养降低毒力，制备了狂犬病（rabies）减毒疫苗，成功挽救了 3 名被狗咬伤的狂犬病感染者。之后研究中，Pasteur 发现将鸡霍乱弧菌连续培养几代，可以降低毒力，给鸡接种可使鸡获得对霍乱免疫力，由此发明了细菌减毒活疫苗——鸡霍乱疫苗。Pasteur 由此建立了接种细菌疫苗可以使受试者不被该病菌感染的免疫学原理，从而奠定了疫苗及免疫学理论基础，被称为免疫学之父。采用类似方法，法国科学家 Albert Calmette 和 Camille Guérin 将从母牛身上分离到的牛结核分枝杆菌在含公牛胆汁–丙三醇的培养基上连续传代培养，在 1921 年制备出了卡介苗（*Mycobacterium bovis* bacille Calmette-Guérin，BCG）预防结核病。从 19 世纪末至 20 世纪初，科学家们研制了卡介苗、炭疽疫苗、狂犬疫苗，有效控制了此类烈性传染病，拯救了无数生命，使人类平均寿命大大延长。

1896 年，法国科学家 Richard Friedrich Pfeiffer（1858—1945）采用热灭活技术制备了伤寒杆菌疫苗，开启了灭活疫苗的发展时代。

2. 蛋白抗原亚单位疫苗技术

从 20 世纪 70 年代中期开始，分子生物学迅速发展，使得从事疫苗研究的科学家能够在分子水平上对微生物的基因进行克隆和表达。基因克隆和表达技术可以使微生物抗原能够采用细菌或细胞大量表达。这为发展以单纯蛋白为抗原，因而安全性得到大大提升的亚单位疫苗奠定了基础。1986 年，应用基因工程制备的乙型肝炎病毒（HBV）表面抗原获得成功，标志着更加安全的亚单位疫苗时代的到来。采用基因重组蛋白表达工程，研究人员加入新型佐剂或疫苗佐剂传递系统（VADS），成功开发出了一些疗效显著、安全、稳定的亚单位疫苗，包括甲肝病毒疫苗、单纯疱疹病毒疫苗、人乳头状瘤病毒疫苗、新冠病毒疫苗、流感疫苗，以及代表最高水平的疟疾亚单位疫苗（Mosquirix®）等。

3. 重组病毒载体疫苗技术

基因重组技术可以在基因水平上对非致病病毒进行改造，使其表达病原体抗原，从而制备出另一类活疫苗——重组病毒载体疫苗。例如，研究人员开始采用重组病毒载体制备 HIV 疫苗，但多年尝试至今未果。2019 年年底，Merck 制药公司以重组囊泡口炎病毒（recombinant vesicular stomatitis virus）上市了埃博拉病毒疫苗 Ervebo®（或 rVSV–ZEBOV），有效地控制了高致死率的传播。Ervebo®是第一个成功上市的重组病毒载体疫苗（recombinant viral vectored vaccine）。2020 年 8 月，俄罗斯研发的新冠疫苗 Sputnik–V®在该国批准上市。2021 年 1 月，牛津–阿斯利康（Oxford/AstraZeneca）Vaxzevria®（ChAdOx1–S）疫苗欧盟批准上市。2021 年 3 月，强生–杨森 Ad26.COV2.S 新冠病毒疫苗欧盟批准上市，标志着重组病毒载体疫苗开始广泛应用于人类接种。

4. 核酸疫苗技术

核酸疫苗也叫基因疫苗，是把编码病原体抗原的基因遗传物质（DNA 或 RNA）直接导入接种对象细胞中，让体细胞表达抗原，并刺激机体产生抗原的特异性免疫。核酸疫苗通常分为 RNA 疫苗和 DNA 疫苗两大类。

RNA 疫苗：RNA 疫苗是将编码病原体抗原的 RNA 传递入体细胞质，直接由核糖体翻译表达抗原，后者激活免疫系统形成抗原特异性免疫。目前，研究人员采用可离子化脂质纳米粒成功研发出两种 mRNA（message RNA，信使 RNA）疫苗：普通 mRNA 疫苗、自扩增 mRNA 疫苗（self-amplifying mRNA vaccine，samRNA vaccine）。在普通 mRNA 疫苗中，一般采用假尿嘧啶取代编码抗原 mRNA 中的尿嘧啶，以降低炎症反应。由于 mRNA 不进入细胞核，安全性较高。但 mRNA 在细胞内存留时间较短，产生免疫也比较短暂。欧盟 2020 年 11 月批准了 Pfizer-BioNtech 两家合作公司 mRNA 新冠疫苗（Comirnaty®），以及 2020 年 12 月批准了 Moderna 公司 mRNA 新冠疫苗（后来冠以商品名 Spikevax®），可以在紧急情况下接种，以防控新冠疫情，标志着 mRNA 疫苗时代的到来。

自扩增 mRNA（也称复制子，replicon）疫苗是在普通 mRNA 疫苗中 mRNA 的 5'端插入来源于 α－病毒、编码 RNA 依赖 RNA 聚合酶（RDRP，RNA-dependent RNA polymerase，或称为 4 种非结构蛋白）及次基因组启动子的大开放阅读框（ORF）。进入细胞 RNA 依赖 RNA 聚合酶使得编码抗原的 mRNA 能够复制放大，从而提高抗原表达，增强免疫刺激，产生更强大病原体特异性免疫。Gritstone bio Inc.公司研发的 samRNA 新冠疫苗，所使用 samRNA 除了编码新冠病毒刺突蛋白外，还编码新冠 T 细胞表位抗原，以增强形成 CTL 细胞免疫。该疫苗初步临床实验结果表明，接种者产生了强大的细胞免疫，这样可以降低剂量，应对大规模新冠（COVID－19）疫情，显著缓解生产压力。

然而，由于 RNA 易降解，因此 mRNA 疫苗贮存、运输条件苛刻，通常需超冷链（－20 ℃以下条件）维持疫苗效力。

DNA 疫苗：DNA 疫苗需要把编码病原体抗原 DNA 传递入细胞核，再通过转录、翻译合成抗原蛋白。优点是入核 DNA 可以长期表达抗原，维持持久的免疫效力。但是，疫苗 DNA 整合到人体细胞 DNA 中，可能引起基因突变，引发形成癌症等不良后果。相比于 RNA 疫苗，DNA 疫苗更稳定，能够在普通冷链条件下贮存、运输、使用。2021 年 11 月，印度批准了 Zydus Cadila 公司研发 ZyCoV－D 新冠疫苗，以应对新冠疫情。这是第一种上市的允许在紧急情况下接种的 DNA 疫苗。

总体来说，核酸疫苗具有制备迅速、无需病原体、效力强大、研发周期较短等优点。

5. 反向疫苗学技术

反向疫苗学（reverse vaccinology）是从全基因水平分析筛选具有激活保护性免疫反应的候选抗原。反向疫苗学是基因组学、蛋白组学、微生物学、分子生物学、计算机信息科学等诸多学科快速发展及综合应用的结果。

2000 年人类基因组测序完成，标志着人类进入了基因组时代。与此同时，生物科学从基因组学（genomics）到蛋白质组学（proteomics）的新研究模式逐步形成。疫苗研究也由过去从表型分析入手的思维方式，开始转变为从全基因组水平筛选具有保护性免疫反应的候选抗原。这种以基因组分析为基础的疫苗发展策略，即为反向疫苗学（reverse vaccinology）。它采取大规模、高通量、计算机自动化分析的研究方法，可以在短期内同时完成大量候选抗原的克隆表达和提纯，为过去用传统疫苗学方法研究失败而不得不放弃的那些疑难疫病的疫苗发展提供了一条新的途径，为快速制备新型疫苗奠定了基础。反向疫苗学应用其典型的例子，即为新冠（COVID－19）疫情刚开始爆发时，研究人员以病毒基因组分析手段，采用计算机信息技术快速设计并制备出 mRNA 疫苗，最终在短短 1 年内该疫苗完成临床实验及获批上市，为新冠疫情防控提供了有力手段。

目前，基因组测序和分析已经获得了飞速发展，许多病原微生物完成了基因组序列的测定，为研究新型疫苗防控各种感染性疾病开辟了道路。反向疫苗学优点在于，不用体外培养病原体就能筛选出具有良好免疫原性的保护性抗原。与传统方法相比，采用反向疫苗学发展疫苗具有更快捷、更经济、更安全等特点，未来将成为发展疫苗的重要手段。

相对应于各种疫苗技术，疫苗发展为五种主要类型：减毒活性病原体疫苗（attenuated alive organism vaccines）、灭活疫苗（inactivated vaccines）、亚单位疫苗（subunit vaccines）、核酸疫苗（nucleic acid-based vaccines）、重组病毒载体疫苗（recombinant viral vectored vaccines）。其中，减毒活病原体是传统的疫苗，这种疫苗是通过模拟自然条件下病原体对机体的感染过程，效力强。灭活疫苗与亚单位疫苗安全性高，但免疫原性弱，尤其是亚单位疫苗，需要佐剂及载体以增强对免疫系统的激活。核酸疫苗，例如 mRNA 疫苗、DNA 疫苗，需要有效载体保护活性成分并传递入细胞，以表达抗原激活免疫系统。重组病毒载体疫苗需要安全的病毒载体，将表达抗原的 DNA 载入细胞核，而针对病毒载体的免疫应答是潜在风险。

13.3　疫苗组成及作用原理

1. 疫苗组成

疫苗组成包括：具有保护性的抗原（antigen，Ag）（如蛋白质、多糖等），免疫佐剂（adjuvant），或疫苗佐剂 – 传递系统（VADS）（如脂质体、乳剂等），其他辅料（如冻干保护剂、防腐剂等）。

抗原是指能刺激机体产生免疫应答反应的物质。抗原具有免疫原性（immunogenicity）及免疫反应性（immunoreactivity）。抗原免疫原性是指抗原具有刺激机体免疫细胞，刺激其活化、增殖、分化，最终产生免疫效应物质（抗体和致敏淋巴细胞）的特性。抗原免疫反应性是指抗原具有与相应免疫效应物质（如抗体、致敏淋巴细胞）特异性结合进而诱导产生免疫效应的特性。通常将仅有免疫反应性而缺乏免疫原性的物质称为半抗原。

佐剂是指能非特异性地激活机体固有免疫系统，改善疫苗诱导机体产生抗原特异性免疫应答的物质。佐剂增强免疫应答的机制被认为可能是：① 延长抗原在机体内的保留时间；② 增强 APC（抗原提呈细胞）对抗原的摄取及提呈作用；③ 刺激免疫细胞产生特定细胞因子，改善免疫反应。最常用于人体的疫苗佐剂是铝盐（氢氧化铝或磷酸铝），近年来，新型佐剂分子尤其是疫苗佐剂传递系统（VADS）得到迅速发展，一些已经应用于临床，如 MF59、AS 等。

动物疫苗最常用的佐剂是：弗氏完全佐剂（Freund's Complete Adjuvant，FCA）和弗氏不完全佐剂（Freund's incomplete adjuvant，FIA）。FCA 由石蜡油、羊毛脂和热灭活结核分枝杆菌组成，而 FIA 只含有石蜡油和羊毛脂，缺少灭活结核分枝杆菌组成。

2. 疫苗作用原理

疫苗发挥作用一般包括激活两大类免疫系统：固有免疫系统（innate immune system）和适应免疫系统（adaptive immune system）。固有免疫系统组成包括表面屏障（如皮肤、黏膜、内皮细胞等）、体液（如唾液、黏液、汗液等）、溶解酶、补体系统、非抗原提呈白细胞（中性粒细胞、嗜酸性粒细胞、嗜碱性粒细胞、自然杀伤细胞，以及黏膜与组织中肥大细胞等）、抗原提呈白细胞（树突细胞、巨噬细胞、朗格罕斯细胞等）等。就疫苗诱导免疫应答而言，固有免疫系统主要参与反应的成分为各类细胞，尤其是抗原提呈细胞（antigen-presenting cells，APC）。适应免疫系统组成仅仅包括两种细胞：T 细胞、B 细胞。

疫苗接种后，疫苗中抗原（在佐剂，如铝盐，增强作用下），被固有免疫系统抗原提呈细胞（APC）捕获摄取入胞内，随后（在溶酶体内蛋白酶的作用下）降解为蛋白片段，其中表位（epitope）部分结合于 MHC 分子，表达于细胞表面，APC 即处于激活状态而分泌细胞因子，此阶段即激活固有免疫系统。APC－MHC－epitope 随后与 T 细胞表面的 T 细胞受体（TCR）结合，同时诱导 T 细胞表面相关受体（如 CD4＋T 细胞 CD28、CD8＋T 细胞 CD137）与 APC 表面对应配体结合、相互作用，释放多种细胞因子，促使 T 细胞分化、增殖，一部分成熟为抗原特异性 CD4＋T 细胞（T 辅助细胞）或 CD8＋T 细胞（细胞毒性 T 细胞，CTL，cytotoxicity T lymphocyte）；另一部分分化为记忆性 T 细胞。CTL 可以识别被病原体感染的细胞，与其结合并释放致孔素及颗粒酶，导致感染细胞裂解，终止胞内病原体的复制与增殖。另外，B 细胞表面的 B 细胞受体（BCR）与抗原结合后即被激活，继而与活化的 CD4＋T 细胞结合、相互作用而被进一步激活，一部分分化成熟、增殖为浆细胞，分泌抗原特异性抗体，以中和表达相同抗原的病原体；而另一部分活化 B 细胞分化为记忆性 B 细胞。在这些复杂免疫反应过程中，有多种细胞因子（如各种干扰素、白介素）参与促进相关细胞分化、增殖（具体见免疫学相关专业文献）。由此，机体由于接种疫苗而产生抗原特异性免疫，预防或消除病原体侵害。

概括而言，即疫苗抗原刺激机体免疫系统，产生特异性免疫保护物质，如特异性抗体、细胞毒性 T 细胞及细胞因子等，并形成免疫记忆；当机体再次接触到含有相同抗原病原体时，机体免疫系统便被迅速激活，产生保护物质，应对病原体入侵。这样，接种者获得病原体特异性的免疫力，避免遭到系统病原体的侵害。

13.4　疫苗佐剂及佐剂－递送系统

疫苗最常用的接种途径是肌内或皮下注射，因此疫苗通常被制成液体注射剂。需要多次使用的疫苗，通常会在制剂处方中加入防腐剂。疫苗抗原为不稳定蛋白或糖蛋白，为防止抗原降解并保证其效能，可以通过冻干制备为无水制剂。疫苗制剂制备、贮存、运输及使用过程中，通常需要冷藏链来保证疫苗效价。

亚单位疫苗仅使用病原体抗原，成分确定，安全性高，一直备受瞩目。亚单位疫苗通常需要加入佐剂，提高免疫原性，而铝盐是临床应用最广泛的佐剂。然而，单纯佐剂难以有效激活免疫系统，或者难以激活期望的免疫应答类型，或者难以将疫苗传递至有效部位。例如，有的佐剂仅能够激活体液免疫形成抗体，有的无法激活免疫系统产生黏膜免疫。由此，研究者将疫苗抗原与佐剂成分进一步与载体结合，形成疫苗佐剂－传递系统（vaccine adjuvant-delivery system，VADS），兼具佐剂与靶向传递功能，大大增强疫苗效力。

铝盐（氢氧化铝、磷酸铝等）是 1926 年开始用作疫苗佐剂，是单一成分佐剂，也是第一个疫苗佐剂，迄今已使用近一个世纪。但铝盐佐剂疫苗一般只能诱导机体产生抗体，难以诱导细胞免疫产生细胞毒性 T 淋巴细胞（CTL）。铝盐佐剂作用机理也并不清楚，目前一些观点认为：① 铝盐作为抗原递送载体，在接种部位形成贮库，使抗原持续释放；② 铝盐破坏细胞，导致胞内成分释放，激活免疫反应；③ 铝盐进入细胞激活免疫通路，如 NALP3 inflammasome；④ 铝盐细胞膜磷脂结合，改变细胞膜分子排列，等等。

鉴于单一成分佐剂不足，近年来研究者大力发展疫苗佐剂－传递系统（VADS）。新型疫苗佐剂－传递系统（VADS）多为佐剂分子结合纳米载体。目前研发成功的 VADS 包括：乳剂，如 MF59®；脂质体，如 AS01®；脂质纳米粒，如 ISCOM®；病毒样颗粒（VLP），如 virosome 等。这些 VADS 能够将疫苗传递至 APC（抗原提呈细胞），同时激活机体固有免疫系统；APC 摄取抗原后，再以 MHC－Ⅰ、MHC－Ⅱ形式提呈含有抗原部分多肽序列及抗原表位（epitope），产生抗原特异性抗体或 CTL。与单一成分佐剂相比，VADS 能够提高疫苗接种效力，并产生全面的抗原特异性免疫。

近年来，疫苗非侵害性接种方式，如经鼻给药、肺部给药、经皮给药、口服及口腔接种，也得到了广泛研究。一些非注射疫苗，例如，已经应用于临床，由于能够实现无痛接种疫苗，因此很受欢迎。

13.5　疫苗制备

不同种类疫苗制备方法各异，在此列举重组乙型肝炎亚单位疫苗的制备。乙型病毒性肝炎是由乙型肝炎病毒（HBV）感染导致的疾病。HBV 传播途径主要包括母婴传播、血液传播，以及体液传播，人类主要感染期为 5 岁以下年龄段。据 WHO 数据显示，2019 年全球 HBV 长期携带者（HBsAg+）约为 2.96 亿，每年新增约 150 万感染者。我国约有 8 700 万 HBV 长期携带者，全球占比超过 1/3。目前 HBV 疫苗为重组亚单位疫苗，是人类制备最成功的疫苗之一，预防感染效率超过 95%。WHO 制定了 2030 年全球消除乙型肝炎健康威胁的总体目标，接种 HBV 疫苗是实现这一目标的重要保障。

目前重组乙肝疫苗主要分为酵母（酿酒酵母和甲基营养型酵母）以及中国仓鼠卵巢细胞（Chinese hamster ovary cell，CHO）表达疫苗。

现在介绍由重组酿酒酵母表达乙型肝炎病毒表面抗原（HBsAg）经纯化，加入铝佐剂制成的重组乙型肝炎疫苗（recombinant hepatitis B vaccine）。

（一）制备方法

1. 重组菌种

HBV 疫苗生产用菌种为核酸重组技术构建的表达 HBsAg 的重组酿酒酵母原始菌种。

2. 生产用菌种

构建的重组原始菌种经扩增 1 代为主种子批，主种子批扩增 1 代为工作种子批（种子批建立及检定应符合《生物制品生产检定用菌毒种管理规程》规定）。

（1）培养物纯度：培养物接种于哥伦比亚血琼脂平板和酶化大豆蛋白琼脂平板，分别于 20～25 ℃和 30～35 ℃培养 5～7 天，应无细菌和其他真菌被检出。

（2）HBsAg 基因序列测定：HBsAg 基因序列应与原始菌种保持一致。

（3）质粒保有率：采用平板复制法检测。将菌种接种到复合培养基上培养，得到的单个克隆菌落转移到限制性培养基上培养，计算质粒保有率，应不低于 95%。

（4）活菌率：采用血细胞计数板，分别计算每 1 mL 培养物中总菌数和活菌数，活菌率应不低于 50%。

（5）抗原表达率：取种子批菌种扩增培养，采用适宜的方法将培养后的细胞破碎，测定破碎液的蛋白质含量，并采用酶联免疫法或其他适宜方法测定 HBsAg 含量。抗原表达率应不低于 0.5%。

（6）菌种保存：主种子批和工作种子批菌种应于液氮中保存，工作种子批菌种于 –70 ℃保存应不超过 6 个月。

3. 原液制备

（1）发酵：取工作种子批菌种，于适宜温度和时间经锥形瓶、种子罐和生产罐进行三级发酵，收获的酵母菌应冷冻保存。

（2）纯化：用细胞破碎器破碎酿酒酵母，除去细胞碎片，以硅胶吸附法粗提 HBsAg，疏水色谱法纯化 HBsAg，用硫氧酸盐处理，经稀释和除菌过滤后即为原液。

（3）原液保存：于 2～8 ℃保存不超过 3 个月。

4. 半成品制备

（1）甲醛处理：原液中按终浓度为 100 μg/mL 加入甲醛，于 37 ℃保温适宜时间。

（2）铝吸附：每 1 份蛋白质和铝剂按一定比例置 2～8 ℃吸附适宜的时间，用无菌生理氯化钠溶液洗涤，去上清液后再恢复至原体积，即为铝吸附产物。

（3）配制：蛋白质浓度为 20.0～27.0 μg/mL 的铝吸附产物与铝佐剂等量混合后，即为半成品。

5. 成品制备

所配制的半成品应按照“生物制品规程”规定进行相应的分批、分装及冻干后包装。

（二）检定要求

1. 原液检定

（1）特异蛋白带：采用还原型 SDS – 聚丙烯酰胺凝胶电泳法（SDS – PAGE），分离凝胶浓度为 15%，上样量为 1.0 μg，银染法染色。应有相对分子质量为 20～25 kD 的蛋白带，可有 HBsAg 多聚体蛋白带。

（2）端氨基酸序列测定：用氨基酸序列分析仪测定，M 端氨基酸序列应为 Met – Glu – Asn – Ile – Thr – Ser – Gly – Phe – Leu – Gly – Pro – Leu – Leu – Val – Leu。

（3）纯度：采用免疫印迹法测定，所测供试品中酵母杂蛋白应符合标准的要求；采用高效液相色谱法，亲水硅胶高效体积排阻色谱柱，排阻极限 100 kD，孔径 45 nm，流动相为含 0.05%叠氮钠和 0.1% SDS 磷酸盐缓冲液（pH 7.0），上样量 100 mL，检测波长 280 nm。按面积归一法计算 P60 蛋白质含量，杂蛋白应不高于 1.0%。

2. 半成品的检定

（1）吸附完全性：结果应不低于 95%。

（2）硫氰酸盐含量：结果应小于 1.0 pg/mL。

（3）TritonX – 100 含量：结果应小于 15.0 pg/mL。

3. 成品的检定

（1）鉴别实验：采用酶联免疫法检查，应证明含有 HBsAg。

（2）外观：应为乳白色混悬液体，可因沉淀而分层，易摇散，不应有摇不散的块状物。

（3）pH：应为 5.5～7.2。

（4）铝含量：应为 0.35～0.62 mg/mL。

13.6　疫苗制剂质量控制

疫苗制剂必须按照《生物制品规程》的要求对其进行严格的质量检定，以保证制品安全有效。规程中对每个制品的检定项目、检定方法和质量指标都有明确的规定，一般可分为理化检定、安全检定和效力检定三方面。

（一）理化检定

主要是为了检测疫苗中有效成分和有害成分，包括物理性状检查、蛋白质含量测定、防腐剂含量测定、纯度检查及其他一些项目的测定，以及防腐剂、溶剂如苯酚、氯仿、甲醛等物质含量限制检查。

蛋白质含量测定常用方法有微量凯氏（Kjeldahl）定氮法、Lowry 法（酚试剂法）和紫外吸收法等。

纯度检查常用方法有电泳和层析，一般真核细胞表达多次使用产品，要求纯度达 98%以上，原核细胞表达多次使用产品，纯度达 95%。

其他氢氧化铝含量测定、冻干制品中残余水分含量直接影响制品的质量和稳定性。

（二）安全性检定

疫苗制品的安全性检查主要包括三方面的内容：① 菌、毒种和主要原材料的检查；② 半成品检查，主要检查对活菌活毒的处理是否完善，半成品是否有杂菌或有害物质的污染，所加灭活剂、防腐剂是否过量等；③ 成品检查，必须逐批按规程要求，进行无菌实验、纯毒实验、毒性实验、热原实验及安全实验等检查，以确保制品的安全性。

（三）效力检定

疫苗效力检定一般采用生物学方法，以生物体对待检品生物活性反应为基础，运用特定的实验设计，通过比较待检品与标准品在一定条件下所产生的特定产物、反应剂量间的差异，以统计学方法分析测得待检品的效价。效力检验条件要求：实验方法与人体使用大体相似；所用实验动物标准化；实验方法简单易行，重复性好；结果明确，能与流行病学调查结果基本一致。一般所采用的效力测定方法有动物保护力检验（或称免疫力检验）、疫苗效力测定、血清学实验等。

动物保护效力实验是指将疫苗免疫动物后，再用同种的野毒或野菌攻击动物，从而判定疫苗的保护水平，这种方法可直接观察到疫苗的免疫效果，较之测定疫苗免疫后的抗体水平要更好。

疫苗效力测定包括活菌苗测定和活病毒滴度测定。活菌苗多以制品中抗原菌的存活数表示其效力，将一定稀释度的菌液涂布接种于适宜的平皿培养基上，培养后计算菌落数，计算活菌率（%）；活病毒疫苗多以病毒滴度来表示其效力，常用 50%组织培养法感染量（$CCID_{50}$）表示，将疫苗做系列稀释后，各稀释度取一定量接种于传代细胞，培养后检测 $CCID_{50}$。

血清学实验是指体外抗原、抗体检验。疫苗免疫动物或人体后，可刺激机体产生相应的抗异性反应。血清学检验包括凝集反应、沉淀反应、中和反应和补体结合反应、快速灵敏的抗原抗体反应（如间接凝集实验、反向间接凝集实验、各种免疫扩散、免疫电泳以及荧光标记、酶标记、同位素标记等高敏感的检测技术等），是疫苗制品的效力检定基本方法。

疫苗制品检定多采用生物学方法测定，检定结果准确性影响因素较多。因此，必须对检定方法进行标准化研究，发展新技术、新方法来提高疫苗制品检定质量。必须指出，疫苗制品的质量取决于生产环节，只有对生产过程实施全面的质量管理，才能有效保证疫苗质量水平。

思　考　题

1. 什么是抗原？
2. 简述疫苗接种预防传染性疾病原理。
3. 什么是疫苗佐剂及疫苗佐剂传递系统？

参考文献

［1］夏焕章. 生物技术制药（第 3 版）［M］. 北京：高等教育出版社，2016.
［2］Stanley P. History of vaccination［J］. PNAS, 2014, 111(34): 12283 – 12287.
［3］Williamson J D, Gould K G, Brown K, et al. Pfeiffer's typhoid vaccine and Almroth Wright's claim to priority［J］. Vaccine, 2021(39): 2074 – 2079.
［4］Desiderio S V. B-cell activation［J］. Curr Opin Immunol, 1992, 4(3): 252 – 256.
［5］Fiorella K, Ignacio C, Andrés A. Antigen processing and presentation［J］. Int Rev Cell Mol Biol, 2019(348): 69 – 121.
［6］Ning W, Minnan C, Ting W. Liposomes used as a vaccine adjuvant-delivery system: From basics to clinical immunization［J］. J Controlled Release, 2019(303): 130 – 150.
［7］Ning W, Rui Q, Ting L, et al. Nanoparticulate Carriers Used as Vaccine Adjuvant Delivery Systems［J］. Critical Reviews™ in Therapeutic Drug Carrier Systems, 2019, 36(5): 449 – 484.

（王　汀）

时代楷模|共和国勋章获得者

钟南山院士

钟南山（1936 年 10 月 20 日—），出生于江苏南京，福建厦门人，毕业于北京医学院，呼吸内科学家，中国工程院院士，中国医学科学院学部委员，第十一、十二届全国人大代表，第八、九、十届全国政协委员，国家卫健委高级别专家组组长，中国抗击非典型肺炎、新冠肺炎疫情的领军人物。

钟南山长期从事呼吸内科的医疗、教学、科研工作，他所领导的研究所对慢性不明原因咳嗽诊断成功率达 85%，重症监护室抢救成功率达 91%。1984 年，被授予“中国首批国家级有突出贡献专家”称号。1996 年，当选为中国工程院院士。2003 年，在抗击“非典”战斗中，他以实事求是的态度、勇往直前的大无畏精神，主动请缨收治危重病人，全力以赴地精心制定医疗方案，以医者的妙手仁心挽救生命，显示出了科学家治学严谨的作风与高度的责任感。在关系抗击“非典”成败的重大问题上，力排众议，在抗击“非典”斗争中起到了重要作用，被广东省委、省政府授予特等功。

2004 年，获得全国卫生系统最高行政奖励“白求恩奖章”。2020 年，习近平签署主席令，授予钟南山“共和国勋章”。2021 年，钟南山呼吸疾病防控创新团队获得 2020 年度国家科技进步奖创新团队殊荣。

（张　奇）

第14章
细胞治疗制剂

1. 掌握细胞治疗的概念、细胞治疗药物制剂优势。
2. 熟悉干细胞及免疫细胞治疗原理。
3. 了解细胞治疗制剂类型、制备方法。

14.1 前言

细胞治疗是采用细胞作为制剂进行的疾病治疗。随着生物科技的发展，人们研究出越来越多细胞制剂用于治疗疾病，并展示出很好的治疗效果。一些基于细胞（例如胚胎干细胞、各种组织间质干细胞、诱导多能干细胞、T 细胞、树突细胞、NK 细胞等）的治疗甚至能够治愈一些棘手的顽症。细胞治疗将细胞学、工程学、材料学、分子生物学、免疫学及制剂学等相结合，制备出满足临床治疗质量标准的制剂产品。用于治疗的细胞，如细胞毒性 T 淋巴细胞（CTL）或干细胞，往往需要基因改造才具有较强的疾病治疗功能和良好的生物相容性。因此，细胞治疗制剂技术含量较高，制备过程复杂，需在无菌条件下操作，成本高昂，一般适用于顽症或罕见病的个体化治疗。这一类制剂技术挑战通常包括：① 基因编辑或递入基因片段技术难度较大，效率较低；② 一般需要超低温环境（以液氮维持）保存细胞活性维持，成本高；③ 较难实现规模化制备。

细胞治疗是指将正常或生物工程改造过的人体细胞移植或输入患者体内实现治疗。目前技术较为成熟的主要是干细胞治疗，以及免疫细胞治疗。干细胞治疗是将功能正常的干细胞输入患者体内，以替代病变细胞，实现治疗。免疫细胞治疗是将免疫细胞通过基因修饰，使其能够识别病变细胞并具有免疫杀伤功能，输入患者体内能够杀灭病变细胞，例如癌细胞。

14.2 干细胞治疗制剂

14.2.1 干细胞治疗现状

干细胞（stem cell）是一类具有不同分化潜能，并在非分化状态下自我更新的细胞。例如，胚胎干细胞（embryonic stem cell，ESC）是人或动物从受精卵到成体的发育过程中在胚胎形成阶段存在的一类具有更新能力和多向分化潜能的细胞。在成年机体仍含有多种干细胞，例如骨髓造血干细胞、神经干细胞（一般认为中枢神经系统神经元无干细胞特征）、皮肤干细胞、胰岛干细胞、脂肪干细胞等，一般都能够用于疾病治疗。

干细胞治疗是指将人自体或异体来源的干细胞经体外操作后输入（或植入）人体，用于疾病治疗的过程。这种体外操作包括干细胞的分离、纯化、扩增、修饰、干细胞（系）的建立、诱导分化、冻存和冻存后的复苏等过程。用于细胞治疗的干细胞主要包括成体干细胞、胚胎干细胞及诱导的多能性干细胞（iPSC）。成体干细胞包括自体或异体、胎儿或成人不同分化组织，以及发育相伴随的组织（如脐带、羊膜、胎盘等）来源的造血干细胞、间充质干细胞、各种类型的祖细胞或前体细胞等。

目前国内外已开展了多项干细胞（指非造血干细胞）临床应用研究，涉及多种干细胞类型及多种疾病类型。主要疾病类型包括骨关节疾病、肝硬化、移植物宿主排斥反应（GVHD）、脊髓损伤及退行性神经系统疾病和糖尿病等。其中，许多干细胞类型，是从骨髓、脂肪组织、脐带血、脐带或胎盘组织来源的间充质干细胞，它们具有一定的多向分化潜能及抗炎和免疫调控能力等。

用于干细胞治疗的细胞制备技术和治疗方案，具有多样性、复杂性和特殊性。但作为一种新型的生物治疗产品，所有干细胞制剂都可遵循一个共同的研发过程，即从干细胞制剂的制备、体外实验、体内动物实验，到植入人体的临床研究及临床治疗的过程。整个过程的每一阶段，都须对所使用的干细胞制剂在细胞质量、安全性和生物学效应方面进行相关的研究和质量控制。

14.2.2　干细胞治疗制剂制备与质量控制

国家药品监督管理局印发了《干细胞制剂质量控制及临床前研究指导原则（试行）》。该指导原则制定了适用于各类有可能应用到临床的干细胞（除已有规定的造血干细胞移植外）在制备和临床前研究阶段的基本原则。每个具体干细胞制剂的制备和使用过程，必须有严格的标准操作程序并按其执行，以确保干细胞制剂的质量可控性以及治疗的安全性和有效性。每一研究项目所涉及的具体干细胞制剂，应根据本指导原则对不同阶段的基本要求，结合各自干细胞制剂及适应症的特殊性，准备并实施相关的干细胞临床前研究。

（一）干细胞的采集、分离及干细胞（系）的建立

1. 对干细胞供者的要求

每一干细胞制剂都须具有包括供者信息在内的、明确的细胞制备及生物学性状信息。作为细胞制备信息中的重要内容之一，需提供干细胞的获取方式和途径以及相关的临床资料，包括供者的一般信息、既往病史、家族史等。既往史和家族史要对遗传病（单基因和多基因疾病，包括心血管疾病和肿瘤等）相关信息进行详细采集。对用于异体十细胞临床研究的供者，必须经过检验筛选证明无人源特定病毒（包括 HIV、HBV、HCV、HTLV、EBV、CMV 等）的感染，无梅毒螺旋体感染。必要时，需要收集供者的 ABO 血型、HLA Ⅰ类和 HLA Ⅱ类分型资料，以备追溯性查询。如使用体外授精术产生的多余胚胎作为建立人类胚胎干细胞系的主要来源，须能追溯配子的供体，并接受筛选和检测。不得使用既往史中患有严重的传染性疾病和家族史中有明确遗传性疾病的供者作为异体干细胞来源。

自体来源的干细胞供者，根据干细胞制剂的特性、来源的组织或器官，以及临床适应症，可对供体的质量要求和筛查标准及项目进行调整。

2. 干细胞采集、分离及干细胞（系）建立阶段质量控制的基本要求

应制定干细胞采集、分离和干细胞（系）建立的标准操作及管理程序，并在符合《药品生产质量管理规范》（GMP）要求基础上严格执行。标准操作程序应包括操作人员培训；材料、仪器、设备的使用和管理；干细胞的采集、分离、纯化、扩增和细胞（系）的建立；细胞保存、运输及相关保障措施，以及清洁环境的标准及常规维护和检测等。

为尽量减少不同批次细胞在研究过程中的变异性，研究者在干细胞制剂的制备阶段应对来源丰富的同一批特定代次的细胞建立多级的细胞库，如主细胞库（Master Cell Bank）和工作细胞库（Working Cell Bank）。细胞库中细胞基本的质量要求，是需有明确的细胞鉴别特征，无外源微生物污染。

在干细胞的采集、分离及干细胞（系）建立阶段，应当对自体来源的、未经体外复杂操作的干细胞，进行细胞鉴别、成活率及生长活性、外源致病微生物，以及基本的干细胞特性检测。而对异体来源的干细胞，或经过复杂的体外培养和操作后的自体来源的干细胞，以及直接用于临床前及临床研究的细胞库（如工作库）中的细胞，除进行上述检测外，还应当进行全面的内外源致病微生物、详细的干细胞特性检测，以及细胞纯度分析。干细胞特性包括特定细胞表面标志物群、表达产物和分化潜能等。

（二）干细胞制剂的制备

1. 培养基

干细胞制剂制备所用的培养基成分应有足够的纯度，并符合无菌、无致病微生物及内毒素的质量标准，残留的培养基对受者应无不良影响；在满足干细胞正常生长的情况下，不影响干细胞的生物学活性，即干细胞的“干性”及分化能力。在干细胞制剂制备过程中，应尽量避免使用抗生素。

若使用商业来源培养基，应当选择有资质的生产商并由其提供培养基的组成成分及相关质量合格证明。必要时，应对每批培养基进行质量检验。

除特殊情况外，应尽可能避免在干细胞培养过程中使用人源或动物源性血清，不得使用同种异体人血清或血浆。如必须使用动物血清，应确保其无特定动物源性病毒污染。严禁使用海绵体状脑病流行区来源的牛血清。

若培养基中含有人的血液成分，如白蛋白、转铁蛋白和各种细胞因子等，应明确其来源、批号、质量检定合格报告，并尽量采用国家已批准的可临床应用的产品。

2. 滋养层细胞

用于体外培养和建立胚胎干细胞及 iPS 细胞的人源或动物源的滋养层细胞，需根据外源性细胞在人体中使用所存在的相关风险因素，对细胞来源的供体、细胞建立过程引入外源致病微生物的风险等进行相关的检验和质量控制。建议建立滋养层细胞的细胞库，并按细胞库检验要求进行全面检验，特别是对人源或动物源特异病毒的检验。

3. 干细胞制剂的制备工艺

应制定干细胞制剂制备工艺的标准操作流程及每一过程的标准操作程序（SOP），并定期审核和修订；干细胞制剂的制备工艺包括干细胞的采集、分离、纯化、扩增和传代，干细胞（系）的建立、向功能性细胞定向分化，培养基、辅料和包材的选择标准及使用，细胞冻存、复苏、分装和标记，以及残余物去除等。从整个制剂的制备过程到输入（或植入）到受试者体内全过程，需要追踪观察并详细记录。对不合格并需要丢弃的干细胞制剂，需对丢弃过程进行规范管理和记录。对于剩余的干细胞制剂，必须进行合法和符合伦理要求的处理，包括制定相关的 SOP 并严格执行。干细胞制剂的相关资料需建档并长期保存。

应对制剂制备的全过程，包括细胞收获、传代、操作、分装等，进行全面的工艺研究和验证，制定合适的工艺参数和质量标准，确保对每一过程的有效控制。

（三）干细胞制剂治疗控制

1. 干细胞制剂质量检验的基本要求

为确保干细胞治疗的安全性和有效性，每批干细胞制剂均须符合现有干细胞知识和技术条件下全面的质量要求。制剂的检验内容，须在本指导原则的基础上，参考国内外有关细胞基质和干细胞制剂的质量控制指导原则，进行全面的细胞质量、安全性和有效性的检验。同时，根据细胞来源及特点、体外处理程度和临床适应症等不同情况，对所需的检验内容做必要调整。另外，随着对干细胞知识和技术认识的不断增加，细胞检验内容也应随之不断更新。

针对不同类型的干细胞制剂，根据对输入或植入人体前诱导分化的需求，须对未分化细胞和终末分化细胞分别进行必要的检验。对胚胎干细胞和 iPS 细胞制剂制备过程中所使用的滋养细胞，根据其细胞来源，也需进行针对相关风险因素的质量控制和检验。

为确保制剂的质量及其可控性，干细胞制剂的检验可分为质量检验和放行检验。质量检验是为保证干细胞经特定体外处理后的安全性、有效性和质量可控性而进行的较全面的质量检验。放行检验是在完成质量检验的基础上，对每一类型的每一批次干细胞制剂，在临床应用前所应进行的相对快速和简化的细胞检验。

为确保制剂工艺和质量的稳定性，须对多批次干细胞制剂进行质量检验；在制备工艺、场地或规模等发生变化时，需重新对多批次干细胞制剂进行质量检验。制剂的批次是指由同一供体、同一组织来源、同一时间、使用同一工艺采集和分离或建立的干细胞。对胚胎干细胞或 iPS 细胞制剂，应当视一次诱导分化所获得的可供移植的细胞为同一批次制剂。对需要由多个供体混合使用的干细胞制剂，混合前应视每一独立供体或组织来源在相同时间采集的细胞为同一批次细胞。

对于由不同供体或组织来源的、需要混合使用的干细胞制剂，需对所有独立来源的细胞质量进行检验，以尽可能避免混合细胞制剂可能具有的危险因素。

2. 细胞制剂检验指标

（1）质量检验。

细胞鉴别：应当通过细胞形态、遗传学、代谢酶亚型谱分析、表面标志物及特定基因表达产物等检测，对不同供体及不同类型的干细胞进行综合的细胞鉴别。

存活率及生长活性：采用不同的细胞生物学活性检测方法，如活细胞计数、细胞倍增时间、细胞周期、克隆形成率、端粒酶活性等，判断细胞活性及生长状况。

纯度和均一性：通过检测细胞表面标志物、遗传多态性及特定生物学活性等，对制剂进行细胞纯度或均一性的检测。对胚胎干细胞及 iPS 细胞植入人体前的终末诱导分化产物，必须进行细胞纯度和/或分化均一性的检测。

对于需要混合使用的干细胞制剂，需对各独立细胞来源之间细胞表面标志物、细胞活性、纯度和生物学活性均一性进行检验和控制。

无菌实验和支原体检测：应依据现行版《中华人民共和国药典》中的生物制品无菌实验和支原体检测规程，对细菌、真菌及支原体污染进行检测。

细胞内外源致病因子的检测：应结合体内和体外方法，根据每一细胞制剂的特性进行人源及动物源性特定致病因子的检测。如使用过牛血清，须进行牛源特定病毒的检测；如使用胰酶等猪源材料，应至少检测猪源细小病毒；如胚胎干细胞和 iPS 细胞在制备过程中使用动物源性滋养细胞，需进行细胞来源相关特定动物源性病毒的全面检测。另外，还应检测逆转录病毒。

内毒素检测：应依据现行版《中华人民共和国药典》中的内毒素检测规程，对内毒素进行检测。

异常免疫学反应：检测异体来源干细胞制剂对人总淋巴细胞增殖和对不同淋巴细胞亚群增殖能力的影响，或对相关细胞因子分泌的影响，以检测干细胞制剂可能引起的异常免疫反应。

致瘤性：对于异体来源的干细胞制剂或经体外复杂操作的自体干细胞制剂，须通过免疫缺陷动物体内致瘤实验，检验细胞的致瘤性。

生物学效力实验：可通过检测干细胞分化潜能、诱导分化细胞的结构和生理功能、对免疫细胞的调节能力、分泌特定细胞因子、表达特定基因和蛋白等功能，判断干细胞制剂与治疗相关的生物学有效性。

对间充质干细胞，无论何种来源，应进行体外多种类型细胞（如成脂肪细胞、成软骨细胞、成骨细胞等）分化能力的检测，以判断其细胞分化的多能性（Multipotency）。对未分化的胚胎干细胞和 iPS 细胞，须通过体外拟胚胎体形成能力，或在 SCID 鼠体内形成畸胎瘤的能力，检测其细胞分化的多能性（Pluripotency）。除此以外，作为特定生物学效应实验，应进行与其治疗适应症相关的生物学效应检验。

培养基及其他添加成分残余量的检测：应对制剂制备过程中残余的、影响干细胞制剂质量和安全性的成分，如牛血清蛋白、抗生素、细胞因子等进行检测。

（2）放行检验。

项目申请者应根据上述质量检验各项目中所明确的检验内容及标准，针对每一类型干细胞制剂的特性，制定放行检验项目及标准。放行检验项目应能在相对短的时间内，反映细胞制剂的质量及安全信息。

（3）干细胞制剂的质量复核。

由专业细胞检验机构/实验室进行干细胞制剂的质量复核检验，并出具检验报告。

（四）干细胞制剂的质量研究

在满足上述干细胞制剂质量检验要求的基础上，建议在临床前和临床研究各阶段，利用不同的体外实验方法对干细胞制剂进行全面的安全性、有效性及稳定性研究。

1. 干细胞制剂的质量及特性研究

（1）生长活性和状态。

生长因子依赖性的检测：在培养生长因子依赖性的干细胞时，需对细胞生长行为进行连续检测，以判断不同代次的细胞对生长因子的依赖性。若细胞在传代过程中，特别是在接近高代次时，失去对生长因子的依赖，则不能再继续将其视为合格的干细胞而继续培养和使用。

（2）致瘤性和促瘤性。

由于大多数间充质干细胞制剂具有相对的弱致瘤性，建议在动物致瘤性实验中，针对不同类型的干细胞，选择必要数量的细胞和必要长的观察期。

在动物致瘤性实验不能有效判断致瘤性时，建议检测与致瘤性相关的生物学性状的改变，如细胞对生长因子依赖性的改变、基因组稳定性的改变、与致瘤性密切相关的蛋白（如癌变信号通路中的关键调控蛋白）表达水平或活性的改变、对凋亡诱导敏感性的改变等，以此来间接判断干细胞恶性转化的可能性。

目前，普遍认为间充质干细胞“不致瘤”或具有“弱致瘤性”，但不排除其对已存在肿瘤的“促瘤性”作用。因此，建议根据各自间充质干细胞制剂的组织来源和临床适应症的不同，设计相应的实验方法，以判断其制剂的“促瘤性”。

（3）生物学效应。

随着研究的进展，建议针对临床治疗的适应症，不断研究更新生物学效应检测方法。如研究介导临床治疗效应的关键基因或蛋白的表达，并以此为基础提出与预期的生物学效应相关的替代性生物标志物（Surrogate Biomarker）。

2. 干细胞制剂稳定性研究及有效期的确定

应进行干细胞制剂在贮存（液氮冻存和细胞植入前的临时存放）和运输过程中的稳定性研究。检测项目应包括细胞活性、密度、纯度、无菌性等。

根据干细胞制剂稳定性实验结果，确定其制剂的保存液成分与配方、保存及运输条件、有效期，同时，确定与有效期相适应的运输容器和工具，以及合格的细胞冻存设施和条件。

3. 快速检验方法的研发

应根据新的干细胞基础及实验技术研究成果，针对各自干细胞制剂的特性、特定的临床适应症，研发新的快速检验方法，用于干细胞制备过程各阶段的质量控制和制剂的放行检验。

14.2.3　干细胞制剂的临床前研究

应进行干细胞制剂的临床前研究，为治疗方案的安全性与有效性提供支持和依据。

在临床前研究方案中，应设计和提出与适应症相关的疾病动物模型，用于预测干细胞在人体内可能的治疗效果、作用机制、不良反应、适宜的输入或植入途径和剂量等临床研究所需的信息。

应在合适的动物模型基础上，研究和建立干细胞有效标记技术和动物体内干细胞示踪技术，以便研究上述内容，特别是干细胞的体内存活、分布、归巢、分化和组织整合等功能的研究。在综合动物模型研究基础上，应对干细胞制剂的安全性和生物学效应进行合理评价。

鉴于干细胞治疗的特殊性，其临床前的安全有效性评价具有较大难度和局限性，以下只提出一些基本的原则，具体的研究方案可根据这些原则制定。如果进行的相关研究工作与下述原则不符，应提供相应的依据和支持性资料。

（一）安全性评价

1. 毒性实验

可通过合适的动物实验模型观察干细胞制剂各种可能的毒性反应，如细胞植入时和植入后的局部与整体的毒性反应。

如难以采用相关动物评价人体干细胞的毒性，可考虑尽可能模拟临床应用方式，采用动物来源相应的干细胞制剂，以高于临床应用剂量回输动物体内，观察其毒性反应。

2. 异常免疫反应

对干细胞制剂特别是异体来源、经体外传代培养和特殊处理的自体或异体来源的制剂，应当通过体外及动物实验评价其异常免疫反应，包括对不同免疫细胞亚型及相关细胞因子的影响。对胚胎干细胞及 iPS 细胞，在体外诱导分化后重新表达供体的 HLA 抗原分子，植入体内后可能形成的免疫排斥反应，需进行有效评价。

3. 致瘤性

对高代次的或经过体外复杂处理和修饰的自体来源以及各种异体来源的干细胞制剂，应当进行临床前研究阶段动物致瘤性评估。建议选择合适的动物模型，使用合适数量的干细胞、合理的植入途径和足够长的观察期，以有效评价制剂的致瘤性。

4. 非预期分化

非预期分化包括非靶细胞分化或非靶部位分化。建议利用特定的检测技术，在体内动物实验中研究、评估和监控干细胞非预期分化的可能性。

（二）有效性评价

1. 细胞模型（见前述 – 干细胞制剂的质量研究）

2. 动物模型

用于观察植入的干细胞或其分化产物改变模型中疾病的病理进程；研究干细胞的归巢能力和免疫调节功能；通过分析干细胞植入后，特定细胞因子和/或特定基因表达情况，提出替代性生物学效应标志物。

若所申请的研究方案，因目前国际上干细胞生物学知识和技术方面的局限性，无法提出有效的体内动物模型研究内容，则应在临床前研究报告中进行全面、细致的说明。

14.2.4 干细胞制剂临床应用

目前已经开展干细胞制剂临床实验的疾病包括：神经系统疾病，如帕金森病、阿尔茨海默症、亨廷顿病、多发性硬化症；心血管疾病，如急性心肌梗死、缺血性心肌病、心脏移植后出现的缺血再灌注损伤以及其他心血管疾病；肝脏疾病，如肝硬化、肝损伤等；糖尿病；牙髓、牙周膜、牙龈、牙囊缺损等。2012 年，美国先进细胞公司（Astellas 公司）在开展了采用源于胚胎干细胞的视网膜色素上皮细胞治疗黄斑变性疾病治疗的临床实验，初步结果证明干细胞治疗视网膜疾病的安全性及较好的治疗效果。

14.2.5 干细胞制剂面临的挑战

目前已经开展临床治疗研究的干细胞类型主要有胚胎干细胞（human embryonic stem cell，hESC）、诱导多能干细胞（human induced pluripotent stem cell，iPSC）、成体干细胞（如间充质干细胞，mesenchymal stem cells，MSC）等。干细胞作为治疗制剂应用于临床，需要按照药品生产工艺和质量标准，经药品审评中心审评通过才能上市。治疗干细胞制剂发展面临的挑战主要包括以下几个方面。

（1）生产用原材料质量控制困难：主要包括供者细胞和细胞分离、培养所需的试剂等。干细胞功能受供者细胞和组织的健康程度、分离培养、保存运输方式影响很大。分离、培养大量干细胞所需要的消化酶、培养基、生长因子、血清等原材料质量一致性较难控制。

（2）规模化生产工艺复杂：生产条件要符合药品生产质量管理规范（Good Manufacturing Practices，GMP）。干细胞生产工艺通常包括供者组织获取、细胞分离、细胞扩增培养和细胞冻存等步骤。其中的参数包括：分化增殖能力、规模化生产批间一致性、细胞铺板密度、培养时间、细胞群体倍增代次数、冻存细胞辅料、冻存降温速率等关键技术参数。

（3）干细胞制剂质量控制特性参数多样：干细胞质量控制参数包括分子标志物和分化潜能、癌变性、鉴别和效价、免疫调节活性、体内分布及归巢能力、纯度和杂质等。其中，癌变性是细胞治疗产品的潜在风险，而对免疫系统产生影响是引发炎症等不良反应的主要因素。

14.2.6　干细胞治疗制剂面临的其他挑战

干细胞治疗制剂临床应用仍面临许多障碍。第一，干细胞获取效率、治疗安全性和有效性需要进一步提高；第二，干细胞治疗涉及的机理需要进一步阐明；第三，干细胞监管水平需要不断改进与完善；第四，干细胞治疗疾病种类需要进一步拓展。随着研究的不断深入，干细胞治疗应用会越来越广，有望成为治疗许多顽固疾病的有力手段。

14.3　免疫细胞治疗制剂

14.3.1　免疫细胞治疗制剂概述

免疫细胞治疗是利用患者自身或供者来源的免疫细胞，经过体外培养扩增、活化或基因修饰、基因编辑等操作，再回输到患者体内，激发或增强机体的免疫功能，从而达到控制疾病的治疗方法，包括过继性细胞治疗（adoptive cellular therapy，ACT）、治疗性疫苗等。根据作用机制的不同，目前的细胞免疫治疗研究类型主要包括肿瘤浸润淋巴细胞（tumor-infiltrating lymphocytes，TILs）、嵌合抗原受体 T 细胞（chimeric antigen receptor modified T cells CAR－T）以及工程化 T 细胞受体修饰的 T 细胞（T－cell receptor-engineered T cells，TCR－T）等，此外，还存在基于自然杀伤细胞（natural killer cells，NK）或树突状细胞（dendritic cells，DC）等其他免疫细胞的治疗方法，如细胞因子诱导的杀伤细胞（cytokine-induced killer cells，CIK）等。免疫细胞治疗制剂一般用于癌症类疾病治疗，是从患者体内分离出免疫细胞，在体外培养，并以癌细胞特有抗原刺激，使其分化、增殖为大量能够识别癌细胞的免疫细胞，再将其回输入患者体内，以攻击、消除癌细胞的治疗方法。随着细胞工程、干细胞生物学、免疫学、分子技术等的快速发展，免疫细胞治疗也愈发成熟。免疫细胞是人体免疫系统的重要组成部分，负责清除对人体有害的入侵者，免疫细胞包括巨噬细胞、DC（树突状细胞）、T 细胞、B 细胞、NK 细胞等。

免疫细胞治疗制剂仍然面临的较多挑战。首先，实体瘤治疗效果不够理想。虽然在血液肿瘤治疗方面效果显著，但 CAR－T 浸润到实体瘤内部效率较低且杀伤功能被肿瘤微环境抑制，因此 CAR－T 治疗实体瘤（肝癌、肺癌、前列腺癌、胃癌、直肠癌、肾癌等）效果不够显著。其次，CAR－T 制剂中的细胞一般来源于患者自身，往往数量有限、活力较弱。再者，肿瘤细胞专属性抗原有限或表达较弱，限制了 CAR－T 杀伤肿瘤细胞作用及范围。最后，价格高昂也是细胞疗法的较大障碍，例如，诺华公司 Kymriah®每疗程定价 47.5 万美元，Kite 公司 Yescarta®每疗程定价为 37.3 万美元。此外，为了保证生物活性，细胞制剂在制备、运输、贮存与使用等方面均需要特殊工艺与流程，进一步限制了其广泛应用。这些发展细胞治疗制剂所面临的挑战均有待进一步克服。

目前，相比较而言，CAR－T 细胞治疗技术较为成熟，全球已有多个 CAR－T 细胞治疗产品上市，包括 Kite 公司的 Yescarta®和 Tecartus®、诺华公司的 Kymriah®、BMS 公司的 Liso-cel®和 Abecma®等。2017 年以来，FDA 已经批准了 6 种 CAR－T 细胞治疗制剂（均用于治疗血液癌症）。

14.3.2 免疫细胞治疗制剂特征

免疫细胞治疗产品的特征与传统药品有显著区别，主要包括以下方面。

（1）起始原材料、制备过程复杂多样：例如自体来源、异体来源等；采集、加工工艺复杂；运输和贮存条件要求高；制备规模受限，质量控制难度较大。

（2）临床前动物实验数据用作临床参考局限性大、因素影响多。例如，选择动物模型与人存在个体差异性等。

（3）不良反应发生率、持续时间、细胞在人体内增殖存活、免疫原性的不确定性大。

（4）复制型病毒（复制型病毒（replication competent lentivirus/retrovirus，lentivirus/retrovirus，RCL/RCR）、遗传毒性、致瘤性难以预测、控制等。

（5）免疫细胞在体内长期存活和持续作用需要长期的疗效观察和安全性随访等。

很明显，不同类型免疫细胞治疗产品制备工艺的复杂程度、体内生物学特性存在显著差异，在临床应用中的安全性风险也有明显不同。非同源性异体使用、外源基因片段的导入、体外诱导扩增、全身性作用等因素均可能影响细胞回输后的生物学特性。较复杂的体外操作、培养过程使用多种外源因子或试剂等均可能增加细胞质量控制的难度，进而增加临床应用的安全性风险。例如，CIK 的制备工艺和外源性干预相对简单，耐受性总体良好。相比之下，CAR－T 细胞体外操作的复杂性远高于 DC－CIK，在明显增强 T 细胞体内杀伤作用的同时，细胞因子释放综合征（cytoki ne release syndrome，CRS）、免疫效应细胞相关神经毒性综合征（Immune Effector Cell associated Neurotoxicity Syndrome，ICANS）或噬血细胞综合征（hemophagocytic lymphohistiocytosis HLH）等严重不良反应的发生风险也相应增加。

免疫细胞治疗产品的作用方式与其他类型药品有明显差异，因此，设计临床实验时，需考虑这类产品的特点，并结合既往临床经验和国内外临床研究进展，及时完善实验设计和风险控制方案。

14.3.3 免疫细胞治疗制剂制备

以下仅简单介绍技术比较成熟的 CAR－T 细胞免疫（Chimeric Antigen Receptor T－Cell Immunotherapy，嵌合抗原受体 T 细胞免疫治疗）。CAR－T 细胞治疗操作流程包括：① 从癌症病人身上分离免疫 T 细胞；② 利用基因重组技术，采用逆转录病毒或慢病毒载体将 CAR 基因导入 T 细胞，后者即成为识别癌细胞的 CAR－T 细胞；③ 体外扩增 CAR－T 细胞（至几十亿乃至上百亿个 CAR－T 细胞）；④ 把扩增好的 CAR－T 细胞输回病人体内；⑤ 监控病人，尤其是不良反应，确保治疗安全。

T 细胞来源于骨髓造血干细胞，随血液循环进入胸腺（Thymus）并在其中成熟发育，因而称为 T 淋巴细胞。初始 T 细胞（naïve T 细胞，即未受抗原激活的 T 细胞）由血管内皮细胞间隙进入淋巴循环，并驻留于淋巴结、脾等次级淋巴器官。若次级淋巴器官中 T 细胞被病原体抗原激活，则分化、成熟、增殖形成病原体特异性 T 细胞，并离开淋巴器官，随循环系统进入全身组织器官，发挥免疫防御、清除病原体功能。CAR－T 免疫治疗是通过基因重组技术，将癌细胞抗原特异性抗体的单链可变区（single-chain variable fragment（scFv）of the antigen-specific antibody，as－Ab）基因整合入 T 细胞受体（TCR）（嵌合抗原受体 T 细胞）基因，从而使得 T 细胞能够识别、杀灭癌细胞，即成为 CAR－T 细胞（图 14－1）。在临床上，CAR－T 细胞免疫治疗首先收集患者 T 细胞，体外刺激扩增，通过病毒载体将 scFv 基因整合入 TCR 基因形成（scFv－TCR）基因，T 细胞表达 CAR（Chimeric Antigen Receptor）受体，即形成 CAR－T。随后 CAR－T 输入患者体内发挥病原体（如肿瘤）杀灭作用。

14.3.4　免疫细胞治疗制剂质量控制与临床实验技术指导原则

由于免疫细胞治疗制剂目前还处于发展阶段，已经进入临床治疗的产品为数较少，我国还没有制定出免疫细胞治疗制剂质量控制标准。仅由国家药品监督管理局药品评审中心在 2021 年 2 月拟定了《免疫细胞治疗产品临床实验技术指导原则（试行）》。该指导原则指出，免疫细胞治疗产品进行临床实验时，应遵循《药物临床实验质量管理规范》（GCP）、国际人用药品注册技术协调会（ICH）E6 等一般性原则要求。同时，免疫细胞治疗产品的细胞来源、类型、体外操作等方面异质性较大，治疗原理和体内作用等相较于传统药物更加复杂。为了获得预期治疗效果，免疫细胞治疗产品可能需要通过特定的操作措施、给药方法或联合治疗策略来进行给药。制订、遵循严谨科学的临床实验方案，对保障受试者安全、产生可靠的临床实验数据至关重要。鉴于免疫细胞治疗产品特殊的生物学特性，在临床实验研究中，需要采取不同于其他药物的临床实验整体策略。因此，在该指导原则的框架下，有必要进一步细化免疫细胞治疗产品开展临床实验的技术建议，以便为药品研发注册申请人及开展药物临床实验的研究者提供更具针对性的建议和指南。具体见国家药品监督管理局药品评审中心于 2021 年 2 月拟定的《免疫细胞治疗产品临床实验技术指导原则（试行）》。

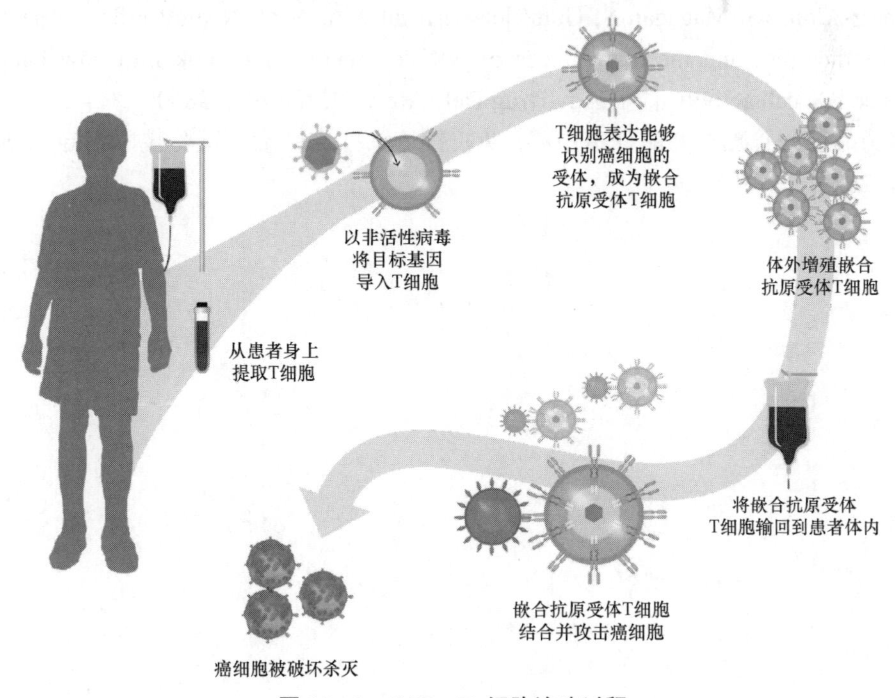

图 14－1　CAR－T 细胞治疗过程

思 考 题

1. 干细胞治疗制剂中干细胞来源有哪些？
2. 免疫细胞治疗 CAR – T 治疗原理是什么？

参考文献

［1］Yamanaka S. Pluripotent Stem Cell-Based Cell Therapy-Promise and Challenges［J］. Cell Stem Cell, 2020, 27(4): 523 – 531.

［2］Zakrzewski W, Dobrzyński M, Szymonowicz M, et al. Stem cells: past, present, and future［J］. Stem Cell Res Ther, 2019, 10(1):68.

［3］Bacakova L, Zarubova J, Travnickova M, et al. Stem cells: their source, potency and use in regenerative therapies with focus on adipose-derived stem cells - a review［J］. Biotechnol Adv, 2018, 36(4):1111 – 1126.

［4］Bhoopalan S V, Yen J S, Levine R M, et al. Editing human hematopoietic stem cells: advances and challenges［J］. Cytotherapy, 2023, 25(3):261 – 269.

［5］Mikhael J, Fowler J, Shah N. Chimeric Antigen Receptor T-Cell Therapies: Barriers and Solutions to Access［J］. CO Oncol Pract, 2022, 18(12):800 – 807.

［6］Mazinani M, Rahbarizadeh F. CAR-T cell potency: from structural elements to vector backbone components［J］. Biomark Res. 2022, 10(1):70.

［7］Mikelez-Alonso I, Magadán S, González-Fernández Á, et al. Natural killer (NK) cell-based immunotherapies and the many faces of NK cell memory: A look into how nanoparticles enhance NK cell activity［J］. Adv Drug Deliv Rev, 2021(176):113860.

［8］国家药品监督管理局药品评审中心. 免疫细胞治疗产品临床试验技术指导原则（试行）［S］，2021.

（王　汀）

时代楷模|“人民英雄”国家荣誉称号获得者

陈薇院士

陈薇，女，1966 年 2 月 26 日出生于浙江兰溪，中共党员，生物安全专家，中国工程院院士，中国人民解放军军事科学院军事医学研究院生物工程研究所所长、研究员，中国科学技术协会副主席，专业技术二级，少将军衔，博士生导师。2020 年被授予“人民英雄”国家荣誉称号。

陈薇长期从事生物防御新型疫苗和生物新药研究，研制出中国军队首个 SARS 预防生物新药“重组人干扰素 ω”、全球首个获批新药证书的埃博拉疫苗。

陈薇研究团队“为党分忧，为民解难，拼搏奉献”。作为一名军人，她闻令而动，敢打敢拼，展现了钢铁战士的血性本色；作为一名党员，她关键时刻冲得上去、危难关头豁得出来，发挥了党员的先锋模范作用；作为一名院士，她领衔研发全球第一个进入二期临床实验的新冠病毒疫苗，彰显了中国的科技实力，用实际行动谱写了绚丽的奋斗篇章。陈薇在生物安全、生物防御、生物反恐等方面业绩显著，出色完成了抗震救灾、奥运安保等应急任务。

新冠肺炎疫情发生后，她闻令即动，紧急奔赴武汉执行科研攻关和防控指导任务，在基础研究、疫苗、防护药物研发方面取得重大成果，为疫情防控作出重大贡献。

用自己的学识、见识与胆识在卫生健康领域建言资政，用自己的专业、拼搏与实干在疫情之下闻令即动，以行动捍卫生命，全力攻坚克难，成功研发“新冠疫苗”，让世界见证了中国实力。她是当之无愧的“人民英雄”。

（张　奇）

第15章 核酸与基因编辑药物传递系统

1. 掌握：核酸分子结构与类型。
2. 熟悉：不同类型核酸药物传递系统各自特点。
3. 了解：ZFN、TALEN、CRISPR/Cas基因编辑技术原理。

15.1 前言

核酸药物是以核酸（包括脱氧核糖核酸（DNA）与核糖核酸（RNA））作为治疗疾病的药物。按照疾病治疗原理，核酸类药物分为两类：① 治疗基因异常类核酸药物，即基因治疗药物（gene therapy drug）；② 表达独特功能蛋白（如病原体抗原）核酸药物。基因治疗在20世纪70年代提出并开展了广泛研究，是从基因异常疾病发生源头进行治疗的方法，临床应用潜力巨大。表达功能蛋白核酸药物是通过将编码具有特异性功能蛋白的核酸传递入细胞，以表达该蛋白发挥治疗作用，例如mRNA疫苗即为表达病原体抗原。

随着人类基因组学、分子生物学、免疫学等学科研究不断深入及快速发展，研究者发现了许多与人类疾病发生密切相关的基因及其调控机制，为研发核酸药物打下了基础。近年来，核酸药物范围不断扩大，已经发展出多种类型，包括cDNA（complementary DNA，与mRNA呈互补碱基序列的DNA）、shRNA（short hairpin RNA，短发夹RNA）、反义寡核苷酸（antisense oligonucleotide，ASO）、小干扰RNA（small interfering RNA，siRNA）、微小RNA（microRNA），以及基于锌指核酸酶（ZFN）、TALEN、CRISPR/Cas的基因编辑技术药物，等等。这些均为通过磷酸二酯键连接起来的核苷酸聚合物，以基因或基因表达通路为作用靶点，通过调控这些通路及基因表达，发挥治疗作用。cDNA、ASO、siRNA和microRNA分子结构相似，化学组成均为聚核苷酸结构（图15－1）。其中，DNA分子为脱氧核苷酸聚合物，RNA分子为核苷酸聚合物。此外，还有硫代聚核苷酸，其比天然RNA分子更稳定。cDNA可包含有数千个碱基对，相对分子质量达到百万道尔顿（Da），而ASO和siRNA等的相对分子质量一般为2 000～10 000 Da，基本都属于生物大分子药物。基因类药物相对分子质量大，普遍带有负电荷，水溶性好，脂溶性低，与小分子药物在体内吸收、分布、代谢的机制也完全不同。由于基因药物的作用，靶点都是在细胞内甚至细胞核内，需要借助有效递送载体跨越细胞膜和核膜障碍，使得药物到达作用位点。此外，核酸类药物在体内都非常容易被核酸酶降解，稳定性较差，开发难度较大。然而，经过数十年研究与开发，目前已经有数个核酸药物获得批准用于临床治疗。

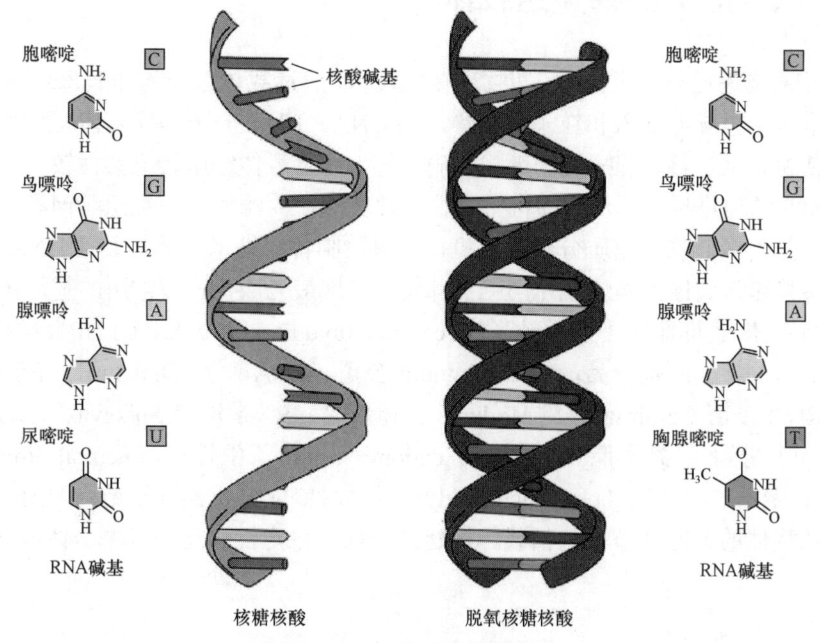

图 15-1　核糖核酸化学结构

ASO 是一类通过序列特异地与靶基因 DNA 或 mRNA 结合而抑制该基因表达基因药物，例如，2016 年 Biogen 公司研发的治疗儿童脊柱肌萎缩症（spine muscular atrophy，SMA）基因缺陷疾病 Spinraza®（also known as Nusinersen®）。Spinraza®用于治疗最常见类型 5q 脊髓性肌萎缩症（5q-SMA）患者。该类型 5q-SMA 是由 5 号染色体长臂（long arm（queue）of chromosome 5）上的 SMN1（survival motor neuron gene 1，运动神经元生存蛋白 1）基因突变或缺失引起的。Spinraza®是一种反义寡核苷酸（ASO）药物，通过鞘内注射（intrathecal injection）将药物直接递送至脊髓周围的脑脊液（CSF）中，从而发挥抑制 SMN2 前信使 RNA（pre-mRNA）断裂作用，以增加 SMN2 表达 SMN 蛋白，治疗 SMN 蛋白水平不足导致的脊柱运动神经元功能退化引起的 SMA。临床实验及治疗结果表明，通过 Spinraza®治疗能够显著提高 SMA 患者的运动机能，甚至恢复正常生活。

mRNA 是将信使 RNA 直接传递入细胞表达相应蛋白进行治疗或预防疾病，例如，已经在全球广泛使用 mRNA 新冠疫苗 Comirnaty®。cDNA 是将外源性 DNA 导入机体细胞内并表达蛋白，以治疗相应基因缺陷性疾病，例如，治疗脂蛋白脂酶缺乏症 Glybera®（通过腺病毒导入肌细胞表达缺乏酶）。将外源性 cDNA 导入细胞内并表达蛋白，也被称为细胞转染（cell transfection）。siRNA 是通过干扰阻断异常 RNA 错误表达实现治疗，例如治疗周围多发性神经疾病（polyneuropathy）Onpattro®（干扰转甲状腺素蛋白呈淀粉样变性的错误表达）。目前已有越来越多基于核酸的治疗产品进入市场，使得一些以往不治之症得到较好治疗，既产生了良好的社会效益，高昂价格也带来巨大的经济收益。

15.2 核苷酸类药物递送载体

目前核酸药物递送有三类技术，即物理转染技术、病毒载体系统和非病毒载体系统。其中，物理转染技术包括电脉冲导入和粒子轰击等，将 DNA、RNA 分子等导入体表组织细胞。病毒载体系统包括逆转录病毒、腺病毒和腺相关病毒等，病毒载体细胞转染活性较高。但有一定的安全隐患，如激活免疫反应、基因随机整合致癌性和潜在内源性病毒重组等问题。非病毒载体系统即采用高分子聚合物、脂质分子、无机粒子等，制备成纳米载体，装载 DNA、RNA 等活性分子，并将其递送到体内病灶或作用靶点部位。发展最为成熟、最常用的基因药物非病毒载体是荷正电脂质体，也即阳离子脂质纳米粒（cationic lipid nanoparticles，CLNP），结构如图 15－2 所示。已经上市的核酸制剂产品，例如 Alnylum 公司 siRNA 制剂 Onpattro®、Pfizer-BioNTech 公司新冠 mRNA 疫苗 Comirnaty®及 Moderna 公司新冠 mRNA 疫苗 Spikevax®，均采用四元组分构建，即可离子化阳离子脂（ionizable cationic lipid）、中性脂（neutral lipid）、胆固醇（cholesterol）、聚乙二醇化脂（pegylated lipid），具体材料成分及其分子结构如图 15－3 所示。制备基因药物载体的关键环节，包括载体构建、表征、稳定性、运载效率、体内递送效率等。

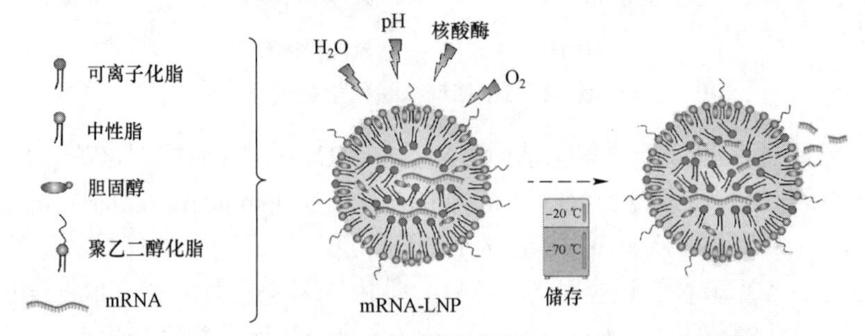

图 15－2　运载核酸阳离子脂质纳米粒（CLNP）结构示意图

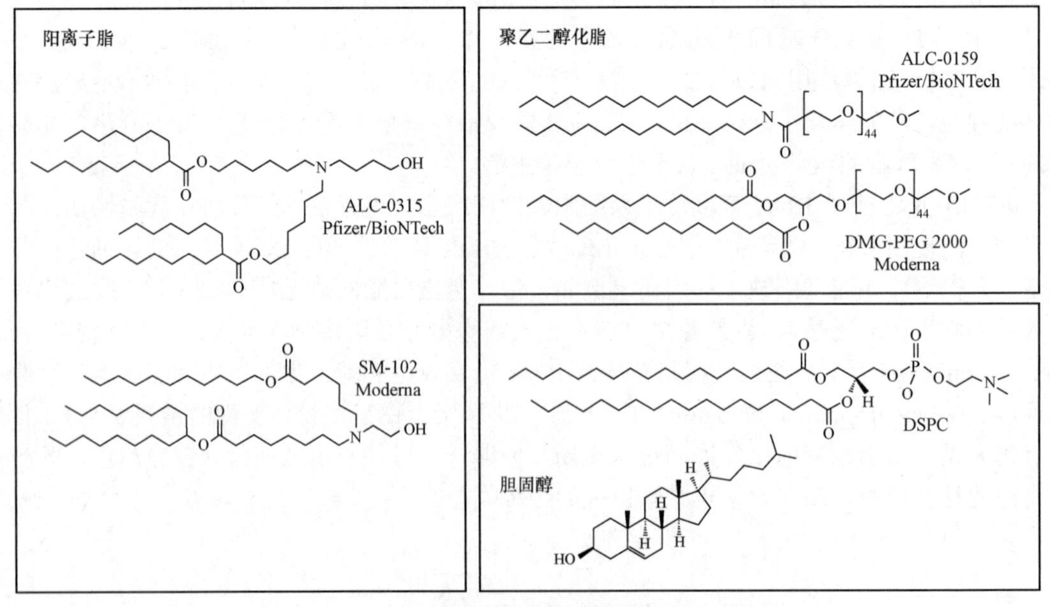

图 15－3　mRNA 新冠疫苗制剂载体材料分子结构

（一）非病毒载体构建和表征

由于 DNA、RNA 分子等带有大量的负电荷，所以能够与带正电的载体材料相互结合，形成荷电材料复合物（complex）。其中，阳离子脂质体与 DNA 形成的复合物称为脂质复合物（lipoplex）；阳离子聚合物与 DNA 形成的复合物称为聚阳离子复合物（polyplex）。

通过电荷相互作用形成复合物的过程，与载体电荷电离状态、密度、载体空间结构及 DNA 与阳离子聚合物之间的电荷比例密切相关。其他影响因素包括材料浓度、混合速度、溶液的离子强度等。对材料复合过程的控制以及对复合物的表征，是成功发展非病毒载体制备基因药物的关键。

目前研究中使用的大部分阳离子聚合物相对分子质量分布广，制备成复合物的物理化学性质差异较大。载体表征参数必须严格控制，包括粒径分布、粒径平均尺寸、表面电位，以及微观形貌、结构等。而对于每个载体的分子组成、尺寸大小、形态结构、物理化学性质等，很难尽心逐一确定。所以，发展新的分离分析技术、制定明确质量标准，才能确保基因药物载体安全、有效、可控，才能制备出有效的基因药物制剂。

（二）非病毒载体的体内递送过程

基因药物一般采用注射给药，通过载体传递入靶细胞。这要求载体在体内递送过程中要具备足够稳定性。为了保证较好的 DNA 装载效率，基因药物载体往往带有过量的正电荷，而血浆中蛋白、补体带有负电荷，后两者容易结合于载体表面，从而易于激活补体系统而被免疫细胞清除，同时，也容易在肝和脾脏组织积累，并被其中细胞摄取。解决这一问题常规策略是以 PEG（聚乙二醇）分子修饰载体表面，即 PEG 化（PEGylation），减少载体与血浆蛋白或补体结合。然而，PEG 化一方面减少靶细胞摄取运载基因的载体；另一方面，PEG 也会产生抗体，加速免疫清除。

为了将基因药物导入特定的靶细胞中，可以在载体表面连接靶向分子，例如表皮生长因子受体配体、特定化抗原抗体、小分子受体（如叶酸、甘露糖、半乳糖受体）等。在细胞实验中，这些靶向分子可以通过特异性结合、受体介导内吞作用等提高细胞转染率。体内环境复杂，靶向作用不仅取决于靶向分子与靶细胞间的结合作用，载体粒子大小、表面电荷、稳定性等也会影响载体在体内的循环和分布，往往降低载体最终到达靶部位效率，降低基因治疗效果。而细胞外基质中的阴离子氨基葡萄糖酐（anionic glycosaminoglycans），即黏多糖，成分也会与表面带有正电的载体相互作用，可能使载体结构遭到破坏，降低传递效率。

（三）细胞转染和基因药物释放

通常基因载体进入细胞后，经由内涵体（Endosome）释放至细胞质，基因药物发挥作用，或进一步进入细胞核再发挥作用。阳离子脂质载体作用机制认为，是阳离子脂质分子与内吞体膜阴离子脂质分子相互作用，改变内涵体膜结构，导致 DNA、RNA 分子释放进入细胞质。阳离子聚合物载体作用机制被认为是聚阳离子的“质子海绵”作用，即碱性基团与质子结合，中和缓冲了内涵体酸性度，导致质子不断进入内涵体，持续增高渗透压，最终导致内涵体破裂，使运载药物进入细胞质。

15.3　基因编辑治疗疾病

基因治疗是通过对患者异常基因进行纠正，实现对相关疾病的治疗。目前基因编辑技术被认为是实现基因治疗的最重要手段之一。基因编辑技术治疗疾病首先需要对患者进行DNA测序，以提供导致疾病突变的详细信息，确定特定基因变化（基因型）与疾病发生之间的相关性。随后对DNA序列进行编辑，以恢复基因正常功能，实现疾病治疗。目前，三种基因编辑技术发展较成熟：ZFN技术（zinc-finger nuclease，锌指核酸酶技术）、TALEN技术（transcription activator-like effector nuclease，转录激活因子核酸酶技术），以及CRISPR/Cas技术（Clustered Regularly Interspersed Short Palindromic Repeats/Cas，成簇规律间隔短回文重复序列及其相关基因技术）。目前，基因编辑技术主要通过限制性内切酶对DNA双链进行切割，再通过联接酶（ligase）将切割末端进行连接，从而完成基因改造。而这些内切酶、联接酶都首先发现于细菌内，经改造成为基因工程的重要工作工具。

基因治疗通过基因编辑技术对患者体细胞基因组修饰实现治疗，并不涉及改变生殖系细胞，不会影响后代基因组，因此不会影响或改变人类基因库。

15.3.1 ZFN基因编辑技术用于疾病治疗

ZFN（zinc-finger nuclease，锌指核酸酶）技术是近年来发展的基因编辑工具，通过采用生物工程构建的锌指核酸酶发挥基因编辑功能。锌指核酸酶由特异性识别并结合DNA序列的锌指结合域与非限制性内切酶DNA切割域两部分组成（图15－2）。

1. 锌指蛋白

锌指蛋白能够与核酸（主要为DNA）特异性结合，是ZFN能够用于基因编辑的基础。锌指（ZF）蛋白是人体内种类最丰富的蛋白之一。1985年，Miller、McLachlan、Klug三位科学家用ZF描述非洲爪蛙（*Xenopus laevis*）卵母细胞中的转录因子TF－IIIA。该蛋白含有9个由30个氨基酸组成的类似序列单位（基序，motif），每个序列单位含有2个半胱氨酸（C，cysteine）和2个组氨酸（H，histidine）残基（residue），能够与锌离子配位结合（C2H2），形成稳定的$\beta\beta\alpha$构象。由于与锌离子配位的基序呈手指状拓扑结构，故称为锌指（zinc finger）（图5－4）。每个锌指基序通过与锌离子配位获得稳定的α螺旋结构，使C与H中氨基酸序

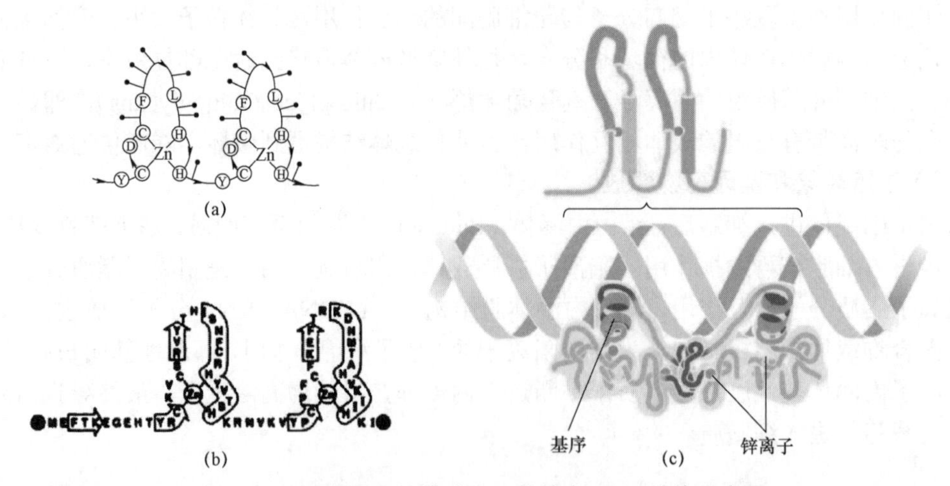

图15－4 锌指蛋白结构域及及其结合DNA结构示意图

（a）锌指蛋白线性重复域折叠图示，每个重复域含有一个以锌为中心的配位四面体排列；
（b）Tramtrack蛋白锌指基序（zinc finger motif）；（c）锌指蛋白结合DNA

列上外露的侧链能够伸入 DNA 凹槽中，并与 3 个 DNA 碱基产生特异性结合。目前，除了经典 ZF 蛋白外，还有许多非经典类型 ZF 蛋白（已经发现有 30 种），二者主要区别表现在半胱氨酸/组氨酸（C/H，cysteine/histidine）组合方面。因此，锌指蛋白内涵扩展为分子中含有锌离子配位，产生稳定结构，以实现某种生物功能的蛋白，而不仅限于含有手指状基序的蛋白。ZF 蛋白结合目标也扩展到 RNA 碱基（如 PAR，即 poly－ADP－ribose）以及其他蛋白，并发挥多样分子功能。目前含有 ZF 蛋白被证实是人类基因组编码表达最丰富的蛋白。

2. FokI 限制内切酶

FokI 是天然存在于黄杆菌属细菌（*Flavobacterium okeanokoites*）中的 IIS 型限制内切酶，由 Sugisaki 与 Kanazawa 于 1981 年发现。天然 FokI 以二聚体形式存在，能够识别 DNA 碱基序列，并对双链进行精确切割。这是因为 FokI 具有 N 端 DNA 结合域（结构为螺旋－转角－螺旋（helix-turn-helix），不同于锌指基序 $\beta\beta\alpha$ 构象）和 C 端 DNA 切割域。FokI 识别域能够识别非回文脱氧核糖核苷酸 5'－GGATG－3'及 5'－CATCC－3'互补序列（图 15－5（a）），其切割域能对沿 3'端距离识别序列 9 nt（nt，nucleotide，核苷酸）及沿 5'端距离识别序列 13 nt 的两个位点进行单切割（两个切割点之间的距离称为间距，spacer）（图 15－5（b））。最终 DNA 被切割成两条链，每条链上具有 4 个未配对核苷酸悬垂（overhang）黏性末端（sticky end，易于与其他核苷酸以碱基互补进行连接的末端），如图 15－5（c）所示。

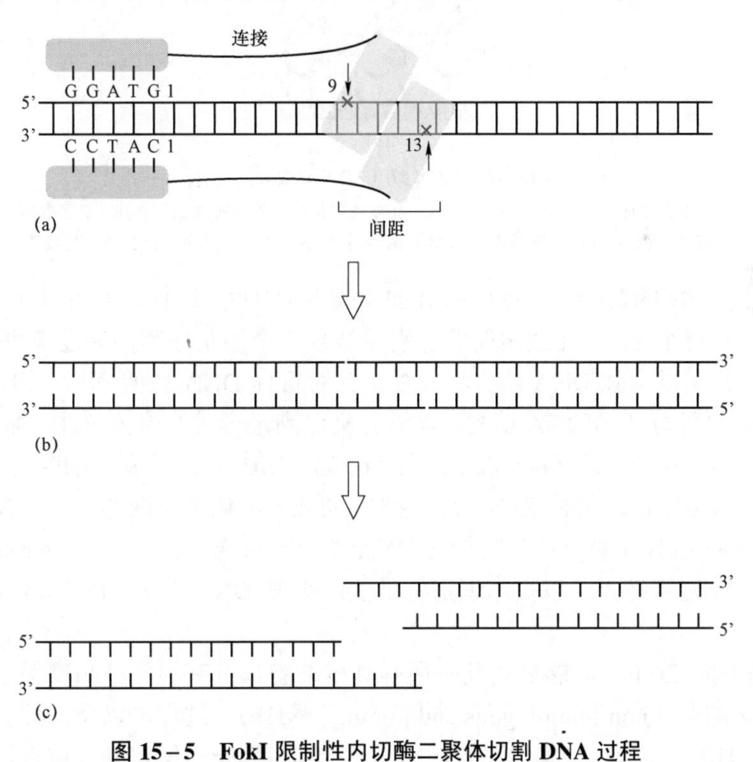

图 15－5　FokI 限制性内切酶二聚体切割 DNA 过程

3. 锌指核酸酶（zinc-finger nuclease，ZFN）基因编辑技术

ZFN 是由 ZF 的 DNA 识别结合域（位于 N 端）与 FokI 的 DNA 切割域（位于 C 端）两部分融合形成的蛋白（图 15－6）。

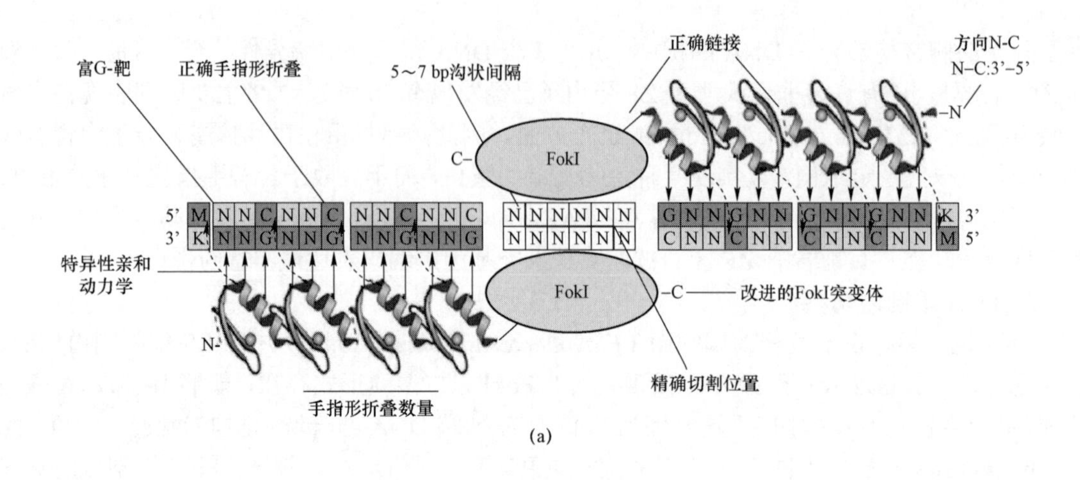

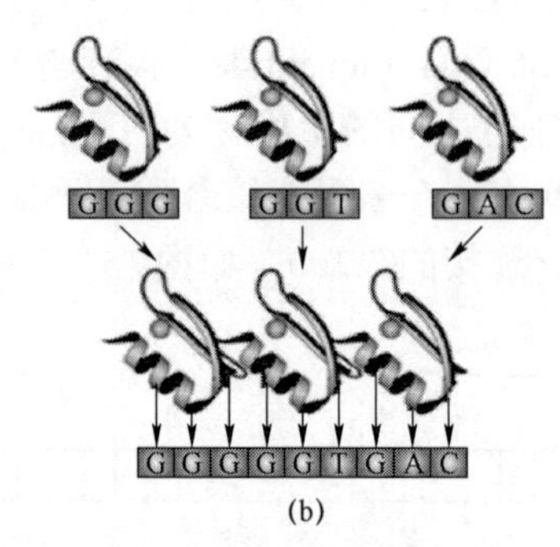

图 15－6　ZFN 切割 DNA 双链示意图

（a）两条由 4 手指基序－FokI 分别结合于 DNA 互补链切割点两侧（圆球表示锌离子，手指样空间结构表示串联锌指基序，椭圆表示 FokI 核酸酶）；（b）每个 ZF 基序结合 3 个核酸碱基

常用于构建 ZFN 的 ZF 结构为 Cys2His2（或者 C2H2）锌指，大约包含 30 个氨基酸和 1 个配位锌原子。每个 ZF 单元通常能够识别并结合 3 个碱基序列，通过模块化组合增加 ZF 数量（3～6 个），可以增强 DNA 结合特异性。针对目标 DNA 核酸序列，构建新型 ZF 基序并串联为识别域，再与 FokI DNA 切割域结合，确保满足形成二聚体条件，即可实现对 DNA 靶点切割形成 DNA 双链断裂（double-strand break，DSB），然后利用细胞自身 DNA 修复过程完成期望的 DNA 修饰。构建 ZFN 时，通常依据 DNA 切割点两侧碱基序列，构建两种具有不同锌指基序的 ZFN 单体，并使它们与 DNA 结合时形成异二聚体（heterodimer）。锌指蛋白分别反向结合于互补链上，以提高识别特异性，实现 DNA 位点切割形成 DNA 双链断裂 DSB。

ZFN 切割形成 DSB，能够启动几乎所有真核细胞都具有的两种高度保守的自然修复过程：非同源末端结合（non-homologous end joining，NHEJ）过程，以及同源重组（homology recombination，HR）过程。二者相比较，NHEJ 难以实现靶向编辑基因位点，但用于基因敲除则效率较高；HR 发展为同源导向修复（homology-directed repair，HDR），可以实现靶向编辑基因位点，但效率较低。

NHEJ 是细胞内一种 DNA 双链损伤的修复机制，当细胞核内不存在与损伤 DNA 同源 DNA 片段时，往往发生 NHEJ 修复。NHEJ 修复过程快速、高效，可以有效连接两个断裂末端，删除或插入核酸小片段，缺陷是精确度不高。利用 NHEJ 修复过程，可以形成三种基因编辑结果：① 基因破裂（gene disruption），若外加供体 DNA（donor DNA），NHEJ 修复蛋白往往直接将双股裂断的末端彼此拉近，再由 DNA 联接酶（ligase）将断裂的两股重新接合，这经常导致小片段核苷酸的插入或删除；② 标签连接（tag ligation），若提供末端与 DSB 末端互补的双链寡核苷酸，则二者容易连接产生标签等位基因（tagged allele）；③ 大段缺失（large deletion），若一条染色体上同时形成两个 DSB，二者之间较长的基因片段（大于 100 个碱基）会被删除。NHEJ 方法常被用来建立生物体模型，研究所谓反向遗传学（即不经过选择而改变特定核酸序列，观察表型改变确定特定核酸序列或基因功能）。

同源重组（HR）目前已经发展为同源导向修复（homology-directed repair，HDR）。HDR 是细胞内另一种 DNA 双链损伤的修复机制。当细胞核内存在与损伤 DNA 同源 DNA 片段时，通常发生以同源 DNA 片段为模板的 HDR 修复。在 ZFN 切割与同源供体 DNA 组合的情况下，HDR 过程将优先发生。利用 NHEJ 修复过程，可以形成三种基因编辑结果：① 基因修正（gene correction），若供体专为特定的碱基对变化（例如，一段编码新等位基因的限制性多性状片段），HDR 过程可以用作基因修正，编辑细微的内源等位基因；② 靶基因添加（targeted gene addition），若供体带有与 DSB 相对应的开放阅读框（open reading frame，ORF）或者转移基因，则这个序列会通过合成依赖型链复性（Synthesis-dependent strand annealing，SDSA）转入染色体；③ 基因叠加（transgene stacking），当供体在同源两臂之间具有多重相连的转基因片段时，则这些序列会通过合成依赖型链复性转入染色体，产生所谓的基因叠加。

4. ZFN 基因编辑技术实际应用

早在 2002 年，研究人员采用 ZFN 技术靶向编辑基因位点，获得了转基因果蝇。目前 ZFN 基因编辑技术已经成功用于建立改变基因的生物体模型，包括果蝇、斑马鱼、大鼠、拟介南等个体，以及哺乳动物体细胞等。而基于 ZFN 基因编辑技术的疾病治疗，也已经开展了临床实验。ZFN 技术的不足之处是获得精确靶向结合基因位点的锌指蛋白较为困难。

15.3.2　TALEN 基因编辑技术用于疾病治疗

转录激活因子样效应物核酸酶（transcription activator-like effector nucleases，TALEN）基因编辑技术是 2010 年发展起来的基因编辑技术。与 ZFN 组成类似，TALEN 由 DNA 结合域 TALE 与 DNA 切割域 FokI 两部分组成。尤其是，TALEN 的 DNA 切割域也是由 FokI 限制性内切酶构建的。FokI 已经成为目前构建基因编辑工具最普遍应用的 DNA 切割酶。TALEN 的 DNA 结合域 TALE 来源于黄单胞杆菌属（*Xanthomonas*）细菌的转录激活因子样效应蛋白分子（transcription activator-like effector，TALE）。TALEN 由 TALE 与 FokI 融合构成，将 TALEN 递送入细胞内即可以特异性切割 DNA，再利用细胞内天然联接酶（ligase）将 DSB 末端连接，即可实现基因编辑。

1. 转录激活因子样效应蛋白分子（TALE）

TALE 蛋白起源于黄单胞菌属（*Xanthomonas*）细菌。早期研究发现，黄单胞菌属细菌将 TALE 分泌到植物宿主的细胞中，损害其功能，引发疾病，并阻碍植物防御反应（图 15－7）。2009 年，研究人员通过实验揭示出 TALE 含有独特的 DNA 结合基序，能够帮助细菌感染宿主。TALE 包含三个结构域：N 端结构域（NTD）、中心重复区（CRR）和 C 末端结构域（CTD）。

实际上，TALE 能够与 DNA 进行多点结合：NTD 结合 DNA 作用较弱，特异性较低，在 DNA 识别中发挥次要作用；CRR 与 DNA 结合作用较强，具有高度特异性，是 TALE 识别 DNA 的关键。上述 DNA 结合特点使得 TALE 可以通过独特的旋转分离机制搜索目标 DNA，并与目标 DNA 进行牢固结合。此外，CRR 与 DNA 结合具有可修饰性，为构建 TALEN 基因编辑工具提供了重要依据。CRR 由 33～35 个氨基酸残基高度保守重复序列组成，而位于 12 和 13 位点的氨基酸具有变化多样性，是 CRR 与 DNA 结合具有可修饰性的物质基础。因此，12 和 13 位点残基称为重复可变双残基（repeat variable di-residue，RVD）。每个典型重复序列形成一个发夹结构，使得 RVD 能够定位在正义链（从 5’到 3’）核苷酸附近，并与对应的 DNA 链一个碱基进行特异性结合。由此，每个典型重复单元能够识别 DNA 序列中的一个碱基，所有 RVD 就决定了 TALE 蛋白的靶标 DNA 核苷酸序列，使得 TALE 与 DNA 实现特异性结合。此外，TALE 典型重复序列形成右手超螺旋结构，牢固地结合到 DNA 的一段主要凹槽中，增强 TALE 与 DNA 结合的稳定性。尤其是，研究人员通过实验已经揭示了 TALE 中两个 RVD 氨基酸残基组合所对应的核苷酸碱基（图 15－8），这为以 TALE 构建基因编辑工具进一步运用打下了基础。

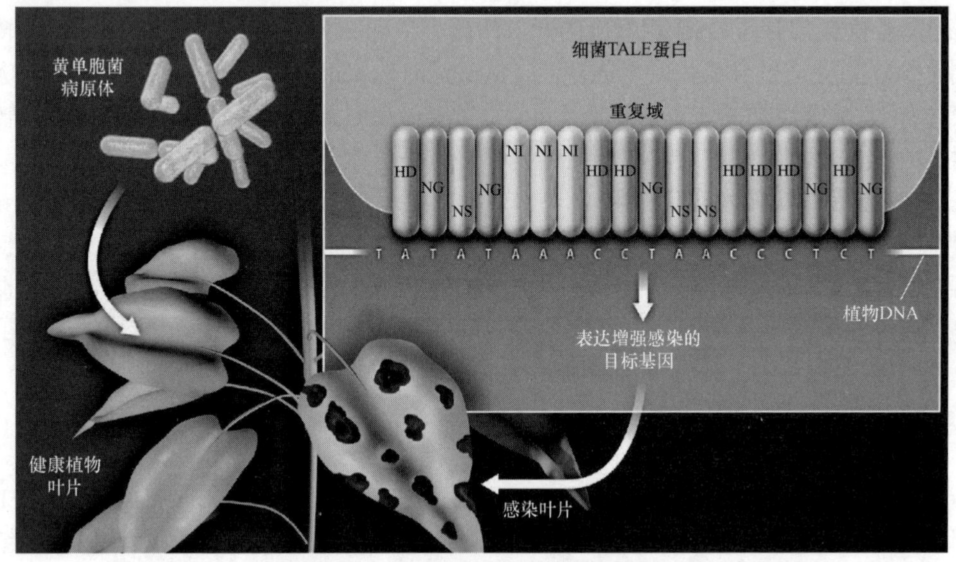

图 15－7　入侵植物叶片的黄单胞杆菌属细菌致病 TALE 结构解码

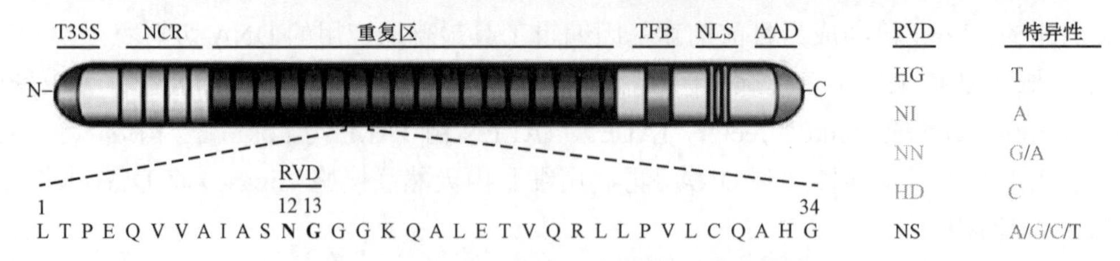

图 15－8　TALE 蛋白一级结构及其功能域

（TALE 的 N 端重构包含Ⅲ型分泌信号（T3SS）和四个非规范重复序列（NCR），C 端部分为转录因子结合位点（TFB）、两个核定位信号（NLS）以及一个酸活化域（AAD）。每个 TALE 还包含一个重复串联区域，每个重复结构高度保守包含 33～35 个氨基酸数量不等的氨基酸（aa）序列）

为了提升应用，TALE 的 N 端和 C 端已被适当削减，仅保留对目标 DNA 结合所必需的

N 端和 C 端的结构域部分；而 CRR 重复数也被进一步优化，以更加符合实际应用。例如，TALE 效应结构域（如 VP16），或 VPR 激活结构域，或 KRAB 沉默结构域等，可以在设计遗传回路方面发挥重要作用；TALE 蛋白能够以极化方式有效地取代 DNA3′ 端结合蛋白质，可用于设计竞争性抑制剂，也可用于设计遗传逻辑单元。然而，TALE 最独特的应用就是通过修饰与 FokI 融合，成为比 ZFN 更加精确、高效的基因编辑工具。

2. TALEN 基因编辑技术

2010 年，基于 TALE 的 DNA 结合特性，研究人员发展了 TALEN 基因编辑技术，其构建原理与 ZFN 的类似。将 TALE 作为 DNA 识别结合域，与 DNA 切割域 FokI 融合，即构建成为 TALEN（图 15－9）。TALEN 通过 DNA 识别域 TALE 结合到靶位点上，使得 FokI 形成二聚体，即可以对目标基因 DNA 实现特异性切割；再在联接酶作用下，通过 NHEJ 或 HR 途径实现特定的基因敲除、敲入、翻转，以及定点突变等基因编辑。TALE 识别 DNA 的成分是由 34 个氨基酸高度保守的重复序列模块中第 12 和 13 位重复可变双残基。RVD 决定了重复模块识别 DNA 靶点一个碱基，即具有高度特异性及设计灵活性。目前构建的 TALEN，其 DNA 识别域一般可以识别 15～20 个碱基对，特异性显著高于 ZFN。与 ZFN 相比，TALEN 也更易于制备，应用范围更广，也能更精确、高效地靶向任意目标基因位点（genomic locus）。

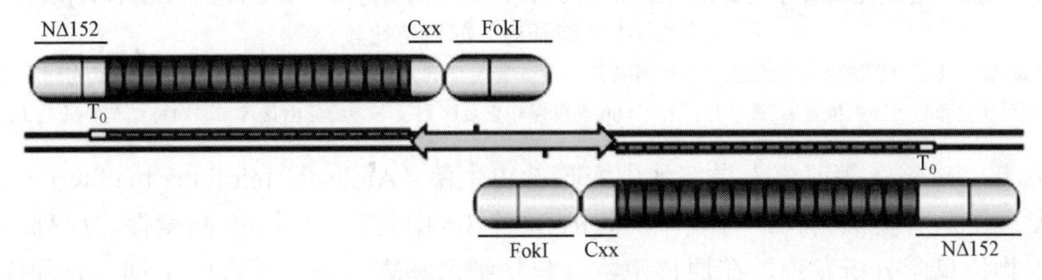

图 15－9　TALEN 结构

（TALE 的 N 端和 C 端部分氨基酸被删除后与 FokI 融合为 TALEN；NΔ152 表示 N 端起初 152 个氨基酸被删除；Cxx 表示 C 端若干个氨基酸被删除，仅保留 18 或 63 个氨基酸与 FokI 融合；T_0 表示起始 TALEN 识别核苷酸碱基胸腺嘧啶（thymine））

必须指出，尽管构建 TALEN 进行基因编辑比 ZFN 更具优势，技术上有了很大提升，但脱靶效应仍然是基因编辑面临的巨大挑战。

3. TALEN 基因编辑技术实际应用

2012 年，研究人员通过合理的实验设计已经构建出 TALEN，可以有效用于哺乳类细胞基因组编辑，是基因编辑技术发展的一次里程碑的突破。目前 TALEN 基因编辑功能已成功用于植物、细胞、酵母、斑马鱼及大、小鼠等各类模式动物的基因研究。TALEN 技术应用范围也涉及许多领域，包括农作物营养改良、生物燃料产量增加、模式生物研究、哺乳类胚胎干细胞修饰，以及人类疾病治疗等。尤其是，基于 TALEN 基因编辑技术制备的 CAR－T 细胞制剂，甚至彻底治愈了顽固性复发 B 细胞型急性淋巴母细胞白血病（B cell acute lymphoblastic leukemia，B－ALL），展示了 TALEN 基因编辑技术在疾病治疗方面良好的应用前景。

15.3.3　CRISPR/Cas 基因编辑技术用于疾病治疗

CRISPR/Cas 是天然存在于原核生物内的一种适应性免疫防御系统。CRISPR/Cas 经过适当加工，即成为一种简单、高效普适且廉价的基因编辑工具，也被认为是最具潜力的疾病治疗新手段。CRISPR/Cas 技术也使得基因治疗在最近 10 年得到迅速发展，一些基于 CRISPR/Cas 技术的疾病治疗已经进入了临床阶段。对 CRISPR/Cas 技术发展作出杰出贡献的两位科学家——德国马普研究所 Emmanuelle Charpentier 与美国加州大学 Jennifer A. Doudna，由此获得了 2020 年诺贝尔化学奖。

1. CRISPR/Cas 系统

1987 年，日本科学家 Ishino 等在解析大肠杆菌（*Escherichia coli*）碱性磷酸酯酶转化同工酶基因（*iap*）时发现，该基因中具有如下不寻常的重复结构：3'端侧翼区（3'end flanking region）包含 5 段由 61 个碱基对（base pairs，bp）组成的同源序列。每个序列包含 29 个高度保守碱基对，排列为顺向重复；而 29 个 bp 序列中又含有具有二联对称结构特征的 14 个 bp；它们由 29 个 bp 顺向重复连接 32 个核苷酸间隔（图 15－10）。

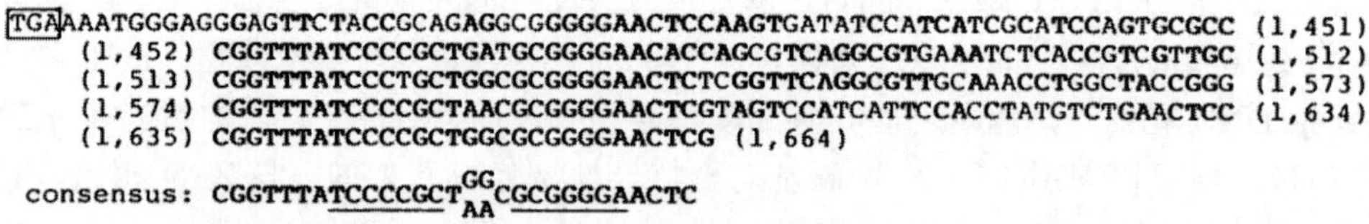

```
TGAAAATGGGAGGGAGTTCTACCGCAGAGGCGGGGAACTCCAAGTGATATCCATCATCGCATCCAGTGCGCC (1,451)
    (1,452) CGGTTTATCCCCGCTGATGCGGGGAACACCAGCGTCAGGCGTGAAATCTCACCGTCGTTGC (1,512)
    (1,513) CGGTTTATCCCTGCTGGCGCGGGGAACTCTCGGTTCAGGCGTTGCAAACCTGGCTACCGGG (1,573)
    (1,574) CGGTTTATCCCCGCTAACGCGGGGAACTCGTAGTCCATCATTCCACCTATGTCTGAACTCC (1,634)
    (1,635) CGGTTTATCCCCGCTGGCGCGGGGAACTCG (1,664)

                    GG
  consensus: CGGTTTATCCCCGCT  CGCGGGGAACTC
                    AA
```

图 15－10　大肠杆菌碱性磷酸酯酶转化同工酶基因（*iap*）3'端侧翼区顺向重复序列（direct repeat sequence）（包含 61 个碱基对）的对位比较

（可见 29 个碱基对（bp）组成的高度保守重复序列间隔着 32 个非重复序列。方框内标示的是第二个翻译终止密码子；括号内表示核苷酸数目（也即对应序列位置）。最下行：29 个 bp 高度保守重复序列（下划线标出具有二联对称结构特征的 14 个 bp））

1993 年，Mojica 等研究人员在地中海嗜盐古生菌（Archaea Haloferax mediterranei）基因组中也发现了这种类似结构：有规律间隔的 30 个 bp 中具有 14 个 bp 高度保守序列。后来他们采用生物信息学分析发现，在原核生物（包括细菌和古细菌）基因组中都具有同样独特结构——成簇聚集的短回文结构，并由恒定长度核苷酸序列所间隔，提示这种特征具有原始起源性及高度生物相关性。2002 年，Jansen 等研究人员将这种结构描述为成簇规律间隔短回文重复，即 CRISPR（clustered regularly interspaced short palindromic repeats），并发现了一组只有在 CRISPR 存在的原核生物中才具有的始终与 CRISPR 相邻的基因，即 CRISPR 相关基因——Cas（CRISPR-associated genes）。Cas 蛋白具有解旋酶（helicase）及核酸酶（nuclease）基序（motif），说明 Cas 在 DNA 代谢、裂解或基因表达过程中发挥一定作用。研究发现，Cas 存在许多 Cas 蛋白超家族，而与 CRISPR 紧密关联的则是 Cas 的界定特征。

2005 年，Mojica 等又发现 CRISPR 独特序列源于传染性遗传物质（transmissible genetic elements），例如噬菌体（bacteriophages）、质粒（plasmids）等。若质粒或病毒的核酸序列与某原核生物携带的 CRISPR 重复序列的特异性间隔相匹配，它们通常不会出现在该原核生物（Prokaryote）中。这提示：原核生物携带的 CRISPR 特异性间隔来源于侵入 DNA（称为原间隔，protospacer），能够为它们提供保护，发挥抵抗感染的功能；而特异性间隔序列则是原核生物对过去遗传物质侵入的记忆。进一步研究证实，CRISPR 能够转录为长段 RNA（pre－crRNA）分子，随后，pre－crRNA 重复序列中与特异性间隔（protospacer）对应序列被裂解为小段 crRNA（CRISPR－RNA）。crRNA 源于外来核酸（DNA）序列（如病毒），而其与 Cas 蛋白结合即形成效应复合物，利用逆转录配对原则即可靶向裂解再次侵入的外来 DNA。

2007 年，Barrangou 等研究人员通过系列线虫模型实验研究了嗜热链球菌（*Streptococcus thermophilus*）Ⅱ型 CRISPR/Cas 系统，揭示出 CRISPR/Cas 系统为原核生物抵抗 DNA 侵入的适应性免疫防御系统。其中，Cas 基因发挥重要作用，而系统特异性则由原型间隔序列决定。2008 年，Brouns 等研究人员通过 *E. coli* 的Ⅰ型 CRISPR/Cas 系统证实，Cascade 将源于质粒的 pre－crRNA 长分子处理为 crRNA 短分子后，随后 Cascade 将 crRNA 贮存为导向分子，在 Cas3 解旋酶协助下，实现对质粒增殖的干扰。

经过多年持续研究，2011 年，科研人员终于揭示 CRISPR/Cas 系统是原核生物广泛用于应对侵入 DNA 的适应性免疫防御系统。Cas 蛋白在 3 个层面上发挥决定性作用：① 将侵入 DNA 间隔序列整合到 CRISPR 基因座（基因位点）；② 生物生成 crRNA；③ 沉默侵入核酸（图 15－11）。

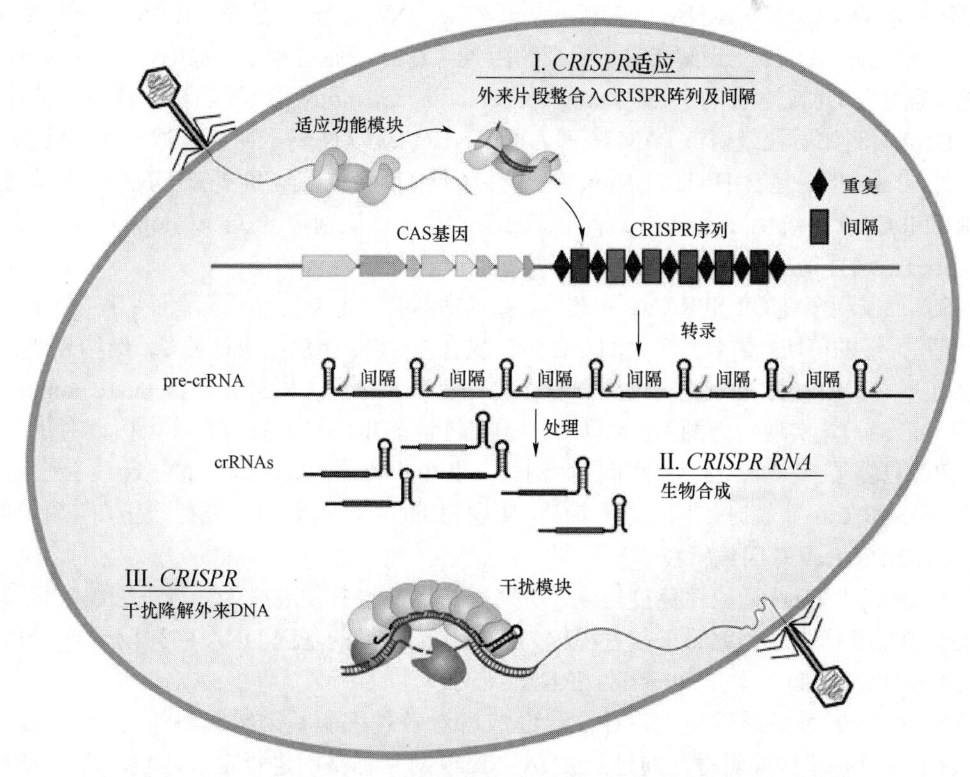

图 15－11　CRISPR/Cas 系统的适应性免疫功能及干扰外来 DNA 过程

（CRISPR/Cas 系统对噬菌体实现适应性免疫过程包括三个阶段。（Ⅰ）CRISPR 适应：在 CRISPR 适应期间，噬菌体 DNA 注入细菌细胞激活 Cas1–Cas2 适应模块蛋白，该模块蛋白将噬菌体 DNA 切割为适合间隔尺寸的片段，接着通过通道掺入 CRISPR 阵列中。（Ⅱ）CRISPR RNA（crRNA）生物生成：CRISPR 进行转录形成长链 pre－crRNA，以重复序列为单元，pre－crRNA 被处理生成 crRNA，随后单个 crRNA 与 Cas 蛋白效应器结合。（Ⅲ）CRISPR 干扰：当侵入噬菌体 DNA 序列与 CRISPR 重复间隔（protospacer）序列匹配时，即被效应器 crRNA 通过互补结合形成 R－环复合物，最后被 Cas 执行核酸酶裂解破坏。）

CRISPR/Cas9 系统结构较为简单，其发挥适应性免疫防御过程易于理解。以下陈述该系统适应性免疫防御过程。首先，外来遗传物质（如病毒或质粒 DNA）入侵原核生物（如嗜热链球菌 *S. thermophilus*）后，即开始复制，但复制过程中 DNA 水解，导致形成 DNA 片段。具有 CRISPR/Cas9 系统的原核生物则依靠自身串联基因（*cas*1、*cas*2、*csn*2 等）蛋白将水解形成的 DNA 片段作为原型间隔，按照一定规律嵌入自身 DNA，形成包含若干重复－间隔（repeat-spacer）规律排列的长片段，即 CRISPR，从而形成 DNA－CRISPR。通常重复序列包含 21～48 bp，而间隔序列包含 26～72 bp。DNA－CRISPR 排列前端与 CRISPR 位点距离 210 bp 处含有反向重复序列（inverted repeat sequence，IRS，25 bp），其后为富含 A－T 的引导序列（leader sequence），含启动子、*csn*1、*cas*1、*cas*2、*csn*2 等功能基因。DNA－CRISPR 形成后，功能基因翻译为蛋白，即组建成 CRISPR/Cas9。接着 IRS 与重复互补配对形成 IRS－repeat－spacer/CRISPR，同时启动 CRISPR/Cas9 转录过程，将 IRS－repeat－spacer/CRISPR 转录为 pre－crRNA－tracrRNA 长链分子。pre－crRNA－tracrRNA 随即被 RNase Ⅲ水解为具有 R 环结构的 crRNA－tracrRNA 短链分子。crRNA－tracrRNA 作为单导向 sgRNA（single-guided RNA），与 Cas 相关蛋白结合形成 sgRNA－CRISPR/Cas9 免疫功能复合物。当再次遇到外来 DNA 时，sgRNA 可以帮助解开外来 DNA 双链，促进 crRNA 链与外来 DNA 链互补结合，并协助 Cas9 裂解 DNA 解开的两条单链。在此过程中，sgRNA－CRISPR/Cas9 复合物依据外来 DNA 含有的 PAM（protospacer adjacent motif，原间隔相邻基序）特征来识别外来 DNA。例如质粒或病毒 PAM 序列为 5'－NGG－3'（N 表示任意碱基），可以被嗜热链球菌识别。Cas9 蛋白包含 HNH 及 RuvC 两个核酸切割酶，分别切断外来 DNA 两条单链。可见，CRISPR/Cas9 系统实际上包含 2 个独特的功能片区：识别片区（REC lobe）、核酸酶片区（NUC lobe）。这样简单结构使其能够快速发挥适应性免疫防御功能。

目前，已发现多种 CRISPR/Cas 系统，主要包括两类：Ⅰ类包含了Ⅰ、Ⅲ、Ⅳ型 Cas 蛋白，对于外源基因组的剪切，需要一个大的 Cas 蛋白复合物（Cas 蛋白组成种类多，结构复杂）和引导 RNA，形成 CRISPR 相关抗病毒防御复合物——Cascade（CRISPR-associated complex for antiviral defense），实现对外源 DNA 降解；Ⅱ类包含了Ⅱ、Ⅴ、Ⅵ型 Cas 蛋白，对于外源基因的剪切，只需要一个单一的剪切蛋白，例如，Ⅱ型中 Cas9 蛋白和Ⅴ型中 cpf1 蛋白。在人工构建 CRISPR/Cas 系统时，常用的是Ⅱ类，实现对 DNA 的剪切只需要单一蛋白，简单便捷。

2. CRISPR/Cas 基因编辑技术

依据 CRISPR/Cas9 适应性免疫功能，研究人员迅速将其发展成为一种基因编辑工具。构建 CRISPR/Cas9 作为基因编辑工具过程较为简单：依据目的基因 DNA 序列设计 sgRNA，再构建 sgRNA－Cas9 嵌合体（chimeric sgRNA－Cas9）。

CRISPR/Cas9 系统通过适当设计，已经成为对各种细胞基因组编辑的有力工具。利用 CRISPR/Cas9 进行基因编辑时，通过 sgRNA－Cas9 对目标基因进行定点切割，再依据 NEHJ 或 HDR 实现基因片段插入－删除（indel，insertion-deletion），或进行基因编辑（如同 ZFN 及 TALEN）（图 15－12）。CRISPR/Cas9 系统能够对哺乳动物细胞进行基因组编辑，实现对靶基因的敲除、突变、插入、基因抑制和激活，甚至单个碱基改变等。作为一种新的基因组编辑技术，CRISPR/Cas9 具有明显的优势：① 质粒构建容易，将载体插入一段能够转录为单导向 RNA（Single-guide RNA，sgRNA）的 20 bp DNA 片段，即完成质粒构建；② 操作简单，在真核细胞中同时表达 Cas9 蛋白和靶向目的基因的单导向 RNA（Single-guide RNA，sgRNA），即可实现对靶基因 DNA 编辑；③ 应用范围广，CRISPR/Cas9 技术可以编辑大部分细胞，易于实现个体基因编辑，并且可同时对多个靶点进行修饰，实验周期短。因此，Ⅱ型 CRISPR/Cas9 系统构建基因编辑工具应用最广泛。

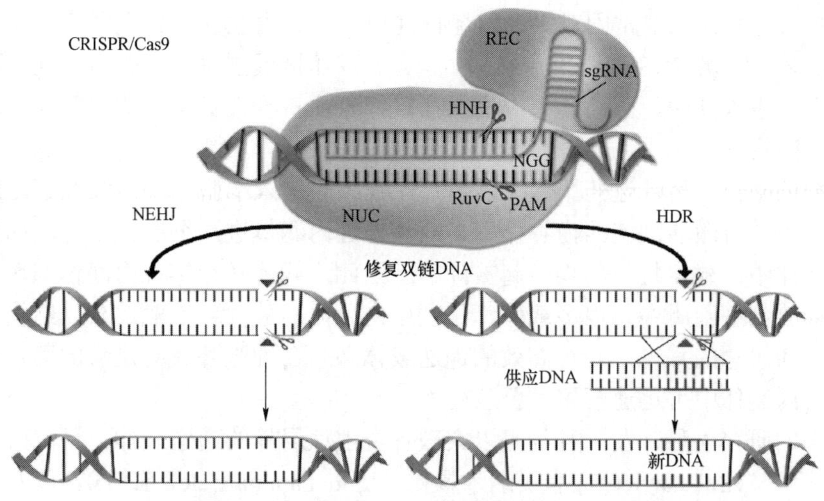

图 15－12　CRISPR/Cas9 系统进行基因编辑过程

（源于免费获取网站 University of Delaware：https://sites.udel.edu/understand-de-ag/2018/10/08/crisprcas9-system-2/）

3. CRISPR/Cas 基因编辑技术在基因治疗方面的应用

CRISPR/Cas9 技术在基因治疗遗传性疾病方面也有着广泛的应用前景。人类基因组中约有 25 000 个基因，其中大约 3 000 个基因的突变与人类疾病相关，如血友病、苯丙酮尿症、囊性纤维病等。CRISPR/Cas9 技术可以使基因组中突变的基因失活或者纠正突变的基因，因此，可以从根本上治愈这些基因突变导致的遗传性疾病。目前，已经超过 40 种基于 CRISPR 基因编辑技术与治疗相关产品进入临床实验阶段。治疗范围主要集中于遗传缺陷、恶性肿瘤、代谢失调等类型疾病。一些临床实验结果已经证实 CRISPR 基因编辑技术可以安全地用于一些顽固疾病治疗，且效果显著。例如，CRISPR 基因编辑技术用于治疗镰形贫血病（sickle cell disease，SCD）及地中海贫血病（beta thalassemia），部分患者已经可以不再依赖频繁输血维持生存。而 CRISPR 基因编辑技术在治疗白血病及淋巴瘤方面，初步临床实验也表明效果良好。随着技术进步及新方法不断被发现，CRISPR 基因编辑临床应用会越来越广。

15.4　基因编辑药物递送

基因编辑药物主要包括 DNA、mRNA、蛋白质或者核糖核蛋白（RNP）等大分子存在形式，它们具有治愈许多顽固性疾病的潜力。但基因编辑药物发挥治疗作用前，需要能够被安全、有效地递送至体内相应的靶器官、组织，甚至细胞或细胞器。而将这类大分子药物成功地递送到细胞内需要突破多个生理屏障：① 在药物进入细胞之前，需避免药物与载体解离或药物降解；② 靶向特定细胞；③ 穿过细胞膜进入细胞内部；④ 在特定的细胞器中释放药物。此外，运输载体需要避免被免疫系统识别，防止免疫系统激活后的靶向降解。例如，载体的某些组分可能激活补体系统，导致由吞噬免疫细胞的清除；抗体识别递送载体也会导致非预期的吞噬清除。目前，基因编辑类药物体内递送主要依靠无害病毒、脂质纳米颗粒、病毒样颗粒等载体，而每种载体都有自身优势与不足。

此外，将药物依靠载体递送到靶细胞内还与给药途径密切相关。静脉注射可以使递药载体高效靶向肝脏。相比较而言，由于存在某些生理屏障（如血脑屏障），静脉注射使载体进入中枢神经系统（CNS）则非常困难。通过鞘内注射或者眼内注射（如视网膜下注射）可以绕过一些生理屏障，实现 CNS 或眼细胞靶向。但是，载体接近这些特定类型细胞并不能保证与这类细胞结合并进入其中。因而，有时需要在载体表面特异性靶向基团或配体，以促进靶细胞摄入载体及药物。

载体与靶细胞结合后，递药平台还需要穿过细胞膜进入细胞。许多情况下，载体与细胞表面受体结合后，可激活细胞的内吞作用，载体通过内涵体进入细胞。但是，如果载体长时间停留在内涵体中，载体将与药物一起被降解。因此，载体必须实现内涵体逃逸，在内涵体外部将药物释放到细胞质中。很多载体都是利用内涵体的酸性环境触发载体结构变化，从而实现上述过程的。总的来说，一种高效的递送载体必须在细胞外具有足够的稳定性来保护药物结构，而在内涵体中可迅速解聚、释放药物。

几十年来，研究人员开发了几种可以突破各类生理屏障的递送载体，目前研究最为充分的包括病毒载体（viral carrier）、脂质纳米颗粒（lipid nanoparticle，LNP），以及病毒样颗粒（virus-like particles，VLP）。

15.4.1 病毒载体

病毒经过长期进化能克服体内多种生理屏障，因而可以将核酸药物有效递送到特定类型细胞。目前，许多病毒载体已用于基因编辑药物的递送，应用于超过 1 000 项临床实验中。绝大多数的基因编辑药物都采用腺相关病毒（AAV）为递送载体，少部分临床前实验中使用慢病毒（LV）或腺病毒为递送载体。

AAV 作为递送载体，具有许多独特的优势：① AAV 具有良好的安全性与生物相容性；② 可将药物递送至眼、肝脏、脑部、心肌、骨骼肌等组织，自然产生与实验室合成的不同类型 AAV 衣壳血清型可实现不同的组织靶向性。AAV 的缺点主要是装载能力有限（仅为 5 kb 的 DNA），构建技术较为复杂。

慢病毒（LV）是一种源自 HIV－1 的包膜病毒，由于 3’LTR 缺失，病毒生成关键成分断裂而不具复制能力。经 LV 递送的 RNA 药物在细胞内逆转录，稳定地半随机整合到转染细胞的基因组中。目前，已经开发出整合酶缺陷慢病毒载体（IDLV），由于整合酶结构域失活，病毒 cDNA 在反转录后游离。LV 主要用于离体基因编辑，包括造血干细胞（HSC）和 T 细胞基因递送。目前 FDA 批准的两款 CAR－T 疗法即采用这种方法。LV 的诸多优点使其在基因编辑领域具有独特的优势。首先，LV 可容纳高达 10 kb 的 DNA 药物，足以将已知的基因编辑药物装入单个载体中，尤其适用于采用 CRISPR 技术对多个基因组编辑（需要多个 sgRNA 表达盒）。其次，LV 可同时在分裂细胞和非分裂细胞中转染。此外，IDLV 基因组还可用作同源性介导修复（HDR）模板。最后，慢病毒的亲嗜性（tropism）可通过改变病毒粒子的包膜糖蛋白调控。

腺病毒（Ad）是一种二十面体的无包膜病毒，大小约为 90～100 nm，基因组较大（36 kb）。以 Ad 运送 DNA 类药物，转染细胞中 DNA 表型将长期维持。Ad 是目前基因疗法临床实验中最常用的病毒载体（占比超过 20%），主要是由于载样量高、生物学明确、遗传稳定性好、转染效率高以及生产工艺成熟。此外，Ad 已有 57 种可感染人类的血清型和约 100 种可感染灵长类动物的血清型，研究人员可以利用不同的衣壳调节 Ad 的趋向性。以 Ad 递送系统的确可以实现有效的基因编辑，但也可能产生抗 Cas9 抗体，这可能是载体免疫原性导致的。

总结而言，目前临床与临床前研究中病毒载体在递送基因编辑药物上展示了巨大的前景。

体内病毒载体在多种细胞类型中强大的转染效率和药物递送能力，目前已在多种器官中观察到较高的基因编辑效率。未来病毒载体的发展趋势将沿着克服自身缺点进行，包括载体的免疫原性、基因编辑药物的长期表达、非靶标基因编辑、基因组整合的可能、制造成本和剂量限制性毒性。提高载体靶向的特异性可以降低给药剂量和制造成本，同时，提高给药的安全性。

15.4.2　脂质纳米颗粒（LNP）

脂质纳米颗粒（LNP）是体内基因编辑药物最重要的非病毒载体之一。几十年来，LNP 在递送 siRNA 和治疗性 mRNA 领域取得了一系列突破。为了有效地将药物递送至靶细胞，LNP 需要通过内吞作用进入细胞，在内涵体酸性条件下释放药物实现逃逸，并进入细胞浆。

LNP 通常由可电离脂质或阳离子类脂质化合物、辅助脂质、胆固醇、保护剂聚乙二醇–脂质共轭物组成。不同组成的 LNP 可以实现不同的性质，包括药代动力学、细胞靶向性等。目前，LNP 已被 FDA 批准用于静脉注射肝靶向的治疗性 siRNA，以及肌内给药用于递送 mRNA 疫苗。

相对于病毒载体，LNP 递送在递送基因编辑药物领域具有一些明显优势。LNP 递送基因编辑药物可实现瞬时表达，相对于病毒载体带来的基因编辑药物长时间表达，LNP 可以最大限度地降低脱靶效应的可能；基因编辑药物长时间表达可能导致转染细胞被免疫系统攻击，影响转染细胞长期发挥作用。此外，LNP 的免疫原性远低于病毒载体，某些情况下可以重复给药，具有良好的安全性和生物相容性，可以递送满足有效基因编辑水平的药物剂量。最重要的是，目前 LNP 的大规模生产工艺已经成熟，这为使用 LNP 递送体内基因编辑药物的临床实验提供了基础。

开发非肝脏靶向的 LNP 载体仍是目前的研发重点。深入理解 LNP 配方和组织靶向性将赋予 LNP 新的特异性。目前学界高度关注的细胞类型包括了造血干细胞，LNP 可以通过静脉或骨内注射，将基因编辑药物递送至骨髓造血干细胞。由于无须采集患者造血干细胞体外编辑后移植的过程，这将彻底革新遗传性血液疾病的治疗模式。总的来说，考虑到 LNP 在递送多种 RNA 药物取得的成功，LNP 未来将广泛地应用于肝脏和其他脏器的体内基因编辑。

15.4.3　病毒样颗粒（VLP）

病毒样颗粒（VLP）具有递送基因编辑药物的潜力。VLP 由不具感染性的病毒蛋白组成，可用于递送 mRNA、蛋白质或 RNP。VLP 来源于病毒支架，可利用病毒特性实现有效的细胞内递送，具有封装药物、内涵体逃逸的功能，经设计可靶向不同的细胞类型。但不同于病毒载体以 DNA 为基因编辑药物，VLP 是以 mRNA 和蛋白质瞬时递送基因编辑药物，降低了脱靶基因编辑和病毒基因组整合的风险。基于上述原因，VLP 递送基因编辑药物很有潜力。

使用 VLP 递送基因编辑药物的主要优势是降低脱靶编辑风险。大量研究表明，相对于质粒和病毒载体，VLP 可有效减少体外脱靶编辑事件。最近的研究研究表明，VLP 在体内也可提供最小的脱靶编辑可能。考虑到最新一代递送 RNP 的 VLP 对比递送 mRNA 药物的 VLP 或 LNP 具有相当的在靶编辑效率，以及这种方法的脱靶编辑风险很小，预计递送 RNP 的 VLP 载体将在许多应用场景中成为首选方法。

目前，基因编辑药物可以轻松地通过静脉注射进入肝细胞、通过眼内注射靶向眼睛细胞。因此，在不久的将来，可以真正用于人体的基因编辑药物很有可能出现在这两个领域。但是，通过静脉注射靶向非肝组织仍是基因编辑药物递送载体的最大挑战。具有不同衣壳的天然或人工合成的 AAV 载体可以靶向中枢神经系统、骨骼肌、心肌等非肝组织；VLP 也有相似的性质，配以不同的包膜糖蛋白可靶向不同的细胞类型。实现特定类型的细胞靶向非常重要，一方面，可以实现基因编辑药物的减毒增效；另一方面，必须避免靶向人体生殖细胞，否则，将带来严重的伦理问题。

由基因编辑药物的体内递送导致的免疫原性问题非常复杂。机体中预先存在的抗递送载体抗体将直接中和载体而干扰基因编辑疗效的效果；体内对 Cas9 蛋白或基因编辑药物中其他成分预先存在的抗体将导致免疫系统清除转染细胞。同时，基因编辑药物在编辑细胞内长时间表达也将激活适应性免疫反应，导致转染细胞被清除。因此，机体没有预存免疫的情况下，单次瞬时给药是有效的，但这可能触发适应性免疫，从而限制重复性给药。

基因编辑药物瞬时递送的另一个优势在于降低脱靶编辑的可能。降低体内脱靶基因编辑发生率非常重要，因为此类脱靶编辑可能导致严重的致癌突变。尽管病毒载体往往导致较长的基因表达，开发在实现靶向编辑后关闭基因编辑药物表达的策略对减少脱靶编辑是有益的。以 LNP 递送 mRNA 药物可实现瞬时基因编辑，获得理想的在靶/脱靶性质特征；而递送 RNP 缩短了基因编辑药物暴露时间，最大限度减小脱靶编辑的可能。目前有效递送 RNP 的方式仅限于 eVLP，但出于其优秀的安全性，未来改进后的 RNP 递送载体可能会有更重要的作用。

总结而言，随着越来越多基因编辑药物进入临床，可靠的体内递送技术的可获得性越来越重要。未来递送技术的发展也将助力基因编辑疗法和其他大分子疗法的进步。

思 考 题

1. 什么是基因药物？
2. 简述 ZFN、TALEN、CRISPR/Cas9 基因编辑原理。
3. 基因编辑技术用到哪些载体传递系统？

参考文献

[1] Miller J, McLachlan A D, Klug A. Repetitive zinc-binding domains in the protein transcription factor IIIA from Xenopus oocytes [J]. EMBO J, 1985, 4(6): 1609–1614.
[2] Klug A, Schwabe J W. Protein motifs 5. Zinc fingers [J]. FASEB J, 1995, 9(8): 597–604.
[3] Sugisaki H, Kanazawa S. New restriction endonucleases from Flavobacterium okeanokoites (FokI) and Micrococcus luteus (MluI) [J]. Gene, 1981, 16(1–3): 73–78.
[4] Mark I. Zinc-finger nucleases: how to play two good hands [J]. Nat Methods, 2011, 9(1): 32–34.
[5] Fyodor D U, Edward J , Michael C H, et al. Genome editing with engineered zinc finger nucleases [J]. Nature Reviews Genetics, 2010(11): 636–646.
[6] Bibikova M, Golic M, Golic K G, et al. Targeted chromosomal cleavage and mutagenesis in Drosophila using zinc-finger nucleases [J]. Genetics, 2002(161): 1169–1175.
[7] Sebastian B, Jens B. TALE and TALEN genome editing technologies [J]. Gene and Genome Editing, 2021(2): 100007.

[8] Luke C, Zhanar A, Huimin Z, et al. TALE proteins search DNA using a rotationally decoupled mechanism [J]. Nat Chem Biol, 2016, 12(10): 831 – 837.
[9] Moscou M J, Bogdanove A J. A Simple Cipher Governs DNA Recognition by TAL Effectors [J]. Science, 2009, 326(5959): 1501.
[10] Boch J, Scholze H, Schornack S, et al. Breaking the Code of DNA Binding Specificity of TAL – Type Ⅲ Effectors [J]. Science, 2009, 326(5959), 1509 – 1512.
[11] Michelle C, Tomas C, Erin L D, et al. Targeting DNA double-strand breaks with TAL effector nucleases [J]. Genetics, 2010, 186(2): 757 – 761.
[12] Feng Z, Le C, Simona L, et al. Efficient construction of sequence-specific TAL effectors for modulating mammalian transcription [J]. Nat Biotechnol, 2011, 29(2): 149 – 153.
[13] Qasim W, Zhan H, Samarasinghe S, et al. Veys Molecular remission of infant B – ALL after infusion of universal TALEN gene-edited CAR T cells [J]. Sci Transl Med, 2017, 9(374): eaaj2013.
[14] Ishino Y, Shinagawa H, Makino K, et al. Nucleotide sequence of the iap gene, responsible for alkaline phosphatase isozyme conversion in Escherichia coli, and identification of the gene product [J]. J Bacteriol, 1987, 169(12): 5429 – 5433.
[15] Mojica F J, Juez G, Rodriguez-Valera F. Transcription at different salinities of Haloferax mediterranei sequences adjacent to partially modified PstI sites [J]. Mol Microbiol, 1993, 9(3): 613 – 621.
[16] Mojica F J, Díez-Villaseñor C, Soria E, et al. Biological significance of a family of regularly spaced repeats in the genomes of Archaea, Bacteria and mitochondria [J]. Mol Microbiol, 2000, 36(1): 244 – 246.
[17] Ruud J, Jan D A, Wim G, et al. Identification of genes that are associated with DNA repeats in prokaryotes [J]. Mol Microbiol, 2002, 43(6): 1565 – 1575.
[18] Mojica F J, et al. Intervening sequences of regularly spaced prokaryotic repeats derive from foreign genetic elements [J]. J Mol Evol, 2005, 60(2): 174 – 182.
[19] Pourcel C, Salvignol G, Vergnaud G. CRISPR elements in Yersinia pestis acquire new repeats by preferential uptake of bacteriophage DNA, and provide additional tools for evolutionary studies [J]. Microbiology, 2005(151): 653 – 663.
[20] Bolotin A, et al. Clustered regularly interspaced short palindrome repeats (CRISPRs) have spacers of extrachromosomal origin [J]. Microbiology, 2005(151): 2551 – 2561.
[21] Barrangou R. et al. CRISPR provides acquired resistance against viruses in prokaryotes [J]. Science, 2007, 315(5819): 1709 – 1712.
[22] Marraffini L A, Sontheimer E J. CRISPR interference limits horizontal gene transfer in staphylococci by targeting DNA [J]. Science, 2008, 322(5909): 1843 – 1845.
[23] Mojica F J M, et al. Short motif sequences determine the targets of the prokaryotic CRISPR defence system [J]. Microbiology, 2009(155): 733 – 740.
[24] Jinek M, Chylinski K, Fonfara I, et al. A programmable dual-RNA-guided DNA endonuclease in adaptive bacterial immunity [J]. Science, 2012(337): 816 – 821.
[25] Mali P, Yang L, Esvelt K M, Aach J, et al. RNA-guided human genome engineering via Cas9

［J］. Science, 2013, 339(6921): 823–826.
［26］Cong L, Ran F A, Cox D, et al. Multiplex genome engineering using CRISPR/Cas systems［J］. Science，2013(339): 819–823.
［27］Hsu P D, Lander E S, Zhang F. Development and applications of CRISPR/Cas9 for genome engineering［J］. Cell, 2014(157): 1262–1278.
［28］Anliker B, et al. Regulatory Considerations for Clinical Trial Applications with CRISPR-Based Medicinal Products［J］. CRISPR J, 2022, 5(3): 364–376.

（王　汀）

时代楷模|“人民英雄”国家荣誉称号获得者

张伯礼院士

张伯礼（1948 年 2 月 26 日—），河北宁晋人，汉族，中华人民共和国中医人士，中国工程院医药卫生学部院士，中国共产党党员，第十一届、第十二届、第十三届全国人民代表大会天津地区代表，现任天津中医药大学名誉校长。2020 年 9 月 8 日，在全国抗击新冠肺炎疫情表彰大会上，张伯礼被授予“人民英雄”国家荣誉称号。

张伯礼院士古稀之年出征武汉，身披“白甲”坚守中医药阵地；国医济世，德术并彰，无“胆”英雄宁负自己护人民。

“白甲十万，战‘疫’三月酣。武汉生死皆好汉，数英雄独颜汗。”得知自己将被授予“人民英雄”国家荣誉称号，张伯礼填了一首词——《人民才英雄》。

这位“人民英雄”指导中医药全过程介入新冠肺炎救治，主持研究制定的中西医结合疗法成为此次抗疫亮点，为推动中医药事业传承、创新、发展作出了重大贡献。

（张　奇）

第16章
3D打印技术药物制剂

1. 掌握3D打印技术的定义、3D打印药物机理。
2. 熟悉3D打印技术的分类、3D打印在药物制剂中的应用。
3. 了解3D打印技术药物质量控制和未来发展机遇与挑战。
4. 了解3D打印技术在制药方面的优劣势。

16.1 概述

3D打印技术，即三维空间打印技术（Three Dimension Printing，3DP），是一门新兴的科学技术。3D打印技术以数字化模型为基础，运用粉末状可黏合材料，通过逐层打印的方式构造物体，是一种快速成型技术。它具有快速成型和数字化建模两个特点，在生产个体化、定制专门产品方面具有巨大优势。经过数十年研究，3D打印技术已经被运用在人类生活的各个方面，例如航空航天工业、建筑建造、纳米材料制备等。近年来，随着精准医疗的发展，药物治疗领域也正从群体药物治疗向个体化药物治疗的方向发展。基于这种治疗模式的快速发展需求，3D打印技术逐渐被运用在医疗领域中，尤其是在药物制剂领域，并展现出巨大的应用潜力。

3D打印技术是运用数字设计模型，以可流动、融合固化物质为材料，通过逐层打印，累加成型的方式构造目标物体，因此，3D打印技术也称为增材制造技术（Additive Manufacturing，AM）。3D打印技术理念起源于19世纪末美国照相雕塑和地貌成形技术。直到20世纪80年代末，由麻省理工学院投入大力研发，才有了目前应用雏形。3D打印技术根据计算机辅助设计（CAD）或断层扫描（CT）设计三维立体数字模型，在电脑程序控制下，采用“分层打印，逐层叠加”的方式，通过金属、高分子、黏液等可融合固化材料的堆积，快速而精确地制造具有特殊外型或复杂内部结构的物体。

16.2 3D打印技术类型

3D打印技术在制药领域主要用于制备片剂，目前已经发展了多种技术。主要有材料挤出成型技术（Material Extrusion）、黏合剂喷射成型技术（Binder Jetting）、材料喷射成型技术（Material Jetting）、粉末床熔融成型技术（Powder Bed Fusion）、光聚合固化技术（VAT Photopolymerization）。在制药领域中，3D打印需要的材料包括热塑性丝材、光敏树脂、金属粉末、碳纤维、石墨烯等。以下对不同3D打印技术制备片剂的技术原理、适用材料范围、所制备的片剂特点等进行简要介绍。

1. 材料挤出成型技术

材料挤出成型技术的代表性技术有熔融沉积成型（FDM）、固体挤出成型（SSE）、直接粉末挤出（DPE）、热熔挤出沉淀（MED）和熔融滴注（MDD）五种。这类技术顾名思义，即可以了解其工艺原理。材料挤出成型技术一般技术条件温和，适用于对热不稳定药物。优点包括：成本低、不使用激光、环境要求低、可选用多种材料、原材料利用率高等。常用辅料有微晶纤维素、羟丙基甲基纤维素、甘露醇等多羟基化合物。

2. 黏合剂喷射成型技术

黏合剂喷射成型技术以粉末黏结打印（PB）为代表，它是最早被应用到制药领域的 3D 打印技术，已经成功实现了产业化。例如，Aprecia 公司生产的左乙拉西坦（商品名：Spritam）片剂，用于局部性癫痫、肌阵挛性癫痫和原发性全身性强直阵挛性癫痫发作的辅助治疗。Aprecia 是世界上第一个发展商业化 3D 打印技术和生产医药产品的公司，利用 ZipDose 技术制备药物片剂，不需要压片，辅料少，载药量高，剂量调控灵活，可用来制备个体化制剂。也尤其适用于高剂量、需要快速起效的治疗中枢神经系统疾病类药物。粉末黏结打印的药片具有疏松多孔的内部结构，在遇水后数秒内快速崩解，有助于提升吞咽困难的老年患者和儿童患者的服药顺应性。因为药片由黏结剂黏结成型，内部多孔，药片外表较粗糙且容易破碎，因此包装要求高，且对运输条件要求高（图 16－1）。

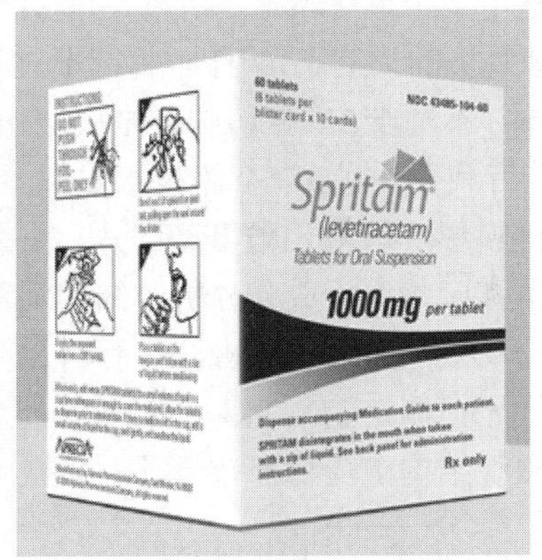

图 16－1　Aprecia 公司利用 ZipDose3D 打印技术制备的左乙拉西坦片剂 Spritam

3. 材料喷射成型技术

该类型 3DP 代表性技术是喷墨成型打印（IJP），其工作原理是将液滴有序地滴在基质上，进而形成打印产品。其中，黏结剂喷射技术与湿法制粒原理相似，依靠黏合剂和粉末之间黏结，制备药片疏松多孔，孔隙率大，可快速润湿和崩解，特别适合口崩片的制备。此外，该技术设备的成本相对较低，产品精度精确，可选择的材料多，在药物制剂领域具有广阔的应用前景。

4. 粉末床熔融成型技术

代表性技术是选择性激光烧结成型技术，是通过激光束选择性地将粉末烧结固化，从而制造出高度精细的结构。该技术是先将含药粉末平铺在操作台上，再利用激光按照先设计的数字模型文件，按一定路径将粉末烧结固化，完成第一层打印；随后操作台下降，再铺粉烧结，如此反复，直到完成最后一层，得到制剂。选择性激光烧结技术可构建结构特殊的片剂，有较高的精密度和材料利用率，但由于激光照射温度较高，所以不适用于热不稳定药物。

5. 光聚合固化技术

用于制备片剂的代表性技术是光固化成型技术（SLA），是通过激光照射使得含药的液态脂质材料发生化学反应，实现固化成型。材料一般包括可光聚合单体和光引发剂，通过光引发剂暴露于激光下引发单体的聚合反应固化，从而制备成制剂。光固化打印是首个获得专利的激光打印技术，同时是最早商业化使用的 3D 打印技术。在医疗领域，立体光固化打印具备微米级精确度、高分辨率、产品表面光滑、工艺也比较成熟等优点。该技术多运用于人体器官模型的制作、口腔颌面修复，也有研究将其运用到内部结构复杂的药物传递系统中，如微针阵列，具有较高的分辨率和精密度。

16.3 3D 打印药物制剂质量控制

国内 3D 打印药物制剂技术仍处于初期研究阶段，相关法规、监管方法有待完善。这在一定程度上限制了 3D 打印制剂产品的开发与上市应用。虽然目前已有 3D 打印药物成功上市销售，但对于 3D 打印药物并没有完整的质量评价标准及指导准则。FDA 出台了部分相关技术指南，但尚不能涵盖所有的质量监管要求。3D 打印技术的优势在于生产定制化的药物制剂，适用于个体化治疗。所以 3D 打印制剂多为小批量私人订制生产，或生产具有特定要求（如速释）的片剂。3D 打印制剂不宜采用传统制剂按批次取样进行质量检查，否则会增加生产成本，不利于 3D 打印制剂推广应用。Trenfield 等于 2018 年建立了快速、无损的质量控制方法，有利于促进 3D 打印技术发展。该研究以尤特奇 L100－55 为辅料，打印了圆柱形、圆环形和薄膜形 3 种对乙酰氨基酚片，并使用过程分析技术——近红外光谱和拉曼共聚焦显微镜对 3D 打印片进行成分分析、结构观察，由此进行质量评价。研究者对便携式近红外光谱分析法与高效液相色谱分析法进行对比分析，证实二者相关性良好，说明便携式近红外光谱仪可用于无损测定 3D 打印片剂成分含量。拉曼共聚焦显微镜也被证实可用于无损观察 3D 打印片剂微观结构中药物分布情况。

16.4 3D 打印技术制剂应用

3D 打印技术用于制备药物制剂在许多药物新剂型中应用不断扩展。目前，基于 3D 打印技术制剂应用包含：制备具有缓、控释特性的多功能药物递送系统及个性化药物剂型。

1. 速释剂型

速释制剂具有吸收快、起效快及生物利用度高等优点。传统方法制备的产品有时难以同时满足迅速崩解、溶出和机械性能良好等要求。上述美国 Aprecia 公司 3D 打印技术 ZipDose 制备左乙拉西坦速溶片内部孔隙率较大，少量水即可使之在很短的时间内崩解并迅速起效。该产品用于治疗成人或儿童患者部分性癫痫发作、肌阵挛发作及原发性全身癫痫发作，都具有很好的治疗效果。

2. 缓控释剂型

缓控释制剂可较长时间释放药物，使血药浓度平稳，避免峰谷现象，减少服药次数，减少药物的不良反应，对于长期服药的慢性病患者可明显提高其服药的顺应性。3D 打印可以通过计算模拟，调节打印参数，准确控制药物释放。

3. 复方制剂

3D 打印技术能够方便地把复方药物设计成隔室型、多层性、壳–核型等各种复杂结构片剂类型，使不同成分具有合适的药代动力学特性，有助于实现患者个体化用药，适于治疗多种慢性疾病。

4. 个性化药物剂型

3D 打印技术的数字化建模和快速成型两个特点，为个体药物制剂设计提供了便捷途径。3D 打印制剂能够根据药物性质及治疗需要，灵活调整药物制剂处方，控制释放行为。还可根据患者喜好调整制剂口味、颜色和图形，减少患者对服药恐惧感，提高服药依从性。

16.5　3D 打印药物制剂研究与开发

目前全球范围内，将 3D 打印技术应用到药物产品商业化开发的公司仍然较少。美国 Aprecia 和中国三迭纪两家公司已经上市了基于 3D 打印技术药物制剂产品。2007 年，Aprecia 根据麻省理工学院的粉末黏结 3D 打印技术（PB）开发出了 ZipDose 制药技术雏形，经过不断完善这项技术，开发出了规模化且满足 GMP 要求的药物生产系统。首款抗癫痫药物产品 Spritam（左乙拉西坦）于 2015 年获批上市，同时，实现了 10 万片/天药物生产效率。该制剂有 4 种不同规格，制剂内部具有多孔结构，因而扩散速率更快，口服平均崩解时间为 11 s，该药物也为将要上市的 3D 打印药物奠定了许多基础。

三迭纪公司首创了 MED 3D 打印药物技术，开发了从药物剂型设计、数字化产品开发，到智能制药全链条的专有 3D 打印技术平台。2021 年 1 月，三迭纪用 MED 3D 打印技术开发的首个药物产品 T19 获得美国 FDA 的新药临床批准（IND），它是一款针对类风湿性关节炎的药物，其设计目标是：患者在睡前服用 T19，血液中的药物浓度会在疾病症状最严重的早晨达到高峰，并维持一定的血药浓度，以取得最佳的药物治疗效果。该产品是全球第二款向美国 FDA 递交 IND 的 3D 打印药物产品，也是中国首个进入注册申报阶段的 3D 打印药物产品，这是 3D 打印技术在全球制药领域的重大突破。

随着 3D 打印制剂技术不断研究和发展，越来越多的 3D 打印制剂被开发并向临床应用迈进。例如，螺内酯和氢氯噻嗪片剂广泛联合，用于治疗各种水肿，但在临床应用时需医护人员分片的比例高达 89.7%以上。研究者采用半固体挤出成型技术制备了螺内酯和氢氯噻嗪 3D 打印片，其外观、重量差异、含量均匀度、溶出度均符合《中国药典》2015 年版的规定，有望进入市场。

16.6　3D 打印制剂应用的机遇与挑战

3D 打印技术可根据每一个患者的年龄、体质量、生理特点和病理特点制备出适用于该患者使用的，能充分发挥疗效的制剂。此外。3D 打印技术制剂能够实现个体化精准用药，降低不良反应，尤其适用于儿童、老年人和慢性疾病患者。3D 打印技术还可以根据患者，尤其是儿童、老年人、长期用药病人的喜好制备出不同口味、颜色和图形的制剂，提高用药愉悦感。

也可以根据每一个患者处方，制备出专属复方制剂，能够包含患者一次服用所有药物种类和剂量。可以实现患者用药的精简化和精准化，降低用药难度，甚至防止漏服、忘服、错服。因此，3D 打印技术在生产定制化药物制剂、实现用药精准化和精简化方面具有广阔的发展前景。

但是 3D 打印技术走向市场仍面临着巨大的挑战：

（1）3D 打印技术制剂质量控制问题。同一标准质控参数并不适合个体化定制制剂。定制化制剂多为小批量生产，按批次质检，效率低。

（2）3D 打印制剂产品范围问题。适于 3D 打印的材料仍然较少，限制了药物制剂发展。

（3）生产成本问题。与传统片剂制备相比，3D 打印制剂制备产能低，定制化制剂物料损耗大。

（4）3D 打印制备制剂操作问题。定制化制剂生产场所及人员，从药厂转移到医院药剂科、社会药房甚至家庭，这意味着相关人员需熟练掌握 3D 打印机数字化建模和制剂生产等相关技术与操作。人工智能结合数字遥控，也许能为解决这一问题提供思路。

（5）3D 打印技术制剂给药方式问题。目前难以制备口服以外制剂，这限制了其应用范围及患者人群。

因此，3D 打印技术还需要大力发展，未来结合人工智能、网络通信及材料等不同学科技术，3D 打印制剂无疑会给患者带来更好的治疗效果。

思 考 题

1. 3D 打印技术用于制备药物制剂有何优点？
2. 简述 3D 打印技术在药物制剂应用中的技术分类。

参考文献

［1］Schmid J, Wahl M A, Daniels R. Supercritical Fluid Technology for the Development of 3D Printed Controlled Drug Release Dosage Forms［J］. Pharmaceutics, 2021, 13(4): 543.

［2］Fanous M, Bitar M, Gold S, et al. Development of immediate release 3D-printed dosage forms for a poorly water-soluble drug by fused deposition modeling: Study of morphology, solid state and dissolution［J］. Int J Pharm, 2021(599): 120417.

［3］Rajabi M, McConnell M, Cabral J, et al. Chitosan hydrogels in 3D printing for biomedical applications［J］. Carbohydr Polym, 2021(260): 117768.

［4］Awad A, Trenfield S J, Goyanes A, et al. Reshaping drug development using 3D printing［J］. Drug Discov Today, 2018, 23(8): 1547－1555.

［5］Zhu X, Li H, Huang L, et al. 3D printing promotes the development of drugs［J］. Biomed Pharmacother, 2020(131): 110644.

［6］Kjar A, Huang Y. Application of Micro-Scale 3D Printing in Pharmaceutics［J］. Pharmaceutics, 2019, 11(8): 390.

（王　汀）

时代楷模|中国现代药剂学奠基人

药学家顾学裘

顾学裘（1911.12.26—2011.8.2）一生坚持科技创新，是中国现代药剂学奠基人。顾学裘先生在药物新剂型科研上有很多重大突破，进行了抗癌药物新剂型——多相脂质体的研究，是全世界第一次将脂质体药物商业化批准生产并应用于临床。1990 年被国家教委、科委授予“全国高校先进工作者”称号，是中国卓越的药学教育家和药学事业开拓者。

19 世纪 50 年代，中国的药物制剂研究和生产都十分落后，大量制剂依靠进口。公费留学就读于伦敦大学药学院的顾学裘先生深感自己的责任，胸怀为中国的药物制剂事业作贡献的决心，他婉言谢绝了英国一家制药厂（ICI）厂长的盛情挽留，放弃了优厚的待遇，怀着强烈的报国之志毅然回国。

回国后参与筹建了浙江大学理学院药学系，担任系主任。同期兼任浙江人民医药公司第一制造厂（现杭州民生药业有限公司和杭州华东医药集团有限公司的前身）首任厂长。

脂质体是 20 世纪 70 年代出现的一种新型药物载体，是以磷脂为主要膜材形成的具有双分子层结构的封闭囊泡。脂质体具有无毒、无免疫原性和两亲性的特点，既可以运载亲脂性药物，也可以运载亲水性药物。

顾学裘先生在科研工作条件差、困难多、实验设备简陋的情况下，克服困难，坚持科研创新。在组方和工艺上进行大胆创新，首创了多相脂质体抗癌药物制剂，并大大简化了工业生产工艺过程，从而使这一新型药物载体从实验室研究推进到临床应用和工业生产的阶段。药理和临床研究结果表明，多相脂质体具有淋巴系统定向性，可以提高抗癌药的疗效，降低其毒副作用。

顾学裘先生创制了多相脂质体系列品种 10 余个，其中，油酸多相脂质体（139）、复方唐松草新碱多相脂质体（139—2）、氟脲嘧啶多相脂质体（139—3）、环磷酰胺多相脂质体（139—7）等，被多家药厂生产。他的研究成果为大量肿瘤患者带来了生的希望，也取得了巨大的社会效益和经济效益。

顾学裘先生是中国现代药剂学奠基人，他在新型药物制剂领域的开拓性创新贡献，让世界看到中国制药人的“行”和“能”。

（张　奇）

第17章
介入治疗

1. 掌握介入治疗的概念、类型、质量检查指标。
2. 熟悉介入栓塞微球的种类和工作原理。
3. 了解介入栓塞微球的质量控制方法。

17.1 前言

介入治疗（Interventional therapy）是在医学影像信息指导下通过微创手段进行的药物或放射等治疗。通常介入治疗是在不明显暴露病灶的情况下，通过微小切口或经身体生理腔道，在影像设备（血管造影机、透视机、CT、MR、B超）提供可视信息引导下，进行生理创伤最小的病灶局部治疗。介入治疗既不同于完全打开暴露的开放手术治疗，也不同于单纯的药物治疗，是一种内、外科相结合的治疗方法。

介入治疗具有一些显著优势，包括创伤小，简便快捷，安全高效，并发症较少，以及住院时间较短，甚至无须住院等。对于内科类疾病，介入治疗制剂直接作用于病变部位，可以提高病变部位药物浓度，减少药物用量，减少药物副作用。对于外科类疾病，介入治疗一般只需几毫米的切口即可完成治疗，无须全身麻醉，降低了治疗风险。介入治疗损伤小、恢复快、对身体正常生理功能影响小。对于恶性肿瘤，介入治疗堵塞病灶血供，使药物聚集于病变部位，提高疗效，减少副作用。然而，价格高昂是介入治疗的突出缺点。

介入治疗一般包括血管内介入治疗和非血管内介入治疗。血管内介入治疗技术是使用穿刺针，在血管造影机的引导下，通过穿刺人体表浅血管，将导管送到病灶所在的位置，通过导管注射造影剂、治疗药物，在血管内对病灶进行治疗的方法。成熟技术包括导管动脉栓塞（Transcatheter Arterial Embolization，TAE）、血管成形、腔内血管成形、血管支架、溶栓治疗、非血栓性缺血、控制出血（急慢性创伤、产后、炎症、静脉曲张等）、血管畸形，以及动静脉瘘与血管瘤栓塞治疗、下腔静脉过滤器、TIPSS、血管再建、各种血管造影诊断、静脉取血诊断等。血管内介入治疗常用的体表穿刺点有股动静脉、桡动脉、锁骨下动静脉、颈部动静脉等。

非血管介入治疗技术是在影像设备的监测下，直接经皮肤穿刺至病灶，或经人体现有的通道进入病灶实现治疗。成熟技术包括经皮穿刺肿瘤活检术、瘤内注药术、椎间盘穿刺减压术、椎间盘穿刺消融术、经皮活检术、非血管性腔道的成形术（包括泌尿道、消化道、呼吸道、胆道等狭窄的扩张和支架）、实体瘤局部消灭术（经皮穿刺瘤内注药术、射频消融术）、引流术、造瘘术（胃、膀胱等）、输卵管黏堵术、神经丛阻滞术等。

目前，介入治疗已经发展成为一些疾病（如：肝癌、肺癌、腰椎间盘突出症、动脉瘤、血管畸形、子宫肌瘤等）的重要治疗方法。此外，介入治疗也包括将不同材料及器材置于血管或身体其他管道（胆管、食管、肠管、气管），恢复这些管道的正常功能。

近来，介入放射学（Interventional Radiology）已经发展成为一门独立学科。它融合了放射诊断学和临床治疗学，以影像诊断为基础，在医学影像诊断设备（数字显影 X 线机、CT 机、核磁共振机和常规 X 线机等）指导下，通过微小创口将特定器械导入病变部位，血供栓塞结合其他治疗，包括药物治疗、放射治疗、微波或电加热治疗及冻结血供等。

介入治疗制剂针对不同疾病，在处方设计、制备工艺、传递功能、释药特征等诸多方面均有所不相同。但介入治疗制剂一般类似于注射给药，因此，除了需要符合注射制剂生产及质量标准外，还要满足：① 能够经血管或皮肤穿刺注射于病灶部位；② 能够改变病灶的血液供给；③ 能够有效作用于病灶。

对于恶性肿瘤，介入治疗制剂往往需要堵塞肿瘤血管并递送高浓度的抗癌药物，使得肿瘤细胞无法生长的同时被高浓度抗癌药物杀灭。在肿瘤介入治疗方面，研究人员已经发展了肿瘤供血栓塞、药物灌注、动脉内照射与放射性治疗等不同技术。

一些肿瘤疾患，例如胰腺癌，早期发现较为罕见，多数患者发现时已经失去了手术根治的机会。目前，晚期胰腺癌一线治疗方案为 FOLFI RINOX 联合用药，即 5FU、伊立替康、奥沙利铂三药联合化疗法。FOLFI RINOX 联合化疗法能将患者的中位生存时间延长近一年。最近，有临床研究表明，采用动脉栓塞化疗微球（粒径 100～300 μm PVA 微球，载 30 mg 盐酸多柔比星）与药物缓释相结合制剂实现胰腺癌介入治疗取得良好疗效。研究发现，在此治疗过程中，肿瘤供血动脉阻塞，造成肿瘤组织缺血、缺氧坏死；另外，局部肿瘤药物浓度较高，并且药物与肿瘤组织接触时间较长，疗效较单纯灌注化疗和单纯栓塞明显提高。

动脉栓塞化疗效果取决于栓塞水平、栓塞程度、栓塞剂种类、药物性质、药释特征，以及靶器官状态等。栓塞靶血管闭塞的部位涉及毛细血管床、小动脉、近动脉较大主干、小静脉等。这要求治疗方案应根据靶器官特点以及治疗目的，对栓塞剂大小、种类和数量进行合理选择。目前发展的栓塞剂包括：短效栓塞剂，指在 48 h 以内吸收，如自体溶血块、自体组织等；中效栓塞剂，指在 48 h 至 1 个月内吸收；长效栓塞剂，指 1 个月以上长久性栓塞。常用栓塞剂种类较多，如微球、微囊、凝胶剂，以及特殊栓塞剂——碘油等。

17.2 介入栓塞化疗微球制剂

介入栓塞化疗微球制剂一般要求：① 微球具有规则形貌；② 粒径为 100～300 μm，大小均一；③ 具有良好的流动性；④ 载药量高；⑤ 在体内不与周围组织发生反应，可通过微导管进行递送；⑥ 释药速度适中。

经导管动脉栓塞（TAE）技术中，栓塞微球材料在一定程度上决定了介入栓塞的治疗效果。微球栓塞材料应具有以下特征：① 良好生物相容性；② 易得、价廉、易于制备；③ 无粘连，能在血管中均匀分散。栓塞微球材料按照性质分为两种：一种是非生物降解材料，在体内应具有良好的生物相容性，能够长期栓塞肝动脉，例如聚乙烯醇（PVA）微球、海藻酸盐（SAL）微球；另一种是生物降解高分子材料，要求无毒性，可以降低长期栓塞对血管的伤害性，常用的有聚乳酸（PLA）、聚丙交酯 – 乙交酯（PLGA）、淀粉微球和明胶微球。

栓塞微球能够利用微导管准确递送到病灶器官（如肝、肺）动脉，使血管栓塞，从而终止对肿瘤细胞供给氧和养分，同时释放药物杀灭肿瘤细胞。与普通化学药物治疗相比，栓塞微球制剂将化疗与血管栓塞进行结合，借助微导管准确地将材料靶向递送到肿瘤部位，实现化疗药物的原位控制释放，提高肿瘤部位的药物浓度，实现化疗性栓塞肿瘤，产生协同治疗作用，提高抗肿瘤疗效。此外，研究者还发展了多功能栓塞化疗微球制剂，以及环境条件敏感栓塞化疗微球制剂。

17.3 介入栓塞化疗微球制剂类型

17.3.1 多功能栓塞化疗微球制剂

近来，有研究者采用生物相容性聚乳酸（PLA）载体材料，加入了阳性造影剂碘化油及化学药物氟尿嘧啶（5–FU），采用乳化技术研制了具有显影和治疗双重效果的碘化油–氟尿嘧啶聚乳酸载药微球。所制备的碘化油–氟尿嘧啶聚乳酸微球，表面具孔、圆整，平均粒径约 100 μm，通过微导管选择性地将载药微球注入肿瘤供血动脉。碘化油影像显示，微球能够固定在肿瘤血管，阻断其对肿瘤部位供血，使肝动脉血流减少了80%～100%，使病灶组织缺血、缺氧坏死。同时，药物浓度监测发现，所制备微球在局部具有药物缓释作用，在栓塞的同时，能缓慢释放 5–FU，使化疗药物能够长期作用于病灶部位，杀伤肿瘤，提高治疗效果。该研究说明了碘化油–氟尿嘧啶聚乳酸载药微球具有诱导栓塞、显影和缓释化疗等多种功能，在栓塞动脉肿瘤血管的同时释放并积累药物，可以达到良好的治疗效果。

17.3.2 环境条件敏感栓塞化疗微球制剂

此类微球可以根据环境的变化使自身结构或者功能快速发生变化，从而实现血管栓塞剂释放药物，是一类智能响应微球载体。由于智能响应性微球载体具有较高的稳定性、灵活的可修饰性、快速的刺激响应性，以及良好的生物治疗效果等特点，此类微球在治疗和诊断领域的研究日益受到重视。一些高分子材料可以采用刺激响应性官能团进行修饰，即可用于制备环境响应性载药栓塞微球。由此进一步提高了微球载体的安全性和靶向性，能够在肿瘤部位进行聚集，并根据不同微环境刺激做出响应，达到增强疗效的目的。根据不同刺激条件，智能响应微球可以将其分为 pH 响应性微球、温度响应性微球及多重刺激响应性微球。

1. pH 响应性微球

pH 响应性材料一般含有可电离基团或者酸，致化学键断裂，在较低 pH 环境下材料发生变化，或表现出溶胀、坍塌现象，导致微球结构改变，从而实现血管堵塞与化疗作用。由于肿瘤细胞代谢旺盛，生成大量乳酸，使肿瘤呈现微酸环境，所以，利用肿瘤组织和正常组织中不同的 pH 梯度，将 pH 响应性材料接枝在微球表面。当微球到达低 pH 环境时，可通过基团结构变化或化学键断裂来响应，以此制备 pH 响应性微球载体。例如，有研究者基于一种酸性微环境响应性超支化聚氨基酸（HPTTG），通过 L–氨基酸 N–羧酸酐（NCA）的开环聚合，制备了具有 pH 响应性的栓塞微球，简化了栓塞治疗程序，提高了栓塞治疗的依从性和普适性。通过调节共聚物中酸性氨基酸的比例，控制溶胶–凝胶相变的 pH，降低 HPTTG 的 pH。当 HPTTG 到达肿瘤部位时，由于酸性的微环境，它会转化为水凝胶，并停留在肿瘤部位。荷瘤动物实验证明，HPTTG 具有良好的靶向性和栓塞能力，注射后 8 h 在肿瘤部位蓄积最多，肿瘤血管闭塞；20 日左右肿瘤被抑制坏死。因此，HPTTG 不仅可以作为新型栓塞材料用于多种实体肿瘤的有效无创栓塞治疗，而且为设计 pH 响应性微球载体提供了很好的范例。

2. 温度响应性微球

用于制备温度敏感应答微球的材料一般具有较低的临界溶解温度（LCST）。在 LCST 附近，温敏性材料会快速响应温度的变化而发生结构改变，并进行降解。同时，由于肿瘤组织病变，或者外界环境的改变，能引起肿瘤局部温度升高，所以，将温敏性材料修饰在微球表面，使栓塞微球具有温度敏感性，以此制备温度响应性微球载体。聚 N–异丙基丙烯酰胺（PNIPAM）是温度敏感性聚合物，含有热响应性。由于 PNIPAM 的相变行为高度可逆，将所开发的微球和温敏性材料进行结合具有巨大的应用潜力，特别是对于基于植入的高相对分子质量药物的释放。

3. 多重刺激响应性微球

仅有单一响应性的微球载体已经难以满足多元化应用的需求，多种响应性微球随之应运而生，受到了人们越来越多的关注。多重响应性微球通常装载了 2 个或者 2 个以上的单体聚合物，可以针对不同的刺激进行多重响应，达到更好的治疗效果，成为多功能、多方式诊疗癌症的重要方法。例如，有研究者利用聚苯乙烯磺酸盐（PSS）、壳聚糖（CS）采用层层组装技术形成微球，再通过氧化还原引发剂，与 N–异丙基丙烯酰胺（NIPAM）接枝聚合，成功制备了具有 pH/离子强度/温度多响应壳结构微球。

近年来，伴随着人们对肝癌的病理基础与临床治疗的深入研究，经导管动脉栓塞技术逐渐突破了肝癌的治疗“瓶颈”，并在临床上具有广阔的应用前景。栓塞微球技术单一治疗方式往往难以达到预期的效果，亟须开发新型高效、精准靶向、具有良好生物相容性的多技术组合栓塞微球，对肿瘤等顽疾发挥更大治疗效果。

17.4 介入栓塞化疗原位凝胶制剂

原位凝胶剂，在体外环境为黏度较低的水溶液，注射到靶向部位后，通过物理交联和/或化学交联等发生溶胶–凝胶转变，形成固体/半固体水凝胶。通过合理设计，原位凝胶剂可以具有良好的可注射性、栓塞可控性、血管填充性能、生物相容性和药物缓控释作用，已成为研发治疗动脉瘤和 AVM 等多种疾病的新型栓塞剂。根据形成机制，可将原位凝胶栓塞剂分为物理交联水凝胶、化学交联水凝胶和物理/化学交联水凝胶。近 10 年来，国内外对可注射的原位凝胶血管栓塞剂取得了较大的研究进展，有些已经进入临床应用。

17.4.1 不同类型原位凝胶栓塞剂

物理交联原位凝胶是基于范德华力、偶极–偶极、疏水相互作用、静电相互作用和氢键等次级相互作用形成的一类原位凝胶材料，可通过体内环境刺激或离子原位交联等发生溶胶–凝胶相变，具有易于注射和填充不规则血管、简单可调和良好的载药缓释性能等优势。

1. pH 响应性原位凝胶剂

阴离子型 pH 响应性原位凝胶：阴离子型 pH 响应性原位凝胶栓塞剂主要由基于磺胺二甲嘧啶（sulfamethazine，SM）的共聚物材料制备而成。高 pH 环境（注射器和导管内）到低

pH 环境（生理条件和肿瘤部位）的转变使 SM 发生去离子化，并诱导 SM 基聚合物从亲水状态转变为疏水状态，导致胶束形成，最终交联形成 3D 水凝胶网络，实现栓塞。

阳离子型 pH 响应性原位凝胶：可生物降解的阳离子型聚胺基酯型聚氨酯（poly (amino ester urethane)，PAEU）嵌段共聚物也表现出 pH 触发的溶胶–凝胶转变，可以作为液体栓塞剂。PAEU 共聚物水凝胶会随着 pH 的升高而发生溶胶–凝胶转变，凝胶区域覆盖了生理条件（37 ℃，pH 7.4）和肿瘤条件（37 ℃，pH 6.5），可以制备为 pH 响应性栓塞原位凝胶。此外，PAEU 共聚物可通过静电相互作用和氢键结合化疗药物，如阿霉素等，并可与碘化油混合来增加不透射线性，能够增强显影，提高在肿瘤栓塞化疗方面的实用性。

2. 温度响应性原位凝胶剂

温度响应性原位凝胶主要利用热诱导的材料在室温和人体温度下的特性变化来进行栓塞。在理想状态下，此类液体栓塞剂在注射过程中应具有足够低的黏度，并相应于体内目标部位的温度升高或降低而形成具有足够强度的凝胶，以阻断血流。

聚 N–异丙基丙烯酰胺（poly (N-isopropylacrylamide)，PNIPAM）：PNIPAM 是一种生物相容性的温度响应型高分子聚合物，其同时含有疏水性的异丙基和亲水性的酰胺基团，低临界溶解温度（Lower Critical Soluble Temperature，LCST）约为 31 ℃。在 LCST 以下，亲水性的酰胺基团占据主导，并与水分子以氢键结合，宏观表现为溶解态。当环境温度高于 LCST 时，异丙基占据主导，酰胺基团与水分子之间的氢键断裂，在疏水相互作用下呈非均相，宏观表现为溶液出现浊点，形成凝胶态。PNIPAM 的 LCST 与人体体温接近，因此具有作为液体栓塞剂的潜在价值。研究表明，PNIPAM 可以作为一种血管栓塞剂，安全、有效地闭塞局部动脉。由于 PNIPAM 凝胶往往存在机械强度低、载药能力有限和生物降解性差等缺点，采用共聚法对其进行改性或可有效提高 PNIPAM 类材料的实用价值。例如，亲水性成分的引入会使聚合物 LCST 上升，而疏水性成分的引入会使聚合物 LCST 降低；在 PNIPAM 聚合物网络中引入可电离的丙烯酸，通过乳液聚合法制备温度/pH 双重响应型的聚（N–异丙基丙烯酰胺–co–丙烯酸）纳米凝胶，克服了单一温敏材料因提前凝胶化而导致推注困难甚至阻塞导管的缺点；采用酸敏感的腙键将 DOX 与纳米凝胶进行了偶联，实现了 pH 敏感降解释药。

壳聚糖（chitosan，CS）类：CS 是甲壳素的脱乙酰化产物，为天然阳离子碱性多糖，因具有生物相容性、生物可降解性、生物活性、抗菌活性及成胶成膜性而成为目前最具有前景的生物材料及药剂辅料之一。通过加入碱性盐和制备 CS 衍生物可得到具有温敏特性的 CS 类水凝胶。壳聚糖/甘油磷酸盐（chitosan/β–glycerophosphate，CS/β–GP）体系可在人体温度下发生溶胶–凝胶相变，可作为血管栓塞剂。除了 β–GP 诱导的 CS 的物理胶凝作用外，其他胶凝剂（葡萄糖–1–磷酸、葡萄糖–6–磷酸等）也可用于制备具有足够强度的 CS 类凝胶。

聚环氧乙烷–聚环氧丙烷–聚环氧乙烷共聚物（也即泊洛沙姆（poloxamer））：泊洛沙姆是广泛用于药剂学和工业生产的非离子表面活性剂。泊洛沙姆 407（P407）是泊洛沙姆系列中被研究最为广泛的一类，其具有以下特性：① 高浓度（20%～30%）下具有反向可逆热胶凝性质，相变温度在人体体温附近；② 水溶性良好，毒性低；③ 独特的疏水内核–亲水外壳结构使 P407 通过疏水相互作用包裹疏水性药物。动物实验表明，体内注射 22%的 P407 可导致血管完全闭塞，随后在 10～90 min 内完全再通而无并发症，但其在体内的快速侵蚀限制了进一步的应用。有研究者以 P407、海藻酸钠（sodium alginate）、羟甲基纤维素（hydroxymethyl cellulose，HPMC）和碘克沙醇（iodixanol）为基质，并引入 Ca^{2+}制备了一种新型温度响应性复合水凝胶（PSHI－Ca^{2+}）。Ca^{2+}的引入显著增加了凝胶强度和稳定性（凝胶质量保持 5 h 不变），克服了 PSHI 在水环境中快速侵蚀（250 min 后完全溶解）等缺点，可对兔 VX2 肿瘤及周围血管进行完全闭塞，同时，观察到肿瘤细胞的凋亡和坏死，可以作为肿瘤 TAE 治疗的液体栓塞剂。

3. 离子交联原位凝胶剂

离子交联原位凝胶是基于多聚物链中阴离子基团与金属阳离子间的静电相互作用而形成的水凝胶材料。无机离子的引入增强了水凝胶的柔韧性和机械强度，赋予其优异的力学性能。其中，海藻酸钙（calcium alginate，CA）凝胶是研究最为广泛的离子交联原位凝胶栓塞剂。CA 凝胶是一种由海藻酸盐和氯化钙溶液组成的双组分生物相容性聚合物系统，由于其固态的高机械强度和液态的低黏度而具有作为栓塞剂的潜力，其相变机制在于 Ca^{2+}易与海藻酸盐链的 G 区（富含古洛糖醛酸）进行离子交联，促使多糖链间的弱极性相互作用被阳离子诱导的强静电相互作用所取代，从而形成稳定的凝胶。通过调节 Ca^{2+}含量、聚合物浓度和胶凝温度，可以调节胶凝动力学和流变学性质。CA 凝胶系统的主要优点是从导管中释放时的快速原位凝胶化，而无须依赖血栓形成来进行阻塞。在动物模型和动脉瘤模型中已证实其具有良好的可注射性、血管穿透性、填充效果、机械稳定性和生物相容性。但该系统不具有成像功能，需要海藻酸盐和 Ca^{2+}的分别递送（如同心导管/双腔导管），以防止在导管内部发生聚合，降低了可操作性。

4. 溶致液晶（lyotropic liquid crystals，LLCs）凝胶剂

LLCs 是一定浓度的两亲性分子在水或极性溶剂中自组装形成的液晶材料。低黏度的液晶前驱体溶液注射到达栓塞部位后，通过吸水形成高黏度原位立方液晶凝胶，进而闭塞血管。植烷三醇（phytantriol，PT）是一种具有三羟基亲水头部和长碳链疏水尾部的生物相容性两亲性分子，溶于水和有机溶剂的混合溶液中可得到低黏度、易于推注的前体溶液。该溶液与血液接触后，在两者之间形成一个界面，数秒内有机溶剂和血液迅速交换，继而吸水溶胀，原位形成具有生物黏附性的双菱形晶格型立方液晶。Han 等报道了 PT 液晶作为新型栓塞剂的应用，显示其可有效阻断肝动脉的血流，并具有一定抗血流冲刷特性，能长期滞留于病灶部位。PT 液晶不仅可以促进药物的持续释放，而且可以负载不同极性的药物，保护药物的生物活性，有效克服药物，如羟基喜树碱和多西紫杉醇等，水溶性和稳定性差等问题。有报道引入碘化油可增加不透射线性，并在一定程度上改善 PT 液晶的突释问题。

5. 凝聚体凝胶剂

聚阳离子硫酸盐－聚阴离子肌醇六磷酸钠（salmine sulfate-inositol hexaphosphate，Sal－IP6）凝聚体栓塞系统由研究者通过模拟含有相反聚电解质的海底流体黏合剂的化学性质开发得到。Sal－IP6 可响应环境中的 NaCl 浓度，当从较高离子强度环境转化为生理环境时，Sal－IP6 由可注射的均质液体（黏度约 1 Pa·s）转变为强度较高的凝胶（黏度约 39.7 Pa·s），栓塞血管。兔肾动脉经导管栓塞术研究表明，Sal－IP6 凝聚体的穿透距离达 4 cm，可实现毛细血管水平穿透、均匀闭塞和肾脏供血的完全阻断，并且没有静脉循环的交叉栓塞和不良组织反应。由于 Sal－IP6 系统的相变机制依赖于 NaCl 向材料外的扩散，因此不会发生导管堵塞。

6. 剪切稀化水凝胶（shear-thinning biomaterial，STB）剂

STB 是具有剪切稀化胶凝特性的材料，因具有良好的可注射性、自愈性和输送细胞与生长因子的能力而受到关注。STB 与经历溶胶–凝胶转变的其他原位凝胶系统不同，其在注射前后均保持天然凝胶结构。STB 的可注射性取决于注射过程中剪切速率对黏度的改变，而去除剪应力则恢复凝胶强度，实现血管闭塞。例如，最近研究者设计了一种含有明胶和硅酸盐纳米片的剪切稀化纳米复合水凝胶血管栓塞系统。这种高电荷的合成生物活性硅酸盐纳米片的表面带负电荷，边缘带正电荷。由于各向异性的电荷分布，带正电荷的明胶与硅酸盐纳米片产生强烈的静电相互作用，在外部刺激作用下自组装，并表现出剪切稀化行为。通过改变明胶和硅酸盐纳米片之间的比例，可以调整 STB 的模量和黏度。在注射过程中，该材料在导管和针头内表现出类似流体的行为，当应力消除后，恢复到原始的凝胶态，闭塞血管。

17.4.2 原位凝胶栓塞剂治疗应用

温度响应性水凝胶是最早研究作为栓塞剂的原位凝胶材料，其优势在于只借助体内外的温度变化而不依赖其他条件就可发生溶胶–凝胶相变，并具有良好的材料可修饰性。但其可能存在生理温度下长距离递送中途阻塞的限制，并缺乏与多种治疗药物相互作用的离子基团。目前温度响应性原位凝胶主要被报道用于动脉瘤、AVM 和肝癌的栓塞治疗研究。

pH 响应性原位凝胶的递送不受限于生理温度，可克服温度响应性原位凝胶的导管阻塞问题，同时，可通过静电相互作用结合抗肿瘤（如 DOX）或其他类型药物，多用于肝癌 TACE 治疗新型栓塞剂的开发。

离子交联凝胶由于引入金属离子（如 Ca^{2+}）而具有更优的力学性能，同时，研究较成熟，具有应用于动脉瘤、AVM 和肝癌等疾病 TAE 治疗的良好前景。

LLCs 的优点在于其不仅具备在血液环境中相变阻断血流的特点，还可荷载和缓释不同极性的药物，有效提高药物的血药浓度和生物利用度，在肝癌 TACE 治疗中潜力巨大。

凝聚体和剪切稀化水凝胶为最近报道的两类原位凝胶栓塞剂，均可促进凝血酶激活和纤维蛋白生成，并有效阻断实验动物的动脉血流，可作为良好的止血栓塞材料。

介入栓塞化疗制剂与传统普通制剂联合使用，也能够取得较为理想治疗结果。例如，载载体化药载体微球通过血管介入，实现血管栓塞与缓释药物化疗，被临床证实在胰腺癌治疗中有效，且不良反应较低。最近，有临床研究人员对胰腺癌肝转移患者采用载药微球介入灌注化疗栓塞（drug eluting beads TACE，D–TACE）联合全身静脉 FOLFI RINOX 方案，也取得了良好的临床疗效，不良反应也相对缓和。

经导管血管栓塞术是临床介入治疗中的常用方法，而栓塞剂的栓塞效果则直接决定了治疗结果。尽管已有多种不同类型的栓塞剂上市，用于临床治疗，但这些产品仍存在各种局限性。这些也应引起足够重视，并努力予以克服。

17.5 介入栓塞化疗制剂制备

介入栓塞化疗微球及原位凝胶制剂制备方法，针对不同材料，工艺多样，参见缓控释微球制剂及凝胶制剂部分。

17.6　介入栓塞化疗制剂质量控制

17.6.1　介入栓塞化疗微球制剂质量控制

1. 形态检查

理想微球的微观形态应为圆整球形或椭圆形实体，形态饱满，颗粒的大小应尽可能均匀，微球之间无粘连。微观形态的观察可使用扫描电镜（scanning electron microscopy，SEM）、透射电镜（transmission electron microscopy，TEM），以及原子力学显微镜（atomic force microscopy，AFM）等。

2. 粒径及粒径分布测定

粒径及粒径分布是影响微球制剂释放行为的关键因素。粒径测定有多种方法，包括动态光散射、静态光散射、显微镜法等。而粒径的分布除了可用粒径分布图表示外，还可用多分散性指数（polydispersity index，PDI）和跨距（SPAN）表示。

$$\mathrm{PDI} = \mathrm{SD}/d$$

式中，SD 为粒径标准偏差；d 为平均粒径；PDI 可以用激光衍射粒度仪测定。

$$\mathrm{SPAN}= (D_{90} - D_{10})/D_{50}$$

式中，D_{90}、D_{50}、D_{10} 分别表示粒径分布图中相应于累积频率 90%、50%、10%处的粒径。

3. 体外释放度及突释率的测定

在微球释放的最初阶段，吸附在微球表面的药物会通过扩散作用而快速释放，称为突释效应。突释效应可能导致人体内药物浓度在短时间内迅速升高，并使得药物效期缩短，是限制微球广泛应用的关键问题，因此，在质量控制过程中，必须重点关注突释率这一指标。2020 版《中国药典》规定，微球在开始 0.5 h 内的释放量不得超过 40%。目前主要通过体外释放度实验考察微球的突释效应。2020 版《中国药典》收载的释放度测定法包括桨法、篮法、杯法，用以上方法测定释放度不仅需要大量的样品，而且释放后测得的药物浓度偏低，已无法满足检验要求。

微球制剂体外释放度测定方法主要有：

① 直接释药法，这是目前最常用的方法，包括摇床法、恒温水浴静态法。将微球制剂置于含有介质的容器中保持恒温封闭，经过一定时间取样并补充新鲜介质。

② 流通池法，系统由恒流泵、温控流通池、贮存瓶、过滤系统、取样系统和样品收集系统组成。其被美国药典收载，并被广泛应用于缓释制剂的研究。

③ 透析膜扩散法，该法是指将微球放入透析管中，并将其放入介质中测定。

4. 载药量和包封率测定

载药量和包封率是反映微球制剂中药物含量的重要指标，载药量的批间稳定性也是工艺成熟的重要标志。

$$载药量 = 微球中所含药物质量/空白微球总质量 \times 100\%$$

$$包封率 = 系统中包封的药量/制备制剂加入的总药量 \times 100\%$$

5. 有关物质和杂质分析

鉴于已上市的产品大部分为多肽微球，其相关杂质包括降解杂质、工艺杂质以及聚合物杂质。降解杂质包括药物在生产、贮存过程中发生水解、氧化反应而生成的产物。工艺杂质中得到最广泛关注的是乙酰化杂质，这类杂质是由药物多肽中的氨基、羟基与PLGA 的羧基末端经过化学反应生成的，这种杂质往往在PLGA 微球中存在。

6. Zeta（ζ）电位测定

ζ电位也是微球的一个重要属性，ζ电位往往能决定微球制剂的稳定性。微粒表面带有同种离子，通过静电引力形成反离子吸附层及扩散层，扩散层滑动面至反离子电荷为零处的电位差叫动电位，即ζ电位。ζ 电位值可以反映微粒的物理稳定性，ζ电位越大，微粒之间的排斥作用越强，沉积可能性越小，微粒在溶液中越稳定。虽然此时微粒可能发生絮凝，但是可逆的，有利于微粒稳定。一般 ζ 电位绝对值大于 25 mV，可以达到稳定性要求。ζ 电位仪可以直接测量ζ电位值。

7. 载体辅料特性检测

微球制剂的缓释功能是通过载体辅料实现的，这些载体辅料通常无毒、可降解并具有良好生物相容性。常用的微球制剂载体辅料包括天然材料（如明胶、壳聚糖、淀粉、白蛋白）、半合成材料（多为纤维素衍生物）以及合成材料（聚乳酸、聚氨基酸、聚羟基丁酸酯、聚乳酸-羟基乙酸共聚物等）。

此外，在微球生产过程还需要加入乳化剂、润湿剂以及表面活性剂等辅料。载体辅料的相对分子质量及分布范围、组成单体的比例及玻璃转化温度（glass transition temperature，T_g）都会影响微球的释放周期、释放速度。

相对分子质量及其分布测定主要采用凝胶渗透色谱法（GPC），并以重均相对分子质量（M_w）、数均相对分子质量（M_n）和相对分子质量分散系数（M_w/M_n），或者绘制相对分子质量分布曲线来表征其相对分子质量。

玻璃转化温度（T_g）是载体辅料在玻璃态和高弹态之间相互转化的温度，在一定程度上可以反映微球的稳定性。T_g 可以通过差示扫描量热分析法（DSC）进行测定。

在质量控制过程中，关注载体辅料相对分子质量等特性变化，可以帮助我们理解微球降解机理，优化处方工艺。

8. 溶剂残留检测

由于微球制剂与普通制剂不一样，除了必要的辅料，在生产过程中还可能会使用二氯甲烷、正庚烷、乙醇或乙酸乙酯等有机溶剂，依据ICH 指导原则分类，二氯甲烷属于第二类残留溶剂，而正庚烷、乙醇和乙酸乙酯为第三类残留溶剂，因此，必须对其限度进行控制。残留溶剂一般采用气相色谱法来测定。此外，对于固体无菌粉末制剂，一般都要求控制水分的含量。由于微球制剂大多是多肽或蛋白类药物，这类药物对热不稳定，因此不适合采用干燥失重的方法测定水分，可以采用卡尔-费休氏水分测定方法来完成。

9. 细菌内毒素与无菌检查

微球制剂的细菌内毒素和无菌检查，需要进行球内和球外部检测实验。微球外部实验，旨在检测制剂完成生产灌装入瓶中时的微生物和细菌内毒素；微球内部实验，旨在检测微球内部包含的微生物和细菌内毒素。微球的粒径远大于真菌和细菌，因此表面及内部均存在污染可能。

17.6.2　介入栓塞化疗原位凝胶制剂质量控制

原位凝胶制剂质量控制尚无国家标准，其评价指标主要包括以下参数。

1. 凝胶温度

使用旋转黏度计来测定不同温度下原位凝胶的黏度，黏度变化产生突跃时的温度就是需要测定的凝胶温度。

2. 流变学评价

取原位凝胶样品 40 mL 于 50 mL 小烧杯中，烧杯置于水浴锅中以 1 ℃ • min^{-1} 的速度升温，用旋转黏度计测定不同温度下原位凝胶的黏度值。

3. 局部滞留时间

采取定量检测给药部位相关材料，并结合释药、栓塞效应，评价局部滞留时间。

思　考　题

1. 什么是介入治疗？
2. 介入治疗针对不同疾病具有哪些优势？
3. 介入栓塞化疗制剂有哪些主要类型？

参考文献

[1] Guo Z, Yu H P. Arterial infusion and arterial chemoembolization for pancreatic cancer [J]. Integrative Pancreatic Intervention Therapy, 2021: 319 – 328.

[2] 史新萌，瞿鼎，陈彦. 可注射原位凝胶栓塞剂的研究进展 [J]. 药学学报，2022，57 (3): 644 – 657。

[3] 闫歌，周学素，程玉莹，等. 栓塞微球在原发性肝癌中的研究进展 [J]. 上海师范大学学报（自然科学版)，2021，50 (6)：714 – 720.

（王　汀）

第 18 章
计算药剂学与人工智能制药技术

1. 掌握计算药剂学的定义。
2. 熟悉计算药剂学在药剂领域的应用。
3. 了解计算药剂学中常用的工具。

18.1 概述

药剂学是针对最终临床应用药物制备的综合应用学科，主要围绕药物制剂开展研究。在设计一种药物剂型时，除了要满足医疗、预防需要外，同时需要对药物性质、制剂稳定性、生物利用度、质量控制以及生产、贮存、运输、使用方法等加以全面考虑，使得药物达到安全、有效、稳定、质量可控、使用方便等目的。全面了解制剂体系中各成分的微观结构特征和分子间相互作用关系，以及其随温度、压力、湿度、光线等外界条件变化规律，设计出最佳药物制剂至关重要。

现代药剂学已经有了长时间发展，但制剂处方开发仍然没有完全摆脱试错性实验过程，在一定程度上仍然依赖于个人经验。近年来，随着计算机硬件设备、科学理论和软件算法的快速发展，计算机虚拟设计开始应用到药物制剂研究领域。尤其是，计算机数字设计发展为人工智能，结合先进的实验技术，能够准确模拟出复杂甚至难以通过实验验证的制剂相关的不同环节，成为促进药物制剂研发的重要辅助手段。

18.2 计算药剂学定义与常用工具

计算药剂学（computational pharmaceutics）是结合药剂学相关理论，利用计算机模拟技术进行药物制剂研究的科学。它结合量子力学（Quantum Mechanics，QM）、分子动力学（Molecular Dynamics，MD）、蒙特卡洛随机（stochastic Monte Carlo methods）、粗粒度动力学（coarse grained dynamics）、离散元素法（discrete element methods，DEMs）、有限元素方法（finite element method），以及先进分析模拟（advanced analytical modeling），对制剂相关过程进行多维度模拟，辅助药剂学研究。计算药剂学以结构药剂学为基础，运用高性能计算技术手段和计算机模拟方法从药剂学设计的需求出发，逐步打破传统药剂学的试错性实验筛选手段，可实现药剂学研发从经验模式向理论指导模式的转变。

通常计算药剂学以分子模拟软件为工具进行药剂学研究与开发。目前分子模拟软件依据的计算模式主要有三大类：量子化学模拟（quantum chemistry，QC）、分子力学及分子动力学模拟（molecular mechanics & dynamics，MMD）、粗粒子模拟（coarse-grained molecular dynamics，CGMD）。而现有的分子模拟软件通常会具有 1 种或兼有以上 2～3 种模拟功能。

18.2.1　量子化学模拟软件

目前计算药学等领域广泛应用的量子化学计算程序包主要有 Gaussian、Car-Parrinello 分子动力学(Car-Parrinello Molecular Dynamics，CPMD)、分子轨道计算软件包(Molecular Orbital Package，MOPAC）等。这类软件的主要研究对象是小分子，同时兼顾周期性体系。其计算特点是研究体系相对较小、结果精确，但计算时间长，对设备要求高。在药剂学方面的应用有两种：① 研究药物分子稳定性和反应活性，通过分子间相互作用和反应机制等指标指导稳定剂和辅料筛选。② 主客体作用研究，例如，环糊精–药物体系稳定性和性能、药物分子与蛋白活性位点的结合、药物载体对药物传递和释放性能的影响等。

18.2.2　分子动力学模拟软件

分子动力学模拟软件主要有 NAMD(nanoscale molecular dynamics)、CHARMM(chemistry at Harvard macromolecular mechanics）等。此类软件在分子力场基础上，通过动力学轨迹积分来推演复杂体系在不同压力和温度下分子间相互作用规律、聚集和扩散行为。其主要研究对象是生物大分子（如蛋白质、核酸、糖类或脂质分子等）或生物大分子复杂体系，并考虑溶剂体系产生的影响，使计算结果接近于实际情况。分子动力学计算首先要选择适合的分子力场，用来研究蛋白药物聚集、变构行为，蛋白活性结构热稳定性，靶蛋白与药物的相互作用，药物跨膜传输和扩散行为等。

18.2.3　介观模拟软件

介观（mesoscale）是介于宏观与微观之间的一种体系。介观模拟软件包括 Material Studio 软件中的 Mesocite 及 MesoDyn、耗散粒子动力学模块（dissipative particle dynamics，DPD）、Gromacs 和 LAMMPS（large-scale atomic/molecular massively parallel simulator）等软件包部分模块。其中，DPD 模块是分子模拟算法，主要用于模拟复杂流体行为。DPD 方法中单个粒子代表整个体系中一个分子或多个分子，或高分子的一个片段区域，而忽略单个原子影响，也不考虑分子行为细节及运动过程。DPD 方法与传统的 MD 模拟方法相比，主要优势在于可实现更广泛时间与空间尺度的模拟计算。使用 DPD 方法可以对尺寸为 100 nm 的聚合物流体体系进行微秒时间范围的动态模拟，可模拟药剂学中药物与辅料混合、体系相分离与聚集行为、纳米药物颗粒的控释缓释等。

Mesocite 模块包含粗粒化分子动力学以及耗散粒子动力学两种方法，是以软凝聚态材料为主要研究对象的介观模拟程序。利用介观方法在时间和空间尺度上优势，Mesocite 可以更加快捷地研究添加剂、溶剂、单体类型和比例相互作用，以及各种均聚、嵌段、枝状聚合物结构和性能的相互影响，在药物制剂的优化设计和药物分子的缓控释领域具有重要应用。

MesoDyn 模块是一款基于动态平均场密度泛函方法的介观模拟程序，主要用于复杂流体，包括聚合物熔体和混合体系在介观尺度的动力学研究。它将真实聚合物转化为高斯链（Gaussian chain）模型，将真实体系的动力学过程转变为不存在相互作用的高斯链在一个平均场作用下的运动。此时，系统运动利用朗之万泛函方程描述，利用 Flory-Huggins 参数平均场描述与表征聚合物相关作用。MesDyn 模块可以模拟 100～1 000 nm 的体系，可以非常方便地研究复杂流体、聚合物共混动力学过程及稳定拓扑形貌。因此，MesoDyn 在复杂药物传输以及相关领域具有广泛应用。

18.2.4 药物晶体学预测软件

1. 药物晶型预测软件

晶型预测计算软件分为两类：基于分子力学和基于量子力学预测分子晶型的理论预测软件。基于分子力学软件以 Material Studio 软件包中的 Polymorph 模块为主要代表。Polymorph 模块是一个算法集，可以与实验 X 射线衍射数据相关联，也可以依据药物分子结构进行计算，预测低能多晶型。在处理过程中，微小改变都会导致稳定性较大变化，因此，Polymorph 模块中建立了相似性挑选和聚类算法，用户可以将相似模型归类，节省计算时间。由于该类预测方法是基于分子力学预测，计算速度较快，预测准确性较高，但也与分子力场、分子柔韧性有关。

基于量子力学预测分子晶型软件 USPEX，是采用 Matlab 程序编译晶体预测软件包，具有较高预测准确性。该软件通过脚本（Script）调用 VASP（Vienna Abinitio Simulation Package）、MOPAC、Tinker、SIESTA（Spanish Initiative for Electronic Simulations with Thousands of Atoms）、GULP、LAMMPS、DMACRYS、CP2K、Quantum Espresso、FHI-aims、ATK 和 CASTEP 这 12 种量化软件进行优化计算得出结果，由此进行晶体结构预测。该软件既可以用于原子晶体的结构预测，也可以用于分子晶体预测。预测药物分子晶体时，可以根据分子结构预测其稳定和亚稳定结构，也结合实验检测晶胞参数或者固定晶胞形状、晶胞体积，来快速模拟搜索得到的稳定组成和结构。

2. 药物晶癖（crystal habit）预测软件

晶癖是影响药物制剂生产和药物溶解速度的重要因素。目前尚缺乏能够准确预测晶癖的计算模拟软件。由于晶癖是晶体外层生长、晶面在不同方向生长围成的立体空间，生长最快的晶面往往在晶体生长过程中逐渐消失，因此较慢生长晶面决定分子结晶晶癖。在溶剂中，溶剂分子和其他溶质在最外层晶面上与药物分子竞争位点会影响到晶体外层生长晶面的实际生长速率。因此，对于晶癖的准确预测，除考虑晶体自身生长特点外，还需要考虑外界溶剂化环境的影响。而这是开发药物晶体晶癖预测软件难度较大的原因，目前，包括 Materials Studio 在内，许多软件都难以准确预测药物分子晶癖。

18.3 计算药剂学实际应用

计算机模拟技术是随着计算机硬件和软件快速发展而兴起的一种计算机辅助实验设计、实验过程模拟及实验结果预测的计算机技术。在药剂学中，利用计算机软件对药物制剂及其制备过程与发挥作用的不同环节建立相应的模型，从分子水平模拟药物结构和体内外各种行为，以预测与研究对象模型对应的作用结果。

18.3.1 药物晶型预测

药物的晶型与稳定性、溶出速度，甚至临床疗效密切相关。对于原药与辅料，选择合适的晶型，以及确保药物晶型在制剂制备和贮存过程中不发生变化，至关重要。

药物制剂中多数药物以特定晶型存在。药物晶型与药物压缩成型性能、稳定性、溶出速度、释放性能、生物利用度等都密切相关。然而，药物一般都具有多晶型现象，即在一定条件范围内，药物可能以不同的晶型同时或交替存在。根据存在状态稳定性，药物晶型通常分为稳定型、亚稳定型、溶剂共晶化合物、无定形四种类型。相同条件下，依据形成的影响因素，药物晶型分为两种：构型多晶型和构象多晶型。构型多晶型是由于相同构象分子、基团、离子或原子的堆积方式不同而产生的多晶型。构象多晶型则是由于分子构象不同而产生多晶型现象。晶体化合物在结晶生长时，各晶体生长面生长速率不同，同时，由于结晶条件如温度、压力、传热传质、溶媒、杂质等影响，使分子难以均匀地到达各晶体生长面，相同晶型可能产生不同外形。晶型及晶癖均会影响晶体的稳定性质、堆积性质、热力学性质、动力学性质、表面性质、机械性质和光学性质等。此外，药物存在形式可能是多晶型、结晶水合物、结晶溶剂化物，也可能是盐和共晶。全面掌握药物多晶型、晶癖特点及其物理化学性质，筛选出适宜的药物晶型和晶癖是药物药剂顺利生产的先决条件。

18.3.2　研究药物与辅料及溶剂的相互作用

合理选择辅料以及研究 API 与辅料相互作用是药物制剂处方筛选的基础。药物和辅料之间相互作用可以改变药物的理化性质、药理药效和药动学行为。加入特定辅料，API 可能会发生一些显著的物理化学变化。

18.3.3　药物与辅料相互作用

（1）形成络合物：络合剂能与药物可逆地形成络合物，络合剂环糊精普遍用于包合难溶性药物，提高其生物利用度。

（2）吸附作用：固体辅料表面吸附会使药物无法溶出或分散，最终降低其生物利用度。

（3）多组分晶体：室温下呈固态的不同药物，按照一定的化学计量比混合，在氢键或其他非共价键的作用下，不同分子之间可能连接形成晶体，称之为共晶。一般能形成共晶的两种化合物包括羧酸–羧酸、羧酸–酰胺、羧酸–吡啶、醇–胺、醇–吡啶。药物共晶可以改进药物性质，包括提高溶解度、溶出速率、化学稳定性、生物利用度等。

18.3.4　药物与溶剂相互作用

溶剂化过程被定义为在常温下，溶质分子从一个固定位置转移至溶剂中的过程，也即溶剂分子与溶质相互作用并累积在溶质分子周围的过程。考察溶剂效应对药物作用影响，一种方式是把溶剂看成连续介质，即非特异性溶剂效应，从溶剂对溶质的极化作用考察溶剂对溶质性质影响。另一种方式是把溶剂看成个体分子，即特异性溶剂效应，从溶剂与溶质的氢键、电荷转移相互作用角度考察溶剂对于溶质的影响。在以上两种模型的基础上，发展了各种不同的理论方法，包括量子化学计算方法，以及量子力学与分子力学相结合的 QM/MM 方法、采用经典力场的动力学模拟方法，如 MD 模拟、蒙特卡洛模拟。

例如，药物–环糊精复合物的计算机模拟方法包括 QM、MD、MC、分子对接（Molecular Docking）、定量结构–活性关系（Quantitative Structure Activity Relationship，QSAR）等。其中，分子动力学模拟是较为常用的方法，用于模拟原子和分子物理移动。

18.3.5 无定形固体分散体

在固体分散体中，药物分子无规则地滞留在分散介质内部，这提高了药物溶解特性。如果药物分子无规则地滞留在由聚合物长链形成的网状结构内，则由于聚合物网状结构具有较高的能垒，药物分子应该很难迁移及重结晶，能够保持较高的溶出度。此外，构成固体分散体基质的聚合物具有一定的抗塑性，能提高玻璃化转变温度（T_g）及抑制晶体形成，有利于维持药物溶出度。其中，分子动力学模拟是较为常用的方法，用于模拟固体分散体中药物分子在基质中的运动。

18.3.6 冻干工艺开发

冻干过程中，药物分子运动状态及药物分子与冻干保护剂相互作用微观机制、微观过程基本未知。采用分子模拟和过程控制技术研究在冻干过程中药物与辅料的相互作用，对于处方设计、优化工艺、过程控制与质量控制具有指导意义。例如，可为药物冻干制剂处方、工艺合理设计和物理性质的反馈调控提供理论依据。计算机模拟设计 MD 为建立分子水平的处方设计、冻干工艺优化、智能化控制，乃至形成最终产业化的关键技术体系提供参考，有利于解决冻干药物制剂行业存在的共性难题。

18.3.7 预测溶解度

对于溶液型制剂，药物溶解度是决定制剂疗效的关键因素，因其决定了发挥作用剂量限制。然而，通过实验测定药物溶解度耗时费力，而通过分子结构、溶剂性质以计算机模拟预测，能够有效提高研发效率。目前，以计算机模拟溶液中药物与溶剂及辅料相互作用，是基于对某一类具有共性分子结构溶剂的溶剂化能力的认知，还具有较大局限性。

18.4 人工智能（AI）辅助药物研发

随着计算机科学发展，人工智能（AI）在社会各个领域的使用越来越广泛，AI 在制药行业应用也开始崭露头角，在药物开发不同环节都显示出优越性。例如，AI 在药物发现和开发、药物再利用、临床实验、不良反应跟踪等方面，能在短时间内准确分析大量数据，给出优化结果，显著减少了人类工作量。尤其是近年来制药行业数字化发展迅速，数据急剧增长，优化处理这些数据激发了人工智能的发展。发展人工智能涉及多个计算领域，包括推理、知识表述、解决方案确定、机器学习（ML）等。其中，机器学习及深度学习是 AI 发展的重要组成，也是 AI 发展的主要挑战，它涉及人工神经网络（ANNs）及相关技术。神经网络是包括一组相互关联的复杂计算元素和类似于人类生物神经元的“感知器”。它可以模拟人类大脑中电脉冲传输，自动处理数据，给出优化结果。目前，神经网络已经发展出多种模式，如多层感知器网络（MLPN）、递归神经网络（RNN）和卷积神经网络（CNN）。神经网络在药物发展领域应用广泛，主要模式是分析各种药物信息及药物数据库，建立起不同信息之间的相关性，找出影响药效关键因素，为药物研发提供合理策略。

18.4.1 AI 助力药物筛选

传统药物筛选费时费钱，研发成功一种药物往往需要 10 年以上时间，花费超过 28 亿美元。即便如此，仅 10%候选药物分子进入临床Ⅲ期，1%候选药物最终上市。深度神经网络（DNNs）等技术被用于虚拟筛选（VS），能够对药物分子活性和毒性进行预测，显著减少了药物研发时间及成本，增加了药物研发成功率。当前，辉瑞、拜耳、罗氏等一些跨国制药集团已经与 IT 公司开展合作开发 AI 技术平台，用于多种疾病治疗药物的研发。

18.4.2 AI 预测药物特性

溶解度、分配系数（lg*P*）、电离度、生物膜通透性等是药物重要理化性质，它们直接影响药代动力学参数和结合靶向受体效率，设计新药时需要重点考察。现在研究者发展 AI 用来预测这些理化性质，例如，利用大量这些性质相关数据发展机器学习训练程序，实现参数预测。AI 药物设计算法包含分子描述符、SMILES（Simplified Molecular Input Line Entry System，简化分子线性输入体系，是以字符串描述分子三维化学结构）、势能测量、分子周围电子密度、三维原子坐标等，通过深入学习分析程序预测性质。

18.4.3 预测药物分子生物活性

多数药物作用效果取决于其分子对靶蛋白或受体的亲和力。然而，药物分子也可与非目标蛋白质或受体作用产生毒性。AI 通过测定药物分子与靶标特征，或与靶标结合分子相似度，预测药物亲和力。已发展的预测药物与靶标相互作用 AI 技术包括 ChemMapper 和相似性集成方法（SEA）。另外，SimBoost 预测药物与靶标亲和力，XenoSite、FAME 和 SMARTCyp 等 AI 工具则用于确定药物代谢位点。

18.4.4 预测药物分子毒性

预测药物分子的毒性对确定候选药物具有积极作用。传统检测药物毒性的方法通过细胞及动物实验做验证，费时、耗力、费用高昂。AI 工具 DeepTox 通过识别分子化学描述符中静态和动态特征，如相对分子质量和体积等，预测药物分子毒性。基于机器学习开发的 eToxPred 用于评估小分子化合物毒性和合成可行性，准确度达 72%。

18.4.5 AI 辅助药物设计

1. AI 预测目标蛋白结构

蛋白质功能异常是许多疾病发生的原因，因此也是许多疾病治疗的靶点。在研发药物时，确定的靶点至关重要，因为设计的药物分子需要结合到蛋白质分子结构位点。AI 模拟蛋白质三维结构，通过分析相邻氨基酸之间的距离和相应的肽键角度，预测分子结合靶点，对于发展药物具有重要参考价值。

2. 预测药物的相互作用

药物分子与受体或蛋白质的相互作用决定了药物作用机理、治疗效果。目前发展的 AI 已经能够预测配体与蛋白质相互作用，可用于指导药物研发。此外，基于 AI 的分析还可以促进老药新用，有利于降低研发支出。

3. AI 设计新药实体

近年来，AI 深度学习功能被逐渐应用于药物分子设计，取代药物研发从头设计的传统策略。后者合成路线复杂，难以预测新设计药物分子生物活性。AI 可以快速设计数量众多的候选药物实体，并为这些药物分子设计出不同的合成路线。

4. AI 设计临床实验

临床实验的目的是确定一种药物治疗特定疾病的安全性和有效性，需要较长时间及大量资金投入。然而，进行临床实验的候选药物仅有 10%成功率。药物研发成功率低可能是药物本身原因，也可能由于患者选择不当、实验条件不相符等原因造成。AI 可以利用数字医疗大数据进行全面分析，以筛选合适患者及给出最佳实验条件，从而降低失败率。AI 可以根据患者基因组暴露谱帮助选择合适患者人群进入临床实验。在临床实验开始前，AI 还可以预测有效的先导化合物，提高药物临床实验的成功率。

18.4.6 AI 用于发展药物面临的挑战

AI 成功发展药物的关键取决于大数据的可用性、可靠性及高质量。这些有利于确保准确的结果预测，以及用于系统学习训练。AI 在制药行业应用面临的挑战主要包括：缺乏足够研发资金投入，技术不够完善，专业人员缺乏，以及智能产生数据黑箱现象。应对这些挑战，公司需要具备熟练的数据科学家、充分掌握 AI 技术和知识的软件工程师，持续拓展基于 AI 药物研发业务，构筑 AI 研发药物技术平台。

迅速发展的人工智能技术正不断渗入制药领域，以解决该行业面临的巨大挑战。这将加速药物开发过程，从而缩短药物制剂的开发周期。基于人工智能的技术还能更好地利用现有资源，提高产品质量和生产过程的安全性，提高整体成本效益。例如，人工智能在临床实验中可以帮助确定产品安全性和有效性，可以通过全面的市场分析，预测产品在市场上的定位和运作成本。值得关注的是，随着计算药剂学深入而广泛的应用，医药制造行业有条件根据患者需要制造个性化药物制剂，提高治疗效率。目前，基于人工智能开发的药物仍然比较罕见，推广实施这项技术也存在较大挑战，但人工智能有望在将来成为制药工业中一种强大的辅助工具。除此之外，计算药剂学也开始应用于纳米粒、脂质体、聚合物胶束、乳剂等基于药物载体的制剂研究，以及它们体内药代动力学的研究。目前人工智能计算模拟处于起始阶段，解决药剂学实际问题的例子有限。现在研究一般以确定性实验结果优化计算模型，再对计算虚拟预测结果进行验证，由此反复多次。这样逐渐将实验现象认知植入计算机模型中，由此提高计算预测准确性、虚拟模型正确性，也同时推进计算药剂学理论与技术的快速发展。

人工智能正不断降低药物研发周期。未来 AI 应用可以快速独立识别靶标化合物，设计合理的药物合成路线，预测治疗药物化学结构，分析药物－靶标相互作用。AI 还可以为药物选择合理的剂型及给药途径，并优化生产工艺，确保批次之间药物的一致性。因此，将来人工智能会成为促进制药行业发展的宝贵工具。

思 考 题

1. 计算药剂学的定义是什么？
2. AI 在药物制剂研发中有哪些应用？

参考文献

［1］Gupta R, Srivastava D, Sahu M, et al. Artificial intelligence to deep learning: machine intelligence approach for drug discovery［J］. Mol Divers, 2021, 25(3): 1315 – 1360.

［2］Paul D, Sanap G, Shenoy S, et al. Artificial intelligence in drug discovery and development［J］. Drug Discov Today, 2021, 26(1): 80 – 93.

［3］Chan H C S, Shan H, Dahoun T, et al. Advancing Drug Discovery via Artificial Intelligence［J］. Trends Pharmacol Sci, 2019, 40(8): 592 – 604.

［4］Kolluri S, Lin J, Liu R, et al. Machine Learning and Artificial Intelligence in Pharmaceutical Research and Development: a Review［J］. AAPS J, 2022, 24(1): 19.

［5］Elbadawi M, McCoubrey L E, Gavins F K H, et al. Harnessing artificial intelligence for the next generation of 3D printed medicines［J］. Adv Drug Deliv Rev, 2021(175): 113805.

［6］Rashid M B M A, Chow E K. Artificial Intelligence-Driven Designer Drug Combinations: From Drug Development to Personalized Medicine［J］. SLAS Technol, 2019, 24(1): 124 – 125.

（王　宁）

附录：《中国药典》2020 年版药物制剂质量控制常规实验方法与检测标准

0903 不溶性微粒检查法

0921 崩解时限检查法

0923 片剂脆碎度检查法

0931 溶出度与释放度测定法

0941 含量均匀度检测法

0951 吸入制剂微细粒子空气动力学特性测定法